高等学校土木工程专业系列教材——建筑工程

房屋建筑工程

（第三版）

彭　伟　主编

彭　伟　杨　滔　王春华
　　　　　　　　　　　　　　　编
何广杰　李彤梅　葛宇东

西南交通大学出版社
·成都·

内 容 简 介

本书是在原《房屋建筑工程》(第二版)的基础上,按照我国新修订的有关规范全面增删修改而成。全书共六章,包括:建筑结构体系与选型,建筑结构设计概论,钢筋混凝土楼盖结构设计,钢筋混凝土单层工业厂房结构设计,砌体结构设计,木结构设计。该书不仅详细论述了房屋建筑工程设计的理论,还列有若干房屋建筑工程设计实例及经验总结,同时也尽可能地反映国内外近年来的一些科研成果,理论联系实际,便于自学和实际工程应用。

本书除可作为土木工程专业的教科书外,也可供建筑学专业、城市规划专业、工程造价专业及从事土木工程、建筑工程设计的技术人员参考。

图书在版编目(CIP)数据

房屋建筑工程 / 彭伟主编. —3 版. —成都:西南交通大学出版社,2014.7(2015.12 重印)
高等学校土木工程专业系列教材. 建筑工程
ISBN 978 - 7 - 5643 - 3209 - 9

Ⅰ. ①房… Ⅱ. ①彭… Ⅲ. ①建筑工程 – 高等学校 – 教材 Ⅳ. ①TU71

中国版本图书馆 CIP 数据核字(2014)第 161451 号

高等学校土木工程专业系列教材 —— 建筑工程

房 屋 建 筑 工 程
(第三版)

彭 伟 主编

*

责任编辑　张　波
封面设计　本格设计
西南交通大学出版社出版发行
四川省成都市金牛区交大路 146 号　邮政编码:610031　发行部电话:028-87600564
http://www.xnjdcbs.com
四川森林印务有限责任公司印刷

*

成品尺寸:185 mm × 260 mm　　印张:30.25
字数:772 千字
2014 年 7 月第 3 版　　2015 年 12 月第 9 次印刷
ISBN 978-7-5643-3209-9
定价:59.50 元

第三版前言

我国新版《建筑结构荷载规范》（GB 50009—2012）、《混凝土结构设计规范》（GB 50010—2010）、《砌体结构设计规程》（GB50003—2011）等已经颁布实施。新版规范较原版规范在建筑技术水平上有了较大的提高和发展，内容更加充实和完善；反映了近十年来我国建筑设计经验总结和科研成果。教材是高等学校教学内容和体系改革的重要组成部分，教材修订要与教学改革相适应。教材修订工作要遵循本科土木工程专业的培养目标，努力适应社会进步和建筑事业发展的需求。做到在编写教材中体现"三基"（基本理论、基本知识、基本计算）和"五性"（思想性、科学性、启发性、先进性、适用性），重视教材的整体优化。《房屋建筑工程》第三版教材本着讲授内容尽可能与国际接轨的新思路，注重知识更新，以实用性为宗旨，新章节展示了近年研究热点。全书力求处理好教材继承性与先进性的关系，以最简洁方式表达本学科的发展过程和基本理论体系，有效引导学生掌握最新、最先进的科学内容。

在修订本书时，注意保持了第二版的特点，叙述时力求内容由浅入深、循序渐进、理论联系实际。为了使读者更好地掌握书中的基本理论知识和新版规范有关条文内容，书中列举了较多有代表性的例题，在解题过程中，力求步骤清晰，说明详尽。

在编写本书时，参考和引用了公开发表的一些文献和资料，谨向这些作者表示感谢。

由于编者水平所限，书中可能存在疏漏之处，请读者不吝指正。

编　者
2014 年 6 月

再版前言

从本书第一版至今，国内外的建筑结构体系又有了很大的发展。这些建筑不仅数量大，而且体型更加复杂，这使建筑结构分析和设计越来越复杂。另外，木结构在我国又开始兴建。与此相应，围绕建筑结构的科学研究取得了众多成果。广大工程技术人员、研究人员的创造和探索，使我国建筑结构设计的理论和实践都大为丰富和深化。

鉴于上述情况，本教材必须修订，而且确实有许多内容有待充实与更新。第二版考虑到由于建筑结构的简化分析方法不仅概念清楚，其结果便于工程分析和判断，而且其解决问题的思路对培养学生分析问题和解决问题以及创新能力颇有好处，所以本书保留了原书中关于简化分析方法的有关内容。除了所有内容都按照新规范和新规程进行编写外，鉴于目前我国木结构又开始使用，因此本书增加了木结构设计等内容。

本书第一版以其科学性、系统性、实践性以及深入浅出的阐述方式受到广大读者的欢迎。在这次编写修订过程中，我们注意保持了第一版的特点，并有所改进。第二版更加注意基本概念的阐述及结构受力和变形特性的分析，这将有助于读者提高概念设计能力。此外，为了适应教与学的要求，本书每章后有复习思考题和习题等内容，有利于初学者掌握基本概念和设计方法。

西南交通大学教务处将本书列为校级重点教材，并予以资助。特在此对他们表示感谢。

本书编写分工如下：杨滔、彭伟，第一章；彭伟、王春华，第二、四章；何广杰、彭伟，第三章；彭伟、李彤梅，第五章；彭伟、葛宇东，第六章。

本书在编写过程中参考了大量的国内外文献，引用了一些学者的资料，这在书末的参考文献中已予列出，特在此向其作者表示深深的感谢。本书是建立在他们研究基础上的，是他们如此优秀与有益的成果，使本书增色。

鉴于作者水平有限，书中难免有错误及不妥之处，敬请批评指正。

编　者
2010 年 3 月

第一版前言

鉴于各种新的设计与施工规范的应用，以及高等学校土木工程专业培养目标的调整与修订，原《房屋建筑工程》已经不能适应当前的需要。本书对 2001 年出版的《房屋建筑工程》一书做了较大的更新和充实，以适应当前房屋结构工程的发展和高等学校本科土木工程专业的教学需要。两书的差别主要有以下几个方面：

（1）扩充内容。增加了工业建筑结构设计。

（2）更新内容。各种新的结构与施工设计规范在原规范的基础上做了很多更新和充实。本书除全面吸收这些内容外，还适当添加了一些其他内容。

（3）拓宽理论基础，密切联系实际。注意用发展的观点处理问题，注意密切联系实际，以适应从事实际工作的需要。

《房屋建筑工程》以其科学性、系统性、实践性以及深入浅出的阐述方式受到广大读者的欢迎。在这次编写修订过程中，我们注意保持其特点，但又有所改进。本书有关结构设计部分因国内建筑结构与施工的迅速发展和规范、规程的修改，绝大部分都进行了重新编写；对计算方法的介绍，保留了原来的特色，并注重实用算法以及不同计算方法之间的差异和内在联系的探讨。

本书更加注重基本概念的阐述及结构受力和变形特性的分析，这将有助于读者提高概念设计能力。此外，为了适应教与学的要求，本书还增加了较多的例题。

21 世纪是一个科学技术发展日新月异，知识更替非常迅速的世纪，希望、困惑、机遇、挑战，随时随地都有可能出现在每一个人的面前。抓住机遇，寻求发展，迎接挑战，适应变化的制胜法宝就是学习、终生学习。

作为一个优秀的工程师，只掌握基础知识和专业知识是不够的，还要注重扩大视野，建立开放的知识体系（既有科学的训练，又有人文的素养），必须不断吸取新的科技成果，养成及时将自己所获得的知识系统化与深化的习惯，以提高独立处理各种复杂问题的能力。

优秀的工程师要在工作中树立创新的意识。创新是设计工作的灵魂，没有创新的设计不是真正意义上的设计，也就没有生命力，但创新不是标新立异，不是哗众取宠，创新的基础是实践。

优秀的工程师在改造世界的同时，还必须对人类的生存环境负责，开发和利用新的环保建筑材料，设计和建设无污染工程和绿色建筑。

本书编写分工如下：杨滔、彭伟，第一章；彭伟，第二、四、五章；何广杰、彭伟，第三章；黄云德、宋吉荣，第六章。

编写本书时，参考、引用了一些公开发表的文献和资料，谨向它们的作者表示深深的谢意。

本书在内容的取舍、论述和前后衔接上难免存在不妥之处，敬希读者批评指正。

编　者

2005 年 9 月

目　　录

第一章　建筑结构体系与选型 ································· 1

　第一节　概　　述 ····································· 1

　第二节　混合结构体系 ································· 6

　第三节　单层刚架结构体系 ····························· 9

　第四节　桁架结构体系 ································· 16

　第五节　拱式结构体系 ································· 22

　第六节　网架结构体系 ································· 33

　第七节　薄壁空间结构 ································· 41

　第八节　网　壳　结　构 ······························· 63

　第九节　悬　索　结　构 ······························· 69

　第十节　高层建筑结构体系 ····························· 78

　复习思考题 ··· 95

第二章　建筑结构设计概论 ································· 96

　第一节　建筑结构的分类及应用范围 ······················· 96

　第二节　建筑结构发展概况 ····························· 98

　第三节　建筑结构设计的程序和内容 ······················· 100

　第四节　建筑结构的分析方法 ··························· 102

　第五节　概率极限状态设计方法 ························· 103

　第六节　结构上的作用及其作用效应组合 ····················· 109

　复习思考题 ··· 115

第三章　钢筋混凝土楼盖结构设计 ····························· 116

　第一节　概　　述 ···································· 116

　第二节　单向板肋梁楼盖设计 ··························· 130

　第三节　双向板肋梁楼盖设计 ··························· 168

　第四节　楼梯与雨篷结构设计 ··························· 179

　复习思考题 ··· 191

　习　　　题 ··· 192

　附表 3.1　常用荷载作用下等截面等跨度连续梁的内力系数表 ·········· 193

　附表 3.2　双向板计算系数表 ··························· 200

第四章　钢筋混凝土单层工业厂房结构设计 ······················· 204

　第一节　概　　述 ···································· 204

　第二节　单层厂房的结构组成及布置 ······················· 208

第三节　单层厂房结构主要构件的选型 ································· 216

第四节　单层厂房排架内力分析 ····································· 216

第五节　单层厂房柱的设计 ··· 238

第六节　单层厂房柱基础的设计 ····································· 246

第七节　单厂结构其他主要结构构件的设计要点 ······················· 258

第八节　单层厂房各构件与柱连接构造设计 ··························· 264

复习思考题 ·· 274

习　　题 ··· 274

第五章　砌体结构设计 ·· 276

第一节　概　　述 ··· 276

第二节　砌体的力学性能 ··· 286

第三节　砌体结构构件的承载力计算 ································· 296

第四节　混合结构房屋墙体的计算 ··································· 339

第五节　混合结构房屋中过梁、墙梁和挑梁的设计 ····················· 362

第六节　混合结构房屋设计的构造要求 ······························· 382

第七节　砌体结构房屋的设计步骤 ··································· 386

复习思考题 ·· 387

习　　题 ··· 388

附表 5.1　砌体的抗压、拉、弯、剪强度设计值 ······················· 389

附表 5.2　砌体受压构件的影响系数 φ ······························ 392

第六章　木结构设计 ·· 397

第一节　概　　述 ··· 397

第二节　木结构材料性能 ··· 399

第三节　木结构基本构件承载力计算 ································· 409

第四节　木结构的连接设计 ··· 421

第五节　木结构设计 ··· 432

第六节　木结构的抗震性能 ··· 440

复习思考题 ·· 443

习　　题 ··· 444

附表 6.1　TC17，TC15 及 TB20 级木材的稳定系数 φ 值 ··············· 445

附表 6.2　TC13，TC11，TBI7，TB15，TB13，及 TB11 级木材的稳定系数 φ 值 ········ 446

附录一　阅读材料——绿色建筑设计简介 ···························· 447

附录二　"整体式混凝土单向板肋梁楼盖"课程设计任务书 ·············· 455

附录三　"房屋建筑工程"综合练习题 ······························ 458

参考文献 ··· 473

第一章　建筑结构体系与选型

第一节　概　　述

人类社会在初期就出现了建筑物。人类的祖先为了生存不得不和自然界展开斗争，房屋建筑就是人类向自然界作斗争的产物。建筑结构（building structure）是房屋建筑的空间受力骨架体系，是建筑物得以存在的基础（见图 1.1）。

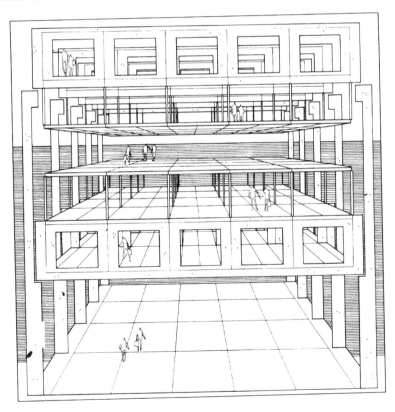

图　　1.1

建筑结构的功能，首先是骨架所形成的空间能较好地为人类生活与生产服务，并满足人类对美观的需求，为此必须选择合理的结构形式；其次是合理选择结构的材料和受力体系，充分发挥所用材料的作用，使结构具有抵御自然界各种作用的能力，如结构自重、使用荷载、风荷载和地震等（见图 1.2）。

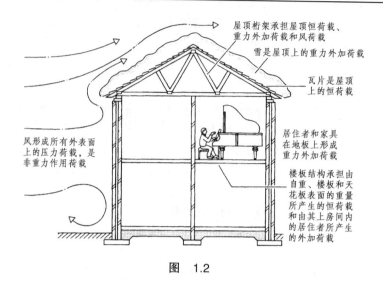

屋顶桁架承担屋顶恒荷载、重力外加荷载和风荷载

雪是屋顶上的重力外加荷载

瓦片是屋顶上的恒荷载

风形成所有外表面上的压力荷载，是非重力作用荷载

居住者和家具在地板上形成重力外加荷载

楼板结构承担由自重、楼板和天花板表面的重量所产生的恒荷载和由其上房间内的居住者所产生的外加荷载

图 1.2

此外，建筑结构必须适应当时当地的环境，并与施工方法有机结合，因为任何建筑工程都受到当时当地政治、经济、社会、文化、科技、法规等因素的制约，任何建筑结构都是靠合理的施工技术来实现的。因此，优秀的建筑结构应具有以下特点：

（1）在应用上，要满足空间和功能的需求。

（2）在安全上，要符合承载和耐久的需要。

（3）在技术上，要体现科技和工程的新发展。

（4）在造型上，要与建筑艺术融为一体。

（5）在建造上，要合理用材并与施工实际相结合。

本章的目的是使读者了解各种房屋建筑结构体系的基本类型及其组成，了解和掌握建筑方案设计中空间形式对结构性能的影响，更深入地理解和体会一些重要的结构概念，学会用近似方法快速估算和比较各种设计方案，使得在房屋设计的最初阶段就能保证建筑设计与结构设计的基本协调。

一、结构体系的分类

建筑结构是由许多结构构件组成的一个系统，其中主要的受力系统称为结构总体系。结构总体系虽然千变万化，但总是由水平结构体系、竖向结构体系以及基础结构体系三部分组成（见图1.3）。

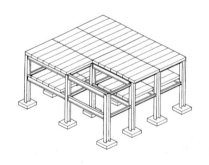
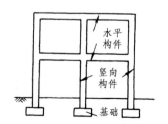

水平构件

竖向构件

基础

图 1.3

水平结构体系一般由板、梁、桁（网）架组成，如板-梁结构体系和桁（网）架体系。水平结构体系也称楼（屋）盖体系，其作用为：① 在竖直方向，它通过构件的弯曲变形承受楼面或屋面的竖向荷载，并把它传递给竖向承重体系；② 在水平方向，它起隔板作用，并保持竖向结构的稳定。

竖向结构体系一般由柱、墙、筒体组成，如框架体系、墙体系和井筒体系等。其作用为：① 在竖直方向，承受水平结构体系传来的全部荷载，并把它们传给基础体系；② 在水平方向，抵抗水平作用力，如风荷载、地震作用等，并把它们传给基础体系。

基础结构体系一般由独立基础、条形基础、交叉基础、片筏基础、箱形基础（一般为浅埋）以及桩、沉井（一般为深埋）组成。其作用为：① 把上述两类结构体系传来的重力荷载全部传给地基；② 承受地面以上的上部结构传来的水平作用力，并把它们传给地基；③ 限制整个结构的沉降，避免不允许的不均匀沉降和结构的滑移。

结构水平体系和竖向体系之间的基本矛盾是，竖向结构构件之间的距离愈大，水平结构构件所需要的材料用量愈多。好的结构概念设计应寻求到一个最开阔、最灵活的可利用空间，满足人们使用时的功能和美观需求，而为此所付出的材料和施工消耗最少，且能适合本地区的自然条件（气候、地质、水文、地形等）。

建筑结构的类型有：

1. 以组成建筑结构的主要建筑材料划分

有钢筋混凝土结构、钢结构、砌体（包括砖、砌块、石等）结构、木结构、塑料结构、薄膜充气结构等。

2. 以组成建筑结构的主体结构形式划分

有墙体结构、框架结构、深梁结构、筒体结构、拱结构、网架结构、空间薄壁（包括折板）结构、钢索结构、舱体结构等，如图1.4所示。

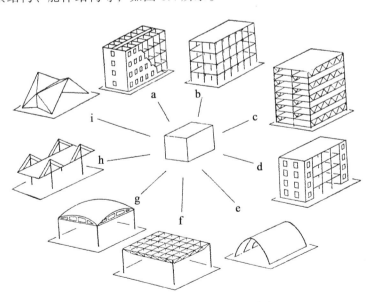

图1.4　建筑结构的各种形式[1]

a—墙体结构；b—框架结构；c—深梁结构；d—筒体结构；e—拱结构；
f—网架结构；g—空间薄壁结构；h—钢索结构；i—折板结构

3. 以组成建筑结构的体形划分

有单层结构（多用于单层工业厂房、食堂等）、多层结构（一般2~9层）、高层结构（一般10层以上）、大跨结构（跨度大约在40~50 m）。

二、影响建筑结构选型的因素

结构选型是一个综合性的科学问题，不仅要考虑建筑上的使用功能，也要考虑结构上的安全合理，施工上的可能条件，还应注意结构效益和艺术上的造型美观。选择一个最佳的结构形式，往往需要进行多方面的调查研究，结合具体建设条件作出多种方案进行综合分析，再最终作出选定。

结构选型时应考虑以下因素：

（一）结合建筑物使用功能的要求做好结构选型

任何建筑物都具有对客观空间环境的要求，根据这些要求可以大体确定建筑物的尺度、规模与相互关系。首先，结构选型时应注意尽可能降低结构构件的高度，选择与建筑物使用空间相适应的结构形式。例如，钢桁架构造高度约为跨度的1/12~1/8，而平板网架结构的构造高度仅为跨度的1/20~1/25，选择适当可使室内空间得到较充分的利用。其次，建筑物的使用要求应与结构的合理几何体形相结合。例如，某散装盐库在结构选型中比较了两种方案，方案Ⅰ为钢筋混凝土排架结构［见图1.5（a）］，方案Ⅱ为拱结构［见图1.5（b）］。方案Ⅰ的主要缺点是3/5的建筑空间不能充分利用，而方案Ⅱ采用落地拱，由于选择了合适的矢高和外形，使建筑空间得到了比较充分的利用。

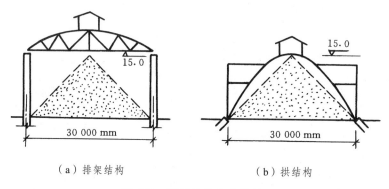

（a）排架结构　　　　　　　　　（b）拱结构

图1.5　两种结构方案比较

（二）建筑结构形式对建筑风格和建筑艺术的影响

建筑结构形式对建筑风格和建筑艺术的影响极为明显。图1.6为三幢使用功能相同的食堂建筑，它们都具有较大跨度的室内空间，但由于结构形式的不同，便产生了完全不同的建筑风格，并形成了完全不同的立面效果。

此外，结构选型时还应注意结构的几何体形对声学效果的影响、对采光照明的影响以及对屋面排水的影响。

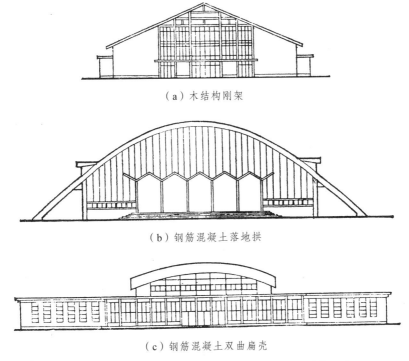

（a）木结构刚架

（b）钢筋混凝土落地拱

（c）钢筋混凝土双曲扁壳

图 1.6　三幢食堂不同结构所产生的不同形式

（三）建筑结构材料及其他因素对结构选型的影响

比较梁式结构和轴心受力结构的受力状态，不难看出，梁的截面应力分布极不均匀，除边缘纤维达到最大许用应力外，大部分材料的应力远远低于许用应力，即材料强度并未充分利用，而轴心受力状态因截面应力分布均匀更能充分利用材料强度。为节约材料可把梁截面中和轴附近的材料减少到最低程度，从而形成工字形截面构件，它比矩形截面构件有更大的抗弯惯性矩。再进一步把梁腹部的材料挖去，就由梁式结构转化为平面桁架结构。由于桁架的各杆件均为轴向受力，可以认为桁架结构比梁式结构更能充分利用材料强度。若将桁架的外形与简支梁的弯矩图图形相吻合，则桁架内各弦杆内力将保持一致而腹杆内力接近于零，这样可最大限度地节约材料。图 1.7 为结构形式由简支梁到桁架的变化过程。

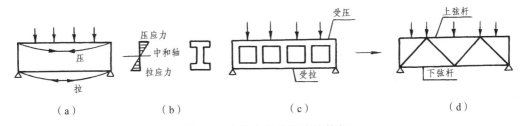

（a）　　　　　　　（b）　　　　　　　（c）　　　　　　　（d）

图 1.7　由简支梁发展成为桁架

影响建筑结构形式的因素还包括建筑施工的生产技术水平以及经济指标等。衡量结构方案经济性的手段是进行综合经济分析。所谓综合经济分析就是要从以下几个方面考虑问题：

（1）不但要考虑某个结构方案付诸实施时的一次投资费用，还要考虑其全寿命期的费用。

（2）除了以货币指标核算结构的建造成本外，还要以节省材料消耗和节约劳动力等各项指标来衡量。此外，从人类长远利益考虑，还要特别注意资源的节约。

（3）在结构方案比较时，还应综合考虑一次性初始投资和建设速度的关系，以便较快地回收投资资金，获得较好的经济效益。

第二节　混合结构体系

混合结构体系又称砖混结构，是指房屋的墙、柱和基础等竖向承重构件采用砌体结构，而屋盖、楼盖等水平承重构件则采用钢筋混凝土结构（或钢结构、木结构）所组成的房屋承重结构体系。墙体是混合结构房屋中的主要竖向承重结构，也是围护结构。混合结构广泛用于层数不多的多层建筑。

一、混合结构的优点和应用范围

混合结构是我国有史以来使用时间最长、应用最普遍的结构体系。在多层建筑结构体系中，多层砖房约占85%，它广泛应用于住宅、学校、办公楼、医院等建筑，究其原因主要是因为：

（1）主要承重结构（墙体）是用砖砌，取材方便。

（2）造价低廉、施工简单，有很好的经济指标。

（3）保温隔热效果较好。

但混合结构也有其不足之处。由于砖砌体强度较低，故利用砖墙承重时，房屋层数受到限制；同时，由于抗震性能较差，它在地震区使用限制更加严格。另外，混合结构墙体主要靠手工砌筑，工程进度慢；砖材料取土可能会破坏农田，且消耗大量能源。因此，砖混结构在未来发展中将会逐步受到限制。

二、混合结构房屋的墙体布置

应根据建筑功能要求选择合理的承重体系。按墙体承重体系，其布置大体可分为以下几种方案：

1. 横墙承重方案

由横墙直接承受屋盖、楼盖传来的竖向荷载的结构布置方案称为横墙承重方案，外纵墙主要起围护作用（见图1.8）。

横墙承重方案的特点是：

（1）横墙是主要承重墙，纵墙主要起围护、隔断和将横墙连成整体的作用。

（2）与纵墙承重方案相比，横墙承重方案房屋的横向刚度大、整体性好，对抵抗风荷载、地震作用和调整地基不均匀沉降更为有利。

横墙承重体系适用于房间开间尺寸较规则的住宅、宿舍、旅馆等。

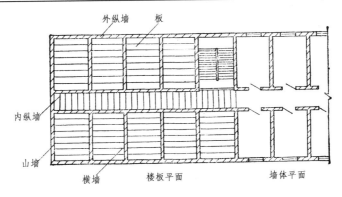

图 1.8 横墙承重方案

2. 纵墙承重方案

由纵墙直接承受屋盖和楼盖竖向荷载的结构布置方案称为纵墙承重方案（见图1.9）。

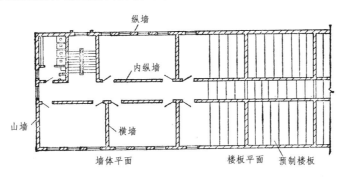

图 1.9 纵墙承重方案

纵墙承重方案楼面荷载（竖向）传递路线为

$$板 \longrightarrow 梁（或屋梁）\longrightarrow 纵墙 \longrightarrow 基础 \longrightarrow 地基$$

纵墙承重方案的特点是：

（1）纵墙是主要承重墙，横墙主要是为了满足房屋使用功能以及空间刚度和整体性要求而布置的，横墙的间距可以较大，以使室内形成较大空间，有利于使用上的灵活布置。

（2）相对于横墙承重体系来说，纵向承重体系中屋盖、楼盖的用料较多，墙体用料较少，因横墙数量少，房屋的横向刚度较差。

纵墙承重体系适用于使用上要求有较大开间的房屋。

3. 纵横墙承重方案

根据房间的开间和进深要求，有时需要纵横墙同时承重，即为纵横墙承重方案。这种方案的横墙布置随房间的开间需要而定，横墙间距比纵墙承重方案的间距小，所以房屋的横向刚度比纵墙承重方案有所提高（见图1.10）。

纵横墙承重方案楼面荷载（竖向）传递路线为

$$楼（屋）面板 \longrightarrow \left\{ \begin{array}{l} 梁 \longrightarrow 纵墙 \\ 横墙 \end{array} \right\} \longrightarrow 基础 \longrightarrow 地基$$

纵横墙承重方案的特点是：房屋的平面布置比横墙承重时灵活，房屋的整体性和空间刚度比纵墙承重时更好。

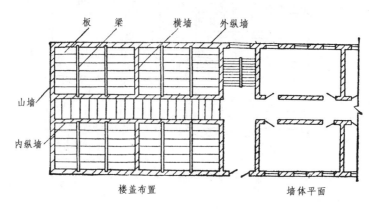

图 1.10 纵横墙承重方案

4. 内框架承重方案

内框架承重体系是在房屋内部设置钢筋混凝土柱,与楼面梁及承重墙(一般为房屋的外墙)组成(见图 1.11)。结构布置是楼板铺设在梁上,梁端支承在外墙,梁中间支承在柱上。

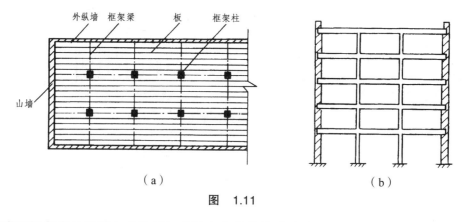

（a）   （b）

图　1.11

当承重梁沿房屋的横向布置时,其竖向荷载的传递路线为

$$楼(屋)面板 \longrightarrow 梁 \longrightarrow \begin{cases} 外纵墙 \longrightarrow 外纵墙基础 \\ 柱 \longrightarrow 柱基础 \end{cases} \longrightarrow 地基$$

内框架承重体系的特点是:

(1)由于内墙由钢筋混凝土框架代替,仅设置横墙以保证建筑物的空间刚度;同时,由于增设柱后不增加梁的跨度,使得楼盖和屋盖的结构高度较小,因此在使用上可以取得较大的室内空间和净高,并且材料用量较少,结构也较经济。

(2)由于竖向承重构件材料性质的不同,外墙和内柱容易产生不同的压缩变形,基础也容易产生不均匀沉降。因此,如果设计处理不当,墙、柱之间就容易产生不均匀的竖向变形,使构件(主要是梁和柱)产生较大的附加内力。另外,由于墙和柱采用的材料不同,也会对施工增加一定的复杂性。

(3)由于横墙较少,房屋的空间刚度较小,使得建筑物的抗震能力较差。

内框架承重体系适用于旅馆、商店和多层工业建筑,在某些建筑物(如底层商店上面的住宅)的底层结构中也常采用。

5. 底部框架承重体系

房屋有时由于底部需设置大空间，在底部则可用钢筋混凝土框架结构同时取代内外承重墙，成为底部框架承重方案，如图 1.12 所示。

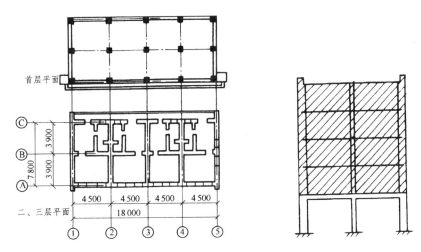

图 1.12　底部框架承重体系（单位：mm）

框架与上部结构之间的楼层为结构转换层，其竖向荷载的传递路线为

上部几层梁板荷载 ➝ 内外墙体 ➝ 结构转化层钢筋混凝土梁 ➝ 柱 ➝ 基础 ➝ 地基

底部框架体系的特点是：

（1）墙和柱都是主要承重构件。以柱代替内外墙体，在使用上可以取得较大的使用空间。

（2）由于底部结构形式的变化，房屋底层空旷。横墙间距较大，其抗侧刚度发生了明显的变化，成为上部刚度较大、底部刚度较小的上刚下柔多层房屋，房屋结构沿竖向抗侧刚度在底层和第二层之间发生突变，对抗震不利。因此，《建筑结构抗震规范》对房屋上下层抗侧移刚度的比值作了规定。

底部框架承重体系适用于底层为商店、展览厅、食堂，而上面各层为宿舍、办公室等的房屋。

混合结构不同的承重体系的房屋，墙体布置各有特点，材料用量和结构空间刚度也有较大差别。至于某个具体工程应当采用哪种体系，首先要满足建筑物的使用要求并考虑建筑设计特色，然后从地基、抗震、材料、施工和造价等因素上进行综合比较，力求做到结构安全可靠、技术先进和经济合理。

第三节　单层刚架结构体系

凡是梁、柱之间为刚性连接的结构，统称为刚架。当梁与柱之间为铰接的单层结构，一般称为排架。多层多跨的刚架结构则常称为框架，单层刚架也称为门式刚架。门式刚架外形有水平横梁式和折线横梁式两种，它的选择主要服从建筑排水和建筑造型的考虑。单层刚架为梁柱合一的结构，其内力小于排架结构，梁柱截面高度小，造型轻巧，内部净空较大，故被广泛应用于中小型厂房、体育馆、礼堂、食堂等中小跨度的建筑中。

一、门式刚架的结构特点、种类及适用范围

刚架结构的受力优于排架结构，因刚架梁柱节点处为刚接，在竖向荷载作用下，由于柱对梁的约束作用而减小了梁跨中的弯矩和挠度。在水平荷载作用下，由于梁对柱的约束作用减少了柱内的弯矩和侧向变位，如图 1.13 所示。因此，刚架结构的承载力和刚度都大于排架结构，故门式刚架能够适用于较大的跨度。

门式刚架的结构计算简图，按构件的布置和支座约束条件可分成无铰刚架、两铰刚架、三铰刚架三种。

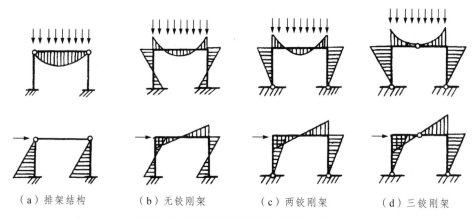

（a）排架结构　　　（b）无铰刚架　　　（c）两铰刚架　　　（d）三铰刚架

图 1.13　刚性连接与铰接的弯矩比较

1. 钢筋混凝土无铰刚架

无铰刚架和排架相比，当跨度和荷载相同，且跨度不大于 18 m 时，刚架比排架结构轻巧，可节省钢材约 10%，混凝土约 20%。

无铰刚架和两铰刚架、三铰刚架相比，前者基础承受弯矩较大，因此基础大、耗料多，不够经济。此外，由于这种刚架属于超静定结构，和三铰刚架相比，对地基的不均匀沉降和温度变化引起的内力变化较大。所以地基条件较差时，必须考虑其影响。

2. 钢筋混凝土两铰刚架

两铰刚架也是超静定结构，对地基不均匀沉降引起的结构内力也必须考虑，但两铰刚架基础材料用量较少，和三铰刚架相比，其结构刚度较大，所以适用于跨度较大的情况。

3. 钢筋混凝土三铰刚架

三铰刚架为静定结构。当基础有不均匀沉降时，对结构不引起附加内力。但是，当跨度较大时，半榀三铰刚架的悬臂太长，吊装内力较大，而且三铰刚架的刚度也较差，所以适用于跨度较小及地基较差的情况。

由于门式刚架的杆件较少，制作方便，而且结构内部空间较大，便于利用，所以它广泛用于工业厂房和体育馆、礼堂、食堂等建筑。钢筋混凝土门式刚架的跨度可达 40 m 左右，最适宜的是 18 m 左右。由于门式刚架刚度较差，受荷后产生挠度，故用于工业厂房时，吊车起重量不宜超过 100 kN。

二、门式刚架的形式及截面尺寸

门式刚架从构件材料看，可分成钢结构、混凝土结构；从构件截面看，可分成实腹式刚架、空腹式刚架、格构式刚架、等截面与变截面刚架；从建筑形体看，有平顶、坡顶、拱顶、单跨与多跨（见图1.14）；从施工技术看，有预应力刚架和非预应力刚架。

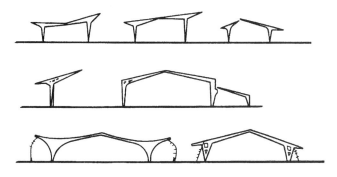

图1.14　单层刚架的形式

1. 钢刚架结构

钢刚架结构可分为实腹式和格构式两种（见图1.15）。实腹式刚架适用于跨度不是很大的结构，常做成两铰式结构。结构外露，外形可以做得比较美观，制造和安装也比较方便。实腹式刚架的横截面一般为焊接工字形。国外多采用热轧 H 形或其他截面形式的型钢，可减少焊接工作量，并能节约材料。当为两铰或三铰刚架时，构件应为变截面，一般是改变截面的高度使之适应弯矩图的变化。实腹式刚架的横梁高度一般可取跨度的1/20～1/12。当跨度大时，可在支座水平面内设置拉杆，并施加预应力对刚架横梁产生卸荷力矩及反拱，如图1.15所示。这时横梁高度可取跨度的1/40～1/30，并由拉杆承担刚架支座处的横向推力，对支座和基础都有利。

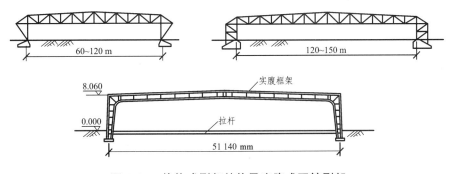

图1.15　格构式刚架结构及实腹式双铰刚架

格构式刚架结构的适用范围较大，且具有刚度大、耗钢少等优点。当跨度较小时可采用三铰式结构，当跨度较大时可采用两铰式或无铰结构，如图1.15所示。格构式刚架的梁高可取跨度的1/15～1/20，为了节省材料，增加刚度，减轻基础负担，也可施加预应力，以调整结构中的内力。预应力拉杆可布置在支座铰的平面内，也可布置在刚架横梁内，可仅对横梁施加预应力，也可对整个刚架结构施加预应力。

2. 钢筋混凝土刚架

钢筋混凝土刚架一般适用于跨度不超过18 m、檐高不超过10 m的无吊车或吊车起重量不超过 100 kN 的建筑中。构件的截面形式一般为矩形，也可采用工字形截面。刚架构件的截面尺寸可根据结构在竖向荷载作用下的弯矩图的大小而改变，一般是截面宽度不变而高度呈线性变化。对于两铰或三铰刚架，立柱上大下小，为楔形构件，横梁为直线变截面，如图 1.16 所示。

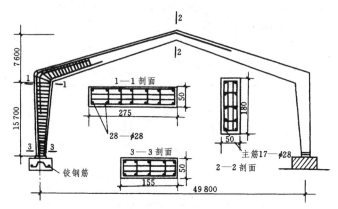

图 1.16　广州体育馆钢筋混凝土刚架结构（单位：mm）

钢筋混凝土刚架的杆件一般采用矩形截面，也可采用 I 字形截面。其截面尺寸为：

（1）梁高可按连续梁确定，一般取 $h = (1/20 \sim 1/15)l$，但不宜小于 250 mm。

（2）柱底截面高度 h_1，一般不小于 300 mm；柱顶截面高度为 $(2 \sim 3)h_1$。

（3）梁柱截面宽度 b（钢架厚度），应保证屋面构件的搁置长度，并应满足平面外刚度的要求，一般取 $b \geqslant H/30$（H 为柱高），且 $b \geqslant 200$ mm。

（4）横梁的加腋长度一般由柱边算起，为 $(0.15 \sim 0.25)l$。

（5）拱式门架的起拱高度（矢高）f，一般取为 $(1/9 \sim 1/7)l$。

三、刚架的结构布置和构造

（一）结构布置

刚架结构为平面受力体系，当多榀刚架平行布置时，为保证结构的整体稳定性，应在纵向柱间布置连系梁及柱间支撑，同时在横梁的顶面设置上弦横向水平支撑。柱间支撑和横梁上弦横向水平支撑宜设置在同一开间内，如图 1.17 所示。

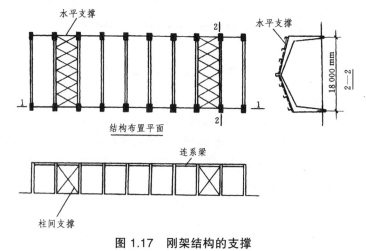

图 1.17　刚架结构的支撑

　　刚架的纵向柱距一般为 6 m，横向跨度以 m 为单位取整数，一般为 3 m 的整倍数，如 24 m、27 m、30 m，以至更大的跨度。其跨度由工艺条件确定，同时兼顾经济进行考虑。

　　1. 等间距、等跨度的结构布置方案

　　一般情况下，矩形平面建筑都采用等间距、等跨度的刚架布置方案。

　　2. 主次结构布置方案

　　奥地利维也纳市大会堂（见图 1.18）是供体育、集会、电影、戏剧、音乐、文艺演出、展览等活动用的多功能大厅，其平面呈八角形，东西长 98 m，南北长 109 m，可容纳 15 400 人。屋盖的主要承重结构是中距为 30 m 的两榀东西向 93 m 跨的双铰门架，矢高为 7 m，门架顶高为 28 m，其上支承八榀全长为 105 m 的三跨连续桁架。

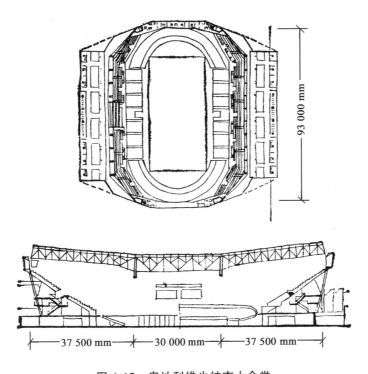

图 1.18　奥地利维也纳市大会堂

　　3. 门式刚架的高跨比

　　门式刚架的高度与跨度之比，决定了刚架的基本形式，也直接影响结构的受力状态。设想有一条悬索在竖向均布荷载作用下，在平衡状态将形成一条悬垂线，即所谓的索线，这时悬索内仅有拉力。将索上下倒置，即成为拱的作用，索内的拉力也变为拱的压力，这条倒置的索线即为推力线。图 1.19 给出了三铰刚架和两铰刚架的推力线及其在竖向均布荷载作用下的弯矩图。从结构上看，由于刚架高度的减小将使支座处水平推力增大；从推力线来看，对三铰门架来说，最好的形式是高度大于跨度，但对两铰门架来说，由于跨中弯矩的存在，跨度稍大于高度就合理了。总的来说，高跨比 $h/l = 0.75$ 比较合理。

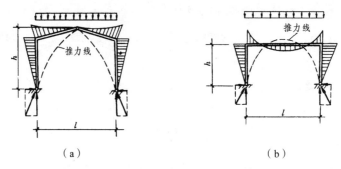

图 1.19 刚架的跨高比对内力的影响

（二）刚架节点的连接构造

刚架结构的形式较多，其节点构造和连接形式也是多种多样的，但其设计要点基本相同。设计时既要使节点构造与结构计算简图一致，又要使制造、运输、安装方便。

1. 钢刚架节点的连接构造

门式实腹式刚架，一般在梁柱交接处及跨中屋脊处设置安装拼接单元，用螺栓连接。拼接节点处，有加腋与不加腋两种。在加腋的形式中又有梯形加腋与曲线形加腋两种，通常多采用梯形加腋，如图 1.20 所示。加腋连接既可使截面的变化符合弯矩图形的要求，又便于连接螺栓的布置。

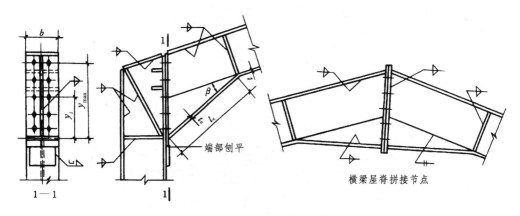

图 1.20 实腹式刚架的拼接节点

2. 钢筋混凝土刚架节点的连接构造

在实际工程中，大多采用预制装配式钢筋混凝土刚架。刚架拼装单元的划分一般根据内力分布决定，应考虑结构受力可靠，制造、运输、安装方便。一般可把接头位置设置在铰接节点或弯矩为零的部位，把整个刚架结构划分成 Γ 形、Y 形拼装单元，如图 1.21 所示。单跨三铰刚架可分成两个"Γ"形拼装单元，铰接节点设在基础和顶部中间的拼接点部位。两铰刚架的拼接点一般设在横梁零弯点截面附近，柱与基础连接处做成铰接节点；多跨刚架常采用"Γ"形和"Y"形拼装单元（见图 1.21）。

刚架承受的荷载一般有恒载和活载两种。在恒载作用下，弯矩零点的位置是固定的；在活载作用下，对于各种不同的情况，弯矩零点的位置是变化的。因此，在划分结构单元时，接头位置应根据刚架在主要荷载作用下的内力图确定。

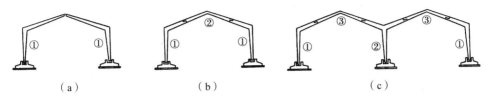

（a）　　　　　　　（b）　　　　　　　（c）

图 1.21　刚架拼装单元的划分

四、单层刚架结构设计实例

我国某地曾拟建中型民航客机的维修车间。修理"伊尔-24"和"安-24"型客机。机身长 24 m，翼宽 32 m，尾高 8.4 m，桨高 5.1 m，机翼距地 3 m。设计过程曾做三种结构方案比较，如图 1.22 所示。

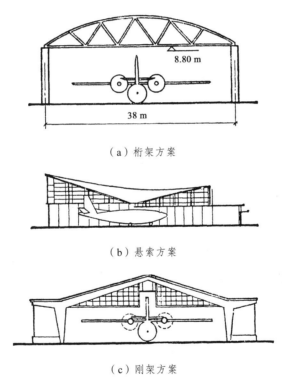

（a）桁架方案

（b）悬索方案

（c）刚架方案

图 1.22　某民航客机维修车间的三种设计方案

1. 桁架方案

机尾高 8.4 m，屋架下弦不能低于 8.8 m。由于建筑形式与机身的形状尺寸不相适应，使得整个厂房普遍增高，室内空间不能充分利用，因此这个方案不经济。

2. 双曲抛物面悬索方案

这个方案的特点是：建筑形式符合机身的形状尺寸，建筑空间能够充分利用。但是跨度较小，采用悬索方案不经济，要求高强度的钢索，材料价格高，同时对施工条件和技术的要求较高，因此这个方案不宜采用。

3. 刚架结构方案

这个方案的特点是：不仅建筑形式符合机身的形状尺寸，尾部高，两翼低，建筑空间能够充分利用，而且对材料和施工都没有特别要求。根据本工程的具体条件，选用了刚架结构方案 [见图 1.22 (c)]。

第四节　桁架结构体系

桁架结构一般由竖杆、水平杆和斜杆组成（见图 1.23）。

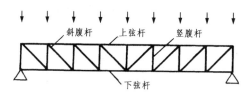

图 1.23　桁架结构

在房屋建筑中，桁架常用来作为屋盖承重结构，这时常称为屋架。用于屋盖的桁架体系有两类：① 平面桁架，用于平面屋架；② 空间桁架，用于空间网架。这两类桁架的共同特点是它们都由一系列只受同向拉力或压力的杆件连接而成。作为桁架结构的整体来说，它们在荷载作用下受弯、受剪；但作为桁架结构中的杆件来说，只承受轴向力，不承受弯矩、剪力和扭矩。

桁架结构的最大特点是：把整体受弯转化为局部构件的受压或受拉，从而有效地发挥出材料的潜力并增大结构的跨度。桁架结构受力合理、计算简单、施工方便、适应性强，对支座没有横向推力，因而在结构工程中得到了广泛的应用。屋架的主要缺点是结构高度大，侧向刚度小。结构高度大，增加了屋面及围护墙的用料，同时也增加了采暖、通风、采光等设备的负荷，并给音响控制带来困难。侧向刚度小，对于钢屋架特别明显，受压的上弦平面外稳定性差，也难以抵抗房屋纵向的侧向力，这就需要设置支撑。

桁架是较大跨度建筑屋盖中常用的结构形式之一。在一般情况下，当房屋的跨度大于18 m 时，屋盖结构采用桁架比梁经济。屋架按其所采用的材料区分，有钢屋架、木屋架、钢木屋架和钢筋混凝土屋架等。钢筋混凝土屋架当其下弦采用预应力钢筋时，称为预应力钢筋混凝土屋架。目前，我国预应力钢筋混凝土屋架的跨度已做到 60 多米，钢屋架的跨度已做到 70 多米。

一、桁架结构的形式与受力特点

屋架结构的形式很多，按屋架外形的不同，有三角形屋架、梯形屋架、抛物线屋架、折线形屋架、平行弦屋架等。根据结构受力的特点及材料性能的不同，也可采用桥式屋架、无斜腹杆屋架或刚接桁架、立体桁架等。我国常用的屋架有三角形、矩形、梯形、拱形和无斜腹杆屋架等多种形式，如图 1.24 所示。

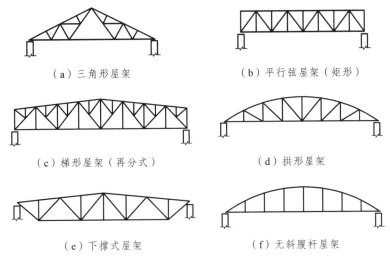

（a）三角形屋架   （b）平行弦屋架（矩形）

（c）梯形屋架（再分式）   （d）拱形屋架

（e）下撑式屋架   （f）无斜腹杆屋架

图 1.24 常用的屋架形式

尽管桁架结构中以轴力为主，其构件的受力状态比梁的结构合理，但在桁架结构各杆件

单元中，内力的分布是不均匀的。屋架的几何形状有矩形（即平行弦屋架）、三角形、梯形、折线形和抛物线形等。它们的内力分布随形状的不同而变化。

在一般情况下，屋架的主要荷载类型是均匀分布的节点荷载。我们首先分析在节点荷载作用下平行弦屋架的内力分布特点（见图 1.25），然后引申至其他形式的屋架。

从图 1.25 中可以得出以下结论：

1. 弦杆轴力

上弦受压，下弦受拉，其轴力由力矩平衡方程式得出（矩心取在屋架节点）：

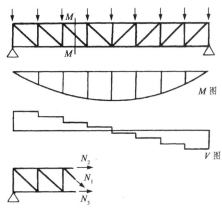

图 1.25 桁架内力计算

$$N = \pm \frac{M_0}{h} \tag{1.1}$$

式中 负值表示上弦受压，正值表示下弦受拉；

M_0——简支梁相应于屋架各节点处的截面弯矩；

h——屋架高度。

从式（1.1）可以看出，上下弦的轴力 N 与 M_0 成正比，与 h 成反比。由于屋架的高度 h 值不变，而 M_0 愈接近屋架两端其值愈小，所以中间弦杆轴力大，两端弦杆轴力小，如图 1.26 所示。

2. 腹杆内力

屋架内部的杆件称为腹杆，包括竖杆与斜杆。腹杆的内力可以根据隔离体的平衡法则，由力的竖向投影方程求得：

$$Y = \pm V_0 \tag{1.2}$$

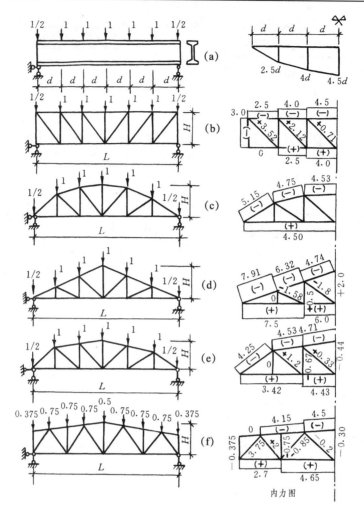

图 1.26 不同形式的桁架及内力图

式中 Y ——斜杆的竖向分力和竖杆的轴力；

V_0 ——简支梁相应于屋架节间的剪力。

从图 1.26 可以看出，V_0 值在跨中小、两端大，所以相应的腹杆内力也是中间杆件小、两端杆件大，其内力图如图 1.26 所示。

从上面的分析可以看出：从整体来看，屋架相当于一个受弯构件，弦杆承受弯矩，腹杆承受剪力；而从局部来看，屋架的每个杆件只承受轴力（拉力或压力）。

用同样的方法可以分析三角形和抛物线形屋架的内力分布情况，如图 1.26（b）、（c）所示。

由于这两种屋架上弦节点的高度中间大、两端小，所以，虽然上弦受压、下弦受拉，但是内力大小的分布是各不相同的。

从图 1.26 可以看出，屋架杆件内力与其形式有着密切的关系：

（1）平行弦屋架内力是不均匀的，弦杆内力由两端向跨度中间增大，腹杆内力由中间向两端增大。

（2）三角形屋架内力分布也是不均匀的，弦杆的内力由中间向两端增大，腹杆内力由两端向中间增大。

（3）抛物线屋架的内力分布比较均匀，从受力角度看，它是比较好的屋架形式，因为它的形状与同跨度、同荷载简支梁的弯矩图形相似。也就是说，其形状符合内力变化的规律。

二、屋架结构的选型、基本尺寸及布置

（一）屋架结构的选型

屋架形式的选择一般与建筑物的使用要求、跨度和荷载大小，以及材料供应和施工技术水平等因素有关，选择屋架形式的一般原则是适用、经济、美观和制造简单。

1. 屋架结构的受力

从结构受力来看，抛物线状的拱式结构受力最为合理。但拱式结构上弦为曲线，施工复杂。折线型屋架，与抛物线弯矩图最为接近，故力学性能良好。梯形屋架，因其既具有较好的力学性能，上下弦均为直线，施工方便，故在大中跨建筑中被广泛应用。三角形屋架与矩形屋架力学性能较差。三角形屋架一般仅适用于中小跨度，矩形屋架常用作托架或荷载较特殊情况下使用。

2. 屋面防水构造

屋面防水构造决定了屋面排水坡度，进而决定屋盖的建筑造型。一般来说，当屋面防水材料采用黏土瓦、机制平瓦或水泥瓦时，应选用三角形屋架、陡坡梯形屋架。当屋面防水采用卷材防水、金属薄板防水时，应选用拱形屋架、折线形屋架和缓坡梯形屋架。

3. 材料的耐久性及使用环境

木材及钢材均易腐蚀，维修费用较高。因此，对于相对湿度较大而又通风不良的建筑，或有侵蚀性介质的工业厂房，不宜选用木屋架和钢屋架，宜选用预应力混凝土屋架，可提高屋架下弦的抗裂性，防止钢筋腐蚀。

4. 屋架结构的跨度

跨度在 18 m 以下时，可选用钢筋混凝土—钢组合屋架，这种屋架构造简单、施工吊装方便，技术经济指标较好。跨度在 36 m 以下时，宜选用预应力混凝土屋架，既可节省钢材，又可有效地控制裂缝宽度和挠度。对于跨度在 36 m 以上的大跨度建筑或受到较大振动荷载作用的屋架，宜选用钢屋架，以减轻结构自重，提高结构的耐久性与可靠性。

（二）屋架结构的基本尺寸

屋架结构的基本尺寸包括屋架的矢高、坡度、节间长度。

1. 矢　高

屋架矢高主要由结构刚度条件确定，屋架的矢高直接影响结构的刚度与经济指标。矢高大，弦杆受力小，但腹杆长、长细比大，易压曲，用料反而会增多；矢高小，则弦杆受力大、截面大，且屋架刚度小、变形大。因此，矢高不宜过大，也不宜过小。屋架的矢高也要根据屋架的结构形式而定，一般矢高可取跨度的 1/10 ~ 1/5。

2. 坡　度

屋架上弦坡度的确定应与屋面防水构造相适应。当采用瓦类屋面时，屋架上弦坡度应大

些，一般不小于 1/3，以利于排水。当采用大型屋面板并做卷材防水时，屋面坡度可平缓些，一般为 1/12 ~ 1/8。

3. 节间长度

屋架节间长度的大小与屋架的结构形式、材料及受荷条件有关。一般上弦受压，节间长度应小些；下弦受拉，节间长度可大些。屋面荷载应直接作用在节点上，以优化杆件的受力状态。为减少屋架制作工作量，减少杆件与节点数目，节间长度可取大些。但节间杆长也不宜过大，一般为 1.5 ~ 4 m。

屋架的宽度主要由上弦宽度决定。当钢筋混凝土屋架采用大型屋面板时，上弦宽度主要考虑屋面板的搭接要求，一般不小于 20 cm。

跨度较大的屋架将产生较大的挠度。因此，制作时要采取起拱的办法抵消荷载作用下产生的挠度。跨度大于 18 m 的三角形屋架和跨度大于 24 m 的梯形屋架，起拱度一般为跨度的 1/500。

（三）屋架结构的布置

屋架结构的布置，包括屋架结构的跨度、间距、标高等，主要由建筑外观造型及建筑使用功能方面的要求来决定。对于矩形的建筑平面，一般采用等跨度、等间距、等标高布置同一种类的屋架，以简化结构构造、方便结构施工。

为了构造简单、制作方便，屋架的弦杆通常设计成等截面的。所以确定屋架的形式时，应尽量使弦杆沿全长的内力分布基本相同。如果各节间的内力相差太大，容易造成材料的浪费。屋架的腹杆布置要合理，尽量避免非节点荷载。尽量使长腹杆受拉、短腹杆受压，腹杆数目宜少，使节点汇集的杆件少，构造简单。

节点构造要简单合理。杆件的交角不宜太小，一般在 25° ~ 75° 之间。

1. 屋架跨度

屋架跨度应根据工艺使用和建筑要求确定，一般以 3 m 为模数。对于常用屋架形式的常用跨度，我国都制定了相应的标准图集可供查用，从而可加快设计及施工的进度。对于矩形平面的建筑，一般可选用同一种型号的屋架，仅端部或变形缝两侧屋架中的预埋件稍有不同。对于非矩形平面的建筑，各榀屋架或桁架的跨度就不可能一样，这时应尽量减少其类型以方便施工。

2. 屋架间距

屋架一般宜等间距平行排列，与房屋纵向柱列的间距一致，屋架直接搁置在柱顶。间距的大小除考虑建筑平面柱网布置的要求外，还要考虑屋面结构及吊顶构造的经济合理性。屋架间距即为屋面板或檩条、吊顶龙骨的跨度，最常见的为 6 m，也有 7.5 m、9 m、12 m 等。

3. 屋架支座

屋架支座的标高由建筑外形的要求确定，一般同层中屋架的支座取同一标高。当一根屋架两端支座的标高不一致时，要注意可能会对支座产生水平推力。屋架的支座形式，在力学上可简化为铰接支座。实际工程中，当跨度较小时，一般把屋架直接搁置在墙、垛、柱或圈梁上；当跨度较大时，则应采取专门的构造措施，以满足屋架端部发生转动的要求。

（四）屋架结构的支撑

屋架支撑的位置在有山墙时设在房屋两端的第二开间内，对无山墙（包括伸缩缝处）的房屋设在房屋两端的第一开间内;在房屋中间每隔一定距离(一般≤60 m)需设置一道支撑。对于木屋架,距离为 20～30 m。支撑体系包括上弦水平支撑、下弦水平支撑和垂直支撑,它们把上述开间相邻的两桁架连接成稳定的整体。下弦平面通过纵向系杆,与上述开间空间体系相连,以保证整个房屋的空间刚度和稳定性。支撑的作用有以下三点:

(1)保证屋盖的空间刚度与整体稳定。

(2)抵抗并传递由屋盖沿房屋纵向传来的侧向水平力,如山墙承受的风力、纵向地震作用等。

(3)防止桁架上弦平面外的压曲,减少平面外长细比,并防止桁架下弦平面外的振动。

三、屋架结构的设计实例

1. 贝宁体育馆

位于贝宁科托努市的贝宁友谊体育场的多功能综合体育馆,如图 1.27 所示。体育馆可容纳观众 5 000 名,总建筑面积为 14 015 m²,屋盖结构考虑到当地的施工条件及实际情况,采用梭形立体桁架,跨度为 65.3 m,高跨比为 1/13,中间起拱为 1/330。上弦及腹杆采用 Q235 无缝钢管,下弦采用 Q345 无缝钢管。

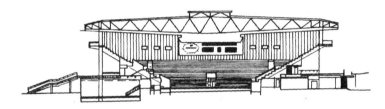

图 1.27　贝宁体育馆

2. 上海大剧院

上海大剧院是由上海市人民政府投资的大型歌舞剧院,位于市中心人民广场西北侧。工程用地面积 21 644 m²,占地面积 11 530 m²,总建筑面积 62 800 m²,地下两层,地上六层,高度为 40 m。该工程通过国际招标,法国建筑师以其"天地呼应,中西合璧"的构思及独特的立面造型而中标,如图 1.28 所示。

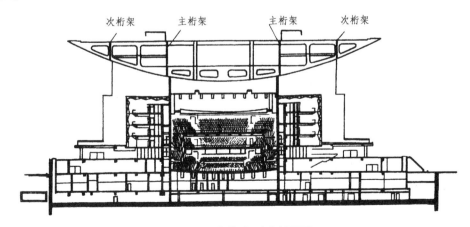

图 1.28　上海大剧院剖面图

方案中最引人注目的是呈反拱的月牙形屋盖，纵向长为 100.4 m，横向宽为 94 m，纵向悬挑为 26 m，横向悬挑为 30.9 m，反拱圆弧半径为 93 m，拱高为 11.5 m。由于其独特的建筑造型和特殊的功能及工艺要求，大剧院的屋盖体系采用交叉刚接钢桁架结构。屋盖结构纵向为两榀主桁架及两榀次桁架，在每根主桁架下各设三个由电梯井筒壁形成的薄壁柱，作为整个屋架结构的支座，次桁架仅起到保证屋盖整体性的作用。横向为 12 榀半月牙形无斜腹杆屋架。

第五节　拱式结构体系

在房屋建筑和桥梁工程中，拱是一种十分古老而现代仍在大量应用的结构形式。它是以受轴向压力为主的结构，这对于混凝土、砖、石等材料十分适宜。特别是在没有钢材的年代，它可充分利用这些材料抗压强度高的特点，避免抗拉强度低的缺点，而且能获得较好的经济和建筑效果。因此在很早以前，拱就得到了十分广泛的应用。

在我国，很早就成功地采用了拱式结构。公元 605 ~ 616 年，隋代人在河北赵县建造的单孔石拱桥——安济桥（又称赵州桥），横越交河，跨度为 37.37 m。它距今近 1 400 年，虽经多次地震，仍完好无损，是驰名中外的工程技术与建筑艺术完美结合的杰作。

在古代的西方，建造了许多体形庞大、气势雄伟的拱式建筑。在建筑规模、空间组合、建筑技术与建筑艺术等方面都取得了辉煌的成就，并对欧洲与世界建筑产生了巨大的影响。最著名的穹顶（半圆拱）结构，当推公元前 27 ~ 公元后 14 年建造，后焚毁，并于公元 120 ~ 124 年重建的罗马万神庙（见图 1.29），其中央内殿是直径为 43.5 m 的半圆球形穹顶，穹顶净高距地面也为 43.5 m。它是古罗马穹顶技术的代表作，也是世界建筑史上最早、最大的大跨结构。

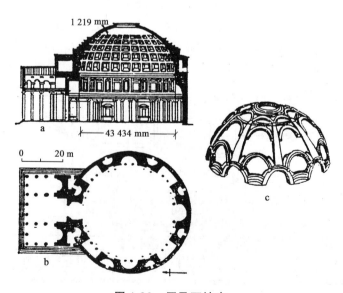

图 1.29　罗马万神庙

a—剖面图；b—平面图；c—穹顶（半圆拱）结构

近现代的拱式结构应用范围很广，而且形式多种多样。例如著名的澳大利亚悉尼歌剧院（见图 1.30，始建于 1957 年）是大家熟知的建筑，处于海中的半岛上。建筑形象的基本元素——拱壳，不但是主要的结构构件，而且是一个符号、一种象征、一个主题，它既像白帆、浪花，又像盛开的巨莲，使人产生丰富的联想。

图 1.30　悉尼歌剧院

一、拱结构的类型及其受力特点

拱的类型很多，按结构组成和支承方式，拱可分为三铰拱、两铰拱和无铰拱三种，如图 1.31 所示。

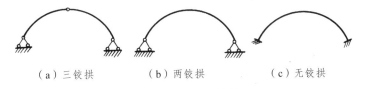

（a）三铰拱　　　　（b）两铰拱　　　　（c）无铰拱

图 1.31　拱结构计算简图

三铰拱为静定结构，两铰拱和无铰拱为超静定结构。拱结构的传力路线较短，是较经济的结构形式。

与刚架相仿，只有在地基良好或两侧拱脚处有稳固边跨结构时，才采用无铰拱。一般，无铰拱用于桥梁，却很少用于房屋建筑。

双铰拱应用较多。跨度小者拱重不大，可整体预制；跨度大者，可沿拱轴线分段预制，现场地面拼装好后，再整体吊装就位。如北京崇文门菜市场的 32 m 跨双铰拱，就是由五段工字形截面拱段拼装成的。双铰拱是一次超静定结构，对支座沉降差、温度差及拱拉杆变形等都较敏感。

为适应软弱地基上的支座沉降差及拱拉杆变形，最好采用静定结构的三铰拱。在跨中央设永久性铰后也便于分段制作，对大跨度拱更为有利。如西安秦始皇兵马俑博物馆展览厅的 67 m 跨三铰拱，由于地基为 I ~ II 级湿陷性黄土，密度小、压缩大，不宜用双铰拱、网架等超静定结构，故采用了静定结构的钢三铰拱。

拱与梁的主要区别是：拱的主要内力是轴向压力，而弯矩和剪力很小或为零，但拱有水平反力，一般称为水平推力（简称推力）。

从图 1.32 可以看出，梁在荷载 P 的作用下，要向下挠曲；拱在同样荷载 P 的作用下，拱脚支座产生水平反力 H，它起着抵消荷载 P 引起的弯曲作用，从而减少了拱的弯矩峰值。

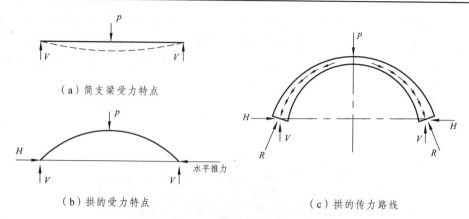

（a）简支梁受力特点

（b）拱的受力特点

（c）拱的传力路线

图 1.32 拱与梁的受力分析

现以三铰拱为例，进一步说明拱的受力特点：

1. 拱脚处的水平推力

三铰拱和简支梁相比，在跨度与荷载相同条件下（见图 1.33），其水平推力 H 为

$$H_A = \frac{1}{f}\left[V_A \frac{l}{2} - P_1\left(\frac{l}{2} - a_1\right)\right] = \frac{M_C^0}{f} \tag{1.3}$$

式中　M_C^0——简支梁在 C 截面处的弯矩；

　　　f——拱的矢高。

由式（1.3）可知：

（1）在竖向荷载作用下，拱脚支座内将产生水平推力。拱脚水平推力的大小等于相同跨度简支梁在相同竖向荷载作用下所产生的在相应于顶铰 C 截面上的弯矩 M_C^0 除以拱的矢高 f。

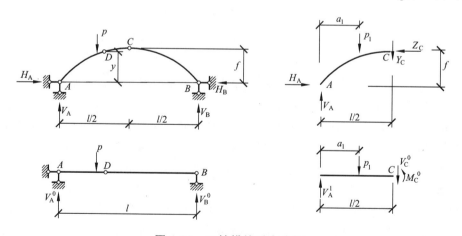

图 1.33 三铰拱的受力分析

（2）当结构跨度与荷载条件一定时，M_C^0 为定值，拱脚水平推力 H 与拱的矢高 f 成反比。

2. 拱身截面的内力

为求拱身 D 截面处的内力，取脱离体，如图 1.34 所示。

从结构力学中可知，拱杆任意截面的内力为

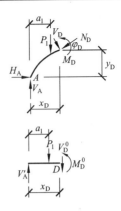

$$\left.\begin{array}{l} M_{\mathrm{D}} = M^0 - Hy \\ N_{\mathrm{D}} = V^0 \sin\varphi + H\cos\varphi \\ V_{\mathrm{D}} = V^0 \cos\varphi - H\sin\varphi \end{array}\right\} \qquad (1.4)$$

式中　M^0、V^0——相应简支梁的弯矩和剪力。

由式（1.4）可知：

（1）拱身内的弯矩小于跨度相同荷载作用下简支梁内的弯矩，减少了 Hy。水平推力 H 与 y 的乘积越大，拱杆截面的弯矩越小。因此，在一定荷载作用下，可以改变拱的轴线，使其各截面的弯矩为零，这样拱杆就只受轴力作用了。

图　1.34

（2）拱身截面内的剪力小于相同跨度、相同荷载作用下简支梁内的剪力。

（3）拱身截面内存在有较大的轴力，而简支梁中是没有轴力的。

二、拱轴形式

拱轴形式的确定主要有两点：一是拱的合理轴线，二是拱的矢高。

1. 拱的合理轴线

在一定的荷载作用下，使拱截面内仅有轴力没有弯矩，满足这一条件的拱轴线称为合理拱轴线。了解合理拱轴线这个概念，有助于选择拱的合理形式。对于不同的结构形式（三铰拱、两铰拱和无铰拱），在不同的荷载作用下，拱的合理轴线是不同的。对于三铰拱，在沿水平方向均布的竖向荷载作用下，合理拱轴线为一抛物线，如图 1.35（a）所示；在垂直于拱轴的均布压力作用下，合理拱轴线为圆弧线，如图 1.35（b）所示。

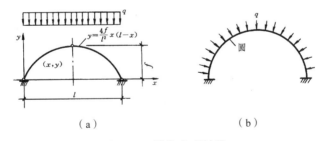

图 1.35　拱的合理轴线

在房屋建筑中拱结构的轴线一般采用抛物线，其方程为

$$y = \frac{4f}{l^2} x(l-x) \qquad (1.5)$$

式中　f——拱轴的矢高；

　　　l——拱轴的跨度。

2. 拱的矢高

不同的建筑对拱的形式要求不同，有的要求扁平、矢高小，有的则要求矢高大。合理拱

轴的曲线方程确定之后，可以根据建筑的外形要求定出拱轴的矢高。以三铰拱为例，在沿水平方向均布的竖向荷载作用下，拱的合理轴线为二次抛物线，当矢高 f 不同时，拱轴形状也不相同。

由此可见，矢高对拱的外形影响很大，它直接影响建筑造型和构造处理。矢高还影响拱身轴力和拱脚推力的大小，水平推力 H 与矢高 f 成反比。因此，设计时确定矢高的大小，不仅要考虑建筑外形要求，还要考虑结构的合理性。

三、平衡拱脚水平推力的结构处理

拱是有推力的结构，拱脚支座必须能够可靠地承受传递的水平推力，否则拱式结构的受力性能无法保证。如果能将结构处理的手法与建筑功能和艺术形象融合起来，会达到建筑造型优美的效果。

一般抗推力结构的处理方案有以下四种：

（一）水平推力由拉杆直接承担

这是最安全可靠的方案，能确保拱在任何情况下正常工作。另外，其支承结构（墙、柱、刚架等）顶部无水平推力 H 的作用，只承担竖向力，故支承结构的用料最省，最经济（见图 1.36）。

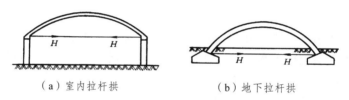

（a）室内拉杆拱　　　　　　　（b）地下拉杆拱

图 1.36　拱脚水平推力由拉杆承担

带拉杆（尤其是预应力拉杆较粗）拱的主要缺点是其室内空间（净高与内景）欠佳，故其应用受到限制，多用于食堂、礼堂、仓库、车间等建筑。

（二）推力由水平结构承担

本方案的目的是尽量少设拉杆，让水平推力由拱脚标高平面内的水平结构（圈梁、挑檐板、边跨现浇钢筋混凝土楼屋盖等）承担（见图 1.37），使拱脚以下的墙、柱、刚架等竖向结构顶部不承受水平推力。本方案比上一方案用料多、造价高，但由于拱内无拉杆，可获得较大的室内建筑空间。

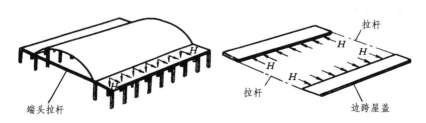

端头拉杆　　　　　　　　拉杆　　拉杆　　边跨屋盖

图 1.37　拱脚水平推力由山墙内的拉杆承担

（三）推力由竖向结构承担

拱脚推力 H 与竖载 q 的合力是斜向的，在拱脚处与拱轴曲线相切。在该力与其他力作用下，对竖向结构的变形要求比强度要求更严。竖向结构应有较大刚度、较小变形。应扩大基础，使地基应力尽量趋于均匀，其最大与最小应力相差不能过大，不会致使竖向结构倾斜，以保证拱脚水平位移较小，避免拱内弯矩变化过大。

抗推力竖向结构有以下几种形式：

1. 斜柱墩

跨度较大、拱脚推力较大时，采用斜柱墩方案，既传力直接，用料经济合理，又造型轻巧新颖。近年来，我国一些体育馆、展览馆建筑采用双铰拱或三铰拱（尤其钢拱较多），不设拉杆支承在斜柱墩上，这种结构最早用于云南体育馆，后又陆续用于内蒙古、天津、沈阳等地的田径练习馆中，跨度为 40～53 m。西安秦始皇兵马俑博物馆展览厅的 67 m 跨三铰钢拱就支承在斜柱墩上（见图 1.38），斜柱从基础墩斜挑出 2.5 m。这种斜挑柱承担拱脚推力，可减少柱弯矩，受力非常合理。

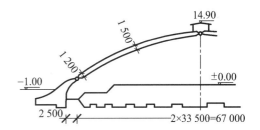

图 1.38　西安秦始皇兵马俑博物馆展览厅（单位：mm）

2. 边跨结构

当拱跨较大，且其旁侧有边建筑（如走廊、办公室、休息厅等）时，就可让拱脚推力传给边跨结构，靠它把推力均匀传布开去。这些抗推力的边跨竖向结构，可以是单层或多层的墙体，也可以是单层或多层的、单跨或多跨的刚架（见图 1.39），或其他各种结构。而这些抗推力竖向结构的侧向刚度要足够大，以保证其在推力下的侧移较小。

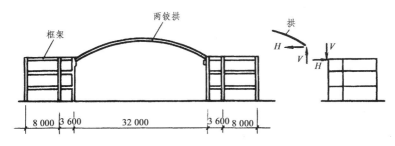

图 1.39　北京崇文门菜市场（单位：mm）

3. 推力直接传给基础——落地拱

对于落地拱，当地质条件较好或拱脚水平推力较小时，拱的水平推力可直接作用在基础上，通过基础传给地基。为了更有效地抵抗水平推力，防止基础滑移，也可将基础底面做成斜坡状，如图 1.40（a）所示。

（a）　　　　　　　　　　（b）

图 1.40　落地拱

落地拱的上部作屋盖，下部作外墙柱，不仅省去了抵抗拱脚推力的水平结构与竖向结构，而且由于拱脚推力的标高一直下降到铰基础，使基础处理大大简化。这是落地拱的结构特点，也是其经济有效的根源，对大跨度拱尤其显著。故一般大跨度拱几乎全都采用落地拱。

无论是双铰的或三铰的落地拱，其拱轴线形都采用悬链线或抛物线。

当拱脚推力较大，或地基过于软弱时，为确保双铰拱的弯矩不致因基础位移而增大，或为确保基础在任何情况下都能承受住拱脚推力，一般在拱脚两基础间设置地下预应力混凝土拉杆［见图 1.40（b）］。

四、拱结构的形式与主要尺寸

（一）拱的主要尺寸

1. 拱的矢高

综合考虑结构的合理性和建筑外形的要求，拱的矢高可按下列关系取用：

a. 两铰、三铰拱

一般矢高 f 取为

$$f = (1/3 \sim 1/2)L，且 f \geqslant L/10$$

经济高度为

$$f = (1/7 \sim 1/3)L$$

有拉杆时可取

$$f = L/7$$

无拉杆时可取

$$f = (1/5 \sim 1/2)L$$

b. 落地拱

一般矢高 f 取为

$$f = (1/7 \sim 1/3)L$$

2. 拱身截面

拱身一般采用等截面，对于无铰拱，由于内力从拱顶向拱脚逐渐增加，因此一般做成变截面的形式。拱身的截面宽度 b 视其截面高度而定。为保证平面外的刚度与稳定，拱身应有足够的截面宽度，一般取 $b = h/2$ 左右。拱身截面高度 h，可按下列关系取用：

a. 钢筋混凝土肋形拱

$$h = (1/40 \sim 1/30)L$$

b. 钢结构实腹式拱肋

$$h = (1/80 \sim 1/50)L$$

c. 钢结构格构式拱肋

$$h = (1/60 \sim 1/30)L$$

（二）拱的形式

拱结构应用广泛，形式多样。从力学计算简图看，可分成无铰拱、两铰拱和三铰拱；按应用材料分类，有钢筋混凝土拱结构、钢拱结构、胶合木拱结构、砖石砌体拱结构；从拱身截面看，有格构式和实腹式拱、等截面和变截面拱。

一般，拱身承受的弯矩比较容易满足要求，但拱在平面外会产生压曲现象。为充分发挥抗压材料的强度，拱身截面需有足够宽度，最好能把拱身做成立体形式，以解决拱身平面外的刚度与稳定问题。

据此，拱身可分为梁式拱和板式拱两大类。

1. 梁式拱

a. 肋形拱

拱身为一矩形截面曲杆。跨度较大者多采用钢筋混凝土或钢肋形拱（见图1.41），为现浇方便，其截面可采用矩形，但为省料与减轻重量，预制拱肋也可做成空心或工字形截面，甚至在肋腹开孔。

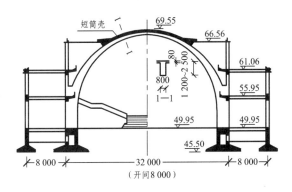

图 1.41　北京展览馆中央大厅（单位：mm）

b. 格构式拱

当拱截面较高，$h > 1\,500$ mm 时，可做成格构式钢拱。为使其具有较好平面外刚度，拱截面最好设计成三角形或箱形的，这是拱肋立体化方法。

格构式钢拱的截面可根据弯矩变化的需要而改变，因此其造型多变（见图1.42）。落地钢三铰拱也可由两片月牙形桁架构成，这也就是三铰刚架发展而成的三铰拱。月牙桁架为三角形斜腹杆，附加再分式竖杆（垂直拱轴或垂直水平面）以支承屋面构件。

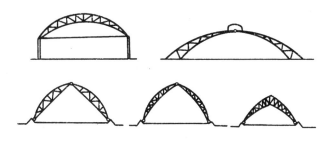

图 1.42　格构式钢拱

目前，我国最大跨度的拱结构之一，西安秦始皇兵马俑博物馆展览厅，即采用 67 m 格构式箱形组合截面钢三铰拱,拱轴为二次抛物线形,矢高为跨度的 1/5。

2. 板式拱

板式拱是拱身向立体化发展的另一方法,也是最好的形式,它把屋面的板与拱合二为一,既是承重的拱结构,其本身又是屋面板。不仅省料,自重轻,且平面外刚度较大,造型优美。

板式拱的种类很多,现介绍以下几种:

a. 筒 拱

最简单的板式拱截面是平板式的,称为筒拱。因是曲板,纵向为直线,故其横向刚度很小,仅用于中小跨结构,尤其在小跨中应用很广,大多采用钢筋混凝土筒拱(见图 1.43)。

图 1.43 布加勒斯特航站楼筒壳屋盖

b. 双波拱

这种拱的横截面呈有凹有凸的波浪形。最有名的双波拱的实例,是工程师、建筑师奈尔维(Nervi)设计的意大利都灵展览馆(见图 1.44),其技术与艺术在此达到完美的融合。

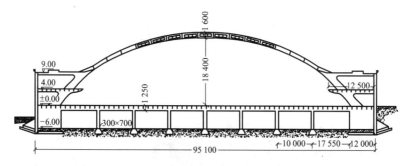

图 1.44 都灵展览馆(单位:mm)

c. 箱形拱

1959 年,法国巴黎国家工业与技术展览中心展览大厅(见图 1.45)建成,其屋盖是分段预制、装配整体式钢筋混凝土、凸波箱形截面的落地三叉拱。

图 1.45 巴黎国家工业与技术展览中心展览大厅

　　澳大利亚悉尼歌剧院采用预制的预应力混凝土落地三铰拱结构，其拱身是尺度很大的箱形拱（见图 1.46）。

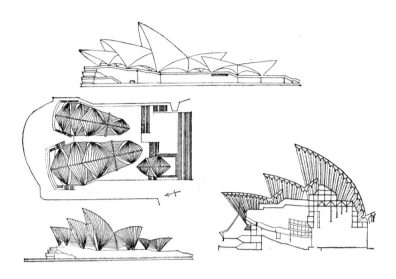

图 1.46　悉尼歌剧院的落地三铰拱结构

五、拱结构布置

1. 拱式结构的支撑系统

　　拱为平面受压或压弯结构，因此，必须设置横向支撑并通过檩条或大型屋面板体系来保证拱在轴线平面外的受压稳定性。为了增强结构的纵向刚度，传递作用于山墙上的风荷载，还应设置纵向支撑与横向支撑形成整体，如图 1.47 所示。拱支撑系统的布置原则与单层刚架结构类似。

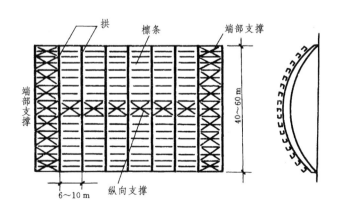

图 1.47　拱的支撑系统

2. 并列布置

　　一般情况下，矩形平面建筑多采用等间距、等跨度、并列布置的平面拱结构（见图 1.48），需要靠支撑解决其纵向抗侧力的能力与侧向稳定性。

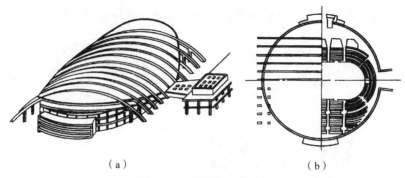

（a）　　　　　　　　　　（b）

图 1.48　蒙哥玛利体育馆

3. 径向布置

对于非矩形平面（如正多边形、圆形、扇形等）建筑，拱的结构布置方案较多，如径向、环向、井式、多叉等布置方案（见图 1.49），但都已是非平面结构，而成为空间拱结构。由平面拱组合构成的空间拱结构，因其各拱肋已相互交叉连接，具有空间刚度与稳定性，也就无需支撑。空间拱结构可以是落地拱，也可以支承在墙柱或刚架顶的圈梁上。

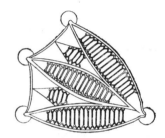

图 1.49　蒙特利尔市梅宗纳夫公园奥林匹克体育中心赛车场

4. 环向布置

很多古罗马的拱结构采取环向布置方案，各拱沿周圈排列，拱脚互抵，推力相消，其中以罗马大角斗场和万神庙最具有代表性（见图 1.50）。

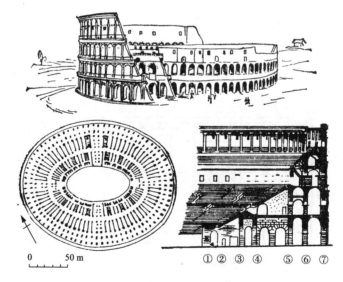

图 1.50　罗马大角斗场

5. 多叉布置

古罗马的半圆拱、筒拱与十字拱，经拜占庭的帆拱，发展到罗马风的肋形拱，以至哥特式的尖券肋形拱，已具备了围绕一个中心点，经向布置辐射状的 4~8 根拱肋的多叉拱特点（见图 1.51）。

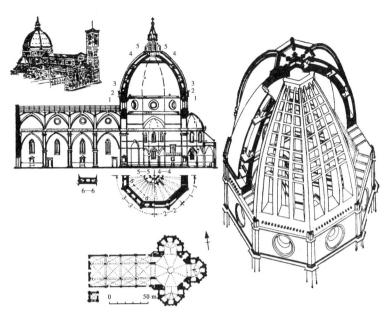

图 1.51　佛罗伦萨市主教堂

多叉拱的平面适应性非常强，几乎能适应任何平面形状。多叉拱最杰出的代表作是 15 世纪上半叶，意大利佛罗伦萨市主教堂（见图 1.51）的圆顶。

第六节　网架结构体系

一、网架结构的特点与适用范围

网架结构是一种新型大跨度空间结构，它具有刚性大、变形小、应力分布较均匀、能大幅度地减轻结构自重和节省材料等优点。网架结构可采用木材、钢筋混凝土或钢材，并且具有多种多样的形式，使用灵活方便，可适应多种形式建筑平面的要求。近年来，国内外许多大跨度公共建筑中或工业建筑普遍地采用这种新型的大跨度空间结构来覆盖巨大的空间。1976 年，在美国路易斯安那州建造的世界上最大的体育馆，就是采用钢网架屋顶圆形平面，其直径达 207.3 m。

网架结构可分为单层平面网架、单层曲面网架、双层平板网架和双层穹窿网架等多种形式（见图 1.52）。单层平面网架多由两组互相正交的正方形网格组成，可以正放，也可以斜放。这种网架比较适合于正方形或接近于正方形的短形平面建筑。如果把单层平面网架改变为曲面——拱或穹窿网架，将可以进一步提高结构的刚度，并减小构件所承受的弯曲力，从而增大结构的跨度。

平板双层钢网架结构是大跨度建筑中应用得最普遍的一种结构形式，近年来我国建造的大型体育馆建筑，如北京首都体育馆、上海市体育馆、南京市五台山体育馆等都是采用这种形式的结构。

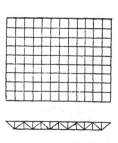 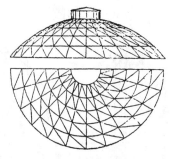 

（a）双层平板网架　　　　（b）单层曲面网架（双曲）　　　　（c）单层曲面网架（单曲）

图 1.52　网架形式

网架结构具有如下优点：

（1）网架是多向受力的空间结构，比单向受力的平面桁架适用跨度更大，跨度一般可达到 30～60 m，其至 60 m 以上。网架是高次超静定结构，结构安全度特别大，倘若某一构件受压屈曲，也不会导致破坏。

（2）由于网架的整体空间作用，杆件互相支持，刚度大，稳定性好，网架具有各向受力性能，应力分布均匀，在节点荷载作用下，网架的杆件主要承受轴向拉力或轴向压力，因此能够充分发挥材料的强度，用料方面可比桁架结构节省钢材 30% 左右。

（3）网架结构中的各个杆件，既是受力杆，又是支撑杆，不需单独设置支撑系统，而且整体性强，稳定性好，空间刚度大，是一种良好的抗震结构形式。

（4）网架结构能够利用较小规格的杆件建造大跨度结构，而且具有杆件类型化，适合于工厂化生产、地面拼装和整体吊装或提升。

（5）网架结构对建筑平面的适应性强，造型表现力相当丰富，这给建筑设计带来极大的灵活性与通用性。高跨比小，能有效地利用建筑空间。

（6）平板网架是一种无推力的空间结构，一般简支在支座上，边缘构件比较简单。

由于网架具有上述优点，所以它的应用范围很广，不仅适用于中小跨度的工业与民用建筑，而且尤其适用于大跨度的体育馆、展览馆、影剧院、大会堂等屋盖结构。

二、平板式空间网架的结构形式

平板网架都是双层的，按杆件的构成形式又分为交叉桁架体系和角锥体系两种。交叉桁架体系网架由两向交叉或三向交叉的桁架组成；角锥体系网架，由三角锥、四角锥和六角锥等组成。后者刚度更大，受力性能更好。

（一）交叉桁架体系网架

这类网架结构是由许多上下弦平行的平面桁架相互交叉连成一体的网状结构。一般讲，斜杆较长，设计成拉杆，竖向腹杆较短，设计成压杆，以利于充分发挥材料的强度。

交叉桁架体系网架的主要形式可分为以下几种：

1. 两向正交正放网架

这种网架由两个方向的平面桁架交叉而成，其交角为 90°，故称为正交。两个方向的桁架分别平行于建筑平面的边线，因而称为正放，如图 1.53 所示。

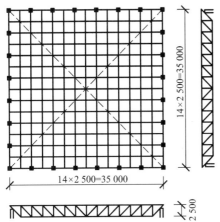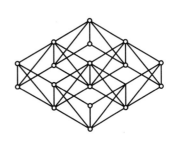

图 1.53　两向正交正放网架（单位：mm）

这种网架一般适用于正方形或接近正方形的矩形建筑平面，两个方向的桁架跨度相等或接近，才能共同受力，发挥空间作用。

2. 两向正交斜放网架

这种网架也是由两组相互交叉成 90°的平面桁架组成，但每片桁架与建筑平面边线的交角为 45°，故称为两向正交斜放网架，如图 1.54 所示。

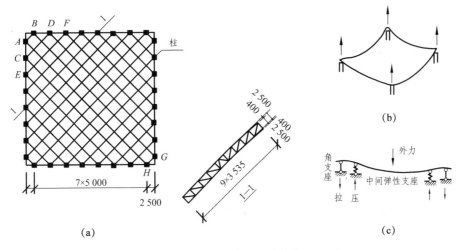

图 1.54　两向正交斜放网架（单位：mm）

从受力上看，当这种网架周边为柱子支承时，两向正交斜放网架中的各片桁架长短不一，而网架常常设计成等高度的，因而四角处的短桁架刚度较大，对长桁架有一定嵌固作用，使长桁架在其端部产生负弯矩，从而减少了跨度中部的正弯矩，改善了网架的受力状态，并在网架四角隅处的支座产生上拔力，故应按拉力支座进行设计。

3. 三向交叉网架

三向交叉网架一般是由三个方向的平面桁架相互交叉而成，其交角互为 60°，故上下弦杆在平面中组成正三角形，如图 1.55 所示。

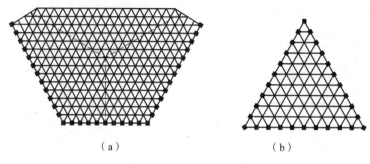

（a）   （b）

图 1.55　三向交叉网架

三向交叉网架比两向网架的空间刚度大、杆件内力均匀，故适合在大跨度工程中采用，特别适用于三角形、梯形、正六边形、多边形、圆形平面的建筑中。但三向交叉网架的杆件种类多，节点构造复杂，在中小跨度中应用是不经济的。

（二）角锥体系网架

角锥体系网架是由四角锥单元、三角锥单元或六角锥单元（见图 1.56）所组成的空间网架结构，分别称为四角锥网架、三角锥网架、六角锥网架。角锥体系网架比交叉桁架体系网架刚度大，受力性能好。若由工厂预制标准锥体单元，则堆放、运输、安装都很方便。角锥可并列布置，也可抽空跳格布置，以降低用钢量。

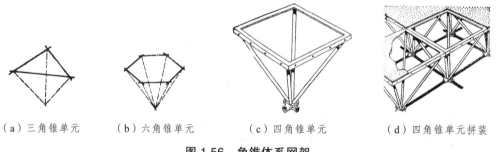

（a）三角锥单元　　　（b）六角锥单元　　　（c）四角锥单元　　　（d）四角锥单元拼装

图 1.56　角锥体系网架

1. 四角锥网架

一般四角锥网架的上弦和下弦平面均为方形网格，上下弦错开半格，用斜腹杆连接上下弦的网格交点，形成一个个相连的四角锥体。四角锥网架上弦不易设置再分杆，因此网格尺寸受限制，不宜太大。它适用于中小跨度。

目前，常用的四角锥网架有两种：

a. 正放四角锥网架

正放四角锥网架是指锥的底边与相应的建筑平面周边平行。正放四角锥网架一般为锥尖向下布置，将锥的底边相连成为网架的上弦杆，锥尖的连杆为网架的下弦杆，如图 1.57（a）所示。也可锥尖向上布置，这时由锥尖的连杆作为网架的上弦杆，由锥的底边相连成为网架的下弦杆。正放四角锥网架的上下弦杆长度相等。

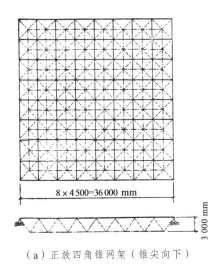

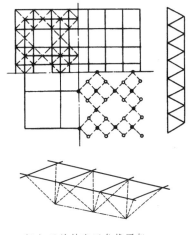

（a）正放四角锥网架（锥尖向下）　　　（b）正放抽空四角锥网架

图　　1.57

并列满格布置的正放四角锥网架的刚度较大，但由于杆件数量多，当跨度较小时网架的用钢量指标较高。为了降低用钢量，简化构造，便于屋面设置采光通风天窗，根据网架的支承条件和内力分布情况，可适当抽掉一些四角锥体，成为正放抽空四角锥网架，如图 1.57（b）所示。

正放四角锥网架的杆件内力比较均匀。当为点支承时，除支座附近的杆件内力较大外，其他杆件的内力也比较均匀。屋面板规格比较统一。上下弦杆等长，无竖杆，构造比较简单。

这种网架适用于平面接近正方形的中小跨度、周边支承的建筑，也适用于大跨网架的点支承、有悬挂吊车的工业厂房和屋面荷载较大的建筑。

b. 斜放四角锥网架

斜放四角锥网架由锥尖向下的四角锥体所组成。与正放四角锥网架不同的是，各个锥体不再是锥底的边与边相连，而是锥底的角与角相接。所谓斜放，是指网架的上弦（即锥底边）与建筑平面边线成 45° 角，而连接各锥顶的下弦杆则仍平行于建筑构线，如图 1.58（a）所示。

由于网架受压的上弦杆长度小于受拉的下弦杆，从钢杆件受力性能来看，这种布置方式比正放四角锥网架更为合理，而且每个节点交汇的杆件数量也较少，因此用钢量较少。斜放四角锥网架形式新颖，经济指标较好，构造简单，近年来用得较多。它适用于中小跨度和矩形平面的建筑。它的支承方式可以是周边支承或边支承与点支承相结合。

2. 六角锥网架

这种网架由六角锥单元组成，如图 1.58（b）所示。当锥尖向下时，上弦为正六边形网格，下弦为正三角形网格；与此相反，当锥尖向上时，上弦为正三角形网格，下弦为正六边形网格。

这种形式的网架杆件多，节点构造复杂，屋面板为六角形或三角形，施工也较困难。因此，仅在建筑有特殊要求时采用。

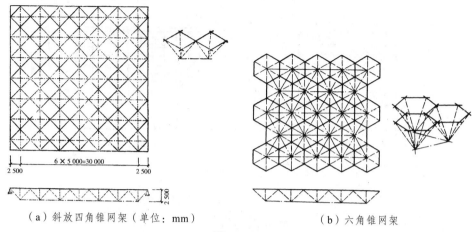

（a）斜放四角锥网架（单位：mm）　　　　　（b）六角锥网架

图　　1.58

3. 三角锥网架

三角锥网架是由三角锥单元组成。这种网架受力均匀，刚度较前述网格形式好，是目前各国在大跨度建筑中广泛采用的一种形式。它适合于矩形、三边形、梯形、六边形和圆形等建筑平面。

三角锥网格常见的形式有两种：一种是上下弦平面均为正三角形的网格，如图 1.59（a）所示；另一种是抽空三角锥网架，其上弦为三角形网格，下弦为三角形和六角形网格，如图 1.59（b）所示。抽空三角锥网架的用料较省，同时杆件减少，构造也较简单，但空间刚度不如前者。

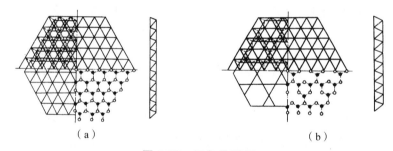

（a）　　　　　　　　　　　　　　　　（b）

图 1.59　三角锥网架

三、平板网架的支承方式和支座

常用的平板网架支承方式有两类：

1. 周边支承

周边支承可以由网架直接支承在边柱上，网架的支座位于柱顶，也可以在圈梁上做成网架支承，圈梁再支承在若干个边柱上。这里的圈梁，即支承网架的托梁。周边支承的网架相当于四边简支双向板（见图 1.60）。

2. 四点或多点支承

四点或多点支承如图 1.61 所示。当采用四点或多点支承时，也可将网架沿周边挑出，形成伸臂结构，挑出长度以 1/4 柱距为宜。四点或多点支承的网架相当于四角支承双向板或无梁楼盖的平板。

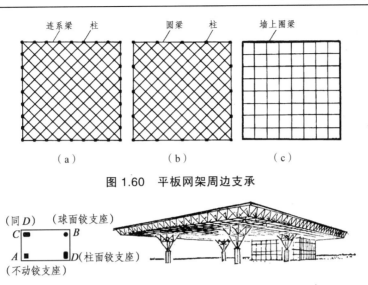

图 1.60 平板网架周边支承

图 1.61 四点支承的网架

四、平板网架的杆件与节点

网架常用的杆件有钢管和角钢两种。钢管一般取直径 $\phi70 \sim \phi160$ mm，管壁厚 1.5 ~ 10 mm。钢管的受力性能比角钢更为合理，并能取得更加经济的效果（钢管网架一般可比角钢网架节约钢材 30% ~ 40%），因而它的应用更为广泛。对于形式比较简单、平面尺寸较小的网架，则可采用角钢作为杆件。

在平板网架的节点上汇交了很多杆件，一般有 10 根左右，呈立体几何关系。因此，在进行网架结构设计时，合理地选择节点形式和相互连接的方法，对整个网架结构的受力性能、制造安装、用钢量和造价的影响都很大。网架节点的连接可以采用焊接或螺栓连接（见图 1.62），螺栓连接适用于高空安装。

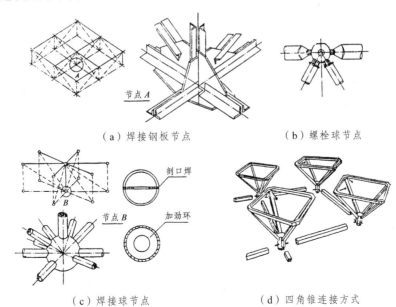

（a）焊接钢板节点　　　　　　（b）螺栓球节点

（c）焊接球节点　　　　　　（d）四角锥连接方式

图 1.62 网架节点做法

五、平板网架的主要尺寸

网架尺寸取决于网架的跨度、屋面材料和屋面做法。它与网架的形式、网架高度、腹杆布置及建筑平面形状、支承条件、跨度大小、屋面材料、荷载大小、有无悬挂吊车、施工条件等因素有密切关系。

采用钢筋混凝土屋面板时，因屋面构件较重，吊装不易，所以网格尺寸不宜超过 3 m×3 m。当采用轻型屋面时，网格尺寸一般可以取 3～6 m。若网架的构件采用钢管时，由于要考虑杆件的长细比，网格尺寸不宜过大。

网格尺寸跨度的比值一般取为：

1. 平板网架的高跨比

（1）跨度小于 30 m 时，约为 1/13～1/10。

（2）跨度为 30～60 m 时，约为 1/16～1/12。

（3）跨度大于 60 m 时，约为 1/20～1/14。

2. 平板网架网格尺寸与网架短向跨度比

（1）跨度小于 30 m 时，约为 1/12～1/8。

（2）跨度为 30～60 m 时，约为 1/14～1/11。

（3）跨度大于 60 m 时，约为 1/18～1/13。

3. 腹杆布置

腹杆布置应尽量使受压杆件短，受拉杆件长，减少压杆的长细比，充分发挥杆件截面的强度，使网架受力合理。对交叉桁架体系网架，腹杆倾角一般在 40°～50°之间。对角锥网架，斜腹杆的倾角宜采用 60°，这样可使杆件标准化。

对于大跨度网架，因网格尺寸较大，为了减小上弦长度，宜采用再分式腹杆，这样可以避免上弦的局部弯曲，并减少其长细比，使受力更为合理。

4. 网架的起拱

跨度较大者宜起拱，拱高小于等于跨度的 1/40。双向正放桁架宜双坡起拱，双向斜放桁架及三向桁架宜四坡起拱。起拱后屋面坡度不宜超过 5%，需要较大排水坡度的，应在网架上弦节点上按坡度要求架设屋面支托（即短竖杆）。起拱后的网架杆件长度复杂，只有保持上下弦平行才能得到较好的效果。

六、网架结构的工程实例

1. 上海体育馆

上海体育馆的比赛馆是一个圆形的建筑（见图 1.63），能容纳 18 000 多人，直径为 110 m，

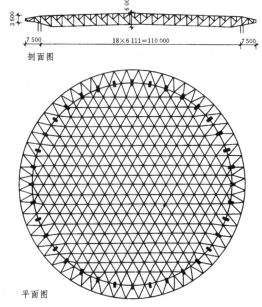

图 1.63 上海体育馆屋盖网架（单位：mm）

屋盖挑出 7.5 m，整个屋盖的直径为 125 m。屋盖采用平板型三向网架结构，网格尺寸取直径的 1/18。上弦设置了再分式腹杆，以减少上弦压杆的计算长度，节省上弦的用钢量，并且由于上弦的杆断面减小，使得节点钢球的直径减少，也减少了节点的用钢量。网架的杆件采用直径为 48～159 mm、壁厚为 4～12 mm 的钢管，焊接空心球节点，钢球直径为 400 mm，壁厚为 14 mm。网架与柱子之间采用双面弧形压力支座，在满足支座转动的前提下，能使网架有适量的自由伸缩，以适应温差引起的变形要求。

2. 广州白云机场机库

广州白云机场机库是为检修波音 747 飞机而建造的，如图 1.64 所示。根据波音 747 飞机机身长、机翼宽的特点，机库平面形状设计成"凸"字形。根据飞机机尾高、机身矮的特点，机库沿高度方向设计成高低跨，机尾高跨部分下弦标高为 26 m，机身低跨部分下弦标高为 17.5 m。因此，机库屋盖选用了高低整体式折线形网架。

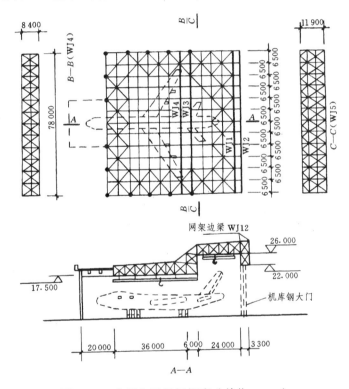

图 1.64　广州白云机场机库（单位：mm）

第七节　薄壁空间结构

一、薄壳结构的概念

壳体结构一般是由上下两个几何曲面构成的空间薄壁结构。这两个曲面之间的距离称为壳体的厚度 t。当厚度 t 远小于壳体的最小曲率半径时，称为薄壳。一般在建筑工程中所遇到的壳体，常属于薄壳结构的范畴。

在面结构中，平板结构主要受弯曲内力，包括双向弯矩和扭矩，如图 1.65（a）所示。薄壁空间结构是如图 1.65（b）所示的壳体，它的厚度 t 远小于壳体的其他尺寸（如跨度），属于空间受力状态，主要承受曲面内的轴力（双向法向力）和顺剪力作用，弯矩和扭矩都很小。

薄壁空间结构主要承受曲面内的轴力作用，所以材料强度得到充分利用。同时，它具有很大的强度和刚度。薄壳空间结构内力比较均匀，是一种强度高、刚度大、材料省，既经济又合理的结构形式。

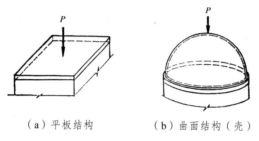

（a）平板结构 　　　（b）曲面结构（壳）

图 1.65　面结构

薄壁空间结构常用于中大跨度结构，如展览大厅、飞机库、工业厂房、仓库等。在一般的民用建筑中也常采用薄壳结构。

薄壁空间结构在应用中也存在一些问题，由于它体形复杂，一般采用现浇结构，所以费模板、费工时，往往因此而影响它的推广。在设计方面，薄壁空间结构的计算过于复杂。

二、薄壳空间结构的曲面形式

薄壳结构中曲面的形式，按其形成的几何特点可以分成以下三类：

1. 旋转曲面

由一平面曲线（或直线）作母线绕其平面内的一根轴线旋转而成的曲面，称为旋转曲面。

在薄壁空间结构中，常用的旋转曲面有球形曲面、旋转抛物（椭圆）面、圆锥曲面、旋转双曲面等，如图 1.66 所示。

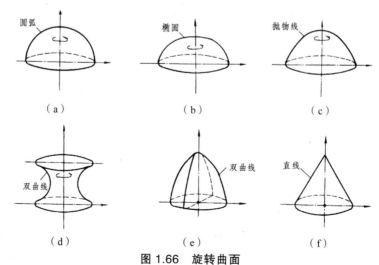

（a） 　　　　　　（b） 　　　　　　（c）

（d） 　　　　　　（e） 　　　　　　（f）

图 1.66　旋转曲面

2. 直纹曲面

一根直母线, 其两端各沿两固定曲导线 (或一固定曲导线, 一固定直导线) 平行移动而成的曲面, 称为直纹曲面, 如图 1.67 所示。一般有:

(1) 柱曲面 (一根直母线沿两根曲率方向和大小相同的竖向曲导线移动而成) 或柱状曲面 (一根直母线沿两根曲率方向相同但大小不同的竖向曲导线始终平行于导平面移动而成), 它们又称单曲柱面。

(2) 锥面 (一根直母线一端沿一竖向曲导线, 另一端通过一定点移动而成) 或锥状面 (一根直母线一端沿一竖向曲导线, 但另一端为一直线, 母线移动时始终平行于导平面), 后者又称劈锥曲面。

(3) 扭面 (一根直母线在两根相互倾斜又不相交的直导线上平行移动而成)。

直纹曲面建造时, 因模板易于制作, 常被采用。

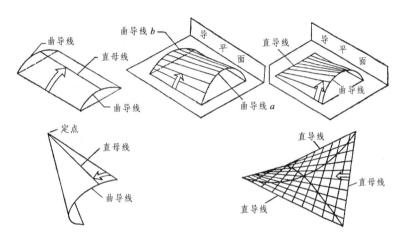

图 1.67 直纹曲面

3. 平移曲面

平移曲面由一根竖向曲母线沿另一竖向曲导线平移而成, 如图 1.68 所示。其中, 母线与导线均为抛物线且曲率方向相同的称为椭圆抛物面, 因为这种曲面与水平面的截交曲线为一椭圆, 母线与导线均为抛物线。

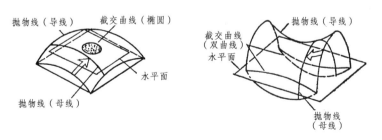

图 1.68 平移曲面

4. 切割或组合曲面

由上述三类曲面切割组合形成的曲面, 称为切割或组合曲面。

建筑师能根据平面及空间的需要, 通过对曲面的切割或组合, 形成千姿百态的建筑造型。曲面切割的形式有著名建筑师萨瑞南设计的美国麻省理工学院大会堂的建筑造型〔见

图 1.69（a）］，著名建筑结构大师托罗哈 1933 年建造的西班牙阿尔赫西拉斯（Algeciras）市场的建筑造型［见图 1.69（b）］。又如，双曲抛物面可近似看作用一系列直线相连的两个圆盘以相反方向旋转而成，扭面实际上是双曲抛物面中沿直纹方向切割出的一部分［见图 1.69（c）］。

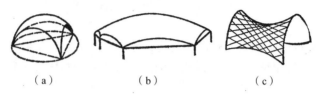

（a） （b） （c）

图 1.69　曲面切割示意图

曲面的组合多种多样。图 1.70（a）是两个柱形曲面正交的造型，图 1.70（b）是八个双曲抛物面组合后的造型，图 1.70（c）是六个扭壳组合后的造型。

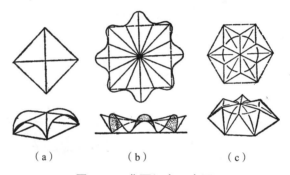

（a） （b） （c）

图 1.70　曲面组合示意图

三、薄壳结构的内力

对于一般的壳体结构，中曲面单位长度上的内力一共有 8 对，它们是轴向力 N_x、N_y，顺剪力 $S_{xy} = S_{yx}$，横剪力 V_x、V_y，弯矩 M_x、M_y 以及扭矩 $M_{xy} = M_{yx}$，如图 1.71 所示。

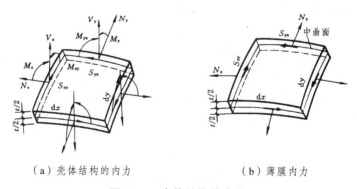

（a）壳体结构的内力 （b）薄膜内力

图 1.71　壳体结构的内力

上述内力可以分为两类，作用于中曲面内的薄膜内力和作用于中曲面外的弯曲内力。理想的薄膜在荷载作用下只能产生轴向力 N_x、N_y 和顺剪力 $S_{xy} = S_{yx}$，如图 1.71（b）所示。因此，这些内力通称为薄膜内力。弯曲内力是由于中曲面的曲率和扭率的改变而产生的，它包括有

横剪力 V_x、V_y，弯矩 M_x、M_y 以及扭矩 $M_{xy} = M_{yx}$。理论分析表明：当曲面结构的壁厚 t 小于其最小主曲率半径 R 的 1/20 并能满足下列条件时，薄膜内力是壳体结构中的主要内力：① 壳体具有均匀连续变化的曲面；② 壳体上的荷载是均匀连续分布的；③ 壳体的各边界能够沿着曲面的法线方向自由移动，支座只产生阻止曲面切线方向位移的反力。

四、筒壳结构

历史上出现的第一种壳体是筒壳。其外形似圆筒，故名圆筒壳，又似圆柱体，故又名柱面壳。筒壳外形简单，是单曲面壳体。其纵向为直线，有横向刚度小的缺点，但几何形状简单，模板制作方便，易于施工，省工、省料。这也是筒壳在历史上最早出现，并在近代仍大量应用的根本原因。

（一）筒壳的结构组成

筒壳由壳身、侧边构件及横隔三个部分组成（见图 1.72）。侧边构件可理解为壳体"边框"。两个横隔之间的距离称为筒壳的跨度，以 l_1 表示；两个侧边构件之间的距离称为筒壳的波长，以 l_2 表示。沿跨度 l_1 方向称为筒壳的纵向，沿波长 l_2 方向则称为筒壳的横向。

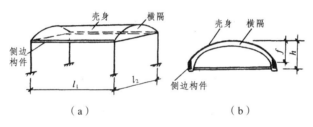

（a） （b）

图 1.72 筒壳结构的组成

筒壳壳身横截面的边线可为圆弧形、椭圆形或其他形状的曲线，一般采用圆弧形较多，它施工方便。壳身包括侧边构件在内的高度称为筒壳的截面高度，以 h 表示；不包括侧边构件在内的高度称为筒壳的矢高，以 f 表示。

侧边构件（边梁）与壳身共同工作，整体受力。它一方面作为壳体的受拉区集中布置纵向受拉钢筋，另一方面可提供较大的刚度，减少壳身的竖向位移及水平位移，并对壳身的内力分布产生影响。常见的侧边构件截面形式如图 1.73 所示，其中以图 1.73（a）的方案最为经济。

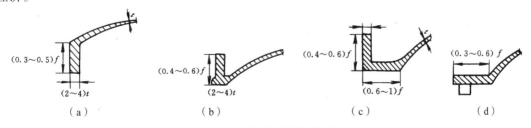

（a） （b） （c） （d）

图 1.73 常见的侧边构件

横隔是筒壳的横向支承，缺少它，壳身的形体就要破坏。横隔的功能是承受壳身传来的顺剪力并将内力传到下部结构。常见的筒壳横隔形式如图 1.74 所示。

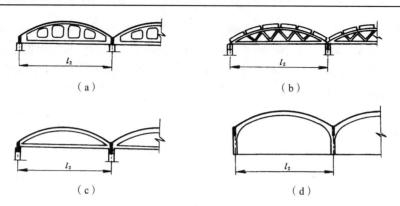

（a）　　　　　　　　　　（b）

（c）　　　　　　　　　　（d）

图 1.74　常见的筒壳横隔形式

（二）筒壳的分类及受力特点

筒壳的空间工作是由壳板、侧边构件和横隔三者共同完成的。筒壳在横向的作用与拱相似，在壳身内产生环向的压力，而在纵向则发挥着梁的作用，把上部竖向荷载通过纵向梁传给横隔。因此，筒壳结构是横向拱与纵向梁作用的综合。在实际设计中，由于建筑布置的不同，使跨长与波长有着大小不同的比例关系，跨长与波长的比值不同时，筒壳的受力状态也不一样。

当跨长与波长的比值增加到一定程度时，筒壳就会像弧形截面梁一样受力；当跨长与波长的比值减小时，筒壳的空间工作性能（拱的作用）就愈来愈明显，这主要反映了横隔对空间工作的影响。

工程中按跨度与波长的比值将筒壳分为三类：

1. 长筒壳

当跨长 l_1 与波长 l_2 的比值，即 $l_1/l_2 \geqslant 3$ 时，称为长筒壳。对于较长的壳体，因横隔的间距很大，纵向支承的柔性很大，壳体的变形与梁一致。这时，长筒壳结构中的应力状态和曲线截面梁的应力状态相似，如图 1.75 所示，可以按材料力学中梁的理论来计算。

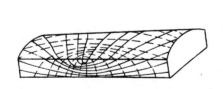
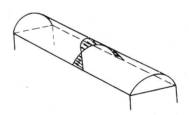

图 1.75　长筒壳的受力特点

2. 短筒壳

当跨长 l_1 与波长 l_2 的比值，即 $l_1/l_2 \leqslant 1/2$ 时，称为短筒壳。对于短筒壳，其结构布置如图 1.76 所示，因为横隔的间距很小，所以纵向支承的刚度很大。这时，壳体的弯曲内力很小，可以忽略不计，壳体内力主要是薄膜内力，故可按薄膜理论来计算。

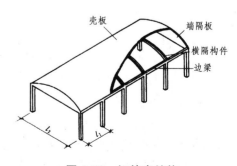

图 1.76　短筒壳结构

3. 中长筒壳

当跨长 l_1 与波长 l_2 的比值，即 $1/2 < l_1/l_2 < 3$ 时，称为中长筒壳。对于中长筒壳，壳体的薄膜内力及弯曲内力都应该考虑，按薄壳有弯矩理论来分析它的全部内力。为简化计算，也可忽略其中较次要的纵向弯矩及扭矩，用所谓半弯矩理论来计算筒壳内的主要内力。

（三）筒壳的结构布置

1. 结构构造

a. 短　　壳

短壳的壳板矢高一般不应小于波长的 1/8。短壳的空间作用明显，壳体内力以薄膜内力为主，弯矩极小，故壳板厚度与配筋均可按构造确定。当壳体跨度 $l_1 = 6 \sim 12$ m、波长 $l_2 \leqslant 30$ m 时，在自重、雪荷载及保温层荷载作用下，壳板厚度可取为 $50 \sim 100$ mm，壳板内配筋可采用 $\phi 4 \sim \phi 6 @ 100 \sim 160$ mm 的双向钢筋网，配筋率不应低于 0.2%。

b. 长　　壳

长壳的截面高度建议采用跨长 l_1 的 $1/15 \sim 1/10$，其壳板的矢高不应小于波长 l_2 的 1/8。壳板厚度可取波长 l_2 的 $1/500 \sim 1/300$，但不能小于 50 mm。长壳的配筋应按计算确定，按梁理论计算所得的纵向受力钢筋应布置在侧边构件内（见图 1.77）。

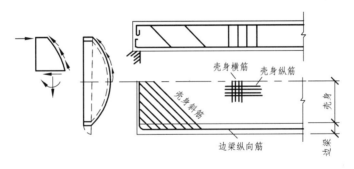

图 1.77　长筒壳配筋示意图

c. 天窗的布置

筒壳的天窗孔及其他孔洞建议沿纵向布置于壳体的上部。在横向，洞口尺寸建议不大于 $（1/4 \sim 1/3）l_2$；在纵向，洞口尺寸可不受限制，但在孔洞四周应设边梁收口，并沿孔洞纵向每隔 $2 \sim 3$ m 设置横撑加强。当壳体具有较大的不对称荷载时，除设置横撑外，尚需设置斜撑，形成平面桁架系统。

2. 筒壳的结构布置方式

a. 折　　缝

单曲板的刚度虽比平板好，但不如双曲板。如何加强单曲板（筒壳）的侧向刚度是一个重要问题，正如前述的横隔和加劲肋都是为解决该问题而设。此外，还可形成折缝。平板的出平面刚度很小，若是折一下，在直线折缝处，却能获得很大的刚度，可以作为平板的刚劲支座。同样，筒壳也可以通过组合（如并列、交贯等）形成曲线或直线折缝（见图 1.78），称为加劲折。这不但与加劲肋的作用完全一样，并且加劲作用更强。因为加劲肋的肋高有限，而折缝两侧的曲面板宽度却大得多。加劲效果的大小与折缝的角度成比例。另外，筒壳折缝使结构更富于表现力。

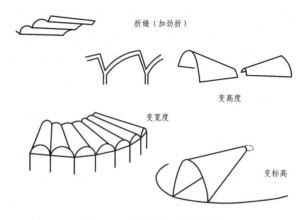

图 1.78　筒壳的折缝与形变

b. 形　变

圆柱形筒壳的外形单调，缺乏活力。若在一个筒壳中，其波宽与矢高沿纵向变化，或两端支座一高一低，变化其形象，则筒壳的造型顿变，显出无穷的活力。这一变化已经超出了筒壳，进入锥壳的范围（见图 1.78），且能组成圆周形平面。

c. 纵向悬挑

纵向悬挑筒壳可用于建筑屋顶的挑檐、雨篷，也可用作车站站台与大看台的悬挑屋顶（见图 1.79）。

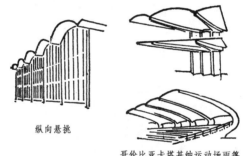

图 1.79　筒壳的纵向悬挑

d. 横向悬挑

横向悬挑可用于雨篷、站台、大看台，也可用于大厅和外墙采光多或开门特大（如飞机库、车库）的建筑物（见图 1.80）。悬挑横隔密排者为短筒壳，疏排者为长筒壳。

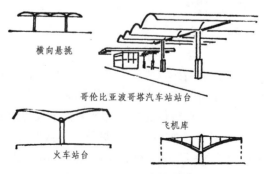

图 1.80　筒壳的横向悬挑

e. 并列组合

等宽筒壳并列可组成矩形平面屋顶［见图 1.81（a）、（b）］，也可组成水塔的圆柱形水箱［见图 1.81（c）］。锥形变宽筒壳并列可组成扇形、环形平面屋顶，也可组成水塔的锥形水箱［见图 1.81（d）、（e）］。并列筒壳相接处形成刚劲有力的折缝。

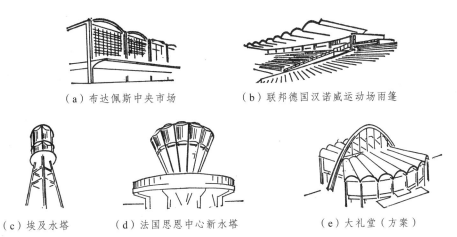

（a）布达佩斯中央市场　　　　　　　（b）联邦德国汉诺威运动场雨篷

（c）埃及水塔　　　（d）法国思恩中心新水塔　　　（e）大礼堂（方案）

图 1.81　筒壳的并列组合

f. 交贯组合

筒壳十字正交最典型的例子，一个是美国圣路易市航空港（见图 1.82）；另一个是环形筒壳与周圈锥形筒壳交贯成一个环形平面的航空港设计方案（见图 1.82），它充分利用了由交贯筒壳形成的加劲折缝。

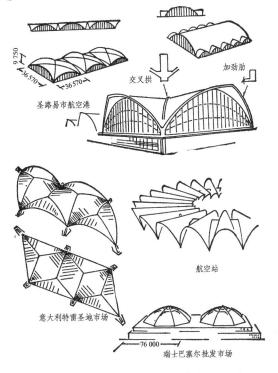

图 1.82　筒壳的交贯组合（单位：mm）

五、圆顶薄壳结构

圆顶结构是极其古老且近代仍然大量应用的一种结构形式。现代圆顶结构与古老的圆顶结构仅是外形类同，而其本质（受力特性）都已改变。圆顶属于旋转曲面壳，具有良好的空间工作性能，因此很薄的圆顶壳体可以覆盖很大的跨度。第一个真正的球壳是 1925 年德国耶拿的肖特（Schott）玻璃工厂厂房，采用旋转对称的球壳顶，钢筋混凝土壳厚为 60 mm。此后应用渐多，但由于受其造型所限，多用于天文馆、会堂、音乐厅、剧院、展览馆等中心型建筑。改善其呆板造型与施工工艺是球壳发展的两个重要方面。

（一）圆顶结构形式与特点

按壳面构造的不同，圆顶结构可分为平滑圆顶、肋形圆顶和多面圆顶三种，如图 1.83 所示。

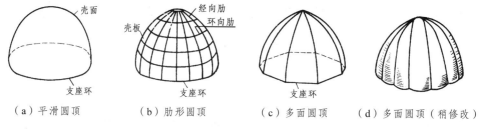

（a）平滑圆顶　　（b）肋形圆顶　　（c）多面圆顶　　（d）多面圆顶（稍修改）

图 1.83　圆顶结构形式

在实际工程中，平滑圆顶应用较多。当建筑平面不完全是圆形，或由于采光要求需要将圆顶表面分成独立区格时，可采用肋形圆顶。肋形圆顶是由经向肋系、环向肋系和壳板组成，与壳板整体连接。多面圆顶结构是由数个拱形薄壳相交而成。有时为了建筑造型上的要求，也可将多面圆顶稍作修改 ［见图 1.83（d）］。多面圆顶结构与圆形圆顶结构相比，其优点主要是支座距离可以较大，建筑外形活泼。多面圆顶结构比肋形圆顶结构经济，自重较轻。

（二）圆顶的结构组成

圆顶结构由壳身、支座环、下部支承构件三部分组成，如图 1.84 所示。

壳身结构当有通风采光要求时，一般可在圆顶顶部开设圆形孔洞。壳体根据顶部是否开孔，可分为闭口壳和开口壳。

圆顶结构中的支座环对圆顶起箍的作用，可有效地阻止圆顶在竖向荷载作用下裂缝的开展及破坏，保证壳体基本上处于受压的工作状态，并实现结构的空间平衡。圆顶通过支座环搁置在支承构件上。圆顶可以通过支座环直接支承在房

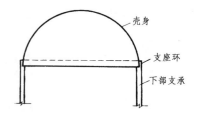

图 1.84　圆顶结构的组成

屋的竖向构件上（如砖墙、柱等），也可以支承在外拱或斜柱上。斜拱或斜柱可以按正多边形布置，并形成相应建筑平面。在建筑处理上，通常将斜拱或斜柱外露，使圆顶与斜拱形式协调，风格统一（见图 1.85）。

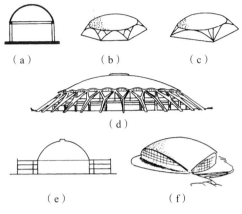

图 1.85 圆顶的支承结构

（三）圆顶的受力特点

一般情况下，壳面的经向和环向弯矩较小，可以忽略，壳面内可按无弯矩理论计算。在轴向（旋转轴）对称荷载作用下，圆顶经向受压，环向上部受压，下部可能受压也可能受拉，这是圆顶壳面内的主内力（见图 1.86）。可以看出，圆顶结构可以充分利用材料的强度。

（a）圆顶受力破坏示意 （b）法向应力状态 （c）环向应力状态 （d）壳面单元体的主要内力

图 1.86 圆顶结构的受力分析

支座对圆顶壳面起箍的作用，所以支座环承受壳面边缘传来的推力，其截面内力主要为拉力（见图 1.87）。由于支座对壳面边缘变形的约束作用，壳面的边缘附近产生经向的局部弯矩。为此，壳面在支座环附近可以适当增厚，并且配置双层钢筋，以承受局部弯矩。对于大跨度结构，支座环宜采用预应力钢筋混凝土。

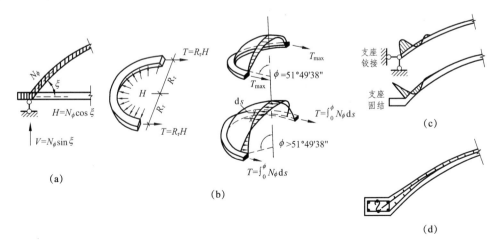

图 1.87 支座环对球壳内力的影响

（四）圆顶壳板的主要尺寸及构造要求

古代厚实的砖石圆顶，跨度可达 30～40 m。现代球壳经济跨度可达 100 m，是壳体结构中跨度最大的。目前，世界上最大球壳跨度为 207 m。球壳矢高一般取 $f=(1/5～1/2)L$。

球壳因内力不大，壳厚度一般由构造要求与稳定性确定。壳厚度很薄，一般取曲率半径的 1/600，最薄为 50 mm，通常为 50～150 mm。

因壳底边缘与支座两者变形不协调而产生干扰，使壳边缘产生经向弯矩，其值不大，且衰减很快。为此需要采取下列措施：

（1）在壳体边缘(1/12～1/5)L 的范围内，局部加厚混凝土到 120～150 mm，厚度应连续增加不能突变，并在此范围内应配双层钢筋。

（2）采用预应力混凝土支座环，能消减边缘干扰，节约钢材，对大跨球壳意义更大。壳内应采用经向配筋与环向配筋。

（五）圆顶的工程实例

1. 某机械厂金工车间

新疆某机械厂金工车间如图 1.88 所示。

图 1.88　新疆某机械厂金工车间

2. 罗马奥林匹克小体育宫

意大利罗马奥林匹克小体育宫（见图 1.89）为钢筋混凝土网状扁球壳结构，球壳直径为 59 m。

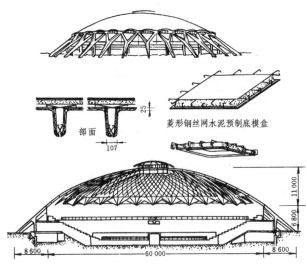

图 1.89　罗马小体育宫（单位：mm）

3. 法兰克福市霍希斯特染料厂游艺大厅

德国法兰克福市霍希斯特染料厂游艺大厅主要部分为一个球形建筑物，系正六边形割球壳，如图 1.90 所示。该大厅可供 1 000 ~ 4 000 名观众使用，可举行音乐会、体育表演、电影放映、工厂集会等各种活动。

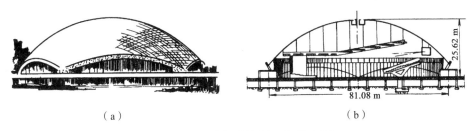

（a）　　　　　　　　　　　　　　（b）

图 1.90　霍希斯特染料厂游艺大厅

六、折板结构

折板结构是 20 世纪 40 年代末才出现的新型结构，在日常用品中只有折叠屏风和手风琴的风箱使人联想到类似的原理。早些时候虽有木材与钢材，但作为屋盖，木材的天然尺寸太小，且木折板的折缝构造太复杂，钢材的强度虽高，但大尺寸钢折板厚度太薄，有发生局部压曲的危险，后来有了钢筋混凝土，才为发展折板结构提供了物质基础。尤其是在折板结构中应用了预应力混凝土，更好地解决了薄板在制作、运输中的变形和开裂以及使用中的压曲与抗裂性等问题，使折板更显出其优越性。

（一）折板结构的组成

折板结构是由许多薄平板以一定角度相互整体连接而成的空间结构体系。折板结构与筒壳相似，一般由折板、边梁和横隔三部分组成，如图 1.91 所示。

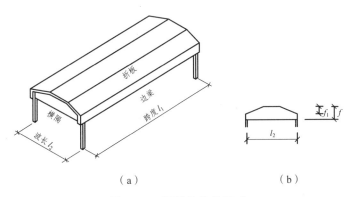

（a）　　　　　　　　　　　（b）

图 1.91　折板结构的组成

对于多波预制折板，也可以靠转折板处的边棱代替边梁。边梁的间距 l_2 为折板的波长，横隔的间距 l_1 为折板的跨度。

折板主要起承重和围护作用。折板沿横向按简支板或连续板受力，沿纵向按简支梁或连续梁受力。

边梁（或边棱）的作用是：① 作为简支板或连续板的横向支座；② 连接相邻的斜板，

加强折板的纵向刚度；③ 增强折板的平面外刚度；④ 对折板起加劲的作用。

横隔的作用是：① 保证折板结构为双向受力的空间结构体系；② 作为折板梁的纵向支座，承受折板传来的顺剪力，并传给下部支承构件；③ 作为折板的板端边框，加强折板的横向刚度，并保持折板的几何形状不变。

边梁与横隔的构造与筒壳相似，因为折板结构的波长 l_2 一般在 12 m 以内，横隔的跨度较小，所以，横隔的构件多采用横隔梁、三角形框架梁等形式。

（二）折板结构的受力特点及分类

折板结构是由具有折线形横截面的梁、刚架、拱或穹顶等组成，其受力特点有：

1. 双向受力与传力

竖载由横向多跨连续板传给折缝，由折缝及其两侧斜板承担此荷载，并借纵横双向受力，材尽其用。

横向靠多跨连续板传力。因横向有弯矩，板不能太薄或太宽。波数（折数）越多，波宽越小，则横向弯矩越小。这是减薄板厚、减轻自重的关键。

纵向依靠折缝及两侧斜板传力，斜板的平面内刚度很大，故跨度大、厚度薄。折板的高跨比与板的斜度（影响折缝的刚劲程度）直接影响其强度与刚度。

2. 折缝的保证作用

与壳体的折缝作用一样，折板的折缝在横向作为连续的支座，在纵向使各块斜板连成整体，保证其纵向刚度。又由于折板是平板，其出平面刚度极小，故其折缝比曲面壳体的折缝起着更重要的加劲作用。

3. 横隔的保证作用

横隔不仅是折板的支座和板端边框，其最主要的作用是保证薄而高的斜板不变位，使之具有足够的横向跨度，从而使具有纵向刚度的折板发挥其强度。

根据结构受力特点的不同，折板结构可分为长折板和短折板两类。当 $l_1/l_2 \geq 1$ 时，称为长折板；当 $l_1/l_2 < 1$ 时，称为短折板。

短折板结构的受力性能与短筒壳相似，双向受力作用明显，计算分析较为复杂。但在实际工程中，因为折板结构波长 l_2 一般不宜太大，故短折板并不多见。一般折板结构跨度 l_1 经常是波长 l_2 的好几倍，即为长折板结构，其受力性能与长筒壳相似。对于边梁下无中间支承且 $l_1/l_2 \geq 3$ 的长折板，可沿纵横方向分别按梁理论计算。

折板结构的形式可分为有边梁的和无边梁两种。无边梁的折板结构由若干等厚度的平板和横隔构件组成，如预制 V 形折板。平板的宽度可以相同，也可以不同。有边梁的折板结构的截面形式如图 1.92 所示。

根据施工方法的不同，折板结构可分成现浇整体式、预制装配式和装配整体式。现浇整体式折板结构必须采用满堂脚手架，费事、费料。因此，近年来我国较多地采用折叠式预制 V 形折板。它可以是预应力的，也可以是非预应力的。折叠式预制 V 形折板是把相邻板块的结合部位设计成可转折的，在长线张拉台座上平卧制作，并可叠层生产、堆放和运输。

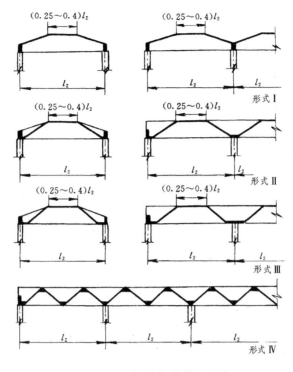

图 1.92 折板结构的截面形式

（三）折板结构的构造

为了使折板的厚度 t 不大于 100 mm，板宽不宜大于 3 ~ 3.5 m，同时考虑到顶部水平段板宽，一般取 $(0.25 ~ 0.4)l_2$，因此，现浇整体式折板结构的波长 l_2 一般不应大于 10 ~ 12 m。折板结构的跨度 l_1 则可达 27 m，甚至更大。

影响折板结构形式的主要参数有倾角 α、高跨比 f/l_1 及板厚 t 与板宽 b 之比 t/b。折板屋盖的倾角 α 越小，其刚度也越小，这就必然造成增大板厚和多配置钢筋，经济上是不合理的，因此，折板屋盖的倾角 α 不宜小于 25°。高跨比 f/l_1 也是影响结构刚度的主要因素之一，跨度越大，要求折板屋盖的矢高越大，以保证足够的刚度。长折板的矢高 f 一般不宜小于 $(1/15 ~ 1/10)l_1$，短折板的矢高 f 一般不宜小于 $(1/10 ~ 1/8)l_2$。板厚与板宽之比是影响折板屋盖结构稳定的重要因素，板厚与板宽之比过小，折板结构容易产生平面外失稳破坏。折板的厚度 t 一般可取 $(1/50 ~ 1/40)b$，且不宜小于 30 mm。

折板结构在横向可以是单波的或多波的，在纵向可以是单跨的、多跨连续的或悬挑的。折板结构中的折板一般为等厚度的薄板。边梁一般为矩形截面梁，梁宽宜取折板厚度的 2 ~ 4 倍，以便于布置纵向受拉钢筋。

（四）折板结构的布置

为取得多变结构造型，并适应建筑平面要求，经常采用下列手法：

1. 外伸悬挑

外伸悬挑可用作挑檐，也可用作雨篷、站台或看台顶篷，如图 1.93 所示。

图 1.93 折板结构的外伸悬挑 ——挪威贝尔根面包工厂

2. 形 变

与筒壳形变相仿，若沿其纵向变化其波宽与波高，或两端支座一高一低，就能变化其结构造型，构成角锥形、高低形等体形，如图 1.94 所示。

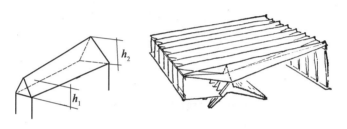

图 1.94 折板结构的形变

3. 并列组合

并列等宽折板只能组成矩形平面,用锥形变宽折板则能并列出扇形或环形平面,如图 1.95 所示。

图 1.95 折板结构的并列组合

4. 反向并列组合

由于存在横向弯矩，并列折板不能太薄或过宽，为此出现了复式折板，但因其折角多且折缝不平行，给施工与屋面排水带来不便。目前，实际工程多采用反向并列组合，如图 1.96 所示。

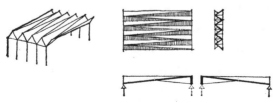

图 1.96 折板结构的反向并列组合

（五）折板结构的工程实例

折板结构造型十分丰富，既可作为梁板合一的构件，又可作为墙柱合一的构件；即可做成折板截面的刚架，又可做成折板截面的拱式结构。

1. 巴黎联合国教科文组织总部会议大厅

建于法国巴黎的联合国教科文组织总部会议大厅采用两跨连续的折板刚架结构，大厅两边支座为折板墙，中间支座为支承于 6 根柱子上的大梁，如图 1.97 所示。

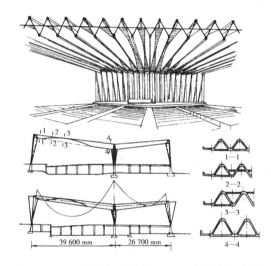

图 1.97　巴黎联合国教科文组织总部会议大厅

2. 伊利诺大学会堂

美国伊利诺大学会堂的平面呈圆形，直径为 132 m，屋顶为预应力钢筋混凝土折板组成的圆顶，由 48 块同样形状的膨胀页岩轻混凝土折板拼装而成，形成 24 对折板拱，拱脚水平推力由预应力圈梁承受，如图 1.98 所示。

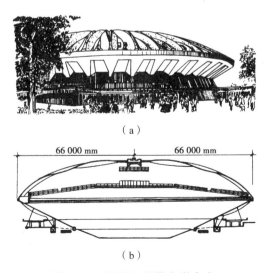

（a）

（b）

图 1.98　美国伊利诺大学会堂

七、双曲扁壳结构

双曲有利于提高壳体各向的强度与刚度。扁壳是指薄壳的矢高 f 与被其所覆盖的底面最短边 a 之间的比值 $f/a \leqslant 1/5$ 的壳体。扁壳的矢高比底面尺寸要小得多，所以扁壳又称微弯平板。

双曲扁壳因为矢高小，结构所占的空间较小，建筑造型美观，结构分析上可以采用一些简化假定，所以得到了较广泛的应用。

（一）双曲扁壳的结构组成

双曲扁壳由壳身及周边竖直的边缘构件所组成，如图 1.99 所示。壳身可以是光面的，也可以是带肋的。壳身曲面可分为等曲率与不等曲率两种，一般常采用抛物线平移曲面。

双曲扁壳四周的边缘构件一般是带拉杆的拱或拱形桁架，跨度较小时也可以用等截面或变截面的薄腹梁。当四周为多柱支承或承重墙支承时，也可以柱上的曲梁或墙上的曲线形圈梁作为边缘构件。四周的边缘构件在四角交接处应有可靠连接的构造措施，使之形成"箍"的作用，以有效地约束壳身的变形。同时，边缘构件在其自身平面内应有足够的刚度，否则壳身内将产生很大的附加内力。

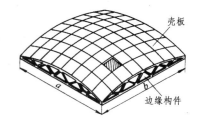

图 1.99 双曲扁壳的结构组成

双曲扁壳可以是单波的，也可以是双波的。

（二）双曲扁壳的受力特点

双曲扁壳主要通过薄膜内力传递壳面荷载。壳身中部区域双向受压，其中的钢筋是按构造设置的。壳身的边缘附近要考虑局部弯矩作用，其正弯矩影响宽度约为双曲扁壳跨度的 $0.12 \sim 0.15$ 倍，为了承受弯矩，应放置相应的钢筋。壳身的顺剪力在周边最大，在四角处达到其最大值，使该区主应力很大，需配置 45° 斜筋承受主拉应力。壳体的四边顺剪力很大，边缘构件上的主要荷载是由壳边传来的顺剪力，顺剪力沿周边分布类似筒壳壳身在横隔构件边缘的分布。双曲扁壳的受力分析如图 1.100 所示。

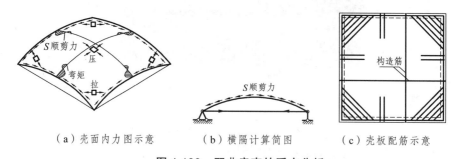

（a）壳面内力图示意　　　（b）横隔计算简图　　　（c）壳板配筋示意

图 1.100 双曲扁壳的受力分析

（三）双曲扁壳工程实例

双曲扁壳的特点是矢高小，受力性能和经济效果较好，建筑比较美观。下面举几个工程实例：

1. 北京火车站

北京火车站的中央大厅和检票口的通廊屋顶共用了 6 个扁壳。设计者把新型结构与中国古典建筑形式结合，获得了很好的效果。立面统一协调，造型丰富，如图 1.101 所示。中央大厅屋顶采用方形双曲扁壳，平面尺寸为 35 m×35 m，矢高为 7 m，壳板厚为 8 mm。大厅宽敞明亮，朴素大方。检票口通廊屋顶的 5 个扁壳，中间一个的平面尺寸为 21 m×21 m，两侧的四个为 16.5 m×16.5 m，矢高为 3 m，壳板厚为 60 mm，边缘构件为两铰拱，四面采光，使整个通廊显得宽敞明亮。

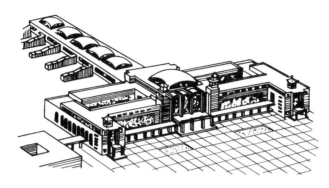

图 1.101 北京火车站

2. 北京网球馆

北京网球馆屋顶采用钢筋混凝土双曲扁壳。该建筑的最大特点是扁壳隆起的室内空间适应网球的运动轨迹，使建筑空间得到充分利用。双曲扁壳的平面尺寸为 42 m×42 m，壳板厚为 90 mm，如图 1.102 所示。

图 1.102 北京网球馆

八、双曲抛物面壳 —— 鞍壳和扭壳

（一）鞍壳和扭壳的形成

当平移曲面的母线与导线为反向的两抛物线时（见图 1.103），将构成马鞍形双曲壳面，称为鞍壳，但它不一定是扁壳。它与水平面相交成双曲线，故又称为双曲抛物面壳。

鞍壳是由无数交叉的两组直线构成的双向直纹的双曲面壳，可以完全用直料模板制作。这一点巧妙地解决了壳体结构最关键的难题 —— 模板，使其制作、架设、拆模、多次重复使用等均较方便。同时，其配筋简单，直纹方向都是直钢筋，且能采用预应力筋。

人们还将继续寻求平面适应性更灵活善变，造型更优美丰富的壳体。鞍壳虽形式新颖，但仅适用于矩形平面，且整个鞍形无法千变万化。

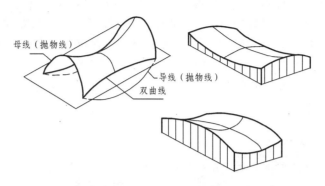

图 1.103 双曲抛物面壳

现从鞍壳正中沿两组直线交叉形成的翘曲四边形切割出一块壳面［见图 1.104（a）］，其四边均为直线，但四角并不在同一平面内，其中两对角低，另两对角高。它仍然是个马鞍形，但其造型已不同于整个马鞍形，且其覆盖平面成了菱形。若从鞍壳的其他部位切割出另一些翘曲四边形壳面（不一定是一个单元小块，且不一定其每边为等单元小块），其壳面虽仍为鞍形，但其造型表现力与覆盖平面却千变万化。然而，万变不离其宗，任何一块壳面都是翘曲的直边四边形，其四角不位于同一平面。

现归纳其构成方法［见图 1.104（b）］：把四根任意长度（等长或不等长）的筷子绑成一个斜四边形。两组对边分别作 n 及 m 等分，并用线绳把两对边各相应等分点连起来，形成了 $n \times m$ 格的斜网格。当斜四边形的四角在同一标高时，成一平面。现保持其中三角不动，仅将一角向下一扭，或把两对边反向一扭，使四角不在同一平面内，扭后各线绳都保持为直线，但全部线绳却形成一个双曲面，它就是从鞍壳中切割出的一块翘曲的直边四边形壳面，故得名"扭壳"。扭壳也可理解为：一根直母线的两端，各沿两异面（即不在同一平面内的）直导线移动，形成马鞍形双曲面壳。由此可见，鞍壳与扭壳只是整体与局部的关系，它们同属于双曲抛物面壳。

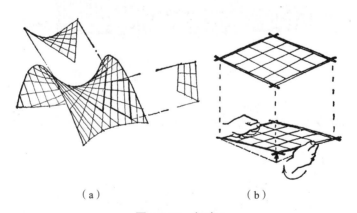

（a）　　　　　　　　　　（b）

图 1.104 扭壳

（二）扭壳的受力特点

双曲抛物面壳体一般均按无矩理论计算。扭壳可以想象是由一系列下凹拉索和上凸压拱正交组成的曲面（见图 1.105），这些拉索和压拱都支承在直杆侧边构件上；还可以想象扭壳在满壳面均布荷载作用下，每一点的 N_x、N_y 都为零，顺剪力 S 平行于直纹方向。在顺剪力作用下，壳面的一个方向为主拉力，与之垂直的方向为主压力；壳面上的均布荷载就等于分配给相互正交的两组拉索和压拱族来共同承担，并通过扭壳周边的顺剪力 S，把荷载传到侧边构件上。

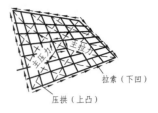

图 1.105　扭壳按无矩理论的受力分析

　　如果单块扭壳以 A、C 两点为支承时，顺剪力 S 经过侧边构件并以合力 R 作用在 A、C 基础上［见图 1.106（a）］。R 有水平分力 H，因此，这种基础应该有承受水平分力 H 的能力。如果单块扭壳如图 1.106（b）所示，扭壳支承在 A、B、C、D 四点上，侧边构件上的顺剪力 S 将使 B、D 两个支承点处受有对角线方向的推力 H。此推力可由设置在对角线方向的水平拉杆来承受，为了减少拉杆自重产生的弯曲应力，拉杆应用吊杆吊在壳板上。

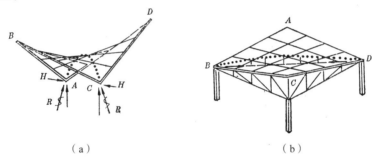

（a）　　　　　　　　　　　　　　　　（b）

图 1.106　扭壳受力示意图

扭壳受力最经济合理，主要体现在以下三个方面：

1. 材尽其用

横向受弯不如轴向受力，单向受力不如双向受力，平面受力不如空间受力，单种结构不如混合结构。在这四个方面钢筋混凝土扭壳全都占有优势，它是双向一拉一压，充分利用混凝土的抗压特性与钢材的抗拉特性，所形成的空间双曲壳面既是屋面又是结构层，在材尽其用上，已达到非常完善的地步。

2. 内力分布好

在全部壳面上，沿壳的两个对角线方向（索向与拱向）的正向力是一正一负，一拉一压。受压拱存在着压曲失稳问题，正好与之正交的另一方向为受拉索，把拱向两侧绷紧，能制约拱的失稳。这就降低了对防止壳板压曲的要求，扭壳可更薄些，自重可更轻些。

3. 配筋方便

扭壳是壳体计算中最简便的，其配筋都是沿直纹铺设的双向直钢筋，在任何点都能充分发挥其强度作用，并且能配预应力筋，这是其他壳体所办不到的。

4. 刚度大

反向双曲壳面，强烈表达了扭壳结构很大的空间刚度，任一方向（拱向或索向）偏离曲线的倾向，都受到另一反向（索向或拱向）曲线的抑制，这是同向双曲壳体办不到的，其刚度与稳定性都比同向双曲壳体大得多，是壳体结构中刚度最大的。由于其刚度大，故一般荷载下无需加劲肋或横隔来加强刚度或保持其壳形。

（三）鞍壳与扭壳的结构布置

1. 鞍壳板

鞍壳板应用很广，一般用于矩形平面建筑，短向布置鞍壳板。其两端支于纵向外墙或柱顶梁上，且可向外挑檐 0.75~1 m。结构简单，规格单一，可用于食堂、会堂、商场、体育馆、车站站台等。西欧轻工业厂房的 80% 均采用鞍壳板作屋盖。

鞍壳板宽为 1.2~3 m，跨度为 6~27 m，矢高 f 为板宽（或跨度）的 1/75~1/25。混凝土壳厚一般为 30~60 mm，钢丝网水泥壳厚为 10~30 mm。

壳内除配有钢丝网外，一般均配有沿鞍壳板对角线直纹方向的两组交叉钢筋。

鞍壳板的纵向边缘构件，根据板跨大小，可采用抛物线变截面梁、等截面曲梁或带拉杆双铰拱。

1976 年建成的美国西雅图金群体育馆是目前最大的圆穹顶，直径为 201.6 m，矢高为 33.5 m，由 40 块弓形鞍壳板组成。

2. 单块式扭壳屋顶

单块式扭壳屋顶多用于中小跨（30~40 m）建筑，但个别也有用于 80 m 跨的。

造型是单轴或双轴对称的，平面多为正方形、菱形或不等边菱形。日本静岗议会大厅［见图 1.107（a）］是边长超过 50 m 的正方形平面。墨西哥科亚肯教堂［见图 1.107（b）］是不等边菱形平面，其造型有所创新。

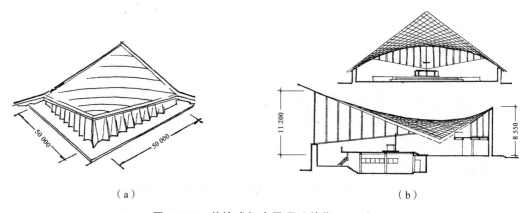

（a）　　　　　　　　　　　　　　　　　　（b）

图 1.107　单块式扭壳屋顶（单位：mm）

边缘直杆的支座一般都直接落地，其中日本静冈议会大厅每个支座对角线方向总推力约 20 000 kN，由地下巨大的拉杆承担其水平分力。也有少数边缘直杆外推力由刚性墙角承担，如墨西哥科亚肯教堂，约 400 kN 的屋顶推力是由毛石墙传递到基础的。

3. 鞍壳的瓣形组合

最著名的工程实例是由墨西哥工程师坎迪拉设计的墨西哥霍奇米尔科市的餐厅（见图 1.108），该餐厅是由八瓣鞍壳单元以"高点"为中心组成的八支点屋顶。

图 1.108　墨西哥霍奇米尔科市的餐厅

第八节　网 壳 结 构

网壳结构即为网状的壳体结构，是格构化的壳体，或者说是曲面状的网架结构。20 世纪初，德国耶拿的蔡斯（Zeiss）工厂需要一个尽可能准确的半球形天文馆，鲍尔斯费尔德（Bauersfeild）教授，虽非结构工程师，却提出一个结构方案，用铁杆组成半球形的网状系统，他用数学精确算出每根杆件的位置与长度，以最小容许误差建成了球网壳。

20 世纪 50 及 60 年代，钢筋混凝土壳体得到了较大的发展，但人们发现，钢筋混凝土壳体结构很大一部分材料是用来承受自重的，只有较少部分的材料用来承担外荷载，并且施工复杂。20 世纪 60 年代，欧美人工费剧增，钢筋混凝土壳体施工需用的模板与脚手架费料、费工，其应用受到了影响。适逢焊接技术更趋完善，高强钢材不断出现，电算技术突飞猛进，给网壳奠定了必要的物质基础。因网壳结构具有非凡的优越性，故发展迅猛。网壳结构多用于大跨度，现已成为大跨结构中应用最普通的形式之一。

单曲面网架为筒网壳，双曲面网架目前只有球网壳与扭网壳两种。筒网壳是以拱式受压或梁式受弯来抗衡并传递外荷的。球网壳是以壳式受压或受拉来抗衡并传递外荷的。

网壳结构具有以下优点：

（1）网壳结构的杆件主要承受轴力，结构内力分布比较均匀，应力峰值较小，因而可以充分发挥材料强度作用。

（2）由于它可以采用各种壳体结构的曲面形式，在外观上可以与薄壳结构一样具有丰富的造型。

（3）网壳结构中网格的杆件可以用直杆代替曲杆，即以折面代替曲面，如果杆件布置和构造处理得当，可以具有与薄壳结构相似的良好受力性能。同时，又便于工厂制造和现场安装，在构造和施工方法上具有与平板网架结构一样的优越性。

网壳结构按杆件的布置方式分类，有单层网壳和双层网壳两种形式。一般来说，中小跨度（一般为 40 m 以下）时可采用单层网壳，跨度大时采用双层网壳。

网壳结构按材料分类有木网壳、钢筋混凝土网壳、钢网壳、铝合金网壳、塑料网壳、玻璃钢网壳等。

一、筒网壳

筒网壳的外形是圆柱面筒形，又称为柱面网壳。它覆盖的平面为矩形，其整体的抗衡与传递外荷的方式与筒壳类似。短筒壳以拱式受压为主，长筒壳以梁式受弯为主，在其壳板曲面内，内力的大小和方向是随筒壳的长短边比例而变化的。筒网壳则不然，由于把壳板镂空做成了格构式网格，网肋的受力方向就固定为网肋的轴线方向，不论筒网壳的长短边如何变化，网肋的受力方向不变，仅改变其量值大小。

按网肋构成及其抗衡与传递外荷方式的不同，筒网壳可分为两类，一类是拱式受压的筒网壳（类似短筒壳），另一类是梁（桁架）式受弯的筒网壳（类似长筒壳）。这两类的区分完全根据网肋的构成是拱还是桁架而定，却与筒网壳的长短边比例无关。

（一）筒网壳的形式

1. 单层筒网壳的形式

单层筒网壳若以网格的形式及其排列方式分类，有以下几种形式（见图1.109）：联方网格型筒网壳、弗普尔型筒网壳、单斜杆型筒网壳、双斜杆型筒网壳、三向网格型筒网壳。

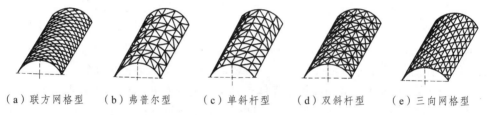

（a）联方网格型　（b）弗普尔型　（c）单斜杆型　（d）双斜杆型　（e）三向网格型

图1.109　单层筒网壳的形式

2. 双层筒网壳的形式

由于单层筒网壳在刚度和稳定性方面的不足，不少工程采用双层筒网壳结构。双层筒网壳结构的形式很多，常用的如图1.110所示。

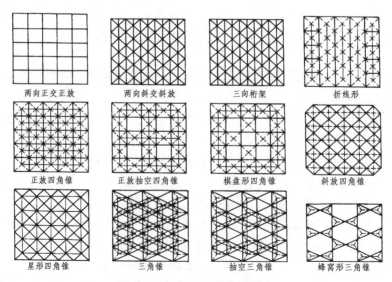

两向正交正放　　两向斜交斜放　　三向桁架　　折线形

正放四角锥　　正放抽空四角锥　　棋盘形四角锥　　斜放四角锥

星形四角锥　　三角锥　　抽空三角锥　　蜂窝形三角锥

图1.110　双层筒网壳的形式

（二）筒网壳结构的受力特点

网壳结构的受力与其支承条件有很大的关系。网壳结构的支承一般有两对边支承、四边支承、多点支承等。

1. 两对边支承

两对边支承的筒网壳结构，按支承边位置的不同，有两种情况：

（1）当筒网壳结构以跨度方向为支座时，即成为筒拱结构。拱脚常支承于墙顶圈梁、柱顶连系梁和侧边桁架上，或者直接支承于基础上，为解决拱脚推力问题，可采用以下几种方案：① 设拉杆；② 设墙垛；③ 设斜柱、墩（见图 1.111）；④ 拱脚落地。

（2）当筒网壳结构在波长方向设支座时，网壳以纵向梁的作用为主。这时，筒网壳的端支座若为墙，应在墙顶设横向端拱肋，承受由网壳传来的顺剪力，成为受拉构件；筒网壳的端支座若为变高度梁，则为拉弯构件。梁式筒网壳的纵向两侧边应同时设侧边构件。

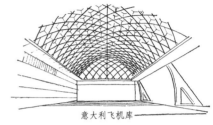

意大利飞机库

图 1.111 拱式筒网壳的拱脚推力处理

2. 四边支承或多点支承

四边支承或多点支承的筒网壳结构可分为短壳、长壳和中长壳。筒网壳的受力同时有拱式受压和梁式受弯两个方面，两种作用的大小同网格的构成及网壳的跨度与波长之比有关。其中短网壳的拱式受压作用比较明显，而长网壳表现出更多的梁式受弯特性，中长壳的受力特点则介于两者之间。由于拱的受力性能要优于梁，因此在工程中多采用短壳。

例如，黑龙江省展览馆某屋盖，采用了三向单层筒网壳结构。网壳的波长为 20.72 m，跨度为 48.04 m，矢高为 6 m。在跨度方向中间设了两个加强拱架，将长筒壳转化为两个短壳（见图 1.112）。

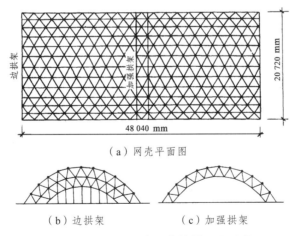

（a）网壳平面图

（b）边拱架　　　　　（c）加强拱架

图 1.112 黑龙江省展览馆某网壳屋盖

二、球网壳结构

1924 年，第一个半球形钢网壳出现在德国耶拿市蔡斯工厂的天文馆 [见图 1.113（a）]，它是按鲍尔斯费尔德教授的方案建造的，在当时技术水平不高的情况下，此举确非易事。同时期，巴·富勒（B.Fuller）从易于制作与装配的角度出发，探讨了球网壳的规则划分。他划分的网肋规格较整齐［见图 1.113（b）］后来的采用者甚多。

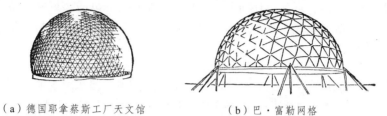

（a）德国耶拿蔡斯工厂天文馆　　　　　　（b）巴·富勒网格

图 1.113　球网壳结构

到目前为止，世界上跨度最大的美国底特律的韦恩体育馆（圆平面直径为 266 m）和容纳观众最多的美国新奥尔良"超级穹顶"体育馆（圆平面直径为 207.3 m）都采用了球网壳。

球网壳的关键在于球面的划分。球面划分的基本要求有：① 杆件规格尽可能少，以便制作与装配；② 形成的结构必须是几何不变体。

（一）单层球网壳

单层球网壳的主要网格形式有以下几种：

1. 肋环型网格

肋环型网格只有经向杆和纬向杆，无斜向杆，大部分网格呈四边形，如图 1.114 所示。它的杆件种类少，每个节点汇交四根杆件，节点构造简单，但节点一般为刚性连接。

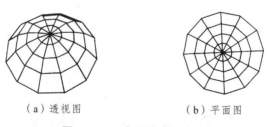

（a）透视图　　　　　　（b）平面图

图 1.114　肋环型球面网壳

2. 施威德勒（Schwedler）型网格

施威德勒型网格由经向网肋、环向网肋和斜向网肋构成，如图 1.115（a）所示。其特点是规律性明显，内部及周边无不规则网格，刚度较大，能承受较大的非对称荷载，可用于大中跨度的穹顶。

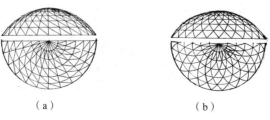

（a）　　　　　　（b）

图　1.115

3. 联方型网格

联方型网格由左斜肋与右斜肋构成菱形网格，两斜肋的夹角为30°~50°，如图1.115（b）所示。为增加刚度和稳定性，可加设环向肋，形成三角形网格。联方型网格的特点是没有经向杆件，规律性明显，造型美观。其缺点是网格周边大，中间小，不够均匀。联方型网格网壳刚度好，可用于大中跨度的穹顶。

4. 凯威特（Kiewitt）型网格

凯威特型网格先用 n 根（n 为偶数，且不小于6）通长的经向杆将球面分成 n 个扇形曲面，然后在每个扇形曲面内用纬向杆和斜向杆划分成比较均匀的三角形网格，如图1.116（a）所示。在每个扇区中，各左斜杆相互平行，各右斜杆也相互平行，故亦称为平行联方型网格。这种网格由于大小均匀，避免了其他类型网格由外向内大小不均的缺点，且内力分布均匀，刚度好，故常用于大中跨度的穹顶中。

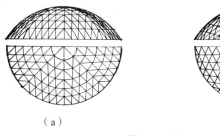

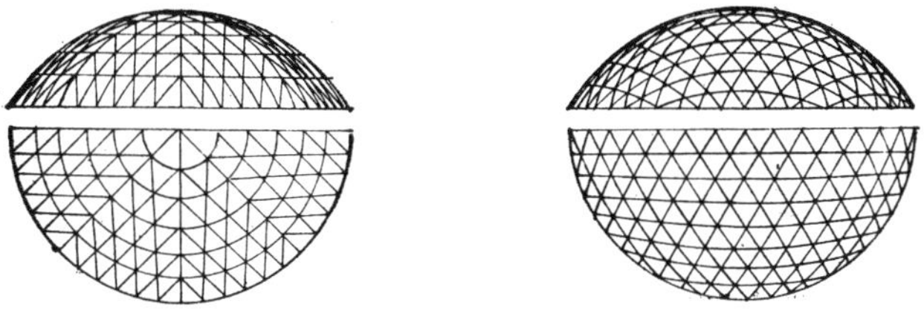

（a）　　　　　　　　　（b）

图　1.116

5. 三向网格型

三向网格型由竖平面相交成60°的三族竖向网肋构成，如图1.116（b）所示。其特点是杆件种类少，受力比较明确，可用于中小跨度的穹顶。

（二）双层球网壳

1. 双层球网壳的形成

当跨度较大时，从稳定性及经济性的方面考虑，双层网壳要比单层网壳好得多。双层球网壳是由两个同心的单层球面通过腹杆连接而成。各层网格的形成与单层网壳相同，对于肋环型、施威德勒型、联方型、凯威特型等双层球面网壳，通常多选用交叉桁架体系；对于三向网格型等双层球面网壳，一般均选用角锥体系。

北京科技馆穹幕影院是一个内径为32 m，外径为35 m，高为25.5 m的3/4双层球网壳，如图1.117所示。

（a）总体　　　　　　（b）内层　　　　　　（c）外层

图1.117　北京科技馆穹幕影院

2. 双层球网壳的布置

已建成的双层球网壳大多数是等厚度的,即内外两层壳面是同心的。但从杆件内力分布来看,一般情况下,周边部分的杆件内力大于中央部分杆件的内力。因此,在设计时,为了使网壳既具有单双层网壳的主要优点,又避免它们的缺点,既不受单层网壳稳定性控制,又能充分发挥杆件的承载力,节省材料,可采用变厚度或局部双层网壳。

（三）球网壳结构的受力特点

球网壳是格构化的球壳,其受力状态与圆顶的受力相似,网壳的杆件为拉杆或压杆,节点构造也须承受拉力和压力。球网壳的底座可设置环梁,也可不设环梁。但一般情况下,设置环梁有利于增强结构的刚度。

随网壳支座约束的增强,球网壳内力逐渐均匀,且最大内力也相应减小,同时整体稳定系数也不断提高。因此,球网壳周边支座节点以采用固定刚接支座为宜。

单层球网壳为增大刚度,也可再增设多道环梁,环梁与网壳节点用钢管焊接。

三、扭网壳结构

扭网壳为直纹曲面,壳面上每一点都可作两根互相垂直的直线。因此,扭网壳可以采用直线杆件直接形成,采用简单的施工方法就能准确地保证杆件按壳面布置。扭壳造型轻巧活泼,适应性强,很受欢迎。

1. 单层扭网壳

单层扭网壳杆件种类少,节点连接简单,施工方便。单层扭网壳按网格形式的不同,有正交正放网格和正交斜放网格两种。

图 1.118 为湖南省益阳市人民法院公判厅,屋盖由四个扭壳组合而成,扭壳为周边支承,水平投影尺寸为 18 m × 24 m,矢高为 3 m,采用焊接钢管单层网壳结构。

图 1.118　益阳市人民法院公判厅单层扭网壳屋盖

2. 双层扭网壳

双层扭网壳结构的构成与双层筒网壳结构相似。网格的形式与单层扭网壳相似,也可分为两向正交正放网格和两向正交斜放网格。为了增强结构的稳定性,双层扭网壳一般都设置斜杆形成三角形网格。

图 1.119 为四川省德阳市体育馆,屋盖平面为菱形,边长为 74.87 m,对角线长为 105.80 m,四周悬挑,两翘角部位最大悬挑长度为 16.50 m,其余周边悬挑长度为 6.60 m。屋盖结构为两向正交斜放网格的双层扭网壳,网壳曲面矢高为 14.50 m。

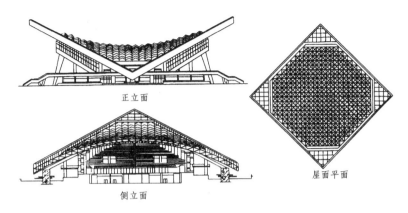

正立面

侧立面

屋面平面

图 1.119　四川省德阳市体育馆

第九节　悬 索 结 构

近几十年来,由于生产和使用需要,房屋跨度越来越大,采用一般的建筑材料和结构形式,即使可以达到要求,也是材料用量浩大,结构复杂,施工困难,造价高。悬索屋盖结构就是为适应大跨度需要而发展起来的一种新型的结构形式,随着各国不断的研究改进,使其应用领域更为广泛,建筑形式丰富多彩。

悬索结构有着悠久的历史,但现代大跨度悬索屋盖结构的广泛应用,则只有半个多世纪的历史。第一个现代悬索屋盖是美国于 1953 年建成的雷里竞技馆(见图 1.120),采用以两个斜置的抛物线拱为边缘构件的鞍形正交索网。

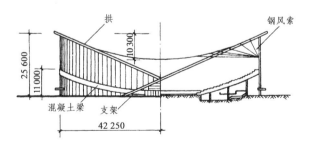

拱　　　　　钢风索

混凝土梁　支架

图 1.120　雷里竞技馆(单位:mm)

我们知道,钢作为一种结构材料,在受轴向压力的情况下,先于破损之前就会变弯,远远发挥不了材料的力学性能,但如果用它来受拉则可以承受极大的张力,悬索结构正是利用这一特点,充分发挥钢的抗拉能力,因而可以较大幅度地节省材料,减轻结构自重,并加大结构的跨度。

悬索结构不仅具有跨度大、经济效果好等优点,而且形式多种多样,可分别适合于方形、长方形、圆形、椭圆形等不同形状的平面形式，因而在建筑实践中被广泛应用。悬索屋盖结构主要用于跨度在 60 ~ 100 m 的体育馆、展览馆、会议厅等大型公共建筑。近年来，也在工业厂房的屋盖结构中使用。目前，悬索屋盖结构的跨度已达 160 m，一些学者推断，跨度为300 m 甚至更大时，悬索结构仍然可以做到经济合理。

悬索屋盖结构具有以下特点：

（1）悬索结构通过索的轴向受拉来抵抗外荷载的作用，可以最充分地利用钢材的强度，并可减轻结构自重。因而，悬索结构适用于大跨度的建筑物，如体育馆、展览馆等。跨度越大，经济效果越好。

（2）悬索结构便于建筑造型，容易适应各种建筑平面，因而能较自由地满足各种建筑功能和表达形式的要求，有利于创作各种新颖的、富有动感的建筑体形。

（3）悬索结构施工比较方便。钢索自重很小，屋面构件一般也较轻，安装屋盖时不需要大型起重设备。施工时不需要大量脚手架，也不需要模板。因而，与其他结构形式比较，施工费用相对较低。

（4）可以创造具有良好物理性能的建筑空间。双曲下凹碟形悬索屋盖具有极好的音响性能，因而可以用来遮盖对声学要求较高的公共建筑。

（5）悬索屋盖结构的稳定性较差。单根的悬索是一种几何可变结构，其平衡形式随荷载分布方式而变，特别是当荷载作用方向与垂度方向相反时，悬索就丧失了承载能力。因此，常常需要附加布置一些索系或结构来提高屋盖结构的稳定性。

（6）悬索结构的边缘构件和下部支承必须具有一定的刚度和合理的形式，以承受索端巨大的水平拉力。因此，悬索体系的支承结构往往需要耗费较多的材料，无论是设计成钢筋混凝土结构或钢结构，其用钢量均超过钢索部分。

一、悬索结构的组成

悬索屋盖的组成包括：索网、边缘构件、支承结构等三部分（见图 1.121）。

图 1.121 悬索结构的组成

1. 索 网

索网的钢索一般采用多股钢绞线或钢丝绳制成。索网的网格尺寸（即索的间距）一般为 1 ~ 2 m。拉索按一定的规律布置，可形成各种不同的体系。

2. 边缘构件

边缘构件多是钢筋混凝土构件，它可以是梁、拱或桁架等结构构件。构件的尺寸根据所受的水平力和竖向力通过计算确定。边缘构件的布置则必须与拉索的形式相协调，有效地承受或传递拉索的拉力。

3. 支承结构

支承结构可以是钢筋混凝土的立柱或框架结构。采用立柱支承时，有时还要采取钢缆锚拉的设施。

二、悬索的受力特点

单根悬索的受力与拱的受力有相似之处，都是属于轴心受力构件，但拱属于轴心受压构件，悬索则是轴心受拉构件，对于抗拉性能好的钢材来讲，悬索是一种理想的结构形式。

1. 索的支座反力

单跨悬索结构的计算简图如图 1.122 所示。由于钢拉索是柔性的，不能受弯，因此索端可认为是不动铰支座。在竖向均布荷载作用下，悬索呈抛物线形，跨中的下垂度为 f，计算跨度为 l。

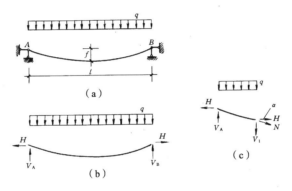

图 1.122　悬索结构的受力分析

如图 1.122 所示，在沿跨度方向分布的竖向均布荷载 q 作用下，根据力的平衡法则，$\sum Y = 0$，支座的竖向反力为

$$V_A = V_B = \frac{1}{2}ql \tag{1.6}$$

因为索中任一截面的弯矩均为零，以跨中截面为矩心，则有

$$\frac{1}{8}ql^2 - Hf = 0$$

$$H = \frac{ql^2}{8f} = \frac{M^0}{f} \tag{1.7}$$

或
$$f = \frac{M^0}{H} \tag{1.8}$$

式中　M^0 ——与悬索结构跨度相同、荷载相同的简支梁的跨中弯矩。

由式（1.7）可知，在竖向荷载作用下，悬索支座受到水平拉力的作用，该水平拉力的大小等于相同跨度简支梁在相同荷载作用下的跨中弯矩除以悬索的垂度。亦即当荷载及跨度一定时（即 M^0 一定时），H 值的大小与索的下垂度 f 成反比。f 越小，H 越大；f 接近 0 时，H 趋于无穷大。因此，找出合理的垂度，处理好拉索水平力的传递和平衡是结构设计中要解决的重要问题，在结构布置中应予以足够的重视。由式（1.7），还可以看出，悬索支座水平拉力 H 与跨度 l 的平方成正比。

2. 索的拉力

将索在计算截面切断，代之以索的拉力 N，N 沿索的切线方向，与水平线夹角为 α，如图 1.122 所示，根据力的平衡条件 $\sum X = 0$，可得

$$\left. \begin{array}{l} N\cos\alpha - H = 0 \\ N = \dfrac{H}{\cos\alpha} \end{array} \right\} \qquad (1.9)$$

当索的方程确定以后，按式（1.9）即可求出索的各个截面内的轴力。由式（1.9）可以看出，索内的轴力在支座截面（此时 α 值最大）最大。在跨中截面（$\alpha = 0$）时最小，最小轴力为

$$N = \frac{ql^2}{8f} \qquad (1.10)$$

可以看出，索的拉力与跨度 l 的平方成正比，与垂度 f 成反比。

3. 边缘构件的内力分析

悬索的边缘构件是索网的支座，索网锚固在边缘构件上。随着建筑平面和悬索屋盖类型的不同，边缘构件可以采用梁（一般为多跨连续梁）、桁架、环梁和拱等结构形式。边缘构件承受悬索在支座处的拉力 N，由于拉力一般都较大，所以它的断面尺寸也较大。图 1.122 中，在悬索支座处的拉力 N 作用下，分别在水平和垂直方面受弯。

三、悬索结构的形式

悬索屋盖结构的形式按屋面几何形式的不同，可分为单曲面和双曲面两类；按拉索布置方式的不同，可分为单层悬索体系、双层悬索体系、交叉索网体系三类。这些悬索结构在形式上的区别，既反映了屋盖建筑造型的不同，也反映了边缘构件形式的不同，因为悬索屋盖结构的成型主要依赖边缘构件［见图 1.123（a）］。

（一）单曲面悬索结构

1. 单曲面单层拉索体系

这种体系由许多平行的单根拉索构成，其表面呈圆筒形凹面，如图 1.123（b）所示。

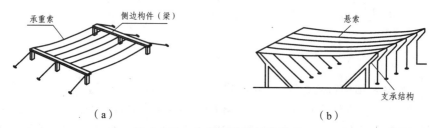

（a）   （b）

图 1.123　单曲面单层拉索体系

拉索两端的支点可以是等高的，也可以是不等高的，这种索结构可以做成单跨的，也可

做成多跨的。这种结构体系构造简单，但屋面稳定性差、抗风（向上吸力）能力小。为保持屋面的稳定性，必须采用重屋盖（一般为装配式钢筋混凝土屋面板）或采用横向加劲肋。然而，即便如此，在不对称荷载作用下，结构仍然处于不稳定状态，故还需要采取将横向加劲肋向下拉紧的措施，才可以完全保证结构的稳定性。

在大跨度结构中，为了限制屋面裂缝开展，并防止过大的变形，往往对屋面板施加预应力，使屋面最后形成整个壳体。

拉索的拉力取决于跨中的垂度，垂度越小，拉力越大，垂度一般取跨度的 1/50～1/20。索的水平拉力不能在上部结构实现自平衡，必须通过适当的形式传至基础。

拉索水平力的传递一般有以下三种方式：

a. 拉索水平力通过竖向承重结构传递

拉索水平力通过竖向承重结构传至基础拉索的两端，可锚固在具有足够抗侧刚度的竖向承重结构上［见图 1.123（b）］，竖向承重结构可为斜柱墩、侧边的框架结构等，如体育馆的看台框架。图 1.124 为德国乌柏特市游泳馆，屋盖设计成纵向单曲面单层悬索，悬索拉力通过看台斜梁传至游泳池底部，两侧对称平衡。

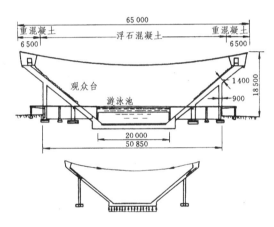

图 1.124　单曲面单层拉索水平力的平衡（乌柏特市游泳馆，单位：mm）

b. 拉索水平力通过拉锚传至基础

索的拉力也可在柱顶改变方向后通过拉锚传至基础。图 1.125 为德国多特蒙德展览大厅，屋盖跨度为 80 m，单曲面单层悬索结构，悬索拉力通过斜柱拉锚至地下基础。

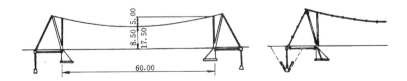

图 1.125　单曲面单层拉索水平力的平衡（多特蒙德展览大厅，单位：m）

c. 拉索水平力通过刚性水平构件集中传至抗侧力墙

拉索锚固于端部水平结构（水平梁或桁架）上，该水平结构具有较大的刚度，可将各根悬索的拉力传至建筑物两端的框架，利用框架受压实现力的平衡。还可在建筑的外部设置抗侧力墙或扶壁，通过特设的抗压构件取得力的平衡。

2. 单曲面双层拉索体系

为了增强索本身的刚度，改单层索系为双层索系，且上下索反向成对，这种体系由曲率相反的承重索和稳定索构成，如图 1.126 所示。

（a） （b）

图 1.126 单曲面双层拉索体系

承重索与稳定索之间用圆钢或钢索联系，其形状如同屋架的斜腹杆，因此也称为拉索桁架，这种悬索结构的主要特点是可以通过斜系杆对上下索施加预应力，从而提高整个屋盖的刚度。反向曲率的索系可以承受不同方向的荷载作用，同时可以采用轻屋面，减轻屋面重量，节约材料，降低造价，而且具有较好的抗风和抗地震性能。

双层拉索体系，上索的垂度可取跨度的 1/20 ~ 1/17；下索的垂度可取跨度的 1/25 ~ 1/20。与单层悬索体系一样，双层索系两端也必须锚固在侧边构件上，或通过锚索固定在基础上。单曲面双层拉索体系中的承重索和稳定索也可以不在同一竖向平面内，而是相互错开布置，构成波形屋面，如图 1.126 所示，这样可有效地解决屋面排水问题。承重索与稳定索之间靠波形的系杆连接，并借以施加预应力。吉林滑冰馆即采用了类似的结构形式，如图 1.127 所示。

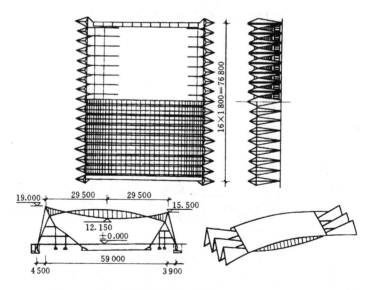

图 1.127 吉林滑冰馆屋盖结构形式（单位：mm）

（二）双曲面悬索结构

1. 双曲面单层拉索体系

这种体系常用于圆形建筑平面，拉索呈辐射状，使屋面形成一个斜曲面。拉索的一端固定在受压的外环梁上，另一端固定在中心受拉的内环或立柱上，形成两种双曲面单层拉索体系——伞形和碟形（见图 1.128）。

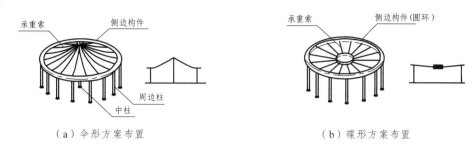

（a）伞形方案布置　　　　　　　　　　（b）碟形方案布置

图 1.128　双曲面单层拉索体系

2. 双曲面双层拉索体系

这种双层体系仍然由承重索和稳定索构成，主要用于圆形平面。同样，在四周设外环，中心设内环（见图 1.129）。

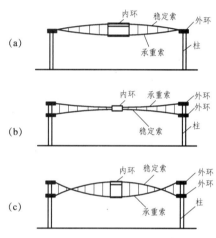

同样，为使索系本身增强刚度，应对上下索施加预应力，使索系在承受外荷前，自身先绷紧。为避免整个结构产生共振，上下索的预应力值应不同，使上下索松紧程度有所差异，固有频率各不相同，以防止两层索同时共振。

屋面可为上凸、下凹或交叉形，作为边缘构件的内外环，可设一道或两道，如图 1.129 所示。这种体系，由于有稳定索，因而层面刚度较大，抗风和抗震性能较好，可以采用轻屋面，故在圆形建筑平面中得到广泛的应用。

图 1.129　双曲面双层拉索体系

1961 年建成的北京工人体育馆比赛厅（见图 1.130）是外环内径为 94 m 的轮形悬索结构。截面为 2 m × 2 m 的钢筋混凝土外环，支于 48 根框架圆柱上。钢内环直径为 16 m，高为 11 m。上索的预应力通过内环传给下索，使上下索同时绷紧，以增强索系刚度，上下索之间设两道交叉的抗振拉索，以防共振。

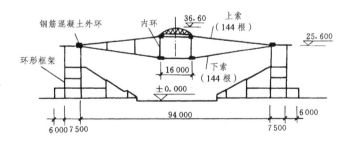

图 1.130　北京工人体育馆比赛厅（单位：mm）

3. 双曲面交叉索网体系

双曲面交叉索网体系由两组相互正交的、曲率相反的拉索交叉而成。其中，下凹的一组为承重索，上凸的一组为稳定索，稳定索应在承重索之上。通常对稳定索施加预应力，将承重索张紧，以增强屋面的稳定性和刚度。由于存在曲率相反的两组索，对其中任意一组或同时对两组进行张拉，均可实现预应力。

交叉索网形成的曲面为双曲抛物面，一般称之为鞍形悬索。鞍形悬索的边缘构件可以根据不同的平面形状和建筑造型的需要而定。其结构形式有双曲环梁、交叉拱（包括落地拱和不落地拱）或设置中间构件。

鞍形悬索屋面刚度大，可以采用轻屋面，屋面排水容易处理。它适用于各种形状的建筑平面，如圆形、椭圆形、菱形等，外形富于起伏变化，因而近年来在国外应用较为广泛。

交叉索网体系需设置强大的边缘构件，以锚固不同方向的两组拉索。由于交叉索网中每根索的拉力大小、方向均不同，使得边缘构件受力大而复杂，常产生相当大的弯矩、扭矩，因此边缘构件需要有大的截面。

交叉索网体系中边缘构件的形式很多，根据建筑造型的要求一般有以下几种布置方式（见图 1.131）：

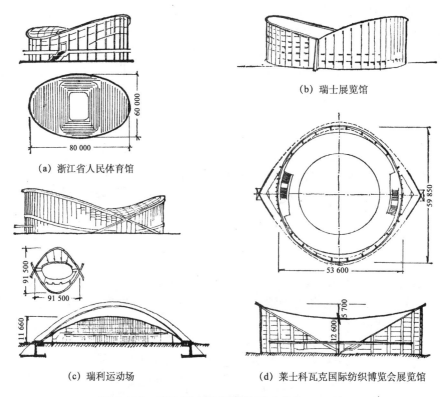

图 1.131　双曲面交叉索网体系（单位：mm）

a. 边缘构件为闭合曲线形环梁

边缘构件若是整环，本身能与索端水平拉力达到平衡，这是最佳方案，其下部支承结构，如墙或柱只需承担竖载。若是整环不能抗衡索端水平拉力，则下部的支承结构必须承担这一侧力与竖载。1969 年在浙江省杭州市建成的浙江省人民体育馆［见图 1.131（a）］采用鞍形悬索结构，其平面为 60 m × 80 m 的椭圆形。鞍形屋面最高点与最低点相差 7 m，边缘构件采用一个截面为 2 000 mm × 800 mm 的整空间曲环梁。

b. 边缘构件为不落地交叉拱

边缘构件是一对不落地交叉拱的方案并不合理，因其在索端拉力作用下，两拱交叉点将有较大的向外推力，变形较大，处理不当将使拱内产生较大的弯矩和扭矩。为此，在交叉点必须设置刚劲有力的竖向结构，如扶壁墙或斜柱等。1952 年，在德国柏林建成的瑞士展览馆 [见图 1.131 (b)] 采用了此方案，在两拱交叉处设置了扶壁柱，同时在该两点间增设拉索。

c. 边缘构件为落地交叉拱

该类型最典型的实例为 1952 年建成的美国北卡罗来纳州的瑞利运动场[见图 1.131(c)]。它的两个倾斜抛物线拱为 4 200 mm × 750 mm 的钢筋混凝土槽形截面，铰接交叉点离地面 7.5 m，拱脚延伸落地，形成倒 V 形支柱。其传力路线既清楚、合理、经济，又富于表现力。拱自重由四周钢柱支承。

南斯拉夫莱士科瓦克国际纺织博览会展览馆[见图 1.131(d)]，两倾斜平面拱为无铰拱，在地面相交。拱下由细长的钢筋混凝土柱支承，以保证屋面承受不对称荷载时保持两拱（地面上仅两个支点 ）的稳定性。

d. 边缘构件为两不相交落地斜拱

当建筑平面与体形需要时，两落地斜拱也可不交叉，各自独立（见图 1.132）。但这时必须处理好斜拱的结构稳定性，一般应用支柱支承斜拱或竖拱外斜拉索来平衡。

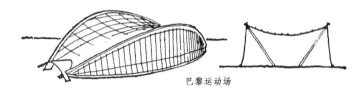

巴黎运动场

图 1.132 边缘构件为两不相交落地斜拱的平衡

e. 设置中间构件

当跨度较大时，若要求中部空间同高或更高时，可设置中间构件，如落地拱、桁架等，这样就形成了屋脊与双坡曲线屋面。日本岩手县体育馆（见图 1.133）采用此方案。

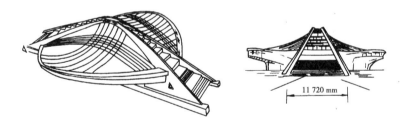

11 720 mm

图 1.133 岩手县体育馆

f. 边缘构件为钢筋混凝土剪力墙

日本建筑师武基雄在设计吉川市民会馆时，并没有简单地沿周边布置索网的承重结构，而是充分考虑了正方形平面的特点，在四角设置了四片三角形钢筋混凝土支撑墙体，借此来平衡索网拉力，起抗倾覆作用。与受拉状况一致，索网四边的主索呈自然曲线，颇似传统建筑檐口的造型特征。从各个方向看上去，三角形支撑墙体犹如端庄的"门柱"，使得这座别致的会馆富有浓厚的纪念意味（见图 1.134）。

g. 边缘构件为拉索结构

交叉索网结构也可用拉索作为边缘构件，其代表建筑物有美国斯克山谷奥运会冰球场，如图 1.135 所示。这种索网结构可以根据需要设置立柱，并可做成任意高度，覆盖任意空间，造型活泼，布置灵活。

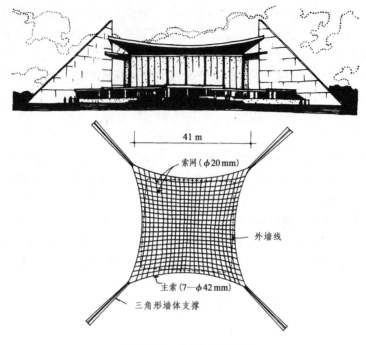

图 1.134 吉川市民会馆

图 1.135 斯克山谷奥运会冰球场

第十节 高层建筑结构体系

　　人类有史以来就有脱离地面、接近苍穹的渴望，从圣经故事中的巴别通天塔到圣保罗大教堂，人们一直渴望建造高大建筑。攀登珠穆朗玛峰是人们为了体验九天揽月的某种愿望，建造摩天大楼或许也与这种愿望有关。在现代房地产业中，高层建筑占有愈益明显的位置，直插云霄的摩天大楼体现了现代人类世界的远大抱负。

　　近 40 年多来，高层建筑发展十分迅速，如雨后春笋林立于世界各地，具有强大的生命力。它的突出优点是有效地利用空间资源，占地面积小，可缓解大城市的住房困难、交通拥挤和用地紧张等问题。据国外的有关资料介绍,9 ~ 10 层的建筑比 5 层的节约用地 23% ~ 28%，16 ~ 17 层的建筑比 5 层的节约用地 32% ~ 49%。

一、高层建筑的定义

对高层建筑的定义与一个国家的经济条件、建筑技术、电梯设备、消防装置等许多因素有关。全世界对高层建筑至今没有统一的划分标准，在不同国家、不同年代，其规定也不一样。

根据联合国教科文组织所属的世界高层建筑委员会的建议，一般将高层建筑划分为以下四类：

Ⅰ类高层：9~16 层，高度不超过 50 m；

Ⅱ类高层：17~25 层，高度不超过 75 m；

Ⅲ类高层：26~40 层，高度不超过 100 m；

Ⅳ类高层：40 层以上，高度在 100 m 以上。

我国在《高层建筑混凝土结构技术规程》（以下简称《高规》）中规定：10 层及 10 层以上或房屋高度超过 28 m 的混凝土结构高层民用建筑物称为高层建筑，并把常规高度的高层建筑称为 A 级高度的高层建筑，把高度超过 A 级高度限值的高层建筑称为 B 级高度的高层建筑。其中 A 级高度钢筋混凝土高层建筑的最大适用高度见表 1.1，B 级高度钢筋混凝土高层建筑的最大适用高度见表 1.2，钢结构高层建筑的最大适用高度见表 1.3。

表 1.1　A 级高度钢筋混凝土高层建筑的最大适用高度（m）

结　构　体　系		非抗震设计	抗　震　设　防　烈　度			
			6 度	7 度	8 度	9 度
框　架		70	60	55	45	25
框架-剪力墙		140	130	120	100	50
剪力墙	全部落地	150	140	120	100	60
	部分框支	130	120	100	80	不应采用
筒　体	框架-核心筒	160	150	130	100	70
	筒中筒	200	180	150	120	80
板柱-剪力墙		70	40	35	30	不应采用

表 1.2　B 级高度钢筋混凝土高层建筑的最大适用高度（m）

结　构　体　系	非抗震设计	抗　震　设　防　烈　度		
		6 度	7 度	8 度
框架-剪力墙	170	160	140	120
剪力墙全部落地	180	170	150	130
剪力墙部分框支	150	140	120	100
框架-核心筒	220	210	180	140
筒中筒	300	280	230	170

表 1.3　钢结构高层建筑的最大适用高度（m）

结构类型	结构体系	非抗震设计	抗震设防烈度		
			6度、7度	8度	9度
钢结构	框架	110	110	90	—
	框架–支撑（剪力墙）	240	200	180	140
	各类筒体	400	350	300	250
混凝土–钢结构	钢框架–混凝土剪力墙 钢框架–混凝土芯筒	220	180	—	—
	钢框筒–混凝土芯筒	220	220	150	—
型钢混凝土结构	框架	110	110	90	70
	框架–剪力墙	180	150	120	100
	各类筒体	200	180	150	120

二、高层建筑结构设计的特点

高层建筑和低层建筑一样，承受自重、活载、雪载等垂直荷载和风、地震等水平荷载。

在低层结构中，水平荷载产生的内力和位移很小，通常可以忽略；在多层结构中，水平荷载的效应（内力和位移）逐渐增大；在高层结构中，水平荷载和地震力将成为主要的控制因素（见图 1.136）。

从对结构内力的影响看，垂直荷载主要使柱产生轴力，其与房屋高度大体上为线性关系（见图 1.137）；水平荷载则产生弯矩，其与房屋高度呈二次方变化（见图 1.137）。

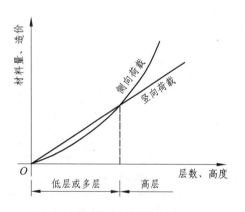

图 1.136　荷载对建筑的影响

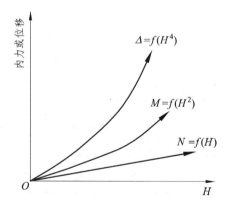

图 1.137　建筑高度对内力和位移的影响

从受力特性看，垂直荷载方向不变，房屋高度增加，仅引起量的增加；水平荷载则可来自任意方向，反向荷载可能使内力反号。

从侧移观点看，侧移主要由水平荷载产生，且与高度呈四次方变化（见图 1.137）。

高层建筑设计不仅需要较大的承载能力，而且需要较大的刚度，使侧移不至于过大，这是因为：

（1）过大的侧移，影响使用。

（2）过大的侧移，会使填充墙和装修损坏，也会使电梯轨道变形。

（3）过大的侧移，会使主体结构出现裂缝，甚至损坏。

（4）过大的侧移，会使结构产生附加内力（$P-\Delta$效应），甚至引起倒塌。

三、高层建筑的结构类型及结构体系

（一）高层建筑的结构类型

钢和钢筋混凝土两种材料都是建造高层建筑的重要材料，但各自有着不同的特点。

1. 钢结构

钢结构的优点是：

① 钢材强度高、韧性大、易于加工，钢构件可在工厂加工，有利于缩短施工工期，且施工方便。

② 高层钢结构断面小，自重轻，抗震性能好。

钢结构的缺点是：

① 高层钢结构用钢量大，造价高。

② 钢材耐火性能不好，需要用大量防火涂料，增加了工期和造价。

在发达国家，大多数高层建筑采用钢结构，我国仅部分高层采用了钢结构。在一些地基软弱或抗震要求高而高度又大的高层建筑采用钢结构是合理的。

2. 钢筋混凝土结构

钢筋混凝土结构的优点是：

① 造价低，且材料来源丰富，并可浇筑成各种复杂断面形状，组成各种复杂结构体系。

② 节省钢材，经过合理设计可获得较好的抗震性能。

钢筋混凝土结构的缺点是：构件强度低，截面大，自重大。

在发展中国家，大都采用钢筋混凝土结构建造高层建筑，我国的高层建筑也以钢筋混凝土结构为主。

3. 发展趋势

在当前的发展趋势中，更为合理的是同时采用钢和钢筋混凝土材料的组合结构。

将钢筋混凝土与钢结构结合起来，目的是为了利用钢筋混凝土的刚度以抵抗水平荷载，利用钢材的轻质和跨越性能好等优点以利于构造楼面。这种结构可以使两种材料互相取长补短，取得经济合理、技术性能优良的效果。

根据国外的经验，组合结构高层建筑（35～40层）的造价约为钢筋混凝土结构的63.3%，为纯钢结构的54%，钢-钢筋混凝土组合结构体系具有经济、方便的优点，被认为是最有发展前途的。

（二）高层建筑结构体系及典型布置

结构体系是指结构抵抗外部作用的构件组成方式。

在高层建筑中，水平荷载往往是结构设计的主要控制因素。随着房屋高度的增加，如何有效地提高结构抵抗水平荷载的能力和侧向刚度（见图 1.138）等，也就逐渐成为主要问题。

因此，随着建筑物的体型和高度的变化，根据建筑的功能要求，选用不同的结构体系来满足强度、刚度、延性和稳定的需要，并使其达到最佳的经济效果是高层建筑结构设计的关键问题。

高层建筑中常用的钢筋混凝土结构体系有：框架结构、剪力墙结构、框架-剪力墙结构、筒体结构。

图 1.138

1. 框架结构体系及适用范围

（1）结构特征。

框架是指同一平面内由水平横梁和竖柱通过刚性节点连接在一起，形成矩形网格的形式（见图 1.139）。框架结构体系是指沿房屋的纵向和横向均采用框架作为承重和抵抗侧力的主要构件所构成的结构体系（见图 1.140）。

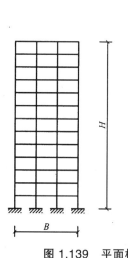

图 1.139　平面框架

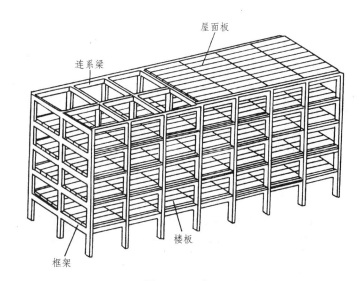

图 1.140　框架结构体系

框架结构体系的优点是建筑平面布置灵活，可以提供较大的内部空间，建筑立面也容易处理，结构自重较轻，构件简单，施工方便，计算理论也比较成熟，在一定的高度范围内造价较低，因而特别适合用于商场、展览馆、医院、旅馆、教学楼、办公楼等公共建筑以及多层工业厂房。

框架结构体系的缺点是框架结构本身的柔性较大，抗侧力能力较差。在风荷载作用下会产生较大的水平位移；在地震荷载作用下，非结构性的部件破坏较严重（如建筑装饰、填充墙、设备管道等）。因此，在采用框架结构时应控制建筑物的层数和高度。

（2）框架结构柱网布置。

工业建筑的柱网尺寸和层高根据生产工艺要求而定。车间的柱网可归纳为内廊式和等跨式两种（见图 1.141）。

民用建筑的柱网和层高根据建筑使用功能而定。住宅、旅馆和办公楼的一些已建工程柱网布置见图 1.142、1.143。

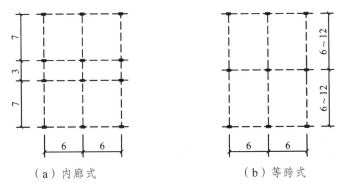

图 1.141　工业建筑的柱网布置（单位：m）

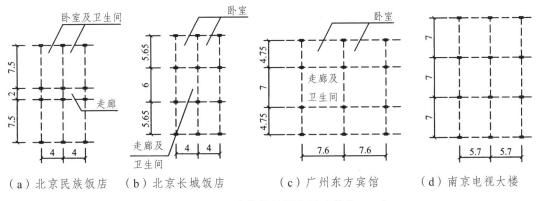

图 1.142　民用建筑的柱网布置（单位：m）

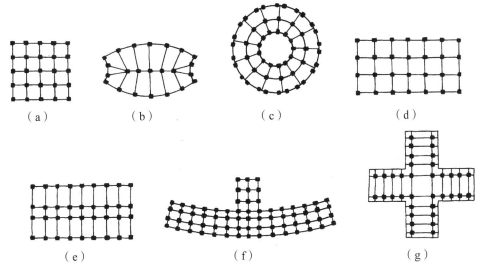

图 1.143　框架结构典型平面

　　柱网布置时，应考虑到结构在竖向荷载作用下内力分布均匀合理，各构件材料强度均能充分利用。例如，对三跨框架采用"边跨小、中跨大"的布置方案比较合理。从图 1.144 所示的计算结果可以看出，在荷载和杆件截面尺寸相同的条件下，框架 A（边跨大、中跨小）的梁和柱的弯矩数值比框架 B（边跨小、中跨大）的大，而且在框架 B 中，柱子接近于中心受压，梁的正、负弯矩分布比较合理。

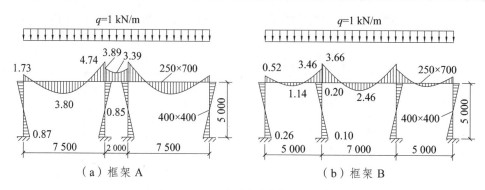

图 1.144　框架弯矩图（kN·m）

（3）受力特征和变形特点。

框架在水平力作用下，在竖向构件的柱和水平构件的梁内均引起剪力、轴力和弯矩，这些力使梁、柱产生变形（见图 1.145（a））。

框架侧移由两部分组成：一是框架在水平力作用下的倾覆力矩，使框架的近侧柱受拉、远侧柱受压，形成框架的整体弯曲变形 Δ_1（见图 1.145（b））；二是由水平力引起的楼层剪力，使梁、柱产生垂直于其杆轴线的剪切变形和弯曲变形，形成框架的整体剪切变形 Δ_2（见图 1.145（c））。当框架的层数不太多时，框架的侧移主要是由整体剪切变形引起的，整体弯曲变形的影响甚小。

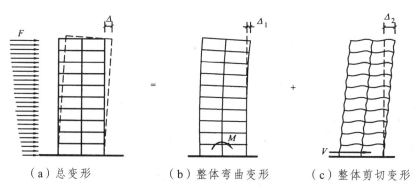

（a）总变形　　　　　（b）整体弯曲变形　　　　　（c）整体剪切变形

图 1.145　水平荷载下框架的变形

2. 剪力墙结构体系及适用范围

（1）剪力墙结构体系的构成。

随着建筑物高度的增加，框架结构柱子的合理截面已难以承担由于竖向荷载，特别是由水平荷载产生的内力。为了抵抗外荷载，需要不断地增大柱的截面，以致造成了不合理的设计。用钢筋混凝土墙板来代替框架结构中的梁柱则能承担由各类荷载引起的内力，并能有效地控制结构的水平变形（见图 1.146）。

钢筋混凝土剪力墙结构是指用钢筋混凝土墙板来承受竖向荷载和水平荷载的空间结构，墙体亦同时作为维护和分隔构件。由于墙板截面其惯性矩大，整体性能好，因此剪力墙体系的侧向刚度是很大的，它能承担相当大的水平荷载。剪力墙结构体系的优点是抗侧力能力强，变形小，抗震性能好。从经济上分析，剪力墙结构以 30~40 层左右为宜。

（2）墙体受力状态。

剪力墙结构体系中的纵墙和横墙，在水平荷载作用下，其工作状况犹如一根底部嵌固于基础顶面的悬臂深梁（见图 1.147），墙体是在压、弯、剪的复合状态下工作的。

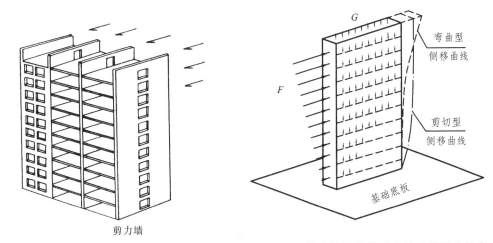

图 1.146 钢筋混凝土剪力墙结构　　　图 1.147 剪力墙结构体系中墙体的受力状态

当房屋层数较少，墙体的高宽比值小于 1 时，在水平荷载下，墙体以剪切变形为主，墙体的侧移曲线呈剪切型；当房屋层数很多，墙体的高宽比值大于 4 时，墙体在水平荷载下的侧移，则是以弯曲变形为主，墙体的侧移曲线接近弯曲型；墙体的高宽比值在 1～4 之间时，墙体的剪切变形和弯曲变形各占一定比例，侧移曲线呈剪弯型。

（3）抗震能力。

现浇钢筋混凝土剪力墙体系，由于结构整体性强，结构在水平荷载下的侧向变形小，而且承重能力有很大富余，地震时墙体即使严重开裂，强度衰减，其承载能力也很少降低到承重所需要的临界承载力以下。所以，现浇剪力墙结构体系具有较高的抗震能力。国内外多次地震的震害调查资料表明，采用此种体系的房屋的破坏程度均较轻。

（4）墙体布置方案。

墙体的平面布置应综合考虑建筑使用功能、构件类型、施工工艺及技术经济指标等因素加以确定。

剪力墙结构体系的典型布置见图 1.148。

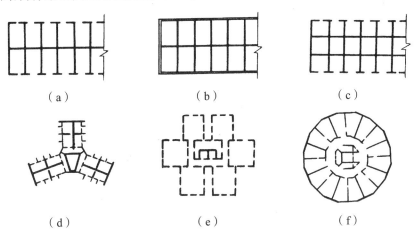

（a）　　　　　　　（b）　　　　　　　（c）

（d）　　　　　　　（e）　　　　　　　（f）

图 1.148 剪力墙结构体系的典型布置

　　剪力墙结构的缺点主要是剪力墙间距太小，平面布置不灵活，不适于建造公共建筑，结构自重较大。剪力墙的间距受楼板构件跨度的限制，一般为 3～5 m。因而剪力墙结构比较适用于要求小房间的高层住宅、旅馆、办公楼等建筑。

　　为了克服上述弱点，减轻自重，并尽量扩大剪力墙结构的使用范围，可适当加大剪力墙间距，做成底部大开间剪力墙结构。

　　在底层或下部几层将剪力墙部分取消，形成部分框支剪力墙以扩大使用空间（见图1.149）。

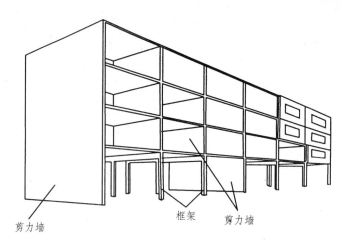

图 1.149　底部大空间剪力墙结构

　　在旅馆或住宅等高层建筑中，往往底层作商店或停车场而需要大空间。为了满足地震区住宅建筑需要底层商店或旅馆中底层需设置大的公用房间的要求，可做成部分剪力墙框支、部分剪力墙落地的底层大空间剪力墙结构。图 1.150 是底层大空间剪力墙结构的典型布置。

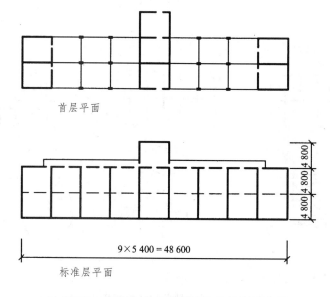

图 1.150　底部大空间剪力墙结构的平面布置

框支剪力墙的下部为框支柱，沿竖向墙体刚度发生突变，在地震作用下将产生很大的内力和塑性变形，如图 1.151 所示，致使结构破坏。因此，在地震区不允许采用完全的框支剪力墙结构体系。

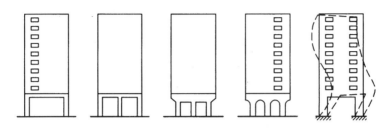

图 1.151　框支剪力墙结构

这时应加强其余落地剪力墙，避免框支部分的破坏，主要措施有：

① 一般应把落地剪力墙布置在两端或中部，并使纵向、横向墙围成筒体。

② 底层墙体加厚，提高混凝土强度等级，加大底层墙的刚度，使整个结构上下刚度差别减小。

③ 因为框支剪力墙承受的剪力大部分要通过楼板传到落地剪力墙上，应控制落地剪力墙间距（楼板宽度）。

④ 加强过渡层楼板的整体性和刚性，这层楼板应采用厚度较大的现浇钢筋混凝土板。

3．框架-剪力墙（筒体）结构体系及适用范围

（1）框架-剪力墙（筒体）结构的构成。

框架-剪力墙或框架-筒体结构是在框架结构中布置一定数量的钢筋混凝土墙体或钢筋混凝土实心筒而成的一种结构形式（见图 1.152）。由于既保留了框架结构布置灵活的优点，又有剪力墙抗侧刚度大的优点，因而在高层建筑中得到广泛应用，如办公楼、宾馆、教学楼、图书馆、医院等。

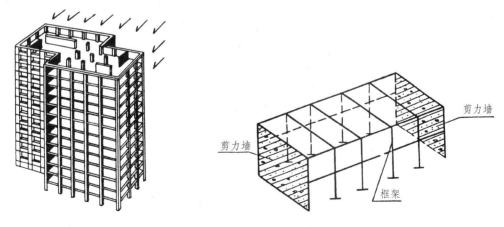

图 1.152　框架—剪力墙结构

（2）框架-剪力墙（筒体）结构的变形及受力特点。

框-剪结构由框架和剪力墙两种不同的抗侧力结构组成，这两种结构的受力特点和变形性质是不同的。在水平力作用下，剪力墙是竖向悬臂弯曲结构，其变形曲线呈弯曲型；框架

在水平力作用下，其变形曲线为剪切型。框剪结构中的框架和剪力墙通过平面内刚度无限大的楼板连接在一起，在水平力作用下，使它们水平位移协调一致。因此，框剪结构在水平力作用下的变形曲线呈反 S 形的弯剪型位移曲线（见图 1.153）。

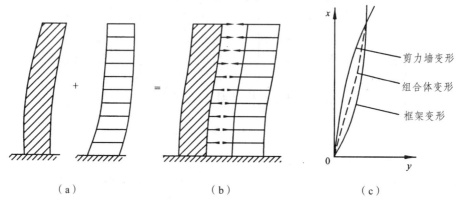

（a）   （b）   （c）

图 1.153　框剪结构变形特点

（3）框架–剪力墙（筒体）结构布置。

框架–剪力墙（包括筒体，下面不再重复注明）结构布置的关键是剪力墙的数量和位置。

框架–剪力墙结构中，结构的抗侧刚度主要由剪力墙的抗弯刚度确定，顶点位移和层间变形都会随剪力墙抗弯刚度的加大而减小。为了满足变形的限制要求，建筑物愈高，要求抗弯刚度愈大。但是，增加剪力墙的数量及抗弯刚度时，结构刚度加大，地震作用就会加大。因此，过多增加剪力墙的数量是不经济的。

根据多年来的工程设计经验总结，在独立的结构单元内，剪力墙的设置数量应符合下列原则和要求：

① 为能充分发挥框–剪体系的结构特性，剪力墙在结构底部所承担的地震弯矩值（可按第一振型计算）应不少于总地震弯矩值的 50%。

② 沿结构单元的两个主轴方向，按地震力计算出的结构弹性阶段层间侧移角的最大值应分别不大于《高规》关于层间侧移角限值的规定。

在建筑方案阶段和初步设计中，根据以往工程实践，可粗估剪力墙数量，见表 1.4。表 1.4 中 A_w 为墙截面面积，A_c 为柱截面面积，A_f 为楼面面积。

表 1.4　底层结构截面面积与楼面面积之比

设 计 条 件	$\dfrac{A_w + A_c}{A_f}$	$\dfrac{A_w}{A_f}$
7 度、Ⅱ 类场地	3% ~ 5%	2% ~ 3%
8 度、Ⅱ 类场地	4% ~ 6%	3% ~ 4%

根据有关资料，剪力墙的数量也可按 5 ~ 12 cm/m^2 估计。

框架–剪力墙结构应设计成双向抗侧力体系。抗震设计时，结构两主轴方向均应布置剪力墙。框架-剪力墙结构中，主体结构构件之间除个别节点外不应采用铰接，梁与柱或柱与剪力墙的中线宜重合。

框架-剪力墙结构中剪力墙的布置要符合下列要求：

① 剪力墙布置以对称、周边为好，可减少结构的扭转。在地震区要求更加严格。当不能对称布置剪力墙时，也要使刚度中心尽量和质量中心接近，减少地震作用产生的扭转。

剪力墙靠近结构外围布置，可以增强结构的抗扭作用。但要注意，在同一轴线上，分设在两端、相距较远的剪力墙，会限制两墙之间构件的收缩和膨胀，由此产生的温度应力可能造成不利影响。

② 纵向与横向的剪力墙宜互相交联成组，布置成 T 形、L 形、□形等形状，如图 1.154 所示，以充分发挥剪力墙的作用。在高度较大的建筑中，剪力墙要布置成井筒式，以加大结构抗侧力的刚度和抗扭刚度。

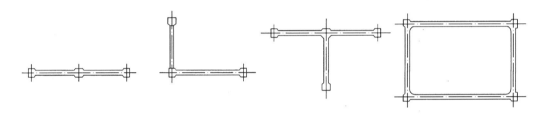

图 1.154　纵横剪力墙互相交联布置

③ 剪力墙的布置位置：

适宜布置剪力墙的位置是：

Ⅰ. 电梯间、楼梯间（它本来就需要用墙围护，在该处设置剪力墙对建筑空间的利用没有妨碍，并有利于加强楼盖结构）。

Ⅱ. 横向剪力墙宜布置在接近房屋的端部但又不在建筑物尽端（比设在中部位置能更有效地发挥抗扭转作用）。

Ⅲ. 建筑平面的复杂部位（由于该处平面复杂，受力状态复杂，需要特别加强）。

Ⅳ. 恒载较大的位置。

不适宜布置剪力墙的位置是：

Ⅰ. 伸缩缝、沉降缝、防震缝两侧（缝两侧都布置剪力墙时不便于支模施工）。

Ⅱ. 建筑物的剪力墙位于建筑物尽端时，不利于剪力墙底部的嵌固，需要较大刚度的基础结构。

Ⅲ. 纵向剪力墙的端开间（建筑物纵向较长时，不宜在建筑物两端布置纵向剪力墙，以免温度变形的约束作用对结构产生不利影响）。当由于某些原因不得不在上述位置设置剪力墙时，必须采取特别措施。

④ 应布置 3 片以上剪力墙，各片剪力墙的刚度宜均匀，单片剪力墙底部承担的水平剪力不宜超过结构底部总水平剪力的 40%。

⑤ 剪力墙宜贯通建筑物的全高，应避免刚度突变；剪力墙厚度沿高度宜逐渐减薄；剪力墙开洞时，洞口宜上下对齐。

（4）楼板与剪力墙距离。

楼板是框架-剪力墙协同工作中的一个重要部件，它要保证在水平荷载下框架与剪力墙共同变形，楼盖必须有足够的刚度，才能将水平剪力传递到两端的剪力墙上去，发挥剪力墙为主要抗侧力结构的作用。否则，楼盖在水平力作用下将产生弯曲变形，如图 1.155 中虚线所示，导致框架侧移增大，框架水平剪力也将成倍增大。

楼板本身也承受水平面内的剪力，因此楼板除了抵抗竖向荷载外，在楼板平面内要有足够的抗剪能力、刚度和整体性，后两者对于抗震尤为重要。

楼盖必须有足够的平面内刚度，才能保证剪力墙

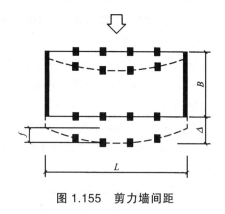

图 1.155 剪力墙间距

与框架的水平变形相同，使楼板符合在平面内刚度无限大的计算假定。为此，设计要求：剪力墙（或筒体）之间的距离不宜过大。《高规》规定：横向剪力墙沿建筑物长方向的间距 L 宜满足表 1.5 的要求，其中 B 为楼面宽度。表 1.5 中数值与楼盖的类型和构造有关，与地震烈度有关。当剪力墙之间的楼板有较大的开洞时，剪力墙的间距应适当减小。

表 1.5 剪 力 墙 间 距（m）

楼 盖 形 式	非抗震设计（取较小值）	抗 震 设 防 烈 度		
		6 度、7 度（取较小值）	8 度（取较小值）	9 度（取较小值）
现 浇	5.0B，60	4.0B，50	3.0B，40	2.0B，30
装配整体	3.5B，50	3.0B，40	2.5B，30	—

4. 筒体结构体系

当建筑物超过 40～50 层时，要采用抗侧刚度更大的结构体系——筒体结构体系（见图 1.156）。

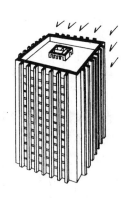

图 1.156 筒体结构

筒体结构体系的概念是在 20 世纪 60 年代初由美国工程师法卢齐·坎恩提出来的，他设计了第一幢钢框筒结构——芝加哥 43 层的德威特切斯纳特公寓。美国休斯敦市 52 层、高 218 m 的贝壳广场大厦是按着筒体概念设计的第一幢钢筋混凝土高楼。

筒体结构的外围框架由密排柱和窗裙深梁形成的网格组成，窗洞尺寸大约为墙体表面的50%，看上去与多孔的墙体一样。筒体结构的刚度很大，它好似竖立着的薄壁箱形大梁，这类结构比平面剪力墙的侧向刚度大得多，是超高层建筑中比较理想的结构体系，但是筒体结构对于建筑物本身的体型和平面形状也有一定的限制，剪力滞后现象的存在使得结构计算变得较为复杂。

（1）筒体结构体系分类。

筒体结构体系包括框筒结构、筒中筒结构、框架核心筒结构、多重筒结构和束筒结构等（见图 1.157）。

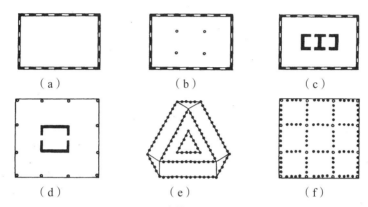

（a）　　　　　（b）　　　　　（c）

（d）　　　　　（e）　　　　　（f）

图 1.157　筒体结构的平面布置

（2）框筒结构体系。

框筒是由一般的框架结构合乎逻辑地发展起来的，它不设内部支撑式墙体，仅靠悬臂筒体的作用来抵抗水平力。为减少楼盖结构的内力和挠度，中间往往要布置一些柱子，以承受楼面竖向荷载，如图 1.158 所示。通常假定设置的内部柱子只承受竖向荷载，不分担外部的水平荷载。

框筒结构体系具有很大的抗侧和抗扭刚度，适宜于平面布置灵活、室内活动余地大的功能要求。框筒结构最明显的应用是美国纽约世界贸易中心大厦（110 层，402 m，见图1.159）。

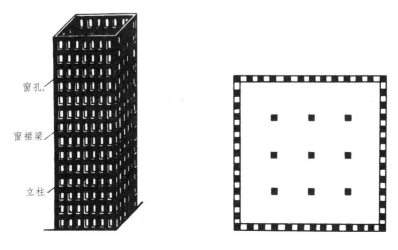

窗孔

窗裙梁

立柱

图 1.158　框筒结构体系

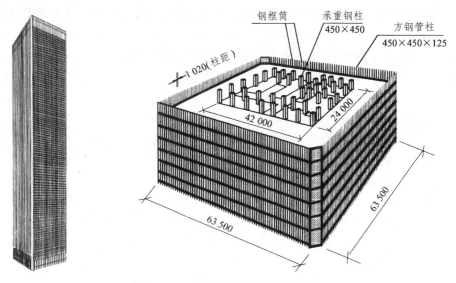

图 1.159　纽约世界贸易中心大厦

　　框筒结构在侧向荷载作用下，不但与侧向力相平行的两根框架（常称为腹板框架）受力，而且与侧向力相垂直方向的两根框架（常称为翼缘框架）也参加工作，形成一个空间受力体系。腹板框架主要通过梁柱弯曲抵抗水平剪力，翼缘框架主要通过柱拉压轴力抵抗倾覆力矩。腹板框架的梁柱以弯曲变形为主，变形属于剪切型变形；翼缘框架柱主要为轴向变形，形成弯曲型变形。

　　由于横梁剪切变形，使柱之间的轴力传递减弱，柱中正应力分布呈抛物线状，此种现象称作"剪力滞后"（见图 1.160）。

　　剪力滞后现象使角柱应力集中，使参与受力的翼缘框架柱减少，空间受力性能减弱。如果能减少剪力滞后现象，使各柱受力尽量均匀，则可大大增加框筒结构的侧向刚度和承载能力，充分发挥所用结构材料性能，更加经济合理。

　　影响框筒结构剪力滞后的主要因素是：

　　① 受梁柱刚度比影响，梁柱刚度比愈小，剪力滞后愈严重，角柱应力愈大。

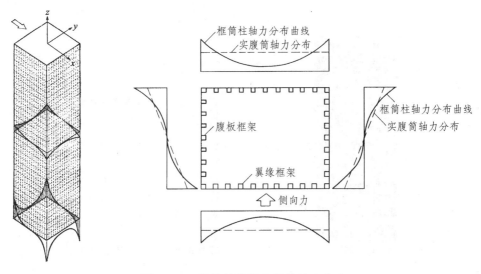

图 1.160　框筒结构柱之间的轴力分布

② 平面形状愈接近正方形，剪力滞后现象愈轻；长宽比愈大，剪力滞后愈严重。

③ 高宽比。

④ 框筒结构的角柱截面必须大小适当。太大，则与之相连的梁中剪力过大，剪力滞后现象严重；过小，则不能将剪力传递给腹板框架，降低了空间作用。设计时应予以重视。

为保证翼缘框架在抵抗侧向荷载中的作用，以充分发挥筒的空间工作性能，一般要求墙面上窗洞面积不宜大于墙面总面积的 50%，周边柱轴线间距为 2～3 m，不宜大于 4.5 m，窗裙梁截面高度一般为 0.6～1.2 m，截面宽度为 0.3～0.5 m，整个结构的高宽比宜大于 3，结构平面的长宽比不宜大于 2。

（3）桁架式筒体。

为了尽量减少剪力滞后效应，外筒的四周需进一步加强，桁架式筒体就是在房屋四周的外柱之间用巨大的斜撑连接做成桁架（见图 1.161），这样剪力主要由斜撑而不是窗裙梁承担，斜撑主要在轴向直接承受水平侧向力，也作为斜柱支承竖向荷载。与框筒相比，它更加节省材料。

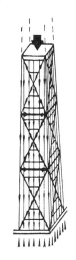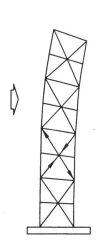

图 1.161　桁架式筒体结构

（4）筒中筒结构体系。

通常，在高层建筑平面中，为充分利用建筑物四周的景观和采光，楼、电梯间等服务性用房常位于房屋的中部，把电梯间、楼梯间及设备井道的墙布置成钢筋混凝土筒。它既可承受竖向荷载，又可承受水平力作用，核心筒也因此而得名。用框筒及桁架筒作为外筒，核心筒作为内筒，形成筒中筒结构（见图 1.162）。

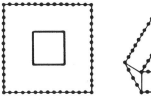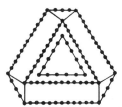

图 1.162　筒中筒结构

外框筒侧向变形仍以剪切型为主，而核心筒通常是以弯曲型变形为主，两者通过平面内刚度很大的楼板联系，以保证协调工作。它们协同工作的原理与框架-剪力墙类似。在下部，核心筒承担大部分水平剪力；在上部，水平剪力逐步转移到外框筒上。同理，协同工作后，可以取得加大结构刚度，减少层间变形等优点。筒中筒结构也就成为 50 层以上高层建筑的主要结构体系。

筒中筒结构的布置原则与框筒结构类似，要尽可能减少剪力滞后，充分发挥结构材料的作用。具体措施是：

① 要求设计密柱深梁。梁、柱刚度比是影响剪力滞后的一个主要因素。梁的线刚度大，剪力滞后现象可减少。因此，通常取柱中距为 1.2 ~ 3.0 m，横梁跨高比为 2.5 ~ 4。当横梁尺寸较大时，柱间距亦可相应加大。角柱面积约为其他柱面积的 1.5 ~ 2 倍。

② 建筑平面以接近方形为好，长宽比不应大小 2。当长边太大时，由于剪力滞后，长边中间部分的柱子不能发挥作用。

③ 建筑物高宽比较大时，空间作用才能充分发挥。因此，筒中筒结构高宽比宜大于 3。

④ 筒中筒结构的内筒与外筒之间的距离以 10 ~ 16 m 为宜，内筒面积占整个筒体面积的比例对结构的受力有较大影响。内筒做得大，结构的抗侧刚度大，但内外筒之间的建筑使用面积减少。一般地说，内筒的边长宜为外筒相应边长的 1/3 左右。当内外筒之间的距离较大时，可另设柱子作为楼面梁的支承点，以减少楼盖结构所占的高度。

⑤ 在底层，需要减少柱子数量，加大柱距，以便设置出入口。在稀柱层与密柱层之间要设置转换层。转换层可以由刚度很大的实腹梁、空腹桁架、桁架、拱等做成（见图 1.163）。

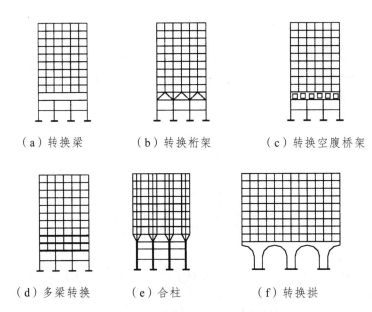

（a）转换梁 　　（b）转换桁架 　　（c）转换空腹桥架

（d）多梁转换 　　（e）合柱 　　（f）转换拱

图 1.163　筒体结构底部柱的转换

（5）成束筒结构体系（亦称组合筒结构）。

两个以上框筒（或其他筒体）排列在一起成束状，相邻两个筒间的公共筒壁成为内框架，内框筒的柱距与外框筒柱距相近，各层窗裙梁是连续的，这样便大大增强了建筑物的抗弯和抗剪能力。著名的西尔斯大厦（110 层，443 m，见图 1.164）是由九个方块筒组成的，每个筒体 22.86 m × 22.86 m，柱距 4.57 m。

组合筒结构在水平力作用下剪力滞后现象明显减弱，柱的轴力分布趋于均匀，结构的空间作用增强。

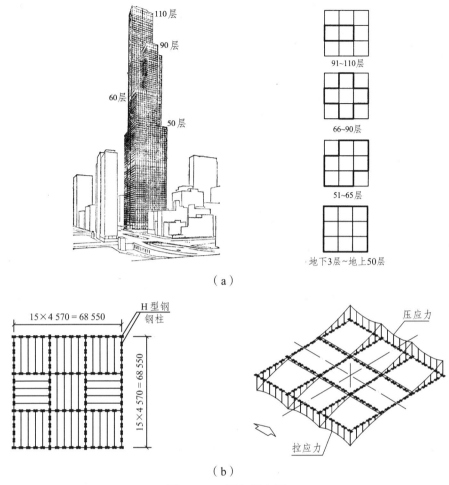

（a）

（b）

图 1.164　西尔斯大厦

复 习 思 考 题

1. 建筑结构体系是如何分类的？结构选型涉及的问题有哪些？

2. 混合结构的墙体结构布置方案有哪几种？它们各适应何种条件？

3. 大跨度屋盖结构中常见的结构类型有哪些？各有何优缺点？

4. 多层与高层建筑中常采用哪些结构体系？试述每一种结构体系的受力及变形特点，适用的层数范围和最大高度。

5. 为什么要限制高层建筑的水平位移？如果验算位移不能满足规范要求，应采取哪些措施改进设计？

6. 高层建筑结构的平面和竖向布置应注意哪些问题？何为平面不规则结构？为什么要规定建筑平面尺寸的各种限值？何为竖向不规则结构？

7. 在高层建筑结构设计中，为什么要控制房屋的高宽比？高宽比限值与什么因素有关？

8. 为什么要限制房屋的总高度？房屋的高度限值主要与什么因素有关？

9. 在高层建筑结构设计中，为什么要控制房屋的高宽比？高宽比限值与什么因素有关？

第二章 建筑结构设计概论

建筑结构是由结构构件，即梁、板（受弯构件）及墙、柱（受压构件）和基础等构件组成（见图2.1）。结构构件通过正确连接，组成能承受并传递荷载等作用的房屋骨架，称为建筑结构。

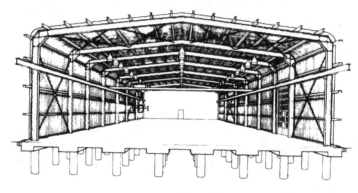

图 2.1　建筑结构

第一节　建筑结构的分类及应用范围

建筑结构有不同的分类法。此处仅介绍按结构所用的材料分类。按结构所用的材料不同，建筑结构分为以下四类：

一、钢筋混凝土结构

钢筋混凝土由钢筋和混凝土两种材料组成。混凝土抗压强度较高而抗拉强度很低。钢材的抗压和抗拉强度都很高。把混凝土和钢筋两种材料结合在一起共同工作，使混凝土主要承受压力，钢筋主要承受拉力，因而可合理地利用混凝土和钢筋的受力性能。

钢筋混凝土结构有下述优点：

1. 耐久性好

混凝土的强度随时间增长而增加，在混凝土的保护下，钢筋在正常情况下不易锈蚀，所以钢筋混凝土结构比其他结构耐久性好。

2. 整体性好

钢筋混凝土结构（特别是现浇钢筋混凝土结构）具有良好的整体性，从而有良好的抗震性能。

3. 耐火性好

由于混凝土导热性较差，发生火灾时，被混凝土保护的钢筋不会很快达到软化温度而导致结构破坏，其耐火性能比钢结构好。

4. 可模性好

钢筋混凝土可以根据设计需要浇筑成各种形状和尺寸的结构构件，而其他结构则不具备这一特点。

5. 可就地取材

钢筋混凝土材料中用量最多的是砂和石，易于就地取材，从而减少了材料的运输费用，为降低工程造价提供了条件。

当然，钢筋混凝土也存在缺点，如：① 自重大，对大跨结构、高层建筑和抗震结构都不利；② 现浇钢筋混凝土结构费工、费模板，施工工期长，施工时间受季节条件限制；③ 抗裂、隔热和隔音性能较差；④ 补强修复比较困难等。随着学科的发展，钢筋混凝土结构的这些缺点已经或正在逐步得到克服。如采用轻质、高强混凝土以减轻结构自重；采用预应力混凝土以提高构件的抗裂性。

钢筋混凝土结构是当今建筑工程中应用最多的一种结构。在民用建筑中，它不仅广泛用作混合结构房屋的楼盖、屋盖，还大量用于建造多层与高层房屋，如住宅、旅馆、办公楼等；还用于建造大跨度房屋，如会堂、剧院、展览馆等。工业建筑中的单层与多层厂房以及烟囱、水塔、水池等特种结构大都是钢筋混凝土结构。此外，还用来建造地下结构、桥梁、隧道、水坝、海港以及各种国防工程。

二、砌体结构

砌体结构是用砖、各种砌块以及石料等块材通过砂浆砌筑而成的结构。

砌体结构有以下主要优点：易于就地取材，节约水泥、钢材和木材；造价低廉；有良好的耐火性和耐久性；有较好的保温隔热性。

砌体结构的主要缺点是：强度低，自重大；砌筑工程量繁重；抗震性能差。

由于砌体的抗拉、抗弯、抗剪强度远较其抗压强度低，所以一般都用砌体做房屋的基础、墙和柱等构件，而楼盖则用钢筋混凝土构件，屋盖除用钢筋混凝土构件外，还可用钢屋盖和木屋盖。这种由多种材料混合建造的结构，称为混合结构。因为是以砖墙（柱）为主体，故又称为砖混结构。砖混结构主要应用于六七层以下的住宅、办公楼和教学楼等民用房屋，影剧院、食堂等公共建筑，无起重设备或起重设备很小的中小型工业厂房及烟囱、水塔、料仓、防水性要求不高的小型水池等特种结构。

三、钢结构

钢结构是用各种型材通过焊接和螺栓等连接制成的结构。与其他结构相比，它有如下主要特点：

（1）承载能力高而重量较轻。在各种建筑材料中钢材强度最高，在同样条件下，钢结构构件截面比其他材料的构件小得多，所以自重轻。

（2）材质均匀。钢材内部组织比较接近于匀质和各向同性体，在使用阶段几乎是完全弹性的。这些性能和力学中的计算假定比较符合。

（3）钢材的塑性和韧性好。塑性好是指结构在一般条件下不会因超载而突然断裂；韧性好是指结构对动力荷载的适应性强。

（4）制造与施工方便。钢结构在工厂里由机械加工而成，制作简便、精度高。构件在现场拼装或吊装，施工方便，工期短。

（5）钢材耐热性好，耐火性差。钢材耐热而不耐高温，受 150 ℃ 辐射热时其力学性能无多大变化，但当温度超过 150 ℃ 时就需要采取防护措施。一旦发生火灾，当温度达到 300 ℃ 以上时，结构就逐步丧失承载能力。

（6）钢材易于锈蚀。钢材在潮湿环境中，特别是在有腐蚀介质环境中易于锈蚀，因此，维护费用比其他结构高。

钢材是理想的建筑材料，用它制成的钢结构应用范围十分广泛。目前钢结构在我国主要用于：① 设有工作频繁或大吨位吊车的重型工业厂房以及有强烈辐射热的车间；② 体育馆、造船厂的船体结构车间和飞机库等大跨度结构；③ 受较大锻锤等动力作用的车间，抗震性能要求较高的结构；④ 塔架和桅杆等高耸结构以及高层建筑；⑤ 薄壁型钢屋架等轻钢结构。

四、木结构

木结构是以木材为主制成的结构。

木结构的优点是易于就地取材，与其他结构相比，自重轻、制作容易、施工方便，故木结构在房屋建筑中应用很普遍。但由于木材产量受到自然生长条件的限制，而随着我国建设事业的迅猛发展，木材用量日增，所以在基本建设中节约木材具有十分重要的意义，故应尽量少用木结构。此外，木材有天然缺陷（如木节、斜纹、裂缝等）、易燃、易腐、易虫蛀等缺点，故不适宜建造重要的建筑物，也不适宜在高温和潮湿的环境中使用。因此，除林区、农村和山区采用木材建筑房屋外，在城镇中已很少使用。

第二节　建筑结构发展概况

在钢筋混凝土、砌体、钢和木等四种结构中，应用最早的是木结构，其次是砌体（砖石）结构。随着科学技术和工业生产的发展，钢结构和钢筋混凝土结构逐步得到广泛的应用。

下面就材料、结构和设计理论三个方面简述建筑结构的发展概况。

一、材料方面

建筑材料的发展方向是高强、轻质。

目前，我国常用的混凝土强度等级为 C20~C40，而近几年已制成强度等级为 C100 的混凝土。国外科学家预言，到本世纪末，常用混凝土抗压强度可达 130 N/mm^2，特制的混凝土抗压强度等级可达 C400。为了减轻结构自重，我国正大力发展加气混凝土、陶粒混凝土、浮石混凝土等各种轻骨料混凝土，它们的容重一般为 10~14 kN/m^3，强度等级为 C7.5~C30。

砌体材料过去一直以实心黏土砖为主，常用的强度等级为 10 N/mm^2，近几年空心砖、混凝土中小型空心砌块和粉煤灰砌块已逐步推广使用。今后将进一步研制轻质高强和大尺寸的砖、砌块，如发展高孔率、高强度、大块的空心砖，采用中型空心砌块和大型墙板，同时积极利用工业废料生产砖、砌块，逐步减少黏土砖的用量。

建筑用钢材的品种和强度等级也在不断地发展。过去多采用普通碳素钢，目前已普遍应用屈服点在 295~340 N/mm^2 的低合金钢，屈服点在 390 N/mm^2 及以上的新品种低合金钢也开始应用。此外，冷弯薄壁型钢板、钢和混凝土组合构件等新材料也开始应用。

二、结构方面

钢-混凝土组合结构是近年来值得注意的发展方向之一，如钢板混凝土用于地下结构及混凝土结构加固，压型钢板-混凝土板已广泛用于多层及高层建筑的楼板，型钢与混凝土组合而成的组合梁用于楼盖或桥梁，型钢混凝土柱用于电厂主厂房等。在钢管内浇筑混凝土，在纵向压力作用下，使管内混凝土处于三向受压状态，而管内的混凝土又抑制管壁的局部失稳，因而使构件的承载力和变形能力大大提高，而且钢管又是混凝土的模板，施工速度较快。钢管混凝土结构近年来已在国内逐步应用。

在钢-混凝土组合梁中，将工字形钢腹板按折线形切开，改焊成高度更大的蜂窝形梁，既提高了抗弯能力，又便于管道通过有洞的腹板，在电厂结构中已经应用。

预应力混凝土结构近年来发展也较迅速，其中引人重视的是无黏结部分预应力混凝土结构。无黏结筋是由单根或多根高强钢丝、钢绞线或钢筋，沿全长涂抹防腐蚀油脂并用聚乙烯热塑管包裹而成。张拉时无黏结筋与周围混凝土产生纵向相对滑动。无黏结筋像普通钢筋一样敷设，然后浇筑混凝土，待混凝土达到规定的强度后进行张拉和锚固，省去了传统后张预应力混凝土的预埋管道、穿索、压浆工艺，节省施工设备，缩短工期，节约造价，可得到综合的经济效益，我国目前已在房屋建筑和公路桥梁中应用。

一种体外张拉的预应力索已在桥梁工程的修建、补强加固中应用，其特点是：与体内无黏结预应力筋一样大幅度减小预应力值的摩擦损失，简化截面形状和减小截面或壁厚尺寸，便于再次张拉、锚固、更换或增添新索，提高构件的承载力，我国广东汕头海湾大桥的索桥预应力混凝土加劲梁即采用了体外索。

国内最近在上海的成都路高架桥工程采用一种"缓黏结"预应力混凝土张拉工艺，与无黏结预应力筋类似，但预应力筋周围是用缓凝砂浆包裹，在钢筋张拉时砂浆不起黏结作用，可以自由张拉，待钢筋锚固后砂浆缓慢凝结硬化，与预应力筋相黏结。这种施工工艺，在张拉时是"无黏结"，在砂浆凝结后又是"有黏结"的。

据预测，混凝土结构高层建筑高度将超过 600 m，可建造地上跨度为 150 m 或更大的单层建筑和跨度超过 100 m 的地下建筑；在水电站建造地下厂房时，长度将超过 490 m，宽度将超过 26 m。

建立混凝土寿命科学，不仅为了预估混凝土的寿命，而且可更积极地研究如何延长混凝土结构的寿命，减轻由修复和重建混凝土结构而付出的代价，为逐步建立"结构寿命"这一学科奠定基础。在深入研究高强度混凝土收缩和徐变的基础上，可发展混凝土和钢结构的高层结构混合体系。建造更多风力发电站以及太阳能发电厂和海洋发电站。在证实月球上冰湖存在，即月球上有水的情况下，建立月球试验站，进而建设月球"基地"。

据预测，混凝土在特种结构领域里的应用更加扩大。建设高度超过 600 m 的预应力电视塔和超过 1 万 m³ 的水塔，建造 300 m 高的混凝土烟囱，建造超过 1.5 万 m³ 的卵形污泥消化池，冷却塔高度可达 200 m。为了改善环境污染，中小型污泥消化池将建设得更多。建造双层水塔和多层水池。建设容量超过 14 万 m³ 的地上预应力混凝土液化天然气柜，和地下超过 20 万 m³ 气柜。更多地建造近海采油、气混凝土平台。建造容量超过 6 万 t 的圆筒形煤仓和容量超过 2.5 万 t 的球壳煤仓，以及超过 12 万 t 的水泥烧结料圆筒仓。

三、设计理论方面

建筑结构设计理论最初采用容许应力法，以后又经历了破损阶段计算法，到 20 世纪 50 年代末期出现了极限状态设计法。现行的各种结构设计规范均采用了以概率论为基础的极限状态设计法，使极限状态设计法向着更完善、更科学的方向发展。随着建筑科学技术的发展和计算机的应用，结构设计已开始从个别构件分别计算发展为考虑结构整体空间工作的分析方法，使结构设计理论日趋完善、合理。

第三节　建筑结构设计的程序和内容[6]

房屋建筑设计是为人类生活与生产服务的各种民用或工业房屋的综合设计。一幢建筑物设计和施工，需要建筑师、结构工程师、设备工程师、建造工程师的共同努力和多边合作。建筑结构设计由结构工程师负责，其基本任务是在结构的可靠与经济之间选择一种合理的平衡，力求以最低的代价，使所建造的结构在规定的条件下和规定的使用期限内，能满足预定的安全性、适用性和耐久性等功能要求。

一、基本建设工作程序

我国基本建设工作程序和内容如图 2.2 所示。由图可知，其主导线分设计和施工两个阶段，对主导线起保证作用的有两条辅线，其一为对投资的控制，其二为质量和进度的监控。

二、房屋建筑工程的设计阶段

由图 2.2 可知，房屋建筑工程一般分为四个设计阶段，即方案设计阶段、初步设计阶段、技术设计阶段和施工图设计阶段。

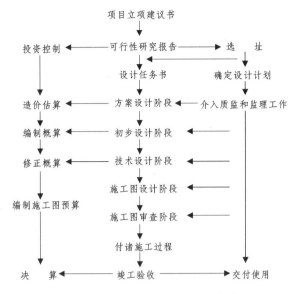

图 2.2 基本建设工作程序和内容

1. 方案设计阶段

此阶段需完成的设计文件有设计说明书、设计图纸、投资估算及效果透视图等内容，应在调查研究和设计基础资料的基础上分专业编制。其中结构专业负责编制结构设计文件，其设计依据为项目可行性研究报告、设计任务书和上级批准的立项文件等。

结构设计文件的主要内容是编制结构设计说明书和结构平面简图。结构设计说明书包括设计依据、结构设计要点和需要说明的其他问题等。设计依据应阐述建筑所在地域、地界、有关自然条件、抗震设防烈度、工程地质概况等；结构设计要点应包括上部结构选型、基础选型、人防结构及抗震设计初步方案等；需要说明的其他问题是指对工艺的特殊要求、与相邻建筑物的关系、基坑特征及防护等。结构平面简图应标出柱网、剪力墙、沉降缝等。

2. 初步设计阶段

此阶段的任务是根据中标方案、设计任务书和设计基础资料，对设计对象进行总体安排和控制性结构计算，同时对工程工期和投资总额进行深入分析，编制设计总概算。应提交的设计文件有设计说明书、设计图纸、主要设备和材料清单等。

结构设计在此阶段包括编制抗震设防要点及主要措施，说明上部结构方案设计的依据及（人防）地下室结构方案的要点，简述变形缝的布置及做法，提出具体的地基处理方案，选定主要结构的材料和采用的构件标准图等。结构设计文件应包括设计说明书、结构控制性计算的计算书、方案设计简图和总概算书。

3. 技术设计阶段

技术设计是专门对技术复杂或有特殊要求的大中型项目增加的一个设计阶段。它是对初步设计方案进行调整和深化，其设计依据为已批准的初步设计文件。

结构设计的主要内容为确定结构受力体系和主要技术参数，通过计算初步确定主要构件（梁、柱、墙等）的截面和配筋，绘出结构平面简图及重要节点大样图以及必要的文字说明，写明对地质勘探、施工条件及主要材料等方面的特殊要求。

4. 施工图设计阶段

施工图设计是项目施工前最重要的一个设计阶段，要求以图纸和文字的形式解决工程建设中预期的全部技术问题，并编制相应的对施工过程起指导作用的施工预算。

在整个设计阶段，仅对重要和复杂的大中型工程建设项目才要求上述四个设计阶段；对普通大中型项目可将第二和第三设计阶段合并为一个扩大技术设计阶段；对简单的小型建设项目也可只进行第一和第四两个设计阶段。

三、结构方案的确定

结构方案主要是配合建筑设计的功能和造型要求，结合所选结构材料的特性，从结构受力、安全、经济以及地基基础和抗震等条件出发，综合确定出合理的结构形式。结构方案应在满足适用性的条件下，符合受力合理、技术可行和尽可能经济的原则。无论是方案设计阶段，还是初步设计阶段，结构方案都是结构设计中最重要的一项工作，也是结构设计成败的关键。方案设计阶段和初步设计阶段的结构方案所考虑的问题是相同的，只不过是随着设计阶段的深入，结构方案的成熟程度不同而已。

结构方案包括确定结构形式和结构体系两方面的内容。在方案设计阶段，一般需提出两种以上不同的结构方案，然后进行方案比较，综合考虑，选择较优的方案。对钢筋混凝土建筑，结构方案包括确定上部主要承重结构、楼（屋）盖结构和基础的形式及其结构布置，并对结构主要构造措施和特殊部位进行处理。

第四节　建筑结构的分析方法[6]

结构分析是指根据已确定的结构方案和结构布置，确定合理的计算简图和分析方法，进行荷载（或作用）计算，通过科学的计算分析，准确地求出结构内力，以便进行构件截面设计或配筋计算，并采取可靠的构造措施。

进行结构分析时，应遵守以下基本原则：

（1）结构按承载能力极限状态计算和按正常使用极限状态验算时，应按我国《建筑结构荷载规范》及《建筑抗震设计规范》等国家标准规定的作用（或荷载）及其组合，对结构的整体进行作用（或荷载）效应分析；必要时还应对结构中的重要部位、形状突变部位以及内力和变形有异常变化的部位（如较大孔洞周围、节点及其附近、支座和集中荷载附近等）进行更详细的结构分析。

（2）当结构在施工和使用期的不同阶段（制作、运输和安装阶段，以及施工期、检修期和使用期等）有多种受力状况时，应分别进行结构分析，并确定其最不利的作用效应组合。当结构可能遭遇火灾、爆炸、撞击等偶然作用时，还应按国家现行有关标准的要求进行相应的结构分析。

（3）结构分析所需的各种几何尺寸以及所采用的计算图形、边界条件、作用（荷载）的取值与组合、材料性能的计算指标、初始应力和变形状况等，应符合结构的实际工作状况，并应具有相应的构造措施，如固定端和刚节点的承受弯矩能力和对变形的限制、塑性铰的充分转动能力等。

结构分析时应根据结构或构件的受力特点，采用具有理论或试验依据的各种近似简化和假定。计算结果还应进行校核和修正，其准确程度应符合工程设计的要求。

（4）所有结构分析方法的建立都基于三类基本方程，即力学平衡方程、变形协调（几何）方程和材料本构（物理）方程。其中，结构整体或其中任何一部分的力学平衡条件都必须满足；结构的变形协调条件，包括边界条件、支座和节点的约束条件、截面变形条件等，若难以严格满足，应在不同的程度上予以满足；材料或各种计算单元的本构关系应合理地选取，尽可能符合或接近钢筋混凝土的实际性能。

（5）建筑结构宜根据结构类型、构件布置、材料性能和受力特点选择合理的分析方法。目前，工程设计中常用的计算方法，按其力学原理和受力阶段可分为以下五类：① 线弹性分析方法；② 考虑塑性内力重分布的分析方法；③ 塑性极限分析方法；④ 非线性分析方法；⑤ 试验分析方法。

上述分析方法中又各有多种具体的计算方法，如解析法或数值解法，精确解法或近似解法。结构设计时，应根据结构的重要性和使用要求、结构体系的特点、荷载（作用）状况、要求的计算精度等加以选择。计算方法的选取还取决于已有的分析手段，如计算程序、手册、图表等。

（6）目前，普遍采用计算机进行结构分析，这也是今后结构设计的发展方向。为了确保计算结果的正确性，对结构分析所采用的电算程序应经考核和验证，其技术条件应符合国家规范和有关标准的要求。电算结果应经判断和校核，在确认其合理、有效后，方可用于工程设计。

第五节　概率极限状态设计方法

一、结构的功能要求

1. 设计基准期

设计基准期是为确定可变作用及与时间有关的材料性能取值而选用的时间参数，它不等同于建筑结构的设计使用年限。《建筑结构可靠度设计统一标准》所考虑的荷载统计参数，都是按设计基准期为50年确定的，如设计时需采用其他设计基准期，则必须另行确定在设计基准期内最大荷载的概率分布及相应的统计参数。

2. 设计使用年限

设计使用年限是设计规定的一个时期，在这一规定时期内，只需进行正常的维护而不需进行大修就能按预期目的使用，完成预定的功能，即房屋建筑在正常设计、正常施工、正常使用和维护下所应达到的使用年限，如达不到这个年限则意味着在设计、施工、使用与维护的某一环节上出现了非正常情况。所谓"正常维护"包括必要的检测、防护及维修。设计使用年限是房屋建筑的地基基础工程和主体结构工程"合理使用年限"的具体化。根据《建筑结构可靠度设计统一标准》的规定，结构的设计使用年限应按表 2.1 采用，若建设单位提出更高的要求，也可按建设单位的要求确定。

表 2.1　设计使用年限分类

类别	设计使用年限（年）	示　　　　例
1	5	临时性结构
2	25	易于替换的结构构件
3	50	普通房屋和构筑物
4	100	纪念性建筑和特别重要的建筑结构

3. 安全等级

根据结构破坏可能产生的后果（危及人的生命，造成经济损失，产生社会影响等）的严重性，《建筑结构可靠度设计统一标准》将建筑物划分为三个安全等级，见表 2.2。建筑结构设计时，应采用不同的安全等级。

表 2.2　建筑结构的安全等级

安全等级	破坏后果	建筑物类型
一　级	很严重	重要的房屋
二　级	严　重	一般的房屋
三　级	不严重	次要的房屋

大量的一般建筑物列入中间等级，重要的建筑物提高一级，次要的建筑物降低一级。设计部门可根据工程实际情况和设计传统习惯选用。大多数建筑物的安全等级均属二级。

同一建筑物内的各种结构构件宜与整个结构采用相同的安全等级，但允许对部分结构构件根据其重要程度和综合经济效果进行适当调整。如提高某一结构构件的安全等级所需额外费用很少，又能减轻整个结构的破坏，从而大大减少人员伤亡和财物损失，则可将该结构构件的安全等级比整个结构的安全等级提高一级；相反，如某一结构构件的破坏并不影响整个结构或其他结构构件，则可将其安全等级降低一级。

《建筑结构荷载规范》在荷载效应组合中新增一项由永久荷载效应控制的组合，使承受恒载为主的结构构件的安全度有所提高。

4. 结构的功能要求

结构在规定的设计使用年限内应满足下列功能要求：

a. 安全性

在正常施工和正常使用时，能承受可能出现的各种作用。

在设计规定的偶然事件（如地震、爆炸）发生时及发生后，仍能保持必需的整体稳定性。所谓整体稳定性，系指在偶然事件发生时及发生后，建筑结构仅产生局部的损坏而不致发生连续倒塌。

b. 适用性

在正常使用时具有良好的工作性能。如不产生影响使用的过大的变形或振幅，不发生足以让使用者产生不安的过宽的裂缝。

c. 耐久性

在正常维护下具有足够的耐久性能。所谓足够的耐久性能，系指结构在规定的工作环境中，在预定时期内，其材料性能的恶化不致导致结构出现不可接受的失效概率。从工程概念上讲，足够的耐久性能就是指在正常维护条件下结构能够正常使用到规定的设计使用年限。

5. 结构的可靠度

结构的安全性、适用性、耐久性即为结构的可靠性。结构可靠度是对结构可靠性的概率描述，即结构的可靠度指的是，结构在规定的时间内，在规定的条件下，完成预定功能的概率。

结构可靠度与结构的使用年限长短有关，《建筑结构可靠度设计统一标准》所指的结构可靠度或结构失效概率，是对结构的设计使用年限而言的。也就是说，规定的时间指的是设计使用年限；而规定的条件则是指正常设计、正常施工、正常使用，不考虑人为过失的影响，人为过失应通过其他措施予以避免。为保证建筑结构具有规定的可靠度，除应进行必要的设计计算外，还应对结构材料性能、施工质量、使用与维护进行相应的控制。对控制的具体要求，应符合有关勘察、设计、施工及维护等标准的专门规定。

二、结构功能的极限状态

整个结构或结构的一部分超过某一特定状态就不能满足设计规定的某一功能要求，这个特定状态称为该功能的极限状态。极限状态可分为下列两类：

1. 承载能力极限状态

这种极限状态对应于结构或结构构件达到最大承载能力或不适于继续承载的变形。当结构或结构构件出现下列状态之一时，应认为超过了承载能力极限状态：

（1）整个结构或结构的一部分作为刚体失去平衡、倾覆等。

（2）结构构件或连接因超过材料强度而破坏（包括疲劳破坏），或因过度变形而不适于继续承载。

（3）结构转变为机动体系。

（4）结构或结构构件丧失稳定、压屈等。

（5）地基丧失承载能力而破坏、失稳等。

2. 正常使用极限状态

这种极限状态对应于结构或结构构件达到正常使用或耐久性能的某项规定限值。当结构或结构构件出现下列状态之一时，应认为超过了正常使用极限状态：

（1）影响正常使用或外观的变形。

（2）影响正常使用或耐久性能的局部损坏（包括裂缝）。

（3）影响正常使用的振动。

（4）影响正常使用的其他特定状态。

三、结构的极限状态方程

（一）结构的极限状态方程

结构的极限状态应采用下列极限状态方程描述：

$$g(X_1, X_2, \cdots, X_n) = 0 \tag{2.1}$$

式中　$g(\cdot)$——结构的功能函数；

　　$X_i(i = 1, 2, \cdots, n)$——基本变量，系指结构上的各种作用和材料性能、几何参数等。

结构按极限状态设计应符合下列要求：

$$g(X_1, X_2, \cdots, X_n) \geq 0 \tag{2.2}$$

当仅有结构抗力 R 和作用效应 S 两个基本变量时，结构按极限状态设计应符合下列要求：

$$Z = R - S \geq 0$$

则 Z 为结构的功能函数，可用 Z 的不同取值描述结构的工作状态：

（1）当 $Z > 0$ 时，结构处于可靠状态。

（2）当 $Z = 0$ 时，结构处于极限状态。

（3）当 $Z < 0$ 时，结构处于不可靠状态或失效状态。

（二）结构构件的失效概率

结构能够完成预定功能的概率称为可靠概率（P_S），不能完成预定功能的概率称为失效概率（P_f）。结构的可靠性可用可靠概率 P_S 来度量，也可用失效概率 P_f 来度量。

1. 当仅有结构抗力 R 和作用效应 S 两个基本变量且相互独立时

当仅有结构抗力 R 和作用效应 S 两个基本变量且相互独立时，失效概率 P_f 可以表达为

$$P_f = \int_{-\infty}^{\infty} f_S(S) \left[\int_{-\infty}^{S} f_R(r) \mathrm{d}r \right] \mathrm{d}S \tag{2.3}$$

由式（2.3）可以看出，即使是最简单的情况，也需要对这两个变量的概率密度函数进行积分运算，而且并不是对所有的情况都能得到解析解。对于多个随机变量，计算失效概率则需要进行多重积分，当各变量间相关时，还需要知道它们的联合概率分布函数并进行积分运算。

因此，虽然用失效概率 P_f 来度量结构的可靠性，物理意义明确，也已为国际上所公认。但是计算 P_f 非常复杂，很难直接按上述方法来度量结构的可靠性。

2. 当仅有结构抗力 R 和作用效应 S 两个基本变量且均按正态分布时

当仅有结构抗力 R 和作用效应 S 两个基本变量且均按正态分布时，则结构的功能函数 $Z = R - S$ 也服从正态分布，且其均值和标准差分别为

$$\left. \begin{array}{l} \mu_Z = \mu_R - \mu_S \\ \sigma_Z = \sqrt{\sigma_R^2 + \sigma_S^2} \end{array} \right\} \tag{2.4}$$

这种情况下，计算失效概率 P_f 可大为简化。图 2.3 所示为结构的功能函数 $Z = R - S$ 的概率密度函数，结构的失效概率 P_f 可直接通过 $Z < 0$ 的概率来表达（图中阴影部分面积），将两个基本变量的正态分布标准化后，失效概率可以表达为

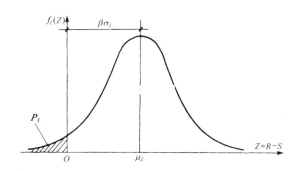

图 2.3　失效概率 P_f 与可靠指标 β 的关系

$$P_f = \Phi\left(-\frac{\mu_Z}{\sigma_Z}\right) = 1 - \Phi\left(\frac{\mu_Z}{\sigma_Z}\right) \tag{2.5}$$

式中　$\Phi(\,\cdot\,)$——标准正态分布函数。

（三）结构构件的可靠指标 β 和设计可靠指标 $[\beta]$

1. 结构构件的可靠指标 β

a. 当仅有结构抗力 R 和作用效应 S 两个基本变量且均按正态分布时的可靠指标 β

令　　　　$$\beta = \frac{\mu_Z}{\sigma_Z} = \frac{\mu_R - \mu_S}{\sqrt{\sigma_R^2 + \sigma_S^2}} \tag{2.6}$$

代入式（2.4），则有

$$P_f = \Phi(-\beta) \tag{2.7}$$

从图 2.3 中可以看出，随着 β 值的增大，结构构件的失效概率 P_f 减小；随着 β 值的减小，结构构件的失效概率 P_f 增大。从式（2.7）可看出 β 值与失效概率 P_f 之间存在一一对应关系，见表 2.3。因此，β 可以作为衡量结构可靠性的一个指标，故称 β 为结构的"可靠指标"。

表 2.3　可靠指标 β 与失效概率运算值 P_f 的关系

β	2.7	3.2	3.7	4.2
P_f	3.5×10^{-3}	6.9×10^{-4}	1.1×10^{-4}	1.3×10^{-5}

用可靠指标 β 来度量结构的可靠性比较方便，因为它只与功能函数的概率分布的均值 μ_Z 和标准差 σ_Z 有关。因此，《建筑结构可靠度设计统一标准》采用可靠指标 β 代替失效概率 P_f 来度量结构的可靠性。

b. 计算可靠指标 β 的一般方法

由于多数荷载不服从正态分布，结构的抗力一般也不服从正态分布，所以实际工程中出

现功能函数仅与两个正态变量有关的情况是很少的。此外，结构的极限状态方程也可能是多变量的、非线性的。因此，应该采用一种求解可靠指标 β 的一般方法，可应用于功能函数包含多个正态或非正态变量、极限状态方程为线性或非线性的情况。《建筑结构可靠度设计统一标准》采用的是国际结构安全度委员会（JCSS）推荐的"一次二阶矩法"。

2. 设计可靠指标 $[\beta]$

结构构件设计时所应达到的可靠指标称为设计可靠指标，它是根据设计所要求达到的结构可靠度而取定的，所以又称为目标可靠指标。

a. 承载能力极限状态时的设计可靠指标 $[\beta]$

当结构构件发生延性破坏时，目标可靠指标 $[\beta]$ 值可定得稍低些；发生脆性破坏时，$[\beta]$ 值定得稍高些。延性破坏是指结构构件在破坏前有明显的变形或其他预兆；脆性破坏是指结构构件在破坏前无明显的变形或其他预兆。

《建筑结构可靠度设计统一标准》根据结构的安全等级和破坏类型，在对有代表性的结构构件进行可靠度分析的基础上，规定了按承载能力极限状态设计时采用的目标可靠指标 $[\beta]$，见表 2.4。

表 2.4　结构构件承载能力极限状态的目标可靠指标 $[\beta]$

破 坏 类 型	安 全 等 级		
	一 级	二 级	三 级
延性破坏	3.7	3.2	2.7
脆性破坏	4.2	3.7	3.2

表 2.4 中数值是以建筑结构安全等级为二级时延性破坏时的 $[\beta]$ 值（3.2）作为基准，其他情况应增减 0.5。

b. 正常使用极限状态时的设计可靠指标 $[\beta]$

为促进房屋使用性能的改善，《建筑结构可靠度设计统一标准》对结构构件正常使用的可靠度作出了规定。对于正常使用极限状态的可靠指标，一般应根据结构构件作用效应的可逆程度选取 0～1.5。可逆程度较高的结构构件取较低值，可逆程度较低的结构构件取较高值。

不可逆极限状态指产生超越状态的作用被移去后，仍将永久保持超越状态的一种极限状态；可逆极限状态指产生超越状态的作用被移去后，将不再保持超越状态的一种极限状态。按照可靠指标方法设计时，实际结构构件的可靠指标 β 值应满足下式的要求：

$$\beta \geqslant [\beta] \tag{2.8}$$

采用可靠指标设计方法能够比较充分地考虑各有关因素的客观变异性，使所设计的结构比较符合预期的可靠度要求，并在不同结构之间，设计可靠度具有相对可比性。

（四）极限状态设计表达式

对于一般常见的结构构件，直接按给定的目标可靠指标 $[\beta]$ 进行设计仍是十分复杂的，不易掌握。考虑到长期以来工程设计人员的习惯和应用的简便，《建筑结构可靠度设计统一标准》给出了以概率极限状态设计法为基础的，以基本变量标准值和分项系数表达的极限状态设计表达式。设计时并不需要进行概率运算，也不需要计算可靠指标 $[\beta]$，便于广大设计人员掌握，而在内容上包含了结构可靠度理论研究的成果，设计表达式中的分项系数起着相当于设计可靠指标 $[\beta]$ 的作用。

1. 承载能力极限状态设计表达式

对于承载能力极限状态，应按荷载效应的基本组合或偶然组合进行荷载效应组合，并应采用下列设计表达式进行设计：

$$\gamma_0 S \leq R \tag{2.9}$$

式中　γ_0——结构重要性系数，应根据结构构件的安全等级或设计使用年限按表 2.5 取值；

　　　S——承载能力极限状态的荷载效应组合的设计值（见本章第六节）；

　　　R——结构构件抗力的承载力设计值，应按各种规范的规定确定。

<table>
<tr><td colspan="2" align="center">表 2.5（a）</td></tr>
<tr><td align="center">安　全　等　级</td><td align="center">γ_0</td></tr>
<tr><td align="center">一　级</td><td align="center">不应小于 1.1</td></tr>
<tr><td align="center">二　级</td><td align="center">不应小于 1.0</td></tr>
<tr><td align="center">三　级</td><td align="center">不应小于 0.9</td></tr>
</table>

<table>
<tr><td colspan="2" align="center">表 2.5（b）</td></tr>
<tr><td align="center">设计使用年限</td><td align="center">γ_0</td></tr>
<tr><td align="center">100 年及以上</td><td align="center">不应小于 1.1</td></tr>
<tr><td align="center">50 年</td><td align="center">不应小于 1.0</td></tr>
<tr><td align="center">5 年</td><td align="center">不应小于 0.9</td></tr>
</table>

2. 正常使用极限状态设计表达式

按正常使用极限状态设计，主要是验算构件的变形、抗裂度或裂缝宽度。变形过大或裂缝过宽，虽影响正常使用，但危害程度不及承载力极限状态引起的后果严重，所以可适当降低可靠度的要求。

对于正常使用极限状态，应根据不同的设计要求，采用荷载的标准组合、频遇组合或准永久组合，并应按下列设计表达式进行设计：

$$S \leq C \tag{2.10}$$

式中　S——正常使用极限状态的荷载效应组合值（见本章第六节）；

　　　C——结构或结构构件达到正常使用要求的规定限值（如变形、裂缝、振幅、速度、应力等的限值）应按各种规范的规定确定。

第六节　结构上的作用及其作用效应组合

一、结构上的作用及其作用效应

施加在结构上的集中力或分布力及引起结构外加变形和约束变形的原因，统称为结构上的作用。结构构件自重、楼面上的人群和各种物品的重量、设备重量、风压及雪压等，一般称为直接作用，习惯上称为荷载；温度变化、结构材料的收缩和徐变、地基不均匀沉降及地震等，也能使结构产生效应，一般称为间接作用。直接作用或间接作用在结构内产生的内力（如轴力、弯矩、剪力和扭矩）和变形（如挠度、转角和裂缝等）称为作用效应；仅由荷载产生的效应称为荷载效应。

结构上的荷载分为永久荷载（恒荷载）、可变荷载（活荷载）和偶然荷载（如地震力、爆炸力、撞击力等）。

二、荷载代表值、荷载分项系数及荷载设计值

（一）荷载代表值

荷载有四种代表值，即标准值、频遇值、准永久值和组合值，其中标准值是荷载的基本代表值，其他代表值是标准值乘以相应的系数后得出的。结构设计时，应根据各种极限状态的设计要求采用不同的荷载代表值。

对永久荷载应采用标准值作为代表值；对可变荷载应采用标准值、组合值、频遇值或准永久值作为代表值；对偶然荷载应按建筑结构使用特点确定其代表值。

1. 永久荷载标准值和可变荷载标准值

按《建筑结构可靠度设计统一标准》的规定，荷载标准值由设计基准期最大荷载概率分布的某个分位值来确定，设计基准期统一规定为 50 年，而对该分位值的百分位未作统一规定。对某类荷载，当有足够资料而有可能对其统计分布作出合理估计时，则在其设计基准期最大荷载的分布上，根据协议的百分位，取其分位值作为该荷载的代表值。对有些尚未取得充分资料的荷载，从实际出发，根据已有的工程实践经验，通过分析判断后，协议一个公称值作为代表值。对按这两种方式规定的代表值统称为荷载标准值。

a. 永久荷载标准值

永久荷载标准值，对结构自重，可按结构构件的设计尺寸与材料单位体积的自重计算确定。对于自重变异较大的材料和构件（如现场制作的保温材料、混凝土薄壁构件等）自重的标准值应根据该荷载对结构的有利或不利，分别取其自重的下限值或上限值。

b. 可变荷载标准值

各种可变荷载的标准值，应按《建筑结构荷载规范》的规定取值。

i. 楼面均布活荷载

民用建筑楼面均布活荷载的标准值及其组合值、频遇值和准永久值系数，应按表 2.6 的规定采用。由于表 2.6 所规定的楼面均布荷载标准值是以楼板的等效均布活荷载为依据的，故在设计楼板时可以直接取用；而在设计楼面梁、墙、柱及基础时，表 2.6 中的楼面活荷载标准值可乘以规定的折减系数。

ii. 屋面可变荷载（活荷载）

屋面活荷载包括屋面均布活荷载、雪荷载和积灰荷载三种，均按屋面的水平投影面积计算。

屋面均布活荷载按《建筑结构荷载规范》的规定采用（见表 2.7），当施工荷载较大时，则按实际情况采用。

表 2.6 民用建筑楼面均布活荷载标准值及其组合值、频遇值和准永久值系数

项次	类 别	标准值/kN·m^{-2}	组合值系数 ψ_c	频遇值系数 ψ_f	准永久值系数 ψ_q
1	（1）住宅、宿舍、旅馆、办公楼、医院病房、托儿所、幼儿园			0.5	0.4
	（2）试验室、阅览室、会议室、医院门诊室	2.0	0.7	0.6	0.5
2	食堂、餐厅、一般资料档案室、教室	2.5	0.7	0.6	0.5
3	（1）礼堂、剧场、影院、有固定座位的看台	3.0	0.7	0.5	0.3
	（2）公共洗衣房	3.0	0.7	0.5	0.5
4	（1）商店、展览厅、车站、港口、机场大厅及其旅客等候室	3.5	0.7	0.6	0.5
	（2）无固定座位的看台	3.5	0.7	0.6	0.3
5	（1）健身房、演出舞台	4.0	0.7	0.6	0.5
	（2）舞厅	4.0	0.7	0.6	0.3
6	（1）书库、档案库、储藏室	5.0			
	（2）密集柜书库	12.0	0.9	0.9	0.8

表 2.7 屋 面 均 布 活 荷 载

项次	类 别	标准值/kN·m^{-2}	组合值系数 ψ_c	频遇值系数 ψ_f	准永久值系数 ψ_q
1	不上人的屋面	0.5	0.7	0.5	0
2	上人的屋面	2.0	0.7	0.5	0.4
3	屋顶花园	3.0	0.7	0.6	0.5

屋面水平投影面上的雪荷载标准值 S_k（kN/m^2）按下式计算：

$$S_k = \mu_r S_0 \tag{2.11}$$

式中 S_0——基本雪压（kN/m^2），是以当地一般空旷平坦地面上由概率统计所得的 50 年一遇最大积雪的自重确定的，其值由《建筑结构荷载规范》查得；

μ_r——屋面积雪分布系数，根据不同屋面形式，由《建筑结构荷载规范》查得。

对于在生产中有大量排灰的厂房及其邻近建筑，在设计时应考虑其屋面的积灰荷载，具体按《建筑结构荷载规范》中的规定采用。

在荷载计算时，屋面均布活荷载一般不与雪荷载同时考虑，仅取两者中的较大值。

iii. 风荷载

当计算主要承重结构时，垂直于建筑物表面上的风荷载标准值 w_k（kN/m^2）应按下式计算：

$$w_k = \beta_z \mu_z \mu_s w_0 \tag{2.12}$$

式中 w_0——基本风压（kN/m^2），应按《建筑结构荷载规范》中全国基本风压分布图给出的

数据采用，但不得小于 $0.3\ kN/m^2$；

β_z —— 高度 z 处的风振系数；

μ_z —— 风压高度变化系数，应按表 2.8 的规定采用；

μ_s —— 建筑物的风载体形系数，正值表示压力，负值表示吸力（见图 2.4），应按《建筑结构荷载规范》的规定采用。

表 2.8　风压高度变化系数 μ_z

离地面或海面高度 /m	地面粗糙度类别			
	A	B	C	D
5	1.17	1.00	0.74	0.62
10	1.38	1.00	0.74	0.62
15	1.52	1.14	0.74	0.62
20	1.63	1.25	0.84	0.62
30	1.80	1.42	1.00	0.62
40	1.92	1.56	1.13	0.73
50	2.03	1.67	1.25	0.84
60	2.12	1.77	1.35	0.93
70	2.02	1.86	1.45	1.02
80	2.27	1.95	1.54	1.11
90	2.34	2.02	1.62	1.19
100	2.40	2.09	1.70	1.27

注：A、B、C、D 表示下列四类地面粗糙度：A 类指近海海面、海岛、海岸、湖岸及沙漠地区；B 类指田野、乡村、丛林、丘陵以及房屋比较稀疏的乡镇和城市郊区；C 类指有密集建筑群的城市市区；D 类指密集建筑群且房屋较高的城市市区。

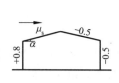

α	μ_s
0°	0
30°	+0.2
≥60°	+0.8

α 为中间值时按插入法计算

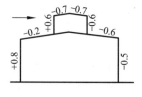

（a）封闭式双坡屋面　　　　　　　（b）有天窗双坡屋面

图 2.4　风载体形系数

2. 可变荷载组合值

可变荷载组合值是当结构承受两种或两种以上可变荷载时，承载能力极限状态按基本组合设计和正常使用极限状态按标准组合设计所采用的可变荷载代表值。组合后的荷载效应在设计基准期内的超越概率，与该荷载单独出现时的相应概率趋于一致。

当有两种或两种以上的可变荷载在结构上要求同时考虑时，由于所有可变荷载同时达到其单独出现时可能达到的最大值的概率极小，因此，除主导荷载（产生最大效应的荷载）仍可以其标准值为代表值之外，其他伴随荷载均应采用小于其标准值的组合值为荷载代表值。

原则上组合值可按相应时段最大荷载分布中的协议分位值来确定。但是考虑到目前实际荷载取样的局限性，《建筑结构荷载规范》并未明确荷载组合值的确定方法，主要还是在工程设计的经验范围内，偏保守地加以确定。

$$可变荷载组合值 = 荷载组合值系数 \times 可变荷载标准值$$

3. 可变荷载频遇值

可变荷载频遇值是正常使用极限状态按频遇组合设计所采用的一种可变荷载代表值。在设计基准期内，荷载达到和超过该值的总持续时间仅为设计基准期的一小部分。

$$可变荷载频遇值 = 荷载频遇值系数 \times 可变荷载标准值$$

4. 可变荷载准永久值

可变荷载准永久值是正常使用极限状态按准永久组合所采用的可变荷载代表值。在结构设计时，准永久值主要考虑荷载长期效应的影响。在设计基准期内，达到和超过该荷载值的总持续时间约为设计基准期的一半。

$$可变荷载准永久值 = 荷载准永久值系数 \times 可变荷载标准值$$

（二）荷载分项系数

为使在不同设计情况下的结构可靠度能够趋于一致，荷载分项系数应根据荷载不同的变异系数和荷载的具体组合情况，以及与抗力有关的分项系数的取值水平等因素确定。但为了设计方便，《建筑结构可靠度设计统一标准》将荷载分成永久荷载和可变荷载两类，相应给出永久荷载分项系数和可变荷载分项系数。

这两个分项系数是在荷载标准值已给定的前提下，使按极限状态设计表达式所得的各类结构构件的可靠指标与规定的目标可靠指标之间，在总体上误差最小为原则，经优化后选定的。

（三）荷载设计值

《建筑结构荷载规范》对荷载设计值的定义为

$$荷载设计值 = 荷载分项系数 \times 荷载代表值$$

三、荷载效应的设计组合

进行承载能力极限状态设计时，应考虑荷载效应的基本组合，必要时还应考虑荷载效应的偶然组合。

进行正常使用极限状态设计时，应根据不同设计目的，分别选用下列荷载效应的组合：

（1）标准组合。主要用于当一个极限状态被超越时将产生严重的永久性损害的情况。

（2）频遇组合。主要用于当一个极限状态被超越时将产生局部损害、较大变形或短暂振动等情况。

（3）准永久组合。主要用在当长期效应是决定性因素时的一些情况。

以上各种组合中，可变荷载应采用相应的荷载代表值，见表2.9。

表 2.9　荷载效应的设计组合

极限状态	荷载效应的设计组合	可变荷载代表值
承载能力极限状态	基本组合	标准值或组合值
	偶然组合	
正常使用极限状态	标准组合	标准值或组合值
	频遇组合	频遇值、准永久值
	准永久组合	准永久值

四、承载能力极限状态设计时荷载效应组合的设计值 S

1. 基本组合

对于基本组合，荷载效应组合的设计值 S 应从下列组合值中取最不利值确定：

a. 由可变荷载效应控制的组合

$$S = \gamma_G S_{Gk} + \gamma_{Q1}\gamma_L S_{Q1k} + \sum_{i=2}^{n}\gamma_{Qi}\gamma_L\psi_{ci}S_{Qik} \tag{2.13}$$

式中　γ_G —— 永久荷载的分项系数（当其效应对结构不利时应取 1.2；当其效应对结构有利时通常取 1.0；对结构的倾覆、滑移或漂浮验算应取 0.9）；

γ_{Qi} —— 第 i 个可变荷载的分项系数，其中 γ_{Q1} 为可变荷载 Q_1 的分项系数（一般情况下应取 1.4，对标准值大于 4 kN/m² 的房屋楼面结构的活荷载应取 1.3）；

γ_L —— 可变荷载考虑使用年限的调整系数、使用期 50 年为 1.0，100 年为 1.10；

S_{Gk} —— 按永久荷载标准值 G_k 计算的荷载效应值；

S_{Qik} —— 按可变荷载标准值 Q_{ik} 计算的荷载效应值，其中 S_{Q1k} 为诸可变荷载效应中起控制作用者；

ψ_{ci} —— 可变荷载 Q_i 的组合值系数，应分别按《建筑结构荷载规范》的规定采用；

n —— 参与组合的可变荷载数。

b. 由永久荷载效应控制的组合

$$S = \gamma_G S_{Gk} + \sum_{i=1}^{n}\gamma_{Qi}\gamma_L\psi_{ci}S_{Qik} \tag{2.14}$$

式中　γ_G —— 永久荷载的分项系数（当其效应对结构不利时应取 1.35，当其效应对结构有利时与式（2.13）取值相同）；

公式中其他符号的含义和取值与式（2.13）相同。

对于一般排架、框架结构，为便于手算，基本组合可采用简化规则，并应按下列组合值中取最不利值确定：

a. 由可变荷载效应控制的组合

$$\begin{cases} S = \gamma_G S_{Gk} + \gamma_{Q1} S_{Q1k} \\ S = \gamma_G S_{Gk} + 0.9\sum_{i=1}^{n}\gamma_{Qi} S_{Qik} \end{cases} \tag{2.15}$$

b. 由永久荷载效应控制的组合

仍按式（2.14）采用。

2. 偶然组合

荷载效应组合的设计值宜按下列规定确定：偶然荷载的代表值不乘分项系数；与偶然荷载同时出现的其他荷载可根据观测资料和工程经验采用适当的代表值。各种情况荷载效应的设计值公式，可由有关规范另行规定。

五、正常使用极限状态设计时荷载效应组合的设计值 S

1. 标准组合

荷载效应组合值应按下式采用：

$$S = S_{Gk} + S_{Q1k} + \sum_{i=2}^{n} \psi_{ci} S_{Qik} \qquad (2.16)$$

2. 频遇组合

荷载效应组合的设计值应按下式采用：

$$S = S_{Gk} + \psi_{f1} S_{Q1k} + \sum_{i=2}^{n} \psi_{qi} S_{Qik} \qquad (2.17)$$

式中　　ψ_{f1} —— 可变荷载 Q_1 的频遇值系数；

　　　　ψ_{qi} —— 可变荷载 Q_i 的准永久值系数。

3. 准永久组合

荷载效应组合的设计值应按下式采用：

$$S = S_{Gk} + \sum_{i=1}^{n} \psi_{qi} S_{Qik} \qquad (2.18)$$

地震作用的计算以及与其他荷载效应的组合参见本系列丛书中的《高层建筑结构设计原理》一书。

复 习 思 考 题

1. 什么是结构上的作用？分哪几类？
2. 结构的功能要求有哪些？
3. 什么是结构的极限状态？有哪几种？
4. 结构可靠的含义是什么？
5. 什么是失效概率、可靠指标？两者有怎样的关系？
6. 试说明可靠度和可靠性有何区别？
7. 荷载的标准值、组合值及准永久值的含义是什么？
8. 荷载组合的目的是什么？
9. 分项系数 γ_G、γ_Q 确定的原则是什么？
10. 为什么正常使用极限状态下不考虑分项系数？

第三章 钢筋混凝土楼盖结构设计

第一节 概　　述

一、正确合理地进行楼盖结构设计的重要性

楼盖是房屋结构中的重要组成部分。在整个房屋的材料用量和造价方面，楼盖所占的比例是相当大的，因此，正确合理地选择楼盖的结构形式并进行楼盖结构设计对建筑物的使用、美观以及技术经济指标都具有十分重要的意义。其重要性具体表现在：

（1）在一幢混合结构的房屋中，楼盖（屋盖）的造价约占房屋总造价的 30% ~ 40%；在 6 ~ 12 层的框架结构中，楼盖的用钢量约占总用钢量的 30% ~ 50%；在钢筋混凝土高层建筑中，混凝土楼盖的自重占总自重的 50% ~ 60%。因此，降低楼盖的造价和自重对降低整个建筑物的造价和自重都是非常重要的。

（2）减小楼盖的结构高度。从建筑上说，可以降低层高，当总高一定时可以增加层数，对一幢 30 层的楼而言，每层降低 0.1 m 就可增加一层。从结构上说，降低层高意味着减轻自重，也就减小了地震作用，这对建筑结构设计具有很大的经济意义，将直接降低工程造价。

（3）楼盖（屋盖）结构形式和建筑面层构造的合理选用，直接影响到建筑在隔声、保温、隔热、防水和美观等方面的功能要求。

（4）楼盖结构作为建筑物的水平受力构件，其受力特点和工作性能直接影响整个结构的受力特点和内力分析方法的选用。楼盖结构对保证建筑物的承载力、刚度、耐久性以及提高结构、抗风、抗震性能有着重要的作用。

（5）楼盖结构设计是结构设计人员必须熟悉和掌握的基本功，它的设计原理、概念和方法可用于桥面结构、筏基、挡土墙、水池等许多结构物的设计中。

二、楼盖的结构功能及其分类

（一）楼盖的结构功能

建筑结构是一个由多种构件组成的空间受力结构体系。按构件的设置方向，可认为它是由水平结构体系和竖向结构体系组成。楼盖是由梁、板等水平方向的构件组成的水平承重结构体系，其基本作用是：

（1）在竖向，直接承受楼盖中梁、板构件及装修面层的重量；承受施加在楼面、屋面上

的使用荷载，并传给竖向结构。

（2）在水平方向，把水平力传给竖向结构或分配给竖向结构构件，同时，楼盖结构在房屋中起到水平隔板和连接竖向构件的作用，以保证与竖向结构构件空间工作和整体稳定。

（二）楼盖结构的分类

钢筋混凝土楼盖按其施工方法的不同，可分为现浇楼盖、装配式楼盖、装配整体式楼盖等形式。现浇混凝土楼盖整体刚度大，抗震性能好，对不规则平面和开洞的适应性强，在地震区应用较多，其缺点是需要大量模板，工期较长。装配式混凝土楼盖中主要由多孔板及槽形板等铺板组成，其施工进度快，但整体刚度差，在混合结构房屋中应用较多。装配整体式混凝土楼盖是在铺板上做混凝土现浇层，它兼有现浇楼盖和装配式楼盖的优点。

现浇楼盖按其梁系布置方式的不同，又可分为普通肋梁楼盖、井格梁楼盖、密肋楼盖、扁梁楼盖和无梁楼盖等（见图 3.1）。肋梁楼盖按其楼板的支承受力条件不同，还可以分为单向板肋梁楼盖和双向板肋梁楼盖等。随着预应力混凝土技术的不断更新和发展，为了克服普通钢筋混凝土楼盖用料多、自重大的缺点，目前，一种新型的楼盖结构形式 ——"无黏结预应力混凝土楼盖"正在广泛地得到应用和发展。

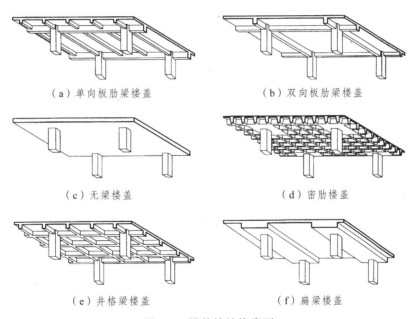

（a）单向板肋梁楼盖　　　　　　　　　（b）双向板肋梁楼盖

（c）无梁楼盖　　　　　　　　　　　　（d）密肋楼盖

（e）井格梁楼盖　　　　　　　　　　　（f）扁梁楼盖

图 3.1　楼盖的结构类型

1. 肋梁楼盖结构

a. 肋梁楼盖结构的特点

现浇肋梁板结构是最常见的水平向承重结构形式之一，它的应用范围很广，既可作为房屋建筑的楼盖与片筏式基础，又可作为水池的顶板、侧板和底板结构等。它适用于各种竖向承重结构，如砌体承重结构、框架承重结构等。当结构受到侧向荷载作用时，楼盖梁也可同时作为抗侧力结构中的梁。

现浇钢筋混凝土肋梁楼盖结构整体性好，节省材料，梁系布置灵活，特别能适应各种有特殊要求的楼盖，如承受某些特殊设备荷载，或楼面开有较复杂孔洞，或建筑平面布置不规则等。但肋梁楼盖结构高度较大，主次梁的截面规格多变，施工支模较为复杂。板底不平整，一般需做吊顶方能满足建筑美观要求。

b. 肋梁楼盖的组成与结构布置

现浇肋梁楼盖结构一般由板、次梁和主梁三种构件组成，如图 3.2 所示。

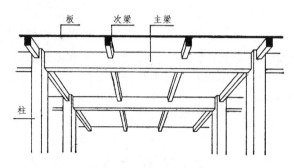

图 3.2 现浇肋梁楼盖

在肋梁楼盖结构布置时，首先应根据房屋的平面尺寸、使用荷载的大小以及建筑的使用要求确定承重墙位置和柱网尺寸。考虑到经济、美观以及施工的方便，柱网通常布置成方形或矩形。主梁一般沿墙轴线或柱网布置，以形成完整的竖向抗侧力体系。梁系的布置应考虑到楼板上隔墙、设备的重量及楼板上的开洞要求等，板上一般不宜直接作用较大的集中荷载，隔墙处、重大设备处及洞口的周边都应设梁加强。梁板布置应力求受力明确，传力路线简捷，并尽量布置成等跨，板厚和梁的截面尺寸在整个楼盖中力求统一、有规律。

在肋梁楼盖中，柱或墙的间距往往决定了主梁和次梁的跨度，根据设计经验及经济效果，一般次梁的跨度以 4~6 m 为宜，主梁的跨度以 5~8 m 为宜。由于楼盖中板的混凝土用量要占整个楼盖混凝土用量的 50%~70%，考虑到经济的因素，板的厚度宜取得薄些。为此，应控制板的跨度，单向板的跨度以 3 m 以下为宜，常用的跨度为 1.7~2.5 m。方形双向板的区格不宜大于 5 m×5 m，矩形双向板区格的短边不宜大于 4 m。

几种常见楼盖的结构布置方案如图 3.3 所示。

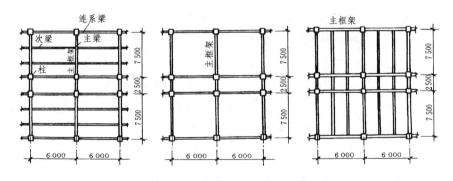

图 3.3 几种常见楼盖的结构布置方案（单位：mm）

2. 井格梁楼盖结构

井格梁结构作为楼盖或屋盖在工业与民用建筑中应用较为广泛，特别在礼堂、宾馆及商场等一些大型公共建筑的大厅、会议室中常被采用。作为屋盖时，常取消楼板而采用有机玻璃采光罩或玻璃钢采光罩，以满足建筑物采光的要求，造型上也颇为新颖、壮观（见图 3.4）。

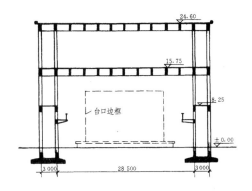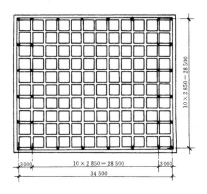

图 3.4　北京政协礼堂井格梁式楼盖（单位：mm）

a. 井格梁楼盖结构布置

井格梁楼盖是由肋梁楼盖演变而来的，是肋梁楼盖结构的一种特例。其主要特点是两个方向梁的高度相等且一般为等间距布置，不分主次共同直接承受板传来的荷载，两个方向的梁共同工作，提供了较好的刚度，能够满意地解决如大会议室、娱乐厅等大跨度楼盖的设计问题。梁布置成井字形，故又称井式楼盖，亦称交叉梁楼盖，不做吊顶也能给人一种美观、舒适的感觉。

交叉梁系的布置常用的有正放正交、斜放正交、三向交叉三种（见图 3.5）。三种井格梁系相比，混凝土和钢筋用量相差不多，但由于正放正交梁系施工和模板制作较为简单而较多地得到采用，后两种梁系的优点是造型新颖（见图 3.6），但梁的规格不一，带来施工和模板制作的不便。

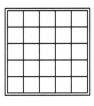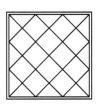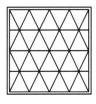

（a）正放正交　　　　（b）斜放正交　　　　（c）三向交叉

图 3.5　交叉梁系

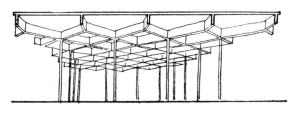

图 3.6　井格梁楼盖结构实例

井格梁楼盖两个方向梁的间距最好相等，这样不仅结构比较经济合理、施工方便，而且容易满足建筑构造上不做吊顶时对楼盖天花的美观要求。

井格梁楼盖一般有四角柱支承和周边支承两种。周边支承的井格梁楼盖四周最好为承重墙，这样能使井格梁都支承在刚性支点上；若周边为柱子，应尽量使每根梁都能直接支承在柱子上；若遇柱距与梁距不一致时，应在柱顶设置一道刚度较大的边梁，以保证井格梁支座的刚性。当建筑物跨度较大时，也可在井格梁交叉点处设柱，成为连续跨的多点支承，或周边支承的墙与中间的柱支承相结合。从结构计算简图看，井格梁的边界支承条件有柱支承、周边简支支承、周边固定支承及介于简支支承和固定支承之间的周边弹性支承。

b. 井格梁楼盖的受力特点

井格梁楼盖属空间受力体系，其内力分析与变形计算是一个十分复杂的问题。要较准确地对井格梁楼盖进行受力分析，大都采用有限单元法，借助电子计算机来完成。

目前在工程设计中，还常常采用"荷载分配法"来近似地解决井格梁楼盖的受力分析问题。井格梁楼盖中的楼板一般可按双向板计算，板上的荷载按路径最近的原则传至相近的井格梁节点，其值为 $P = ql^2$，q 为楼面均布荷载。井格梁楼盖中两个方向的梁只考虑主要的竖向变形协调，忽略次要的转角变位，即认为在同一个交叉点上两个方向梁的挠度是相同的，它们之间可以假定为一根链杆相互联系在一起，在交叉点上受着集中荷载 P 的作用，链杆承受的力为多余未知力，如图 3.7 所示。

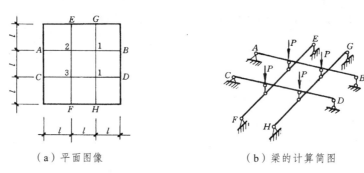

（a）平面图像　　　　　　　　（b）梁的计算简图

图 3.7　正放正交梁系受力分析

这样，便可以根据两个方向梁的刚度和其交叉点挠度相同的条件，计算出每根梁所受的荷载及其相应的内力。目前，根据"荷载分配法"编有各种井式楼盖梁的内力、变形计算表格，设计时可以直接查用。

井格梁楼盖梁的间距一般大于 2 m，梁的截面高度一般可取跨度的 1/20 ~ 1/15。

3. 密肋楼盖结构

梁肋间距小于 1.5 m 时的楼盖常称为密肋楼盖，适用于中等或较大跨度的公共建筑，也常被用于筒体结构体系的高层建筑结构。密肋楼盖有单向密肋楼盖和双向密肋楼盖两种形式。双向密肋楼盖由于是双向受力，受力较单向密肋楼盖合理，且双向密肋较单向密肋的视觉效果要好，可不吊顶，与一般楼板体系相比，由于省去了肋间的混凝土，可节约混凝土 30% ~ 50%，降低了楼板造价，故近年来在大空间的多层、高层建筑中得到了广泛的应用。密肋楼盖可为普通混凝土结构，适用跨度可达 10 m；也可为预应力混凝土结构，适用跨度可达 15 m。

a. 密肋楼盖的特点

密肋楼盖适用于跨度较大而梁高受限制的情况，其受力性能介于肋梁楼盖和无梁平板楼盖之间。与肋梁楼盖相比，密肋楼盖的结构高度小而数量多、间距密；与平板楼盖相比，密肋楼盖可节省材料，减轻自重，且刚度较大。因此，对于楼面荷载较大而房屋的层高又受到限制时，采用密肋楼盖比采用普通肋梁楼盖更能满足设计要求。密肋楼盖的缺点是施工支模复杂，工作量大，故常采用可多次重复使用的定型模壳，如钢模壳、玻璃钢模壳、塑料模壳等。

b. 双向密肋楼盖

双向密肋楼盖的形式及受力与井格梁楼盖相似,但双向密肋楼盖的柱网尺寸较小,肋的间距较小。由于板的跨度小而又是双向支承的,板的厚度可以做得很薄(一般为 50 mm 左右)。由于肋排得很密,肋的高度 h 也可以做得很小,一般取肋高 h 为肋跨度 L 的 $1/20 \sim 1/17$。

为了解决柱边上板的冲切问题,常常在柱的附近做一块加厚的实心板(见图 3.8),这时梁高 h 可适当减小,但不应小于 $L/22$。为了获得满意的经济效益,整体现浇的密肋楼盖的肋跨度不宜超过 10 m。密肋楼盖中肋的网格形状可以是方形、略微长方形、三角形或正多边形。

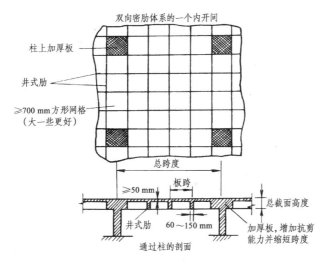

图 3.8 双向密肋楼盖体系

4. 无梁楼盖

无梁楼盖是因楼盖中不设梁而得名,它是一种双向受力楼盖,它与柱构成板柱结构体系(见图 3.9)。

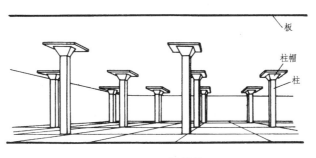

图 3.9 无梁楼盖

因为无梁楼盖通常直接支承在柱上(其周边也可能支承在承重墙上),故与相同柱网尺寸的双向板肋梁楼盖相比,其板厚要大些。为了增强板与柱的整体连接,通常在柱顶上设置柱帽,这样可提高柱顶处板的受冲切承载力,又可有效地减小板的计算跨度,使板的配筋合理。当柱网尺寸较小且楼面活荷载较小时,也可以是无柱帽的。柱和柱帽的截面形状可根据建筑的要求设计成矩形或圆形(见图 3.10)。

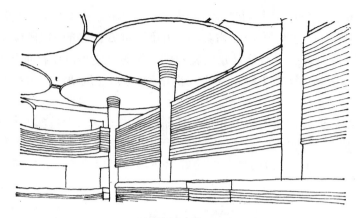

图 3.10　约翰逊制蜡公司办公大楼

无梁楼盖的建筑构造高度比肋梁楼盖的小，这使得建筑楼层的有效空间加大，同时，平滑的板底可以大大改善采光、通风和卫生条件，故无梁楼盖常用于多层的工业与民用建筑中，如商场、办公楼、书库、冷藏库、仓库、水池的顶盖以及某些整板式的基础等。

无梁楼盖根据施工方法的不同，可分为现浇式和装配整体式两种。其中装配整体式系采用升板施工技术，在现场逐层将在地面预制的屋盖和楼盖分阶段提升至设计标高后，与柱通过柱帽整浇在一起，由于它将大量的空中作业改在地面上完成，故可大大提高进度。其设计原理，除需考虑施工阶段的验算外，与一般现浇无梁楼盖相同。此外，为了减轻自重，也可采用多次重复使用的塑料膜壳填充，以构成双向密肋的无梁楼盖。

无梁楼盖的四周边可支承在墙上或边柱的墙梁上，也可做成悬臂板。设置悬臂板可有效减少柱帽种类。当悬臂板挑出的长度接近中间区格跨度的 1/4 时，边支座负弯矩约等于中间支座的弯矩值，因而较为经济。

无梁楼盖每一方向的跨数常不少于三跨，可为等跨或不等跨。通常，柱网为正方形时最为经济。根据经验，当楼面活荷载标准值在 5 kN/m^2 以上，柱距在 6 m 以内时，无梁楼盖比肋梁楼盖经济。但要注意，无梁楼盖与柱构成的板柱结构抗侧刚度较差。

5. 无黏结预应力混凝土楼盖结构

a. 无黏结预应力楼盖的特点

无黏结筋可如同非预应力筋一样，按照设计要求铺设在模板内，然后浇筑混凝土，待混凝土达到设计强度后，再张拉钢筋，预应力筋与混凝土之间没有黏结，张拉力全靠锚具传到构件混凝土上去。因此，无黏结预应力混凝土结构不需要预留孔道、穿筋及灌浆等复杂工序，操作简便，施工进度快。无黏结预应力筋摩擦力小，且易弯成多跨曲线形状，特别适用于建造需要复杂的连续曲线配筋的大跨度楼盖和屋盖结构。

就施工造价而言，预应力混凝土楼盖比普通混凝土楼盖要高。但采用无黏结预应力混凝土楼盖结构具有如下特点：① 有利于降低建筑物层高和减轻结构自重；② 改善结构的使用功能，在自重和准永久荷载作用下楼板挠度很小，几乎不存在裂缝；③ 楼板跨度增大可以减少竖向承重构件的布置，增加有效的使用面积，也能满足对楼层多用途、多功能的使用要求；④ 节约钢材和混凝土。因此，总的来说，采用预应力混凝土楼盖是非常经济合理的。

b. 无黏结预应力楼盖的组成及其适用范围

无黏结预应力楼盖常见的形式如图 3.11 所示。单向板［见图 3.11（a）］常用跨度为 6 ～

9 m。对于跨度在 7 ~ 12 m、使用可变荷载在 5 kN/m² 以下的楼盖，采用双向平板 [见图 3.11 (b)] 或带有宽扁梁的板 [见图 3.11 (c)]，比采用单向板要经济合理得多。若建筑物跨度或使用可变荷载更大时，采用带柱帽和托板的平板 [见图 3.11 (d)]、密肋板 [见图 3.11 (e)] 或梁支承的双向板 [见图 3.11 (f)]，将会比前两者更为经济合理。

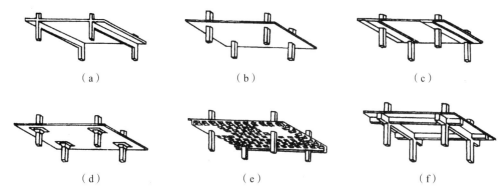

（a）　　　　　　　　　　（b）　　　　　　　　　　（c）

（d）　　　　　　　　　　（e）　　　　　　　　　　（f）

图 3.11　无黏结预应力楼盖的形式

6. 组合楼盖结构

目前，在组合楼盖中，用得最多的是钢与混凝土组合楼盖（见图 3.12）。

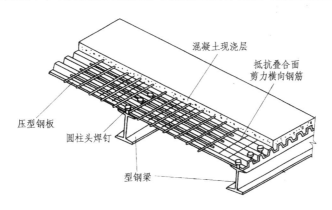

图 3.12　压型钢板—混凝土板组合楼盖

它构成的基本前提是：型钢与混凝土之间必须密实结合，在构件受力变形时接触面无相对滑移或滑移在微小的容许限度内。直至破坏前，组合楼盖都是一个共同受力的整体。组合结构不仅能更好地发挥各自材质的优点，而且其承载能力将大大超过单纯的钢结构或混凝土结构。

a. 钢—混凝土组合楼盖结构的特点

（1）能充分发挥混凝土和钢材各自的材料力学性能，使混凝土受压、钢材受拉，经济合理，节省材料，尤其对重载结构更为有利。

（2）适合于采用更高强度的钢材和混凝土，可减少截面尺寸，降低自重，增大建筑的使用空间，尤其是适用于较差的地基条件和大跨度结构。

（3）受力变形时，可产生较大应变，吸收能量大，因而塑性、韧性、耐疲劳性、耐冲击性等性能均较好，很适合于抗爆、抗震结构工程的楼盖。

（4）施工中浇筑混凝土时，压型钢板可同时作为模板，因而可省去模板，方便施工。

（5）压型钢板的凹槽内便于铺设电力、通讯、通风、空调等管线，还能敷设保温、隔音、隔热等材料，也便于设置顶棚或吊顶。

b. 组合楼板的构造要求

组合板的总厚度 h 不应小于 90 mm，压型钢板翼缘以上混凝土的厚度 h_c 不应小于 50 mm。

组合板应设置分布钢筋网，其作用是承受收缩和温度应力，并可以提高火灾时的安全性，对集中荷载也可起到分布作用。分布钢筋两个方向的配筋率均不宜少于 0.2%。

在有较大集中荷载区段和开洞周围应配置附加钢筋。当防火等级较高时，可配置附加纵向受拉钢筋。

支承于钢梁上的组合板，支承长度不应小于 75 mm，其中压型钢板的支承长度不应小于 50 mm。支承于混凝土上时，支承长度不应小于 100 mm，压型钢板的支承长度不应小于 75 mm。

7. 装配式及装配整体式楼盖结构

在多层民用房屋和工业厂房中，广泛应用着装配式和装配整体式钢筋混凝土楼盖，这种楼盖与现浇楼盖相比，有加快施工速度、缩短工期和节约模板的优点。

a. 装配式钢筋混凝土楼盖

装配式钢筋混凝土楼盖的形式很多，大致可以分为铺板式、密肋式和无梁式等，现只介绍应用最为广泛的铺板式。

铺板式楼面是将预制板搁置在承重砖墙或楼面梁上，预制板的宽度视制作、吊装和运输设备而定，可以从 300 mm 到整个房间的宽度，长度一般为 2~6 m。预制板有实心板、空心板、槽形板、单 T 板、双 T 板等（见图 3.13），其中空心板应用最为广泛。它们可以是预应力的，也可以是非预应力的。

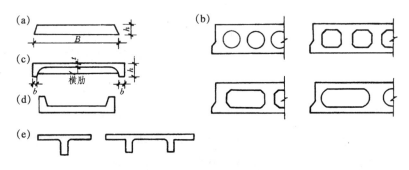

图 3.13　板的截面形式

实心板上下表面平整，制作简单。小型的实心板跨度为 1.2~2.4 m，板厚 $h \geq L/30$，常为 50~100 mm，板宽约 500~1 000 mm。适用于荷载不大，跨度较小的走道、地沟盖板和楼梯平台板等处。大型的实心板尺寸可与房间平面尺寸相同，双向布置预应力钢筋，可作为高层建筑的楼盖结构，具有较好的整体性和抗震性。

空心板上下表面平整，自重轻，刚度大，隔音、隔热效果较好，但板面不能任意开洞，故不适用于厕所等开洞较多的楼面。

空心板的空洞可为圆形、正方形、长方形、椭圆形等，孔洞数目视板宽决定。目前，国内民用建筑中常用圆孔空心板。

普通钢筋混凝土空心板板厚 $h \geq (1/25 \sim 1/20)L$，预应力混凝土空心板厚 $h \geq (1/35 \sim$

1/30）L，板厚通常有 120 mm、180 mm 和 240 mm。空心板的宽度常用 500 mm、600 mm、900 mm、1 200 mm。板的长度视房屋开间或进深的长度而定，一般有 3.0 m、3.3 m、3.6 m、6 m 等。

铺板式楼盖板的布置可以根据房屋的总体承重方案确定，一般有下列三种布置方案：

（1）横墙承重。板铺设在横墙上，居住建筑横墙间距在 4 m 以内的楼板可直接搁在横墙上。

（2）纵墙承重。板铺设在大梁上，在公共建筑的办公楼、教室等横墙间距较大的情况下，可将板搁置在与横墙平行的楼盖大梁上，大梁则支承在纵墙上。

（3）纵横向承重。

b. 装配整体式钢筋混凝土楼盖

装配整体式钢筋混凝土楼盖是将预制构件吊装就位后，再现浇一部分混凝土，使预制构件连成整体的楼盖。这种楼盖所需模板量很少，施工速度快，当为了提高预制装配楼盖的整体性或提高预制楼板的承载能力时，常采用装配整体式楼盖。

设计中一般根据房屋的性质、用途、平面尺寸、荷载大小、抗震设防烈度以及技术经济指标等因素综合考虑，选择合适的楼盖结构形式。

三、单向板与双向板

本章主要介绍钢筋混凝土肋梁楼盖的设计。如前面所述，按受力特点不同，肋梁楼盖可划分为单向板肋梁楼盖和双向板肋梁楼盖，这里需要先按弹性理论分析其受力特点。

从整浇式钢筋混凝土楼盖中取一块板，楼板通常是四边支承的。现以一块四边简支单跨板为例，分析其荷载传递特点，如图 3.14 所示。

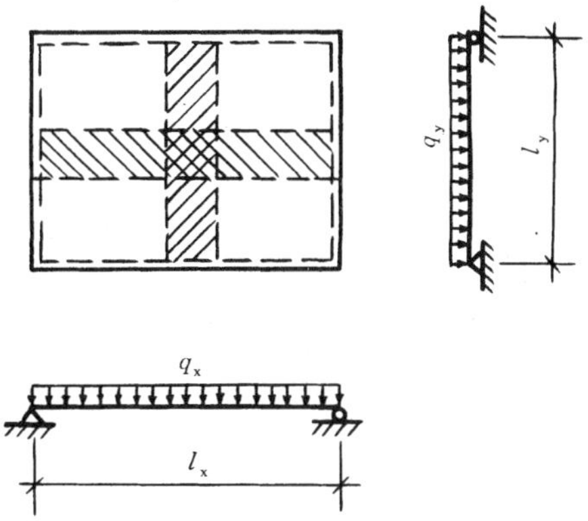

板上作用有均布荷载 q。在平板中央分别取互相垂直的两条等宽板带，跨度各为 l_x 和 l_y，分别承受荷载 q_x 和 q_y，则

$$q = q_x + q_y \qquad (3.1)$$

板带在跨中的挠度分别为

$$u_x = \frac{5}{384} \cdot \frac{q_x l_x^4}{EI_x}, \quad u_y = \frac{5}{384} \cdot \frac{q_y l_y^4}{EI_y}$$

由变形协调可知，两个板带交点处的挠度必须相等，即 $u_x = u_y$；又由两个板带等宽、等厚知，$EI_x = EI_y$。于是

$$q_x l_x^4 = q_y l_y^4 \qquad (3.2)$$

将式（3.1）代入式（3.2），整理得

$$q_x = \frac{l_y^4 / l_x^4}{1 + l_y^4 / l_x^4} \cdot q = \frac{l_y^4}{l_x^4 + l_y^4} \cdot q \qquad (3.3)$$

$$q_y = \frac{l_x^4}{l_x^4 + l_y^4} \cdot q \qquad (3.4)$$

图 3.14 四边支承板计算简图

由式（3.3）、式（3.4）可以看出：随着 l_x / l_y 比值的增大，l_x 方向板带分担荷载 q_x 占总荷载 q 的比例将逐渐减少。当 $l_x = 2l_y$ 时，有

$$q_x = \frac{l_y^4}{(2l_y)^4 + l_y^4} \cdot q = \frac{l_y^4}{16l_y^4 + l_y^4} \cdot q = \frac{1}{17} \cdot q = 0.058\,8q$$

$$q_y = q - q_x = (1 - 0.058\,8)q = 0.941\,2q$$

由上面分析可见，当板的长短边边长之比大于 2 时，板上均布荷载主要由板的短跨方向承受并传递，约占全部荷载的 94% 以上，而长跨方向承担并传递的荷载不到全部荷载的 6%。可认为，当 $l_x / l_y > 2$ 时，板面荷载完全由短跨方向板带承担，忽略长跨方向板带的贡献，这种板称为"单向板"；反之，当 $l_x / l_y \leqslant 2$ 时，板面荷载由两个方向的板带共同承担，这种板称为"双向板"。

而按塑性理论计算内力时，则认为当 $l_x / l_y \geqslant 3$ 时为单向板，$l_x / l_y < 3$ 时为双向板。

单向板与双向板的主要区别，可用表 3.1 概述。

表 3.1 单向板与双向板的主要区别

项次	区别内容		单 向 板	双 向 板
1	长边/短边	弹性理论	$l_x / l_y > 2$	$l_x / l_y \leqslant 2$
		塑性理论	$l_x / l_y \geqslant 3$	$l_x / l_y < 3$
2	弯曲变形		只考虑短边单向受弯	双向受弯
3	荷载传递		荷载全部通过短边单向传递	荷载双向传递
4	受力状态		只在短边方向受力	双向同时受力
5	受力筋的配置		只在短边方向配筋	双向配筋

只要板的四边都有支承，单向板与双向板之间就没有一个明显的界限，为了设计上的方便，《混凝土结构设计规范》规定：当 $l_x / l_y \geqslant 3$ 时，可按单向板设计；$2 < l_x / l_y < 3$ 时，宜按双向板设计，若按单向板设计，应沿长边方向布置足够的构造钢筋；$l_x / l_y \leqslant 2$ 时，应按双向板设计。

若肋梁楼盖的梁格布置通常使每个区格板长短边边长之比大于 2 时，称为单向板肋梁楼盖；反之，当长短边边长之比小于及等于 2 时，则称为双向板肋梁楼盖。

四、梁、板截面尺寸的估算

进行楼盖设计时，首先要初定梁、板尺寸。确定梁、板尺寸时，通常要考虑施工条件、刚度要求、经济性并结合经验选定。

1. 楼板厚度选定

初选楼板厚度可以考虑以下四个方面：

（1）满足施工条件的最小厚度（见表 3.2）。

表 3.2 按施工条件控制的最小板厚（mm）

类 别	施工方法	不埋电线管	预埋铁皮管	预埋塑料管
槽形板、空心板	预 制	25	—	—
屋 盖	现 浇	50	80	90
楼盖：民用建筑	现 浇	60	80	100
工业建筑	现 浇	70	100	120
阳台、雨篷的根部	现 浇	100	—	—

（2）按工程经验选择板的厚度。

屋盖：板的跨度为 2.0 m 左右时，$h = 60 \sim 80$ mm；

楼盖：板的跨度为 2.0 m 左右时，$h = 80 \sim 100$ mm；

整块楼板：板的跨度为 $3.3 \sim 4.0$ m 左右时，$h = 100 \sim 120$ mm；

阳台及雨篷：悬臂板的跨度为 $1.2 \sim 2.0$ m 左右时，根部 $h = 120 \sim 200$ mm。

（3）按挠度控制最小板厚（见表 3.3）。

表 3.3 板厚与计算跨度之比（h/l_0）的最小值

项 次	板的支承情况	板 的 种 类			无梁楼盖	
		单向板	双向板	悬臂板	有柱帽	无柱帽
1	简支	1/35	1/45	—	1/35	1/30
2	连续	1/40	1/50	1/12		

注：表中 h 为板厚；l_0 为板的短向计算跨度。

（4）按经济配筋率选择板的厚度。

楼板通常有一个经济配筋率，一般为 0.6%~0.8%，按单筋受弯构件极限状态时的等效应力图示，由力的平衡方程可得用钢筋和混凝土强度表达的相对受压区高度 ξ：

$$\xi = \frac{x}{h_0} = \rho \frac{f_y}{f_c} \tag{3.5}$$

再由力矩平衡方程可得

$$h_0 = \sqrt{\frac{M}{f_c b \, \xi \left(1 - 0.5\xi\right)}} \tag{3.6}$$

式中　b ——板宽，通常取 1000 mm。

（5）《规范》规定的最小板厚：

屋面板：$h \geqslant 60$ mm；

民用建筑楼板：$h \geqslant 70$ mm；

工业建筑楼板：$h \geqslant 80$ mm。

2. 梁的截面确定

梁的截面高度确定应考虑如下四个方面的要求：

（1）满足施工条件的梁高限制。

次梁穿过主梁时，为保证次梁主筋位置，次梁高度应比主梁高度至少小 50 mm。

为便于施工，梁的高度与宽度应满足 50 mm 的模数；当梁高超过 1 000 mm 时，宜满足 100 mm 的模数。圈梁和过梁宽度应同墙厚，梁高应符合砖的皮数。

（2）按经验选择梁的高度。

梁高在经验高度的范围内，先由设计者结合实际受荷情况确定，配筋后如不合适再作相应调整。按经验估算梁高见表 3.4。

表 3.4　按 经 验 估 算 的 梁 高

类　　型	类　　别	部　位	高跨比 h/l_0	高宽比 h/b
整体浇筑的 T 形架	主　梁		1/14 ~ 1/8	2 ~ 3
	次　梁		1/18 ~ 1/15	
	悬臂梁	根　部	1/8 ~ 1/6	
矩形截面独立梁			1/15 ~ 1/12	2 ~ 3

注：表中 h 为梁高；l_0 为梁的计算跨度。

（3）按变形要求控制的梁高。

钢筋混凝土梁产生裂缝是正常的，但裂缝过宽会给人造成心里不安；同样，挠度较大时，虽然可能安全，但影响使用。因此，规范对梁的裂缝宽度和挠度要进行限制，见表 3.5。

表 3.5　钢筋混凝土梁允许的最大挠度和最大裂缝宽度

屋盖、楼盖及楼梯构件/m	允许的最大挠度 f/l_0		允许的最大裂缝宽度/mm	
	一般要求	较高要求	钢筋混凝土构件	预应力构件
$l_0 < 7$	1/200	1/250	露天 0.2	0.2
$7 \leqslant l_0 \leqslant 9$	1/250	1/300	一般 0.3	
$l_0 > 9$	1/300	1/400	$Q/G < 0.5$，可取 0.4	

注：表中 f 为梁、板的计算跨度；Q 为活载标准值；G 为恒载标准值。

（4）按经济配筋率选择梁的高度。

矩形梁的经济配筋率一般取 0.6% ~ 1.5%；T 形梁的配筋率一般为 0.9% ~ 1.8%。同板一样，梁可以由等效应力图形建立的平衡方程得出梁截面高度 h_0 的表达式。

（5）梁宽度确定。

梁的高度确定后，梁的宽度 b 通常取 $b = (1/2 \sim 1/3)h$。当建筑上有特殊要求时亦可采用扁梁，如层高和净空限制时只能用扁梁，这时需增加梁的挠度和裂缝宽度验算。

五、梁、板的计算跨度和 T 形梁的计算宽度

1. 梁、板的计算跨度

计算跨度是指梁、板设计时进行内力计算采用的跨度。理论上的计算跨度指的是相邻支座反力间的距离，它和结构形式、支承条件等因素有关，准确确定非常复杂，工程中一般可参照表 3.6 中的算式确定。

表 3.6　连续板、梁的计算跨度

构造图形				
		边　跨	中　跨	备　注
塑性计算方法	板	$l_0 = l_{n1} + \dfrac{h}{2}$	$l_0 = l_n$	求支座弯矩时，取该支座左、右计算跨度的最大值进行计算
	梁	$l_0 = l_{n1} + \dfrac{a}{2} \le 1.025 l_{n1}$	$l_0 = l_n$	
弹性计算方法	板	$l_0 = l_{n1} + \dfrac{b}{2} + \dfrac{h}{2} \le 1.025 l_{n1} + \dfrac{b}{2}$	$l_0 = l_n + b$	求支座弯矩时，取该支座相邻两跨计算跨度的平均值进行计算
	梁	$l_0 = l_{n1} + \dfrac{a}{2} + \dfrac{b}{2} \le 1.025 l_{n1} + \dfrac{b}{2}$	$l_0 = l_n + b$	

2. T 形梁及倒 L 形梁翼缘的计算宽度

现浇整体式楼盖中，T 形梁及倒 L 形梁跨中截面的上部翼缘处在受压区，其翼缘计算宽度按表 3.7 的最小值确定。而连续梁支座截面的上部翼缘处在受拉区，此时不考虑翼缘的影响，即翼缘计算宽度取腹板宽度。

表 3.7　T 形梁及倒 L 形梁翼缘计算宽度 b_f'

考 虑 因 素		T 形截面		倒 L 形截面
		肋形梁（板）	独立梁	肋形梁（板）
梁的计算跨度 l_0		$l_0/3$	$l_0/3$	$l_0/6$
梁（肋）的净距 s_n		$b + s_n$	—	$b + s_n/2$
翼缘高度 h_f'	当 $h_f'/h_0 \ge 0.1$	—	$b + 12h_f'$	—
	当 $0.1 \ge h_f'/h_0 \ge 0.05$	$b + 12h_f'$	$b + 6h_f'$	$b + 5h_f'$
	当 $h_f'/h_0 < 0.05$	$b + 12h_f'$	b	$b + 5h_f'$

注：表中 b 为梁的腹板宽度；b_f' 为翼缘的计算宽度；h_0 为 T 形梁截面的有效高度。

六、钢筋混凝土楼盖的设计步骤

钢筋混凝土楼盖设计大致可分为以下几个步骤：

（1）选择合理、适用的楼盖形式进行结构平面布置。

（2）初选梁、板构件的截面尺寸。

（3）由梁、板的支承和实际受荷情况提出计算简图，明确支座情况和计算跨度。

（4）进行楼面梁、板计算单元上的荷载组合，确定最不利荷载布置。

（5）按弹性或塑性的方法，计算构件控制截面内力。

（6）对梁、板进行正截面、斜截面的配筋计算并验算。如超筋或配筋率较高、不满足规范要求时，则应调整截面尺寸，重新计算。

（7）按正常使用极限状态要求，验算构件的挠度和裂缝宽度。如不满足规范要求，则需调整构件截面尺寸或配筋。需要说明的是，在实际工程设计中，构件尺寸初定时，就考虑了挠度和裂缝的宽度要求，因此一般不需进行此项验算，除非有超载或其他影响构件变形的原因存在。

（8）进行构造设计。

（9）最后完成制图工作。

以上各步骤如图 3.15 所示。

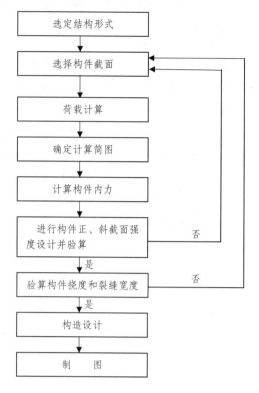

图 3.15

第二节　单向板肋梁楼盖设计

一、单向板肋梁楼盖结构的布置

整体式单向板肋梁楼盖是由板、次梁和主梁（有时无主梁）所组成，楼盖则支承在柱、墙等竖向承重构件上。其结构布置一般取决于建筑功能的要求，在结构上应力求简单、整齐、经济适用。柱网尽量布置成长方形或正方形。其中，次梁的间距决定了板的跨度；主梁的间距决定了次梁的跨度；柱或墙的间距决定了主梁的跨度。柱网布置应与梁格布置统一考虑。柱网尺寸（即梁的跨度）过大，将使梁的截面过大，而增加材料用量和工程造价；反之，柱网尺寸过小，又会使柱和基础的数量增多，有时也会使造价增加，并将影响房屋的使用。

单向板肋梁楼盖结构平面布置方案通常有以下三种：

（1）主梁横向布置，次梁纵向布置［见图 3.16（a）］。这种布置其优点是抵抗水平荷载的侧向刚度较大，主、次梁和柱可构成刚性体系，因而房屋整体刚度好。此外，由于主梁与外墙面垂直，可开较大的窗口，对室内采光有利。

（2）主梁纵向布置，次梁横向布置［见图 3.16（b）］。这种布置适用于横向柱距大于纵向柱距较多，或房屋有集中通风要求的情况，因主梁沿纵向布置，减小了主梁的截面高度，增加室内净高，可使房屋层高降低。但房屋横向刚度较差，而且常由于次梁支承在窗过梁上，而限制了窗洞的高度。

（3）只布置次梁，不设主梁［见图 3.16（c）］。这种布置仅适用于有中间走廊的房屋，常可利用中间纵墙承重，这时可仅布置次梁而不设主梁。

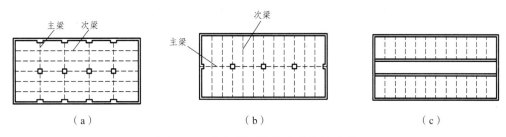

| （a） | （b） | （c） |

图 3.16 单向板肋梁楼盖结构的布置

从经济效果考虑，因次梁的间距决定了板的跨度，而楼盖中板的混凝土用量占整个楼盖混凝土用量的 50% ~ 70%。因此，为了尽可能减少板厚，一般板的跨度为 1.7 ~ 2.7 m，次梁跨度为 4 ~ 7 m，主梁跨度为 5 ~ 8 m。

柱网及梁格的布置除考虑上述因素外，梁格布置应尽可能是等跨的，且最好边跨比中间跨稍小（约在 10% 以内），因边跨弯矩较中间跨大些；在主梁跨间的次梁根数宜多于一根，以使主梁弯矩变化较为平缓，对梁的工作较为有利。

二、单向板肋梁楼盖按弹性理论的计算

按弹性理论的计算是指在进行梁（板）结构的内力分析时，假定梁（板）为理想的弹性体，可按"结构力学"的一般方法进行计算。

（一）计算简图的确定

楼盖结构是由许多梁和板构成的平面结构，承受竖向的自重和使用活荷载。由于板的刚度很小，次梁的刚度又比主梁的刚度小很多，因此，可以将板看作被简单支承在次梁上的结构部分，将次梁看作被简单支承在主梁上的结构部分，则整个楼盖体系即可分解为板、次梁和主梁几类构件单独进行计算。

作用在板面上的荷载传递路线为：荷载→板→次梁→主梁→柱（或墙），它们均为多跨连续梁，其计算简图应表示出梁（板）的跨数、计算跨度、支座的特点以及荷载形式、位置及大小等。

1. 支座条件假定

在肋梁楼盖中，当板或梁支承在砖墙（或砖柱）上时，由于其嵌固作用较小，可假定为铰支座，其嵌固的影响可在构造设计中加以考虑。

不考虑板、梁的各支承构件（次梁或主梁）的竖向变形（即支座下沉）。当板的支座是次梁，次梁的支座是主梁，则次梁对板、主梁对次梁将有一定的嵌固作用，为简化计算均

可视为不动铰支座，按连续梁计算。但按弹性理论计算时须考虑约束影响。当板承受荷载而变形时，将使次梁发生扭转。由于次梁的两端被主梁所约束及次梁本身的侧向抗扭刚度，将使板的挠度大大减少，使板在支承处的实际转角 θ' 比理想铰支承时的转角 θ 小，如图 3.17 所示。同样的情况发生在次梁和主梁之间。考虑次梁对板、主梁对次梁转动约束作用的有利影响，按弹性理论计算时，通常采用减少活荷载增加恒荷载的方法进行调整处理，即以"折算荷载"代替实际计算荷载。又由于次梁对板的约束作用较主梁对次梁的约束作用大，故对板和次梁采用不同的调整幅度。调整后的折算荷载取为：

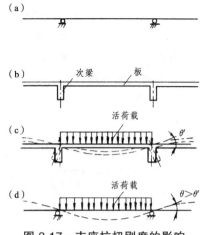

图 3.17　支座抗扭刚度的影响

板
$$\begin{cases} g' = g + \dfrac{q}{2} \\ q' = \dfrac{q}{2} \end{cases} \tag{3.7}$$

次梁
$$\begin{cases} g' = g + \dfrac{q}{4} \\ q' = \dfrac{3}{4}q \end{cases} \tag{3.8}$$

式中　g、q——实际均布恒荷载、均布活荷载；
　　　g'、q'——折算均布恒荷载、均布活荷载。

主梁不进行荷载折算。这是因为当柱刚度较小时，柱对梁的约束作用很小，可忽略其影响。

2. 计算跨度

计算跨度为相邻支座反力之间的距离。它与支座构造形式、支在墙上的支承长度及内力计算方法有关。板和梁的计算跨度见表 3.6。

实际工程中梁、板各跨的跨度往往是不同的。当手算内力时，为了简化计算，假定当相邻跨度相差 ≤10% 时，仍按等跨计算，这时支座弯矩按相邻两跨跨度的平均值计算。

3. 计算跨数

不论对板或梁，当各跨荷载相同，而跨数超过五跨的等截面、等跨度连续板、梁，除靠近端部的第一、二两跨外，其余的中间跨内力都十分接近。为简化设计，工程上可将中间各跨内力均取与第三跨相同。故当跨数 ≤5 时，按实际跨数考虑；当跨数 >5 时，可近似按五跨考虑。配筋计算时除两边跨外，中间各跨配筋相同。

4. 构件截面尺寸的确定

为保证梁、板有足够的刚度，其截面尺寸一般可参考表 3.4 确定。满足该表要求时可不验算挠度。为了简化计算，当连续梁各跨截面的抗弯刚度比不大于 1.5 时，按等刚度计算。

5. 计算荷载与计算单元

楼盖上的荷载有恒荷载和活荷载两类。恒荷载包括结构自重、建筑面层、固定设备等。活荷载包括人群、堆料和临时设备等。恒荷载的标准值可按其几何尺寸和材料的重量密度计算。民用建筑楼面上的均布活荷载标准值可以从《建筑结构荷载规范》中查得。工业建筑楼面活荷载，在生产、使用或检修、安装时，由设备、管道、运输工具等产生的局部荷载，均应按实际情况考虑，可采用等效均布活荷载代替。

为减少计算工作量，结构内力分析时，常常不是对整个结构进行分析，而是从实际结构中选取有代表性的一部分作为计算的对象，称为计算单元。

对于单向板，一般沿跨度方向取 1 m 宽度的板带作为其计算单元，在此范围内，即图 3.18（a）中用阴影线表示的楼面均布荷载便是该板带承受的荷载，这一负荷范围称为从属面积，即计算构件负荷的楼面面积。

次梁的荷载为次梁自重及左右两侧板传来的均布荷载。计算板传给次梁的荷载时，不考虑板的连续性，即板上的荷载平均传给相邻的次梁［见图 3.18（b）］。

主梁的荷载是主梁自重和次梁传来的集中荷载。计算次梁传给主梁的集中荷载时，也不考虑次梁的连续性，即主梁承担相邻次梁各 1/2 跨的荷载［见图 3.18（b）］。

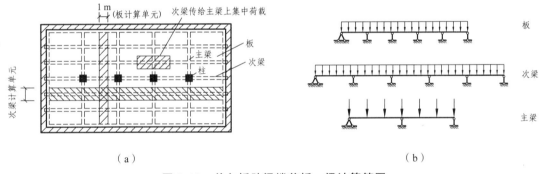

（a）　　　　　　　　　　　　　（b）

图 3.18　单向板肋梁楼盖板、梁计算简图

（二）荷载最不利布置

因可变荷载的位置是变化的（活荷载是以一跨为单位来改变其位置的），因此在设计连续梁、板时，应研究活荷载如何布置将使梁、板内某一控制截面上的内力绝对值最大，这种布置称为活荷载的最不利布置。

1. 活荷载作用于不同跨时的弯矩图和剪力图

由弯矩分配法知，某一跨单独布置活荷载时：① 本跨支座为负弯矩，相邻跨支座为正弯矩，隔跨支座又为负弯矩；② 本跨跨中为正弯矩，相邻跨跨中为负弯矩，隔跨跨中又为正弯矩（见图 3.19）。

根据前面确定的计算简图，为了充分认识活荷载的不利布置，取常用的五跨连续梁分析活荷载位置变化时连续梁的内力变化情况，如图 3.19 所示。

2. 最不利活载布置原则

通过对图 3.19 的内力变化规律分析，利用叠加原理，并考虑活载的特点（可以某一跨有荷载，也可以某两跨、三跨有荷载），以某一控制截面内力最大为目标，确定最不利活载布置，最后得其布置原则如下：

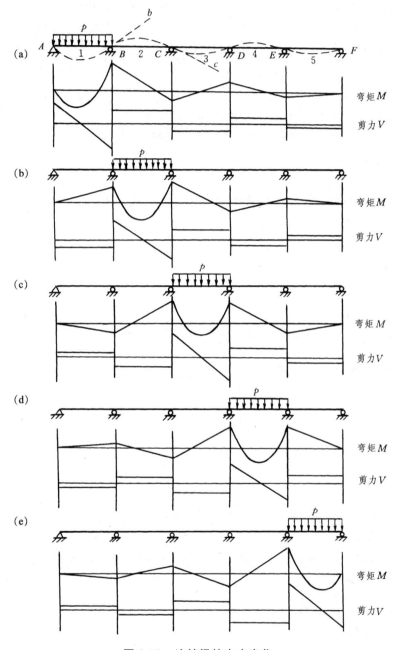

图 3.19　连续梁的内力变化

（1）求某跨跨中最大正弯矩时，应在该跨布置活载，然后隔跨布置。

（2）求某跨跨中最大负弯矩（或最小弯矩）时，该跨不布置活载，而在左右相邻两跨布置活载，然后隔跨布置活载。

（3）求某支座最大负弯矩时，或求某支座左右截面最大剪力时，应在该支座左右两跨布置活载，然后隔跨布置。

3. 连续梁活荷载最不利布置图

根据上面的原则，对常用的五跨连续梁，可得各控制截面上最大内力的活载和恒载布置，如图 3.20 所示。

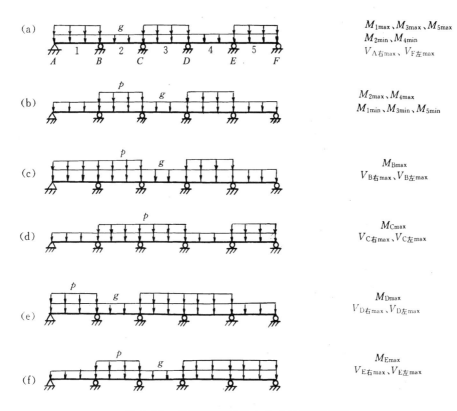

图 3.20　各控制截面最大内力的荷载布置

（三）弹性内力计算

有了等跨连续梁的计算简图，有了梁上的恒载、活载及其活载不利布置后，就可以按结构力学方法进行连续梁的内力计算。计算时注意叠加原理的运用。2~5 跨的等跨连续梁在各种基本荷载作用下的内力，有许多建筑结构静力计算手册可查（附表 3.1 中列出了一部分），计算时可直接查用。

由附表 3.1 可直接查得各种荷载布置情况下的内力系数，求等跨连续梁某控制截面内力时，按下面各式计算：

（1）在均布荷载及三角形荷载作用下，

$$\begin{cases} M = 表中系数 \times ql^2 \\ V = 表中系数 \times ql \end{cases}$$
（3.9）

（2）在集中荷载作用下，

$$\begin{cases} M = 表中系数 \times Pl \\ V = 表中系数 \times P \end{cases}$$
（3.10）

（3）内力正负号规定。

M：使截面上部受压、下部受拉的弯矩为正，反之为负；

V：在构件上取单元体，使单元体产生顺时针转动的剪力为正，反之为负；

控制截面：通常指控制构件配筋的截面，也是内力最大的截面。

【例3.1】 如图3.21（a）所示，某两跨连续梁上，作用有恒载设计值 $g = 5$ kN/m，活载设计值 $p = 15$ kN/m，求各控制截面内力。

解 根据活载布置不同有以下四种情况：

① 当活载满布时，连续梁上荷载

$$q = g + p = 5 + 15 = 20 \text{ kN/m}$$

查附表3.1.1有

$$M_1 = M_2 = 0.070ql^2 = 0.07 \times 20 \times 6^2 = 50.4 \text{ kN} \cdot \text{m}$$

$$M_B = -0.125ql^2 = -0.125 \times 20 \times 6^2 = -90 \text{ kN} \cdot \text{m}$$

$$V_{A右} = -V_{C左} = 0.375ql = 45 \text{ kN}$$

$$V_{B右} = -V_{B左} = 0.625ql = 75 \text{ kN}$$

② 当活载 p 只作用在 AB 跨时，可以把连续梁看成是由满布荷载 g 和只在 AB 跨作用的活载 p 两种情况的叠加。利用附表3.1.1中内力系数直接计算有

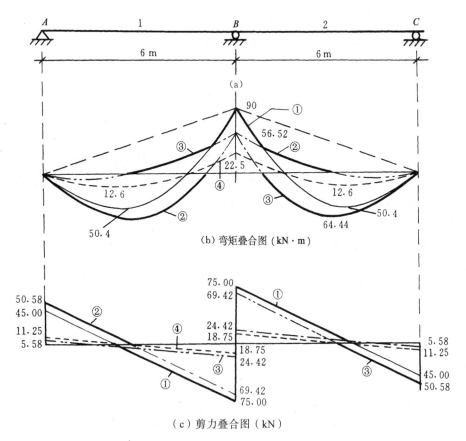

（b）弯矩叠合图（kN·m）

（c）剪力叠合图（kN）

图 3.21

$$M_1 = 0.07gl^2 + 0.096pl^2 = 0.07 \times 5 \times 6^2 + 0.096 \times 15 \times 6^2$$
$$= 64.44 \text{ kN} \cdot \text{m}$$

$$M_2 = 0.070\,3gl^2 + 1/2 \times (-0.063)pl^2 = -4.356 \text{ kN} \cdot \text{m}$$

$$M_B = -0.125\,gl^2 - 0.063pl = -0.125 \times 5 \times 6^2 - 0.063 \times 15 \times 6^2$$
$$= -56.52 \text{ kN} \cdot \text{m}$$

$$V_{A右} = 0.375gl + 0.437pl = 50.58 \text{ kN}$$

$$V_{C左} = -0.375gl + 0.063pl = -5.58 \text{ kN}$$

$$V_{B右} = 0.625gl + 0.063pl = 24.42 \text{ kN}$$

$$V_{B左} = -0.625gl - 0.563pl = -69.42 \text{ kN}$$

③ 当活载 p 只作用在 BC 跨时，由结构对称性可知，这时连续梁内力和②是对称的。

④ 当只有恒载作用时，连续梁内力为

$$M_B = -0.125gl^2 = -0.125 \times 5 \times 6^2 = -22.5 \text{ kN} \cdot \text{m}$$

$$M_1 = M_2 = 0.07gl^2 = 0.07 \times 5 \times 6^2 = 12.6 \text{ kN} \cdot \text{m}$$

$$V_{A右} = -V_{C左} = 0.375gl = 11.25 \text{ kN}$$

$$V_{B右} = -V_{B左} = 0.625gl = 18.75 \text{ kN}$$

将上面四种荷载布置情况下的内力画在同一个图上，如图 3.21（b）、（c）所示。

（四）内力包络图

根据各种最不利荷载组合，按一般结构力学方法或利用前述表格进行计算，即可求出各种荷载组合作用下的内力图（弯矩图和剪力图），把它们叠画在同一坐标图上（用同样比例画在同一个图上），其外包线所形成的图形称为内力包络图，它表示连续梁在各种荷载最不利布置下各截面可能产生的最大内力值。连续梁的弯矩包络图和剪力包络图是确定连续梁纵筋、弯起钢筋、箍筋的布置和绘制配筋图的依据。

图 3.21（b）、（c）就是例题 3.1 中四种荷载组合下的内力图叠加，其外包线就是内力包络图。

【例 3.2】 图 3.22 所示两跨连续梁，跨度为 4 m，承受恒载 $G = 10$ kN，活载 $P = 10$ kN，均作用于跨中，求该梁的内力包络图。

解 由题意可知，活载布置有三种情况，即分别使中间支座、左跨中、右跨中截面弯矩最大。而内力计算图示有两种情况，即一跨有荷载和两跨有荷载。按查表求内力的方法，分别计算各种活载布置情况下的内力，并绘图。

图 3.22（a）为恒载作用下的内力图；图（b）为两跨有活载时的内力图；图（c）为左跨有活载时的内力图；图（d）为右跨有活载时的内力图；图（e）为 (a) + (b)、(a) + (c)、(a) + (d) 三种情况下的内力叠合图，其外包线即为内力包络图。

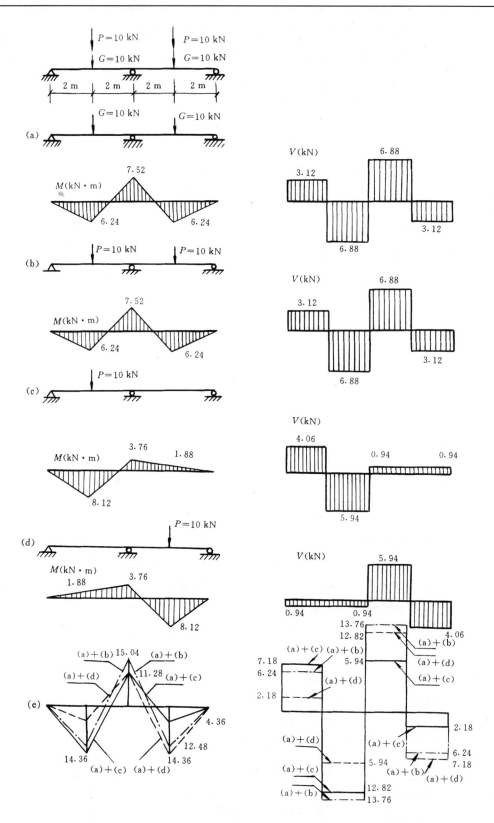

图　3.22

（五）支座截面内力的计算

弹性理论计算时，无论是梁或板，按计算简图求得的支座截面内力为支座中心线处的最大内力，但此处的截面高度却由于与其整体连接的支承梁（或柱）的存在而明显增大，故其内力虽为最大，但并非最危险截面。因此，可取支座边缘截面作为计算控制截面，其弯矩和剪力的计算值，近似地按下式求得（见图 3.23）：

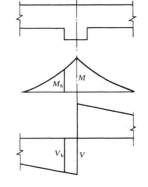

$$\begin{cases} M_b = M - V_0 \cdot \dfrac{b}{2} \\ V_b = V - (g + q) \cdot \dfrac{b}{2} \end{cases} \quad （3.14）$$

式中　M、V——支座中心线处截面的弯矩和剪力；

　　　V_0——按简支梁计算的支座中心线处剪力；

　　　g、q——均布恒载和活荷载；

　　　b——支座宽度。

图 3.23　支座处弯矩、剪力图

三、单向板肋梁楼盖考虑塑性内力重分布的计算方法

根据弹性理论计算的连续梁内力进行构件配筋设计，足以保证结构构件的安全、可靠。因为按弹性理论的破坏准则是：当连续梁任意一截面上的内力达到其极限值时，即认为整个结构已达到破坏。但实际结构并非总是如此，而是常常表现出塑性，使其承载能力提高。按弹性理论设计，存在以下几个问题：

（1）对于脆性材料构成的超静定结构或静定结构，按弹性理论分析是合适的；而对塑性材料组成的超静定结构就不符合实际情况了。

（2）按弹性理论方法计算连续梁跨中和支座截面的最大内力不是在同一组荷载作用下发生的。按各自最大内力配筋后，实际使用时，跨中和支座截面的承载力不能同时充分利用，造成材料浪费。

（3）钢筋混凝土是由两种材料所组成，混凝土是一种弹塑性材料，钢筋在达到屈服强度以后也表现出塑性特点，它不是均质弹性体。如仍按弹性理论计算其内力，则不能反映结构内材料的实际工作状况。

（4）进行钢筋混凝土构件承载力计算时，如结构设计原理中所讲，考虑了钢筋和混凝土的材料塑性性能。而在梁、板的内力计算时，按弹性理论计算，未考虑塑性变形。这样，造成计算理论上的矛盾，前后不一致。

（5）按弹性理论方法所得的支座弯矩一般大于跨中弯矩，按此弯矩配筋计算结果，使支座处钢筋用量较多，甚至会造成拥挤现象，不便于施工。

对钢筋混凝土超静定结构，试验表明：当构件某一截面上内力达到其承载力极限值时，结构并不马上破坏，结构还可以进一步承受荷载。为解决上述问题，充分考虑钢筋混凝土构件的塑性性能，挖掘结构潜在的承载力，达到节省材料和改善配筋的目的，提出了按塑性内力重分布的计算方法。

下面介绍考虑塑性内力重分布的几个概念和计算方法。

（一）钢筋混凝土受弯构件的塑性铰

1. 塑性铰的形成

钢筋混凝土适筋梁截面从开始加载到破坏，经历了以下三个阶段：

第 Ⅰ 阶段：从开始加载到混凝土开裂，构件基本处于弹性阶段，弯矩—曲率（M—ϕ）关系曲线基本为直线段。

第 Ⅱ 阶段：从混凝土开裂到受拉区钢筋屈服，构件处于弹塑性工作阶段，M—ϕ 曲线有逐渐弯曲的现象。

第 Ⅲ 阶段：从受拉钢筋屈服到受压区混凝土压坏，该阶段构件塑性充分发挥，M—ϕ 曲线接近水平。

图 3.24（g）为不同配筋率情况下，受弯构件截面曲率 ϕ 与有效高度 h_0 的乘积 ϕh_0 与外弯矩 M 之间的关系曲线。对于给定的构件 h_0 是定值，所以该图也反映了截面弯矩和曲率的关系。从图中可见，在钢筋屈服后，弯矩—曲率关系基本为一水平线。这表明在截面弯矩基本不变的情况下，截面曲率却急剧增加，截面就像形成一个能转动的"铰"一样。应当说这种"铰"的形成是受弯构件塑性变形相对集中、发展的结果，因此，这种"铰"通常称为"塑性铰"。

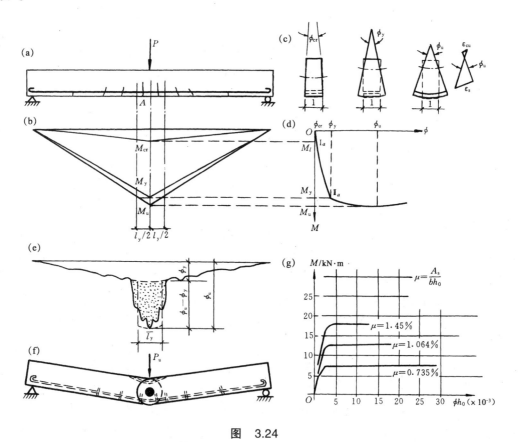

图　3.24

图 3.24（a）为受集中荷载作用的简支梁。该梁的全过程 M—ϕ 曲线如图 3.24（d）所示。按上面分析，当截面弯矩达到 M_y 时，截面 A 处应形成塑性铰，相应的曲率为 ϕ_y；而梁所能

承受的最大弯矩为 M_u，M_u 比 M_y 稍大，相对于弯矩为 M_u 时的截面曲率为 ϕ_u。就是说，当截面 A 处外弯矩 M 达到 M_y，受拉区钢筋屈服之后，在外弯矩增加很小的情况下，钢筋应变随着荷载迅速增加；截面受压区高度不断减小，直至受压区混凝土压碎。这时截面 A 附近一定长度内的各个截面上的弯矩 $M \geq M_y$。如图 3.24（b）所示，图中 $M \geq M_y$ 的部分，就是简支梁出现塑性铰的范围，称作塑性铰区，l_y 就是塑性铰区的长度。

图 3.24（e）为梁的曲率分布。图中实线为曲率的实际分布，虚线为计算时假定的折算曲率分布。由曲率含义可知，跨中截面全部塑性转动的曲率可用（$\phi_u - \phi_y$）表示。（$\phi_u - \phi_y$）值愈大，表示截面转动能力越强，延性愈好。

塑性铰的转角 θ 理论上可由塑性曲率的积分求得。但是由于曲率曲线是非光滑的，不能直接计算，因此计算时，可按折算曲率分布将塑性曲率分布简化为矩形区段，矩形区段高度即为塑性曲率（$\phi_u - \phi_y$），宽度为 $\overline{l_y} = \beta l_y (\beta < 1)$。由此塑性铰的转角可表示为

$$\theta = (\phi_u - \phi_y) \overline{l_y} \tag{3.11}$$

影响 $\overline{l_y}$ 的因素很多，要得到实用又有足够准确的算式，还需深入研究。

2. 塑性铰的特点

前面分析表明，塑性铰是受弯构件某一截面位置处，一定长度范围内，塑性变形集中发展的结果。塑性铰与理想铰不同，它具有以下几个特点：

（1）塑性铰是单向铰。塑性铰是适筋梁受弯构件截面进入第Ⅲ阶段后，发生集中转角变形的一种形象，它是在弯矩作用下形成的，因此该铰只能沿着弯矩作用方向转动。

（2）塑性铰能承受一定的弯矩 M_u。塑性铰是构件截面受拉钢筋屈服后形成的，在截面转动过程中，始终承受着一个屈服弯矩，直至破坏。

（3）塑性铰的转动是有限的。受弯构件截面形成塑性铰，是从受拉钢筋屈服开始的，最后以受压区混凝土压坏而告终，在这一过程中，塑性铰发生的转角是有限的。试验分析表明：该转角的大小（图 3.24 中 $M—\phi h_0$ 曲线水平段的长短）与截面的配筋有很大关系。分析截面在钢筋屈服后的应变变化，不难看出该转角大小主要与截面相对受压区高度（x/h_0）有关。

（4）塑性铰有一定的长度。如前所述，塑性铰不是一个点，而是集中在弯矩图中 $M \geq M_y$ 的一定长度之内。

3. 塑性铰的作用

适筋梁受弯构件，当其截面弯矩达到抗弯能力 M_y 后，构件并不破坏而可以继续承载，但发生了明显的转动变形，即出现了塑性铰。这种具有明显预兆的破坏对结构是有好处的。

对于静定结构，如简支梁，当最大弯矩截面出现塑性铰时，使结构成为一个几何可变体系，从而达到承载能力极限状态。塑性铰的出现是静定结构达到极限承载能力的标志。

对超静定结构，由于存在多余约束，当构件某一截面形成塑性铰时，结构并未变成可变机构，而仍能继续增加荷载，直至结构出现足够的塑性铰，致使结构成为可变体系，才达到其承载力极限状态。这说明塑性铰的存在或形成，可以提高超静定结构的承载能力，超静定结构出现塑性铰后，结构内力分布规律发生了变化，即出现了内力重分布，其结果是使结构的材料强度得以充分发挥作用。

（二）连续梁塑性内力重分布

这里以两跨连续梁为例说明内力重分布的概念。

【例 3.3】 如图 3.25（a）所示的两跨连续梁，跨中作用集中荷载 P。现已知：梁截面尺寸为 200 mm×500 mm，混凝土强度等级为 C20，主筋为 HRB335 钢筋，中间支座与跨中截面的受拉钢筋均为 3ϕ18，按单筋梁计算得 $M_{Bu} = M_{Du} = 97.16$ kN·m。试分析内力重分布规律。

解 按以下几种情况分析：

① 按弹性理论计算该连续梁所能受的最大荷载 P_e。由图 3.25（b）弹性弯矩图可知，B 点先于 D 点出现破坏，这时有

$$0.188 P_e l = M_{Bu} = 97.16 \text{ kN·m}$$
$$P_e = 103.36 \text{ kN}$$

当外荷载达到 P_e 时，B 点达到其截面最大承载力。按弹性理论认为，这时连续梁已达到承载力极限，弯矩分布如图 3.25（c）所示。实际上结构并未丧失继续承载的能力，只是 B 点出现了塑性铰，此时

$$M_D = 0.156 P_e l = 0.156 \times 103.36 \times 5 = 80.62 \text{ kN·m} < M_{Du}$$

说明结构仍能继续承载。在继续加载时，B 点因形成塑性铰出现转动，并保持截面弯矩 M_{Bu} 不变。连续梁就像两跨简支梁一样工作，如图 3.25（d）所示，只要 B 点塑性铰有足够的转动能力，荷载就可以继续增加。

当跨中截面 D 点也出现塑性铰时，结构形成了可变机构，这时结构才真正达到其承载能力极限，如图 3.25（e）所示。在此过程中，

$$\Delta M_D = M_{Du} - M_D = 97.16 - 80.62 = 16.52 \text{ kN·m}$$
$$\Delta P = \frac{\Delta M_D}{1/4 \cdot l} = \frac{16.52}{1/4 \times 5} = 13.23 \text{ kN}$$

连续梁的最大承载能力为

$$P_u = P_e + \Delta P = 103.36 + 13.03 = 116.59 \text{ kN}$$

② 若保证外加荷载 $P_u = 116.59$ kN 不变，而通过配筋调整使 $M_{Bu} = 88$ kN·m，重复"①"中计算过程，求 M_{Du} 有

$$P_e = \frac{M_{Bu}}{0.188l} = \frac{88}{0.188 \times 5} = 93.62 \text{ kN}$$

这时
$$M_D = 0.156 P_e \cdot l = 0.156 \times 93.62 \times 5 = 73.02 \text{ kN·m}$$
$$\Delta P = P_u - P_e = 116.59 - 93.62 = 22.97 \text{ kN}$$
$$\Delta M_D = \frac{1}{4} \Delta P \cdot l = \frac{1}{4} \times 22.97 \times 5 = 28.71 \text{ kN·m}$$
$$M_{Du} = M_D + \Delta M_D = 73.02 + 28.71 = 101.73 \text{ kN·m}$$

上面计算说明：当 $M_{Bu} = 88$ kN·m 时，要使连续梁承受的最大外荷载 P_u 不变，则需要增加跨中配筋，提高 M_{Du} 到 101.73 kN·m，如图 3.25（f）所示。

③ 若使外加荷载 $P_u = 116.59$ kN 不变，而降低跨中截面配筋使 $M_{Du} = 84$ kN·m，使 D 点先出现塑性铰，这时求 M_{Bu} 有

$$P_e = \frac{M_{Du}}{0.156l} = \frac{84}{0.156 \times 5} = 107.69 \text{ kN}$$

此时 $\qquad M_B = 0.188P_e \cdot l = 0.188 \times 107.69 \times 5 = 101.23 \text{ kN} \cdot \text{m}$

$$\Delta P = P_u - P_e = 116.59 - 107.69 = 8.9 \text{ kN}$$

跨中 D 点先出现塑性铰后，连续梁在 B 支座处如同两边外挑的悬臂构件一样工作，如图 3.25（g）所示，这时有

$$\Delta M_B = \Delta P \cdot \frac{l}{2} = 8.9 \times \frac{5}{2} = 22.25 \text{ kN} \cdot \text{m}$$

于是 $\qquad M_{Bu} = M_B + \Delta M_B = 101.23 + 22.25 = 123.48 \text{ kN} \cdot \text{m}$

上面计算说明：当减小跨中截面配筋，使 D 点先出现塑性铰，$M_{Du} = 84 \text{ kN} \cdot \text{m}$ 时，需要增大支座截面配筋使 $M_{Bu} = 123.48 \text{ kN} \cdot \text{m}$，才能使连续梁承受同样的最大外加荷载 $P_u = 116.59 \text{ kN}$，如图 3.25（h）所示。

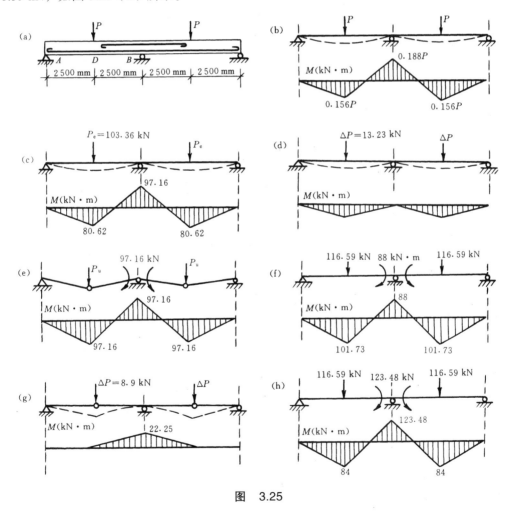

图 3.25

从上面分析，可以得出如下一些具有普遍意义的结论：

（1）塑性材料构成的超静定结构，达到结构承载能力极限状态的标志不是一个截面的屈服，而是结构形成了破坏机构。

（2）塑性材料超静定结构的破坏过程是，首先在一个或几个截面上出现塑性铰，之后，随着外荷载的增加，塑性铰在其他截面上陆续出现，直到结构的整体或局部形成破坏机构为止。

（3）出现塑性铰前后，结构的内力分布规律是完全不同的。出现塑性铰前服从弹性理论的计算；而出现塑性铰后，结构的内力经历了一个重新分布的过程，这个过程称为"内力重新分布"。实际上钢筋混凝土构件在带裂缝工作阶段就有内力重新分布，构件有刚度变化就必然有内力的重分布。

（4）按考虑塑性内力重分布计算的结构极限承载力大于按弹性计算的最大承载力（即 $P_u > P_e$）。这说明塑性材料构成的超静定结构，从出现塑性铰到破坏机构形成之间，还有相当大的强度储备，利用这一储备，可以达到节约材料的效果。

（5）超静定结构的塑性内力重分布，在一定程度上，可以由设计者通过改变截面配筋来控制。如例 3.3 中，极限荷载相同，但内力重分布情况是不同的。

（6）钢筋混凝土受弯构件在内力重分布过程中，构件变形及塑性铰区各截面的裂缝开展都较大。为满足使用要求，通常的做法是控制内力重分布的幅度，使构件在使用荷载下不发生塑性内力重分布。

（三）影响内力重分布的因素

若超静定结构中各塑性铰都具有足够的转动能力，保证结构加载后能按照预期的顺序，先后形成足够数目的塑性铰，以致最后形成机动体系而破坏，这种情况称为充分的内力重分布。但是，塑性铰的转动能力是有限的，受到截面配筋率和材料极限应变值的限制。如果完成充分的内力重分布过程所需要的转角超过了塑性铰的转动能力，则在尚未形成预期的破坏机构以前，早出现的塑性铰已经因为受压区混凝土达到极限压应变值而"过早"被压碎，这种情况属于不充分的内力重分布，在设计中应予以避免。另外，如果在形成破坏机构之前，截面因受剪承载力不足而破坏，内力也不可能充分地重分布。此外，在设计中除了要考虑承载能力极限状态外，还要考虑正常使用极限状态。如果支座处的塑性铰转动角度过大而导致支座处裂缝开展过宽，跨中挠度增大很多，造成构件刚度的过分降低，在实际工程中也是不允许的。因此，实用上对塑性铰的转动量应予以控制。

由此可见，内力重分布需考虑以下三个因素：

1. 塑性铰的转动能力

塑性铰的转动能力主要取决于纵筋的配筋率 ρ（或以截面的相对受压区高度 ξ 表示），其次是钢筋的种类及混凝土的极限压应变。随 ξ 的增大，塑性铰的转动能力急剧降低。ξ 较低时，主要取决于钢筋的流幅，ξ 较高时，主要取决于混凝土的极限压应变。

2. 斜截面承载能力

要想实现预期的内力重分布，其前提条件之一是在破坏机构形成前，不能发生因斜截面承载力不足而引起的破坏，否则将阻碍内力重分布继续进行。国内外的试验研究表明，支座出现塑性铰后，连续梁的受剪承载力比不出现塑性铰的梁低。加载过程中，连续梁首先在中间支座和跨内出现垂直裂缝，随后在梁的中间支座两侧出现斜裂缝。一些破坏前支座已形成塑性铰的梁，在中间支座两侧的剪跨段，纵筋和混凝土之间的黏结有明显破坏，有的甚至还出现沿纵筋的劈裂裂缝。剪跨比越小，这种现象越明显。试验量测表明，随着荷载增加，梁上反弯点两侧原处于受压工作状态的钢筋，将会由受压状态变为受拉状态，这种因纵筋和混凝土之间黏结破坏所导致的应力重分布，使纵向钢筋出现了拉力增量，而此拉力增量只能依靠增加梁截面剪压区的混凝土压力来维持平衡，这样，势必会降低梁的受剪承载力。

因此，为了保证连续梁内力重分布能充分发展，结构构件必须要有足够的受剪承载能力。为此，通常采用塑性铰区箍筋加密的办法，这样既提高了抗剪强度，又改善了混凝土的变形性能。

3. 正常使用条件

如果最初出现的塑性铰转动幅度过大，塑性铰附近截面的裂缝就可能开展过宽，结构的挠度过大，不能满足正常使用的要求。因此，在考虑内力重分布时，应对塑性铰的允许转动量予以控制，也就是要控制内力重分布的幅度。一般要求在正常使用阶段不应出现塑性铰。

（四）按塑性内力重分布计算的基本原则

塑性铰有足够的转动能力，是超静定结构进行塑性内力重分布计算的前提，这就要求结构材料有良好的塑性性能。同时，考虑使用要求，塑性铰的塑性变形又不宜过大，否则将引起结构过大的变形和裂缝宽度，亦即内力重分布的幅度应有所限制。为此，根据理论分析及试验结果，按考虑塑性内力重分布进行内力计算时，应满足以下原则：

（1）为了保证塑性铰具有足够的转动能力，避免受压区混凝土"过早"被压坏，以实现完全的内力重分布，必须控制受力钢筋用量，即截面的相对受压区高度 ξ 应满足

$$0.1 \leqslant \xi \leqslant 0.35 \tag{3.12}$$

同时，宜采用 HPB235 级、HRB335 级、HRB400 级热轧钢筋，混凝土强度等级宜为 C20 ~ C45。

（2）为了避免塑性铰出现过早，转动幅度过大，致使梁的裂缝过宽及变形过大，应控制支座截面的弯矩调整幅度，一般宜满足弯矩调幅系数

$$\beta = \frac{M_e - M_a}{M_e} \leqslant 0.2 \tag{3.13}$$

式中　M_e ——按弹性理论算得的弯矩值；

　　　M_a ——调幅后的弯矩值。

（3）为了尽可能地节省钢材，应使调整后的跨中截面弯矩尽量接近原包络图的弯矩值，并使调幅后仍能满足平衡条件，则梁、板的跨中截面弯矩值应取按弹性理论方法计算的弯矩包络图所示的弯矩值和按下式计算值（见图 3.26）中的较大者。

$$M = M_0 - \frac{1}{2}(M_B + M_C) \tag{3.14}$$

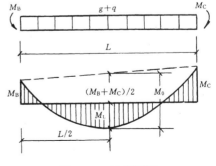

图 3.26　计算简图

式中　M_0——按简支梁计算的跨中弯矩设计值；

　　　M_B、M_C——连续梁、板的左右支座截面调幅后的弯矩设计值。

（4）调幅后，支座及跨中控制截面的弯矩值均不宜小于按相应简支梁计算的跨中弯矩 M_0 的 1/3，即

$$M \geqslant \frac{1}{24}(g+q)L^2 \tag{3.15}$$

（五）考虑塑性内力重分布的计算方法

1. 计算方法

考虑塑性内力重分布的计算方法通常有极限平衡法、塑性铰法、弯矩调幅法等，其中弯矩调幅法在工程设计中最常用，简称调幅法。

为了计算方便，对工程中常用的承受相等均布荷载的等跨连续板和次梁，采用调幅法导得其内力计算系数，设计时可直接查得。按下列公式计算内力：

弯矩　　　　　$M = \alpha_m(g+q)l_0^2$ 　　　　　　　　　（3.16）

剪力　　　　　$V = \alpha_v(g+q)l_n$ 　　　　　　　　　（3.17）

式中　α_m、α_v——考虑塑性内力重分布的弯矩和剪力计算系数，按表3.8、表3.9采用；

　　　g、q——均布恒载和活荷载设计值；

　　　l_0——计算跨度，按表3.6的规定取值；

　　　l_n——净跨。

表 3.8　连续梁和连续单向板的弯矩计算系数 α_m

支承情况		截　面　位　置					
		端支座	边跨跨中	离端第二支座	离端第二跨跨中	中间支座	中间跨跨中
		A	I	B	II	C	III
梁、板搁支在墙上		0	$\dfrac{1}{11}$	两跨连续 $-\dfrac{1}{10}$ 三跨以上连续 $-\dfrac{1}{11}$	$\dfrac{1}{16}$	$-\dfrac{1}{14}$	$\dfrac{1}{16}$
与梁整浇连接	板	$-\dfrac{1}{16}$	$\dfrac{1}{14}$				
	梁	$-\dfrac{1}{24}$					
梁与柱整浇连接		$-\dfrac{1}{16}$	$\dfrac{1}{14}$	$-\dfrac{1}{11}$			

表 3.9　连续梁剪力计算系数 α_v

支承情况	端支座内侧	离端第二支座		中间支座	
	α_{vA}^r	α_{vB}^l	α_{vB}^r	α_{vC}^l	α_{vC}^r
搁支在墙上	0.45	0.60	0.55	0.55	0.55
与梁或柱整浇连接	0.50	0.55			

对相邻跨度差小于10%的不等跨连续板和次梁，仍可用式（3.16）、式（3.17）计算，但

支座弯矩应按相邻较大的计算跨度计算。

需要说明，表 3.8、表 3.9 中的数值都是按调幅法的原则计算确定的。计算过程中假定 $p/g = 3$，所以，$g + q = q/3 + q = 4q/3$，$g + q = g + 3g = 4g$，调幅幅度取 20%。现以五跨连续次梁第一内支座弯矩 M_B 和第一跨跨中弯矩 M_1 的弯矩系数为例，说明如下：

$$g' = g + \frac{1}{4}q = \frac{1}{4}(g + q) + \frac{3}{16}(g + q) = 0.437\,5(g + q)$$

$$q' = \frac{3}{4}(g + q) = \frac{9}{16}(g + q) = 0.562\,5(g + q)$$

（1）求 $M_{B\,max}$ 时的活载应布置在第一、二、四跨，按弹性理论可求得

$$M_{B\,max} = -0.105g'l_0^2 - 0.119q'l_0^2 = -0.112\,9(g + q)l_0^2$$

考虑调幅 20%，则

$$M_B = 0.8M_{B\,max} = -0.090\,3(g + q)l_0^2 \approx -\frac{1}{11}(g + q)l_0^2$$

实际取 $$M_B = -\frac{1}{11}(g + q)l_0^2$$

确定 M_B 后，根据荷载布置及支座反力，可求出跨中最大弯矩位置距边支座 $0.409l_0$，其值为

$$M_1 = \frac{1}{2} \times (0.409l_0)^2(g + q) = 0.083\,6(g + q)l_0^2 = \frac{1}{11.96}(g + p)l_0^2$$

（2）求 M_{1max} 时活载布置应布置在第一、三、五跨，按弹性计算方法求得

$$M_{1max} = 0.078g'l_0^2 + 0.1q'l_0^2 = 0.090\,4(g + q)l_0^2 = \frac{1}{11.06}(g + p)l^2 > M_1$$

实际设计时，为了方便，取

$$M_1 = \frac{1}{11}(g + p)l_0^2$$

其他截面的内力系数可同样求得。

2. 弯矩调幅的目的

工程中多在配筋布置较多的支座截面进行调幅，以降低该截面的配筋，主要目的是：

（1）利用结构内力重分布的特性，合理调整支座钢筋布置，克服支座钢筋拥挤现象，简化配筋构造，方便混凝土浇捣，从而提高施工效率和质量。

（2）使构件截面拉、压区配筋相差不致过大，使钢筋布置规则，并提高构件截面延性。

（3）根据结构内力重分布规律，在一定条件和范围内可以人为控制结构中的弯矩分布，从而使设计得以简化。

（4）可以使结构在破坏时有较多的截面达到其承载力，从而充分发挥结构的潜力，以节约钢材。

3. 按塑性内力重分布方法计算的适用范围

按塑性理论方法计算，较按弹性理论方法计算节省材料，改善配筋，计算结果更符合结

构的实际工作情况，故对于结构体系布置规则的连续梁、板的承载力计算宜尽量采用这种计算方法。但它不可避免地导致构件在使用阶段的裂缝过宽及变形较大，因此，并不是在任何情况下都能适用。

在下列情况下，不得采用塑性内力重分布的设计方法：

（1）直接承受动力荷载的混凝土结构。

（2）要求不出现裂缝或对裂缝开展控制较严的混凝土结构。

（3）处于严重侵蚀性环境中的混凝土结构。

（4）配置延性较差的受力钢筋的混凝土结构。

（5）处于重要部位，而又要求有较大强度储备的构件，如肋梁楼盖中的主梁。

（6）预应力混凝土结构和二次受力的叠合结构。

四、单向板肋梁楼盖的截面设计与构造

按弹性理论或按考虑塑性内力重分布方法，求得梁、板控制截面内力后，便可进行截面配筋设计和构造设计。在一般情况下，如果再满足了构造要求，可不进行变形和裂缝验算。下面仅介绍整体式连续板、梁的截面计算及构造要求。

（一）单向板的设计要点与配筋构造

1. 单向板的设计要点

（1）在求得单向板的内力后，可根据正截面抗弯承载力计算，确定各跨跨中及各支座截面的配筋。

板在一般情况下均能满足斜截面受剪承载力要求，设计时可不进行受剪承载力计算。

（2）连续板跨中由于正弯矩作用截面下部开裂，支座由于负弯矩作用截面上部开裂，这就使板的实际轴线成拱形（见图 3.27）。如果板的四周存在有足够刚度的边梁，即板的支座不能自由移动时，则作用于板上的一部分荷载将通过拱的作用直接传给边梁，而使板的最终弯矩降低。为考虑这一有利作用，《混凝土结构设计规范》规定，对四周与梁整体连接的单向板中间跨的跨中截面及中间支座截面，计算弯矩可减少 20%。但对于边跨的跨中截面及离板端第二支座截面，由于边梁侧向刚度不大（或无边梁）难以提供水平推力，因此计算弯矩不予降低。

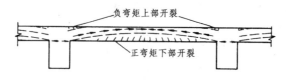

图 3.27　连续板的拱作用

2. 单向板的配筋构造

a. 板中受力钢筋

（1）板中受力钢筋通常用 HPB300 级、HRB335 级。受力筋有板面负钢筋和板底正钢筋两种。

（2）钢筋的直径常为 6 mm、8 mm 和 10 mm 等，为了防止施工时负钢筋过细而被踩下，

板面负钢筋直径一般不小于 8 mm。

（3）钢筋的间距不宜小于 70 mm。对于绑扎钢筋，当板厚 $h \leqslant 150$ mm 时，间距不应大于 200 mm；当 $h > 150$ mm 时，间距不应大于 1.5 h，且每米宽度内不得少于 3 根。

（4）伸入支座的受力钢筋间距不应大于 400 mm，且截面面积不得小于受力钢筋截面面积的 1/3。当端支座是简支时，板下部钢筋伸入支座的长度不应小于 5 d。

（5）为了施工方便，选择板内正、负钢筋时，一般宜使它们的间距相同而直径不同，但直径不宜多于两种。

（6）选用的钢筋实际面积和计算面积不宜相差 ± 5%，有困难时也不宜超过 + 10%，以保证安全并节约钢材。

（7）连续板内受力钢筋的配筋方式有弯起式和分离式两种，分别如图 3.28（a）、（b）所示。

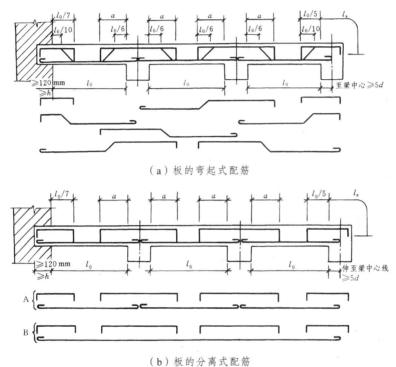

（a）板的弯起式配筋

（b）板的分离式配筋

图　3.28

采用弯起式配筋，可先按跨中弯矩确定其钢筋的直径和间距，然后在支座附近按需要弯起 1/2 ~ 2/3，如果弯起的钢筋达不到计算的负筋面积时，再另加直的负钢筋，并使钢筋间距尽量相同。弯起式配筋中钢筋锚固较好，可节约钢材，但施工较复杂。

分离式配筋的钢筋锚固稍差，耗钢量略高，但设计和施工都比较方便，是目前最常用的配筋方式。当板厚超过 120 mm 且承受的动荷载较大时，不宜采用分离式配筋。

（8）连续单向板内受力钢筋的弯起和截断一般可按图 3.28 所示确定。

图 3.28 中 a 的取值为：当板上均布活荷载 q 与均布恒荷载 g 的比值 $q/g \leqslant 3$ 时，$a = (1/4)l_n$；当 $q/g > 3$ 时，$a = (1/3)l_n$。l_n 为板的净跨长。

当连续板的相邻跨度之差超过 20%，或各跨荷载相差很大时，则钢筋的弯起点和截断点应按弯矩包络图确定。

b. 板中构造钢筋

连续单向板除了按计算配置受力钢筋外，通常还应布置以下三种构造钢筋。

（1）分布钢筋。分布钢筋与受力钢筋垂直，平行于单向板的长跨，放在正、负受力钢筋的内侧。分布钢筋的截面面积不应小于受力钢筋截面面积的 10%，且每米宽度内不少于 3 根，在受力钢筋弯折处也宜布置分布钢筋。

分布钢筋的主要作用是：① 浇筑混凝土时固定受力钢筋的位置；② 承受混凝土收缩和温度变化产生的内力；③ 承受并分散板上局部荷载产生的内力；④ 承受在计算中未考虑的其他因素所产生的内力，如承受板沿长跨实际的弯矩。

（2）与主梁垂直的附加短负筋。因为力是按最短路线传递的，因此靠近主梁的板面荷载将直接传给主梁，而在主梁边界附近沿长跨方向产生负弯矩。为此，必须在主梁上部配置板面附加短钢筋，其数量应每米（沿主梁）不少于 $5\phi6$，伸入板中的长度从主梁边算起每边不小于板的计算跨度 l_0 的 1/4，如图 3.29 所示。

（3）与承重墙垂直的附加短负筋。嵌入承重墙内的单向板，计算时是按简支考虑的，但实际上它有部分嵌固作用，将产生局部负弯矩。为此，应沿承重墙每米配置不少于 $5\phi6$ 的附加短负筋，伸出墙边长度 $\geq l_0/7$，在角区伸入墙边长度 $\geq l_0/4$，如图 3.30 所示。

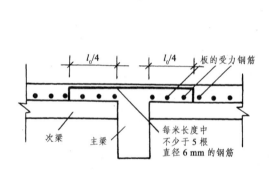

图 3.29　与主梁垂直的附加板面负筋　　图 3.30　板嵌固在承重墙内时板的上部构造钢筋

（4）板内开洞时在孔洞边加设的附加钢筋。当孔洞直径或边长 $\leq 300\ mm$ 时，板内钢筋绕过洞口，不必切断；当孔洞直径或边长小于 $1\ 000\ mm$ 而大于 $300\ mm$ 时，应在洞边每侧配置加强筋，其面积不小于被切断的受力钢筋面积的 1/2，且不小于 $2\phi8\sim2\phi12$；当孔洞直径或边长大于 $1\ 000\ mm$ 时，宜在洞边设置小梁。

（二）梁的设计要点与配筋构造

1. 梁的设计要点

a. 内力计算方法

次梁通常按考虑塑性内力重分布方法计算内力；主梁一般不考虑内力重分布，而按弹性理论的方法进行内力计算。

b. 截面形式

当梁与板整浇在一起时，梁跨中截面按 T 形截面受弯构件进行配筋，翼缘宽度 b_f' 按表

3.7 选用。支座截面混凝土翼缘在受拉区，因此应按矩形截面考虑，如图 3.31 所示。

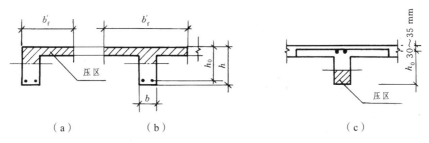

图 3.31 梁的截面形式选用

c. 截面有效高度

在主梁支座附近，板、次梁、主梁的顶部钢筋相互重叠（见图 3.32），使主梁的截面有效高度降低。这时主梁的有效高度取值为：一排钢筋时 $h_0 = h - (50 \sim 60)$，两排钢筋时 $h_0 = h - (70 \sim 80)$。在次梁与次梁等高并相交处，对次梁承受正弯矩而言也有这种情况。

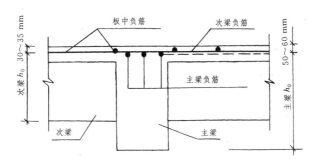

图 3.32 主梁支座处的截面有效高度

2. 梁的配筋构造

a. 配 筋

梁的受力钢筋通常用 HRB335 级、HRB400 级。受力筋有负钢筋和正钢筋两种。

梁的配筋方式有连续式配筋和分离式配筋两种，连续式配筋又称弯起式配筋，梁中设有弯起钢筋。目前，工程中为了施工方便，多采用分离式配筋。而弯起式钢筋设置相对经济，在楼面有较大振动荷载或跨度较大时，一般考虑设弯起钢筋。

b. 受力钢筋的弯起和截断

主、次梁受力钢筋的弯起和截断原则上应按内力包络图确定。但对等跨或跨度相差不超过 20% 的次梁，当均布的活载与恒载之比 $p/g \le 3$ 时，可按如图 3.33 所示的构造要求布置钢筋。该图中的钢筋弯起和截断位置是由工程经验确定的。

c. 架立筋和腰筋

架立筋的直径 d 和梁的跨度 l 有关：$l < 4$ m 时，$d \geq 6$ mm；4 m $\leq l \leq 6$ m 时，$d \geq 8$ mm；$l > 6$ m 时，$d \geq 10$ mm。

腰筋又称纵向构造钢筋，主要是考虑未计入的扭矩及混凝土收缩和温度应力的影响而设置的。当梁高 $h > 700$ mm 时，宜在梁侧沿梁高每隔 $300 \sim 400$ mm，设置一根直径不小于 10 mm 的钢筋。

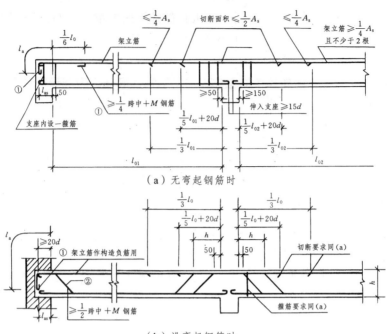

图 3.33　受力钢筋弯起和截断位置（单位：mm）

d. 箍　筋

箍筋的形式有封闭式和开口式两种，一般采用封闭式。

箍筋的肢数有单肢、双肢和四肢等，一般情况下采用双肢。以下情况采用四肢箍：梁宽 ≥ 400 mm，有计算的受压钢筋，且一排中超过 3 根；一排中的受拉钢筋超过 4 根。

箍筋的直径 d。梁高 $h \leqslant 250$ mm 时，$d \geqslant 4$ mm；250 mm $< h \leqslant 800$ mm 时，$d \geqslant 6$ mm；$h > 800$ mm 时，$d \geqslant 8$ mm。且 $d > (1/4)d_{压}$（$d_{压}$ 为计算受压钢筋直径）。

箍筋间距 s。梁中最大箍筋间距要求见表 3.10。当梁中有计算的受压钢筋时，其箍筋间距应满足：绑扎骨架 $s \leqslant 15d$，焊接骨架 $s \leqslant 20d$（d 为受压钢筋中的最小直径），同时 $s \leqslant 400$ mm。

箍筋的最小配筋率 $\rho_{sv\,min}$：

$$\rho_{sv} = \frac{n A_{sv1}}{bs} \geqslant \rho_{sv\,min} = 0.36 \frac{f_t}{f_{yv}} \tag{3.18}$$

式中　n ——箍筋肢数；

A_{sv1} ——单肢箍筋截面面积；

s ——箍筋间距；

b ——梁宽；

f_t ——混凝土轴心抗拉强度设计值；

f_{yv} ——箍筋抗拉强度设计值。

表 3.10　梁中箍筋的最大间距（mm）

梁高 h	$V > 0.7 f_t b h_0$	$V \leqslant 0.7 f_t b h_0$
$150 < h \leqslant 300$	150	200
$300 < h \leqslant 500$	200	300
$500 < h \leqslant 800$	250	350
$h > 800$	300	400

箍筋的作用：① 直接参与抗剪；② 作为纵筋的侧向支撑，并与纵筋形成空间骨架；③ 约束混凝土，改善其受力性能；④ 固定纵向钢筋位置。

e. 纵筋锚固长度

受力纵筋必须有一定的锚固长度以避免发生黏结锚固破坏，为此应满足以下要求：

（1）纵筋伸入支座数量。梁宽 $b \geq 150$ mm 时，不少于 2 根；$b < 150$ mm 时，可用 1 根。

（2）纵筋伸入支座内长度 l_{as}。$V \leq 0.7 f_t b h_0$ 时，$l_{as} \geq 5d$；$V > 0.7 f_t b h_0$ 时，月牙钢筋 $l_{as} \geq 12d$，光面钢筋 $l_{as} \geq 15d$，螺纹钢筋 $l_{as} > 10d$。锚固长度 l_{as} 从支座边缘算起。

【例 3.4】 要求指出图中梁截面在配筋构造上的错误。

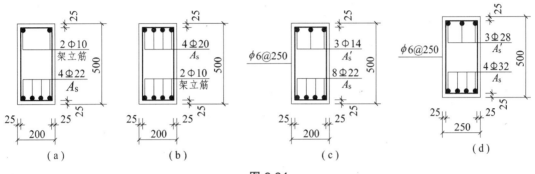

图 3.34

解

图（a）截面纵向受拉钢筋净间距为 20.7 mm，不满足 25 mm 的要求。

图（b）截面顶面纵向受力钢筋间距为 23.3 mm，不满足 30 mm 的要求。

图（c）截面箍筋间距 250 mm，大于 15 倍受压钢筋直径 15×14 mm $= 210$ mm。

图（d）截面保护层厚度 25 mm 小于受力钢筋直径 d=32 mm；底部纵向钢筋净距不满足不小于纵筋直径 32 mm 的要求；箍筋直径 6 mm 不符合不小于 1/4 受压钢筋直径 $d = 28$ mm 要求。

f. 附加箍筋和吊筋

在次梁与主梁相交处，次梁顶面在支座负弯矩作用下将产生裂缝（见图 3.35），致使次梁主要通过其支座截面剪压区将集中荷载传给主梁腹部。试验表明，作用在梁截面高度范围内的集中荷载，将产生垂直于梁轴线的局部应力，荷载作用点以上的主梁腹部内为拉应力，以下为压应力。这种效应在集中荷载作用点两侧各约梁高的 0.5 ~ 0.65 范围内逐渐消失。由于该局部应力产生的主拉应力在梁腹部可能引起斜裂缝［见图 3.35（a）］，为了防止这种局部破坏的发生，应在主、次梁相交处的主梁内设置附加箍筋或吊筋［见图 3.35（b）］，且宜优先采用附加箍筋。附加横向钢筋应布置在长度为 $s = 2h_1 + 3b$ 的范围内。

附加横向钢筋所需的总截面面积应按下列公式计算：

$$A_{sv} \geq \frac{F}{f_{yv} \sin \alpha} \tag{3.19}$$

式中 A_{sv}——承受集中荷载所需的附加横向钢筋总截面面积，当采用附加吊筋时，A_{sv} 应为左、右弯起段截面面积之和；

F——作用在梁的下部或梁截面高度范围内的集中荷载设计值；

α——附加横向钢筋与梁轴线间的夹角。

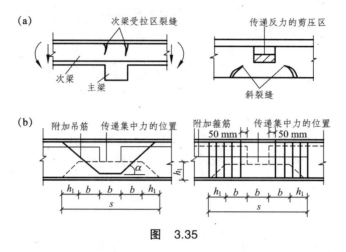

图　3.35

【例3.5】已知位于主梁截面高度范围内通过次梁传递的集中荷载设计值 $F = 160\ \text{kN}$，次梁截面 $b \times h = 250\ \text{mm} \times 600\ \text{mm}$，$h_1 = 200\ \text{mm}$，附加横向钢筋布置见图3.36。箍筋为 HPB235级，吊筋为 HRB335级。要求：（1）采用箍筋时所需箍筋的总截面面积；（2）采用吊筋时所需吊筋的总截面面积。

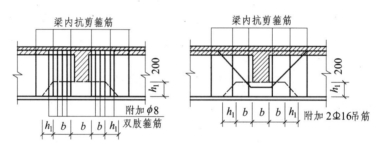

图　3.36

解　（1）当仅采用箍筋时，根据式（3.19）附加箍筋的总截面面积 A_{sv} 为：

$$A_{sv} = \frac{F}{f_{yv} \sin \alpha} = \frac{160\,000}{210 \times \sin 90°} = 762\ \text{mm}^2$$

选用 8 根 Φ8 双肢箍筋，$A_{sv} = 805\ \text{mm}^2 > 762\ \text{mm}^2$。

（2）当仅采用吊筋时，根据式（3.19）附加吊筋的总截面面积 A_{sv} 为：

$$A_{sv} = \frac{F}{f_{yv} \sin \alpha} = \frac{160\,000}{300 \times \sin 45°} = 754\ \text{mm}^2$$

采用 2 根 Φ16 的吊筋，共 4 个截面，$A_{sv} = 804\ \text{mm}^2 > 754\ \text{mm}^2$。

五、单向板肋梁楼盖设计例题[8]

某多层仓库，楼盖平面如图3.37所示。楼层高 4.5 m，采用钢筋混凝土整浇楼盖，试设计。

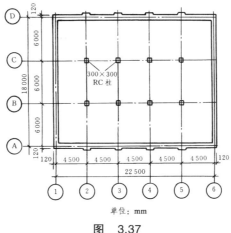

图 3.37

（一）设计资料

1. 楼面做法

20 mm 水泥砂浆面层；钢筋混凝土现浇板；12 mm 纸筋石灰抹底。

2. 楼面活荷载

楼面均布活荷载标准值：8.0 kN/m²。

3. 材 料

混凝土强度等级为 C25；梁内纵筋采用 HRB335 级钢筋，其他采用 HPB300 级钢筋。

（二）楼面梁格布置及截面尺寸

1. 梁格布置

梁格布置如图 3.38 所示。主梁、次梁的跨度分别为 6 m 和 4.5 m，板的跨度为 2 m。主梁沿横向布置，每跨主梁均承受两个次梁传来的集中力，梁的弯矩图较平缓，对梁工作有利。

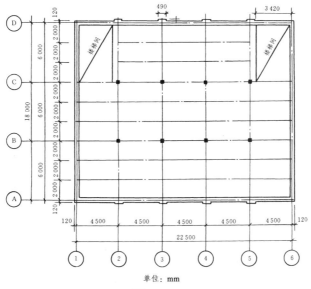

图 3.38

2. 截面尺寸

因结构的自重和计算跨度都和板的厚度、梁的截面尺寸有关，故应先确定板、梁的截面尺寸。

（1）板：按刚度要求，连续板的厚度取

$$h > \frac{l}{40} = \frac{2\ 000}{40} = 50 \ \text{mm}$$

对一般楼盖的板厚应大于 60 mm，本例考虑楼盖活荷载较大，故取 $h = 80$ mm。

（2）次梁：截面高 $h = \left(\frac{1}{18} \sim \frac{1}{12}\right)l = \left(\frac{1}{18} \sim \frac{1}{12}\right) \times 4\ 500 = 250 \sim 375$ mm，取 $h = 400$ mm，截面宽 $b = 200$ mm。

（3）主梁：截面高 $h = \left(\frac{1}{14} \sim \frac{1}{8}\right)l = \left(\frac{1}{14} \sim \frac{1}{8}\right) \times 6\ 000 = 430 \sim 750$ mm，取 $h = 600$ mm，截面宽 $b = 250$ mm。

（三）板的设计

按考虑内力重分布方法进行。

1. 荷载计算

荷载计算见表 3.11。

表 3.11　荷　载　计　算

荷　载　种　类		荷载标准值/kN·m^{-2}
永 久 荷 载 g	20 mm 水泥砂浆面层	$20 \times 0.02 = 0.4$
	80 mm 钢筋混凝土板	$25 \times 0.08 = 2.0$
	12 mm 抹底	$16 \times 0.012 = 0.192$
	小　　计	2.592（取 2.6）
活 荷 载 q	均布活荷载	8.0

永久荷载分项系数 $\gamma_G = 1.2$，楼面均布活荷载因标准值大于 4.0 kN/m^2，故荷载分项系数 $\gamma_Q = 1.3$，则板上永久荷载设计值

$$g = 2.6 \times 1.2 = 3.12 \ \text{kN/m}^2$$

活荷载设计值

$$q = 8.0 \times 1.3 = 10.4 \ \text{kN/m}^2$$

板上总荷载设计值

$$g + q = 13.52 \ \text{kN/m}^2$$

2. 设计简图

计算跨度因次梁截面为 200 mm×400 mm，故

边跨　$l_{01} = l_n + \frac{h}{2} = \left(2\ 000 - 120 - \frac{200}{2}\right) + \frac{80}{2} = 1\ 820$ mm

中跨　$l_{02} = l_n = 2\ 000 - 200 = 1\ 800$ mm

因 l_{01} 与 l_{02} 相差极小，故可按等跨计算，且近似取计算跨度 $l_0 = 1\,800\ \text{mm}$。取 1 m 宽板带作为计算单元，以代表该区间全部板带的受力情况。故 1 m 宽板带上沿跨度的总均布荷载设计值 $g + q = 13.52\ \text{kN/m}$，如图 3.38 所示。

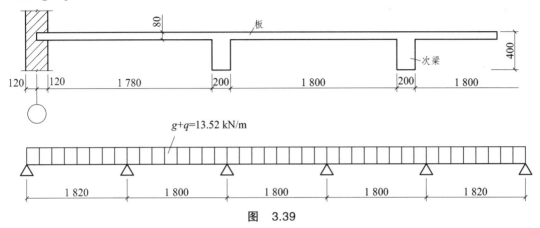

图 3.39

3. 弯矩设计值

$$M_1 = \frac{1}{11}(g+q)l_0^2 = \frac{1}{11} \times 13.52 \times 1.82^2 = 4.071\ \text{kN}\cdot\text{m}$$

$$M_B = -\frac{1}{11}(g+q)l_0^2 = -\frac{1}{11} \times 13.52 \times 1.82^2 = -4.071\ \text{kN}\cdot\text{m}$$

$$M_2 = \frac{1}{16}(g+q)l_0^2 = \frac{1}{16} \times 13.52 \times 1.80^2 = 2.738\ \text{kN}\cdot\text{m}$$

$$M_C = -\frac{1}{14}(g+q)l_0^2 = -\frac{1}{14} \times 13.52 \times 1.80^2 = -3.129\ \text{kN}\cdot\text{m}$$

4. 配筋计算

板厚 $h = 80\ \text{mm}$，$h_0 = 80 - 20 = 60\ \text{mm}$；C25 混凝土的强度 $f_c = 11.9\ \text{N/mm}^2$；HPB235 级钢筋 $f_y = 210\ \text{N/mm}^2$。

轴线②~⑤间的板带，其四周均与梁整体浇筑，故这些板的中间跨及中间支座的弯矩均可减少 20%（见表 3.12 中括号内数值），但边跨及第一内支座的弯矩（M_1、M_B）不予减少。

表 3.12 板 的 配 筋 计 算

计 算 截 面		1	B	2	C
设计弯矩/N·m		4 071	−4 071	2 738 (2 738×0.8 = 2 190)	−3 129 (−3 129×0.8 = −2 503)
$a_s = \dfrac{M}{f_c b h_0^2}$		0.095	0.095	0.064 (0.051)	0.073 (0.058)
$\xi = 1 - \sqrt{1 - 2a_s}$		0.100	0.100	0.066 (0.052)	0.079 (0.060)
$A_s = \xi \dfrac{f_c b h_0}{f_y}$ /mm²		340	340	224.4 (176.8)	268.6 (204)
选配 钢筋	轴线 ②~⑤	Φ8/10@180 $A_s = 358\ \text{mm}^2$	Φ8/10@180 $A_s = 358\ \text{mm}^2$	Φ8@200 $A_s = 251\ \text{mm}^2$	Φ8@200 $A_s = 251\ \text{mm}^2$
	轴线 ①~② ⑤~⑥	Φ8@150 $A_s = 335\ \text{mm}^2$	Φ8@150 $A_s = 335\ \text{mm}^2$	Φ8@180 $A_s = 279\ \text{mm}^2$	Φ8@180 $A_s = 279\ \text{mm}^2$

a. 选配钢筋

对轴线②～⑤之间的板带，第一跨和中间跨板底钢筋各为 Φ8/10 @180 和 Φ8@200，以防止钢筋过细而施工时被踩下，且此间距小于 200 mm，且大于 70 mm，满足构造要求。

b. 受力钢筋的截断

本设计采用分离式配筋，当 $q/g = 10\ 400/3\ 120 = 3.3 > 3$ 时，中跨上部钢筋切断距离应取 $a = l_n/3 = 1\ 800/3 = 600$ mm，上部钢筋应用直钩下弯顶住模板以保持其有效高度。

c. 钢筋锚固

下部受力纵筋伸入支座内的锚固长度 l_a 为：边支座要求大于 $5d$ 及 50 mm，现浇板的支承宽为 120 mm，故实际 $l_a = 120 - 10 = 110$ mm，满足要求；中间支座 $l_a = 100$ mm $(= b/2) > 5d$ 及 50 mm，满足要求。

d. 构造钢筋

分布筋用 Φ6@200，板配筋图略。

（四）次梁设计

按考虑内力重分布方法进行。根据本楼盖的实际使用情况，作用于次梁、主梁上的活荷载一律不考虑折减，即取折减系数为 1.0。

1. 荷载计算

荷载计算见表 3.13。

表 3.13　荷　载　计　算

荷　载　类　型		荷　载　设　计　值/kN·m^{-1}
永久荷载 g	板传来的荷载	3.12×2 = 6.24
	次梁自重	25×0.2×(0.4 − 0.08)×1.2 = 1.92
	梁侧的粉刷荷载	16 × 0.012×(0.4 − 0.08)×2×1.2 = 0.147
	小　　计	g = 8.307
活　荷　载 q		q = 10.4×2 = 20.8

沿次梁跨度总的设计荷载 $g + q = 29.107$ kN/m，取 29.11 kN/m。

2. 计算简图

次梁在砌体上支承宽度为 240 mm，故

$$边跨\ l_{01} = 1.025l_{n1} = 1.025\left(4\ 500 - 120 - \frac{250}{2}\right) = 4\ 360\ mm$$

$$l_{01} = l_{n1} + 0.5a = 4\ 500 - 120 - \frac{250}{2} + \frac{240}{2} = 4\ 375\ mm$$

$$中跨\ l_{02} = l_n = 4\ 500 - 250 = 4\ 250\ mm$$

取两者较小者　　$l_{01} = 4\ 360$ mm

跨度相差

$$\frac{4.36-4.25}{4.25}\times100\ \%=2.6\%<10\%$$

故可按等跨计算内力。计算简图如图 3.40 所示。

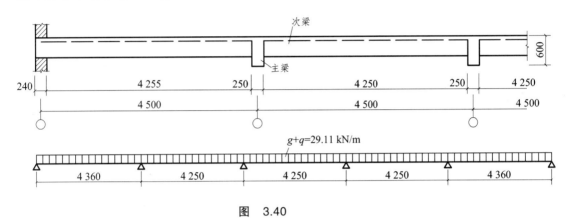

图 3.40

3. 内力计算

设计弯矩

$$M_1=-M_B=\frac{1}{11}(g+q)l_{01}^2=\frac{1}{11}\times29.11\times4.36^2=50.31\ \ \text{kN}\cdot\text{m}$$

此处支座弯矩应按相邻两跨中较大跨长计算。

$$M_2=\frac{1}{16}(g+q)l_{02}^2=\frac{1}{16}\times29.11\times4.25^2=32.86\ \ \text{kN}\cdot\text{m}$$

$$M_C=-\frac{1}{14}(g+q)l_{02}^2=-\frac{1}{14}\times29.11\times4.25^2=-37.56\ \ \text{kN}\cdot\text{m}$$

设计剪力

$$V_A=0.45(g+q)l_{n1}=0.45\times29.11\times4.255=55.74\ \ \text{kN}$$

$$V_{Bl}=-0.6(g+q)l_{n1}=-0.6\times29.11\times4.255=-74.32\ \ \text{kN}$$

$$V_{Br}=0.55(g+q)l_{n2}=0.55\times29.11\times4.25=68.04\ \ \text{kN}$$

$$V_{Cl}=-V_{Cr}=-0.55(g+q)l_{n2}=-0.55\times29.11\times4.25=-68.04\ \ \text{kN}$$

4. 正截面承载力计算

次梁的跨内截面应考虑板的共同作用而按 T 形截面计算，其翼缘的计算宽度 b_f' 可按表 3.7 中的最小值确定。

按跨度 $\qquad b_f'=\dfrac{l_n}{3}=\dfrac{4\ 250}{3}=1\ 420\ \text{mm}$

按梁净距 $\qquad b_f'=b+s_0=200+1\ 800=2\ 000\ \text{mm}$

因 $h'_f / h_0 = 80 / 365 = 0.22 > 0.1$ ，故 b'_f 不受此条限制，取 $b'_f = 1\,420\,\text{mm}$ 计算。

$$b'_f h'_f f_c \left(h_0 - \frac{h'_f}{2} \right) = 1\,420 \times 80 \times 11.9 \left(400 - 35 - \frac{80}{2} \right)$$

$$= 439.3 \times 10^6 \ \text{N} \cdot \text{m} > 50.31 \times 10^6 \text{N} \cdot \text{m}$$

为第一类 T 形截面。

表 3.14　次梁正截面配筋计算表

计算截面	1	B	2	C
设计弯矩/kN·m	50.31	− 50.31	32.86	− 37.56
支座 $a_s = \dfrac{M}{f_c b h_0^2}$ 跨内 $a_s = \dfrac{M}{f_c b'_f h_0^2}$	$\dfrac{50.31 \times 10^6}{11.9 \times 1420 \times 365^2} =$ 0.022 （一排，T 形截面）	$\dfrac{50.31 \times 10^6}{11.9 \times 200 \times 365^2}$ $= 0.159$ （一排，矩形截面）	$\dfrac{32.86 \times 10^6}{11.9 \times 1420 \times 365^2} =$ 0.0146 （一排，T 形截面）	$\dfrac{37.56 \times 10^6}{11.9 \times 200 \times 365^2}$ $= 0.118$ （一排，矩形截面）
ξ	0.022	0.174<0.35	0.0147	0.126<0.35
支座 $A_s = \xi \dfrac{f_c}{f_y} b h_0$ 跨内 $A_s = \xi \dfrac{f_c}{f_y} b'_f h_0$ /mm²	452.3	503.8	302.2	366.2
选配钢筋	3Φ14 $A_s = 461\,\text{mm}^2$ （超过 1.9%）	2Φ16+1B12 $A_s = 515\text{mm}^2$ （超过 2.2%）	2Φ14 $A_s = 308\,\text{mm}^2$ （超过 1.9%）	2Φ16 $A_s = 402\,\text{mm}^2$ （超过 9.8%）

（1）各截面的实际配筋往往和计算需要量有出入，一般误差以不超过 ± 5% 为宜,有困难时，应尽量满足不超过 ± 10% 。

（2）次梁纵筋的截断：当次梁跨长相差在 20% 以内，且 $q/g = 20.8/8.307 = 2.50 < 3$ 时，可按图 3.33 的原则确定钢筋的截断位置，具体构造如图 3.41 所示。

上部纵筋：③号钢筋为 1Φ12 钢筋，其左侧钢筋截断点距 B 支座边缘距离为 $1\,200\,\text{mm} > l_n / 5 + 20d = 1091\text{mm}$，其截断面积为 113.1 mm² $< 0.5 \times 515 = 257.5\,\text{mm}$，符合要求；同理，可检验③号钢筋在 B 支座右侧钢筋阶段点满足要求。

下部纵筋：②号钢筋伸入 A 支座长度为 $200\,\text{mm} > 12d = 12 \times 14 = 168\,\text{mm}$，②、④号纵筋伸入 B 支座长度为 $200\,\text{mm} \geq 12d = 168\,\text{mm}$，满足要求。

（3）根据规范要求，梁宽为 200 mm 时，至少应采用两根上部钢筋贯通。此例中各跨均用 2Φ16 受力纵筋兼做架立筋以简化施工。

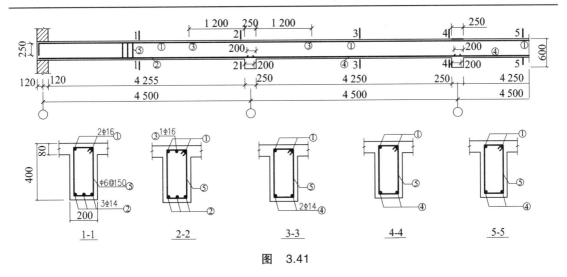

图　3.41

5. 斜截面强度计算

a. 复核梁截面尺寸

$$0.25f_c\,bh_0 = 0.25×11.9×200×365 = 217×10^3 \text{N} > V_{Bl} = 74.32 \text{ kN}$$

故截面尺寸符合要求。

b. 验算是否需按计算配置腹筋

A 支座：　　　　$0.7f_t\,bh_0 = 0.7×1.27×200×365 = 64.9×10^3 \text{ N} > V_A = 55.74 \text{ kN}$

应按构造配置横向钢筋。

取双肢 Φ6@150 箍筋，则

$$\rho_{sv} = \frac{2×28.3}{200×150} = 0.189\% > \rho_{sv,min} = 0.24×\frac{1.27}{210} = 0.145\%$$

满足要求。

B 支座左侧：$0.7f_t\,bh_0 = 0.7×1.27×200×365 = 64.90×10^3 \text{ N} < V_{Bl} = 73.83 \text{ kN}$

应按计算配置横向钢筋

$$\frac{nA_{sv1}}{s} = \frac{V - 0.7f_t bh_0}{1.25 f_{yv} h_0} = \frac{(73.83 - 64.90)×10^3}{1.25×210×365} = 0.093$$

$$s = \frac{nA_{sv1}}{0.093} = \frac{2×28.3}{0.093} = 608 \text{ mm}$$

选用双肢 Φ6@150 箍筋

$$\rho_{sv} = \frac{2×28.3}{200×150} = 0.189\% > \rho_{sv,min} = 0.24×\frac{1.27}{210} = 0.145\%$$

满足要求。

B 支座右侧：$0.7f_t\,bh_0 = 0.7×1.27×200×365 = 64.90×10^3 \text{ N} < V_{Br} = 68.04 \text{ kN}$

应按计算配置横向钢筋

C 支座： $0.7f_t bh_0 = 0.7×1.27×200×365 = 64.90×10^3$ N< $V_C = 68.04$ kN

应按计算配置横向钢筋。

计算过程同 B 支座左侧，最后均取双肢箍筋 A 6@150 。

（五）主梁设计

1. 荷载计算

荷载计算见表 3.15。主梁除承受由次梁传来的集中荷载（包括板、次梁上的永久荷载和作用在楼盖上的活荷载）外，还有主梁的自重。主梁的自重实际是均布荷载，但为了简化计算，可近似将 2 m 长度的自重按集中荷载考虑。

表 3.15 荷 载 计 算

荷 载 类 型		荷 载 设 计 值/kN
永久荷载 G	次梁传来荷载	$8.307×4.5 = 37.382$
	主梁自重	$25×0.25×(0.6-0.08)×2×1.2 = 7.8$
	梁侧粉刷荷载	$16×0.012×(0.6-0.08)×2×2×1.2 = 0.479$
	小 计	$G = 45.661$（取 $G = 45.7$）
活 荷 载 Q	次梁传来荷载	$Q = 20.8×4.5 = 93.6$（取 $Q = 93.6$）

2. 计算简图

计算简图如图 3.42 所示。主梁内力计算按弹性方法进行。

计算跨度为：

边跨 $l_{01} = 6.0 - 0.12 + \dfrac{0.37}{2} = 6.065$ m

又 $1.025l_{n1} + 0.15 = 1.025(6 - 0.15 - 0.12) + 0.15$
$= 6.02$ m

应取 $l_{01} = 6.02$ m

中跨 $l_{02} = 6.0$ m

因计算跨度相差甚少,故一律用 6.0 m 计算。

因柱截面为 300 mm×300 mm，楼层高度为 4.5 m，经计算梁柱线刚度比约为 5。此时主梁的中间支承可近似按铰支座考虑。

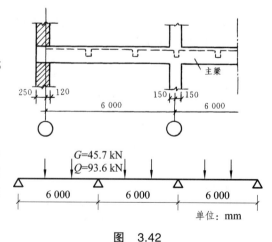

图 3.42

3. 内力计算

根据主梁的计算简图及荷载情况，可求得各控制截面的最不利内力，见表 3.16。

表3.16 最不利内力计算

序号	项 目	荷 载 布 置	内 力 计 算
1	第1、3跨内正弯矩最大,支座A、D剪力最大,第2跨跨内弯矩最小		查附表3.1.2三跨连续梁的系数,得 $k_1 = 0.244$、$k_2 = 0.289$、$k_3 = 0.733$、$k_4 = 0.866$ 当梁布满永久荷载G和在第1、3跨布置活荷载Q时,按弹性方式计算得 $M_{1max} = 0.244 \times 45.7 \times 6 + 0.289 \times 93.6 \times 6$ $= 229.21\ kN \cdot m = M_{3max}$ $V_{A\ max} = 0.733 \times 45.7 + 0.866 \times 93.6$ $= 114.6\ kN = V_{D\ max}$ $M_{2min} = 0.067 \times 45.7 \times 6 - 0.133 \times 93.6 \times 6$ $= -56.32\ kN \cdot m$
2	第2跨跨内正弯矩最大,第1、3跨跨内弯矩最小		按附表3.1.2中的系数,得 $M_{2max} = 0.067 \times 45.7 \times 6 + 0.2 \times 93.6 \times 6$ $= 130.69\ kN \cdot m$ $M_{1min} = M_{3min}$ $= 0.244 \times 45.7 \times 6 - 0.044 \times 93.6 \times 6$ $= 42.19\ kN \cdot m$
3	支座B负弯矩最大,支座B左右的剪力最大		查附表3.1.2中的系数,得 $M_{B\ max} = -0.267 \times 45.7 \times 6 - 0.311 \times 93.6 \times 6$ $= -247.86\ kN \cdot m$ $V_{Bl} = -1.267 \times 45.7 - 1.311 \times 93.6$ $= -180.61\ kN$ $V_{Br} = 1 \times 45.7 + 1.222 \times 93.6$ $= 160.10\ kN$

由各种荷载布置情况下的内力计算,得出相应的内力图,叠加这些内力图,得如图3.43所示弯矩、剪力的叠合图,该图较好地反映了主梁的内力情况。以主梁各控制截面的最不利内力进行配筋计算。

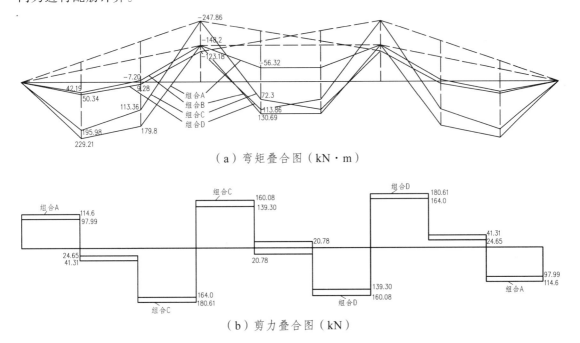

（a）弯矩叠合图（kN·m）

（b）剪力叠合图（kN）

图 3.43

4. 主梁的正截面承载力计算

主梁的正截面承载力计算见表 3.17。

跨内翼缘计算宽度 b'_f ：

按跨度 $\qquad b'_f = 6\,000/3 = 2\,000$ mm

按梁净距 $\qquad b'_f = 250 + 4\,250 = 4\,500$ mm

因 $h'_f/h_0 = 80/565 = 0.14 > 0.1$，不受此条限制，故取翼缘计算宽度 $b'_f = 2\,000$ mm。

$$b'_f h'_f f_c \left(h_0 - \frac{h'_f}{2} \right) = 2\,000 \times 80 \times 11.9 \times \left(600 - 35 - \frac{80}{2} \right)$$

$$= 999.6 \times 10^6 \text{ N·m} > 229.21 \times 10^6 \text{ N·m}$$

为第一类 T 形梁。

表 3.17 主梁正截面配筋计算表

计 算 截 面	1	B	2
设计弯矩/kN·m	229.21	−247.86	130.69
$M'_b = M_b - V_b \dfrac{b}{2}$ /kN·m	229.21	$-247.86 + (45.7 + 93.6) \times 0.15$ $= -226.97$	130.69
$a_s = \dfrac{M}{f_c b'_f h_0^2}$ 或 $a_s = \dfrac{M}{f_c b h_0^2}$	$\dfrac{229.21 \times 10^6}{11.9 \times 2000 \times 540^2}$ $= 0.033$ （二排，T 形截面）	$\dfrac{226.97 \times 10^6}{11.9 \times 250 \times 540^2}$ $= 0.262$ （二排，矩形截面）	$\dfrac{130.69 \times 10^6}{11.9 \times 2000 \times 565^2}$ $= 0.017\,2$ （一排，T 形截面）
ξ	0.034	0.310	0.0174
$A_s = \xi \dfrac{f_c}{f_y} b h_0$ 或 $A_s = \xi \dfrac{f_c}{f_y} b'_f h_0$ /mm^2	1 456.6	1660.4	777.8
选配钢筋	6Φ18 $A_s = 1\,526$ mm^2	2Φ20(直) + 1Φ18(直)+2Φ18(弯)+1Φ20(弯) $A_s = 1\,705$ mm^2	2Φ18+1Φ20 $A_s = 823$mm^2

5. 斜截面承载力计算

a. 复核梁截面尺寸

因 $h_w/b = 485/250 = 1.94 < 4$，属一般梁，取

$$0.25 f_c b h_0 = 0.25 \times 11.9 \times 250 \times 540 = 401.6 \times 10^3 \text{ N} > V_{Bl} = 180.61 \text{kN}$$

故截面尺寸满足要求。

b. 验算是否需按计算配置横向钢筋

A 支座： $\qquad 0.7 f_t b h_0 = 0.7 \times 1.27 \times 250 \times 565 = 125.57 \text{ kN} > V_A = 114.6 \text{ kN}$

应按构造配置横向钢筋。

B 支座左： $\qquad 0.7 f_t b h_0 = 0.7 \times 1.27 \times 250 \times 540 = 120.0 \text{ kN} < V_{Bl} = 180.61 \text{kN}$

应按计算配置横向钢筋。

B 支座右： $\qquad 0.7 f_t b h_0 = 0.7 \times 1.27 \times 250 \times 540 = 120.0 \text{ kN} < V_{Br} = 160.08 \text{kN}$

应按计算配置横向钢筋。

c. 横向钢筋计算

采用双肢 $\phi 8@200$ 箍筋，间距小于 $s_{max} = 250$ mm，配箍率

$$\rho_{sv} = \frac{A_{sv}}{bs} = \frac{2 \times 50.3}{250 \times 200} = 0.2\% > \rho_{sv\,min} = 0.181\%$$

验算支座 A：

$$V_{cs} = 0.7 f_t b h_0 + 1.5 f_{yv} \frac{A_{sv}}{s} h_0$$

$$= 0.7 \times 1.27 \times 250 \times 565 + 1.5 \times 210 \frac{2 \times 50.3}{200} \times 565$$

$$= 215.1 \times 10^3 \text{ N} > V_A = 114.6 \text{ kN}$$

验算支座 B：

$$V_{cs} = 0.7 f_t b h_0 + 1.5 f_{yv} \frac{A_{sv}}{s} h_0$$

$$= 0.7 \times 1.27 \times 250 \times 540 + 1.5 \times 210 \frac{2 \times 50.3}{200} \times 540$$

$$= 205.57 \times 10^3 \text{ N} > V_{Bl} = 180.61 \text{ kN}$$

$$V_{cs} = 0.7 f_t b h_0 + 1.5 f_{yv} \frac{A_{sv}}{s} h_0$$

$$= 205.57 \times 10^3 \text{ N} > V_{Br} = 160.08 \text{ kN}$$

可知支座 B 配置双肢 $\phi 8@200$ 箍筋已能满足斜截面受剪要求，弯起钢筋可按构造处理。本例中因 V_{cs} 与 V_{Bl} 接近，支座 B 左侧的弯起钢筋偏安全的仍按计算需要布置。因主梁受集中荷载，剪力图呈矩形，故在 2 m 范围内应布置两道弯起筋，以便覆盖最大剪力区段。

d. 主梁吊筋计算

由次梁传给主梁的集中荷载 $F_l = 37.4 + 93.6 = 131.0$ kN。F_l 中未计入主梁自重及梁侧粉刷重。设附加 $\phi 8$ 双肢箍筋，只设箍筋时 $F_l = mn f_y A_{sv}$，则附加箍筋个数

$$m = \frac{131.0 \times 10^3}{2 \times 210 \times 50.3} = 6.20 \text{ 个}$$

此箍筋的有效分布范围 $s = 2h_1 + 3b = 2 \times 150 + 3 \times 250 = 1\,050$ mm，取 8 个 $\phi 8@100$，次梁两侧各 4 个。

6. 配筋布置

支座 B 根据斜截面受剪承载力的要求，于第一跨先后弯起 $2\phi 18$，第二跨弯起 $1\phi 20$，则支座截面可计入 $2\phi 18 + 1\phi 20$ 承担支座负弯矩。按正截面强度计算尚需增加 $2\phi 20 + 1\phi 18$ 直钢筋，满足 B 支座钢筋面积要求，且满足主梁三个控制截面的实际配筋量与计算的差值应尽量满足不超过 $\pm 5\%$。

7. 绘制抵抗弯矩图

前面根据主梁各跨内和支座最大（绝对值）计算弯矩确定出所需钢筋数量，而其他各截面需要的钢筋量将比控制截面少，这样就需要根据梁弯矩包络图，将控制截面的纵筋延伸至适当位置后，把其中的部分钢筋弯起或截断。主梁纵筋的弯起或截断位置可以通过绘制抵抗弯矩图（又称材料图）的方法来解决。抵抗弯矩图的实质是用图解的方法确定梁各正截面所需钢筋的数量。

a. 钢筋能承担的极限弯矩

按实际配置的钢筋面积 A_{sc} 计算出控制截面上材料能承担的极限弯矩。此时可忽略截面上内力臂值的某些差别。这些差别由钢筋实配面积与计算差异引起，包括同一截面中位于第一排和第二排钢筋间的内力臂差别。现将同一截面各纵筋的计算内力臂值取为相同，这样实配钢筋的极限弯矩为 $M_C = (A_{sc}/A_s)M$，而每一根钢筋所承担的极限弯矩仅与其截面面积成正比。

例如，支座 B 的计算弯矩为 226.97 kN·m，计算所需钢筋面积为 $A_s = 1\ 660.1\ mm^2$。实配钢筋面积 $A_{sc} = 1\ 705\ mm^2$，则其极限弯矩

$$M_C = \frac{1\ 705}{1\ 660} \times 226.97 = 233.12\ kN·m$$

其中 1Φ18 与 1Φ20 钢筋所能承担的极限弯矩

$$M_{C18} = \frac{233.12}{1\ 705} \times 254.5 = 34.80\ kN·m \qquad M_{C20} = \frac{233.12}{1\ 705} \times 314.2 = 42.96\ kN·m$$

采用与弯矩叠合图相同的比例在支座计算截面沿纵向量取 $M_C = 233.12\ kN·m$，按每根钢筋所能承担的极限弯矩沿纵标分段，自分段点作弯矩图基线的平行线，并与弯矩包络图相交。如支座左侧的⑥号筋，其划分 M_{C20} 的两根平行线与包络图的上交点，指示出该钢筋被充分利用的截面；其下交点处则为该钢筋按正截面强度计算已完全不需要，是⑥号筋的理论截断点。

b. 钢筋的弯起和截断顺序

在具体作抵抗弯矩图前，应初步确定截面上每一根钢筋的"走向"和弯起或截断顺序：当截面上有两排钢筋时，宜将第二排先弯起或截断；在同一排中宜先弯起或截断位于中间位置的钢筋。应使钢筋在截面中线两边尽量对称，不能让钢筋重心过分偏于截面中线的一边。抵抗弯矩图宜靠近弯矩图，但不能插入（允许少 5%）。例如，支座 B 左侧为了使满足斜截面抗剪要求所布置的 2Φ18 弯起钢筋能覆盖最大剪力区段，故它们的弯起点已基本确定。在考虑了上述原则后，弯筋的下弯顺序为④、③，直钢筋的截断次序为⑤、⑥。直钢筋的具体截断点在绘制抵抗弯矩图时确定。

c. 钢筋截断

例如，支座 B 左侧的⑥号钢筋，因此处 $V > 0.7f_t bh_0$，故钢筋截断应从该钢筋强度充分利用截面延伸出 $1.2l_a + h_0$。此处 l_a 为受拉钢筋的锚固长度。对 C25、Ⅱ级钢筋，根据 $l_a = \alpha \dfrac{f_y}{f_t}d$，得 $l_a = 33d$。⑥号钢筋 $d = 20\ mm$，故延伸长度为 1.2×33×20 + 540 = 1 332 mm。反映在图 3.44 的抵抗弯矩图上则应从⑥号钢筋按正截面抗弯能力计算，不需要截面（即理论截断点）以外 1 150 mm 处，此值大于 $20\ d$，满足要求。其余钢筋的截断同此。

d. 钢筋的弯起

③ 号筋在距其强度充分利用截面 350 mm 处下弯，此距离大于 $h_0/2$，故能计入其抗弯能力。斜筋在梁轴线以上的区段参加抵抗负弯矩的作用，梁轴线以下斜段则进入抵抗正弯矩，故每一根弯筋在材料图上的正、负弯矩图上均应有对应的反映。

e. 架立筋

根据规范要求，梁宽 $b = 300\ mm$ 时，应至少选取两根上部钢筋作为架立筋。本例中，选用 2Φ20 即①号受力筋兼做架立筋。

f. 设置腰筋

根据规范要求，当 $h_w \geqslant 450\ mm$ 时，宜在梁侧沿梁高每隔 200 mm 设置构造钢筋，来抵

御扭矩及混凝土收缩和温度应力的影响。本例中 $h_w = 485$ mm，因而设置 4Φ12 钢筋作为腰筋，同时使用 Φ8@400 构造箍筋，以增强腰筋联系。

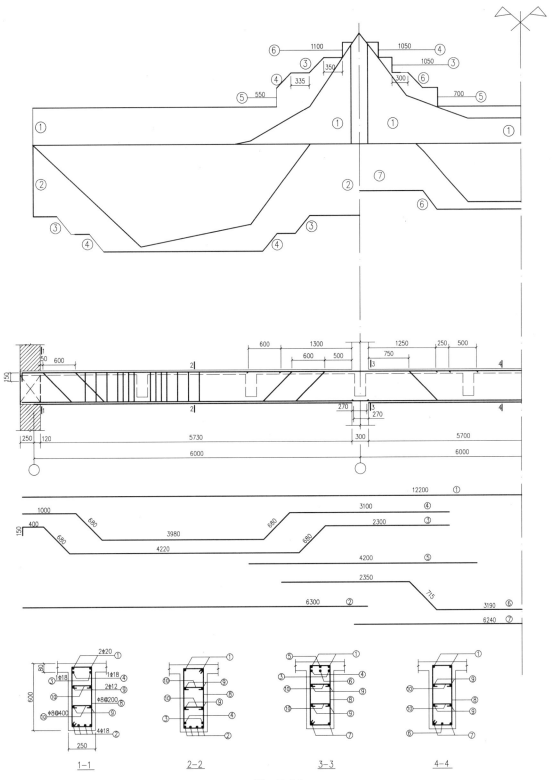

图 3.44

g. 纵筋的锚固

支座 A 按简支考虑，其上部弯起筋和架立筋的锚固要求如图 3.42 所示。下部纵筋伸入梁的支座范围应满足锚固长度 $l_{as} \geq 12d$，即 $12 \times 18 = 216$ mm < 370 mm，满足要求。

支座 B 下部纵筋的锚固问题，从图 3.45 可见，该处计算中已不利用下部纵筋，故其伸入的锚固长度 $l_{as} \geq 12d$，现取为 300 mm，满足要求。

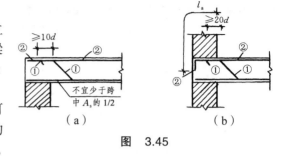

图 3.45

8. 梁　垫

为满足砌体局部受压的承载力要求，主梁的端支承处设有混凝土垫块，垫块与梁浇成整体。计算此处从略。

主梁的配筋，详见图 3.44。

第三节　双向板肋梁楼盖设计

在整浇式肋梁楼盖中，四边支承的板，在均布荷载下，当其长边边长 l_1 与短边边长 l_2 之比 $l_1/l_2 \leq 2$ 时，应按双向板设计；当 $2 < l_1/l_2 < 3$ 时，宜按双向板设计，这种楼盖称双向板肋梁楼盖。双向板肋梁楼盖受力性能较好，可以跨越较大跨度，梁格布置使顶棚整齐美观，常用于民用房屋跨度较大的房间以及门厅等处。当梁格尺寸及使用荷载较大时，双向板肋梁楼盖比单向板肋梁楼盖经济，所以也常用于工业房屋楼盖。

一、结构布置及构件截面尺寸确定

1. 结构布置

在双向板肋梁楼盖中，根据梁的布置情况不同，又可分为普通双向板楼盖和井式楼盖。当建筑物柱网接近方形，且柱网尺寸及楼面荷载均不太大时，仅需在柱网的纵横轴线上布置主梁，可不设次梁［见图 3.46（a）］。当柱网尺寸较大时，若不设次梁，则板的跨度大，导致板厚增大，不经济，这时可加设次梁。当柱网不是接近方形时，梁的布置中，一个方向为主梁，另一个方向为次梁［见图 3.46（b）］，属于普通双向板楼盖，主要应用于一般的民用房屋中。当柱网尺寸较大且接近方形时，则在柱网的纵横轴线上两个方向布置主梁，在柱网两个方向之间布置次梁，形成井式楼盖［见图 3.46（c）］，主要用于公共建筑，如大型商场以及宾馆的大厅等。

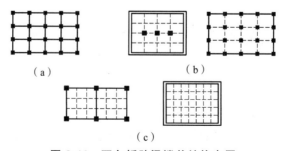

（a）　　　　　　　　　（b）

（c）

图 3.46　双向板肋梁楼盖结构布置

考虑使用及经济因素，普通双向板楼盖板区格尺寸一般为 3~4 m，主梁、次梁跨度一般取 5~8 m。

2. 构件截面尺寸

双向板的厚度一般在 80~160 mm 范围内，任何情况下不得小于 80 mm。为了使板具有足够的刚度，简支时板厚不应小于跨度的 1/45，板边有约束时不应小于跨度的 1/50。

主梁截面高度 h 可取跨度的 1/15~1/12，次梁截面高度 h 可取跨度的 1/20~1/15，梁的截面宽度 $b = (1/2 ~ 1/3)h$。

二、双向板的试验结果及受力特点

1. 双向板的试验结果

这里以四边简支的矩形板承受均匀荷载作用为例，说明其加载破坏过程如下：

（1）混凝土开裂前，板处于弹性工作阶段，板中作用有两个方向的弯矩和扭矩。由于板短边方向弯矩大，所以随着荷载增加，第一批裂缝首先发生在板底中部，且平行于长边方向［见图 3.47（b）］。

（2）带裂缝工作阶段。当荷载继续增加，裂缝逐渐延伸，并大致沿 45° 向板角区方向发展，如图 3.47（b）所示。

（3）钢筋屈服后，在接近破坏时，板的顶面四角附近出现了圆弧形裂缝，它促使板底对角线方向裂缝进一步扩展，最终由于跨中钢筋屈服导致板的破坏。

对四边简支的正方形板，试验表明：第一批裂缝在板底中部形成，大致在对角线附近，其破坏过程同矩形板相似，只是板底裂缝分布不同，如图 3.47（a）所示。

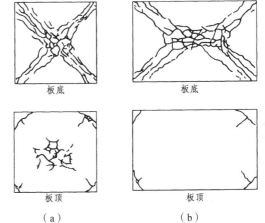

（a） （b）

图 3.47 简支双向板破坏时的裂缝分布

（4）简支的正方形板和矩形板，受荷后板的四角均有翘起的趋势。板传给支承边上的压力不是沿支承边上均匀分布，而是中部较大，两端较小，如图 3.48 所示。

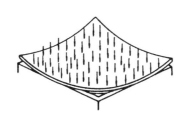

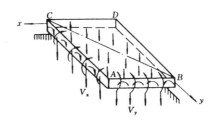

图 3.48 板的上翘分析

（5）试验还表明，板的含钢率相同时，采用较小直径的钢筋更为有利；钢筋的布置采取由板边缘向中部逐渐加密比用相同数量但均匀配置更为有利。

从上述双向板的试验分析可知，在双向板中应配置如图 3.49 所示的钢筋：

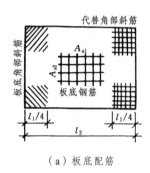 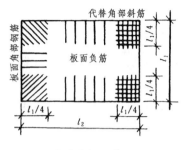

（a）板底配筋　　　　　　　　　　　　　　（b）板面配筋

图 3.49　双向板配筋示意图

（1）在跨中板底配置平行于板边的双向钢筋以承担跨中正弯矩。

（2）沿支座边配置板面负钢筋，以承担负弯矩。

（3）当为四边简支的单孔板时，在角部板面应配置对角线方向的斜钢筋，以承担平行于对角线方向的主弯矩；在角部板底则配置垂直于对角线的斜钢筋以承担另一种主弯矩（垂直于对角线方向的主弯矩）。由于斜筋长短不一，施工不便，故常用平行于板边的钢筋所构成的钢筋网来代替。

2. 双向板的受力特点

双向板的受力特点是：① 沿两个方向弯曲和传递荷载；② 板整体工作。

实际上，图 3.50 中从双向板内截出的两个方向的板带并不是孤立的，它们受到相邻板带的约束，这将使得其实际的竖向位移和弯矩有所减小。

3. 双向板的内力计算方法

根据板的试验研究和受力特点，总的来说，双向板内力计算有两种方法，一种是弹性计算方法，另一种是塑性计算方法。目前，工程设计中主要采用的是弹性计算方法，该方法简单、实用，又有一定的精度。而塑性计算方法比较繁琐，但能较好地反映钢筋混凝土结构的塑性变形特点，避免内力计算与构件抗力计算理论上的矛盾。

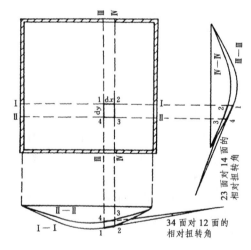

图 3.50　两个方向的板带受力变形示意图

限于篇幅，本章仅介绍双向板的弹性内力计算方法。

三、双向板按弹性理论的计算方法

（一）计算简图确定

1. 基本假定

（1）双向板为各向同性板；板厚远小于板平面尺寸；板的挠度为小挠度，不超过板厚的 1/5。

（2）板的支座按转动程度不同，有铰支座和固定支座两种。其确定方法如下：

① 板支承在墙上时，为铰支座。

② 等区格梁板结构整浇，对板支座而言，板面荷载左右对称时，支座为固定支座；板面荷载反对称时，支座为铰支座。

（3）假定支承梁的抗弯刚度很大，在荷载作用下，梁的垂直变形可以忽略不计，即视各区格板的周边均匀支承于梁上。

（4）假定梁的抗扭刚度很小，在荷载作用下，支承梁绕自身纵轴可自由转动。

2. 计算简图

根据基本假定，按支座情况不同，矩形双向板有如图 3.51 所示的六种计算简图。

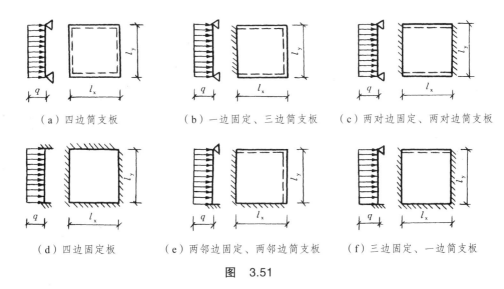

（a）四边简支板　　　　（b）一边固定、三边简支板　　　（c）两对边固定、两对边简支板

（d）四边固定板　　　（e）两邻边固定、两邻边简支板　　　（f）三边固定、一边简支板

图　3.51

（二）单区格矩形双向板的内力计算

按照弹性理论计算钢筋混凝土双向板的内力可利用图表进行。附表 3.2 列出了双向板按弹性薄板理论计算的图表，可供设计时查用。区格是指以梁或墙的中心线为周界的板区格。附表 3.2 对承受均布荷载的板，按板的周边约束条件，列出了六种矩形板（见图 3.51）的计算用表，设计时可根据所确定的计算简图直接查得弯矩系数。附表 3.2 中弯矩系数是按单位宽度，而且取材料的泊桑比 $\mu = 0$ 而制定。若 $\mu \neq 0$ 时，对钢筋混凝土有 $\mu = 1/6$。则跨内弯矩可按弹性理论分为不考虑泊桑比和考虑泊桑比两种情况计算如下：

1. 不考虑泊桑比（$\mu = 0$）时的内力计算

根据矩形双向板的计算简图，计算板块跨中和支座截面弯矩时，可按下式计算：

$$M = 表中系数 \times ql^2 \tag{3.20}$$

式中　M——跨中或支座截面单位板宽上的弯矩，单位板宽通常取 1 000 mm；

　　　q——单位面积上的均布荷载；

　　　l——计算跨度，取板两个方向计算跨度 l_x、l_y 的较小者，计算跨度取值同单向板。

式（3.20）中的"表中系数"由附表 3.2 根据支座情况确定。

2. 考虑泊桑比（$\mu \neq 0$）时的内力计算

应当说明，附表 3.2 中的内力系数是在泊桑比 $\mu = 0$ 的情况下算出的。实际上，跨中弯矩尚需考虑横向变形的相互影响。这种影响就是一个方向的拉伸作用，加大了另一个方向的拉伸变形，其作用相当于增加了弯矩。于是当 $\mu \neq 0$ 时，考虑双向变形间的这种影响，内力常按下式计算：

$$M_x^{(\mu)} = M_x + \mu M_y, \quad M_y^{(\mu)} = M_y + \mu M_x \tag{3.21}$$

式中　μ——泊桑比，钢筋混凝土的 μ 通常取 1/6；

　　　M_x、M_y——按附表 3.2 中系数求得的平行于 l_x、l_y 方向的跨中弯矩。

注意：计算支座截面弯矩时，不考虑泊桑比的影响，即可直接按式（3.20）计算内力。

（三）多区格等跨连续双向板的实用计算法

连续双向板内力的精确计算更为复杂，为了简化计算，在设计中都是采用简化的实用计算法。该法是以上述单跨板内力计算为基础进行的，其计算精度完全可以满足工程设计的要求。该法假定支承梁的抗弯刚度很大，其竖向变形可略去不计，同时假定抗扭刚度很小，可以转动。通过对双向板上活荷载的最不利布置以及支承情况等的合理简化，将多区格连续板用下述方法将其转化成单区格板，从而可利用附表 3.2 的弯矩系数计算。同一方向相邻最小跨度与最大跨度之比大于 0.80 的多跨连续双向板均可按下述方法计算板中内力。

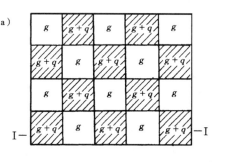

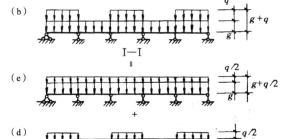

图 3.52　双向板活荷载的最不利布置

1. 求跨中最大弯矩

a. 活荷载的最不利布置

当求某区格跨中最大弯矩时，其活荷载的最不利布置，如图 3.52 所示，即在该区格及其左右前后每隔一区格布置活荷载，通常称为棋盘形荷载布置。

b. 荷载等效

为了能利用单跨双向板的内力计算表格，将板上永久荷载 g 和活荷载 q 分成为对称荷载［见图 3.52（c）］和反对称荷载［见图 3.52（d）］两种情况。

取对称荷载　$g' = g + q/2$

反对称荷载　$q' = \pm q/2$

这样每一板区格的荷载总值仍不变，可认为其荷载等效。

c. 对称型荷载作用

在 $g' = g + q/2$ 作用下，连续板的各中间支座两侧的荷载相同，若忽略远端荷载的影响，则可近似认为板的中间支座处转角为零［图 3.53（a）示出了板的变形曲线］。这样，在荷

载 $g' = g + q/2$ 作用下，对中间区格板可按四边固定的板来计算内力；边区格板的三个内支承边、角区格的两个内支承边都可以看成固定边。各外支承边应根据楼盖四周的实际支承条件而定。

如板支承在外围砌体上，则可按简支承考虑，这样对应附表 3.2 的计算简图，板的中间区格属第 4 种，边区格属第 6 种，角区格属第 5 种，如图 3.53（a）所示。

这样就可利用前述单跨双向板的内力计算表格（见附表 3.2），计算出每一区格在 $g' = g + q/2$ 作用下，当 $\mu = 0$ 时的跨中最大弯矩。

d. 反对称型荷载作用

在 $q' = \pm q/2$ 作用下，连续板的支承处左右截面的旋转方向一致，转角大小近似相等，板在支承处的转动变形基本自由，可认为支承处的约束弯矩为零。这样可将板的各中间支座看成铰支承，因此在 $q' = \pm q/2$ 作用下，各板均可按四边简支的单区格板计算内力，计算简图取附表 3.2 中的第 1 种［见图 3.53（b）］，求得反对称荷载作用下，当 $\mu = 0$ 时各区格板的跨中最大弯矩。

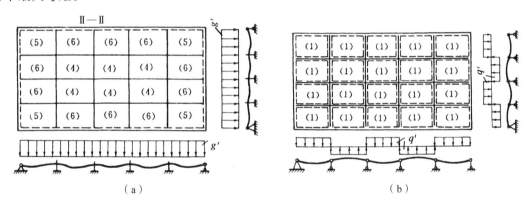

图　3.53

e. 跨内最大正弯矩

通过上述荷载的等效处理，等区格连续双向板在荷载 g'、q' 作用下，都可转化成单区格板，利用附表 3.2 计算出跨内弯矩值。再按式（3.21）计算出两种荷载情况的实际跨中弯矩，并进行叠加，即可作为所求的跨内最大正弯矩。

2. 求支座弯矩

为使支座弯矩出现最大值，按理活荷载应作最不利布置，但对于双向板来说，计算将会十分复杂，为了简化计算，可假定全板各区格满布活荷载时支座弯矩最大。这样，对内区格可按四边固定的单跨双向板计算其支座弯矩。至于边区格，其边支座边界条件按实际情况考虑，内支座按固定边考虑，计算其支座弯矩。这样就可利用附表 3.2 来计算出每一区格支座弯矩。

若支座两相邻板的支承条件不同，或者两侧板的计算跨度不等，则支座弯矩可取两种板计算所得的平均值。

3. 内力折减

当板块周边与支承梁整浇时，和单向板一样，板在荷载作用下开裂后起到拱的作用。周边支承梁对板产生水平推力，这种推力可以减小板块支座和跨中的弯矩，这对板的受力是有利的。为考虑这种有利作用，通常是将截面弯矩进行折减，目前，工程设计中常用折减系数如下：

（1）中间各区格板的跨中截面及支座截面弯矩，折减系数为 0.8。

（2）边区格各板的跨中截面及自楼盖边缘算起的第一内支座截面：

当 $l_b/l < 1.5$ 时，折减系数为 0.8；

当 $1.5 \leqslant l_b/l \leqslant 2$ 时，折减系数为 0.9；

当 $l_b/l > 2$ 时，不予折减。

l_b、l 分别为边区格板沿楼盖边缘方向和垂直于楼盖边缘方向的计算跨度（见图 3.54）。

（3）对角区格板块，不予折减。

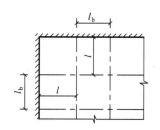

图 3.54　双向板的计算跨度

四、双向板肋梁楼盖的截面设计及构造

（一）双向板的截面设计与构造

1. 双向板设计要点

（1）内力计算。双向板的内力计算可以采用弹性理论与塑性理论的方法。

（2）板的计算宽度。通常取 1 000 mm，板的厚度按表 3.2 取值。

（3）截面有效高度 h_0。双向板中短跨方向弯矩较长跨方向弯矩大，因此，短跨方向钢筋应放在长跨方向钢筋之下，以充分利用截面的有效高度。为此，确定双向板截面有效高度 h_0 时可取：

板跨短向　　　$h_0 = h - 20$ mm

板跨长向　　　$h_0 = h - 30$ mm 　（h 为板厚）

（4）板的配筋计算。板的配筋通常按单筋受弯构件计算。为了简化，通常按下面近似公式计算配筋：

$$A_s = \frac{M}{\gamma f_y h_0} \tag{3.22}$$

式中　γ——内力臂系数，一般可取 $\gamma = 0.9 \sim 0.95$。

（5）双向板同样不需进行抗剪验算。

2. 双向板配筋构造

a. 板中受力钢筋

（1）一般要求。双向板中受力钢筋的级别、直径、间距及锚固、搭接等各方面要求同单向板。

（2）配筋方式。双向板配筋方式同单向板一样，有分离式和弯起式两种，如图 3.55 所示。

（3）钢筋布置。由双向板的试验分析可知：双向板中各板带的变形和受力是不均匀的，跨中板带变形大，受力也大；而靠近支座边缘的板带变形小，受力也小。这说明跨中弯矩值不仅沿板跨方向变化，而且沿着板宽方向向两边逐渐减小；支座负弯矩沿支座方向也是变化的，两边小、中间大。

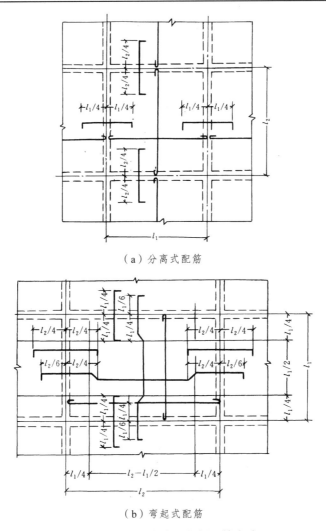

（a）分离式配筋

（b）弯起式配筋

图 3.55 多跨连续双向板配筋方式

板的配筋计算中，板底钢筋数量和支座钢筋数量都是按最大弯矩求得的，故边缘板带配筋可以适当减小。实际工程中，支座负筋通常未考虑这种变化。按弹性理论确定最大内力，求出配筋后，沿支座均匀布置。而对板底钢筋，可按图 3.56 配置。在 l_x 和 l_y 方向将板分为两个边缘板带和一个中间板带，边缘板带宽度均为 $l_x/4$。中间板带按最大跨中正弯矩求得的钢筋数量均匀布置于板底；边缘板带单位宽度内的配筋取中间板带配筋的 1/2，且每米宽度内不少于 3 根。

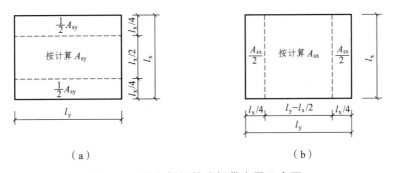

（a）   （b）

图 3.56 双向板钢筋分板带布置示意图

（4）钢筋弯起。在四边固定的单块双向板及连续双向板中，板底钢筋可在距支座边 $l_x/4$ 处弯起钢筋总量的 1/2 ~ 1/3，作为支座负钢筋，不足时，另加板顶负钢筋。

在四边简支的双向板中，由于计算中未考虑支座的部分嵌固作用，板底钢筋可在距支座边 $l_x/4$ 处弯起 1/3 作为构造负筋。

b. 板中构造钢筋

双向板除计算受力配筋外，考虑施工需要及设计中未考虑的因素需设置构造配筋，其直径、间距、位置参见单向板。

（二）双向板肋梁楼盖中支承梁的设计要点与配筋构造

1. 梁的设计要点

a. 支承梁的截面形式

同单向板肋梁楼盖。对现浇楼盖，梁跨中按 T 形截面，梁支座处按矩形截面。

b. 支承梁截面有效高度 h_0

考虑受力主筋重叠，同单向板肋梁楼盖中梁一样取值。

c. 支承梁上荷载分布

精确地确定双向板传给支承梁的荷载较为复杂，通常双向板传给支承梁的反力可采用下述近似方法求得（见图 3.57）。不论双向板采用弹性理论还是塑性理论计算，都可从每一区格的四角作 45° 线与平行于长边的中线相交，把整块板分成四小块，每个板块的恒载和活载传至相邻的支承梁上（见图 3.57）。因此，作用在双向板支承梁上的荷载不是均匀分布的，故短边支承梁上承受三角形荷载，长边支承梁上承受梯形荷载，支承梁自重仍为均布荷载。

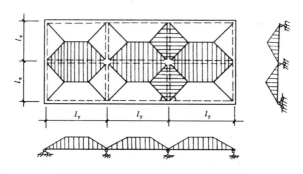

图 3.57　双向板支承梁的荷载分配

d. 内力计算

支承梁的内力可按弹性理论或塑性理论计算。按弹性理论计算时，可先将梁上的梯形或三角形荷载，根据支座转角相等的条件换算为等效均布荷载（见图 3.58）。等效均布荷载求得后，即可由附表 3.2 求出各支座弯矩（考虑活载不利布置），然后利用所求得的支座弯矩，按单跨梁承受三角形或梯形荷载由平衡条件求得跨中弯矩。图 3.58 中：

三角形荷载　　$q = \dfrac{5}{8}p$

梯形荷载　　　$q = (1 - 2\alpha^2 + \alpha^3)p$

式中　　　　　$\alpha = a/l$

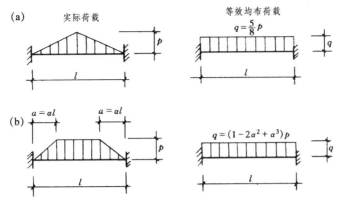

图 3.58 换算的等效均布荷载

e. 配筋计算

内力求出后，梁的截面配筋与单向板肋梁楼盖中的次梁、主梁相同。

2. 梁的配筋构造

双向板肋梁楼盖中梁的配筋构造同单向板中梁的配筋构造，这里不再赘述。

【**例题 3.6**】 已知某厂房双向板肋梁楼盖的结构布置如图 3.59 所示，板厚选用 100 mm，楼面永久荷载标准值 $q = 3.16$ kN/m^2，楼面活荷载标准值 $q = 5.0$ kN/m^2。求双向板的内力。

解

① 荷载设计值计算：

恒载设计值

$$g = 3.16 \times 1.2 = 3.8 \text{ kN/m}^2$$

活荷载设计值

$$q = 5 \times 1.3 = 6.5 \text{ kN/m}^2$$

合计

$$p = g + q = 10.3 \text{ kN/m}^2$$

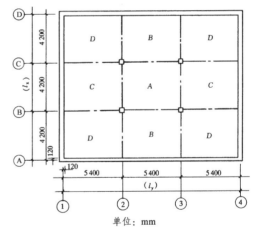

单位：mm

图 3.59

② 按弹性理论计算：

在求各区格板跨内正弯矩时，按恒载满布及活荷载棋盘式布置计算，取荷载

$$g' = g + q/2 = 3.8 + 6.5/2 = 7.05 \text{ kN/m}^2$$

$$q' = \pm q/2 = \pm 6.5/2 = \pm 3.25 \text{ kN/m}^2$$

在 g' 作用下，各内支座均可视作固定，某些区格板跨内最大正弯矩不在板的中心点处；在 q' 作用下，各区格板四边均可视作简支，跨内最大正弯矩则在板的中心点处。计算时，可近似取两者之和作为跨内最大正弯矩值。

在求各中间支座最大负弯矩时，按恒载及活荷载均满布各区格板计算，取荷载

$$p = g + q = 10.3 \text{ kN/m}^2$$

按附表 3.2 进行内力计算，计算简图及计算结果见表 3.18。

表 3.18　弯矩计算（kN·m/m）

区　格			A	B
l_x/l_y			$4.2/5.4 = 0.78$	$4.13/5.4 = 0.77$
跨内	计算简图			
	$\nu = 0$	m_x	$(0.028\ 1 \times 7.05 + 0.058\ 5 \times 3.25) \times 4.2^2 = 6.85$	$(0.033\ 7 \times 7.05 + 0.059\ 6 \times 3.25) \times 4.13^2 = 7.36$
		m_y	$(0.013\ 8 \times 7.05 + 0.032\ 7 \times 3.25) \times 4.2^2 = 3.59$	$(0.021\ 8 \times 7.05 + 0.032\ 4 \times 3.25) \times 4.13^2 = 4.42$
	$\nu = 0.2$	$m_x^{(\nu)}$	$6.85 + 0.2 \times 3.59 = 7.57$	$7.36 + 0.2 \times 4.42 = 8.24$
		$m_y^{(\nu)}$	$3.59 + 0.2 \times 6.85 = 4.96$	$4.42 + 0.2 \times 7.36 = 5.89$
支座	计算简图			
	m_x'		$0.067\ 9 \times 10.3 \times 4.2^2 = 12.34$	$0.081\ 1 \times 10.3 \times 4.13^2 = 14.25$
	m_y'		$0.056\ 1 \times 10.3 \times 4.2^2 = 10.19$	$0.072\ 0 \times 10.3 \times 4.13^2 = 12.65$
区　格			C	D
l_x/l_y			$4.2/5.33 = 0.79$	$4.13/5.33 = 0.78$
跨内	计算简图			
	$\nu = 0$	m_x	$(0.031\ 8 \times 7.05 + 0.057\ 3 \times 3.25) \times 4.2^2 = 7.24$	$(0.037\ 5 \times 7.05 + 0.058\ 5 \times 3.25) \times 4.13^2 = 7.75$
		m_y	$(0.014\ 5 \times 7.05 + 0.033\ 1 \times 3.25) \times 4.2^2 = 3.70$	$(0.021\ 3 \times 7.05 + 0.032\ 7 \times 3.25) \times 4.13^2 = 4.37$
	$\nu = 0.2$	$m_x^{(\nu)}$	$7.24 + 0.2 \times 3.70 = 7.98$	$7.75 + 0.2 \times 4.37 = 8.62$
		$m_y^{(\nu)}$	$3.70 + 0.2 \times 7.24 = 5.15$	$4.37 + 0.2 \times 7.75 = 5.92$
支座	计算简图			
	m_x'		$0.072\ 8 \times 10.3 \times 4.2^2 = 13.23$	$0.0905 \times 10.3 \times 4.13^2 = 15.90$
	m_y'		$0.057\ 0 \times 10.3 \times 4.2^2 = 10.36$	$0.075\ 3 \times 10.3 \times 4.13^2 = 13.23$

由该表可见，板间支座弯矩是不平衡的，实际应用时可近似取相邻两区格板支座弯矩的平均值：

AB 支座

$$m_x' = (-12.34 - 14.25)/2 = -13.30\ \text{kN} \cdot \text{m/m}$$

AC 支座

$$m_y' = (-10.19 - 10.36)/2 = -10.28\ \text{kN} \cdot \text{m/m}$$

BD 支座

$$m'_y = (-12.65 - 13.23)/2 = -12.94 \text{ kN} \cdot \text{m/m}$$

CD 支座

$$m'_x = (-13.23 - 15.90)/2 = -14.57 \text{ kN} \cdot \text{m/m}$$

各跨中、支座弯矩既已求得（考虑 A 区格板四周与梁整体连接，乘以折减系数 0.8），即可近似按

$$A_s = \frac{m}{0.90 h_0 f_y}$$

算出相应的钢筋截面面积，取跨中及支座截面 $h_{0x} = 80 \text{ mm}$，$h_{0y} = 70 \text{ mm}$。具体计算不赘述。

第四节　楼梯与雨篷结构设计

钢筋混凝土梁板结构应用非常广泛，除大量用于前面所述的楼盖、屋盖外，工业民用建筑中的楼梯、挑檐、雨篷、阳台等也是梁、板结构的各种组合，只是这些构件的形式较特殊，其工作条件也有所不同，因而在计算中各具有其特点，本节着重分析以受弯为主的楼梯与雨篷计算及构造特点。

一、楼梯的结构选型

楼梯（见图 3.60）是多层及高层房屋的竖向通道，是房屋的重要组成部分。钢筋混凝土楼梯由于经济耐用，耐火性能好，因而在多层和高层房屋中得到广泛的应用。

楼梯的结构设计步骤包括：

（1）根据建筑要求和施工条件，确定楼梯的结构形式和结构布置。

（2）根据建筑类别，确定楼梯的活荷载标准值。

（3）进行楼梯各部件的内力分析和截面设计。

（4）绘制施工图，处理连接部件的配筋构造。

1. 建筑类型

根据使用要求和建筑特点，楼梯可以分成下列不同的建筑类型：

图 3.60

（1）直跑楼梯（见图 3.61）。直跑楼梯适用于平面狭长的楼梯间和人流较少的次要楼梯。在房屋层高较小时，直跑楼梯中部可不设休息平台；层高较大、步数超过 17 步时，宜在中部设置休息平台。

（2）两跑楼梯（见图 3.62）。两跑楼梯应用最为广泛，适用于层高不太大的一般多层建

筑。这种楼梯的平面形式多样。

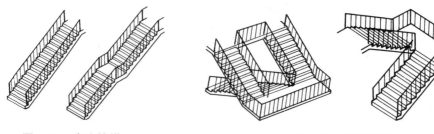

图 3.61　直跑楼梯　　　　　　　　　　图 3.62　两跑楼梯

（3）三跑楼梯（见图 3.63）。当建筑层高较大时，一般采用三跑楼梯，层间设置两个休息平台，楼梯间一般为方形或接近方形的平面。

（4）"剪刀式"楼梯（见图 3.64）。"剪刀式"楼梯交通方便，适于在人流较多的公共建筑中采用。

图 3.63　三跑楼梯　　　　　　　　　图 3.64　"剪刀式"楼梯

（5）螺旋形楼梯（见图 3.65）。螺旋形楼梯也称圆形楼梯，它的形式比较美观，常在公共建筑的门厅或室外采用，而且往往设置在显著的位置上，以增加建筑空间的艺术效果。它的另一个优点是楼梯间常可设计成圆形或方形，占用的建筑面积较小，所以在一般建筑中也可采用。

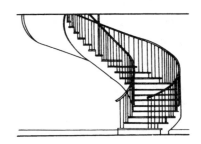

图 3.65　螺旋形楼梯

（6）悬挑板式楼梯（见图 3.66）。钢筋混凝土悬挑板式楼梯的挑出部分没有梁和柱，形式新颖、轻巧，有很好的建筑艺术效果。这种楼梯在 20 世纪 50 年代就已经用得很广泛了。

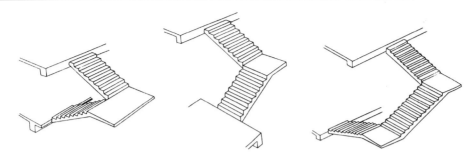

图 3.66 悬挑板式楼梯

2. 结构类型

钢筋混凝土楼梯可以是现浇的或预制装配的。钢筋混凝土现浇楼梯按其结构形式和受力特点大致可分为板式楼梯和梁式楼梯两种基本形式（见图 3.67）。

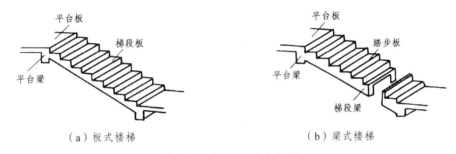

（a）板式楼梯　　　　　　　　　　　　　（b）梁式楼梯

图 3.67 钢筋混凝土楼梯

板式楼梯由梯段板、平台板和平台梁组成［见图 3.67（a）］。梯段板是一块带有踏步的斜板，两端支承在上下平台梁上。其优点是下表面平整，支模施工方便，外观也较轻巧。其缺点是梯段跨度较大时，斜板较厚，材料用量较多。因此，当活荷载较小，梯段跨度不大于 3 m 时，宜采用板式楼梯。

梁式楼梯由踏步板、梯段梁、平台板和平台梁组成［见图 3.67（b）］。踏步板支承在两边斜梁上；斜梁再支承在平台梁上，斜梁可设在踏步下面或上面，也可以用现浇拦板代替斜梁。当梯段跨度大于 3 m 时，采用梁式楼梯较为经济，但支模及施工比较复杂，而且外观也显得比较笨重。

选择楼梯的结构形式，应根据使用要求、材料供应、荷载大小、施工条件等因素以及适用、经济、美观的原则来选定。

二、楼梯的设计要点

（一）板式楼梯的设计

板式楼梯的设计内容包括梯段板、平台板和平台梁的设计。

1. 梯段板

近似假定梯段板按斜放的简支梁计算，计算跨度取平台梁间的斜长净距，取 l m 宽板带作为计算单元，计算简图如图 3.68 所示。

普通平放的板所受荷载（包括恒载和活载）是沿水平方向分布的，但在楼梯斜板中，其恒载 g'（包括踏步、梯段斜板及上下粉刷重）和使用活载 q' 是沿板的倾斜方向分布的。

为计算梯段斜板内力，应将恒载 g' 和使用活载 q' 分解为垂直于板面和平行于板面的两个荷载 $(g' + q')\cos\alpha$ 和 $(g' + q')\sin\alpha$［见图 3.68（b）、（c）］。

斜板在荷载 $(g' + q')\cos\alpha$ 作用下，使斜板沿其法线方向产生弯曲，产生如图 3.68（b）所示的弯矩和剪力。而在 $(g' + q')\sin\alpha$ 作用下，在斜板横截面上产生轴力 N［见图 3.68（c）］，对一般楼梯斜板设计时，由于楼梯倾角 α 较小，因而轴力 N 影响很小，设计时可不予考虑。因此，斜板内力计算时，仅需计算在荷载 $(g' + q')\cos\alpha$ 作用下的内力。

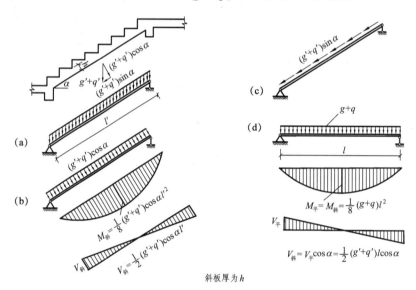

图 3.68　梯段板的计算简图

由图 3.68（b）可得斜板的内力，跨中弯矩

$$M_{斜} = \frac{1}{8}\left(g' + q'\right)(l')^2 \cos\alpha \tag{3.23}$$

支座剪力　　$$V_{斜} = \frac{1}{2}\left(g' + q'\right)l' \cos\alpha \tag{3.24}$$

式中　l' ——梯段斜板斜向计算跨度。

如果将 $l' = l / \cos\alpha$ ，$g' + q' = (g + q)\cos\alpha$ 代入式（3.23）、式（3.24），则得

$$M_{斜} = \frac{1}{8}\left(g' + q'\right)(l')^2 \cos\alpha = \frac{1}{8}\left(g' + q'\right)\left(\frac{l}{\cos\alpha}\right)^2 \cos\alpha = \frac{1}{8}\left(g + q\right)l^2 \tag{3.25}$$

$$V_{斜} = \frac{1}{2}\left(g' + q'\right)l' \cos\alpha = \frac{1}{2}\left(g + q\right)\cos\alpha \frac{l}{\cos\alpha}\cos\alpha = \frac{1}{2}\left(g + q\right)l \cos\alpha \tag{3.26}$$

式中　l ——梯段斜板计算跨度的水平投影长度。

　　g、q ——每单位水平长度上的竖向均布恒载和活载。

可见，简支斜梁在竖向均布荷载 $p = g + q$ 作用下的最大弯矩，等于其水平投影长度的简支梁在 p 作用下的最大弯矩；最大剪力为水平投影长度的简支梁在 p 作用下的最大剪力值乘以 $\cos\alpha$。

考虑到梯段板与平台梁整浇，平台对斜板的转动变形有一定的约束作用，故计算板的跨中正弯矩时，常近似取

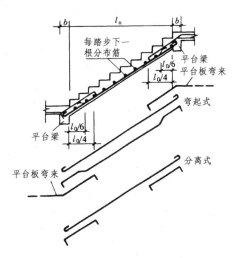

$$M = \frac{1}{10}(g+q)l^2 \qquad (3.27)$$

截面承载力计算时，斜板的截面高度应垂直于斜面量取，并取齿形的最薄处。梯段板厚度应不小于 $(1/30 \sim 1/25)l$。

为避免斜板在支座处产生过大的裂缝，应在板面配置一定数量钢筋，一般取 $\phi 8@200$，长度为 $l_0/4$（见图 3.69）。在垂直受力钢筋方向仍应按构造配置分布钢筋，并要求每个踏步板内至少放置一根分布钢筋，且应放置在受力钢筋的内侧。

图 3.69　板式楼梯梯段板的配筋示意图

梯段板和一般板的计算相同，可不必进行斜截面受剪承载力验算。

2. 平台板和平台梁

平台板一般设计成单向板（有时也可能是双向板），可取 1 m 宽板带进行计算，平台板一端与平台梁整体连接，另一端可能支承在砖墙上，也可能与过梁整浇。

当板的两边均与梁整体连接时，考虑梁对板的弹性约束，板的跨中弯矩可按式（3.27）计算，即

$$M = \frac{1}{10}(g+q)l^2$$

当板的一边与梁整体连接，而另一边支承在墙上时，板的跨中弯矩则应按下式计算：

$$M = \frac{1}{8}(g+q)l^2 \qquad (3.28)$$

式中　l——平台板的计算跨度。

考虑到平台板支座的转动会受到一定约束，一般应将平台板下部钢筋在支座附近弯起 $1/2$，或在板面支座处另配短钢筋，伸出支承边缘长度为 $l_n/4$，平台板的配筋如图 3.70 所示。

平台梁的设计与一般梁相似。平台梁截面高度为 h，一般取 $h \geqslant l_0/12$，l_0 为平台梁的计算跨度，其他构造要求与一般梁相同。

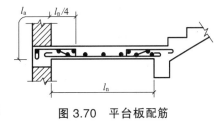

图 3.70　平台板配筋

【例题 3.7】 某办公楼板式楼梯的结构布置图及剖面图见图 3.71。层高 3.6 m，踏步尺寸 150 mm × 300 mm。作用于楼梯上的活荷载标准值为 2.5 kN/m²。踏步面层为 20 mm 厚水泥砂浆抹灰，底面为 20 mm 厚混合砂浆抹灰。混凝土采用 C20，楼梯平台梁中的受力纵筋采用 HRB335 级，其余钢筋均采用 HPB235 级。请设计此楼梯。

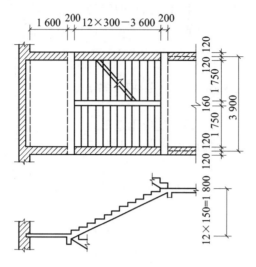

图 3.71 楼梯结构的平、剖面尺寸

解

1. 梯段板设计

板倾斜角的 $\tan\alpha = 150/300 = 0.5$，$\cos\alpha = 0.894$。

估算板厚：

$$h = \left(\frac{1}{25} - \frac{1}{30}\right)l = \left(\frac{1}{25} - \frac{1}{30}\right)\frac{l_n}{\cos\alpha} = \left(\frac{1}{25} - \frac{1}{30}\right)\frac{3600}{0.894} = 161 - 134 \text{ mm}$$

取板厚 $h = 140$ mm，取 1 m 宽板带作为计算单元。

（1）梯段板的荷载计算。

恒载计算

水磨石面层	$1 \times (0.3 + 0.15) \times 0.65/0.3$	$= 0.98$ kN/m
三角形踏步	$1 \times 0.5 \times 0.15 \times 0.3 \times 25/0.3$	$= 1.88$ kN/m
混凝土斜板	$1 \times 0.14 \times 25/0.894$	$= 3.91$ kN/m
板底抹灰	$1 \times 0.02 \times 17/0.894$	$= 0.38$ kN/m

恒载标准值为 $g_k = 7.15$ kN/m

活荷载标准值为 $q_k = 1 \times 2.5 = 2.5$ kN/m

总荷载设计值 $p_1 = 1.2 \times 7.15 + 1.4 \times 2.5 = 12.08$ kN/m

$$p_2 = 1.35 \times 7.15 + 0.7 \times 1.4 \times 2.5 = 12.10 \text{ kN/m}$$

$$p = \max(p_1, p_2) = 12.1 \text{ kN/m}$$

（2）内力计算。

板水平投影计算跨度为：$l_0 = l_n + b = 3.6 + 0.3 = 3.8$ m

跨中最大设计值为：$M = \frac{1}{10}pl_0^2 = \frac{1}{10} \times 12.1 \times 3.8^2 = 17.47$ kN·m

（3）截面设计。

板的有效高度 $h_0 = h - a_s = 140 - 20 = 120$ mm

$$x = h_0 - \sqrt{h_0^2 - \frac{2M}{\alpha_1 f_c b}} = 120 - \sqrt{120^2 - \frac{2 \times 17.47 \times 10^6}{1 \times 9.6 \times 1\,000}}$$

$$= 16.27 \text{ mm} < 0.614 \times 120 = 73.68 \text{ mm}$$

$$A_s = \frac{f_c b x}{f_y} = \frac{9.6 \times 1\,000 \times 16.27}{210} = 743.75 \text{ mm}^2$$

选 $\phi 12@140$。

分布筋每踏步下 $1\phi 8$，垂直受力筋放置，且放于内侧。

2. 平台板设计

取 1 m 宽板带作为计算单元，设平台板厚 $h \geqslant l/35 \approx 1\,600/35 = 46 \text{ mm} < 60 \text{ mm}$，取板厚 $h = 60 \text{ mm}$。

（1）荷载计算。

恒载

平台板自重 　 $1 \times 0.06 \times 25 = 1.50 \text{ kN/m}$

板面抹灰重 　 $1 \times 0.02 \times 20 = 0.40 \text{ kN/m}$

板底抹灰重 　 $1 \times 0.02 \times 17 = 0.34 \text{ kN/m}$

恒载标准值为 　 　 　 　 $g_k = 2.24 \text{ kN/m}$

活荷载标准值为 　 　 　 $q_k = 1 \times 2.5 = 2.5 \text{ kN/m}$

总荷载设计值 　 $p_1 = 1.20 \times 2.24 + 1.40 \times 2.5 = 6.19 \text{ kN/m}$

$$p_2 = 1.35 \times 2.24 + 0.7 \times 1.4 \times 2.5 = 5.47 \text{ kN/m}$$

$$p = \max(p_1, p_2) = 6.19 \text{ kN/m}$$

（2）内力计算。

板计算跨度为： 　 $l_0 = l_n + \frac{h}{2} + \frac{b}{2} = 1.6 + \frac{0.06}{2} + \frac{0.2}{2} = 1.73 \text{ m}$

跨中最大设计值为： $M = \frac{1}{8} p l_0^2 = \frac{1}{8} \times 6.19 \times 1.73^2 = 2.32 \text{ kN} \cdot \text{m}$

（3）截面设计。

板的有效高度 　 $h_0 = h - a_s = 60 - 20 = 40 \text{ mm}$

$$x = h_0 - \sqrt{h_0^2 - \frac{2M}{\alpha_1 f_c b}} = 40 - \sqrt{40^2 - \frac{2 \times 2.32 \times 10^6}{1 \times 9.6 \times 1\,000}}$$

$$= 6.58 \text{ mm} < 0.614 \times 40 = 24.56 \text{ mm}$$

$$A_s = \frac{f_c b x}{f_y} = \frac{9.6 \times 1\,000 \times 6.58}{210} = 300.8 \text{ mm}^2$$

选 $\phi 8@150$。

分布筋 $\phi 8@250$。

3. 平台梁设计

计算跨度为： $l_0 = 1.05 l_n = 1.05 \times 3.66 = 3.84 \text{ m} < l_n + a = 3.66 + 0.24 = 3.90 \text{ m}$

估算截面尺寸： $h = \frac{1}{12} l_0 = \frac{1}{12} \times 3\,840 = 320 \text{ mm}$，取 $b \times h = 200 \text{ mm} \times 400 \text{ mm}$

（1）荷载计算。

梯段板传来	$12.1 \times 3.6/2 = 21.78$ kN/m
平台板传来	$6.19 \times (1.6/2 + 0.2) = 6.19$ kN/m
平台梁自重	$1.2 \times 0.2 \times (0.4 - 0.06) \times 25 = 2.04$ kN/m
平台梁侧抹灰	$1.2 \times 2 \times (0.4 - 0.06) \times 0.02 \times 17 = 0.28$ kN/m
合　计	$p = 30.29$ kN/m

（2）内力计算。

跨中最大弯矩：　$M = \dfrac{1}{8} \times 30.29 \times 3.84^2 = 55.83$ kN·m

支座最大剪力：　$V = \dfrac{1}{2} \times 30.29 \times 3.66 = 55.43$ kN

（3）截面计算。

① 受弯承载力计算。

按倒 L 形截面计算，受压翼缘计算宽度取下列中较小值，

$$b_f' = \min\left(\frac{l_0}{6},\ b + \frac{s_0}{2}\right) = \min\left(\frac{3\,840}{6},\ 200 + \frac{1\,600}{2}\right)$$

$$= \min\left(640,\ 1\,000\right) = 640 \text{ mm}$$

$$h_0 = 400 - 35 = 365 \text{ mm}$$

$$\alpha_1 f_c b_f' h_f'\left(h_0 - \frac{h_f'}{2}\right) = 1 \times 9.6 \times 640 \times 60 \times \left(365 - \frac{60}{2}\right)$$

$$= 123.49 \text{ kN·m} > 55.83 \text{ kN·m}$$

属于第一类 T 形截面：

$$x = h_0 - \sqrt{h_0^2 - \frac{2M}{\alpha_1 f_c b}} = 365 - \sqrt{365^2 - \frac{2 \times 55.83 \times 10^6}{1 \times 9.6 \times 200}}$$

$$= 91 \text{ mm} < 0.55 \times 365 = 200.8 \text{ mm}$$

$$A_s = \frac{f_c b x}{f_y} = \frac{9.6 \times 200 \times 91}{300} = 582.4 \text{ mm}^2$$

选 3 根 HRB335 级直径 16 mm 纵筋。

② 受剪承载力计算。

$$0.25\beta_c f_c b h_0 = 0.25 \times 1 \times 9.6 \times 200 \times 365 = 175.2 \text{ kN} > 55.43 \text{ kN}$$

截面尺寸满足要求，

$$0.7 f_t b h_0 = 0.7 \times 1.1 \times 200 \times 365 = 56.2 \text{ kN} \approx 55.43 \text{ kN}$$

可按构造要求选用双肢 $\phi 8@300$。

$$V = 0.7 f_t b h_0 + 1.25 f_{yv} \frac{A_{sv}}{s} h_0$$

$$= 0.7 \times 1.1 \times 200 \times 365 + 1.25 \times 210 \times \frac{2 \times 50.3}{300} \times 365 = 68.3 \text{ kN} > 55.43 \text{ kN}$$

配筋见图 3.72。

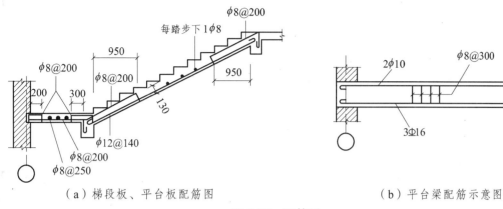

（a）梯段板、平台板配筋图　　　　（b）平台梁配筋示意图

图 3.72　配筋图

（二）现浇梁式楼梯的设计

现浇梁式楼梯的设计内容包括踏步板、梯段斜梁、平台板和平台梁的设计。

梁式楼梯由踏步板、梯段斜梁、平台板、平台梁组成。踏步板支承在梯段斜梁上，梯段斜梁和平台板支承在平台梁上，平台梁支承在楼梯间墙上。

1. 踏步板的计算

梁式楼梯的踏步板为两端斜支在梯段斜梁上的单向板，每个踏步的受力情况相同，计算时取一个踏步作为计算单元，按简支板计算（图 3.73）。其截面形式为梯形。为简化计算，可按面积相等的原则折算为矩形截面进行承载力计算，如图 3.74 所示。板的折算高度近似按梯形截面的平均高度采用，即 $h = c/2 + d/\cos\alpha$，其中 c 为踏步高度，d 为板厚。这样，踏步板就可按截面宽度为 b、高度为 h 的矩形板进行内力及配筋计算。

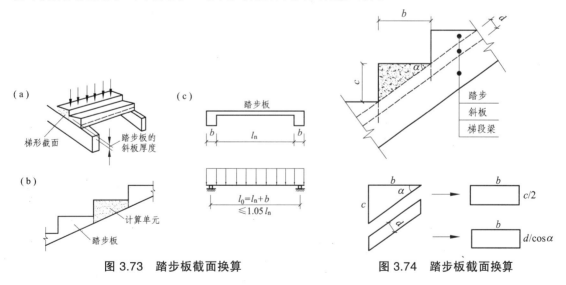

图 3.73　踏步板截面换算　　　　　**图 3.74　踏步板截面换算**

现浇踏步板的最小厚度 $d = 40$ mm。踏步板配筋除按计算确定外，每阶踏步的配筋不少于 2Φ6，整个梯段内布置间距不大于 300 mm 的 Φ6 分布筋。

2. 梯段斜梁的计算

楼梯斜梁两端支承在平台梁上，一般按简支梁计算。梯段斜梁承受踏步传来的荷载和自重。作用在斜梁上的荷载为踏步板传来的均布荷载，其中恒载（包括踏步板、斜梁等自重重力荷载）按倾斜方向计算，而活荷载则按水平方向计算。为了统一起见，通常也将恒载换算成水平投影长度上的均布荷载。内力计算与板式楼梯的梯段斜板相同。梯段梁按倒 L 形截面梁计算，踏步板下斜板为其受压翼缘，梯段梁的截面高度一般取 $h = l_0/20$（l_0 为斜梁水平投影计算跨度），梯段梁的配筋同一般梁。配筋示意图见图 3.75。

3. 平台板与平台梁

梁式楼梯的平台板的计算与板式楼梯完全相同，平台梁的计算除梁上荷载形式不同外，设计也与板式楼梯相同，板式楼梯中梯段板传给平台梁的荷载力均布荷载，而梁式楼梯中梯段梁传给平台梁的荷载为集中荷载（图 3.76）。

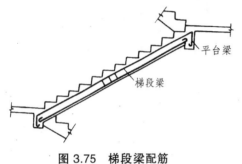

图 3.75　梯段梁配筋　　　　图 3.76　平台梁的计算简图

（三）折线形楼梯计算与构造

折线形楼梯斜梁（板）的计算与普通梁（板）式楼梯一样，一般将斜梯段上的荷载化为沿水平长度方向分布的荷载，然后再按简支梁计算 M_{max} 及 V_{max} 的值（见图 3.77）由于折线形楼梯在梁（板）曲折处形成内折角，在配筋时，若钢筋沿内折角连续配置，则此处受拉钢筋将产生较大的向外的合力，可能使该处混凝土保护层剥落，钢筋被拉出而失去作用，因此在内折角处，配筋时应采取将钢筋断开并分别予以锚固的措施，如图 3.78 所示。在梁的内折角处，箍筋应适当加密。

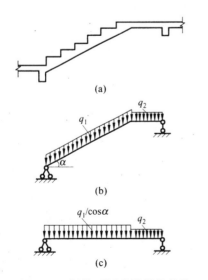

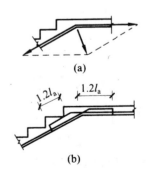

图 3.77　折线形板式楼梯的荷载　　　　图 3.78　折线形楼梯在板曲折处的配筋

三、雨篷设计

雨篷、外阳台、挑檐是建筑工程中常见的悬挑构件，它们的设计除了与一般梁板结构相同之外，还应进行抗倾覆验算。下面以雨篷为例，介绍设计要点。

1. 一般要求

板式雨篷一般由雨篷板和雨篷梁组成（图3.79）。雨篷梁起两种作用：一是支承雨篷板，二是兼作过梁，承受上部墙体重量和楼面梁、板传来的荷载。

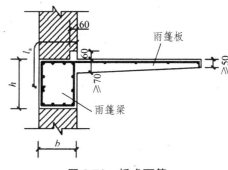

图3.79　板式雨篷

在荷载作用下，雨篷可能发生三种破坏：

（1）雨篷板在支承处截面的受弯破坏；

（2）雨篷梁受弯、剪、扭复合作用而发生破坏；

（3）整体倾覆破坏。

因此，雨篷的计算雨篷计算包括三个内容：

（1）雨篷板的正截面承载力计算；

（2）雨篷梁在弯矩、剪力、扭矩共同作用下的承载力计算；

（3）雨篷抗倾覆验算。

一般雨篷梁的宽度一般取与墙厚相同，梁的高度应按承载力确定。梁两端伸进砌体的长度应满足雨篷抗倾覆的要求。雨篷板的挑出长度为 0.6 ~ 1.2 m 或更长，视建筑要求而定。现浇雨篷板多数做成变厚度的，一般根部板厚为 1/10 挑出长度，但不小于 70 mm，板端不小于 50 mm。雨篷板周围往往设置凸沿以便能有组织排水。

2. 雨篷板和雨篷梁的承载力计算

（1）作用在雨篷上的荷载。

雨篷板上的荷载有恒载、雪荷载、均布活荷载（一般取 0.5 kN/m²），以及施工和检修集中荷载。以上荷载中，雨篷均布活荷载与雪荷载不同时考虑，取两者中的大值。施工和检修集中荷载与均布活荷载不同时考虑。每一个集中荷载值为 1.0 kN，进行承载力计算时，沿板定每 1 m 考虑一个集中荷载；进行抗倾覆验算时，沿板定每隔 2.5 ~ 3.0 m 考虑一个集中荷载。

（2）雨篷板和雨篷梁的计算。

当雨篷板无边梁时，应按悬臂板计算内力，并取板的固端负弯矩值按根部板厚进行截面配筋计算，受力钢筋应布置在板顶，其伸入雨篷梁的长度应满足受拉钢筋锚固长度的要求（图3.78）；当有边梁时，与一般梁板结构相同。

雨篷梁承受的荷载有自重、梁上砌体重、可能计入的楼盖传来的荷载，以及雨篷板传来的均布荷载和集中荷载。由于悬臂雨篷板上作用的均布荷载和集中荷载的作用点不在雨篷梁的竖向对称平面上（图3.80），因此这些荷载还将使雨篷梁产生扭矩。

雨篷梁在平面内竖向荷载作用下，按简支梁计算弯矩和剪力。计算弯矩时，对于施工荷载，假定雨篷板板端传来的 1.0 kN 集中荷载 F 与梁跨中位置对应，再另外考虑均布活荷载出现的可能性。雨篷梁跨中截面最大弯矩取下列两式中的较大值，即

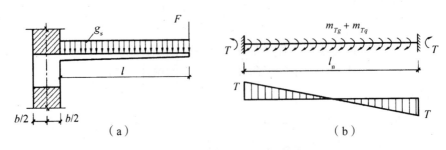

图 3.80　雨篷梁的扭矩计算

$$M = \frac{1}{8}(g+q)l_0^2$$

或

$$M = \frac{1}{8}gl_0^2 + \frac{1}{4}Fl_0$$

式中，g、q 为作用在雨篷梁上的线均布恒载、活载值，l_0 为雨篷梁的计算跨度。可取 $l_0 = 1.05l_n$

计算剪力时，假定雨篷板板端传来的 1.0 kN 集中荷载 F 与雨篷梁支座边缘位置对应，同样也考虑均布活荷载出现的可能性，则雨篷梁支座边缘截面剪力取下列两式中的较大值，

$$V = \frac{1}{2}(g+q)l_0$$

或

$$V = \frac{1}{2}gl_0 + \frac{1}{4}F$$

式中，l_n 为雨篷梁的净跨度。

雨篷梁在线扭矩荷载作用下，按两端固定梁计算扭矩。雨篷板上的均布恒载 g 及均布活荷载 q 在雨篷梁上引起的线扭矩荷载分别为：

$$m_{Tg} = gl_0 \frac{1}{2}(l+b)$$

$$m_{Tq} = ql_0 \frac{1}{2}(l+b)$$

则雨篷梁支座边缘截面的扭矩取下列两式中的较大值，即：

$$T = \frac{1}{2}(m_{Tg} + m_{Tq})l_n$$

$$T = \frac{1}{2}m_{Tg}l_n + F(l+b)$$

式中，l 为雨篷板的悬臂长度；b 为雨篷梁的截面宽度，见图 3.79。

雨篷梁在自重、梁上砌体重力等荷载作用下产生弯矩和剪力；在雨篷板传来的荷载作用下不仅产生弯矩和剪力，还将产生扭矩。因此，雨篷梁是受弯、剪、扭的构件。雨篷梁的纵筋和箍筋数量应分别按弯、剪、扭承载力计算确定，并应满足相应的构造要求。

3. 雨篷抗倾覆验算

雨篷板上的荷载可能使整个雨篷绕雨篷梁底的计算倾覆点转动而倾倒（见图 3.81），但是梁的自重，梁上砌体重等却有阻止雨篷倾覆的作用。

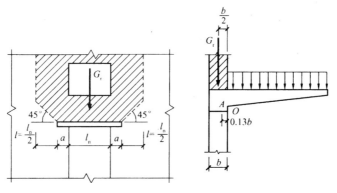

图 3.81　雨篷的倾覆及抗倾覆荷载计算

《砌体结构设计规范》取雨篷的计算倾覆点位于墙外边缘点的内侧 $0.13b$。为了保证结构整体作为刚体不致失去平衡，结构抗倾覆验算要求满足：

$$M_r \geqslant M_{ov}$$
$$M_r = 0.8G_r \left(\frac{b}{2} - 0.13b \right)$$

（3.29）

式中　M_{ov}——雨篷板的荷载设计值对计算倾覆点的倾覆力矩；

M_r——雨篷的抗倾覆力矩设计值；

G_r——雨篷的抗倾覆荷载，按图中阴影部分所示范围内的墙体和楼、屋面恒荷载标准值之和；

b——墙体的厚度；

0.8——用于抗倾覆计算时的恒荷载分项系数。

雨篷梁两端埋入砌体愈长，压在梁上的砌体重力愈大，抗倾覆能力愈强，所以当式（3.29）不满足时，可以增大雨篷梁的支承长度，或者采用其他拉结措施。

复 习 思 考 题

1. 钢筋混凝土楼盖有哪几种类型？

2. 钢筋混凝土楼盖结构的设计步骤如何？

3. 单向板和双向板是如何划分的？它们的受力特点和计算简图有何不同？

4. 按弹性理论确定单向板和次梁的计算简图时，将整浇梁视为不动铰支座，这与实际结构受力情况有何区别？如何修正？

5. 双向板按弹性理论计算时，其基本假定是什么？

6. 为什么要考虑活荷载的不利布置？试用图示说明确定截面内力最不利活载的布置原则。

7. 内力包络图的含义是什么？如何绘制内力包络图？

8. 什么是塑性铰？它与力学中的"理想铰"有何区别？

9. 什么是"内力重分布"？"塑性铰"与"内力重分布"有何关系？

10. 对钢筋混凝土连续梁，按考虑塑性内力重分布方法进行设计有什么优缺点？适用情况如何？

11. 塑性铰的转动能力与哪些因素有关？

12. 按考虑塑性内力重分布方法与按弹性理论方法计算内力时的计算跨度取值有何不同？

13. 采用调幅法进行构件设计时，为什么要控制调幅幅度？

14. 肋梁楼盖中板的配筋形式有哪几种?

15. 楼板设计中分布钢筋的作用是什么?

16. 主、次梁设计时其截面形式如何确定?

17. 简述梁中箍筋的主要作用。

18. 按弹性或考虑塑性重分布计算出板的内力后为什么要进行调整?

习　　题

1. 某三跨连续梁,其计算简图如图 3.82 所示。已知活载标准值 $p_k = 15$ kN,恒载标准值 $g_k = 20$ kN/m,求内力图。

2. 某三跨连续梁如图 3.83 所示,已知恒载设计值 $g = 10$ kN/m,活载设计值 $p = 15$ kN/m,试绘制内力包络图。

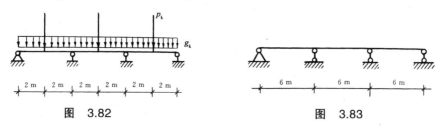

图　3.82　　　　　　　　　　　　　图　3.83

3. 五跨连续板的内跨板带如图 3.84 所示,板跨为 2.4 m,恒载 $g_k = 3$ kN/m²,荷载分项系数为 1.2,活荷载 $q_k = 3.5$ kN/m²,分项系数为 1.4;混凝土强度等级为 C20,HPB235 级钢筋;次梁截面尺寸 $b \times h = 200$ mm × 450 mm。求板厚及其配筋(考虑塑性内力重分布计算内力),并绘出配筋草图。

4. 五跨连续次梁两端支承在 370 mm 厚的砖墙上,如图 3.85 所示。中间支承在 $b \times h = 300$ mm × 700 mm 的主梁上。承受板传来的恒荷载 $g_k = 12$ kN/m,分项系数为 1.2,活荷载 $q_k = 100$ kN/m,分项系数为 1.3。混凝土强度等级为 C20,采用 HRB335 级钢筋,试考虑塑性内力重分布设计该梁(确定截面尺寸及配筋),并绘出配筋草图。

5. 某多层楼盖如图 3.86 所示。采用 C20 混凝土,$f_c = 9.6$ N/mm²,HPB235 级钢筋,$f_y = 210$ N/mm²。要求采用:(1)单向板肋梁楼盖;(2)双向板肋梁楼盖进行楼板设计。现已知楼面活荷载标准值 $p_k = 2.5$ kN/m²,板面和板底装饰面层自重 $g_k = 1.2$ kN/m²,板厚自己确定。

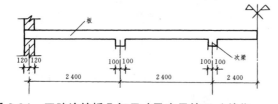

图 3.84　五跨连续板几何尺寸及支承情况(单位:mm)

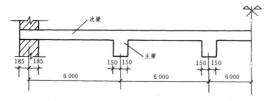

图 3.85　五跨连续次梁几何尺寸及支承情况(单位:mm)

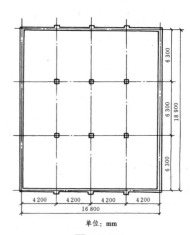

单位: mm

图　3.86

附表 3.1　常用荷载作用下等截面等跨度连续梁的内力系数表

在均布及三角形荷载作用下，

$$M = 表中系数 \times ql^2$$
$$Q = 表中系数 \times ql$$

在集中荷载作用下，

$$M = 表中系数 \times pl$$
$$Q = 表中系数 \times p$$

内力正负号规定：

M——使截面上部受压、下部受拉为正；

Q——对邻近截面所产生的力矩沿顺时针方向者为正。

附表 3.1.1　两　跨　梁

荷　载　图	跨内最大弯矩		支座弯矩	剪　　力		
	M_1	M_2	M_B	Q_A	Q_{Bz} Q_{By}	Q_C
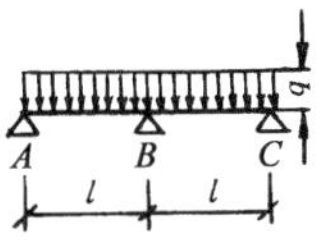	0.070	0.070	-0.125	0.375	-0.625 0.625	-0.375
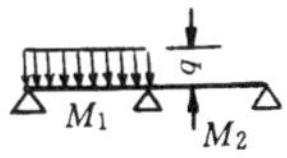	0.096	—	-0.063	0.437	-0.563 0.063	0.063
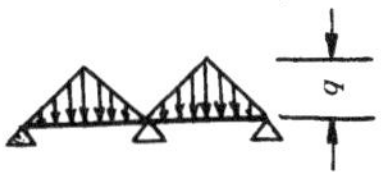	0.048	0.048	-0.078	0.172	-0.328 0.328	-0.172
	0.064	—	-0.039	0.211	-0.289 0.039	0.039
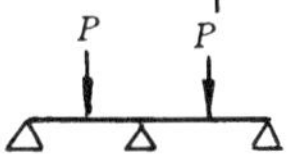	0.156	0.156	-0.188	0.312	-0.688 0.688	-0.312
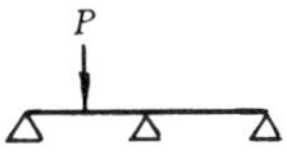	0.203	—	-0.094	0.406	-0.594 0.094	0.094
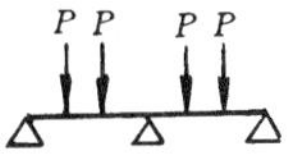	0.222	0.222	-0.333	0.667	-1.333 1.333	-0.667
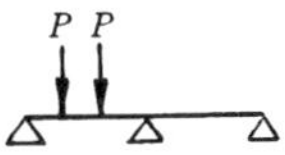	0.278	—	-0.167	0.833	-1.167 0.167	0.167

附表 3.1.2 三 跨 梁

荷 载 图	跨内最大弯矩		支 座 弯 矩		剪　力			
	M_1	M_2	M_B	M_C	Q_A	Q_{Bz} / Q_{By}	Q_{Cz} / Q_{Cy}	Q_D
	0.080	0.025	−0.100	−0.100	0.400	−0.600 / 0.500	−0.500 / 0.600	−0.400
	0.101	—	−0.050	−0.050	0.450	−0.550 / 0	0 / 0.550	−0.450
	—	0.075	−0.050	−0.050	0.050	−0.050 / 0.500	−0.500 / 0.050	0.050
	0.073	0.054	−0.117	−0.033	0.383	−0.617 / 0.583	−0.417 / 0.033	0.033
	0.094	—	−0.067	0.017	0.433	−0.567 / 0.083	0.083 / −0.017	−0.017
	0.054	0.021	−0.063	−0.063	0.183	−0.313 / 0.250	−0.250 / 0.313	−0.188
	0.068	—	−0.031	−0.031	0.219	−0.281 / 0	0 / 0.281	−0.219
	—	0.052	−0.031	−0.031	0.031	−0.031 / 0.250	−0.250 / 0.031	0.031
	0.050	0.038	−0.073	−0.021	0.177	−0.323 / 0.302	−0.198 / 0.021	0.021
	0.063	—	−0.042	0.010	0.208	−0.292 / 0.052	0.052 / −0.010	−0.010
	0.175	0.100	−0.150	−0.150	0.350	−0.650 / 0.500	−0.500 / 0.650	−0.350
	0.213	—	−0.075	−0.075	0.425	−0.575 / 0	0 / 0.575	−0.425
	—	0.175	−0.075	−0.075	−0.075	−0.075 / 0.500	−0.500 / 0.075	0.075
	0.162	0.137	−0.175	−0.050	0.325	−0.675 / 0.625	−0.375 / 0.050	0.050

续附表 3.1.2

荷 载 图	跨内最大弯矩		支座弯矩		剪 力			
	M_1	M_2	M_B	M_C	Q_A	Q_{Bz} / Q_{By}	Q_{Cz} / Q_{Cy}	Q_D
P	0.200	—	−0.100	0.025	0.400	−0.600 / 0.125	0.125 / −0.025	−0.025
P P P P P P	0.244	0.067	−0.267	0.267	0.733	−1.267 / 1.000	−1.000 / 1.267	−0.733
P P　P P	0.289	—	0.133	−0.133	0.866	−1.134 / 0	0 / 1.134	−0.866
P P	—	0.200	−0.133	0.133	−0.133	−0.133 / 1.000	−1.000 / 0.133	0.133
P P P P	0.229	0.170	−0.311	−0.089	0.689	−1.311 / 1.222	−0.778 / 0.089	0.089
P P	0.274	—	0.178	0.044	0.822	−1.178 / 0.222	0.222 / −0.044	−0.044

附表 3.1.3 四 跨 梁

荷 载 图	跨内最大弯矩				支座弯矩			剪 力				
	M_1	M_2	M_3	M_4	M_B	M_C	M_D	Q_A	Q_{Bz} / Q_{By}	Q_{Cz} / Q_{Cy}	Q_{Dz} / Q_{Dy}	Q_E
A B C D E ；l l l l	0.077	0.036	0.036	0.077	−0.107	−0.071	−0.107	0.393	−0.607 / 0.536	−0.464 / 0.464	−0.536 / 0.607	−0.393
M_1 M_2 M_3 M_4	0.100	—	0.081	—	−0.054	−0.036	−0.054	0.446	−0.554 / 0.018	0.018 / 0.482	−0.518 / 0.054	0.054
	0.072	0.061	—	0.098	−0.121	−0.018	−0.058	0.380	−0.620 / 0.603	−0.397 / −0.040	−0.040 / 0.558	−0.442
	—	0.056	0.056	—	−0.036	−0.107	−0.036	−0.036	−0.036 / 0.429	−0.571 / 0.571	−0.429 / 0.036	0.036
	0.094	—	—	—	−0.067	0.018	−0.004	0.433	−0.567 / 0.085	0.085 / −0.022	0.022 / 0.004	0.004
	—	0.071	—	—	−0.049	−0.054	0.013	−0.049	−0.049 / 0.496	−0.504 / 0.067	0.067 / −0.013	−0.013

续附表 3.1.3

荷载图	跨内最大弯矩			支座弯矩				剪力				
	M_1	M_2	M_3	M_4	M_B	M_C	M_D	Q_A	Q_{Bz} / Q_{By}	Q_{Cz} / Q_{Cy}	Q_{Dz} / Q_{Dy}	Q_E
	0.052	0.028	0.028	0.052	−0.067	−0.045	−0.067	0.183	−0.317 / 0.272	−0.228 / 0.228	−0.272 / 0.317	−0.183
	0.067	—	0.055	—	−0.034	−0.022	−0.034	0.217	−0.284 / 0.011	0.011 / 0.239	−0.261 / 0.034	0.034
	0.049	0.042	—	0.066	−0.075	−0.011	−0.036	0.175	−0.325 / 0.314	−0.186 / −0.025	−0.025 / 0.286	−0.214
	—	0.040	0.040	—	−0.022	−0.067	−0.022	−0.022	−0.022 / 0.205	−0.295 / 0.295	−0.205 / 0.022	0.022
	0.063	—	—	—	−0.042	0.011	−0.003	0.208	−0.292 / 0.053	0.053 / −0.014	−0.014 / 0.003	0.003
	—	0.051	—	—	−0.031	−0.034	0.008	−0.031	−0.031 / 0.247	−0.253 / 0.042	0.042 / −0.008	−0.008
	0.169	0.116	0.116	0.169	−0.161	−0.107	−0.161	0.339	−0.661 / 0.554	−0.446 / 0.446	−0.554 / 0.661	−0.339
	0.210	—	0.183	—	−0.080	−0.054	−0.080	0.420	−0.580 / 0.027	0.027 / 0.473	−0.527 / 0.080	0.080
	0.159	0.146	—	0.206	−0.181	−0.027	−0.087	0.319	−0.681 / 0.654	−0.346 / −0.060	−0.060 / 0.587	−0.413
	—	0.142	0.142	—	−0.054	−0.161	−0.054	0.054	−0.054 / 0.393	−0.607 / 0.607	−0.393 / 0.054	0.054
	0.200	—	—	—	−0.100	0.027	−0.007	0.400	−0.600 / 0.127	0.127 / −0.033	−0.033 / 0.007	0.007
	—	0.173	—	—	−0.074	−0.080	0.020	−0.074	−0.074 / 0.493	−0.507 / 0.100	0.100 / −0.020	−0.020
	0.238	0.111	0.111	0.238	−0.286	−0.191	−0.286	0.714	1.286 / 1.095	−0.905 / 0.905	−1.095 / 1.286	−0.714
	0.286	—	0.222	—	−0.143	−0.095	−0.143	0.857	−1.143 / 0.048	0.048 / 0.952	−1.048 / 0.143	0.143
	0.226	0.194	—	0.282	−0.321	−0.048	−0.155	0.679	−1.321 / 1.274	−0.726 / −0.107	−0.107 / 1.155	−0.845
	—	0.175	0.175	—	−0.095	−0.286	−0.095	−0.095	0.095 / 0.810	−1.190 / 1.190	−0.810 / 0.095	0.095
	0.274	—	—	—	−0.178	0.048	−0.012	0.822	−1.178 / 0.226	0.226 / −0.060	−0.060 / 0.012	0.012
	—	0.198	—	—	−0.131	−0.143	0.036	−0.131	−0.131 / 0.988	−1.012 / 0.178	0.178 / −0.036	−0.036

第三章 钢筋混凝土楼盖结构设计 ·197·

附表 3.1.4

荷载图	跨内最大弯矩 M₁	M₂	M₃	支座弯矩 M_B	M_C	M_D	M_E	剪力 V_A	V_B左 / V_B右	V_C左 / V_C右	V_D左 / V_D右	V_E左 / V_E右	V_F
	0.078	0.033	0.046	−0.105	−0.079	−0.079	−0.105	0.394	−0.606 / 0.526	−0.474 / 0.500	−0.500 / 0.474	−0.526 / 0.606	−0.394
	0.100	—	0.085	−0.053	−0.040	−0.040	−0.053	0.447	−0.553 / 0.013	0.013 / 0.500	−0.500 / −0.013	−0.013 / 0.553	−0.447
	—	0.079	—	−0.053	−0.040	−0.040	−0.053	−0.053	−0.053 / 0.513	−0.487 / 0	0 / 0.487	−0.513 / 0.053	0.053
	0.073	②0.059 / 0.078	—	−0.119	−0.022	−0.044	−0.051	0.380	−0.620 / 0.598	−0.402 / −0.023	−0.023 / 0.493	−0.507 / 0.052	0.052
	① — / 0.098	0.055	0.064	−0.035	−0.111	−0.020	−0.057	0.035	0.035 / 0.424	0.576 / 0.591	−0.409 / −0.037	−0.037 / 0.557	−0.443
	0.094	—	—	−0.067	0.018	−0.005	0.001	0.433	0.567 / 0.085	0.085 / 0.023	0.023 / 0.006	0.006 / −0.001	0.001
	—	—	—	−0.049	−0.054	0.014	−0.004	0.019	−0.049 / 0.495	−0.505 / 0.068	0.068 / −0.018	−0.018 / 0.004	0.004
	—	0.074	0.072	0.013	0.053	0.053	0.013	0.013	0.013 / −0.066	−0.066 / 0.500	−0.500 / 0.066	0.066 / −0.013	0.013

续附表 3.1.4

荷载图	跨内最大弯矩			支座弯矩				剪力					
	M_1	M_2	M_3	M_B	M_C	M_D	M_E	V_A	$V_{B左}$ / $V_{B右}$	$V_{C左}$ / $V_{C右}$	$V_{D左}$ / $V_{D右}$	$V_{E左}$ / $V_{E右}$	V_F
	0.171	0.112	0.132	−0.158	0.118	−0.118	−0.158	0.342	−0.658 / 0.540	−0.460 / 0.500	−0.500 / 0.460	−0.540 / 0.658	−0.342
	0.211	—	0.191	−0.079	−0.059	−0.059	−0.079	0.421	−0.579 / 0.020	0.020 / 0.500	−0.500 / −0.020	−0.020 / 0.579	−0.421
	—	0.181	—	−0.079	−0.059	−0.059	−0.079	−0.079	−0.079 / 0.520	−0.480 / 0	0 / 0.480	−0.520 / 0.079	0.079
	0.160	② 0.144 / 0.178	—	−0.179	−0.032	−0.066	−0.077	0.321	−0.679 / 0.647	−0.353 / −0.034	−0.034 / 0.489	−0.511 / 0.077	0.077
	① −0.207	0.140	0.151	−0.052	−0.167	−0.031	−0.086	−0.052	−0.052 / 0.385	−0.615 / 0.637	−0.363 / −0.056	−0.056 / 0.586	−0.414
	0.200	—	—	−0.100	0.027	−0.007	0.002	0.400	−0.600 / 0.127	0.127 / −0.031	−0.034 / 0.009	0.009 / −0.002	−0.002
	—	0.173	—	−0.073	−0.081	0.022	−0.005	−0.073	−0.073 / 0.493	−0.507 / 0.102	0.102 / −0.027	−0.027 / 0.005	0.005
	—	—	0.171	0.020	−0.079	−0.079	0.020	0.020	0.020 / −0.099	−0.099 / 0.500	−0.500 / 0.099	0.099 / −0.020	−0.020

续附表 3.1.4

荷载图	跨内最大弯矩			支座弯矩				剪　力					
	M_1	M_2	M_3	M_B	M_C	M_D	M_E	V_A	$V_{B左}$ / $V_{B右}$	$V_{C左}$ / $V_{C右}$	$V_{D左}$ / $V_{D右}$	$V_{E左}$ / $V_{E右}$	V_F
(荷载图)	0.240	0.100	0.122	−0.281	−0.211	0.211	−0.281	0.719	−1.281 / 1.070	−0.930 / 1.000	−1.000 / 0.930	1.070 / 1.281	−0.719
(荷载图)	0.287	—	0.228	−0.140	−0.105	−0.105	−0.140	0.860	−1.140 / 0.035	0.035 / 1.000	1.000 / −0.035	−0.035 / 1.140	−0.860
(荷载图)	—	0.216	—	−0.140	−0.105	−0.105	−0.140	−0.140	−0.140 / 1.035	−0.965 / 0	0.000 / 0.965	−1.035 / 0.140	0.140
(荷载图)	0.227	②0.189 / 0.209	—	−0.319	−0.057	−0.118	−0.137	0.681	−1.319 / 1.262	−0.738 / −0.061	−0.061 / 0.981	−1.019 / 0.137	0.137
(荷载图)	①— / 0.282	0.172	0.198	−0.093	−0.297	−0.054	−0.153	−0.093	−0.093 / 0.796	−1.204 / 1.243	−0.757 / −0.099	−0.099 / 1.153	−0.847
(荷载图)	0.274	—	—	−0.179	0.048	−0.013	0.003	0.821	−1.179 / 0.227	0.227 / −0.061	−0.061 / 0.016	0.016 / −0.003	−0.003
(荷载图)	—	0.198	—	−0.131	−0.144	0.038	−0.010	−0.131	−0.131 / 0.987	−1.013 / 0.182	0.182 / −0.048	−0.048 / 0.010	0.010
(荷载图)	—	—	0.193	0.035	−0.140	−0.140	0.035	0.035	0.035 / −0.175	−0.175 / 1.000	−1.000 / 0.175	0.175 / −0.035	−0.035

表中：① 分子及分母分别为 M_1 及 M_5 的弯矩系数；② 分子及分母分别为 M_2 及 M_4 的弯矩系数。

附表 3.2　双向板计算系数表

符 号 说 明

$$B_c = \frac{Eh^3}{12(1-\mu^2)}$$

式中　E ——弹性模量；

　　　h ——板厚；

　　　μ ——泊桑比；

　　　f，f_{max} ——板中心点的挠度和最大挠度；

　　　m_x，$m_{x\,max}$ ——平行于 l_x 方向板中心点单位板宽内的弯矩和板跨内最大弯矩；

　　　m_y，$m_{y\,max}$ ——平行于 l_y 方向板中心点单位板宽内的弯矩和板跨内最大弯矩；

　　　m_x' ——固定边中点沿 l_x 方向单位板宽内的弯矩；

　　　m_y' ——固定边中点沿 l_y 方向单位板宽内的弯矩；

　　　——代表自由边；======= 代表简支边；⊔⊔⊔⊔ 代表固定边。

正负号的规定：

弯矩 ——使板的受荷面受压者为正；

挠度 ——变位方向与荷载方向相同者为正。

（a）

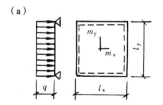

挠度 = 表中系数 $\times \dfrac{ql^4}{B_c}$ ；

$\mu = 0$，弯矩 = 表中系数 $\times ql^2$。

式中 l 取用 l_x 和 l_y 中之较小者。

附表　3.2.1

l_x / l_y	f	m_x	m_y	l_x / l_y	f	m_x	m_y
0.50	0.010 13	0.096 5	0.017 4	0.80	0.006 03	0.056 1	0.033 4
0.55	0.009 40	0.089 2	0.021 0	0.85	0.005 47	0.050 6	0.034 8
0.60	0.008 67	0.082 0	0.024 2	0.90	0.004 96	0.045 6	0.035 8
0.65	0.007 96	0.075 0	0.027 1	0.95	0.004 49	0.041 0	0.036 4
0.70	0.007 27	0.068 3	0.029 6	1.00	0.004 06	0.036 8	0.036 8
0.75	0.006 63	0.062 0	0.031 7				

（b）

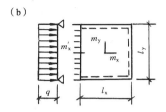

挠度 = 表中系数 $\times \dfrac{ql^4}{B_c}$；

$\mu = 0$，弯矩 = 表中系数 $\times ql^2$。

式中 l 取用 l_x 和 l_y 中之较小者。

附表　3.2.2

l_x / l_y	l_y / l_x	f	f_{max}	m_x	$m_{x\,max}$	m_y	$M_{y\,max}$	m'_x
0.50		0.004 88	0.005 04	0.058 3	0.064 6	0.006 0	0.006 3	− 0.121 2
0.55		0.004 71	0.004 92	0.056 3	0.061 8	0.008 1	0.008 7	− 0.118 7
0.60		0.004 53	0.004 72	0.053 9	0.058 9	0.010 4	0.011 1	− 0.115 8
0.65		0.004 32	0.004 48	0.051 3	0.055 9	0.012 6	0.013 3	− 0.112 4
0.70		0.004 10	0.004 22	0.048 5	0.052 9	0.014 8	0.015 4	− 0.108 7
0.75		0.003 88	0.003 99	0.045 7	0.049 6	0.016 8	0.017 4	− 0.104 8
0.80		0.003 65	0.003 76	0.042 8	0.046 3	0.018 7	0.019 3	− 0.100 7
0.85		0.003 43	0.003 52	0.040 0	0.043 1	0.020 4	0.021 1	− 0.096 5
0.90		0.003 21	0.003 29	0.037 2	0.040 0	0.021 9	0.022 6	− 0.092 2
0.95		0.002 99	0.003 06	0.034 5	0.036 9	0.023 2	0.023 9	− 0.088 0
1.00	1.00	0.002 79	0.002 85	0.031 9	0.034 0	0.024 3	0.024 9	− 0.083 9
	0.95	0.003 16	0.003 24	0.032 4	0.034 5	0.028 0	0.028 7	− 0.088 2
	0.90	0.003 60	0.003 68	0.032 8	0.034 7	0.032 2	0.033 0	− 0.092 6
	0.85	0.004 09	0.004 17	0.032 9	0.034 7	0.037 0	0.037 8	− 0.097 0
	0.80	0.004 64	0.004 73	0.032 6	0.034 3	0.042 4	0.043 3	− 0.101 4
	0.75	0.005 26	0.005 36	0.031 9	0.033 5	0.048 5	0.049 4	− 0.105 6
	0.70	0.005 95	0.006 05	0.030 8	0.032 3	0.055 3	0.056 2	− 0.109 6
	0.65	0.006 70	0.006 80	0.029 1	0.030 6	0.062 7	0.063 7	− 0.113 3
	0.60	0.007 52	0.007 62	0.026 8	0.028 9	0.070 7	0.071 7	− 0.116 6
	0.55	0.008 38	0.008 48	0.023 9	0.027 1	0.079 2	0.080 1	− 0.119 3
	0.50	0.009 27	0.009 35	0.020 5	0.024 9	0.088 0	0.088 8	− 0.121 5

（c）

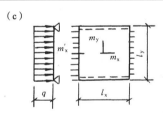

挠度 = 表中系数 $\times \dfrac{ql^4}{B_c}$；

$\mu = 0$，弯矩 = 表中系数 $\times ql^2$。

式中 l 取用 l_x 和 l_y 中之较小者。

附表　3.2.3

l_x / l_y	l_y / l_x	f	m_x	m_y	m'_x
0.50		0.002 61	0.041 6	0.001 7	− 0.084 3
0.55		0.002 59	0.041 0	0.002 8	− 0.084 0
0.60		0.002 55	0.040 2	0.004 2	− 0.083 4
0.65		0.002 50	0.039 2	0.005 7	− 0.082 6
0.70		0.002 43	0.037 9	0.007 2	− 0.081 4
0.75		0.002 36	0.036 6	0.008 8	− 0.079 9
0.80		0.002 28	0.035 1	0.010 3	− 0.078 2
0.85		0.002 20	0.033 5	0.011 8	− 0.076 3
0.90		0.002 11	0.031 9	0.013 3	− 0.074 3
0.95		0.002 01	0.030 2	0.014 6	− 0.072 1
1.00	1.00	0.001 92	0.028 5	0.015 8	− 0.069 8
	0.95	0.002 23	0.029 6	0.018 9	− 0.074 6
	0.90	0.002 60	0.030 6	0.022 4	− 0.079 7
	0.85	0.003 03	0.031 4	0.026 6	− 0.085 0
	0.80	0.003 54	0.031 9	0.031 6	− 0.090 4
	0.75	0.004 13	0.032 1	0.037 4	− 0.095 9
	0.70	0.004 82	0.031 8	0.044 1	− 0.101 3
	0.65	0.005 60	0.030 8	0.051 8	− 0.106 6
	0.60	0.006 47	0.029 2	0.060 4	− 0.111 4
	0.55	0.007 43	0.026 7	0.069 8	− 0.115 6
	0.50	0.008 44	0.023 4	0.079 8	− 0.119 1

（d）

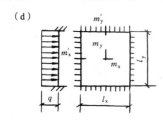

挠度 = 表中系数 $\times \dfrac{ql^4}{B_c}$；

$\mu = 0$，弯矩 = 表中系数 $\times ql^2$。

式中 l 取用 l_x 和 l_y 中之较小者。

附表 3.2.4

l_x / l_y	f	m_x	m_y	m'_x	m'_y
0.50	0.002 53	0.040 0	0.003 8	− 0.082 9	− 0.057 0
0.55	0.002 46	0.038 5	0.005 6	− 0.081 4	− 0.057 1
0.60	0.002 36	0.036 7	0.007 6	− 0.079 3	− 0.057 1
0.65	0.002 24	0.034 5	0.009 5	− 0.076 6	− 0.057 1
0.70	0.002 11	0.032 1	0.011 3	− 0.073 5	− 0.056 9
0.75	0.001 97	0.029 6	0.013 0	− 0.070 1	− 0.056 5
0.80	0.001 82	0.027 1	0.014 4	− 0.066 4	− 0.055 9
0.85	0.001 68	0.024 6	0.015 6	− 0.062 6	− 0.055 1
0.90	0.001 53	0.022 1	0.016 5	− 0.058 8	− 0.054 1
0.95	0.001 40	0.019 8	0.017 2	− 0.055 0	− 0.052 8
1.00	0.001 27	0.017 6	0.017 6	− 0.051 3	− 0.051 3

（e）

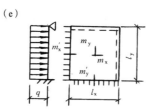

挠度 = 表中系数 $\times \dfrac{ql^4}{B_c}$；

$\mu = 0$，弯矩 = 表中系数 $\times ql^2$。

式中 l 取用 l_x 和 l_y 中之较小者。

附表 3.2.5

l_x / l_y	f	f_{max}	m_x	$m_{x\,max}$	m_y	$m_{y\,max}$	m'_x	m'_y
0.50	0.004 68	0.004 71	0.055 9	0.056 2	0.007 9	0.013 5	− 0.117 9	− 0.078 6
0.55	0.004 45	0.004 54	0.052 9	0.053 0	0.010 4	0.015 3	− 0.114 0	− 0.078 5
0.60	0.004 19	0.004 29	0.049 6	0.049 8	0.012 9	0.016 9	− 0.109 5	− 0.078 2
0.65	0.003 91	0.003 99	0.046 1	0.046 5	0.015 1	0.018 3	− 0.104 5	− 0.077 7
0.70	0.003 63	0.003 68	0.042 6	0.043 2	0.017 2	0.019 5	− 0.099 2	− 0.077 0
0.75	0.003 35	0.003 40	0.039 0	0.039 6	0.018 9	0.020 6	− 0.093 8	− 0.076 0
0.80	0.003 08	0.003 13	0.035 6	0.036 1	0.020 4	0.021 8	− 0.088 3	− 0.074 8
0.85	0.002 81	0.002 86	0.032 2	0.032 8	0.021 5	0.022 9	− 0.082 9	− 0.073 3
0.90	0.002 56	0.002 61	0.029 1	0.029 7	0.022 4	0.023 8	− 0.077 6	− 0.071 6
0.95	0.002 32	0.002 37	0.026 1	0.026 7	0.023 0	0.024 4	− 0.072 6	− 0.069 8
1.00	0.002 10	0.002 15	0.023 4	0.024 0	0.023 4	0.024 9	− 0.067 7	− 0.067 7

（f）

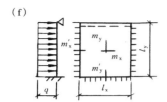

挠度 ＝ 表中系数 × $\dfrac{ql^4}{B_c}$；

$\mu = 0$，弯矩 ＝ 表中系数 × ql^2。

式中 l 取用 l_x 和 l_y 中之较小者。

附表 3.2.6

l_x / l_y	l_y / l_x	f	f_{max}	m_x	$m_{x\,max}$	m_y	$m_{y\,max}$	m_x'	m_y'
0.50		0.002 57	0.002 58	0.040 8	0.040 9	0.002 8	0.008 9	− 0.083 6	− 0.056 9
0.55		0.002 52	0.002 55	0.039 8	0.039 9	0.004 2	0.009 3	− 0.082 7	− 0.057 0
0.60		0.002 45	0.002 49	0.038 4	0.038 6	0.005 9	0.010 5	− 0.081 4	− 0.057 1
0.65		0.002 37	0.002 40	0.036 8	0.037 1	0.007 6	0.011 6	− 0.079 6	− 0.057 2
0.70		0.002 27	0.002 29	0.035 0	0.035 4	0.009 3	0.012 7	− 0.077 4	− 0.057 2
0.75		0.002 16	0.002 19	0.033 1	0.033 5	0.010 9	0.013 7	− 0.075 0	− 0.057 2
0.80		0.002 05	0.002 08	0.031 0	0.031 4	0.012 4	0.014 7	− 0.072 2	− 0.057 0
0.85		0.001 93	0.001 96	0.028 9	0.029 3	0.013 8	0.015 5	− 0.069 3	− 0.056 7
0.90		0.001 81	0.001 84	0.026 8	0.027 3	0.015 9	0.016 3	− 0.066 3	− 0.056 3
0.95		0.001 69	0.001 72	0.024 7	0.025 2	0.016 0	0.017 2	− 0.063 1	− 0.055 8
1.00	1.00	0.001 57	0.001 60	0.022 7	0.023 1	0.016 8	0.018 0	− 0.060 0	− 0.055 0
	0.95	0.001 78	0.001 82	0.022 9	0.023 4	0.019 4	0.020 7	− 0.062 9	− 0.059 9
	0.90	0.002 01	0.002 06	0.022 8	0.023 4	0.022 3	0.023 8	− 0.065 6	− 0.065 3
	0.85	0.002 27	0.002 33	0.022 5	0.023 1	0.025 5	0.027 3	− 0.068 3	− 0.071 1
	0.80	0.002 56	0.002 62	0.021 9	0.022 4	0.029 0	0.031 1	− 0.070 7	− 0.077 2
	0.75	0.002 86	0.002 94	0.020 8	0.021 4	0.032 9	0.035 4	− 0.072 9	− 0.083 7
	0.70	0.003 19	0.003 27	0.019 4	0.020 0	0.037 0	0.040 0	− 0.074 8	− 0.090 3
	0.65	0.003 52	0.003 65	0.017 5	0.018 2	0.041 2	0.044 6	− 0.076 2	− 0.097 0
	0.60	0.003 86	0.004 03	0.015 3	0.016 0	0.045 4	0.049 3	− 0.077 3	− 0.103 3
	0.55	0.004 19	0.004 37	0.012 7	0.013 3	0.049 6	0.054 1	− 0.078 0	− 0.109 3
	0.50	0.004 49	0.004 63	0.009 9	0.010 3	0.053 4	0.053 8	− 0.078 4	− 0.114 6

第四章 钢筋混凝土单层
工业厂房结构设计

第一节 概 述

一、工业建筑发展简况

现代工业建筑体系的发展已有 200 多年的历史，但以第二次世界大战以后的数十年内进步最大，更显示出自己独有的特征和建筑风格。工业建筑起源于工业革命最早的英国，随后，在美国、德国等工业发展较快的国家大量厂房的兴建，对工业建筑的提高和发展起了重要的推动作用。

20 世纪初期，苏联在十月社会主义革命胜利以后，经过短期的经济恢复，就开始了规模空前的工业建设。在建设的集中规划和管理、设计的标准化、构件生产工厂化和施工机械化等方面，都显示出其特点和优越性，提高了设计和施工的速度和质量。

新中国成立前，我国的工业企业残缺不全，寥寥可数，且具有鲜明的半封建半殖民地性质：工厂集中在沿海几个大城市，主要是外国原料加工的轻工业和机修厂，工业布局使城市卫生恶化，厂房简陋，工作劳动条件极差。

新中国成立后，经过若干个五年计划的努力，新建和扩建了大量工厂和工业基地，包括钢铁、机械制造、汽车、拖拉机、造船、飞机、石化、电力、煤炭、原子能、轻纺等，在辽阔的内地和少数民族地区也兴建了一批新的工业基地。现在，在全国已经基本形成了比较完整的工业体系。

在这样大规模的工业建设实践中，我国工业建筑设计力量也迅速壮大，设计水平有了很大提高，设计中贯彻了"坚固适用、经济合理、技术先进"的设计原则。我国自己设计的工业建筑一般都能满足工业生产对建筑提出的要求，采用了各种先进的建筑技术，降低了造价，加快了建设速度。可以预见，在我国建设的伟大实践中，工业建筑必将得到更大发展。因此，在建筑设计工作者的面前，摆着艰巨而光荣的任务。

二、工业建筑的特点

工业建筑和民用建筑一样，具有建筑的共同性质，但是，因为工业建筑为生产服务的使用要求和民用建筑为生活服务的使用要求有很大差别，所以工业建筑又具有自己的特点。

各种工业生产提出很多民用建筑设计中不常遇到的问题：如厂房承受巨大的荷载，沉重的撞击和振动，厂房内有生产散发的大量余热和烟尘，空气湿度很高或有大量废水，有各种侵蚀性液体和气体，以及很高的噪声等。

又如，有些工厂为了保证产品的质量要求，厂房内须保持一定的恒温、恒湿条件，或有防爆、防尘、防菌、防辐射等要求。此外，近代工业生产还必须设置各种与厂房有关的运输设备，因而设计工业建筑时应充分考虑这些特点，结合具体情况加以合理解决（见图 4.1）。

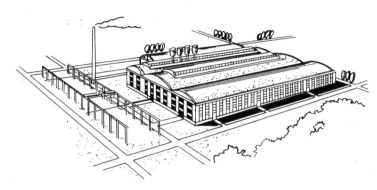

图 4.1　上海某铸造厂

三、厂房的分类

（一）按结构骨架的材料

按厂房结构骨架的材料可分为：砖石混合结构、钢筋混凝土结构、钢结构。

选择厂房结构时应根据厂房的用途、规模、生产工艺、起重运输设备、施工条件和材料供应情况等因素，综合分析确定。

1. 砖石混合结构厂房

它由砖柱和钢筋混凝土屋架或屋面大梁组成，也有砖柱和木屋架或轻钢或组合屋架组成的（见图 4.2）。混合结构构造简单，但承载能力及抗地震和振动性能较差，故仅用于吊车起重量不超过 5 t、跨度不大于 15 m 的小型厂房。

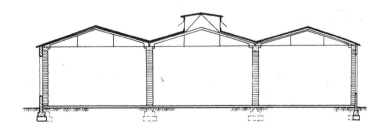

图 4.2　砖石混合结构厂房

2. 装配式钢筋混凝土结构厂房

装配式钢筋混凝土结构厂房如图 4.3 所示。这种结构坚固耐久，可预制装配，与钢结构相比可节约钢材，造价较低，故在国内外的单层厂房中得到了广泛的应用，但其自重大，抗地震性能不如钢结构。

3. 钢结构厂房

钢结构厂房如图 4.4 所示。它的主要承重构件全部用钢材做成。这种结构抗地震和振动性能好，构件较轻（与钢筋混凝土结构比），施工速度快，除用于吊车荷载重、高温或振动大的车间以外，对于要求建设速度快、早投产、早受益的工业厂房，也可采用钢结构。目前，随着我国钢产量的稳步增长，可能有越来越多的厂房采用钢结构，尤其是国家重点建设项目和合资

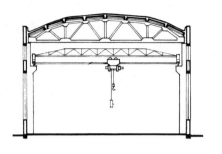

图 4.3　钢筋混凝土结构厂房

项目等。但钢结构易锈蚀，耐火性能差，使用时应采取相应的防护措施。

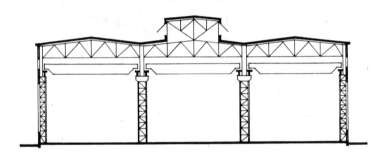

图 4.4　钢结构厂房

（二）按厂房的层数

1. 单层厂房

单层厂房（见图 4.5）广泛地应用于各种工业企业，约占工业建筑总量的 75% 左右。它对具有大型生产设备、振动设备、地沟、地坑或重型起重运输设备的生产有较大的适应性，如冶金、机械制造等工业部门。单层厂房便于沿地面水平方向组织生产工艺流程，布置生产设备。生产设备和重型加工件荷载直接传给地基。也便于工艺改革。

单层厂房按跨数的多少有单跨与多跨之分。多跨大面积厂房在实践中采用的较多，其面积可达数万平方米，单跨用得较少。但有的生产车间，如飞机装配车间和飞机库常采用跨度很大（36～100 m）的单跨厂房。单层厂房如图 4.5 所示。

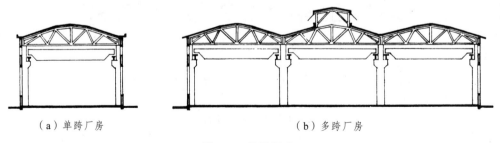

（a）单跨厂房　　　　　　　　　　（b）多跨厂房

图 4.5　单层厂房

单层厂房占地面积大，围护结构面积多（特别是屋顶面积多），各种工程技术管道较长，维护管理费高。厂房偏长，立面处理单调。

2. 多层厂房

多层厂房对于垂直方向组织生产及工艺流程的生产企业（如面粉厂）和设备及产品较轻的企业具有较大的适应性，多用于轻工、食品、电子、仪表等工业部门。因它占地面积少，更适用于在用地紧张的城市建厂及老厂改建。在城市中修建多层厂房，还易于适应城市规划和建筑布局的要求（见图 4.6）。

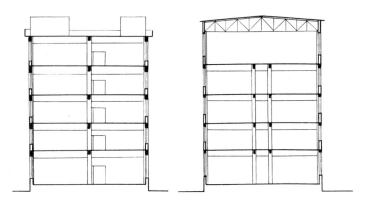

图 4.6　多层厂房

3. 混合层次厂房

混合层次厂房是既有单层跨又有多层跨的厂房（见图 4.7）。

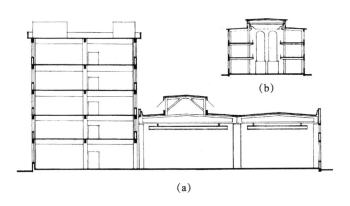

(b)

(a)

图 4.7　混合层次厂房

（三）单层厂房的结构形式

单层厂房的结构形式通常有排架或刚架两种（见图 4.8、图 4.9）。

1. 排架结构

当柱与屋面梁或屋架为铰接，而与基础刚接所组成的平面结构，称为排架结构（见图 4.8）。装配式钢筋混凝土排架结构是单层厂房中应用最广泛的一种结构形式，它根据生产工艺和使用要求的不同，可设计成单跨或多跨、等高或不等高、锯齿形等多种形式。钢筋混凝土排架结构的跨度可超过 30 m，高度可达 20～30 m 或更大，吊车起重量可达 150 t 甚至更大。

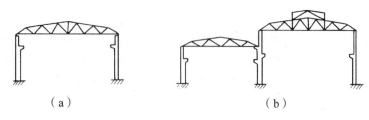

图 4.8 钢筋混凝土排架结构厂房

2. 刚架结构

当柱与梁为刚接，其所构成的平面结构，称为刚架结构（见图 4.9）。当厂房跨度在 18 m 及以下时，多采用三铰门式刚架；跨度更大时，多采用两铰门式刚架。由于门架的构件呈Γ 形或 Y 形，其翻身、吊装和对中就位等均比较麻烦，所以其应用受到一定的限制。门架结构一般适用于屋盖较轻的无吊车或吊车起重量不超过 10 t、跨度不超过 18 m、檐口高度不超过 10 m 的中小型单层厂房结构。

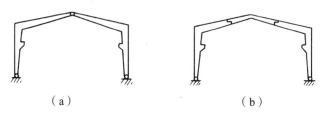

图 4.9 钢筋混凝土门式刚架结构厂房

本章仅介绍装配式钢筋混凝土单层厂房排架结构设计。

第二节 单层厂房的结构组成及布置

一、单层厂房结构组成

钢筋混凝土单层厂房结构通常是由下列各种结构构件所组成并连成一个整体（见图 4.10）。

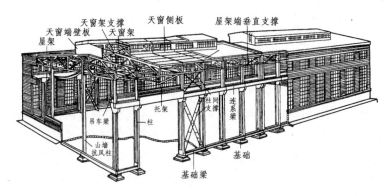

图 4.10 单层厂房结构组成

1. 屋盖结构

屋盖结构分有檩体系和无檩体系两种（见图 4.11）。有檩体系是小型屋面板铺在檩条上，檩条置于屋架上［见图 4.11（a）］，这种屋盖体系由于构件种类多，荷载传递路线长，刚度和整体性较差，尤其是对于保温屋面更为突出，所以除轻型不保温的厂房外，较少采用。而无檩体系是大型屋面板直接铺设在屋架上［见图 4.11（b）］，其刚度和整体性好，目前采用很广泛。

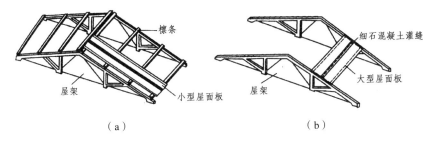

（a）　　　　　　　　　　　　　（b）

图 4.11　屋盖结构

屋盖结构包括下列构件：

（1）屋面板：具有围护和承重双重作用。它承受屋面上的永久荷载及可变荷载，并将它们传给屋架。

（2）天窗架：承受天窗上的荷载，并将其传给屋架。

（3）檩条（有檩体系屋盖用）：承受小型屋面板传来的荷载，并将它传给屋架。

（4）屋架（屋面大梁）：承受屋盖的全部荷载，并将它们传给柱子。

（5）托架：当柱间距大于屋架间距时（抽柱）用以支承屋架，并将屋架荷载传给柱子。

2. 吊车梁

承担吊车竖向荷载及水平荷载，并将这些荷载传给排架结构。

3. 柱

包括排架柱及抗风柱。

（1）排架柱：承受屋盖、吊车梁、墙传来的竖向荷载和水平荷载，并把它们传给基础。

（2）抗风柱：承受山墙传来的风荷载，并将其传给屋盖结构和基础。

4. 墙　梁

墙梁主要有以下几种：

（1）圈梁：将墙体同厂房排架柱、抗风柱等箍在一起，以加强厂房的整体刚度，防止由于地基的不均匀沉降或较大振动荷载等引起对厂房的不利影响。

（2）连系梁：联系纵向柱列，以增强厂房的纵向刚度并传递风荷载到纵向柱列，且将其上部墙体重量传给柱了。

（3）过梁：承受门窗洞口上的荷载，并将它传到门窗两侧的墙体。

（4）基础梁：承托围护墙体重量，并将其传给柱基础，而不另作墙基础。

5. 支 撑

包括屋盖支撑和柱间支撑，其作用是加强厂房结构空间刚度，承受并传递各种水平荷载。

6. 基 础

承受柱及基础梁传来的荷载，并将其传给地基。

在上述构件中，装配式钢筋混凝土单层厂房结构，根据荷载的传递途径和结构的工作特点又可分为：横向平面排架和纵向平面排架。

横向平面排架是由横梁（屋面梁或屋架）、横向柱列和基础所组成（见图 4.12）。由于梁跨度多大于纵向排架柱间距，各种荷载主要向短边传递，所以横向平面排架是单层厂房的主要承重结构，承受厂房的竖向荷载、横向水平荷载，并将它们传给地基。因此，单层厂房设计中，一定要进行横向平面排架计算。

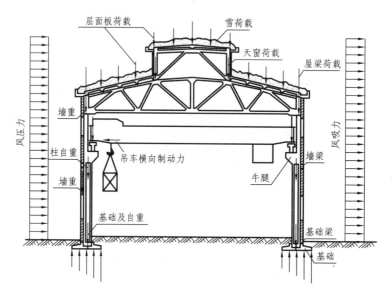

图 4.12　单层厂房横向平面排架结构及其荷载示意图

横向平面排架结构上主要荷载的传递途径为：

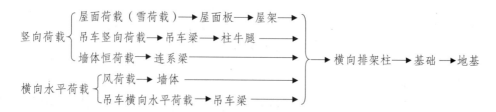

纵向平面排架是由连系梁、吊车梁、纵向柱列（包括柱间支撑）和基础所组成（见图 4.13），主要承受作用于厂房纵向的各种水平力，并把它们传给地基，同时也承受因温度变化和收缩变形而产生的内力，起保证厂房结构纵向稳定性和增强刚度的作用。由于厂房纵向长度较大，纵向柱列中柱子数量多，故当厂房设计不考虑抗震设防时，一般可不进行纵向平面排架计算。

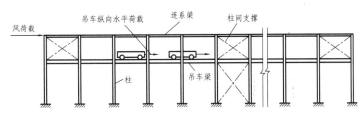

图 4.13　单层厂房纵向平面排架结构

纵向平面排架结构上的主要荷载传递途径为：

纵向平面排架间和横向平面排架间主要依靠屋盖结构和支撑体系相连接，以保证厂房结构的整体性和稳定性。所以，屋盖结构和支撑体系也是厂房结构的重要组成部分。

二、单层厂房的结构布置

（一）单层厂房柱网布置

厂房承重柱或承重墙的定位轴线在平面上构成的网络，称为柱网。

柱网布置就是确定纵向定位轴线之间的尺寸（跨度）和横向定位轴线之间的尺寸（柱距）。柱网布置既是确定柱的位置，也是确定屋面板、屋架和吊车梁等构件尺寸（跨度）的依据，并涉及结构构件的布置。柱网布置恰当与否，将直接影响厂房结构的经济合理性和先进性，与生产使用也有密切关系。

柱网布置的原则一般为：

（1）符合生产和使用要求。

（2）建筑平面和结构方案经济合理。

（3）在厂房结构形式和施工方法上具有先进性和合理性，符合《厂房建筑模数协调标准》的有关规定，适应生产发展和技术革新的要求。

厂房跨度在 18 m 及以下时，应采用扩大模数 30 M 数列；在 18 m 以上时，应采用扩大模数 60 M 数列（见图 4.14）。

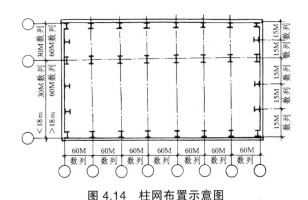

图 4.14　柱网布置示意图

（二）变形缝

变形缝有三种：伸缩缝、沉降缝、防震缝。

1. 伸缩缝

如果厂房长度和跨度过大，当气温变化时，由于温度变形将使结构内部产生很大的温度应力，严重的可使墙面、屋面和构件等拉裂，影响使用，如图 4.15 所示。

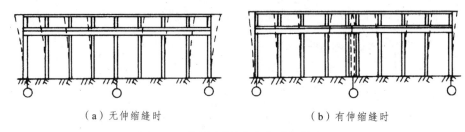

（a）无伸缩缝时　　　　　　　　　（b）有伸缩缝时

图 4.15　厂房因温度变化引起的变形

为减少厂房结构中的温度应力，可设置伸缩缝将厂房结构分成若干温度区段。伸缩缝应从基础顶面开始，将两个温度区段的上部结构构件完全分开，并留出一定宽度的缝隙，使上部结构在气温有变化时，在水平方向可以自由地发生变形。《混凝土结构设计规范》规定，对于排架结构，当有墙体封闭的室内结构，其伸缩缝最大间距不得超过 100 m；而对于无墙体封闭的露天结构，则不得超过 70 m。

2. 沉降缝

在一般单层厂房排架结构中，通常可不设沉降缝，因为排架结构能适应地基的不均匀沉降，只有在特殊情况下才考虑设置。如厂房相邻两部分高度相差很大（如 10 m 以上），两跨间吊车起重量相差悬殊，地基承载力或下卧层土质有极大差别，厂房各部分的施工时间先后相差很长，土壤压缩程度不同等。

沉降缝应将建筑物从屋顶到基础全部分开。

3. 防震缝

当厂房平、立面布置复杂时才考虑设防震缝。防震缝是为了减轻厂房地震灾害而采取的措施之一。当厂房有抗震设防要求时，如厂房平、立面布置复杂，结构高度或刚度相差悬殊时，应设置防震缝将相邻部分分开。

（三）支撑的布置及作用

支撑是联系屋架和柱等主要结构构件以构成空间骨架的重要组成部分，是保证厂房安全可靠和正常使用的重要措施，应予以足够重视。

支撑可分屋盖支撑和柱间支撑两大类（见图 4.16）。

1. 屋盖支撑

屋盖支撑包括上弦横向水平支撑、下弦横向及纵向水平支撑、垂直支撑、系杆、天窗架支撑（见图 4.17）。

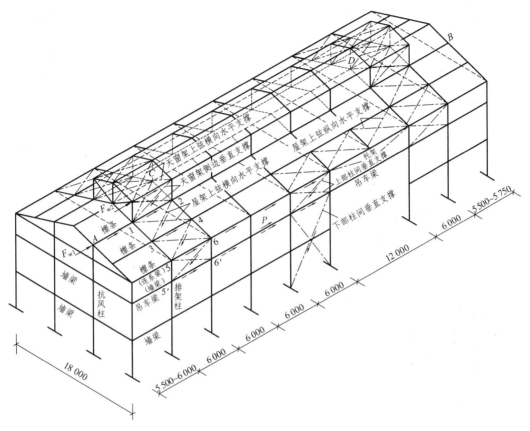

图 4.16 厂房支撑作用示意图

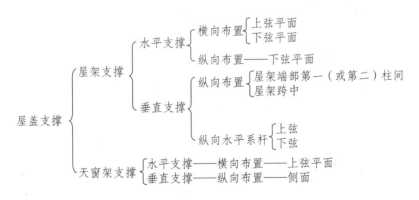

图 4.17 屋盖支撑组成

a. 横向水平支撑

横向水平支撑是由交叉角钢和相邻两榀屋架上弦或下弦组成的水平桁架。设在上弦平面内的称为上弦横向水平支撑（见图 4.18），设在下弦平面内的称为下弦横向水平支撑（见图 4.19）。

横向水平支撑一般布置在温度区段两端的第一或第二柱间，用以增强屋盖结构在纵向水平面内的刚度，并将山墙抗风柱传来的水平作用力传至两侧纵向柱列。上弦横向水平支撑还有保证屋架上弦侧向稳定的作用。

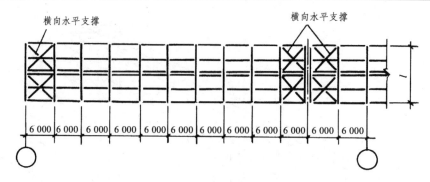

图 4.18　上弦横向水平支撑（单位：mm）

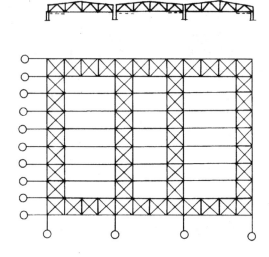

图 4.19　下弦横向及纵向水平支撑

b. 下弦纵向水平支撑

纵向水平支撑是由角钢和屋架下弦第一节间组成的水平桁架，其作用是加强屋盖结构的整体刚度，把局部的纵向水平力分布到相邻的横向排架上去，增加屋架的空间作用。当设有托架时，将支撑在托架上的屋架所承担的横向水平风载传到相邻柱顶，并保证托架上翼缘的侧向稳定性（见图 4.19）。

c. 垂直支撑和水平系杆

垂直支撑是由角钢和屋架直腹杆组成的竖向桁架。垂直支撑和水平系杆的作用是保证屋架在荷载作用下的侧向稳定（见图 4.20）。

d. 天窗架支撑

天窗架间的支撑有天窗上弦水平支撑和天窗架间的垂直支撑两种（见图 4.21）。

天窗上弦水平支撑用来保证天窗架上弦平面外的稳定。天窗垂直支撑除保证天窗架安装时的稳定外，还将天窗端壁上的风荷载传至屋架上弦水平支撑，因此，天窗架垂直支撑应与屋架上弦水平支撑布置在同一柱距内（在天窗端部的第一柱距内），且一般沿天窗的两侧设置。

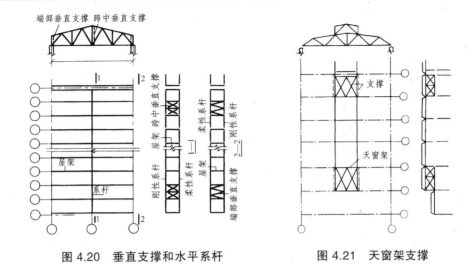

图 4.20　垂直支撑和水平系杆　　　　图 4.21　天窗架支撑

2. 柱间支撑

柱间支撑是由型钢和两相邻柱组成的竖向悬臂桁架，其作用是将山墙风荷载、吊车纵向水平荷载传至基础，增加厂房的纵向刚度。

对于有吊车的厂房，柱间支撑分上部和下部两种。前者位于吊车梁上部，用以承受作用在山墙上的风力并保证厂房上部的纵向刚度；后者位于吊车梁下部，承受上部支撑传来的力和吊车梁传来的吊车纵向制动力，并把它们传至基础（见图 4.22）。

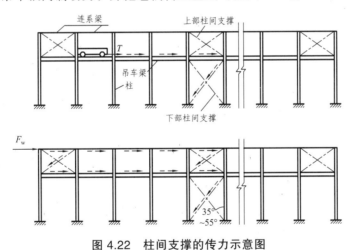

图 4.22　柱间支撑的传力示意图

非地震区的一般单层厂房，凡属下列情况之一者，均应设置柱间支撑。

（1）设有悬臂式吊车或 30 kN 及以上的悬挂式吊车。

（2）设有重级工作制吊车，或设有中、轻级工作制吊车，其起重量在 100 kN 和 100 kN 以上。

（3）厂房的跨度在 18 m 或 18 m 以上，或者柱高在 8 m 以上。

（4）厂房纵向柱的总数在 7 根以下。

（5）露天吊车栈桥的柱列。

柱间支撑应设置在伸缩缝区段中央柱间或临近中央的柱间。这样有利于在温度变化或混凝土收缩时，厂房可向两端自由变形，而不致发生较大的温度应力或收缩应力。每一伸缩缝区段一般设置一道柱间支撑。

第三节　单层厂房结构主要构件的选型

单层厂房的结构构件和部件有屋面板、天窗架、支撑、屋架或屋面梁、托架、吊车梁、连系梁、基础梁、柱、基础等。这些构件和部件中，除柱和基础需要设计外，一般都可以根据工程的具体情况，从工业厂房结构构件标准图集中选用合适的标准构件，不必另行设计。

工业厂房结构构件标准图有三类：① 经国家建委审定的全国通用标准图集，适用于全国各地；② 经某地区或某工业部门审定的通用图集，适用于该地区或该部门所属单位；③ 经某设计院审定的定型图集，适用于该设计院所设计的工程。图集中一般包括设计和施工说明、构件选用表、结构布置图、连接大样图、模板图，配筋图、预埋件详图、钢筋及钢材用量表等几个部分，根据图集即可对该类结构构件进行施工。

构件的选型需进行技术经济比较，尽可能节约材料，降低造价。根据对一般中型厂房（跨度为 24 m，吊车起重量为 15 t）所作的统计，厂房主要构件的材料用量和各部分造价占土建总造价的百分比分别见表 4.1 和表 4.2。

表 4.1　中型钢筋混凝土单层厂房结构各主要构件材料用量

材　料	每平方米建筑面积构件材料用量	每种构件材料用量占总用量的百分比/%				
		屋面板	屋　架	吊车梁	柱	基　础
混凝土	$0.13 \sim 0.18 \ m^3$	30~40	8~12	10~15	15~20	25~35
钢　材	18~20 kg	25~30	20~30	20~32	18~25	8~12

表 4.2　厂房各部分造价占土建总造价的百分比

项　目	屋　盖	柱、梁	基　础	墙	地　面	门　窗	其　他
百分比/%	30~50	10~20	5~10	10~18	4~7	5~11	3~5

由表 4.1、表 4.2 可知，屋盖部分的材料用量和造价都比其他部分要大。因此，选型时要全面考虑厂房刚度、生产使用和建筑的工业化、现代化要求，结合具体施工条件、材料供应、构件本身性能和技术经济指标综合分析后确定。

第四节　单层厂房排架内力分析

单层厂房结构是一个复杂的空间体系，为了简化，一般按纵、横向平面结构计算。纵向平面排架的柱较多，其纵向的刚度较大，每根柱子分到的内力较小，故对厂房纵向平面排架往往不必计算。仅当厂房特别短、柱较少、刚度较差时，或需要考虑地震作用或温度内力时才进行计算。本节主要介绍横向平面排架的计算。

横向平面排架计算的目的在于为设计柱子和基础提供内力数据，横向平面排架计算的主要内容为：

（1）确定计算简图。

（2）各项荷载计算。

（3）在各项荷载作用下进行排架内力分析，求出各控制截面的内力值。

（4）内力组合，求出各控制截面的最不利内力。

一、计算简图

为了简化计算，根据构造和实践经验，对排架计算作以下基本假定：

（1）柱下端固结于基础顶面，横梁（或屋架）铰接在柱上。

由于柱插入基础杯口有一定深度，并用细石混凝土和基础紧密地浇捣成一体，且地基变形是受控制的，基础的转动一般较小，因此这一假定通常是符合实际的。

（2）横梁在排架平面内的轴压刚度为无限大，受力后不产生轴向变形。

这个假定对采用钢筋混凝土屋架、预应力混凝土屋架或屋面梁作为横梁是接近实际的。

按平面排架计算时，一榀排架的负荷范围可由相邻柱距的中线截出一个有代表性的单元［见图 4.23（a）的阴影部分］，称为计算单元。

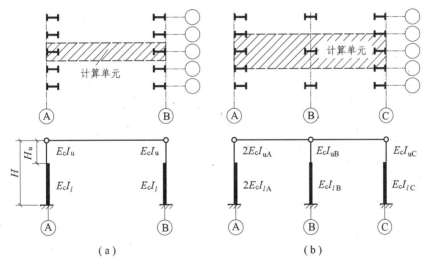

图 4.23　排架的计算单元和计算简图

除吊车等移动的荷载外，阴影范围内的荷载便作用在这榀排架上。对于厂房端部和伸缩缝处的排架，其负荷范围只有中间排架的一半，但为了设计、施工的方便，通常不再另外单独分析，而按中间排架设计。

当单层厂房因生产工艺要求各列柱距不等［图 4.23（b）］时，则应根据具体情况选取计算单元。如果屋盖结构刚度很大，或设有可靠的下弦纵向水平支撑，可认为厂房的纵向屋盖构件把各横向排架连接成一个空间整体，这样就有可能选取较宽的计算单元进行内力分析，即为图 4.23（b）所示厂房的排架结构计算模型。此时可假定计算单元中同一柱列的柱顶水平位移相等，则计算单元内的两榀排架可以合并为一榀排架来进行内力分析，合并后排架柱的惯性矩应按合并考虑。需要注意，按上述计算简图求得内力后，应将内力向单根柱上再进行分配。

图 4.23 中排架柱的高度由基础顶面算至柱顶，其中 H_u 表示上柱高度（从牛腿顶面至柱

顶），H_t 表示下柱高度（从基础顶面至牛腿顶面）；排架柱的计算轴线均取上下柱截面的形心线。跨度以厂房的轴线为准。

抗弯刚度 EI 可由预先假定的截面形状、尺寸计算。当柱最后的实际抗弯刚度值与计算假定抗弯刚度值相差在 30% 之内时，计算是有效的，不必重算。

二、排架荷载计算

作用在厂房上的荷载有永久荷载和可变荷载两大类。前者包括屋盖、柱、吊车梁及轨道等自重；后者包括屋盖活荷载、吊车荷载和风荷载等（见图 4.24）。

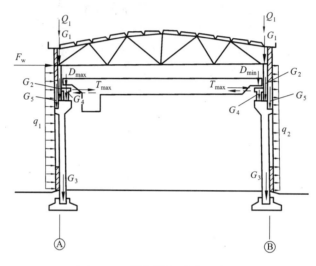

图 4.24　横向排架受荷示意图

（一）永久荷载 G

各种永久荷载可根据材料及构件的几何尺寸和容重计算，标准构件也可直接从标准图上查出。

1. 屋盖自重 G_1

屋盖自重（G_1）包括屋面板、屋面上各种构造层、屋架（屋面大梁）、天窗架、屋盖支撑等构件重量。

G_1 通过屋架支承点或屋面大梁垫板中心作用于柱顶。G_1 对上柱截面形心的偏心距 $e_1 = h_1/2 - 150$［见图 4.25（a）、（b），h_1 为上柱截面高度］。由图可见，G_1 对上柱截面几何中心存在偏心距 e_1，对下柱截面几何中心的偏心距为 $e_1 + e_0$。

2. 悬墙自重 G_5

当设有连系梁支承围护墙体时，排架柱承受着计算单元范围内连系梁、墙体和窗等重力荷载，它以竖向集中力 G_5 的形式作用在支承连系梁的柱牛腿顶面，其作用点通过连系梁或墙体截面的形心轴线，距下柱截面几何中心的偏心距为 e_5，如图 4.25（c）所示。

3. 吊车梁和轨道及其连接件自重 G_4

吊车梁和轨道及其连接件重力荷载可从轨道连接标准图中查得，或按 1~2 kN/m 估算。

它以竖向集中力的形式沿吊车梁截面中心线作用在柱牛腿顶面，G_4 对下柱截面几何中心线的偏心距为 e_4，如图 4.25（c）所示。

4. 柱自重 G_2、G_3

上、下柱自重重力荷载 G_2、G_3 分别作用于各自截面的几何中心线上，且上柱自重 G_2 对下柱截面几何中心线有一偏心距 e_0，如图 4.25（c）所示。

各种恒载作用下某单跨横向排架结构的计算简图如图 4.25（d）所示。

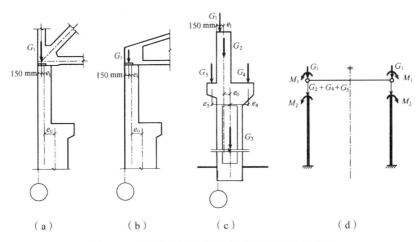

（a）　　　　　（b）　　　　　（c）　　　　　（d）

图 4.25　恒载作用位置及相应的排架计算简图

应当说明，柱、吊车梁及轨道等构件吊装就位后，屋架尚未安装，此时还形不成排架结构，故柱在其自重、吊车梁及轨道等自重重力荷载作用下，应按竖向悬臂柱进行内力分析。但考虑到此种受力状态比较短，且不会对柱控制截面内力产生较大影响，为简化计算，通常仍按排架结构进行内力分析。

（二）屋面活荷载

屋面活荷载包括屋面均布活荷载、屋面雪荷载和屋面积灰荷载三部分，它们均按屋面水平投影面积计算，其荷载分项系数均为 1.4。

1. 屋面均布活荷载

屋面均布活荷载系考虑屋面在施工、检修时的活荷载，其标准值根据《建筑结构荷载规范》规定按下列情况取：不上人的屋面为 0.5 kN/m^2，上人的屋面为 2.0 kN/m^2。对不上人的屋面，当施工或维修荷载较大时，应按实际情况采用。

2. 屋面雪荷载

屋面雪荷载的计算方法见第二章。

3. 积灰荷载

对于生产中有大量排灰的厂房及其邻近建筑物应考虑屋面积灰荷载。对于具有一定除尘设施和清灰制度的机械、冶金和水泥厂房的屋面，按《建筑结构荷载规范》规定，其积灰荷

载在 $0.3 \sim 1.0$ kN/m^2 之间。

荷载的组合：屋面均布活荷载与雪荷载不同时考虑，两者中取较大值计算；当有积灰荷载时，积灰荷载应与屋面活荷载或雪荷载二者中较大值同时考虑。上述三种荷载都是以集中力按与屋盖自重相同的途径传至柱顶。

（三）风荷载

作用在厂房上的风荷载，在迎风墙面上形成压力，在背风墙面上为吸力，对屋盖则视屋顶形式不同可出现压力或吸力。风荷载的大小与厂房的高度和外表体形有关。垂直作用在建筑物表面上的风荷载标准值 w_k（kN/m^2）应按第二章计算公式计算。

一般单层厂房高度 z 处的风振系数 $\beta_z = 1.0$。

排架内力分析时，为简化计算，柱顶以下风荷载 q_1、q_2 可按均布考虑，μ_z 按柱顶标高处取值；柱顶以上风荷载按作用于柱顶的水平集中力 F_w 考虑（见图 4.26），F_w 包括柱顶以上屋架支座高度范围内墙体迎风面、背风面和屋面风荷载的水平力的总和。计算 F_w 时，风压高度变化系数 μ_z 取为：有天窗时按天窗檐口标高取值；无天窗时按厂房檐口标高取值。

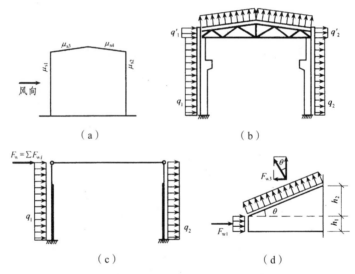

图 4.26 风荷载计算

q_1、q_2、F_w 的风荷载设计值按下式计算：

$$\begin{cases} q_1 = \gamma_w w_{k1} B = \gamma_w \mu_z \mu_{s1} w_0 B \\ q_2 = \gamma_w w_{k2} B = \gamma_w \mu_z \mu_{s2} w_0 B \\ F_w = \gamma_w \sum_{i=1}^{n} w_{ki} Bl \sin\theta = \gamma_w \left[(\mu_{s1} + \mu_{s2}) h_1 + (\pm \mu_{s3} + \mu_{s4}) h_2 \right] \mu_z w_0 B \end{cases} \quad (4.1)$$

式中　B ——计算单元宽度；

　　　γ_w ——风荷载的分项系数，$\gamma_w = 1.4$，风荷载的组合值和准永久值系数可分别取 0.6 和 0；

　　　l ——屋面斜长。

其余符号意义见图4.26。

【例4.1】　某厂房排架各部尺寸如图4.27（a）所示，按 B 类地面，屋面坡度为 $1:10$，排架的间距为 6 m，基本风压值 $w=0.40$ kN/m²。求作用在排架上的风荷载设计值［见图4.27（b）］。

解

1. 求风压高度变化系数 μ_z

由表2.8查得（按图4.27用插值法求）风压高度变化系数 μ_z 取(每一部分均按高点取值)：

柱顶（按离地面高度 11.4 m 计）$\mu_z=1.04$；

屋顶（标高 12.5 m 处）$\mu_z=1.07$；

屋顶（标高 13.0 m 处）$\mu_z=1.08$；

屋顶（标高 15.5 m 处）$\mu_z=1.16$。

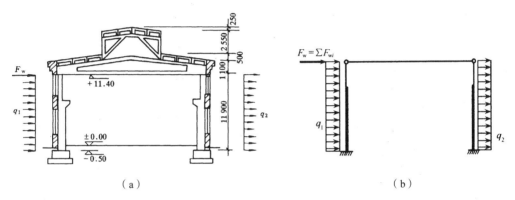

（a）　　　　　　　　　　　　（b）

图 4.27　单跨厂房剖面尺寸（单位：mm）

2. 求 q_1、q_2、F_w

风荷载体形系数，如图2.3（b）所示，则得作用在厂房排架边柱上的均布风荷载设计值：

迎风面　$q_1=1.4\times0.8\times1.04\times0.40\times6=2.80$ kN/m

背风面　$q_2=1.4\times0.5\times1.04\times0.40\times6=1.75$ kN/m

作用于柱顶标高以上集中风荷载的设计值

$$F_w=1.4[(0.8+0.5)\times1.07\times1.1+(-0.2+0.6)\times1.08\times0.5+(0.6+0.6)\times$$
$$1.16\times2.55+(-0.7+0.7)\times1.16\times0.25]\times0.4\times6=17.8 \text{ kN}$$

此题计算 F_w 时，风压高度变化系数 μ_z 也可按天窗檐口标高取值（柱顶以上各部分风荷载均可近似以天窗檐口离地面高度 15.5 m 计），$\mu_z=1.16$:

$$F_w=1.4[(0.8+0.5)\times1.1+(-0.2+0.6)\times0.5+(0.6+0.6)\times$$
$$2.55+(-0.7+0.7)\times0.25]\times1.16\times0.4\times6=18.3 \text{ kN}$$

两者相差 2.67%，后者偏于安全。

排架在风荷载作用下的计算简图如 4.27（b）所示。

在确定屋盖部分风压高度变化系数时，计算高度的取值在实际计算时有不同的取法，分别如图 4.28 所示。

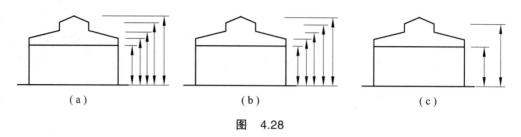

图 4.28

（1）取每一竖向区段的顶点［图 4.1（a）］；

（2）取每一竖向区段的中点［图 4.1（b）］；

（3）取整个屋盖高度部分的中点［图 4.1（c）］。

竖向高度不太大的一般中小型房屋，上述三种处理方法对最后计算结果不会产生很大的差异；对于大型房屋，则应该采用较精确的方法。

（四）吊车荷载

单层厂房中吊车荷载是对排架结构起控制作用的一种主要荷载。吊车荷载是随时间和平面位置不同而不断变动的，对结构还有动力效应。桥式吊车由大车（桥架）和小车组成。大车在吊车梁轨道上沿厂房纵向行驶，小车在桥架（大车）上沿厂房横向运行（见图 4.29），大车和小车运行时都可能产生制动刹车力。因此，吊车荷载有竖向荷载和横向荷载两种，而吊车水平荷载又分为纵向和横向两种。

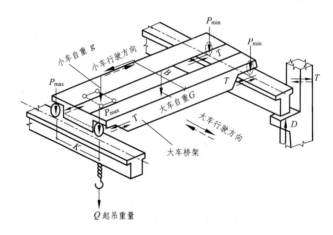

图 4.29　桥式吊车的受力状况

1. 吊车竖向荷载 D_{max} 和 D_{min}

桥式吊车的竖向荷载标准值是由大车和小车自重及起吊重量产生的垂直轮压，它通过吊车梁传给排架柱牛腿，作用位置同 G_4（见图 4.24）。

由于小车的移动，大车两边的轮压一般是不相等的。当小车的吊重达到额定最大值并行驶到大车一侧的极限位置时，则这一侧大车的每个轮子作用在吊车轨道上的压力称为最大轮压 P_{max}。与最大轮压同时存在的另一侧轮压为最小轮压 P_{min}。

最大轮压标准值 P_{max} 可从起重机械产品目录或有关手册中查出，最小轮压标准值 P_{min}（有的产品目录中也给出）可按下式计算。对一般的四轮吊车：

$$P_{\min} = \frac{G + g + Q}{2} - P_{\max} \tag{4.2}$$

式中 G ——大车自重标准值（kN）；

g ——横行小车自重标准值（kN）；

Q ——吊车额定起重量（kN）。

吊车梁承受的吊车轮压力是一组移动荷载，其支座反力应用反力影响线的原理求出。吊车梁支座反力即为吊车梁传给柱子的竖向荷载。

计算多台吊车竖向荷载时，对一层有吊车单跨厂房的每个排架，参与组合的吊车台数不宜多于两台；多跨厂房的每个排架，参与组合的吊车台数不宜多于 4 台。当两台吊车并行，吊车轮子的最不利位置如图 4.30 所示，图中 B，K 分别为大车宽和轮距。

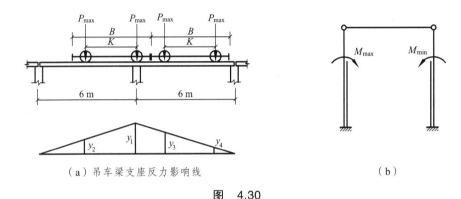

（a）吊车梁支座反力影响线　　　　　　　　　　　（b）

图　4.30

由图可知，当吊车轮压为 $P_{\max}$ 时，柱子所受的压力最大，记为 $D_{\max}$。当吊车轮压为 $P_{\min}$ 时，柱子所受的压力记为 $D_{\min}$，两者同时发生。当车间内有两台吊车时，应考虑两台吊车作用时的最不利位置，利用支座反力影响线［见图 4.30（a）］，吊车竖向荷载的设计值 $D_{\max}$ 和 $D_{\min}$ 可按下式计算：

$$\begin{cases} D_{\max} = \gamma_Q \psi_c P_{\max} \sum y_i \\ D_{\min} = \gamma_Q \psi_c P_{\min} \sum y_i = D_{\max} \dfrac{P_{\min}}{P_{\max}} \end{cases} \tag{4.3}$$

式中 γ_Q ——可变荷载分项系数，$\gamma_Q = 1.4$；

ψ_c ——多台吊车的荷载折减系数，见表 4.3；

$\sum y_i$ ——各轮子下影响线纵坐标之和。

当求得 $D_{\max}$ 和 $D_{\min}$ 后，$D_{\max}$ 和 $D_{\min}$ 应换算成作用于下柱顶面的轴力和力矩［见图 4.30（b）］。

$$\begin{cases} M_{\max} = D_{\max} e_3 \\ M_{\min} = D_{\min} e_3 \end{cases} \tag{4.4}$$

式中 e_3 ——吊车梁支座钢垫板的中心线至下柱截面中心线的距离。

2. 吊车水平荷载

吊车水平荷载分为横向水平荷载和纵向水平荷载两种。纵向水平荷载系由大车刹车引起，由厂房纵向排架承受，一般可不作计算。

吊车横向水平荷载是当小车达到额定起重量时，启动或制动引起的垂直轨道方向的水平惯性力，由小车轮子传给大车，再由大车各个轮子平均传给两侧轨顶，由轨顶传给吊车梁，最后通过吊车梁顶面与柱的连接件传给柱子（见图4.31）。吊车横向水平荷载的方向可左可右。因此，对排架来说，T_{max}作用在吊车梁顶面处。

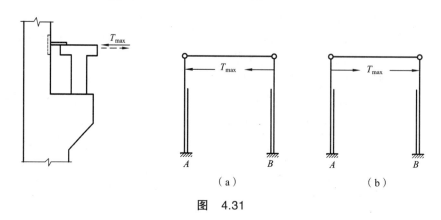

图　4.31

四轮大车每个轮子传递的横向水平荷载标准值T_k和设计值T分别按下式计算：

$$T_k = \alpha(g+Q)/4 \tag{4.5a}$$

$$T = \gamma_Q T_k = \gamma_Q \alpha(g+Q)/4 \tag{4.5b}$$

式中　α——横向水平荷载系数（软钩吊车：当$Q \leqslant 100$ kN时，$\alpha = 0.12$；当$Q = 150 \sim 500$ kN时，$\alpha = 0.10$；当$Q \geqslant 750$ kN时，$\alpha = 0.08$。硬钩吊车：$\alpha = 0.2$）。

计算吊车横向水平荷载时，对每个排架（不论单跨还是多跨）参与组合的吊车台数不应多于2台。用计算竖向荷载时的同样方法可求出作用在排架柱上的最大横向水平荷载设计值T_{max}：

$$T_{max} = \psi_c \gamma_Q T_k \sum y_i = \psi_c T \sum y_i \tag{4.6a}$$

或

$$T_{max} = \frac{1}{\gamma_Q} T \frac{D_{max}}{P_{max}} = T_k \frac{D_{max}}{P_{max}} \tag{4.6b}$$

必须注意，小车是沿横向左右运行的，T_{max}可以向左作用，也可以向右作用，所以对于单跨厂房来讲，就有两种情况（见图4.31）。对于多跨厂房的吊车水平荷载，《建筑结构荷载规范》规定，最多考虑两台吊车，因为四台吊车在同一跨间同时刹车的情况是不大可能的。因此，对两跨厂房来说，吊车横向水平荷载对排架的作用就有四种情况（见图4.32）。

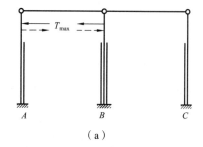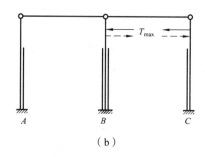

图　4.32

在排架内力组合时，对于多台吊车的竖向荷载和水平荷载，考虑到多台吊车同时达到额定最大起重量，小车又同时开到大车某一侧的极限位置的情况是极少的，所以应根据参与组合的吊车台数及吊车的工作制级别，乘以折减系数后采用，折减系数见表 4.3a。

表 4.3a　多台吊车的荷载折减系数 ψ_c

参与组合的	吊车工作级别	
吊车台数	A1 ~ A5	A6 ~ A8
2	0.9	0.95
3	0.85	0.90
4	0.8	0.85

厂房中的吊车以往是按吊车荷载达到其额定值的频繁程度分成 4 种工作制：

① 轻级。在生产过程中不经常使用的吊车（吊车运行时间占全部生产时间不足 15% 者），例如用于机器设备检修的吊车等。

② 中级。当运行为中等频繁程度的吊车，例如机械加工车间和装配车间的吊车等。

③ 重级。当运行较为频繁的吊车（吊车运行时间占全部生产时间不少于 40% 者），例如用于冶炼车间的吊车等。

④ 超重级。当运行极为频繁的吊车，这在极个别的车间采用。

我国现行国家标准《起重机设计规范》为了与国际有关规定相协调，参照国际标准《起重设备分级》的原则，按吊车在使用期内要求的总工作循环次数和载荷状态将吊车分为 8 个工作级别，作为吊车设计的依据。为此《荷载规范》规定，在厂房结构设计时，可按表 4.3b 中吊车的工作制等级与工作级别的对应关系进行设计。

表 4.3b　吊车的工作制等级与工作级别的对应关系

工作制等级	轻　级	中　级	重　级	超重级
工作级别	A1 ~ A3	A4、A5	A6、A7	A8

吊车纵向水平荷载是大车启动或制动引起的水平惯性力，纵向水平荷载的作用点位于刹车轮与轨道的接触点，方向与轨道方向一致，由大车每侧的刹车轮传至轨顶，继而传至吊车梁，通过吊车梁传给纵向排架。对一般四轮吊车，作用在一边轨道上每个制动轮产生的纵向水平荷载 $T_1 = 0.1nP_{max}$。纵向排架其纵向水平荷载总设计值 T_0 应按下式确定：

$$T_0 = \gamma_Q m \psi_c T_1 = \gamma_Q m \psi_c 0.1 nP_{max} \tag{4.7}$$

式中　n —— 作用在一边轨道上最大刹车轮压总数，对一般四轮吊车，取 $n = 1$。

　　　m —— 起重量相同的吊车台数，不论单跨或多跨厂房，当 $m > 2$ 时，取 $m = 2$。

【例 4.2】 已知某单层单跨厂房，跨度为 18 m，柱距为 6 m，设计时考虑两台中级工作制、起重量为 10 t 的桥式软钩吊车，吊车桥架跨度 $L = 16.5$ m，由电动桥式吊车数据查得：桥架宽度 $B = 5\ 150$ mm，轮距 $K = 4\ 050$ mm，小车重量 $Q = 39.0$ kN，吊车最大及最小轮压 $P_{max} = 117$ kN，$P_{min} = 26$ kN，吊车总重量为 186 kN。求 D_{max}、D_{min}、T_{max} 及 T_0。

解　图 4.33 为两台 10 t 吊车荷载作用下支座反力影响线。

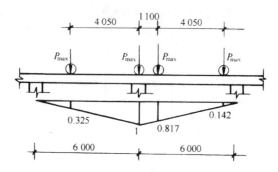

图 4.33　两台 10 t 吊车荷载作用下支座反力影响线（单位：mm）

由式（4.3）、式（4.5）、式（4.6b），有

$$D_{\max} = \psi_c \gamma_Q P_{\max} \sum y_i = 0.9 \times 1.4 \times 117 \times (0.325 + 1 + 0.817 + 0.142) = 336.7 \ \text{kN}$$

$$D_{\min} = D_{\max} \frac{P_{\min}}{P_{\max}} = 336.7 \times \frac{26}{117} = 74.8 \ \text{kN}$$

$$T_k = \alpha(g+Q)/4 = 0.12 \times (39+100)/4 = 4.17 \ \text{kN}$$

$$T_{\max} = T_k \frac{D_{\max}}{P_{\max}} = 4.17 \times \frac{336.7}{117} = 12 \ \text{kN}$$

$$T_0 = 1.4 \times 2 \times 0.9 \times 0.1 \times 117 = 29.48 \ \text{kN}$$

三、等高排架内力分析

由前面的叙述可知，作用在排架上的荷载种类很多。究竟在哪些荷载作用下哪个截面的内力最不利，很难一下判断出来。但是，我们可以把排架所受的荷载分解成单项荷载，先计算单项荷载作用下排架柱的截面内力，然后再把单项荷载作用下的计算结果综合起来，通过内力组合确定控制截面的最不利内力，以其作为设计依据。

单层厂房排架为超静定结构，它的超静定次数等于它的跨数。等高排架是指各柱的柱顶标高相等，或柱顶标高虽不相等，但在任意荷载作用下各柱柱顶侧移相等。由结构力学知道，等高排架不论跨数多少，由于等高排架柱顶水平位移全部相等的特点，可用比位移法更为简捷的"剪力分配法"来计算。这样超静定排架的内力计算问题就转变为静定悬臂柱在已知柱顶剪力和外荷载作用下的内力计算。任意荷载作用下等高排架的内力计算，需要首先求解单阶超静定柱在各种荷载作用下的柱顶反力。因此，下面先讨论单阶超静定柱的计算问题。

作用在对称排架上的荷载可分为对称和非对称两类，它们的内力计算方法有所不同，现分述如下：

（一）对称荷载作用

对称排架在对称荷载作用下，排架柱顶无侧移，排架简化为下端固定，上端不动铰的单阶变截面柱，如图 4.34（a）所示。这是一次超静定结构，用力法（或其他方法）求出支座反力后，便可按竖向悬臂构件求得各个截面的内力。

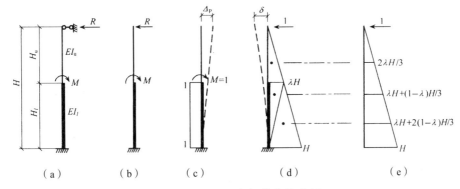

图 4.34　单阶一次超静定柱分析

如在变截面处作用一力矩 M 时，设柱顶反力为 R，取基本体系如图 4.33（b）所示，由力法方程可得

$$R\delta - \Delta_P = 0$$

即

$$R = \Delta_P / \delta \tag{4.8}$$

式中　δ——悬臂柱在柱顶单位水平力作用下柱顶处的侧移值，因其主要与柱的形状有关，故称为形常数；

　　　Δ_P——悬臂柱在荷载作用下柱顶处的侧移值，因与荷载有关，故称为载常数。

由式（4.8）可见，柱顶不动铰支座反力 R 等于柱顶处的载常数除以该处的形常数。

令　　　　　　$\lambda = \dfrac{H_u}{H}, \ n = \dfrac{I_u}{I_l}$

由图 4.34（c）、（d）、（e），根据结构力学中的图乘法可得

$$\begin{cases} \delta = \dfrac{H^3}{C_0 E I_l} \\[3mm] \Delta_P = (1 - \lambda^2) \dfrac{H^2}{2 E I_l} M \end{cases} \tag{4.9}$$

将式（4.9）代入式（4.8），得

$$R = C_M \frac{M}{H}$$

式中　C_0——单阶变截面柱的柱顶位移系数，按下式计算：

$$C_0 = \frac{3}{1 + \lambda^3 \left(\dfrac{1}{n} - 1 \right)} \tag{4.10}$$

　　　C_M——单阶变截面柱在变阶处集中力矩作用下的柱顶反力系数，按下式计算：

$$C_M = \frac{3}{2} \cdot \frac{1 - \lambda^2}{1 + \lambda^3 \left(\dfrac{1}{n} - 1 \right)} \tag{4.11}$$

按照上述方法，可得到单阶变截面柱在各种荷载作用下的柱顶反力系数。表4.4列出了单阶变截面柱的柱顶位移系数 C_0 及在各种荷载作用下的柱顶反力系数 $C_1 \sim C_{11}$，供设计计算时查用。

表 4.4　单阶变截面柱的柱顶位移系数 C_0 及在各种荷载作用下的柱顶反力系数 $C_1 \sim C_{11}$

序号	简图	R	$C_0 \sim C_5$	序号	简图	R	$C_6 \sim C_{11}$
0			$\delta = \dfrac{H^3}{C_0 EI_l}$ $C_0 = \dfrac{3}{1 + \lambda^3\left(\dfrac{1}{n}-1\right)}$	6		TC_6	$C_6 = \dfrac{1 - 0.5\lambda(3 - \lambda^2)}{1 + \lambda^3\left(\dfrac{1}{n}-1\right)}$
1		$\dfrac{M}{H}C_1$	$C_1 = \dfrac{3}{2} \cdot \dfrac{1 - \lambda^2\left(1 - \dfrac{1}{n}\right)}{1 + \lambda^3\left(\dfrac{1}{n}-1\right)}$	7		TC_7	$C_7 = \dfrac{b^2(1-\lambda)^2[3 - b(1-\lambda)]}{2\left[1 + \lambda^3\left(\dfrac{1}{n}-1\right)\right]}$
2		$\dfrac{M}{H}C_2$	$C_2 = \dfrac{3}{2} \cdot \dfrac{1 + \lambda^2\left(\dfrac{1 - a^2}{n} - 1\right)}{1 + \lambda^3\left(\dfrac{1}{n}-1\right)}$	8		qHC_8	$C_8 = \left\{\dfrac{a^4}{n}\lambda^4 - \left(\dfrac{1}{n}-1\right)(6a-8)a\lambda^4 - a\lambda(6a\lambda - 8)\right\} \div 8\left[1 + \lambda^3\left(\dfrac{1}{n}-1\right)\right]$
3		$\dfrac{M}{H}C_3$	$C_3 = \dfrac{3}{2} \cdot \dfrac{1 - \lambda^2}{1 + \lambda^3\left(\dfrac{1}{n}-1\right)}$	9		qHC_9	$C_9 = \dfrac{8\lambda - 6\lambda^2 + \lambda^4\left(\dfrac{3}{n} - 2\right)}{8\left[1 + \lambda^3\left(\dfrac{1}{n}-1\right)\right]}$
4		$\dfrac{M}{H}C_4$	$C_4 = \dfrac{3}{2} \cdot \dfrac{2b(1-\lambda) - b^2(1-\lambda)^2}{1 + \lambda^3\left(\dfrac{1}{n}-1\right)}$	10		qHC_{10}	$C_{10} = \left\{3 - b^3(1-\lambda)^3[4 - b(1-\lambda)] + 3\lambda^4\left(\dfrac{1}{n}-1\right)\right\} \div 8\left[1 + \lambda^3\left(\dfrac{1}{n}-1\right)\right]$
5		TC_5	$C_5 = \left\{2 - 3a\lambda + \lambda^3\left[\dfrac{(2+a)(1-a)^2}{n} - (2 - 3a)\right]\right\} \div 2\left[1 + \lambda^3\left(\dfrac{1}{n}-1\right)\right]$	11		qHC_{11}	$C_{11} = \dfrac{3\left[1 + \lambda^4\left(\dfrac{1}{n}-1\right)\right]}{8\left[1 + \lambda^3\left(\dfrac{1}{n}-1\right)\right]}$

注：表中 $n = I_u/I_l$，$\lambda = H_u/H$，$1 - \lambda = H_l/H$。

单跨厂房的屋盖恒荷载是对称荷载。屋面活荷载是非对称荷载。为了简化计算，对于单跨厂房的排架可按对称荷载计算，即可不考虑活荷载在半跨范围内的布置情况，由此引起的计算误差很小。

（二）非对称荷载作用

作用在单跨排架上的非对称荷载有风荷载、吊车竖向荷载和吊车横向水平荷载。在非对称荷载作用下，无论结构是否对称，排架顶端均产生位移，此时可用材料力学中的力法等进行计算。对于等高排架，用剪力分配法计算是很方便的。

1. 柱顶水平集中力作用下的等高排架内力分析

如图 4.35 所示，在柱顶水平集中力 F 作用下，等高排架各柱顶将产生侧移动。由于假定横梁为无轴向变形的刚性连杆，故有下列变形条件：

$$\Delta_1 = \Delta_2 = \cdots = \Delta_n = \Delta \tag{a}$$

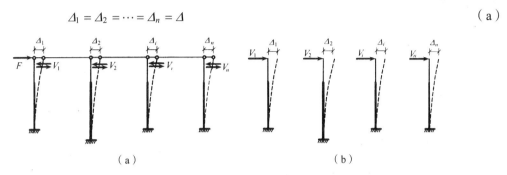

（a） （b）

图 4.35 柱顶水平集中力作用下的等高排架内力分析

若沿横梁与柱的连接处将各柱的柱顶切开，则在各柱顶的切口上作用有一对相应的剪力 V_i，如图 4.35（a）所示。如取出横梁为脱离体，则有下列平衡条件：

$$F = V_1 + V_2 + \cdots + V_n = \sum_{i=1}^{n} V_i \tag{b}$$

此外，根据形常数 δ_i 的物理意义，可得下列物理条件 [见图 4.33（d）]：

$$V_i \delta_i = \Delta_i \tag{c}$$

求解联立方程（b）和（c），并利用式（c），可得

$$V_i = \frac{\dfrac{1}{\delta_i}}{\displaystyle\sum_{i=1}^{n} \dfrac{1}{\delta_i}} F = \eta_i F \tag{4.12}$$

式中 $1/\delta_i$ ——第 i 根排架柱的抗侧移刚度（或抗剪刚度），即悬臂柱柱顶产生单位侧移所需施加的水平力；

η_i ——第 i 根排架柱的剪力分配系数，按下式计算：

$$\eta_i = \frac{\dfrac{1}{\delta_i}}{\displaystyle\sum_{i=1}^{n} \dfrac{1}{\delta_i}} \tag{4.13}$$

显然，剪力分配系数 η_i 与各柱的抗剪刚度 $1/\delta_i$ 成正比，抗剪刚度 $1/\delta_i$ 愈大，剪力分配系数也愈大，分配到的剪力也愈大。

按式(4.12)求得柱顶剪力 V_i 后,用平衡条件可得排架柱各截面的弯矩和剪力。由式(4.13)可见:

(1)当排架结构柱顶作用水平集中力 F 时,各柱的剪力按其抗剪刚度与各柱抗剪刚度总和的比例关系进行分配,故称为剪力分配法。

(2)剪力分配系数满足 $\sum \eta_i = 1$。

(3)各柱的柱顶剪力 V_i 仅与 F 的大小有关,而与其作用在排架左侧或右侧柱顶处的位置无关,但 F 的作用位置对横梁内力有影响。

2. 任意荷载作用下的等高排架内力分析

为了利用剪力分配法来求解这一问题,对任意荷载作用,必须把计算过程分为三个步骤:第一步先假想在排架柱顶增设不动铰支座,由于不动铰支座的存在,排架将不产生柱顶水平侧移,而在不动铰支座中产生水平反力 R[见图 4.36(b)]。由于实际上并没有不动铰支座,因此,第二步必须撤除不动铰支座,换言之,即加一个和 R 数值相等而方向相反的水平集中力于排架柱顶[见图 4.36(c)],以使排架恢复到实际情况,这时排架就转换成柱顶受水平集中力作用的情况,即可利用剪力分配法来计算。最后,将上面两步的计算结果进行叠加,即可求得排架的实际内力。

排架具体的实际内力分析如下:

(1)对承受任意荷载作用的排架[见图 4.36(a)],先在排架柱顶部附加一个不动铰支座以阻止其侧移,则各柱为单阶一次超静定柱[见图 4.36(b)]。

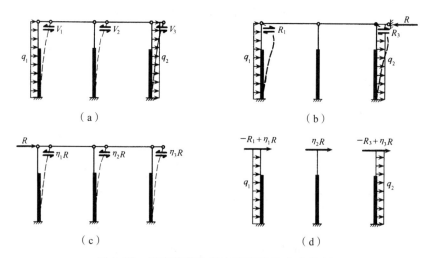

图 4.36　任意荷载作用下等高排架内力分析

应用柱顶反力系数可求得各柱反力 R_i 及相应的柱端剪力,柱顶假想的不动铰支座总反力为

$$R = \sum R_i \tag{4.14}$$

在图 4.36(b)中, $R = R_1 + R_3$,因为 R_2 为零。

(2)撤除假想的附加不动铰支座,将支座总反力 R 反向作用于排架柱顶[见图 4.36(c)],应用剪力分配法可求出柱顶水平力 R 作用下各柱顶剪力 $\eta_i R$。

(3)将图 4.36(b)、(c)的计算结果相叠加,可得到在任意荷载作用下排架柱顶剪力

$$V_i = R_i + \eta_i R \qquad (4.15)$$

按图 4.36（d）可求出各柱的内力。

（4）按悬臂构件求柱各截面的内力。

【例 4.3】　已知有一榀二跨等高排架（见图 4.37），风荷载设计值 $F_w = 11.77$ kN，$q_1 = 3.46$ kN/m，$q_2 = 1.74$ kN/m。A 与 C 柱相同，$I_{1A} = I_{1C} = 2.13 \times 10^9$ mm^4，$I_{2A} = I_{2C} = 8.75 \times 10^9$ mm^4，B 柱 $I_{1B} = 7.2 \times 10^9$ mm^4，$I_{2B} = 8.75 \times 10^9$ mm^4，上柱高均为 $H_1 = 3.3$ m，柱总高均为 $H = 11.75$ m。试用剪力分配法计算排架内力，并绘出各柱弯矩图。

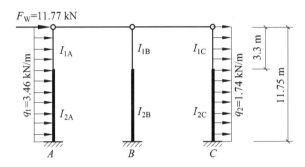

图 4.37　等高排架计算简图

解

1. 计算剪力分配系数

$$\lambda = \frac{H_1}{H} = \frac{3.3}{11.75} = 0.281$$

A、C 柱 $n = 2.13/8.75 = 0.243$

B 柱　　$n = 7.2/8.75 = 0.832$

查表 4.4 得

A、C 柱 $C_0 = 2.81$；B 柱 $C_0 = 2.99$。

因各柱总高及下柱高皆相同，故

$$\eta_A = \eta_C = \frac{2.81}{2 \times 2.81 + 2.99} = 0.326$$

$$\eta_B = \frac{2.99}{2 \times 2.81 + 2.99} = 0.347$$

2. 计算各柱顶剪力

由于 q_1、q_2 的作用，由表 4.4 得：

$$C_{11} = 0.358$$

$$R_A = C_{11} q_1 H = 0.358 \times 3.46 \times 11.75 = 14.55 \text{ kN}$$

$$R_C = C_{11} q_1 H = 0.358 \times 1.74 \times 11.75 = 7.32 \text{ kN}$$

柱顶剪力

$$V_A = \eta_A (R_A + R_C + F_w) - R_A = 0.326(14.55 + 7.32 + 11.77) - 14.55 = -3.58 \text{ kN} (\leftarrow)$$

$$V_B = \eta_B (R_A + R_C + F_w) = 0.347(14.55 + 7.32 + 11.77) = 11.67 \text{ kN} (\rightarrow)$$

$$V_C = \eta_C \left(R_A + R_C + F_w \right) - R_C = 0.326\left(14.55 + 7.32 + 11.77\right) - 7.32 = 3.65 \text{ kN} \left(\rightarrow \right)$$

3. 绘制弯矩图（图 4.38）

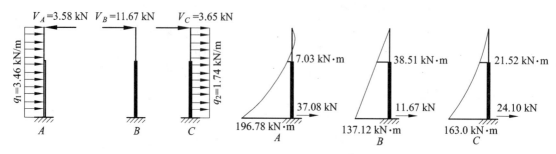

图 4.38　等高排架弯矩图

讨论：

（1）在风荷载作用下，柱底弯矩值最大。所以，风荷载在单层厂房排架结构内力分析中是一种主要荷载。

（2）在风荷载作用下，直接受载的排架柱的弯矩图为一曲线；非直接受载的排架柱的弯矩图为一直线。排架内力按柱的抗剪刚度分配，刚度较大的柱所分配到的内力较多。

（3）在计算过程中，应随时对柱顶剪力或柱底剪力与荷载的关系进行核核，以免出错。同时，还应注意柱底剪力的方向问题。柱的弯矩图应画在柱于受拉的一侧。

四、不等高排架内力分析

图 4.39 所示是常见的不等高排架的计算简图，不等高排架在荷载作用下，由于高、低跨的柱顶位移不等，用剪力分配法计算就不方便了，这类排架内力通常用结构力学中的力法直接求解，详见有关文献。

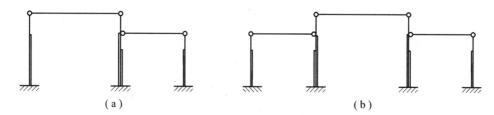

图 4.39　不等高排架计算简图

五、排架考虑整体空间作用的计算

1. 厂房整体空间作用的基本概念

单层厂房结构是由排架、屋盖系统、支撑系统和山墙等组成的一个空间结构，如果简化成按平面排架计算，虽然简化了计算，但却与实际情况有出入。

在恒载、屋面荷载、风载等沿厂房纵向均布的荷载作用下，除了靠近山墙处的排架的水平位移稍小以外，其余排架的水平位移基本上是差别不大。因而各排架之间相互牵制作用不显著，按简化成平面排架来计算对排架内力影响很小，故在均布荷载作用下不考虑整体空间作用［见图 4.40（a）、（b）］。

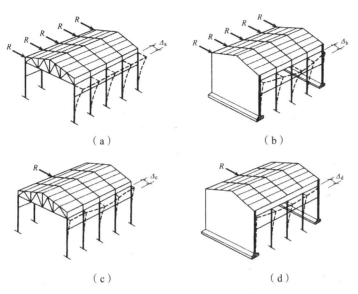

（a）　　　　　　　　　（b）

（c）　　　　　　　　　（d）

图 4.40　厂房整体空间作用示意图

但是，吊车荷载（竖向和水平）是局部荷载，当吊车荷载局部作用于某几个排架时，其余排架以及两山墙都对承载的排架有牵制作用［见图 4.40（c）、（d）］。如厂房跨数较多、屋盖刚度较大，则牵制作用也较大。这种排架与排架、排架与山墙之间相互关联和牵制的整体作用，即称为厂房的整体空间作用。

根据实测及理论分析，厂房的整体空间作用的大小主要与下列因素有关：

（1）屋盖刚度。屋盖刚度越大，空间作用越显著。故无檩屋盖的整体空间作用大于有檩屋盖。

（2）厂房两端有无山墙。山墙的横向刚度很大，能承担很大部分横向荷载。根据实测资料表明，两端有山墙与两端无山墙的厂房，其整体空间作用将相差几倍甚至十几倍。

（3）厂房长度。厂房的长度长，空间作用就大。

（4）排架本身刚度。排架本身的刚度越大，直接受力排架承担的荷载就越多，传给其他排架的荷载就越少，空间作用就相对减少。

此外，还与屋架变形等因素有关。

对于一般单层厂房，在恒载、屋面活荷载、雪荷载以及风荷载作用下，按平面排架结构分析内力时，可不考虑厂房的整体空间作用。而吊车荷载仅作用在几榀排架上，属于局部荷载，因此，《混凝土结构设计规范》规定，在吊车荷载作用下才考虑厂房的整体空间作用。

2. 吊车荷载作用下考虑厂房整体空间作用的排架内力分析

图 4.41 所示的单层厂房，当某一榀排架柱顶作用水平集中力 R 时，若不考虑厂房的整体空间作用，则此集中力 R 完全由直接受荷排架承受，其柱顶水平位移为 Δ［见图 4.41(c)］；当考虑厂房的整体空间作用时，由于相邻排架的协同工作，柱顶水平集中力 R 不仅由直接受荷载排架承受，而且将通过屋盖等纵向联系构件传给相邻的其他排架，使整个厂房共同承担。

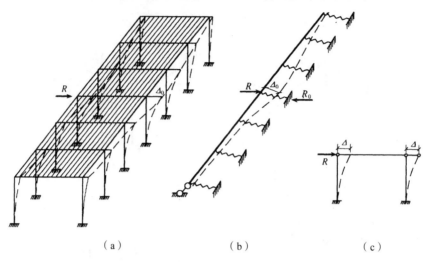

（a）　　　　　　　（b）　　　　　　（c）

图 4.41　厂房整体空间作用分析

如果把屋盖看作一根在水平面内受力的梁,而各榀横向排架作为梁的弹性支座[见图 4.41（b）],则各支座反力 R_i 即为相应排架所分担的水平力。如设直接受荷排架对应的支座反力为 R_0,则 $R_0 < R$, R_0 与 R 之比称为单个荷载作用下的空间作用分配系数,以 μ 表示。由于在弹性阶段,排架柱顶的水平位移与其所受荷载成正比,故空间作用分配系数 μ 可表示为柱顶水平位移之比（Δ_0/Δ）,即

$$\mu = R_0/R = \Delta_0/\Delta < 1.0 \qquad (4.16)$$

式中　Δ_0——考虑空间作用时直接受荷排架的柱顶位移。

可见, μ 表示当水平荷载作用于排架柱顶时,由于厂房结构的空间作用,该排架所分配到的水平荷载与不考虑空间作用按平面排架计算所分配的水平荷载的比值。μ 值越小,说明厂房的空间作用越大,反之则越小。根据试验及理论分析,表 4.5 给出了吊车荷载作用下单层、单跨厂房的 μ 值,可供设计时参考。

表 4.5　单跨厂房空间作用分配系数 μ

厂房情况		吊车起重量/t	厂房长度/m	
			≤60	>60
有檩屋盖	两端无山墙或一端有山墙	≤30	0.90	0.85
	两端有山墙	≤30	0.85	
无檩屋盖	两端无山墙或一端有山墙	≤75	厂房跨度/m			
			12~27	>27	12~27	>27
			0.90	0.85	0.85	0.80
	两端有山墙	≤75	0.80			

3. 考虑厂房整体空间作用时排架内力计算步骤

对于图 4.42（a）所示排架,当考虑厂房整体空间作用时,可按下述步骤计算排架内力:

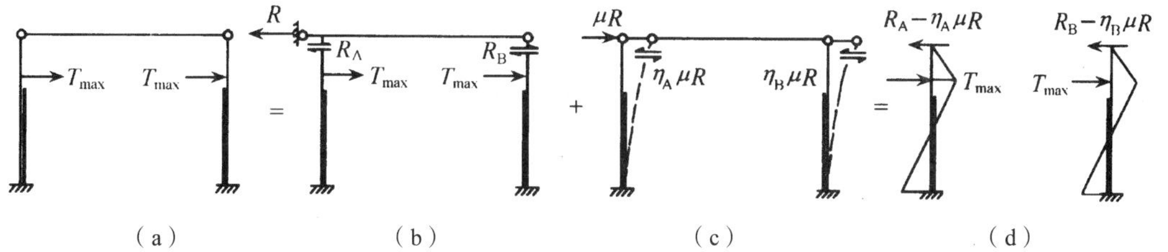

图 4.42　考虑空间作用时排架内力分析

（1）先假定排架柱顶无侧移，求出在吊车水平荷载 T_{max} 作用下的柱顶反力 R 以及相应的柱顶剪力［见图 4.42（b）］。

（2）将柱顶反力 R 乘以空间作用分配系数 μ，并将它反方向施加于该排架的柱顶，按剪力分配法求出各柱顶剪力［见图 4.42（c）］。

（3）将上述两项计算求得的柱顶剪力叠加，即为考虑空间作用的柱顶剪力。根据柱顶剪力及柱上实际承受的荷载，按静定悬臂柱可求出各柱的内力，如图 4.42（d）所示。

六、内力组合

所谓内力组合，就是将排架柱在各单项荷载作用下的内力，按照它们在使用过程中同时出现的可能性，求出在某些荷载共同作用下，柱控制截面可能产生的最不利内力，作为柱和基础配筋计算的依据。

1. 控制截面

控制截面是指对截面配筋起控制作用的截面。从排架内力分析中可知，排架柱内力沿柱高各个截面都不相同，故不可能（也没有必要）计算所有的截面，而是选择几个对柱内配筋起控制作用的截面进行计算。对单阶柱，为便于施工，整个上柱截面配筋相同，整个下柱截面的配筋也相同。

对上柱来说，上柱柱底弯矩和轴力最大，是控制截面，记为 Ⅰ—Ⅰ 截面（见图 4.43）。对下柱来说，下柱牛腿顶截面处在吊车荷载作用下弯矩最大；下柱底截面在吊车横向水平荷载和风荷载作用下弯矩最大，此两截面是下柱的控制截面，分别记为 Ⅱ—Ⅱ 截面和 Ⅲ—Ⅲ 截面（见图 4.43）。同时，柱下基础设计也需要 Ⅲ—Ⅲ 截面的内力值。

2. 荷载组合原则

建筑结构荷载规范规定对于一般排架结构，荷载效应组合的设计值 S 应从下列组合值中取最不利值确定：

（1）由可变荷载效应控制的组合：

$$S = 1.2S_{Gk} + \gamma_{Q1}S_{Q1k}$$

$$S = 1.2S_{Gk} + 0.9\sum\gamma_{Qi}S_{Qik}$$

（2）由永久荷载效应控制的组合：

$$S = 1.35S_{Gk} + \sum\gamma_{Qi}\psi_{ci}S_{Qik}$$

式中　S_{Gk}——按永久荷载标准值 G_k 计算的荷载效应值；

S_{Qik}——按可变荷载标准值 Q_{ik} 计算的荷载效应值，其中 S_{Q1k}
为诸可变荷载效应中起控制作用者；

γ_{Qi}——第 i 个可变荷载的分项系数，其中 γ_{Q1} 为可变荷载 Q_{1k}
的分项系数，一般情况下取 1.4；

ψ_{ci}——第 i 个可变荷载的组合值系数。

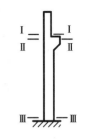

图 4.43　柱控制截面

在对结构进行正常使用极限状态验算和地基承载力计算时，应
采用荷载效应的标准组合；对一般排架结构，荷载效应的标准组合
可参照承载能力极限状态的基本组合，采用简化规则进行组合，但
各项荷载分项系数均取 1。

3. 内力组合

排架柱为偏心受压构件，各个截面都有弯矩、轴向力和剪力存在，它们的大小是设计柱
的依据，同时也影响基础设计。

柱的配筋是根据控制截面最不利内力组合计算的。当按某一组内力计算时，柱内钢筋用
量最多，则该组内力即为不利的内力组合。

由偏心受压构件计算可知：大偏心受压情况下，当 M 不变，N 愈小，或当 N 不变，M 愈
大时，钢筋用量愈多；小偏心受压时，当 M 不变，N 愈大，或当 N 不变，M 愈大时，钢筋用
量愈多。

因此，一般情况下可按下述四个项目进行组合：① $+M_{max}$ 与相应的 N，V 组合；② $-M_{max}$
与相应的 N，V 组合；③ N_{max} 与相应的 M，V 组合；④ N_{min} 与相应的 M，V 组合。

4. 内力组合注意事项

（1）永久荷载在任何情况下都参加组合。

（2）吊车竖向荷载 D_{max} 和 D_{min} 在同一跨内并存。D_{max}（D_{min}）可能作用在左柱，也可能
作用在右柱，只取一种情况参加组合。

（3）吊车横向水平荷载 T_{max} 同时作用在两侧柱上，方向可向左，也可向右，只取一种情
况参加组合。

（4）同一跨间有 T_{max} 时必有 D_{max}（D_{min}），因此，选择 T_{max} 参加组合的同时必然有 D_{max}
（D_{min}）。反之，有 D_{max}（D_{min}）时不一定有 T_{max}。有 T_{max} 时方向可左可右，因此，选择 D_{max}
（D_{min}）参加组合时应考虑 T_{max}。

（5）风荷载有向左和向右两种情况，只取其一参加组合。

【例 4.4】 一钢筋混凝土排架，由于三种荷载（不包括柱自重）使排架柱柱脚 A 处产生三个
柱脚弯矩标准值，柱顶处屋架上永久荷载的偏心反力产生的 $M_{Agk} = 50 \text{ kN} \cdot \text{m}$、柱顶处屋架上活
荷载的偏心反力产生的 $M_{Aqk} = 30 \text{ kN} \cdot \text{m}$、柱中部吊车梁上 A5 级软钩吊车荷载的偏心反力产生
的 $M_{Ack} = 60 \text{ kN} \cdot \text{m}$［图 4.44（a）、（b）、（c）］，风荷载作用下产生的柱脚弯矩标准值 $M_{Awk} =$
$65 \text{ kN} \cdot \text{m}$［图 4.44（d）］。若计算时对效应的组合不采用《建筑结构荷载规范》的简化规则，试求：

（1）由排架上永久荷载、活荷载和吊车荷载产生的柱脚最大弯矩设计值 M？

（2）若还需考虑风荷载作用下产生的柱脚弯矩。由排架上永久荷载和三种可变荷载确定
的柱脚最大弯矩设计值 M？

（3）若采用《建筑结构荷载规范》的简化规则，计算在四种工况下柱脚 A 处的最大弯矩
设计值 M？

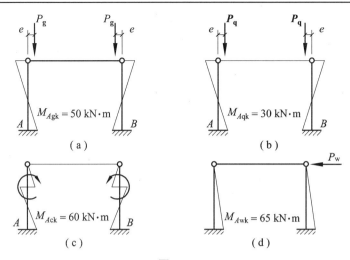

图 4.44

解

（1）由排架上永久荷载、活荷载和吊车荷载产生的柱脚最大弯矩设计值 M_A。

屋面活荷载及吊车荷载的组合值系数均是 $\psi = 0.7$。

① 当由屋面活荷载效应控制的组合时：

$$M_A = 1.2 \times 50 + 1.4 \times 30 + 1.4 \times 0.7 \times 60 = 160.8 \text{ kN} \cdot \text{m}$$

② 当由吊车荷载效应控制的组合时：

$$M_A = 1.2 \times 50 + 1.4 \times 60 + 1.4 \times 0.7 \times 30 = 173.4 \text{ kN} \cdot \text{m} > 160.8 \text{ kN} \cdot \text{m}$$

显然，本题是吊车荷载效应控制的组合产生最大柱脚弯矩设计值。

（2）由排架上永久荷载和 3 种可变荷载确定的柱脚最大弯矩设计值 M_A。

① 当由屋面活荷载效应控制的组合时（风荷载的组合系数 $\psi_w = 0.6$）

$$M_A = 1.2 \times 50 + 1.4 \times 30 + 1.4 \times 0.7 \times 60 + 1.4 \times 0.6 \times 65 = 215.4 \text{ kN} \cdot \text{m}$$

② 当由吊车荷载效应控制的组合时：

$$M_A = 1.2 \times 50 + 1.4 \times 60 + 1.4 \times 0.7 \times 30 + 1.4 \times 0.6 \times 65 = 228.0 \text{ kN} \cdot \text{m}$$

③ 当属风荷载效应控制的组合时：

$$M_A = 1.2 \times 50 + 1.4 \times 65 + 1.4 \times 0.7 \times 30 + 1.4 \times 0.7 \times 60 = 239.2 \text{ kN} \cdot \text{m}$$

比较上述三种组合的计算结果，可知风荷载效应控制的组合产生最大柱脚弯矩设计值。

（3）采用《建筑结构荷载规范》的简化规则，计算在四种工况下柱脚 A 处的最大弯矩设计值 M。

① 当由可变荷载效应控制的组合时：

$$M_A = 1.2 \times 50 + 0.9 \times (1.4 \times 30 + 1.4 \times 60 + 1.4 \times 65) = 255.3 \text{ kN} \cdot \text{m}$$

② 当由永久荷载效应控制的组合时：

$$M_A = 1.35 \times 50 + 1.4 \times 0.7 \times 30 + 1.4 \times 0.7 \times 60 + 1.4 \times 0.6 \times 65 = 210.3 \text{ kN} \cdot \text{m} < 255.3 \text{ kN} \cdot \text{m}$$

与不采用简化规则算得的 $M = 239.2$ kN·m 相比较，可知采用简化规则算得的 $M = 255.3$ kN·m 要大于前者。

第五节 单层厂房柱的设计

单层厂房中柱是主要承重构件，除了必须保证在使用和施工时的承载力外，还应具有足够的刚度。柱的设计主要应解决：

（1）选择柱的形式并确定截面尺寸。

（2）根据柱的控制截面的最不利内力进行配筋计算和布置构造钢筋。

（3）确定柱的牛腿的截面尺寸、配筋和构造。

（4）柱的施工、吊装阶段的承载力和裂缝宽度验算。

（5）柱与屋架、吊车梁等构件的连接构造。

（6）绘制柱的施工图。

一、柱的形式和截面尺寸的确定

1. 柱的形式

单层厂房排架柱常用的截面形式有矩形截面柱、工字形截面柱、双肢柱和管柱（见图4.45）等。

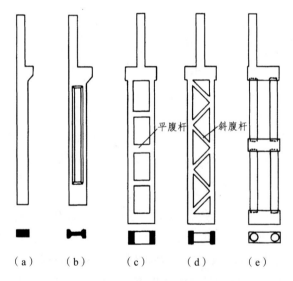

（a）　　（b）　　（c）　　（d）　　（e）

图4.45　单层厂房排架柱常用的截面形式

在中小型厂房中，常用矩形截面柱和工字形截面柱。矩形截面柱的混凝土不能全部充分发挥作用，浪费材料，自重大，但构造简单，施工方便，主要用于截面高度 $h \leqslant 700$ mm 的小型柱。

工字形截面柱的截面形式合理，施工也较简单，应用较广泛。但当截面太大（如 $h \geqslant 1\ 600$ mm）时，重量大，吊装困难，因此，当截面高度 $h > 1\ 600$ mm 时，采用双肢柱。

2. 柱截面尺寸的确定

柱截面尺寸不仅应满足承载力，还必须保证具有足够的刚度，以保证厂房在正常使用过程中不致出现过大的变形，影响吊车正常运行，造成吊车轮与轨道磨损严重或造成墙体和屋盖开裂等情况。根据刚度要求，表4.6给出了6 m 柱距的单跨和多跨厂房柱截面尺寸 b 和 h

的最小限值。对于一般厂房，如满足该限值，厂房的侧移可以满足规范的要求。

表 4.6　6 m 柱距的单跨和多跨厂房柱截面尺寸 b 和 h 的最小限值

项次	柱 的 类 型	截 面 尺 寸			
		b	h		
			$Q \leqslant 10\,\text{t}$	$10\,\text{t} < Q < 30\,\text{t}$	$30\,\text{t} \leqslant Q \leqslant 50\,\text{t}$
1	有吊车厂房下柱	$\geqslant \dfrac{H_l}{25}$	$\geqslant \dfrac{H_l}{14}$	$\geqslant \dfrac{H_l}{12}$	$\geqslant \dfrac{H_l}{10}$
2	露天吊车柱	$\geqslant \dfrac{H_l}{25}$	$\geqslant \dfrac{H_l}{10}$	$\geqslant \dfrac{H_l}{8}$	$\geqslant \dfrac{H_l}{7}$
3	单跨及多跨无吊车厂房	$\geqslant \dfrac{H}{30}$	$\geqslant \dfrac{1.5H}{25}$（单跨），$\geqslant \dfrac{1.25H}{25}$（多跨）		
4	山墙柱（仅受风荷载及自重）	$\geqslant \dfrac{H_b}{40}$	$\geqslant \dfrac{H_l}{25}$		
5	山墙柱（同时承受由连系梁传来的墙重）	$\geqslant \dfrac{H_b}{30}$	$\geqslant \dfrac{H_l}{25}$		

注：H_l——从基础顶面至装配式吊车梁底面或现浇式吊车梁顶面的柱下部高度；
　　H——从基础顶面算起的柱全高；
　　H_b——山墙柱从基础顶面至柱平面外（柱宽度 b 方向）支撑点的距离。

二、柱截面设计

根据柱的最不利组合，求得控制截面的内力 M 和 N，即可按偏心受压构件进行截面配筋计算，计算方法和构造要求可详见《混凝土结构设计原理》，这里只针对单层厂房柱的具体情况作两点补充。

1. 柱子计算长度的确定

设计偏压构件时需求得偏心距增大系数 η 值，计算 η 值时又需知道该构件的计算长度。对于单层厂房，不论它是单跨厂房还是多跨厂房，柱的下端插入基础杯口，杯口四周空隙用现浇混凝土将柱与基础连成一体，比较接近固定端；而柱的上端与屋架连接，既不是理想自由端，也不是理想的不动铰支承，实际上属于一种弹性支承情况。因此，柱的计算长度不能用工程力学中提出的各种理想支承情况来确定。对于无吊车的厂房柱，其计算长度显然介于上端为不动铰支承与自由端两种情况之间。对于有吊车厂房的变截面柱，由于吊车桥架的影响，还需对上柱和下柱给出不同的计算长度。《混凝土结构设计规范》根据厂房实际工作特点，经过综合分析给出了单层厂房柱的计算长度的规定，见表 4.7。

表 4.7　单层厂房柱的计算长度

柱 的 类 型		排架方向	垂直排架方向	
			有柱间支撑	无柱间支撑
无吊车厂房柱	单　跨	$1.5H$	$1.0H$	$1.2H$
	两跨及多跨	$1.25H$	$1.0H$	$1.2H$
有吊车厂房柱	上　柱	$2.0H_u$	$1.25H_u$	$1.5H_u$
	下　柱	$1.0H_l$	$0.8H_l$	$1.0H_l$
露天吊车柱和栈桥柱		$2.0\,H_l$	$1.0H_l$	—

注：H_l——从基础顶面至装配式吊车梁底面或现浇式吊车梁顶面的柱下部高度；
　　H——从基础顶面算起的柱全高；
　　H_u——柱上部高度。

2. 柱吊装阶段的承载力和裂缝宽度验算

预制柱一般在混凝土强度达到设计值的 70% 以上时，即可进行吊装就位。当柱中配筋能

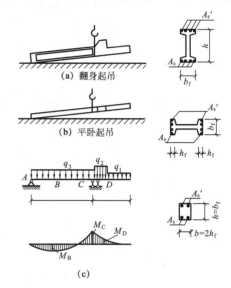

满足平吊时［见图 4.46（b）的承载力和裂缝宽度要求时，宜采用平吊，以简化施工。但当平吊需较多地增加柱中配筋时，则应考虑改为翻身起吊［见图 4.46（a）］，以节约钢筋用量。

吊装验算时的计算简图应根据吊装方法来确定，如采用一点起吊，吊点位置设在牛腿的下边缘处。当吊点刚离开地面时，柱子底端搁在地上，柱子成为带悬臂的外伸梁，计算时有动力作用，应将自重乘以动力系数 1.5。同时考虑吊装时间短促，承载力验算时结构重要性系数应较其使用阶段降低一级采用。

为了简化计算，吊装阶段的裂缝宽度不直接验算，可用控制钢筋应力和直径的办法来间接控制裂缝宽度，即钢筋应力 σ_{ss} 应满足下式要求：

图 4.46 柱吊装阶段的承载力和裂缝宽度验算

$$\sigma_{ss} = \frac{M_s}{0.87 h_0 A_s} \leqslant [\sigma_{ss}] \tag{4.17}$$

式中 M_s ——吊装阶段截面上按荷载短期效应组合计算的弯矩值，需考虑动力系数（1.5）；

$[\sigma_{ss}]$ ——不需验算裂缝宽度的钢筋最大允许应力，可在《混凝土结构设计原理》查得（由已知截面上钢筋直径 d 及 ρ_{te}，查得不需作裂缝宽度验算的最大允许应力值）。

三、牛腿设计

在单层厂房中，通常采用柱侧伸出的短悬臂 ——"牛腿"来支承屋架、吊车梁及墙梁等构件（见图 4.47）。牛腿不是一个独立的构件，其作用就是将牛腿顶面的荷载传递给柱子。由于这些构件大多是负荷大或有动力作用，所以牛腿虽小，却是一个重要部件。

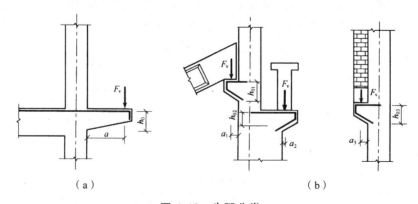

图 4.47 牛腿分类

根据牛腿所受竖向荷载 F_v 作用点到牛腿下部与柱边缘交接点的水平距离 a 与牛腿垂直截面的有效高度 h_0 之比的大小，可把牛腿分成两类：

（1）$a > h_0$ 时为长牛腿［见图 4.47（a）］，按悬臂梁进行设计。

（2）当 $a \leqslant h_0$ 时为短牛腿［见图 4.47（b）］，是一个变截面短悬臂深梁。

单层厂房中遇到的一般为短牛腿。下面主要讨论短牛腿（以下简称牛腿）的应力状态、破坏形态和设计方法。

（一）牛腿的应力状态和破坏形态

1. 牛腿的应力状态

图 4.48 所示为对 $a/h_0 = 0.5$ 的环氧树脂牛腿模型进行光弹性试验得到的主应力迹线。

由图 4.48 可见，牛腿上部的主拉应力方向基本上与上边缘平行，到加载点附近稍向下倾斜。牛腿上表面的拉应力，沿牛腿长度方向分布比较均匀，在加载点外侧，拉应力迅速减少至零。

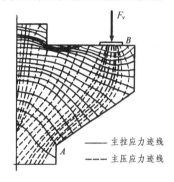

这样，可以把牛腿上部近似地假定为一个拉杆，且拉杆与牛腿上边缘平行。主压应力方向大致与加载点到牛腿下部转角的连线 AB 相平行，并在一条不很宽的带状区域内主压应力迹线密集地分布，这一条带状区域可以看作传递主压应力的压杆。

图 4.48　牛腿的光弹性试验得到的主应力迹线

2. 牛腿的破坏形态

对 $a/h_0 = 0.1 \sim 0.75$ 范围内的钢筋混凝土牛腿做试验，结果表明，牛腿混凝土的开裂以及最终破坏形态与上述光弹性模型试验所得的应力状态相一致。

牛腿的破坏形态主要取决于 a/h_0，有以下几种破坏形态（见图 4.49）：弯压破坏、剪切破坏、斜压破坏、斜拉破坏、局压破坏。

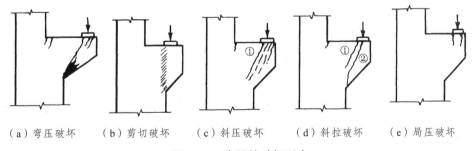

（a）弯压破坏　（b）剪切破坏　（c）斜压破坏　（d）斜拉破坏　（e）局压破坏

图 4.49　牛腿的破坏形态

（1）斜压破坏。当 a/h_0 值在 $0.1 \sim 0.75$ 范围内时，随着荷载增加，在斜裂缝外侧出现细而短小的斜裂缝，当这些斜裂缝逐渐贯通时，斜裂缝间的斜向主压应力超过混凝土的抗压强度，直至混凝土剥落崩出，牛腿即发生斜压破坏［见图 4.49（c）］。有时，牛腿不出现斜裂缝，而是在加载垫板下突然出现一条通长斜裂缝而发生斜拉破坏［见图 4.49（d）］。因为单层厂房的牛腿 a/h_0 值一般在 $0.1 \sim 0.75$ 范围内，故大部分牛腿均属斜压破坏。

（2）剪切破坏。当 $a/h_0 \leqslant 0.1$ 时，或虽 a/h_0 较大但牛腿的外边缘高度 h_1 较小时，在牛腿与柱边交接面上出现一系列短而细的斜裂缝,最后牛腿沿此裂缝从柱上切下而破坏[见图 4.49(b)],破坏时牛腿的纵向钢筋应力较小。

（3）弯压破坏。当 $0.75 < a/h_0 < 1$ 或受拉纵筋配筋率较低时,它与一般受弯构件破坏特征相近,首先受拉纵筋屈服,最后受压区混凝土压碎而破坏。

（4）局压破坏。当加载垫板尺寸过小时,会导致加载板下混凝土局部压碎破坏[见图 4.49(e)]。

为了防止上述各种破坏,牛腿应有足够大的截面尺寸,配置足够的钢筋,垫板尺寸不能过小并满足一系列的构造要求。

（二）牛腿的设计

牛腿设计内容包括三个方面:
（1）牛腿截面尺寸的确定。
（2）牛腿承载力计算。
（3）牛腿配筋构造。

1. 牛腿截面尺寸的确定

由于牛腿截面宽度与柱等宽,因此只需确定截面高度即可。牛腿是一重要部件,又考虑到出问题后又不易加固,因此截面高度一般以斜截面的抗裂度为控制条件,即以控制其在正常使用阶段不出现或仅出现微细裂缝为宜。设计时可根据经验预先假定牛腿高度,然后按下列裂缝控制公式进行验算（见图 4.50）。

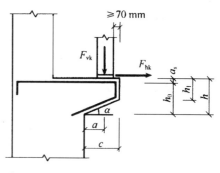

图 4.50 牛腿截面尺寸的确定

$$F_{vk} = \beta\left(1 - 0.5\frac{F_{hk}}{F_{vk}}\right)\frac{f_{tk}bh_0}{0.5 + \dfrac{a}{h_0}} \tag{4.18a}$$

即

$$h_0 \geqslant \frac{0.5F_{vk} + \sqrt{0.25F_{vk}^2 + 4ab\beta\left(1 - 0.5F_{hk}/F_{vk}\right)F_{vk}f_{tk}}}{2b\beta\left(1 - 0.5F_{hk}/F_{vk}\right)f_{tk}} \tag{4.18b}$$

当仅有竖向力作用时,（4.18（a）、（b））公式如下:

$$F_{vk} = \beta\frac{f_{tk}bh_0}{0.5 + \dfrac{a}{h_0}} \tag{4.18c}$$

即

$$h_0 \geqslant \frac{0.5F_{vk} + \sqrt{0.25F_{vk}^2 + 4ab\beta F_{vk}f_{tk}}}{2b\beta f_{tk}} \tag{4.18d}$$

式中　F_{vk}——作用于牛腿顶部按荷载效应标准组合计算的竖向力值;

　　　F_{hk}——作用在牛腿顶部按荷载效应标准组合计算的水平拉力值;

　　　β——裂缝控制系数（对支承吊车梁的牛腿,$\beta = 0.65$;对其他牛腿,$\beta = 0.80$）;

a —— 竖向力的作用点至下柱边缘的水平距离，此时应考虑安装偏差 20 mm，当 $a<0$ 时，取 $a=0$；

b —— 牛腿宽度；

h_0 —— 牛腿与下柱交接处的垂直截面有效高度，取 $h_0 = h_1 - a_s + c\tan\alpha$，当 $\alpha>45°$ 时，取 $\alpha = 45°$。

此外，牛腿的外边缘高度 h_1 不应小于 $h/3$，且不应小于 200 mm；牛腿外边缘至吊车梁外边缘的距离不宜小于 70 mm；牛腿底边倾斜角 $\alpha \leqslant 45°$。否则会影响牛腿的局部承压力，并可能造成牛腿外缘混凝土保护层剥落。

为了防止牛腿顶面加载垫板下混凝土的局部受压破坏，垫板下的局部压应力应满足

$$\sigma_c = \frac{F_{vk}}{A} \leqslant 0.75 f_c \qquad (4.19)$$

式中 A —— 局部受压面积，$A = a \cdot b$，其中 a、b 分别为垫板的长和宽；

f_c —— 混凝土轴心抗压强度设计值。

当不满足式（4.19）要求时，应采取加大垫板尺寸、提高混凝土强度等级或设置钢筋网等有效的加强措施。

2. 牛腿承载力计算

根据前述牛腿的试验结果指出，常见的斜压破坏形态的牛腿，在即将破坏时的工作状况可以近似看作是以纵筋为水平拉杆，以混凝土压力带为斜压杆的三角形桁架（见图 4.51）。

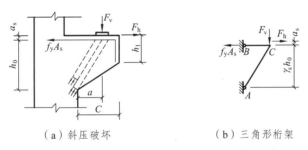

|（a）斜压破坏|（b）三角形桁架|

图 4.51 牛腿计算简图

a. 正截面承载力

通过三角形桁架拉杆的承载力计算来确定纵向受力钢筋用量，纵向受力钢筋由随竖向力所需的受拉钢筋和随水平拉力所需的水平锚筋组成，钢筋的总面积 A'_s 可由图 4.51（b）取 $\sum M_A = 0$，求得：

$$F_v a + F_h(\gamma_s h_0 + a_s) = A_s f_y \gamma_s h_0$$

近似取 $\gamma_s = 0.85$，$(\gamma_s h_0 + a_s)/r h_0 \approx 1.2$，即：

$$A_s \geqslant \frac{F_v a}{0.85 f_y h_0} + 1.2 \frac{F_h}{f_y} \qquad (4.20a)$$

当仅有竖向力作用时，（4.20a）公式如下：

$$A_s \geqslant \frac{F_v a}{0.85 f_y h_0} \qquad (4.20b)$$

式中　F_v——作用在牛腿顶部的竖向力设计值；

　　　F_h——作用在牛腿顶部的水平拉力设计值；

　　　a——竖向力 F_v 作用点至下柱边缘的水平距离，当 $a<0.3h_0$ 时，取 $a=0.3h_0$。

b. 斜截面承载力

牛腿的斜截面承载力主要取决于混凝土和弯起钢筋，而水平箍筋对斜截面受剪承载力没有直接作用，但水平箍筋可有效地限制斜裂缝的开展，从而可间接提高斜截面承载力。根据试验分析及设计，只要牛腿截面尺寸满足式（4.18）的要求，且按构造要求配置水平箍筋和弯起钢筋，则斜截面承载力均可得到保证。

3. 牛腿配筋构造

在总结我国的工程设计经验和参考国外有关设计规范的基础上，《混凝土结构设计规范》规定：

（1）牛腿的几何尺寸应满足图 4.52 所示的要求。

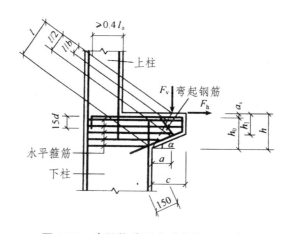

图 4.52　牛腿构造要求（单位：mm）

（2）牛腿内纵向受拉钢筋宜采用变形钢筋，除满足计算要求外，还应满足图 4.52 的各项要求。

（3）牛腿内水平箍筋直径应取用 6～12 mm，间距为 100～150 mm，且在上部 $2h_0/3$ 范围内的水平箍筋总截面面积不应小于承受竖向力的受拉钢筋截面面积的 1/2，即水平箍筋总截面面积应符合下列要求：

$$A_{sh} \geqslant \frac{F_v a}{1.7 f_y h_0} \tag{4.21}$$

（4）试验表明，弯起钢筋虽然对牛腿抗裂的影响不大，但对限制斜裂缝展开的效果较显著。试验还表明，当剪跨比 $a/h_0 \geqslant 0.3$ 时，弯起钢筋可提高牛腿的承载力 10%～30%，剪跨比较小时，在牛腿内设置弯起钢筋不能充分发挥作用。因此《混凝土结构设计规范》规定，当牛腿的剪跨比 $a/h_0 \geqslant 0.3$ 时，应设置弯起钢筋，弯起钢筋亦宜采用变形钢筋，其截面积 A_{sb} 不应少于承受竖向力的受拉钢筋面积的 1/2，其根数不应少于 2 根，直径不应小于 12 mm，并应配置在牛腿上部 1/6～1/2 的范围内（见图 4.52），其截面面积 A_{sb} 应满足下列要求：

$$A_{sb} \geq \frac{F_v a}{1.7 f_y h_0} \tag{4.22}$$

【例4.5】 某单层厂房，上柱截面尺寸为 400 mm × 400 mm，下柱截面尺寸为 400 mm ×

600 mm，如图4.53所示。厂房跨度为 18 m，牛腿上吊车梁承受两台 10 t 中级工作制吊车，其竖向荷载标准值 $F_{vk} = 259.3$ kN，竖向荷载设计值 $F_v = 356$ kN，混凝土强度等级为 C30，纵筋、弯起钢筋及箍筋均采用 HRB335级。试确定其牛腿的尺寸及配筋。

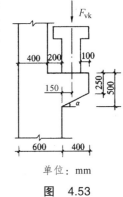

单位：mm

图 4.53

解

① 截面尺寸验算：

$$\beta\left(1 - 0.5\frac{F_{hk}}{F_{vk}}\right)\frac{f_{tk} b h_0}{0.5 + \dfrac{a}{h_0}} = 0.8 \times \frac{2.01 \times 400 \times 465}{0.5 + \dfrac{150}{465}}$$

$$= 363.6 > F_{vk} = 259.3 \text{ kN}$$

故满足要求。

② 配筋计算：

纵筋截面面积

$$A_s = \frac{150 \times 365 \times 10^3}{0.85 \times 300 \times 465} = 450 \text{ mm}^2$$

又

$$A_s = \rho_{min} bh = 0.002 \times 400 \times 500 = 400 \text{ mm}^2$$

故选用 $4\phi12$（$A_s = 452 \text{ mm}^2$）。

箍筋选用 $\phi8$ 间距 100 mm（$A_{sh} = 101 \text{ mm}^2$），则在上部 $2h_0/3$ 处实配箍筋截面面积为

$$A_{sh} = \frac{101}{100} \times \frac{2}{3} \times 465 = 313 \text{ mm}^2 > \frac{1}{2} A_s = \frac{1}{2} \times 450 = 225 \text{ mm}^2$$

故满足要求。

弯起钢筋因

$$a/h_0 = 150/465 = 0.32 > 0.3$$

故需设置，所需截面面积

$$A_{sb} = \frac{1}{2} A_s = \frac{1}{2} \times 450 = 225 \text{ mm}^2$$

故选用 $2\phi12$（$A_s = 226 \text{ mm}^2$），满足要求。

【例 4.6】[37] 已知一支承吊车梁的柱牛腿，如图4.54所示，牛腿宽度 $b = 400$ mm，竖向力的作用点至下柱边缘的水平距离 $a = 160$ mm（已考虑安装偏差 20 m），柱牛腿底面倾斜角 $\alpha = 45°$，柱牛腿外边缘高度 $h_1 = h/2$。按荷载效应标准组合计算的作用于牛腿顶部的竖向力值 $F_{vk} = 549.47$ kN，作用在牛腿顶部的竖向力设计值 $F_v = 659.64$ kN，混凝土强度等级为 C30，（$f_{tk} = 2.01 \text{ N/mm}^2$），纵向受拉钢筋采用 HRB335 级钢筋（$f_y = 300 \text{ N/mm}^2$），箍筋采用 HPB235 级钢筋（$f_y = 210 \text{ N/mm}^2$），求柱牛腿的高度 h 和配筋数量。

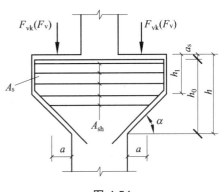

图 4.54

解

1. 求柱牛腿高度 h

因属于支承吊车梁的牛腿，故取 $\beta = 0.65$。

由式（4.18d）得：

$$h_0 \geqslant \frac{0.5F_{vk} + \sqrt{0.25F_{vk}^2 + 4ab\beta F_{vk}f_{tk}}}{2b\beta f_{tk}}$$

$$= \frac{0.5 \times 549\,470 + \sqrt{0.25 \times 549\,470^2 + 4 \times 160 \times 400 \times 549\,470 \times 2.01}}{2 \times 400 \times 0.65 \times 2.01}$$

$$= 750\ \text{mm}$$

所以 $\qquad h = h_0 + a_s = 750 + 50 = 800\ \text{mm}$

2. 求纵向受力钢筋的总截面面积

由于 $a = 160\ \text{mm} < 0.3h_0 = 0.3 \times 750 = 225\ \text{mm}$，取 $a = 225\ \text{mm}$。

由式（4.20b）得：

$$A_s \geqslant \frac{F_v a}{0.85 f_y h_0} = \frac{659.64 \times 225}{0.85 \times 300 \times 750} = 776\ \text{mm}^2$$

选用 4 Φ 16，$A_s = 804\ \text{mm}^2$；

$$\rho = \frac{A_s}{bh_0} = \frac{804}{400 \times 750} = 0.268\% > \rho_{min} = 0.45\frac{f_t}{f_y} = 0.214\,5\%$$

且 $\qquad \rho = 0.268\% < \rho_{max} = 0.6\%$

满足要求。

3. 求水平箍筋总截面面积

由式（4.21）得

$$A_{sh} \geqslant \frac{F_v a}{1.7 f_y h_0} = \frac{659.64 \times 10^3 \times 225}{1.7 \times 300 \times 750} = 388\ \text{mm}^2$$

在 $2h_0/3 = 2 \times 750/3 = 500\ \text{mm}$ 范围内配置箍筋 2Φ8，间距 $s = 125\ \text{mm}$，共 5 层。

则 $\qquad A_{sh} = 5 \times 2 \times 50.3 = 503\ \text{mm}^2$

满足要求。

4. 求弯起钢筋截面面积

由于 $a/h_0 = 160 \times 750 = 0.213 < 0.3$，可不设置弯起钢筋。

第六节　单层厂房柱基础的设计

一、概　述

柱下基础是单层厂房结构中的一个重要组成部分。单层工业厂房结构基础的设计需要从地基和基础两方面来考虑。地基要具有足够的稳定性和不发生过量的变形，为此，要合理地选择基础的埋置深度，合理地确定地基的容许承载力，进行必要的地基沉降量验算，使其相对沉降差和总沉降量限制在一定范围内。基础要具有足够的强度、刚度和耐久性。基础的作用是将上部结构的荷载传递到地基土，并使结构保持稳定。它要有足够大的底面积，使上部荷载形成的压应力不超过地基土的承载力；同时又应有足够的强度与刚度不致使基础本身破坏，从而导致上部结构坍塌。柱下独立基础设计要解决两个问题：一是基础底面面积的大小；二是基础的强度和刚度问题。如果底面面积太小，会引起土体塑性流动破坏（见图 4.55（a））。如果基础抗冲切（抗剪）强度不足会引起冲切破坏（见图 4.55（b））；还有可能发生配筋不足引起的受弯破坏（见图 4.55（c））。

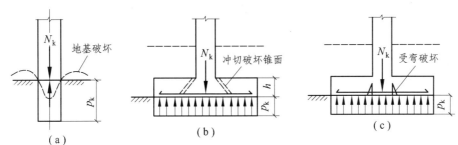

图 4.55 地基基础的破坏形式

为此，要进行基础类型的选择，进行基础的结构设计计算。基础设计的总目的是保证厂房结构的可靠、耐久和正常使用。

柱下独立基础按受力性能不同可分为：轴心受压基础和偏心受压基础两类。按施工方法，可分为预制柱基础和现浇柱基础。单层厂房中常用的是偏心受压钢筋混凝土独立基础，其形式有阶梯形和锥体形两种（图 4.56（a）、（b））。因为它与预制柱连接部分做成杯口，故又称杯口形基础。当基础由于地质条件所限制，或是附近有较深的设备基础或地坑而需深埋时，为了不使预制柱过长，可做成带短柱的高杯口基础（图 4.56（c））。当上部结构的荷载较大，地基的土质差，对基础不均匀沉降要求较严格的厂房，一般可采用桩基础（图 4.56（d））。

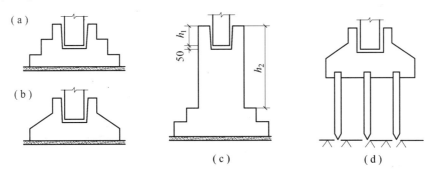

图 4.56 常用柱下独立基础形式

根据《建筑地基基础设计规范》的规定，对各级建筑物的地基和基础，均应进行承载力的计算，对一些重要的建筑物或土质较为复杂的地基，尚应进行变形或稳定性验算。同时规定，当计算地基的承载力时，应取用荷载效应的标准值；当计算基础的承载力时，应取用荷载效应的设计值。

单层厂房基础设计的内容和一般步骤是：

（1）根据使用要求和上部结构的布置，决定基础的类型，包括选用材料、构件形式、平面布置方式等；

（2）选择基础的埋置深度；

（3）根据土的物理力学指标，确定地基承载力的特征值；

（4）估算基础的底面面积；

（5）进行必要的地基变形验算；

（6）进行基础的构件设计：包括确定基础底面形状和尺寸，确定基础高度，计算基础配筋，进行基础的构造设计并绘制基础施工图。

二、柱下独立基础设计

在选定了地基持力层和基础埋置深度后，单独基础的设计主要有以下几方面内容：确定基础底面尺寸、验算基础高度、计算底板钢筋、构造处理。

（一）基础底面尺寸

上部结构的荷载要通过基础传到地基上去，为了防止地基产生过大的变形或相邻基础间产生过大的不均匀沉降，使建筑物不能正常使用或上部结构开裂，甚至造成严重的事故，所以要求基础底面产生的压力不大于地基承载力设计值。

1. 轴心受压独立基础底面的外形尺寸的确定

基础底面外形尺寸是由地基的承载力和变形条件确定的。由基础底面传给地基的荷载包括两部分：一部分是上部结构传来的荷载，如柱子和基础梁传来的荷载；另一部分是基础及基础上回填土层的自重。如果在上述荷载作用下基底压应力为均匀分布，如图4.57所示，则这种基础称为轴心受压基础，基底压应力设计值可按下式计算：

$$p_k = \frac{N_k + G_k}{A} \leqslant f_a \qquad (4.23)$$

式中　N_k——相应于荷载效应标准组合时上部结构传至基础的竖向压力值；

　　　G_k——基础自重和基础上土重标准值；

　　　A——基础底面面积；

　　　p_k——相应于荷载效应标准组合时基础底面处单位面积的平均压力值；

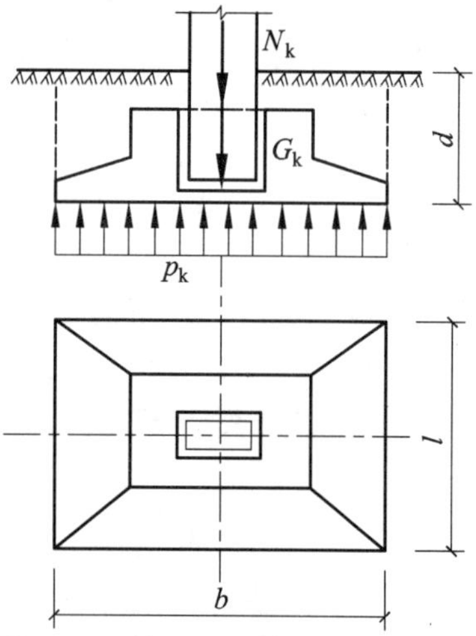

图 4.57　轴心受压基础压应力分布

　　　f_a——经过深度及宽度修正后的地基承载力特征值。

若取基础的埋置深度为 d，并取基础及其上填土的平均自重为 γ_0（一般可近似取 $\gamma_0 = 20$ kN/m³），则 $G_k = \gamma_0 dA$，代入式（4.23）可得：

$$A \geqslant \frac{N_k}{f_a - \gamma_0 d} \qquad (4.24)$$

轴心受压柱下基础的底面宜采用正方形或长宽比较接近的矩形。设计时先对土的承载力特征值作深度修正求得其 f_a 值，则按式（4.24）可算出 A 值；再选定基础底面的长边，即可求得短边。当求得的基础底面的宽度值若大于 3 m 时，还须作宽度修正重求 f_a 值及相应的宽度值；如此经过几次试算，若求得的基础底面宽度值与其用作宽度修正的宽度值前后一致时，则该宽度值即为最后确定的基础底面宽度。

2. 偏心荷载作用下的基础底面的外形尺寸的确定

承受偏心荷载或同时承受轴力和弯矩时，假定其底面压应力按线性非均匀分布（图 4.58），这时基础底面边缘的压力可用材料力学公式计算：

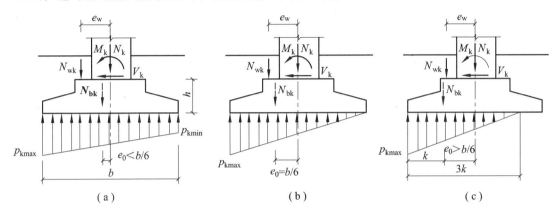

$$\substack{p_{k,\max} \\ k,\min} = \frac{N_{bk}}{A} \pm \frac{M_{bk}}{W} = \frac{N_k + G_k + N_{wk}}{A} \pm \frac{M_k + V_k h \pm N_{wk} e_w}{W} \tag{4.25}$$

图 4.58　偏心受压基础压应力分布

式中　$p_{k,\max}$，$p_{k,\min}$——相应于荷载效应标准组合时基础底面边缘单位面积的最大和最小地基反力；

W——基础底面的抵抗矩，$W = lb^2/6$；

l——垂直干力矩作用方向的基础底面边长；

N_{bk}，M_{bk}——分别为相应于荷载效应标准组合时，作用于基础底面的竖向压力值和弯矩值；

N_k，M_k，V_k——分别为按荷载效应标准组合时，作用于基础顶面处的轴力、弯矩和剪力值；

N_{wk}——相应于荷载效应标准组合时，基础梁传来的竖向力值；

e_w——基础梁中心线至基础底面中心线的距离；

h——按经验初步拟定的基础高度。

取 $e_0 = \dfrac{M_{bk}}{N_{bk}}$，并将 $W = lb^2/6$ 代入式（4.25）可将基础底面边缘的压力值写成如下形式：

$$\substack{p_{k,\max} \\ k,\min} = \frac{N_{bk}}{A}\left(1 \pm \frac{6e_0}{b}\right) \tag{4.26}$$

由上式可知：

（1）当 $e_0 < b/6$ 时，$p_{k,\min} > 0$，地基反力呈梯形分布，表示基底全部受压（图 4.58（a））；

（2）当 $e_0 = b/6$ 时，$p_{k,\min} = 0$，地基反力呈三角形分布，基底亦为全部受压（图 4.58（b））；

（3）当 $e_0 > b/6$ 时，$p_{k,\min} < 0$，由于基础底面与地基土的接触面间不能承受拉力，故说明

基础底面的一部分不与地基土接触，而基础底面与地基土接触的部分其反力仍呈三角形分布（图 4.58（c）），根据力的平衡条件，可求得基础底面边缘的最大压力值为：

$$p_{k,max} = \frac{2N_{bk}}{3kl} \qquad (4.27)$$

式中，k 为基础底面竖向压力 N_{bk} 作用点至基础底面最大压力边缘的距离，

$$k = b/2 - e_0$$

在偏心荷载作用下，基础底面的压力值应符合下式要求：

$$p = \frac{p_{k,max} + p_{k,min}}{2} \leqslant f_a \qquad (4.28)$$

$$p_{k,max} \leqslant 1.2f_a$$

上式中将地基承载力特征值提高 20% 的原因，是因为 $p_{k,max}$ 只在基础边缘的局部范围内出现，而且 $p_{k,max}$ 中的大部分是由活荷载而不是恒荷载产生的。

在确定偏心荷载作用下基础的底面尺寸时，一般采用试算法。首先按轴心荷载作用下的公式（4.24）初步估算基础的底面面积；再考虑基础底面弯矩的影响，将基础底面积适当增加 20%～40%，初步选定基础底面的边长 l 和 b，按式（4.25）计算偏心荷载作用下基础底面的压力值，然后验算是否满足式（4.28）的要求；如不满足，应调整基础底面尺寸重新验算，直至满足为止。

（二）基础高度的确定

基础高度是指自与柱交接处基础顶面至基础底面的垂直距离。柱下独立基础的高度需要满足两个要求：一个是构造要求；另一个是抗冲切承载力要求。根据《地基规范》规定：柱下独立基础高度应按混凝土的受冲切及受剪承载力公式，由计算确定，对于阶梯形基础，尚应验算变阶处的基础高度。设计中往往先根据构造要求和设计经验初步确定基础高度，然后进行抗冲切承载力验算。

柱下独立基础在向下的轴心压力和向上的均布地基土净反力作用下，会发生如图 4.59 所示的破坏，即破坏锥面以内的柱下部分，发生向下的移动的趋势，而破坏锥面以外的基础部分，发生向上移动。这种基础的冲切破坏其原因是破坏锥面以外四周土壤净反力的合力（冲切荷载）大于四个破坏锥面上的抗冲切力的合力，沿冲切面的主拉应力超过混凝土的轴心抗拉强度引起的（见图 4.59）。

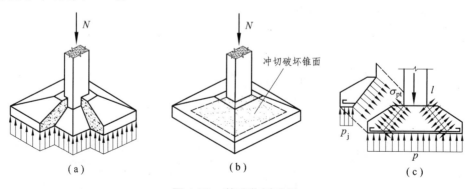

图 4.59　基础冲切破坏

　　矩形截面柱的基础通常不设置抗剪的箍筋和弯起钢筋，其抗冲切的承载力与冲切破坏锥面的面积和混凝土抗拉强度有关，为了防止冲切破坏，必须使冲切面外的地基反力所产生的冲切力小于或等于冲切面处混凝土的抗冲切承载力。

　　《建筑地基基础设计规范》规定，对矩形截面柱的矩形基础，在柱与基础交接处以及基础变阶处的受冲切承载力可按下列公式计算（见图 4.60）：

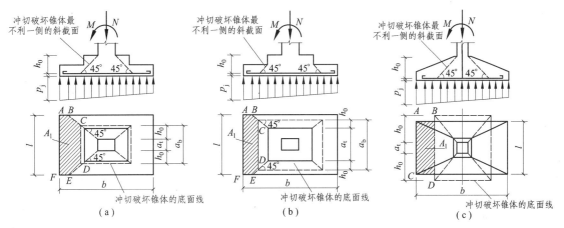

图 4.60　基础底面的受冲切面积

$$F_l \leqslant 0.7\beta_h f_t a_m h_0$$
$$F_l = p_j A_l \tag{4.29}$$
$$a_m = \frac{a_t + a_b}{2}$$

式中　　F_l——冲切荷载设计值；

　　　　p_j——在荷载设计值作用下基础底面单位面积上的净反力，$p_j = N/A$，其中 N 为上部结构传至基顶的轴向压力设计值；

　　　　A_j——考虑冲切荷载时取用的多边形面积（见图 4.60（a）、（b）中的阴影面积 *ABCDEF* 或图 4.60（c）中的 *ABCD*）；

　　　　β_h——受冲切承载力截面高度影响系数，当 $h \leqslant 800\ mm$ 时，取 $\beta_h = 1.0$；当 $h \geqslant 2\,000\ mm$ 时，取 $\beta_h = 0.9$；其间按线性内插法取用；当验算柱与基础交接处时 h 为基础高度，当验算基础变阶处时 h 为验算处的台阶高度；

　　　　f_t——混凝土轴心抗拉强度设计值；

　　　　h_0——基础冲切破坏锥体的有效高度；

　　　　a_m——冲切破坏锥体最不利一侧的计算长度；

　　　　a_t——冲切破坏锥体最不利一侧斜截面的上边长，当计算柱与基础交接处的受冲切承载力时，取柱宽；当计算基础变阶处的受冲切承载力时，取上阶宽；

　　　　a_b——冲切破坏锥体最不利一侧斜截面在基础底面积范围内的下边长，当冲切破坏锥体的底面落在基础底面以内（图 4.60（a）、（b）），计算柱与基础交接处的受冲切承载力时，取柱宽加 2 倍基础有效高度；当计算基础变阶处的受冲切承载力时，取上阶宽加 2 倍该处的台阶有效高度。当冲切破坏锥体的底面在 l 方向落在基础底止以外时（图 4.60（c）），取 $a_b = l$。

设计时，一般是根据构造要求先假定基础高度，然后按式（4.29）验算；如不满足，则应将高度增大重新验算，直到满足要求为止。当基础底面落在 45° 线（冲切破坏锥体）以内时，可不进行受冲切验算。基础高度确定之后，即可分阶。当基础高度 $h > 1\,000$ mm 时，分为 3 阶；当基础高度 h 在 $500 \sim 1\,000$ mm 之间分为 2 阶；当基础高度 $h < 500$ mm，则只作 1 阶。

【例 4.7】[32]　一钢筋混凝土柱下独立基础，外形尺寸如图 4.61 所示，基础台阶宽度为 $1\,100$ mm。基础下设 100 mm 厚的素混凝土垫层，基础混凝土强度等级为 C25，$f_t = 1.27$ N/mm^2。按荷载效应基本组合计算并考虑结构重要性系数的基础底面最大地基净反力 $p_{jm} = 175.65$ kN/m^2，经计算考虑冲切荷载时取用的多边形面积 $A_j = 1.24$ m^2。要求验算基础变阶处受冲切承载力。

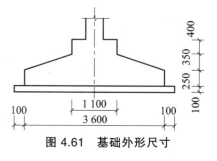

图 4.61　基础外形尺寸

解　根据《规范》设有垫层时，基础中纵向钢筋的保护层厚度不应小于 40 mm，故取 $a_{s1} = 45$ mm，$a_{s2} = 55$ mm，基础变阶处两个方向截面有效高度的平均值为：

$$h_0 = h - \frac{a_{s1} + a_{s2}}{2} = 600 - \frac{45 + 55}{2} = 550 \text{ mm}$$

冲切破坏锥体最不利一侧斜截面的上边长 $a_t = 1\,100$ mm。

下边长　　　$a_b = a_t + 2h_0 = 1\,100 + 2 \times 550 = 2\,200$ mm

$$a_m = \frac{a_t + a_b}{2} = \frac{1\,100 + 2\,200}{2} = 1\,650 \text{ mm}$$

$$H = 600 \text{ mm} < 800 \text{ mm}, \quad \beta_h = 1.0$$

$$0.7\beta_h f_t a_m h_0 = 0.7 \times 1.0 \times 1.27 \times 1\,650 \times 550 = 806.77 \text{ kN}$$

$$F_l = p_{jm} A = 175.65 \times 1.24 = 217.81 \text{ kN} < 806.77 \text{ kN}$$

满足要求。

（三）基础底板配筋计算

在计算基础底面地基土的反力时，应计入基础自身重力及基础上方土的重力，但是在计算基础底板受力钢筋时，由于这部分地基土反力的合力与基础及基础上方土的自重力相抵消，因此这时地基土的反力中不应计及基础及其上方土的重力，即以地基净反力来计算钢筋。

试验表明，基础底板在地基净反力作用下，在两个方向均产生向上弯曲，因此需在底板下部双向配置受力钢筋。配筋计算的最危险截面一般取在柱与基础交接处和变阶处（对阶形基础）。计算两个方向的弯矩时，把基础看成是固定在柱子周边的四面挑出的倒置悬臂板，计算简图如图 4.62 所示。

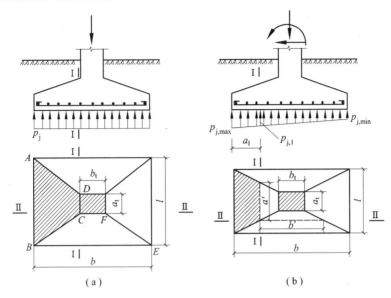

图 4.62　基础配筋计算简图

1. 轴心受压基础底板配筋计算

为简化计算，把基础底板划分为 4 块独立的悬臂板。对轴心受压基础，沿基础长边 b 方向的截面 I—I 处的弯矩 M_I 等于作用在梯形面积 $ABCD$ 形心处的地基净反力 p_j 的合力与形心到柱边截面的距离相乘之积，设沿基础长、短边方向的柱截面尺寸分别为 h_t、b_t，则由图 4.62 可写出：

$$V_I = p_j \frac{1}{4}(l + a_t)(b - b_t)$$

$$e_I = \left[\frac{2}{3} \left(\frac{2l + a_t}{l + a_t} \right) \frac{(b - b_t)}{2} \frac{1}{2} \right] = \frac{1}{6}(b - b_t)\left(\frac{2l + a_t}{l + a_t} \right)$$

所以　　　　　　$$M_I = V_I e_I = \frac{1}{24} p_j (b - b_t)^2 (2l + a_t) \tag{4.30}$$

沿长边 b 方向的受拉钢筋截面面积 A_{sI} 可近似按下式计算：

$$A_{sI} = \frac{M_I}{0.9 h_0 f_y} \tag{4.31}$$

式中　$0.9h_0$——根据经验确定的基础受弯内力臂值，其中 h_0 为截面 I 的有效高度。

同理，在基础短边 l 方向，对柱边截面 II—II 处的弯矩 M_{II} 为：

$$M_{II} = \frac{1}{24} p_j (l - b_t)^2 (2b + a_t) \tag{4.32}$$

沿短边方向的钢筋通常放在长边钢筋的上面，如果上下两层钢筋的直径都为 d，则截面 II—II 的有效高度为 $h_0 - d$，由此得：

$$A_{sI} = \frac{M_I}{0.9(h_0 - d) f_y} \tag{4.33}$$

2. 偏心受压基础底板配筋计算

当偏心距小于或等于 1/6 基础宽度 b 时，见图 4.62（b），沿弯矩作用方向在任意截面 I

—Ⅰ处及垂直于弯矩作用方向在任意截面Ⅱ—Ⅱ处相应于荷载效应基本组合时的弯矩设计值 M_{I}、M_{II} 可分别按下列公式计算:

$$M_{\mathrm{I}} = \frac{1}{12} a_1^2 \left[\left(2l + a' \right) \left(p_{\mathrm{j,max}} + p_{\mathrm{j,I}} \right) + \left(p_{\mathrm{j,max}} - p_{\mathrm{j,I}} \right) l \right] \tag{4.34}$$

$$M_{\mathrm{II}} = \frac{1}{48} \left(l - a' \right)^2 \left(2b + b' \right) \left(p_{\mathrm{j,max}} + p_{\mathrm{j,min}} \right) \tag{4.35}$$

式中　a_1——任意截面Ⅰ—Ⅰ至基底边缘最大反力处的距离;

　　　$p_{\mathrm{j,max}}$、$p_{\mathrm{j,min}}$——相应于荷载效应基本组合时,基础底面边缘的最大和最小地基净反力设计值;

　　　p_{jI}——相应于荷载效应基本组合时,在任意截面Ⅰ—Ⅰ处基础底面地基净反力设计值。

当偏心距大于 1/6 基础宽度 b 时,由于地基土是不承受拉力的,故沿弯矩作用方向基础底向一部分将出现零应力,其反力呈三角形,如图 4.58(c)所示。这时,在沿弯矩作用方向上,任意截面Ⅰ—Ⅰ处相应于荷载效应基本组合时的弯矩设计值此仍可按式(4.34)计算;在垂直于弯矩作用方向上,任意截面处相应于荷载效应基本组合时的弯矩设计值 M_{II} 应按实际应力分布计算,为简化计算,也可偏于安全地取 $p_{\mathrm{j,min}} = 0$,然后按式(4.34)计算。

(四)构造要求

基础的设计,仅仅根据内力计算结果是不够的,还要满足施工和安装时的受力状态,以及基础和柱、基础梁间的构造关系等非计算因素所提出的构造要求。这类构造要求大体有以下几方面:

1. 一般要求

轴心受压基础,其底面一般采用正方形;偏心受压基础,其底面应采用矩形,长边与弯矩作用方向平行;长、短边长的比值在 1.5 ~ 2.0 之间,不应超过 3.0;锥形基础的边缘高度不宜小于 200 mm;阶形基础的每阶高度值为 300 ~ 500 mm。混凝土强度等级不宜低于 C20;基础下通常要做素混凝土(宜采用 C10)垫层。厚度不宜小于 70 mm,一般采用 100 mm,垫层面积比基础底面积大,通常每端伸出基础边 100 mm。底板受力钢筋一般采用 HPB235 级或 HRB335 级钢筋,其最小直径不宜小于 8 mm,间距不宜大于 200 mm。当有垫层时,受力钢筋的保护层厚度不宜小于 35 mm,无垫层时不宜小于 70 mm。基础底板的边长大于或等于 2.5 m 时,沿此方向的钢筋长度可减短 10%,并宜交错布置,见图 4.63。

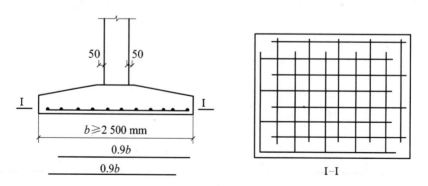

图 4.63　基础长边 $b \geqslant 2\,500$ mm 时的配筋示意图

对于现浇柱下独立基础，为施工方便，往往在基础顶面留施工缝。因此需在基础中插筋（见图 4.64），其直径和根数与柱中的纵向受力钢筋完全一致。与柱中四角的钢筋相连接的插筋，向下要伸至基础底面的钢筋网处，并弯长度为 75 mm 的直钩，其余插筋伸入基础的长度至少也应满足锚固长度的要求。插筋向上伸出基础顶面则需要足够的搭接长度。根据设计经验，柱中纵向受力筋在 8 根以内时，可做一次搭接，当钢筋超过 8 根时，则宜分两次搭接。插筋的直径、根数和搭接长度关系重大，在施工过程中要十分谨慎，不可弄错。

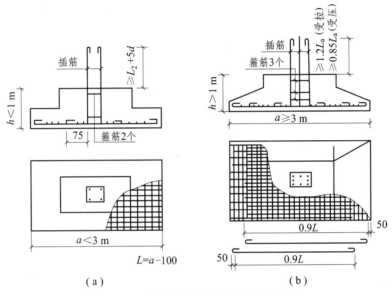

图 4.64　现浇柱下独立基础的构造要求

2. 柱子插入杯口的深度

为了使预制柱能嵌固在基础中，柱子伸入杯口必须有足够的插入深度。试验表明，插入深度在 0.8 倍柱截面长边尺寸时，就能满足嵌固端要求；但当柱截面长边尺寸较小时，插入深度宜适当加深。一般说来，柱子伸入杯口的插入深度可按表 4.8 选用。此外，H_1 还应满足柱内受力钢筋的锚固长度要求，并应考虑吊装时柱的稳定性，即应使 $H_1 \geqslant$ 吊装时的柱长 5%。杯口底部留有 50 mm，作为吊装柱时铺设细石混凝土找平层用。所以，杯口深度为 $H_1 + 50$ mm。杯口与柱间填充比基础混凝土强度等级高一级的细石混凝土，待其强度达到基础设计强度等级的 70% 以上时，方能进行上部构件的吊装。

表 4.8　柱的插入深度 H_1（mm）

矩形或工字形柱				双肢柱
< 500	$500 \leqslant h < 800$	$800 \leqslant h \leqslant 1\,000$	$h > 1\,000$	
		$0.9h$	$0.8h$	$(1/3 \sim 2/3)\, h_a$
$h \sim 1.2h$	h	$\geqslant 800$	$\geqslant 1\,000$	$(1.5 \sim 1.8)\, h_b$

当预制柱的截面为矩形及工字形时，柱基础采用单杯口形式；当为双肢柱时，可采取双杯口形式。杯口的构造如图 4.65 所示。

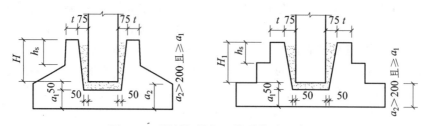

图 4.65　预制杯的杯口构造构造示意图

3. 杯口尺寸与杯底厚度

杯口顶部每边留出 75 mm，底部每边留出 50 mm，以便预制柱安装时进行就位、校正并进行二次灌浆用（见图 4.65）。柱子就位、校正时要在 75 mm 的空隙中打入钢楔，因此杯壁在安装阶段受有水平推力。为了保证杯壁在安装和使用阶段有足够的强度，在一般情况下要求杯口顶部壁厚 $t > 200$ mm（见表 4.9）。此外，基础梁下的杯壁厚度还应满足基础梁支承宽度的要求。

表 4.9　杯壁厚度与杯底厚度

柱截面长边尺寸 h/mm	杯底厚度 a_1/mm	杯壁厚度 t/mm
$h < 500$	≥ 150	$150 \sim 200$
$500 \leq h < 800$	≥ 200	≥ 200
$800 \leq h < 1\ 000$	≥ 200	≥ 300
$1\ 000 \leq h < 1\ 500$	≥ 250	≥ 350
$1\ 500 \leq h < 2\ 000$	≥ 300	≥ 400

杯底应有足够的厚度，以便在预制柱进行安装时不致发生基底的冲切破坏。一般杯底厚度 a_1 的尺寸要求可参考表 4.9。

当柱为轴心受压或小偏心受压且 $t/h_2 \geq 0.65$ 时，或者柱为大偏心受压 $t/h_2 \geq 0.75$ 时，杯壁内可不配钢筋；当柱为轴心受压或小偏心受压且 $0.5 \leq t/h_2 \leq 0.65$ 时，杯壁内可按表 4.10 配置构造钢筋。

表 4.10　杯壁构造配筋

柱截面长边尺寸/mm	$h < 1\ 000$	$1\ 000 \leq h < 1\ 500$	$1\ 500 \leq h < 2\ 000$
钢筋直径/mm	$8 \sim 10$	$10 \sim 12$	$12 \sim 16$

钢筋置于杯口顶部，每边两个，见图 4.66（a）；在其他情况下，应按计算配筋。

当双杯口基础的中间隔板宽度小于 400 mm 时，应在隔板内配置 Φ12@200 的纵向钢筋和 Φ8@300 的横向钢筋，见图 4.66（b）。

不满足上述要求时，杯壁内应按高杯口基础的配筋要求配置构造筋。在其他情况下，应按计算配筋。

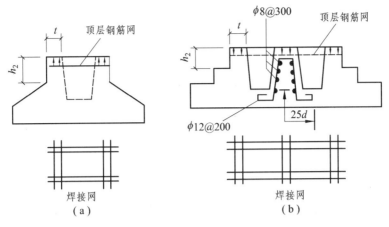

图 4.66　无短柱基础的杯口配筋构造

【例 4.8】　图 4.67 所示柱下独立基础，台阶高均为 400 mm，基础底面所受的相应于荷载效应组合的地基净反力设计值 p_{jmax} 为 360 kPa，p_{jmin} 为 0。混凝土强度等级 C30，钢筋采用 HRB335 级。试计算该基础底板配筋。

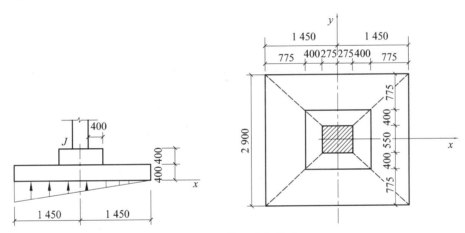

图 4.67　柱下独立基础

解

（1）柱边处基础变阶处地基净反力设计值 p_{j1}、p_{j2} 分别为

$$p_{\text{j1}} = \frac{1\,725}{2\,900} \times 360 = 214.1 \text{ kPa}$$

$$p_{\text{j2}} = \frac{2\,125}{2\,900} \times 360 = 263.8 \text{ kPa}$$

（2）柱边处

$$\begin{aligned}
M'_{\text{I}} &= \frac{1}{12} a_{\text{I}}^2 \left[\left(2l + a' \right) \left(p_{\text{j,max}} + p_{\text{j,I}} \right) + \left(p_{\text{j,max}} - p_{\text{j,I}} \right) l \right] \\
&= \frac{1}{12} \times (1.45 - 0.275)^2 \left[(2 \times 2.9 + 0.55)(360 + 214.1) + (360 - 214.1) \times 2.9 \right] \\
&= 459.06 \text{ kN·m}
\end{aligned}$$

$$h_0 = 800 - 60 = 740 \text{ mm}$$

$$A_{s1} = \frac{459.06 \times 10^5}{0.9 \times 740 \times 300} = 2\,296 \text{ mm}^2$$

（3）变阶处

$$\begin{aligned}
M_I'' &= \frac{1}{12} a_1^2 \left[\left(2l + a' \right) \left(p_{j,max} + p_{j,I} \right) + \left(p_{j,max} - p_{j,I} \right) l \right] \\
&= \frac{1}{12} \times (1.45 - 0.675)^2 \left[(2 \times 2.9 + 1.35)(360 + 263.8) + (360 - 263.8) \times 2.9 \right] \\
&= 237.2 \text{ kN} \cdot \text{m} \\
h_0 &= 400 - 60 = 340 \text{ mm} \\
A_{s2} &= \frac{237.2 \times 10^5}{0.9 \times 340 \times 300} = 2\,582 \text{ mm}^2
\end{aligned}$$

纵筋最小配筋面积：

$$A_{s\,min} = 0.15\%A = 0.15\% \times (2\,900 \times 400 + 1\,350 \times 400) = 2\,550 \text{ mm}^2 < 2\,582 \text{ mm}^2$$

故基础长边方向应按 $A_s = 2\,582$ mm^2 配筋。

沿基础短边方向的计算与上相仿，但按轴心受压考虑，此处从略。

第七节　单厂结构其他主要结构构件的设计要点

一、抗风柱的设计要点

厂房两端山墙由于其面积较大，所承受的风荷载亦较大，故通常需设计成具有钢筋混凝土壁柱而外砌墙体的山墙，这样，使墙面所承受的部分风荷载通过该柱传到厂房的纵向柱列中去，这种柱子称为抗风柱。抗风柱的作用是承受山墙风载或同时承受由连系梁传来的山墙重力荷载。

厂房山墙抗风柱的柱顶一般支承在屋架（或屋面梁）的上弦，其间多采用弹簧板相互连接，以便保证屋架（或屋面梁）可以自由地沉降，而又能够有效地将山墙的水平风荷载传递到屋盖上去（见图 4.68）。

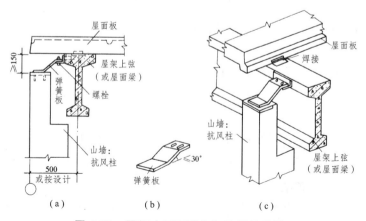

图 4.68　屋架（屋面梁）与抗风柱连接

为了避免抗风柱与端屋架相碰，应将抗风柱的上部截面高度适当减小，形成变截面柱，如图 4.69 所示。抗风柱的柱顶标高应低于屋架上弦中心线 50 mm，以使柱顶对屋架施加的水平力可通过弹簧钢板传至屋架上弦中心线，不使屋架上弦杆受扭；同时抗风柱变阶处的标高应低于屋架下弦底边 200 mm，以防止屋架产生挠度时与抗风柱相碰（见图 4.69）。

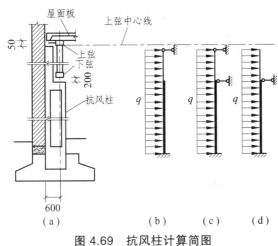

图 4.69 抗风柱计算简图

上部支承点为屋架上弦杆或下弦杆，或同时与上下弦铰接，因此，在屋架上弦或下弦平面内的屋盖横向水平支撑承受山墙柱顶部传来的风载。在设计时，抗风柱上端与屋盖连接可视为不动铰支座，下端插入基础杯口内可视为固定端，一般按变截面的超静梁进行计算，抗风柱在风载作用下的计算简图如图 4.69（b）所示。

由于山墙的重量一般由基础梁承受，故抗风柱主要承受风荷载；若忽略抗风柱自重，则可按变截面受弯构件进行设计。当山墙处设有连系梁时，除风荷载外，抗风柱还承受由连系梁传来的墙体重量，则抗风柱可按变截面的偏心受压构件进行设计。

抗风柱上柱截面尺寸不宜小于 350 mm × 300 mm，下柱截面尺寸宜采用工字形截面或矩形截面，其截面高度应满足 $\geq H_x/25$，且 ≥ 600 mm；其截面宽度应满足 $\geq H_y/35$，且 ≥ 350 mm。其中，H_x 为基础顶面至屋架与山墙柱连接点（当有两个连接点时指较低连接点）的距离；H_y 为山墙柱平面外竖向范围内支点间的最大距离，除山墙柱与屋架及基础的连接点外，与山墙柱有锚筋连接的墙梁也可视为连接点。

二、钢筋混凝土屋架设计要点

钢筋混凝土屋架作为屋盖结构的主要构件，承受着单层厂房屋盖的全部荷载并把它们传给柱；有时还需要安装悬挂吊车、管道及其他工艺设备等。同时，屋架作为排架结构中的横梁连接两侧排架柱使它们能在各种荷载下共同工作。此外，屋面梁或屋架与柱子、屋面板等连接在一起，将厂房构成一个空间体系，对保证厂房的整体性和刚度起了很大的作用。

1. 屋架形式

目前我国单层厂房屋盖结构常用的屋架的形式、特点及适用条件已经在第一章第四节介绍；其中折线形屋架各弦杆及腹杆受力比较均匀，端节间坡度较小，施工亦较简便。

对屋面梁和屋架的选择，根据国内工程实践经验，厂房跨度在 15 m 及以下，当吊车起

重量 $Q \le 10$ t，且无大的振动荷载时，可选用钢筋混凝土屋面梁、三铰拱屋架；当吊车起重量 $Q > 10$ t 时，宜用预应力混凝土工字形屋面梁或钢筋混凝土折线形屋架。厂房跨度在 18 m 及以上时，一般宜采用预应力混凝土折线形屋架，亦可采用钢筋混凝土折线形屋架；对于冶金厂房的热车间，宜采用预应力混凝土梯形屋架。

屋架的外形应与厂房的使用要求、跨度大小以及屋面结构相适应，同时应尽可能接近简支梁的弯矩图形，使各杆件受力均匀。屋架的高跨比通常采用 1/10～1/6（这时一般可不进行挠度验算）。屋架节间长度要有利于改善杆件受力条件，便于布置天窗架及支撑。上弦节间长度一般采用 3 m，下弦节间长度一般采用 4.5 m 和 6 m。

2. 屋架荷载特点和验算项目

（1）施加于屋架的荷载有恒载与活载；虽然屋架可以假设为简支静定构件，但并不是它的所有构件都是在全跨恒载和活载作用下达到其最不利受力状态的。为此，要考虑荷载的不利组合问题。

（2）屋面板施加于屋架上弦时并不总是节点荷载。为此，屋架的上弦杆往往处于偏心受力状态。

（3）钢筋混凝土屋架一般在现场平放浇筑制作，就位前要经历扶直、吊装阶段。为此，要进行屋架在自身重力荷载作用下的验算。

钢筋混凝土或预应力混凝土屋架验算项目见表 4.11。

表 4.11 钢筋混凝土或预应力混凝土屋架验算项目

序号	杆件		验 算 项 目	
			使 用 阶 段	制作、施工阶段（考虑动力系数 1.5）
1	上 弦		全部屋盖（恒＋活）荷载作用下的偏心受压承载力	扶直阶段在屋架自身重力荷载作用下的正截面受弯承载力；吊装阶段在自身重力荷载作用下的正截面受拉承载力和抗裂度
2	下 弦		全部屋盖（恒＋活）荷载作用下的轴心受拉承载力和抗裂度	施加预应力过程中混凝土截面受压承载力和张拉端局部受压承压力（仅对预应力混凝土屋架需要作此项验算）
3	腹杆	压杆	在（恒＋活）荷载组合后产生最不利内力作用下的轴心受压承载力	
4		拉杆	在（恒＋活）荷载组合后产生最不利内力作用下的轴心受拉承载力和抗裂度	

3. 屋架荷载组合

作用于屋架上的荷载有恒载和活荷载两类。为了求得屋架各杆件的不利内力，须对屋架上的恒载和活载进行组合。

荷载组合时，其中风荷载对屋面一般情况是吸力，起减少屋架内力作用，故计算屋架内力时不加以考虑。屋面活荷载与雪荷载不同时考虑，两者中取较大值；屋面局部形成的雪堆或积灰堆，对屋架内力影响较小，设计时可不考虑。

对于要考虑的荷载，它们既有可能作用于全跨，也有可能作用于半跨；而半跨荷载作用时则有可能使屋架腹杆得到最大内力，甚至使内力符号发生改变。因此设计屋架时要考虑图4.70所示的三种荷载组合情况：

（1）全跨恒载＋全跨活载；

（2）全跨恒载＋半跨活载；

（3）屋架及屋盖支撑重力荷载＋半跨屋面板重力荷载＋半跨屋面活荷载（这是考虑屋面板从屋架一侧安装的情况）。

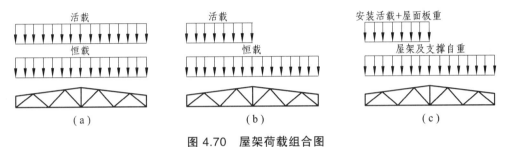

图 4.70　屋架荷载组合图

4. 屋架内力计算

钢筋混凝土屋架由于节点的整体联结，实际上是一个多次超静定刚接桁架（图4.71），计算复杂。实际计算时可简化成节点为铰接桁架，按下列步骤进行。

（1）由于屋面板施加于屋架上弦的集中力不一定都作用在节点上，上弦将产生弯矩,故屋架上弦杆一般处于偏心受力状态。屋架上弦应按连续梁计算［见图4.71（c）］。图4.71中的集中力由屋面板传来，均布荷载为上弦自身重力荷载，上弦各节点是连续梁的不动铰支座。

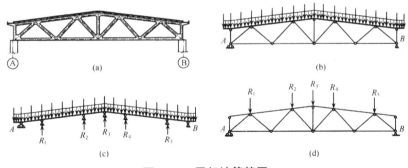

图 4.71　屋架计算简图

上弦将产生弯矩。该弯矩值的计算用弯矩分配法进行计算（当各节间长度相差不超过10%时，可近似按等跨连续梁考虑。利用其现成的弯矩系数直接求出），对下弦，一般可不考虑其自重产生的弯矩；当有节间荷载时，可与上弦的计算方法一样，求出其弯矩。

（2）在求得各支座的力后，将它们反向作用于各上弦节点，按铰接桁架计算屋架各杆内力。为简化计算，忽略屋架腹杆及下弦杆自重影响，视其为轴心受力杆件。

按连续梁求得的上弦各截面弯矩以及按铰接桁架求得的各上弦杆的压力，即为上弦杆各截面的计算内力。

按上述方法求得的屋架内力，称为主内力（主弯矩或主轴力）。 实际上，钢筋混凝土屋架的节点具有一定的刚性，并非理想铰接；在按连续梁计算上弦杆弯矩时，假定支座为不动铰支座，而实际上屋架节点是有位移的。屋架承载后，因节点刚性作用产生的内力以及因节点位移产生的内力，称为次内力。其计算步骤是：① 按铰接屋架求各杆内力，称主内力；② 分析屋架在主内力作用下的变形和各节点相对变位；③ 计算由此相对变位引起的各杆固端弯矩；④ 用力矩分配法确定各杆次内力。

次内力的大小主要取决于屋架的整体刚度和杆件的线刚度。屋架的整体刚度小，相邻节间的相对变位就大，次弯矩也大；由于杆件线刚度与杆端弯矩成正比，故线刚度愈大，次弯矩也愈大。但由于混凝土是弹塑性材料，随着荷载的增加，屋架各杆件的相对刚度关系发生变化，次弯矩会重新分布；另外，混凝土徐变等因素对次内力也有一定影响。因此，钢筋混凝土屋架次内力计算是一个比较复杂的问题。

经计算分析，目前一般认为考虑次内力算得的各杆轴力与按铰接屋架算得的各杆轴力，大体上相差不大；考虑次内力算得的各杆弯矩对屋架承载力影响的程度是：如屋架承载力决定于下弦，这时次内力对屋架承载力几乎无影响；如屋架承载力决定于上弦，次内力对屋架承载力的影响比按弹性的内力分析结果要小；对于预应力混凝土屋架来说，在张拉阶段因下弦压缩、屋架发生反拱而产生的次内力与外荷载产生的次内力会相互抵消；在使用阶段次内力将使下弦抗裂度降低，但如在设计时考虑下弦重力荷载影响而不考虑次内力影响，其误差不大。尽量选择合理形式的屋架，三角形屋架次内力较大，梯形屋架则较小；尽量减小杆件的线刚度，采用扁平截面，屋架节间适当放大等均能减小次内力，甚至可不予计算。

5. 屋架杆件截面设计和配筋构造要求

屋架上弦杆同时受轴力和弯矩的作用，应选取内力最不利组合按偏心受压构件进行截面设计。屋架上弦杆一般为小偏心受压，通常设计成对称配筋截面。上弦杆的计算长度，在屋架平面内取节间距离，在屋架平面外当屋盖为无檩体系时取 3 m，这是由于屋面板宽度为 1.5 m，每块应有三个角点和屋架焊接，考虑到施工时有可能漏焊；有天窗时在天窗范围内，取横向支撑与屋架上弦连接点之间的距离。当屋盖为有檩条体系时取横向支撑与屋架上弦连接点间的距离。

下弦杆一般按轴心受拉杆件（忽略自重荷载）计算受拉承载力，并进行裂缝宽度或抗裂验算。

对屋架的同一腹杆在不同荷载组合下，可能受拉或受压，应按轴心受拉或轴心受压构件设计屋架的腹杆。若按压杆计算，计算长度在屋架平面外取其实际长度；在屋架平面内，当为端斜杆时取其实际长度，其他腹杆取 0.8 倍实际长度。受拉腹杆尚需进行裂缝宽度验算。

屋架的混凝土强度等级一般采用 C30 ~ C50；预应力筋采用钢绞线、钢丝等；非预应力筋采用 HRB 400 级或 HRB 335 级热轧钢筋。

6. 屋架的扶直和吊装验算

屋架一般为平卧制作，施工时先扶直后吊装，其受力状态与使用阶段不同，故需进行施工阶段的验算。在吊装扶直阶段，假定其上弦处于刚离地的情况，下弦杆着地其重量直接传到地面，腹杆考虑有 50% 的重量传给上弦杆相应的节点，这时整个屋架正处在绕下弦杆转起阶段，屋架上弦需验算其最为不利的出平面抗弯能力。

屋架上弦吊装时扶直验算，可近似按多跨连续梁进行（图 4.72），承受上弦和一半腹杆重力荷载的作用，计算跨度由实际吊点的距离决定；验算时考虑起吊时的振动，须乘动力系数 1.5。对于腹杆，由于其自身重力荷载引起的弯矩很小，一般不必验算。

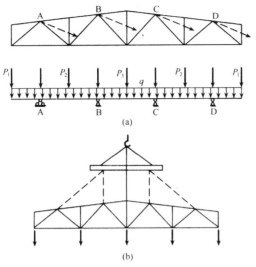

图 4.72 屋架扶直和吊装计算简图

三、吊车梁设计要点

吊车梁是单厂结构主要结构构件之一，它是直接承受吊车动力荷载作用的承重构件，同时它又是厂房的纵向构件，对吊车的正常运行、传递作用在山墙上的风荷载、连接平面排架、加强厂房的纵向刚度以及保证单厂结构的空间作用都起着重要影响。

1. 吊车荷载特点

（1）吊车荷载是两组移动着的集中力：吊车的竖向轮压 P_{max} 和横向水平制动力 T。为此要分别进行在这两组移动荷载作用下的正截面受弯和斜截面承载力计算（纵向水平制动力经由吊车梁传给柱间支撑，对吊车梁自身设计不起控制作用）。吊车沿轨道行驶时，其轮压 P_{max} 和横向刹车力 T 的位置是不断变化的，计算时应采用影响线方法求出各计算截面上的最大内力，或做出相应的包络图。

（2）吊车荷载具有冲击和振动作用，因此，在计算其连接部分的承载力以及验算梁的抗裂性时，都必须对吊车的竖向荷载乘以动力系数 1.5，但这种冲击和振动作用在计算排架结构内力时不需要考虑。

（3）吊车荷载是重复荷载。试验证明：构件在多次重复荷载作用下，其破坏强度极限值（称为疲劳强度）将低于一次荷载作用下的强度极限值，同时裂缝亦将进一步的发展，故对工作较为频繁的吊车梁，除静力计算外，还应进行疲劳验算。

（4）吊车的横向水平制动力和吊车轨道安装偏差引起的竖向力使吊车梁产生扭矩（图 4.73），为此要验算吊车梁的扭曲截面的承载力。

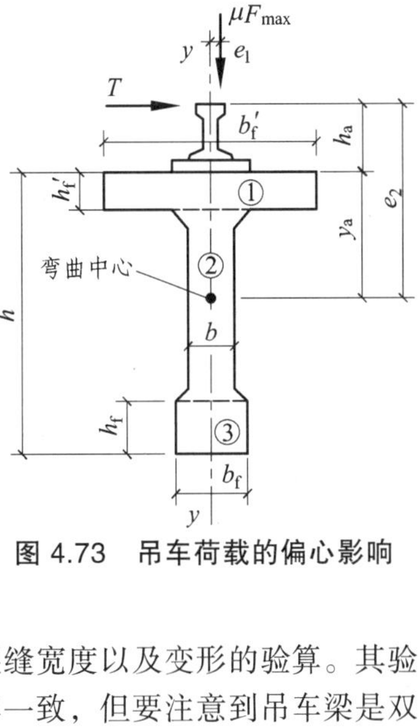

图 4.73 吊车荷载的偏心影响

2. 吊车梁的结构设计特点

（1）静力计算：包括构件承载力计算，构件的抗裂性和裂缝宽度以及变形的验算。其验算方法与普通钢筋混凝土梁和预应力混凝土梁的计算方法基本一致，但要注意到吊车梁是双向受弯的弯、剪、扭构件，既要计算竖向荷载作用下弯剪扭构件的承载力，又要验算水平荷载作用下弯、扭构件的承载力。

对预应力混凝土吊车梁由于预加应力的反拱作用，实际验算证明，一般均能满足挠度限值的要求，故可不进行挠度的验算。

（2）疲劳验算。

吊车梁设计时，一般对中级和重级工作制的吊车梁，除静力计算外，还应进行疲劳强度的验算，对于要求不开裂的梁，可不进行疲劳验算，所谓"不裂不疲"。

吊车梁的混凝土强度等级采用 C30～C50；预应力钢筋宜采用钢绞线、消除应力钢丝、螺旋肋钢丝、刻痕钢丝、热处理钢筋等；非预应力钢筋宜采用 HRB400，RRB400 级钢筋等。

吊车梁的截面一般设计成 I 形或 T 形，以减轻自重。截面高度 h 与吊车起重量有关，一般取吊车梁跨度的 1/10～1/5。吊车梁的上翼缘承受横向制动力产生的水平弯矩，翼缘宽度取吊车梁跨度的 1/15～1/10，翼缘厚度取截面高度 h 的 1/10～1/7。

腹板厚度由抗剪和配筋构造要求确定，一般取腹板高度的 1/7～1/4。I 形截面的下翼缘宜小于上翼缘，由布置预应力筋的构造决定。

轨道与吊车梁的连接以及吊车梁与柱的连接构造一般做法见图 4.74。其中，上翼缘与柱相连的连接角钢或连接钢板承受吊车横向水平荷载的作用，按压杆计算。所有连接焊缝高度也应按计算确定，且不小于 8 mm。

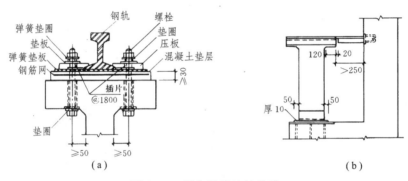

图 4.74　吊车梁的连接构造

纵向钢筋：因为是直接承受重复荷载的，因此纵向受力钢筋不得采用绑扎接头，也不宜采用焊接接头，并不得焊有任何附件。在预应力吊车梁中，上、下部预应力钢筋均应对称放置，为防止由于施加预应力而产生预拉区的裂缝和减少支座附近区段的主拉应力，宜在靠近支座附近将一部分预应力钢筋弯起。在薄腹的钢筋混凝土吊车梁中，为了防止腹中裂缝开展过宽、过高，应沿肋部两侧的一定高度内设置通长的腰筋。

箍筋直径一般不宜小于 6 mm；箍筋间距，在梁中部一般为 200～250 mm，在梁端部锚固长度 l_a + 1.5 倍梁的跨中截面高度 h 范围内，箍筋面积应比跨中增加 20%～25%，间距一般为 150～200 mm。

第八节　单层厂房各构件与柱连接构造设计

装配式钢筋混凝土单层厂房柱除了按上述内容进行设计外，还必须进行柱和其他构件的连接构造设计。柱子是单层厂房中的主要承重构件，厂房中许多构件，如屋架、吊车梁、支撑、基础梁及墙体等都要和它相联系。由各种构件传来的竖向荷载和水平荷载均要通过柱子传递到基础上去，所以，柱子与其他构件有可靠连接是使构件之间有可靠传力的保证，在设计和施工中不能忽视。同时，构件的连接构造关系到构件设计时的计算简图是否基本合乎实际情况，也关系到工程质量及施工进度。因此，应重视单层厂房结构中各构件间的连接构造设计。

一、单层厂房各构件与柱连接构造

1. 柱与屋架的连接构造

在单层厂房中，柱与屋架的连接，采用柱顶和屋架端部的预埋件进行电焊的方式连接（见图 4.75）。垫板尺寸和位置应保证屋架传给柱顶的压力的合力作用线正好通过屋架上、下弦杆的交点，一般位于距厂房定位轴线 150 mm 处［见图 4.75（a）］。

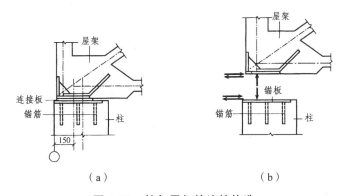

（a）　　　　　　　　　　（b）

图 4.75　柱与屋架的连接构造

柱与屋架（屋面梁）连接处的垂直压力由支承钢板传递，水平剪力由锚筋和焊缝承受［见图 4.75（b）］。

2. 柱与吊车梁的连接构造

单层厂房柱子承受由吊车梁传来的竖向及水平荷载，因此，吊车梁与柱在垂直方向及水平方向都应有可靠的连接（见图 4.76）。吊车梁的竖向荷载和纵向水平制动力通过吊车梁梁底支承板与牛腿顶面预埋连接钢板来传递。吊车梁顶面通过连接角钢（或钢板）与上柱侧面预埋件焊接，主要承受吊车横向水平荷载。同时，采用 C20～C30 的混凝土将吊车梁与上柱的空隙灌实，以提高连接的刚度和整体性。

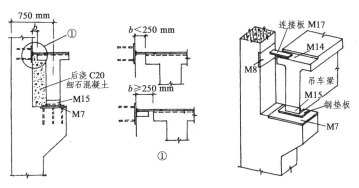

图 4.76　柱与吊车梁的连接构造

3. 柱间支撑与柱的连接构造

柱间支撑一般由角钢制作，通过预埋件与柱连接，如图 4.77 所示。预埋件主要承受拉力和剪力（见图 4.77）。

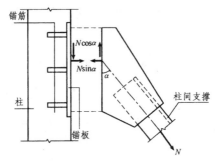

图 4.77 柱间支撑与柱的连接构造

二、单层厂房各构件与柱连接预埋件计算

（一）预埋件的构造要求

1. 预埋件的组成

预埋件由锚板、锚筋焊接组成。锚板宜采用可焊性及塑性良好的 HPB300 级钢制作。锚筋应该尽量采用 HRB335 级钢筋。若锚筋采用光圆钢筋时，受力埋设件的端头须加标准钩。不允许用冷加工钢筋做锚筋。在多数情况下，锚筋采用直锚筋的形状［见图 4.78（a）、（b）］，有时也可采用弯折锚筋的形状［见图 4.78（d）、（e）］。

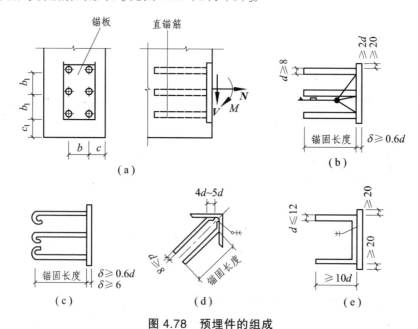

图 4.78 预埋件的组成

预埋件的受力直锚钢筋不宜少于 4 根，不宜多于 4 排；其直径不宜小于 8 mm，亦不宜大于 25 mm。受剪埋设件的直锚钢筋允许采用 2 根。

直锚筋与锚板应采用 T 形焊连接。锚筋直径不大于 20 mm 时，宜优先采用压力埋弧焊；锚筋直径大于 20 mm 时，宜采用穿孔塞焊。当采用手工焊时，焊缝高度不宜小于 6 mm 及 0.5d（HPB300 级钢筋）或 0.6d（HRB335 级钢筋）。

2. 预埋件的形状和尺寸要求

受力预埋件一般采用图 4.78（b）、（c）、（d）所示形状。锚板厚度 δ 应大于锚筋直径的 0.6 倍，且不小于 6 mm；受拉和受弯埋设件锚板厚度 δ 尚应大于 1/8 锚筋的间距 b［见图 4.78（a）、（b）］。锚筋到锚板边缘的距离，不应小于 2d 及 20 mm。受拉和受弯预埋件锚筋的间距以及至构件边缘的边距均不应小于 3d 及 45 mm。

受剪预埋件锚筋的间距应不大于 300 mm。受剪预埋件直锚筋的锚固长度不应小于 15d，其长度比受拉、受弯时小，这是因为预埋件承受剪切作用时，混凝土对其锚筋有侧压力，从而增大了混凝土对锚筋的黏结力的缘故。

（二）预埋件的构造计算

预埋件的计算，主要指通过计算确定锚板的面积和厚度、受力锚筋的直径和数量等。它可按承受法向压力、法向拉力、单向剪力、单向弯矩、复合受力等几种不同预埋件的受力特点通过计算确定，并在参考构造要求后予以确定。

1. 承受法向压力的预埋件的计算

承受法向压力的预埋件，根据混凝土的抗压强度来验算承压锚板的面积（见图 4.78）：

$$A \geqslant \frac{N}{0.5 f_\mathrm{c}} \tag{4.36}$$

式中　A——承压锚板的面积（钢板中压力分布线按 45°）；

N——由设计荷载值算得的压力；

f_c——混凝土轴心抗压强度设计值；

0.5——为保证锚板下混凝土压应力不致过大而采用的经验系数。

承压钢板的厚度和锚筋的直径、数量、长度可按构造要求确定。

2. 承受法向拉力的预埋件的计算

承受法向拉力的预埋件的计算原则是，拉力首先由拉力作用点附近的直锚筋承受，与此同时，部分拉力由于锚板弯曲而传给相邻的直锚筋，直至全部直锚筋到达屈服强度时为止。因此，埋设件在拉力作用下，当锚板发生弯曲变形时，直锚筋不仅单独承受拉力，而且还承受由于锚板弯曲变形而引起的剪力，使直锚筋处于复合应力状态，因此其抗拉强度应进行折减。锚筋的总截面面积可按下式计算：

$$A \geqslant \frac{N}{0.8 \alpha_\mathrm{b} f_\mathrm{y}} \tag{4.37}$$

式中　f_y——锚筋的抗拉强度设计值，不应大于 300 N/mm²；

N——法向拉力设计值；

α_b——锚板的弯曲变形折减系数，与锚板厚度 t 和锚筋直径 d 有关，可取：

$$\alpha_\mathrm{b} = 0.6 + 0.25 \frac{t}{d} \tag{4.38}$$

当采取防止锚板弯曲变形的措施时，可取 $\alpha_b = 1.0$。

【例 4.9】 已知一直锚筋预埋件，承受拉力设计值 $N = 169$ kN，构件的混凝土为 C20（$f_t = 1.1$ N/mm²），锚筋为 HRB335 级钢筋（$f_y = 300$ N/mm²）。钢板为 Q235 级钢，厚度 $t = 10$ mm。要求：求预埋件直锚筋的总截面面积、直径及锚固长度。

解

根据《规范》规定，"锚板厚度宜大于锚筋直径的 0.6 倍"。假定锚筋直径为 $d = 14$ mm，$t/d = 10/14 = 0.7 > 0.6$，满足要求。

锚板的弯曲变形折减系数：

$$\alpha_b = 0.6 + 0.25\frac{t}{d} = 0.6 + 0.25 \times \frac{10}{14} = 0.78$$

直锚筋的总截面面积：

$$A_s = \frac{N}{0.8\alpha_b f_y} = \frac{169 \times 10^3}{0.8 \times 0.78 \times 300} = 902.8 \text{ mm}^2$$

锚筋采用 6 Φ14，满足要求。

规范规定：受拉直锚筋的锚固长度不应小于受拉钢筋的锚固长度。

钢筋的外形系数 $\alpha = 0.14$。

$$l_a = \alpha\frac{f_y}{f_t} = 0.14 \times \frac{300}{1.1} = 535 \text{ mm}$$

取 $l_a = 540$ mm。

3. 承受单向剪力的预埋件的计算

目前采用的直锚筋在混凝土中的抗剪强度计算公式，是经一些预埋件的剪切试验后得到的半理论半经验公式。试验表明，预埋件的受剪承载力与混凝土强度等级、锚筋抗拉强度、锚筋截面面积和直径等有关。在保证锚筋锚固长度和直锚筋到构件边缘合理距离的前提下，预埋件承受单向剪力的计算公式为：

$$A_s \geqslant \frac{V}{\alpha_r \alpha_v f_y} \tag{4.39}$$

式中　V——剪力设计值；

$\quad\quad$ α_r——锚筋层数的影响系数；当锚筋按等间距配置时：二层取 1.0；三层 0.9；四层取 0.85；

$\quad\quad$ α_v——锚筋的受剪承载力系数，反映了混凝土强度、锚筋直径 d、锚筋强度的影响，应按下列公式计算：

$$\alpha_v = \left(4.0 - 0.08d\right)\sqrt{\frac{f_c}{f_y}} \tag{4.40}$$

当 $\alpha_v > 0.7$ 时，取 $\alpha_v = 0.7$。

【例 4.10】 已知某焊有直锚筋的预埋件，承受剪力设计值 $V = 181$ kN，锚板采用 Q235 钢，厚度 $t = 14$ mm。构件的混凝土强度等级为 C25（$f_c = 11.9$ N/mm²），锚筋为 HRB335 级钢筋（$f_y = 300$ N/mm²）。求预埋件直锚筋的总截面面积、锚筋直径及锚固长度。

解

设锚筋为三层，$\alpha_v = 0.9$。

根据《规范》规定，"锚板厚度宜大于锚筋直径的 0.6 倍"。假定锚筋直径为 $d = 16$ mm，$t/d = 14/16 = 0.8 > 0.6$，满足要求。

则由式（4.37）得：

$$\alpha_v = \left(4.0 - 0.08d\right)\sqrt{\frac{f_c}{f_y}} = \left(4 - 0.08 \times 16\right)\sqrt{\frac{11.9}{300}} = 0.542 < 0.7$$

由式（4.37）得：

$$A_s \geqslant \frac{V}{\alpha_r \alpha_v f_y} = \frac{181 \times 10^3}{0.9 \times 0.542 \times 300} = 1\,236\ \text{mm}^2$$

选用直锚筋 6Φ16，分 3 层布置，每层 2Φ16，满足构造要求。

受剪直锚筋的锚固长度不应小于 15d，

$$l_a = 15 \times 16 = 240\ \text{mm}$$

取 $l_a = 240$ mm。

4. 承受单向弯矩的预埋件的计算

预埋件承受单向弯矩时，各排直锚筋所承担的作用力是不等的,如图 4.79 所示。试验表明，受压区合力点往往超过受压区边排锚筋以外。为计算简便起见，在埋设件承受单向弯矩 M 的强度计算公式中，拉力部分取该埋设件承受法向拉力时锚筋可以承受拉力的一半，同时考虑锚板的变形引入修正系数 α_b，再引入安全储备系数 0.8，即 $0.8\alpha_b \times 0.5 A_s f_y$；力臂部分取埋设件外排直锚筋中心线之间的距离 z 乘以直锚筋排数影响系数 α_r，于是锚筋截面面积按下式计算：

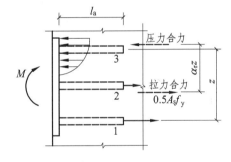

图 4.79　弯矩作用下的预埋件

$$A_s \geqslant \frac{M}{0.4\alpha_r \alpha_b f_y z} \qquad (4.41)$$

式中　M——弯矩设计值；

　　　z——沿弯矩作用方向最外层锚筋中心线之间的距离。

5. 拉弯预埋件

根据试验，预埋件在受拉与受弯复合力作用下，可以用线性相关方程表达它们的强度。这样做既偏于安全，也使强度计算公式得到简化，给设计计算带来方便。

当预埋件承受法向拉力和弯矩共同作用时，其直锚筋的截面面积 A_s 应按下式计算：

$$A_s \geqslant \frac{N}{0.8\alpha_b f_y} + \frac{M}{0.4\alpha_r \alpha_b f_y z} \qquad (4.42)$$

式中　N——法向拉力设计值；

　　　M——弯矩设计值；

z——沿剪力作用方向最外层锚筋中心线之间的距离。

6. 压弯预埋件

当预埋件承受法向压力和弯矩共同作用时，其直锚筋的截面面积 A_s 应按下式计算：

$$A_s \geqslant \frac{M - 0.4Nz}{0.4\alpha_r\alpha_b f_y z} \tag{4.43}$$

式中 N——法向压力设计值。

上式中 N 应满足 $N \leqslant 0.5 f_c A$ 的条件，A 为锚板的面积。

7. 拉剪预埋件

根据试验，预埋件在受拉与受剪复合力作用下，可以用线性相关方程表达它们的强度。当预埋件承受法向拉力和剪力共同作用时，其直锚筋的截面面积 A_s 应按下式计算：

$$A_s \geqslant \frac{V}{\alpha_r\alpha_v f_y} + \frac{N}{0.8\alpha_b f_y} \tag{4.44}$$

式中 N——法向拉力设计值。

8. 压剪预埋件

当预埋件承受法向压力和剪力共同作用时，其直锚筋的截面面积 A_s 应按下式计算：

$$A_s \geqslant \frac{V - 0.3N}{\alpha_r\alpha_v f_y} \tag{4.45}$$

式中 N——法向压力设计值。

上式中 N 应满足 $N \leqslant 0.5 f_c A$ 的条件，A 为锚板的面积。

9. 弯剪预埋件

根据试验，预埋件在受剪与受弯复合力作用下，都可以用线性相关方程表达它们的强度。当预埋件承受剪力、弯矩共同作用时，其直锚筋的总截面面积 A_s 应按下列两个公式计算，并取计算结果中的较大值：

$$A_s \geqslant \frac{V}{\alpha_r\alpha_v f_y} + \frac{M}{1.3\alpha_r\alpha_b f_y z} \tag{4.46}$$

$$A_s \geqslant \frac{M}{0.4\alpha_r\alpha_b f_y z} \tag{4.47}$$

10. 预埋件在剪力、法向力和弯矩共同作用下的强度计算

埋设件一般都处于受拉（或受压）、受剪、受弯等各种组合的复合力作用之下。因此，除了掌握它们在单向力作用下的强度计算方法以外，还必须掌握它们在各种复合力作用下的强度计算方法。

（1）预埋件在剪力、拉力和弯矩共同作用下的强度计算。

根据试验，预埋件在受拉、受剪复合力以及在受拉、受弯复合力作用下，都可以用线性相关方程表达它们的强度。这样做既偏于安全，也使强度计算公式得到简化，给设计计算带来方便。因此，预埋件在受拉、受剪、受弯三种力的复合作用下，应取两个公式计算结果的

较大者选取直锚筋:

$$A_s \geqslant \frac{V}{\alpha_r \alpha_v f_y} + \frac{N}{0.8 \alpha_b f_y} + \frac{M}{1.3 \alpha_r \alpha_b f_y z} \tag{4.48}$$

$$A_s \geqslant \frac{N}{0.8 \alpha_b f_y} + \frac{M}{0.4 \alpha_r \alpha_b f_y z} \tag{4.49}$$

（2）预埋件在剪力、压力和弯矩共同作用下的强度计算。

当预埋件在法向压力、剪力、弯矩共同作用下时，预埋件所需的直锚筋总截面面积 A_s 取下列两式计算结果的较大者:

$$A_s \geqslant \frac{V - 0.3N}{\alpha_r \alpha_v f_y} + \frac{M - 0.4Nz}{1.3 \alpha_r \alpha_b f_y z} \tag{4.50}$$

$$A_s \geqslant \frac{M - 0.4Nz}{0.4 \alpha_r \alpha_b f_y z} \tag{4.51}$$

当 $M < 0.4Nz$ 时，取 $M = 0.4Nz$。

式中，N 为法向压力设计值，不应大于 $0.5 f_c A$，此处，A 为锚板的面积。

【例 4.11】[37]　已知某焊有直锚筋的预埋件，承受斜向偏心压力 $N_a = 49$ kN，如图 4.80 所示，斜向压力与预制锚板之间的夹角为 $\alpha = 45°$，对锚筋截面重心的偏心距 $e_0 = 50$ mm。锚板采用 Q345 钢，锚板厚度 $t = 14$ mm，四层锚筋，锚筋之间的距离为 $b_1 = 90$ mm，$b = 120$ mm，外层锚筋中心至锚板边缘的距离 $a = 40$ mm，构件的混凝土强度等级为 C30（$f_c = 14.3$ N/mm^2），锚筋为 HRB335 级钢筋（$f_y = 300$ N/mm^2）。求预埋件直锚筋的总截面面积和锚筋直径。

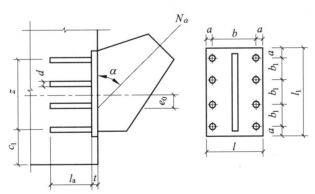

图 4.80　**【例 4.6】计算图**

解

锚筋为四层，$\alpha_v = 0.85$。

外层锚筋中心线之间的距离为　$z = 3 \times 90 = 270$ mm。

锚板宽度　$l = b + 2a = 120 + 2 \times 40 = 200$ mm。

锚板长度　$l_1 = 3b_1 + 2a = 3 \times 90 + 2 \times 40 = 350$ mm。

锚板面积　$A = 200 \times 350 = 70\,000$ mm^2。

假定锚筋直径为　$d = 16$ mm。

则由式（4.37）得:

$$\alpha_v = (4.0 - 0.08d)\sqrt{\frac{f_c}{f_y}} = (4 - 0.08 \times 16)\sqrt{\frac{11.9}{300}} = 0.542 < 0.7$$

法向压力设计值：

$$N = N_a \sin\alpha = 491 \times \sin 45° = 347.19 \text{ kN}$$

剪力设计值：

$$N = N_a \cos\alpha = 491 \times \cos 45° = 347.19 \text{ kN}$$

弯矩设计值：

$$M = Ne_0 = 347.19 \times 0.05 = 17.359 \text{ kN·m}$$

由于：

$$0.4Nz = 0.4 \times 347.19 \times 0.27 = 37.5 \text{ kN·m} > M = 17.359 \text{ kN·m}$$

故取：

$$M = 0.4Nz$$

且：

$$0.5f_c A = 0.5 \times 14.3 \times 70\,000 = 500\,500 \text{ N} = 500.5 \text{ kN} > N = 347.19 \text{ kN}$$

则由式（4.47）得：

$$A_s \geqslant \frac{V - 0.3N}{\alpha_r \alpha_v f_y} = \frac{347.19 \times 10^3 - 0.3 \times 347.19 \times 10^3}{0.85 \times 0.594 \times 300} = 1\,604 \text{ mm}^2$$

选用直锚筋 8 Φ16，$A_s = 1\,680 \text{ mm}^2$；$t/d = 14/16 = 0.875 > 0.6$。
满足要求。

11. 弯折锚筋预埋件计算

由锚板和对称配置的弯折锚筋及直锚筋共同承受剪力的预埋件（见图 4.81），其弯折锚筋的截面面积 A_{sb} 应符合：

$$A_{sb} = 1.4\frac{V}{f_y} - 1.25\alpha_v A_s$$

式中　V——剪力设计值；

α_v——锚筋的受剪承载力系数，应按下列公式计算：

$$\alpha_v = (4.0 - 0.08d)\sqrt{\frac{f_c}{f_y}} \qquad (4.52)$$

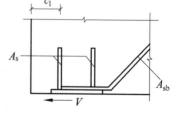

图 4.81　由锚板和弯折锚筋及直锚筋组成的预埋件

当 $\alpha_v > 0.7$ 时，取 $\alpha_v = 0.7$。

当直锚筋按构造要求设置时，取 $A_s = 0$。

注：弯折锚筋与钢板之间的夹角不宜小于 15°，也不宜大于 45°。

【例 4.12】　由图 4.82 所示，预埋板和对称于力作用线配置的弯折锚筋与直锚筋共同，已知承受的剪力 $V = 213$ kN，有锚筋直径 $d = 14$ mm，为 4 根，弯折面间的夹角 $\alpha = 25°$，直锚筋间的距离均为 100 mm，弯折锚筋之间的距离均为 100 mm。构件的混凝土为 C25（$f_t = 1.27 \text{ N/mm}^2$，$f_c = 11.9 \text{ N/mm}^2$），弯折锚筋与直锚筋均为 HRB335 级钢筋（$f_y = 300 \text{ N/mm}^2$）。钢板为 Q235 级钢，厚度 $t = 10$ mm。要求：求预埋件直锚筋的总截面面积、直径及锚固长度。

解

直锚筋截面总面积 $A_s = 615 \text{ mm}^2$。

锚筋的受剪承载力系数:

$$\alpha_v = (4.0 - 0.08d)\sqrt{\frac{f_c}{f_y}} = (4 - 0.08 \times 14)\sqrt{\frac{11.9}{300}}$$

$$= 0.574 < 0.7$$

取 $\alpha_v = 0.574$。

弯折锚筋的截面面积:

$$A_{sb} = 1.4\frac{V}{f_y} - 1.25\alpha_v A_s$$

$$= 1.4 \times \frac{213 \times 10^3}{300} - 1.25 \times 0.574 \times 615 = 553 \text{ mm}^2$$

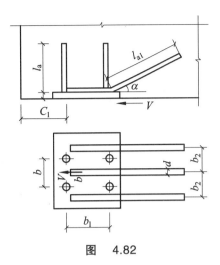

图　4.82

弯折锚筋采用 3 Φ16, $A_{sb} = 603 \text{ mm}^2$, 可以。

锚固长度:

$$l_a = \alpha\frac{f_y}{f_t} = 0.14 \times \frac{300}{1.27} = 529 \text{ mm}$$

取 $l_a = 530 \text{ mm}$。

(三)吊环计算

为了吊装预制钢筋混凝土构件, 通常在构件中设置预埋吊环(图 4.83)。吊环应采用可焊性及塑性良好的钢材, 一般用 HPB300 级钢筋制成, 不允许采用经过冷加工处理的钢筋。在构件的自重标准值 G_k(不考虑动力系数)作用下, 假定每个构件设置 n 个吊环, 每个吊环按 2 个截面计算, 吊环钢筋的允许拉应力值为 $[\sigma_s]$, 则吊环钢筋的截面面积 A_s 可按下式计算:

$$A_s \geqslant \frac{G_k}{2n[\sigma_s]} \tag{4.53}$$

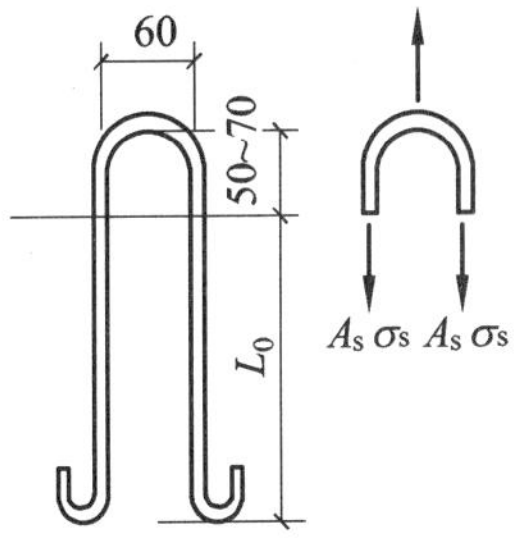

图 4.83　预埋吊环

式中　G_k——个吊环承受的构件自重的标准值, 以 kN 计;

A_s——吊环钢筋截面面积, 以 mm^2 计;

$[\sigma_s]$——钢筋的允许拉应力, 可取 50 N/mm^2。

根据施工时的实际受力状况, 当一个构件设有四个吊环时, 只考虑其中的三个能够同时起作用。

吊环在混凝土中的锚固长度为 $30d$(d 为吊环钢筋直径), 并应将吊环焊接或绑扎在受力钢筋骨架上。

【例 4.13】 已知一预制楼板重 75 kN, 设置有 4 个吊环, 采用 HPB300 级钢。要求求每个吊环所需钢筋截面面积 A_s。

解 仅考虑三个吊环同时发挥作用:

$$A_s = \frac{75\ 000}{2 \times 3 \times 50} = 250 \text{ mm}^2$$

选用 Φ18, $A = 255 \text{ mm}^2$ 满足要求。

复习思考题

1. 单层厂房装配式钢筋混凝土排架结构由哪些构件组成，其传力路线是什么？

2. 装配式钢筋混凝土单层厂房中，各类支撑的作用和布置原则是什么？

3. 单层厂房的变形缝有哪几种？在什么情况下应设置伸缩缝？在什么情况下应设置沉降缝？

4. 单层厂房中目前常用的屋面板、屋面梁以及屋架、天窗架和托架的形式有哪些？

5. 排架的计算简图有哪些基本假定？在什么情况下这些基本假定不适用？

6. 排架上承受哪些荷载？作用在排架上的吊车竖向荷载 D_{max}、D_{min} 及吊车横向水平荷载 T_{max} 是如何计算的？

7. 作用在排架上的风荷载，柱顶以下和柱顶以上各是如何计算的？

8. 计算等高排架的一种简便方法（剪力分配法）的基本概念是什么？

9. 排架内力组合时应注意哪些问题？

10. 吊车荷载作用下厂房整体空间作用的计算方法与平面排架的计算方法有什么异同？

11. 目前常用的单层厂房柱有哪几种形式？柱吊装验算的计算简图是怎样的？工字形截面柱平卧起吊时，截面尺寸 $b \times h$ 及纵向受力钢筋如何确定？

12. 牛腿的受力特点是什么？可简化为怎样的一个计算简图？设计的具体步骤是什么？

13. 牛腿中的弯筋和水平箍筋应满足那些构造要求？

14. 柱与吊车梁是怎样连接的？

15. 用剪力分配法计算等高排架的基本原理是什么？单阶排架柱的抗剪刚度是怎样计算的？

16. 柱下扩展基础的设计步骤是怎样的，计算基础钢筋时为什么要用地基土的净反力？

习　　题

1. 某单层单跨厂房，跨度 18 m，柱距 6 m，内有两台 10 t A6 级工作制吊车。起重机有关资料如下：吊车跨度 16.5 m，吊车宽 5.44 m，轮距 4.4 m，吊车总质量 18.23 t，小车质量 3.684 t，额定起重量 10 t，最大轮压 $P_{max} = 10.47$ t。试求该柱承受的吊车竖向荷载 D_{max}、D_{min} 和横向水平荷载 T_{max}。

2. 如图 4.84 所示柱牛腿，已知竖向力标准值 $F_v = 324$ kN，水平拉力标准值 $F_h = 78$ kN，采用 C20 混凝土和 HRB335 级钢筋。试计算牛腿的纵向受力钢筋。

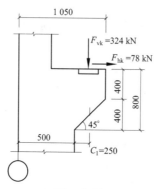

图　4.84

3. 某单跨厂房，在各种荷载标准值作用下②柱Ⅲ-Ⅲ截面内力如表4.12上所示，有两台吊车，吊车工作级别为A5级，试对该截面进行内力组合。

表 4.12　②柱Ⅲ—Ⅲ截面内力标准值

简图及正、负号规定	荷载类型		序号	$M/(\text{kN}\cdot\text{m})$	N/kN	V/kN
	恒　载		①	29.32	346.45	6.02
	屋面活载		②	8.70	54.00	1.84
	吊车竖向荷载	$D_{\max}$在A柱	③	16.40	290.00	-3.74
		$D_{\min}$在B柱	④	-42.90	52.80	-3.74
	吊车水平荷载		⑤、⑥	±110.35	0	±8.89
	风荷载	右吹风	⑦	459.45	0	52.96
		左吹风	⑧	-422.55	0	-42.10

4. 如图 4.85 所示排架结构，各柱均为等截面，截面弯曲刚度如图所示。试求该排架在柱顶水平力作用下各柱所承受的剪力，并绘制弯矩图。

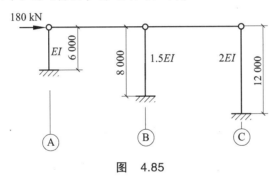

图　4.85

第五章 砌体结构设计

砌体结构是指用块体（例如砖、砌块及石块等）与砂浆砌筑而成的结构，它是工程建设中的重要结构形式之一，具有悠久的历史。普通的砌体工程是建造坚固、美观建筑物的一种经济、迅速且简单的建筑技术。尽管自 19 世纪以来，钢结构和钢筋混凝土结构在结构工程中得到迅猛的发展，但砌体结构在我国及世界各国建筑工程中仍然有广泛的应用。

第一节 概 述

一、砌体结构的历史、现状及发展

（一）砌体结构的历史

砌体是人类应用的最古老的建筑材料，国外采用石材乃至砖建造各种建筑物已有几千年的历史，砌体结构几乎与人类的文明同时诞生。实际上，砌体结构的诞生标志着土木工程的诞生。石头是很容易得到的，最初人们用石头砌的也许是随机碎石干砌体，这种砌体是把各种不同大小的石块用随机的方式堆垒成墙体，其中小石头用来填大石头之间的空隙。这种随机碎石干砌体至今仍在一些第三世界国家中被使用。后来人们采用石料和黏土砌筑房屋。大约在 11 000 年前，人们发明了土坯砖（用太阳晒干的未经烧制的黏土砖）。后来又发明了烧制砖。最早的砌体拱结构是公元前 4000 年在中东的乌尔建造的。西方国家较多地使用石材，19 世纪 20 年代发明了水泥，其后有了强度较高的水泥砂浆，使砌体结构得到了进一步的发展。

人们用砌体建造了大量建筑物，特别是在具有悠久文化历史的国家和地区。例如，古埃及的金字塔及亚力山大港的灯塔，古罗马的大量石结构废墟及塞戈维亚水渠，被维苏威火山吞没的庞贝城，伊斯坦布尔拜占庭时代的宫廷和庙宇，古希腊众多的神庙，著名的意大利比萨斜塔，法国巴黎圣母院，印度泰姬陵，柬埔寨吴哥寺等。

我国在公元前 2000 年就已建造土筑墙结构，东周时期在建筑中采用的块材，已类似于近代的砖。我国历史上较有名的、甚至现在还保存下来的砖石建筑物很多。例如，古老的万里长城，造型优美的河北赵县的安济桥，历史最悠久的北魏时期建造的嵩岳寺塔以及四川都江堰大型水利工程，都是我国土木建筑史上光辉的实例。

（二）砌体结构的现状

第一幢用砖砌体及铁混合材料建成的高层建筑是 1889 年在美国芝加哥建成的摩纳德诺克（Monadnock）大楼，17 层，高 66 m。

国外现代砌体结构仍较广泛地用于建造多层居住和办公等建筑，其中包括一些高层建筑。也有将砖砌薄壳屋盖做成很大跨度的。例如，西班牙用配筋砖砌体建造的大型薄壳，跨度达 97 m；又如 1909 年建成的美国纽约圣约翰大教堂，砖砌圆顶直径达 40.2 m。

现代配筋砌体的发展一般认为是从印度的 A. Brebner 对配筋砌体的研究开始的，他于 1923 年发表了为期两年的试验研究的结果。美国于 20 世纪 70 年代在匹兹堡建造了一座 20 层的配筋房屋。英国于 1981 年提出了配筋砌体和预应力砌体设计规范。在美国科罗拉多州建造的一座 20 层配筋砌体塔楼和在加利福尼亚州建造的采用高强混凝土砌块并配筋的希尔顿饭店，都经受了地震的考验而未受损坏。

在我国，尽管砌体结构的历史十分悠久，但砌体结构的实践和理论发展都是极缓慢的。1949 年前，由于生产力水平的限制，砌体结构房屋的设计没有一套完整的设计理论；新中国成立后，砌体结构的潜力得到发挥。全国很多城市的砌体结构房屋已建到 7~8 层，在非地震区已建到 12 层。砌体结构不仅大量用于各类民用建筑房屋，而且也在工业建筑中大量采用。另外，砌体结构体系同时还向多样化发展，从单一的砌体承重，发展到内框架结构、外砖内模结构等；用拱壳砖建造的砖薄壳，曾用于跨度达 24 m 的仓库；块体材料的品种和产量也在不断扩大；近年在上海建造了 18 层的配筋砌体住宅。

到 20 世纪 40 年代，砌体结构一直都是凭经验进行设计的。前苏联从 40 年代、欧美国家从 50 年代开始对砌体结构的受力性能进行较为广泛的试验研究，提出了以试验结果和相应的理论分析为依据的设计计算方法。我国自 20 世纪 50 年代中期即开始研究砌体材料性能，但是对砌体结构的系统试验研究是从 60 年代才开始的。1973 年颁布的具有我国特色的《砖石结构设计规范》，基本上是根据我国自己的大量数据修订的，结束了我国长期袭用外国规范的历史。1988 年颁布了《砌体结构设计规范》（GBJ3—88），最近又颁布了新的《砌体结构设计规范》（GB50003—2001）。我国现行规范中采用的以概率理论为基础的极限状态设计方法，把房屋空间工作的计算从单层房屋推广到多层房屋，以及考虑墙和梁共同工作的墙梁设计等，都达到了世界先进水平。

在材料方面，我国 1952 年统一了黏土砖的规格。到 20 世纪 80 年代中期，我国的黏土砖年产量是世界各国黏土砖年产量的总和。现在，我国已有多种块体的形式，以有利于环境保护并适用于各种不同的需要。在我国，砌体结构一直得到广泛的应用。

（三）砌体结构的发展

砌体结构由于诸多的优点，在土木工程今后相当长的时期内仍占有重要地位。随着科学技术的发展，砌体结构也会快速发展。国外由于采用高强度砖并配筋，早已建造了 10~20 层的配筋砌体高层建筑，并认为在此高度上用配筋砌体建造高层建筑是经济合理的，可以与钢筋混凝土结构和钢结构竞争。

新中国成立以来，我国砌体结构虽然得到了迅速的发展，但与先进国家相比，砌体结构的应用仍处于较落后的水平，我们要努力向近代的砌体结构发展。我国砌体结构发展面临的任务是：

1. 提高砖（块材）的强度和孔洞率，发展高强度砂浆

砖（块材）和砂浆的强度是影响砌体强度的主要因素。

在国外，砖（块材）正向高强、大孔、薄壁和大尺寸发展，这样做不仅可以节省原材料，减轻结构自重，提高施工效率，还可以使砌体在保温、隔音、防火和建筑节能等方面优于其他结构材料。

与西方一些经济发达国家相比，我们的差距主要在砌体的材料方面。例如，我国目前生产的各类砖块体的抗压强度一般为 10～15 MPa，最高为 30 MPa。而美国商品砖的抗压强度为 17.2～140 MPa，最高 230 MPa。英国砖的抗压强度达 140 MPa。法国、比利时和澳大利亚砖的抗压强度一般达 60 MPa。

国外采用的砂浆强度也很高，一般在 15～40 MPa，如美国水泥石灰砂浆的一般抗压强度为 13.9～25.5 MPa。一些国家还致力于研究高黏结砂浆，如掺加聚氯乙烯乳胶的砂浆强度已超过 55 MPa。德国的砂浆抗压强度一般为 14.0 MPa 左右，而我国常用砂浆的抗压强度一般为 2.5～10 MPa。

由于块材和砂浆性能的改善，砌体的抗压强度已相当于普通强度等级的混凝土抗压强度。加快砌筑砖和砂浆的研究，发展轻质高强的砌体是今后砌体结构发展的重要方向，砌体强度提高了，墙、柱的截面尺寸才可能减小，材料消耗才会减少，砌体的应用范围将进一步扩大，房屋的建造高度将进一步提高，经济指标将会更趋合理。

国外空心砖的孔洞率一般为 25%～40%，有的高达 60%，并且空心砖产量占砖年总产量的比例达 90% 以上。我国承重空心砖的孔洞率一般在 30% 以内。提高空心砖的孔洞率，减小砌体自重，不仅节约材料、降低造价，而且地震时地震作用减小，间接提高了砌体结构的抗震能力。

2. 加强配筋砌体的研究和应用

我国是一个多地震的国家，无筋砌体的抗震性能较差，在很大程度上限制了砌体结构的应用范围。配筋砌体不但能提高砌体的强度和抗裂性，而且能有效地提高砌体结构的整体性和抗震性能。例如，美国加利福尼亚州用配筋砌体建造的 16～18 层公寓楼，经受了大地震的考验，为砌体在高层建筑和地震区建筑的应用开辟了新的途径。

我国配筋砌体结构起步较晚，1976 年唐山大地震的沉痛教训促进了配筋砌体结构在我国的研究与发展。20 世纪 80 年代，广西南宁市修建了配筋砌块砌体 10 层住宅楼和 11 层办公楼试点房屋，其后辽宁本溪修建了一批配筋砌块砌体 10 层住宅楼，但因缺乏系统的试验没有得到推广。20 世纪 90 年代，不少大学和科研院所对配筋砌块砌体房屋的受力和抗震性能进行了一系列的试验研究。1997 年，在辽宁盘锦建成一栋 15 层配筋砌块剪力墙点式住宅，1998 年上海建成 18 层配筋砌块剪力墙塔楼。配筋砌块剪力墙的设计方法已写入 2001 年颁布的《砌体结构设计规范》（GB50003—2001）（以下简称《砌体规范》），这表明配筋砌块砌体在我国的发展已进入一个新的阶段。

3. 砌体结构理论的进一步研究

砌体是较混凝土更为复杂的复合材料，在各种不同的受力状态下，具有明显的各向异性的特点。至今，对砌体的各向异性特性、多种破坏形态发生相互转换的条件认识还很不够，对砌体在复合受力条件下的破坏机理、砌体与其他材料共同工作等方面的研究也比较薄弱，砌体结构的动力反应和抗震性能有待进一步深入研究，这对砌体结构的合理设计和进一步扩

大砌体结构的应用范围有着重要的意义。

另外，荷载长期影响的问题、耐久性研究都有大量工作要做。

二、砌体结构的应用范围及优缺点

砌体结构应用广泛，不但可以用来建造各种房屋的承重结构，也可用以建造桥梁、隧道、挡土墙、涵洞以及水工结构（如坝、堰等）和特种结构（如水池、水塔、烟囱等）。当采用配筋砌体，乃至预应力砌体时，其应用范围还可以扩大。

砌体结构得到如此广泛的应用，与其所具有的优越性是分不开的。

1. 可以就地取材

砌体是由块材和砂浆砌筑而成的，而生产块材和砂浆所用的黏土、砂、石灰等都属于地方材料，几乎到处都有。因此，不仅大、中、小城市可以生产块材，农村也可制造多种块材。

2. 砌体具有良好的耐久性、大气稳定性和耐火性能

我国河南嵩山的嵩岳寺砖塔已经历 1400 多年的风风雨雨，虽有一定风化，但仍屹立于万山丛中；埃及的古金字塔迄今仍完好无损。很多工程实例表明，砌体具有良好的耐腐蚀和耐冻融的大气稳定性，合理的设计足以使砌体结构使用到预期的耐久年限。砌体结构的耐火性能也非常好，黏土砖在 800 ~ 900 ℃ 的高温作用下无明显破坏。耐火试验得出，240 mm 非承重砖墙可耐火 8 h，承重砖墙可耐火 5.5 h。

3. 砌体具有其他结构无法替代的特性

与其他结构相比：砌体具有承重和围护的双重功能；其保温、隔热、隔音性能都优于普通钢筋混凝土；施工工艺简单，施工工序简便；节约木材、钢材和水泥，房屋的工程造价较低。

同时，砌体结构也存在以下一些缺点：

（1）砌体的强度低，其抗压强度一般仅为混凝土抗压强度的 1/2 ~ 1/7，因而砌体结构截面尺寸一般较大，自重也大。普通混合结构的多层房屋，墙重约占建筑物总重的一半以上。自重大带来运输量大，而且在地震作用下惯性力也大，对抗震不利。

（2）块材和灰浆间的黏结力较小，因而砌体的抗拉、抗弯、抗剪强度很低，延性小，无筋砌体抗震能力较差。

（3）砖石结构砌筑工作量大，劳动强度高；烧制黏土砖大量占用农田，影响农业生产；此外，某些砌体材料在受潮泛霜和较长时间受湿热作用时有软化现象，使强度有所降低。

三、砌体材料与种类

（一）块体和砂浆的分类及强度等级的确定

1. 块体的分类

块体分为砖、砌块和石材三类。砖与砌块通常是按块体的高度尺寸划分的。块体高度小于 180 mm 的称为砖，大于 180 mm 的称为砌块。

（1）砖：砖是我国砌体结构中应用最广泛的一种块体，历史最悠久。我国目前常用于承重砌体结构的砖有：烧结普通砖、承重黏土空心砖和非烧结硅酸盐砖。

① 烧结普通砖：它是指用塑压黏土制坯经干燥和烧结而成的砖，为传统砌体材料。它的生产工艺简单，可由手工或机械化生产，产品稳定性好。目前，我国生产的实心黏土砖标准规格为 240 mm×115 mm×53 mm。

② 承重黏土空心砖：它是指用于承重结构且孔洞率大于 15% 的黏土砖。采用空心砖，主要是为了减轻墙体自重，改善墙体隔音、隔热性能，内部配筋可提高其抗震能力。空心砖一般分为多孔空心砖与大孔空心砖两类。根据我国《承重黏土空心砖》（JC196—75）标准规定，黏土空心砖主要有以下三种型号（见图 5.1），孔洞率一般为 20% 左右。

KM1　尺寸为 190 mm×190 mm×90 mm 或 190 mm×90 mm×90 mm

KP1　尺寸为 240 mm×115 mm×90 mm

KP2　尺寸为 240 mm×180 mm×115 mm

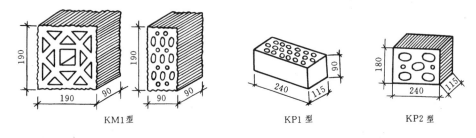

KM1型　　　　　KP1 型　　　　KP2 型

图 5.1　承重黏土空心砖（单位：mm）

其中，字母 K 表示空心，M 表示模数，P 表示普通。但国家标准只规定了外形尺寸而未规定孔洞形式，各地生产的空心砖规格并不统一，空心率在 10%～40% 之间。在上述三种空心砖中，以 KP1 较受欢迎，因为其平面尺寸和标准砖一样，强度又略高于标准砖。

③ 非烧结硅酸盐砖：它是指用硅酸盐材料压制成坯并经高压釜蒸养而成的实心砖。由于成型时温度较低，化学稳定性较差，不宜用于高温环境中，其规格尺寸与实心黏土砖相同。

（2）砌块：砌块是指采用普通混凝土或利用浮石、火山渣、陶粒等为骨料的轻骨料混凝土制成的实心或空心砌块。采用较大尺寸的砌块来代替砖砌筑砌体，可以减轻劳动量，加快施工进度。砌体外形尺寸可达标准砖的 6～60 倍，通常把高度在 350 mm 以下的砌块称为小型砌块，而把高度在 360～900 mm 间的砌体称为中型砌块，高度大于 900 mm 的砌块称为大型砌块。

小型砌块尺寸较小、自重较轻、型号多、使用灵活、便于手工操作，目前在我国应用很广泛。中、大型砌块尺寸较大、自重较重，适用于机械起吊和安装，可提高施工速度，减轻劳动强度，但其型号不多，使用不够灵活，在我国很少采用。常用混凝土小型砌块如图 5.2 所示。空心砌块的孔洞率一般为 40%～60%。其尺寸一般根据建筑模数确定，能组成多种开间、进深和高度的模数列。

（3）石材：在建筑工程中常用的石材有重质岩石（重力密度≥18 kN/m³）和轻质岩石（重力密度<18 kN/m³）。重质岩石具有强度高，抗冻性强，抗水性、抗气性好的优点，但传热性较高，故不适用于做寒冷地区房屋的墙体，通常用于做建筑物的基础和挡土墙等。轻质岩石

容易加工，传热性小，可有效地用做外墙砌体，但其抗冻性和抗水性很低。

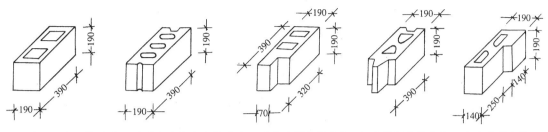

（a）普通顺砖砌块 （b）可安装钢窗框的砌块 （c）可安装木窗框的砌块 （d）控制缝的砌块 （e）转角砌块

图 5.2 常用混凝土小型砌块（单位：mm）

天然石材根据其外形和加工程度，可分为料石和毛石两种。料石又可分为半细料石、粗料石和毛料石。

2. 砂浆分类

砂浆在砌体中所占体积虽小，但它却能将砌体中的块材黏结成整体，使其共同工作，并抹平砖石表面，使砌体受力均匀，从而改善块材在砌体中的受力状态；同时，也改善了砌体的透气性、保温隔热性和抗冻性能。

砂浆是由砂、无机胶结料（水泥、石灰、石膏、黏土等）按一定比例加水搅拌而成。按其成分可分为三类：

（1）无塑性掺和料的纯水泥砂浆：由水泥、砂和水拌和而成的砂浆。此类砂浆具有较高的强度和良好的耐久性，能在潮湿环境下硬化，但这种砂浆的和易性和保水性较差，施工难度较大，宜在对强度和耐久性有较高要求以及在地面或防潮层以下的砌体中采用。

（2）有塑性掺和料的混合砂浆：在水泥砂浆中掺入一定比例塑化剂的砂浆。例如水泥石灰砂浆、水泥石膏砂浆等。此类砂浆具有较好的和易性和保水性，也具有一定的强度和耐久性，是墙体砌筑中常用的砂浆。

（3）非水泥砂浆：一般指不含水泥的石灰砂浆、黏土砂浆和石膏砂浆等，其强度和耐久性都较差，一般常用于低层和简易住宅中。

（4）混凝土砌块砌筑砂浆：由水泥、砂子、水以及根据需要掺入的掺和料和外加剂等组分，按一定比例，采用机械搅拌而成，专门用于混凝土砌块的砌筑，简称砌块专用砂浆。

砂浆按其容重可分为两类：重砂浆（容重 $\geq 15\ kN/m^3$）和轻砂浆（容重 $< 15\ kN/m^3$）。

良好的砌体砂浆除应满足设计强度外，还应具有可塑性和保水性。

（1）可塑性：指砌体砌筑过程中砂浆的流动性。砂浆的可塑性用锥体沉入砂浆中的深度测定。锥体的沉入深度可根据砂浆的用途来规定。对实心砖砌体，要求沉入量为 70～100 mm；对空心砖砌体，要求沉入量为 60～80 mm；对砌块砌体，沉入量要求 70～100 mm；对石砌体，要求沉入量是 30～50 mm。

（2）保水性：指新拌砂浆在存放、运输和砌筑过程中保持水分的能力。保水性好，则不易发生离析。保水性可由分层度衡量，在新拌砂浆静置 30 min 后，以上、下层砂浆沉入量的差值来表示分层度，一般要求砂浆分层度不大于 20 mm。在砂浆中增加石灰膏或黏土浆可以改善砂浆的保水性。

可塑性和保水性好的砂浆，操作方便，可提高劳动效率，易使灰缝饱满均匀，不致因块体吸收过多水分而影响砂浆的正常硬化，以保证砌筑质量。

3. 灌孔混凝土

在混凝土小型砌块建筑中，为了提高房屋的整体性、承载能力和抗震性能，常在砌块孔洞中设置钢筋并浇入灌孔混凝土，使其形成钢筋混凝土芯柱。在有些混凝土小型砌块砌体中，虽然孔内并没有配钢筋，但为了增大砌体的横截面积或为了满足其他功能要求，也需要灌孔。灌孔混凝土用普通水泥、砂子、碎石（豆石）、水以及根据需要掺入的掺和料和外加剂等组分，按一定比例，采用机械搅拌而成。碎石直径一般不大于 10 mm。灌孔混凝土应具有较大流动性，其坍落度应控制在 200～250 mm。

根据灌孔尺寸大小和灌注高度不同，灌孔混凝土又分为粗灌孔混凝土和细灌孔混凝土。两者的区别为细灌孔混凝土中不加碎石（豆石），仅为一定比例的水泥、砂子和水，有时还加少量白灰。

为了保证施工质量，要求灌孔混凝土既容易灌注又不致离析，并能保证钢筋的正确位置。灌孔混凝土的强度等级 Cb×× 等同于对应的混凝土强度等级 C×× 的强度指标。砌块砌体的灌孔混凝土的强度等级不应低于 Cb20，也不宜低于两倍的块体强度等级。

4. 块体强度等级的确定

块体强度等级是按标准试验方法，根据其抗压强度的平均值确定的。

（1）砖强度等级的确定：对于实心砖，由于其厚度较小，为了防止在砌体中过早断裂，在确定强度等级时，除依据抗压强度外，还应满足按相应强度等级规定的抗折强度要求。砖的强度等级由抗压强度（10 块平均值、单块最小值）和抗折强度（5 块平均值，单块最小值）综合确定。

烧结普通砖的抗压强度采用的试件为两个半砖（115 mm × 115 mm × 120 mm）中间用一道平灰缝连接（见图 5.3）。确定蒸压粉煤灰砖的强度等级时，其抗压强度应乘以自然碳化系数，当无自然碳化系数时，可取人工碳化系数的 1.15 倍。空心块材的强度等级是由试件破坏荷载值除以受压毛面积确定的，在设计计算时不需再考虑孔洞的影响。

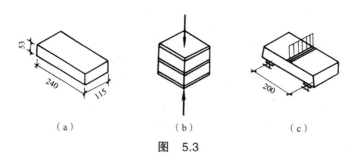

（a）　　　　　　　（b）　　　　　　　（c）

图 5.3

砖的强度等级以符号"MU"表示，MU 分别为英文 Masonyy Unit 的第一个字母，单位为 MPa。烧结普通砖、非烧结硅酸盐砖及承重黏土空心砖的强度等级常用的有 MU30、MU25、MU20、MU15、MU10。

（2）砌块强度等级的确定：砌块的强度等级由 3 个试块单块抗压强度平均值确定。确定掺有粉煤灰 15% 以上的混凝土砌块的强度等级时，其抗压强度应乘以自然碳化系数，当无自然碳化系数时，可取人工碳化系数的 1.15 倍。砌块的强度等级划分为 MU20、MU15、MU10、MU7.5、MU5。

（3）石材强度等级的确定：石材的强度等级，可用边长为 70 mm 的立方体试块的抗压强度表示。抗压强度取三个试件破坏强度的平均值。其强度等级分为 MU100、MU80、MU60、MU50、MU40、MU30、MU20。

试件也可采用表 5.1 所列边长的立方体，但应对试验结果乘以相应的换算系数后方可作为石材的强度等级。

表 5.1　石材强度等级的换算系数

立方体边长/mm	200	150	100	70	50
换算系数	1.43	1.28	1.14	1	0.86

5. 砂浆强度等级的确定

砂浆的强度等级采用 6 块边长为 70.7 mm 的立方体试块，在标准条件下养护 28 d 后进行抗压试验所得的以 MPa 表示的抗压强度平均值确定。确定砂浆强度等级时应采用同类块体为砂浆强度试块底模。砂浆的强度等级符号以"M"表示，M 为英文 Mortar 的第一个字母，划分为 M15、M10、M7.5、M5、M2.5 五种。当验算施工阶段砂浆尚未硬化的新砌体强度时，可按砂浆强度为零来确定其砌体强度。

混凝土砌块砌筑砂浆强度等级划分为：Mb20、Mb15、Mb10、Mb7.5 和 Mb5。

为了满足工程设计需要和施工质量，砂浆应当满足以下要求：

（1）砂浆应有足够的强度，以满足砌体的强度要求。

（2）砂浆应具有较好的和易性，以便于砌筑、保证砌筑质量和提高工效。

（3）砂浆应具有适当的保水性，使其在存放、运输和砌筑过程中不出现明显的泌水、分层、离析现象，以保证砌筑质量、砂浆的强度和砂浆与块材之间的黏结力。

6. 块体及砂浆的选择

在砌体结构设计中，块体及砂浆的选择既要保证结构的安全可靠，又要获得合理的经济技术指标。一般应按照以下的原则和规定进行选择：

（1）应根据"因地制宜，就地取材"的原则，尽量选择当地性能良好的块材和砂浆材料，以获得较好的技术经济指标。

（2）为了保证砌体的承载力，要根据设计计算选择强度等级适宜的块体和砂浆。

（3）要保证砌体的耐久性。所谓耐久性就是要保证砌体在长期使用过程中具有足够的承载能力和正常的使用性能，避免或减少块体中可溶性盐的结晶风化导致块体掉皮和层层剥落现象。另外，块体的抗冻性能对砌体的耐久性有直接影响。抗冻性的要求是要保证在多次冻融循环后块体不至于剥蚀及强度降低。一般块体吸水率越大，抗冻性越差。

（4）严格遵守《砌体规范》中关于块体和砂浆最低强度等级的规定：

① 在非抗震设计中，五层、五层以上房屋的墙以及受振动或层高大于 6 m 的墙、柱所用的块材和砂浆最低强度等级应符合：砖采用 MU10；砌块采用 MU7.5；石材采用 MU30；砂浆采用 M5。对安全等级为一级或设计使用年限大于 50 年的房屋，墙、柱所用材料的最低强度等级应至少提高一级。

② 地面以下或防潮层以下的砌体，潮湿房间的墙，所用材料的最低强度等级应符合表 5.2 的要求。对安全等级为一级或设计使用年限大于 50 年的房屋，表中材料强度等级应至少提高一级。

表 5.2 地面以下或防潮层以下的砌体、潮湿房间墙所用材料的最低强度等级

基土的潮湿程度	烧结普通砖、蒸压灰砂砖		混凝土砌块	石 材	水泥砂浆	混凝土普通砖
	严寒地区	一般地区				
稍潮湿的	MU15	MU15	MU7.5	MU30	M5	MU20
很潮湿的	MU20	MU20	MU7.5	MU30	M7.5	MU20
含水饱和的	MU20	MU20	MU10	MU40	M10	MU25

③ 在冻胀地区，地面以下或防潮层以下的砌体，不宜采用多孔砖，如采用时，其孔洞应用水泥砂浆灌实。当采用混凝土砌块砌体时，其孔洞应采用强度等级不低于 Cb20 的混凝土灌实。

（二）砌体的种类

砌体可分为无筋砌体和配筋砌体两大类。无筋砌体包括砖砌体、砌块砌体和石砌体；配筋砌体包括横向配筋砌体和组合砌体等。

1. 无筋砌体

由块材和砂浆组成的砌体称为无筋砌体。无筋砌体应用范围广泛，但抗震性能较差。

（1）砖砌体：指用烧结普通砖或非烧结硅酸盐砖与砂浆砌筑的砌体，它是目前用量最大的一种砌体，常用作内外承重墙或围护墙。砖可砌成实心砌体，也可砌成空心砌体。我国通常采用一顺一丁、梅花丁砌合法及三顺一丁砌合法（见图 5.4）。一顺一丁的砌合方式最好，三顺一丁其次，五顺一丁较差。前两种砌合方式的整体受力性能较好，后一种在横截面中通缝的半砖厚砌体的高厚比约为 3，容易使砌体在破坏前形成半砖小柱，因而砌体抗压强度将比一顺一下时降低 2%~5%，因此已很少采用，至于砌体中有更多砖皮未咬合的情况则是不允许的。实砌标准砖墙厚度为 24 cm（1 砖）、37 cm（1 砖半）、49 cm（2 砖）等。如果不按上述尺寸而按 1/4 进位，则需加砌一块侧砖而使墙厚度为 18 cm、30 cm、42 cm 等。在有经验的地区也可以采用传统的空斗墙砌体。这种砌体自重轻，节省砖和砂浆，热工性能好，降低造价，但其整体性和抗震性能较差。

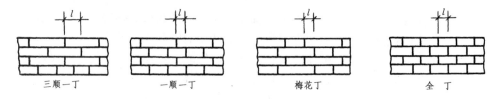

三顺一丁   一顺一丁   梅花丁   全 丁

图 5.4 常用砖砌体砌合方法

（2）砌块砌体：指用混凝土砌块或硅酸盐砌块和砂浆砌筑的砌体。我国目前使用的砌块砌体多为小型混凝土空心砌块砌体，主要用于多层民用建筑、工业建筑的墙体结构。混凝土小型砌块在砌筑中较一般砖砌体复杂。一方面，要保证上下皮砌块搭接长度不得小于 90 mm；另一方面，要保证空心砌块孔对孔、肋对肋砌筑。因此，在砌筑前应将各配套砌块的排列方式进行设计，要尽量采用主规格砌块。砌块不得与普通砖等混合砌筑。砌块墙体一般由单排砌块砌筑，即墙厚度等于砌块宽度。

由于中型砌块重量较大，一般采用吊装机具。这种结构具有建筑工厂化和施工速度快的优点，但砌块砌体的水平缝抗剪强度较低，一般为相应砖砌体的 40%～50%，因而砌块砌体的整体性和抗剪性能不如普通砖砌体，其弹性模量普遍高于砖砌体。

同普通砖砌体相比，砌块砌体自重轻，技术经济效果较好，可用于地震区，但其构造措施要求比较严格。

（3）石砌体：是由天然石材和砂浆或由天然石材和混凝土砌筑而成，它可分为料石砌体、毛石砌体和毛石混凝土砌体（见图 5.5）。

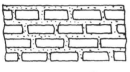 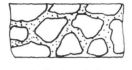 

（a）料石砌体　　　　　（b）毛石砌体　　　　　（c）毛石混凝土砌体

图 5.5　料石砌体、毛石砌体和毛石混凝土砌体

在产石区，采用石砌体比较经济。工程中，石砌体主要用作受压构件，如一般民用建筑的承重墙、柱和基础。石砌体中石材的强度利用率很低，这是由于石材加工困难，其表面难以平整。石砌体的抗剪强度也较低，抗震性能较差。

2. 配筋砖砌体

像混凝土一样，砖砌体和砌块砌体具有较高的抗压强度，但抗拉能力很弱。但可在砌体中配筋使它们能够承受拉力，或施加预应力以克服上述弱点；同时，钢筋还可直接协助砌体承压。

配筋砌体是在砌体中配置钢筋或钢筋混凝土以增强砌体本身的抗压、抗拉、抗剪、抗弯强度，减小构件的截面面积。目前常用的配筋形式有：网状配筋、组合砌体、横向配筋、纵向配筋、约束砌体等（见图 5.6）。

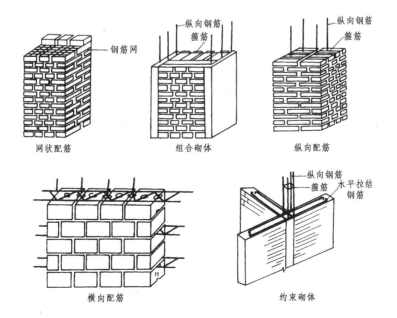

图 5.6　配筋砌体形式

配筋砌体由于变形能力较好而具有较高的抗震能力。近年来，配筋砌体发展较快，如复合配筋砌体是在块体的竖向孔洞内设置钢筋混凝土芯柱，在水平灰缝内配置水平钢筋所形成的砌体，可较有效地提高墙体的抗剪能力；预应力配筋砌体是在大孔空心砖的竖向通孔和水平灰缝中设置预应力筋，可大大提高砌体的抗裂性。

3. 配筋混凝土空心砌块砌体

混凝土空心砌体在砌筑中，上下孔洞对齐，在竖向孔中配置钢筋、浇筑灌孔混凝土，在横肋凹槽中配置水平钢筋并浇注灌孔混凝土或在水平灰缝配置水平钢筋，所形成的砌体结构称为配筋混凝土空心砌块砌体，简称配筋砌块砌体（见图 5.7）。这种配筋砌体自重轻、地震作用小、抗震性能好，受力性能类似于钢筋混凝土结构，但造价较钢筋混凝土结构低。

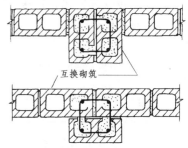

图 5.7　配筋混凝土空心砌块砌体

第二节　砌体的力学性能

掌握砌体的力学性能是合理进行砌体结构设计与施工的基础。砌体的抗压强度是最主要的强度指标。由于砌体是由两种以上材料组成，因此其工作性能与匀质材料有明显的差别，而且砌体的抗压强度一般都低于单块块材的抗压强度。此外，工程上对砌体的抗拉、抗弯、抗剪强度以及变形性能也有一定要求。

一、砌体的受压性能

（一）砌体的受压破坏特征

砌体的受压工作性能与单一匀质材料有明显的差别。不同类型的砌体，抗压强度也有明显的差异，但其受压工作机理有很多相同之处。下面以标准砖砌体为例，说明砌体受压的破坏过程。

试验表明，砖砌体的轴心受压从受力到破坏可分为三个阶段（见图 5.8）：

第一阶段：从砖砌体开始受压到个别砖出现垂直或略偏斜向的裂缝。此时砌体受到的压力约为破坏压力的 50%～70%。此阶段的特点是如果压力不增加，裂缝也不会继续发展［见图 5.8（a）］。

第二阶段：随着压力的继续增加，单块砖内的个别短裂缝继续延长、加宽，将该皮砖裂通后进一步向上下发展，并逐步形成沿竖向贯穿几皮砖的连续裂缝，同时产生新的裂缝，其压力约为破坏时压力的 80%～90%。此时，即使压力

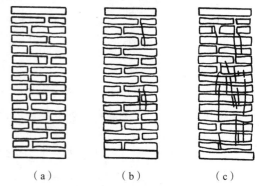

（a）　　　（b）　　　（c）

图 5.8　砖砌体受压破坏特征

不再增加，裂缝仍会继续发展［见图 5.8（b）］。实际上因为房屋是在长期荷载作用下，应认为这一阶段就是砌体的实际破坏阶段。

第三阶段：继续加载，裂缝迅速发展，其中几条主要的连续竖向裂缝把砌体分割成若干截面尺寸为半砖左右的小柱体［见图 5.8（c）］。整个砌体明显外胀，最终由于某些小柱失稳或压碎而导致整个砌体破坏。

（二）砌体受压时的应力状态

轴心受压砖的砌体，就其整体来看属于均匀受压状态，但在试验时仔细量测砖块的变形，可以发现单块砖在砌体内不仅受压，而且还处于受弯、受剪和受拉等复杂受力状态。

1. 砌体中的块体受弯剪应力

在砌体中由于砂浆铺砌不均匀、砂浆饱满度不一致及块体表面不平整，使砖在轴心受压的砌体中实际上处于受弯、受剪和局部受压的复杂受力状态（见图 5.9）。

2. 砌体中的块体受水平拉应力

砖砌体中砖和砂浆的弹性模量及横向变形系数不同。一般砂浆在压力作用下的自由横向变形比砖大，但由于砖和砂浆之间存在黏结和摩擦作用，所以砌体的横向变形介于两种材料单独作用时的变形之间，即砂浆的横向变形受到砖的约束作用而减少，而砖的横向变形受到砂浆的作用而增大。砖中相应地产生了水平附加拉力，砂浆中相应地产生横向压应力，使砂浆处于三向受压状态［见图 5.9（c）］。

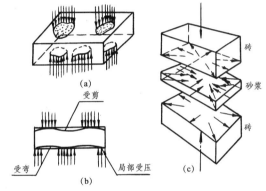

图 5.9　砌体受力状态

3. 竖向灰缝处应力集中使砖处于不利受力状况

砌体中竖向灰缝一般不密实饱满，加之砂浆硬化过程中收缩，使砌体在竖向灰缝处整体性明显削弱。位于竖向灰缝处的砖内产生较大的横向拉应力和剪应力的集中，加速砌体中单砖开裂，降低了砌体强度。

（三）影响砌体抗压强度的主要因素

1. 砖和砂浆强度等级

砖和砂浆的强度是影响砌体抗压强度的最主要因素。砖砌体的抗压强度主要取决于砖抗弯和抗拉能力。一般来说，强度等级高的砖，其抗弯、抗拉强度也比较高，因而它的砌体抗压强度也高。砂浆强度越高，其横向变形就越小，砖在砌体内受到的附加拉力就越少。试验表明，当砖的强度等级提高 1 倍时，约可使砌体抗压强度提高 40%左右。如砂浆强度等级提高 1 倍，砌体抗压强度约可提高 26%。对于提高砌体强度而言，提高砖的强度等级比提高砂浆强度更有效。

2. 砖的几何尺寸和表面平整度

试验证明，砖的厚度越大，其抗弯、抗剪和抗拉能力也越大，由它砌成的砌体抗压强度也越高。砖的长度越大,其在砌体中产生的弯剪应力也越大,砌体的强度也越低。砖形状的规则程度对砌体的抗压强度也有显著的影响。当砖表面不平整时,在压力作用下,砖块将产生较大的附加弯、剪应力,砌体抗压强度会下降。

3. 砂浆的性能

除强度外,砂浆的变形性能和流动性、保水性都对砌体抗压强度有影响。砂浆的变形性能将影响块体所受弯、剪应力和拉应力的大小。砂浆的流动性和保水性好,容易保证砌筑质量,使灰缝厚度比较均匀、密实;砂浆的饱满度高,可以减少砖在砌体中的弯、剪应力,提高砌体强度。试验研究表明:纯水泥砂浆的和易性和保水性较差,采用纯水泥砂浆砌筑的砌体,其抗压强度比采用混合砂浆砌筑的砌体约降低 15% ~ 50%。

4. 砌筑质量和水平灰缝厚度

砌筑质量主要指砌体中水平灰缝的饱满度、密实性、均匀性和合适的灰缝厚度。砂浆铺砌饱满、均匀,可以改善砖块在砌体中的受力性能,提高砌体抗压强度。试验表明,当砂浆饱满度由 80% 降到 65% 时,砌体强度约降低 20% 左右。

灰缝厚度对砌体抗压强度也有明显影响。灰缝厚,容易铺砌得均匀,对改善砖的复杂受力状态有利;但砂浆横向变形的不利影响加大,砌体的抗压强度随灰缝厚度的加大而降低。实践表明,灰缝厚度在 10 mm 左右较好。

5. 砖砌筑时含水率的影响

砌筑时砖的含水率对砌体抗压强度也有明显影响。普通实心黏土砖砌体,其砌体抗压强度随砌筑时砖含水率的增大而提高。试验表明,砖较干时,铺砌在砖面上的砂浆大部分水分会很快被砖吸收,不利于砂浆的硬化,使砌体强度降低;而处于潮湿状态的砖,有利于砂浆的硬化,同时也有利于砂浆铺砌均匀,从而改善了砌体内的复杂应力状态,使砌体抗压强度得到提高。作为正常的施工标准,要求烧结普通砖和空心砖在砌筑时的含水率为 10% ~ 15%。

6. 块体的搭接方式

砌筑时块体的搭接方式影响砌体的整体性。整体性不好,会导致砌体强度的降低。为了保证砌体的整体性,烧结普通砖和蒸压砖砌体应上下错缝,内外搭砌。实心砌体宜采用一顺一丁、梅花丁或三顺一丁的砌筑形式。砖柱不得用包心砌法。

(四)砌体抗压强度平均值

尽管各类砌体的抗压受力特征不同,但多年以来对常用的各类砌体抗压强度进行了大量试验研究,获得了数以千计的试验数据,在对这些数据分析研究的基础上,考虑了影响砌体抗压强度的主要因素,并参考了国外有关研究成果和计算公式,提出了适用于各类砌体的抗压强度平均值计算公式(以 MPa 计):

$$f_m = k_1 f_1^a (1 + 0.07 f_2) k_2 \tag{5.1}$$

式中　f_m ——砌体轴心抗压强度平均值;

　　　f_1 ——块体的抗压强度平均值;

　　　f_2 ——砂浆的抗压强度平均值;

k_1、a、k_2——系数，见表 5.3。

表 5.3　轴心抗压强度平均值 f_m（MPa）

序号	砌 体 种 类	$f_m = k_1 f_1^a (1 + 0.07 f_2) k_2$		
		k_1	a	k_2
1	烧结普通砖、烧结多孔砖、蒸压灰砂砖、蒸压粉煤灰砖	0.78	0.5	当 $f_2 < 1$ 时，$k_2 = 0.6 + 0.4 f_2$
2	混凝土砌块	0.46	0.9	当 $f_2 = 0$ 时，$k_2 = 0.8$
3	毛料石	0.79	0.5	当 $f_2 < 1$ 时，$k_2 = 0.6 + 0.4 f_2$
4	毛　石	0.22	0.5	当 $f_2 < 2.5$ 时，$k_2 = 0.4 + 0.24 f_2$

注：① k_2 在表列条件以外时均等于 1。
　　② 计算混凝土砌块砌体的轴心抗压强度平均值，当 $f_2 > 10$ MPa 时，应乘以系数 $1.1 - 0.01 f_2$；MU20 的砌体应乘以系数 0.95，且满足 $f_1 \geqslant f_2$，$f_1 \leqslant 20$ MPa。

（五）砌体强度标准值与设计值

1. 砌体强度标准值

砌体强度标准值是结构设计时采用的强度基本代表值。砌体强度标准值的确定考虑了强度的变异性，按照《建筑结构设计统一标准》的要求，取概率密度函数的 5% 分位值（即具有 95% 保证率），砌体强度标准值 f_k 与平均值 f_m 的关系为

$$f_k = f_m - 1.645 \sigma_f = f_m (1 - 1.645 \delta_f) \tag{5.2}$$

式中　σ_f——砌体强度的标准差；

　　　δ_f——砌体强度的变异系数，按表 5.4 采用。

表 5.4　砌体强度变异系数 δ_f

砌 体 类 型	砌体抗压强度	砌体抗拉、抗弯、抗剪强度
各种砖、砌块、毛料石砌体	0.17	0.20
毛 石 砌 体	0.24	0.26

2. 砌体强度设计值

砌体强度设计值是由可靠度分析方法或工程经验校准法确定的，引入了材料性能分项系数来体现不同情况的可靠度要求，砌体强度设计值直接用于结构构件的承载力计算。砌体强度设计值 f 与标准值 f_k 的关系为

$$f = \frac{f_k}{\gamma_f} \tag{5.3}$$

式中　γ_f——砌体结构材料性能分项系数（一般情况下，对各类砌体宜按施工控制等级为 B 级考虑，取 $\gamma_f = 1.6$；当为 C 级时，取 $\gamma_f = 1.8$；当为 A 级时，取 $\gamma_f = 1.5$）。

3. 砌体强度平均值、标准值与设计值的关系

砌体强度平均值、标准值与设计值的关系见表 5.5。

表 5.5　砌体强度标准值、设计值与平均值的关系

砌体类型	各类砌体受压	毛石砌体受压	各类砌体受拉、弯剪	毛石砌体受拉、弯剪
f_k	$0.72\,f_m$	$0.60\,f_m$	$0.67\,f_m$	$0.57\,f_m$
f	$0.45\,f_m$	$0.38\,f_m$	$0.42\,f_m$	$0.36\,f_m$

　　根据式（5.2）和式（5.3）求出的各类砌体抗压强度设计值，当施工质量控制等级为 B 级时，龄期为 28 d 的以毛截面计算的各类砌体抗压强度设计值，可根据块体和砂浆的强度等级按附表 5.1 采用，其中：

　　（1）烧结普通砖和烧结多孔砖砌体的抗压强度设计值，按附表 5.1.1 采用。

　　（2）蒸压灰砂砖和蒸压粉煤灰砖砌体的抗压强度设计值，按附表 5.1.2 采用。蒸压灰砂砖砌体和蒸压粉煤灰砖砌体的抗压强度指标系采用同类砖为砂浆强度试块底模时的抗压强度指标。当采用黏土砖底模时，砂浆强度会提高，相应的砌体强度达不到规范的强度指标，砌体抗压强度约降低 10% 左右。

　　（3）单排孔混凝土和轻集料混凝土砌块砌体的抗压强度设计值，按附表 5.1.3 采用。

　　（4）单排孔混凝土砌块对孔砌筑时，灌孔砌体的抗压强度设计值 f_g，应按下列公式计算：

$$\begin{cases} f_g = f + 0.6\,\alpha f_c \\ \alpha = \delta\rho \end{cases} \tag{5.4}$$

式中　f_g ——灌孔砌体的抗压强度设计值，且不应大于未灌孔砌体抗压强度设计值的 2 倍；

　　　　f ——未灌孔砌体的抗压强度设计值，按附表 5.1.3 采用；

　　　　f_c ——灌孔混凝土的轴心抗压强度设计值；

　　　　α ——砌块砌体中灌孔混凝土面积和砌体毛面积的比值；

　　　　δ ——混凝土砌块的孔洞率；

　　　　ρ ——混凝土砌块砌体的灌孔率，系截面灌孔混凝土面积和截面孔洞面积的比值，不应小于 33%。

　　砌块砌体的灌孔混凝土性能应符合《混凝土小型空心砌块灌孔混凝土》（JC861—2000）的规定，灌孔混凝土强度等级不应低于 Cb20，并不宜低于块体强度等级 2 倍。灌孔混凝土的强度等级 Cb20 等同于对应的混凝土强度等级 C20 的强度指标。

　　（5）孔洞率不大于 35% 的双排孔或多排孔轻集料混凝土砌块砌体的抗压强度设计值，按附表 5.1.4 采用。

　　多排孔轻集料混凝土砌块在我国寒冷地区应用较多，特别是我国的吉林和黑龙江地区已开始推广应用，这类砌块材料目前有火山渣混凝土、浮石混凝土、陶粒混凝土。多排孔砌块主要考虑节能要求，排数有二排、三排和四排，孔洞率较小，砌块规格各地不一致，块体强度等级较低，一般不超过 MU10。

　　（6）块体高度为 180～350 mm 的毛料石砌体的抗压强度设计值，按附表 5.1.5 采用。

　　（7）毛石砌体的抗压强度设计值，按附表 5.1.6 采用。

二、砌体的受拉、受剪及受弯性能

　　砌体的抗拉、抗弯和抗剪强度都远较其抗压强度低，所以设计砌体结构时总是力求造成

使其承受压力的工作条件。但是在砌体结构中不可避免地会遇到砌体承受拉力和剪切的情况，如圆形水池的池壁上存在环向拉力，挡土墙受到土侧压力形成的弯矩作用，砖砌过梁受到的弯、剪作用，拱支座处的剪力作用等（见图5.10）。试验表明，砌体在轴心受拉、受弯和受剪时的破坏一般都发生在砂浆与块体的结合面上。因此，砌体的拉、弯、剪强度主要取决于灰缝与块体的黏结强度，亦即砂浆的强度。

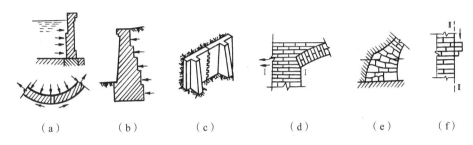

（a） （b） （c） （d） （e） （f）

图5.10 几种常见受拉和受剪工程实例

（一）砌体的抗拉强度

1. 砌体轴心受拉的破坏形态

砌体轴心受拉时，有三种破坏形态（见图5.11）：

（1）沿通缝截面破坏。当力的方向垂直于水平灰缝时，破坏沿砌体通缝截面发生，而砌体强度则由砂浆和砖石的法向黏结力确定。由于块体和砂浆的法向黏结力较低，因此规范不允许设计沿通缝截面的受拉构件。

（2）沿齿缝（Ⅰ—Ⅰ截面）破坏。

（3）沿块体和竖向灰缝（Ⅱ—Ⅱ截面）破坏。

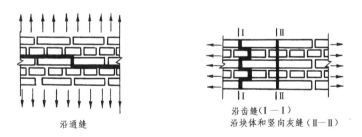

沿通缝

沿齿缝（Ⅰ—Ⅰ）
沿块体和竖向灰缝（Ⅱ—Ⅱ）

图5.11 砌体轴心受拉破坏形态

当力的方向平行于水平灰缝时，若块体的强度较高，而砂浆强度较低时，则可能发生沿齿缝截面的破坏；此时，砌体的抗拉强度取决于砂浆和块材的切向黏结强度。若块体的强度较低，而砂浆强度较高时，则可能发生沿块体和竖向灰缝截面的破坏；此时，截面承载力由砖石的抗裂强度决定。《砌体结构设计规范》对块体的最低强度作了限制后，实际上防止了沿Ⅱ—Ⅱ截面形式的破坏形态的发生。

根据试验资料，各类砌体沿齿缝截面破坏的轴心抗拉强度的平均值为

$$f_{t,m} = k_3 \sqrt{f_2} \tag{5.5}$$

相应的标准值和设计值分别为

$$\begin{cases} f_{tk} = f_{t,m}(1-1.645\delta_f) \\ f_t = \dfrac{f_{tk}}{\gamma_f} \end{cases} \tag{5.6}$$

式中　k_3——与砌体类别有关的系数（见表 5.6）；

　　　f_2——砂浆强度等级；

　　　δ_f——砌体抗拉强度的变异系数，取 $\delta_f = 0.20$。

表 5.6　系数 k_3、k_4、k_5 的取值

序号	砌 体 种 类	k_3	k_4		k_5
			沿齿缝	沿通缝	
1	烧结普通砖、烧结多孔砖	0.141	0.250	0.125	0.125
2	混凝土砌块	0.069	0.081	0.056	0.069
3	蒸压灰砂砖、蒸压粉煤灰砖	0.09	0.180	0.090	0.090
4	毛 石	0.075	0.113	—	0.188

　　2. 砌体弯曲受拉的破坏形态

　　砌体弯曲受拉时，有三种破坏形态（见图 5.12）：

　　（1）砌体沿通缝截面破坏。

　　（2）砌体沿齿缝截面破坏。

　　（3）砌体沿块体和竖向灰缝截面破坏。

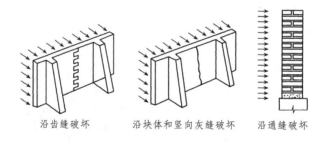

沿齿缝破坏　　　沿块体和竖向灰缝破坏　　　沿通缝破坏

图 5.12　砌体弯曲受拉破坏形态

　　砌体的受弯破坏，实质上是弯曲受拉破坏，是由于截面上拉应力超过砌体抗拉强度造成的。因此，凡是影响砌体抗拉强度的因素对于砌体弯曲抗拉强度都有影响。由于各类砌体均为弹塑性材料，其截面应力沿截面高度呈曲线形分布，故各类砌体的弯曲抗拉强度 f_{tm} 比其抗拉强度 f_t 约大 1.5 倍左右。

　　根据试验资料，各类砌体沿齿缝截面破坏时的弯曲抗拉强度平均值为

$$f_{tm,m} = k_4\sqrt{f_2} \tag{5.7}$$

式中　k_4——与砌体类别有关的系数（见表 5.6）。

　　相应的标准值和设计值计算方法同前。各类砌体沿齿缝和沿通缝的弯曲抗拉强度设计值 f_{tm} 见附表 5.1.7。

　　在工程设计时，应对上述三种破坏的可能性加以判断，采用附表 5.1.7 中的相应值。

（二）砌体的抗剪强度

1. 砌体受剪破坏形态

受纯剪时，砌体可能发生沿通缝、齿缝或沿阶梯形截面的剪切破坏（见图5.13）。

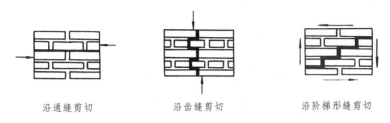

沿通缝剪切　　　　　沿齿缝剪切　　　　　沿阶梯形缝剪切

图 5.13　砌体剪切破坏形态

齿缝受剪破坏一般仅发生在错缝较差的砖砌体及毛石砌体中。

砌体通缝抗剪强度主要取决于砖和砂浆的切向黏结强度。砌体沿阶梯形缝受剪破坏是地震中房屋墙体的常遇震害。由于砌体中竖向灰缝饱满度较差，一般不考虑它的抗剪作用。因而规范对沿阶梯形缝的抗剪强度和沿通缝的抗剪强度取值一样，且只与砂浆强度有关。

2. 影响砌体抗剪强度的主要因素

（1）砌体材料强度、试件尺寸、加载周期、竖向压应力的大小、截面是否开洞削弱及砌筑质量等因素都对砌体抗剪强度有影响。

（2）砌体的抗剪强度随砂浆强度的提高而明显增大；在纯剪受力状态下，块体强度对砌体抗剪强度影响较小。

（3）当竖向压应力与剪应力之比在一定范围内时，砌体的抗剪强度随着竖向压应力的增加而提高。

（4）砌体的灰缝饱满度和砌筑时块体的含水率也是影响砌体抗剪强度的重要因素。试验研究表明：当水平灰缝中砂浆饱满度大于80%，竖向灰缝砂浆饱满度大于40%时，砌体的抗剪强度可达到规范规定值；当砖砌筑时的含水率约10%时，砌体的抗剪强度最高。

3. 砌体抗剪强度平均值 $f_{vo,m}$

在图5.12中，忽略竖向灰缝的抗剪作用，其抗剪强度仍取决于水平灰缝的切向黏结力。因此，我国《砌体规范》对这三种破坏采用相同的抗剪强度值。砌体受纯剪时，其抗剪强度平均值为

$$f_{vo,m} = k_5 \sqrt{f_2} \tag{5.8}$$

式中　k_5——与砌体类别有关的系数，见表5.6。

单排孔且对孔砌筑的混凝土砌块，灌孔砌体的抗剪强度设计值 f_{vg} 应按下列公式计算：

$$f_{vg} = 0.2 f_g^{0.55} \tag{5.9}$$

式中　f_g——灌孔砌体的抗压强度设计值（MPa）。

（三）砌体强度设计值的调整

在某些特定的情况下，砌体强度设计值需乘以调整系数。如受吊车动力影响及受力复杂的

砌体，要求提高其安全储备；截面面积较小的砌体构件，由于局部破损或缺陷等偶然因素会导致砌体强度有较大的降低；当采用水泥砂浆砌筑时，由于砂浆的和易性差，保水性不好，砌体强度有所降低；施工阶段验算时可考虑适当降低安全储备。砌体强度设计值调整系数 γ_a 见表 5.7。

表 5.7 砌体强度设计值的调整系数 γ_a

调 整 内 容	γ_a
有吊车房屋砌体	
$l>9$ m 梁下烧结普通砖砌体，$l>7.5$ m 梁下烧结多孔砖，蒸压粉煤灰砖，蒸压砂砖砌体和混凝土砌块砌体	0.9
无筋砌体构件，$A<0.3$ m^2	$A+0.7$
配筋砌体构件，$A<0.2$ m^2（A 为砌体部分面积）	$A+0.8$
各类砌体抗压，当采用水泥砂浆砌筑时	0.9
各类砌体抗拉、抗弯、抗剪，当采用水泥砂浆砌筑时	0.8
施工质量控制等级为 C 级	0.89
施工阶段的房屋构件	1.1

三、砌体的变形性能及其他性能

1. 砌体的弹性模量

在计算砖砌体和其他各类砌体的变形时，需要知道各类砌体的变形性能，即应力—应变关系和弹性模量。砌体为块材和砂浆组合而成，其应力—应变曲线具有弹塑性的性质。砌体受压时的变形大体有三部分组成：砖的变形、砂浆的变形、砖和砂浆之间空隙的压缩。根据国内外试验资料，应力—应变（σ—ε）曲线可采用下列对数规律表达：

$$\varepsilon = -\frac{1}{\xi}\ln\left(1-\frac{\sigma}{f_m}\right) \tag{5.10}$$

式中　ε，σ——砌体受压时的应变、应力；

　　　　ξ——砌体变形的弹性特征值；

　　　　f_m——砌体抗压强度平均值。

由于各类砌体均为弹塑性材料，因此，砌体的弹性模量与任意时刻的应力应变值有关。《砌体结构设计规范》规定，取砌体受压应力—应变曲线上应力为 $0.43f_m$ 时的割线模量作为砌体的弹性模量。这样的弹性模量取值反映了砌体在一般受力情况下的工作性能。根据《建筑结构设计统一标准》的规定，弹性模量的标准值应取其正态分布的 0.5 分位值，即相当于各弹性模量试验值的算术平均值。

通过各类砌体大量的试验可知，混凝土砌块、粗料石、细料石砌体的弹性模量较高，而硅酸盐砌块砌体的弹性模量比普通砖砌体的弹性模量低。一般来说，强度越高，弹性模量亦越高；灰缝越多，砌体的弹性模量越低；砂浆强度等级越低，弹性模量越低。为了方便使用，对于不同种类的砌体，在式（5.10）的基础上进一步简化，取砌体的弹性模量与砌体抗压强度设计值 f 成正比或为定值。各类砌体的弹性模量取值见表 5.8，表中 f 值为各类砌体相应的抗压设计强度。

表 5.8　砌体的弹性模量 E（MPa）

砌体种类	砂浆强度等级			
	≥M10	M7.5	M5	M2.5
烧结普通砖、烧结多孔砖砌体	$1\,600f$	$1\,600f$	$1\,600f$	$1\,390f$
蒸压灰砂砖、蒸压粉煤灰砖砌体	$1\,060f$	$1\,060f$	$1\,060f$	$960f$
非灌孔混凝土砌块砌体	$1\,700f$	$1\,600f$	$1\,500f$	—
粗料石、毛料石、毛石砌体		$5\,650$	$4\,000$	$2\,250$
细料石、半细料石砌体		$17\,000$	$12\,000$	$6\,750$

表 5.8 中 f 为砌体抗压强度设计值。轻骨料混凝土砌块砌体的弹性模量可按表 5.8 中混凝土砌块砌体的弹性模量采用。

单排灌孔且对孔砌筑混凝土砌块砌体的弹性模量按下式计算：

$$E = 2\,000 f_{\mathrm{g}} \tag{5.11}$$

式中　f_{g}——灌孔砌体的抗压强度设计值。

2. 砌体的剪切模量

各类砌体的剪切模量 G 是根据砌体的泊松比 v 用材料力学公式算出的。砖砌体的泊松比 v 一般取 0.15；砌块砌体的泊松比 v 一般取 0.3。所以

$$G = \frac{E}{2(1+v)} = (0.43 \sim 0.48)E \approx 0.4E \tag{5.12}$$

式中　G——砌体的剪切模量；

　　　E——砌体的弹性模量；

　　　v——砌体的泊松比。

3. 砌体的线膨胀系数、收缩率和摩擦系数

a. 砌体的线膨胀系数 α_{T}

温度变化引起砌体的热胀冷缩变形。当这种变形受到约束时，砌体会产生附加内力、附加变形及裂缝。当计算这种附加内力及变形裂缝时，砌体的线膨胀系数是重要的参数。《砌体结构设计规范》规定的各类砌体的线膨胀系数 α_{T} 见表 5.9。

表 5.9　砌体的线膨胀系数 α_{T} 与收缩率

砌体墙体类别	线膨胀系数 $10^{-5}/℃$	收缩率 mm/m	砌体墙体类别	线膨胀系数 $10^{-5}/℃$	收缩率 mm/m
烧结粘土砖	5	−0.1	轻混凝土砌块	10	−0.3
蒸压灰砂砖、蒸压粉煤灰砖	8	−0.2	料石和毛石	8	—
混凝土砌块	10	−0.2			

b. 砌体的收缩率

大量工程实践中砌体出现裂缝的统计资料表明，温度裂缝和砌体干燥收缩引起的裂缝几乎占砌体裂缝的 80% 以上。当砌体材料含水量降低时，会产生较大的干缩变形，这种变形受到约束时，砌体中会出现干燥收缩裂缝。对于烧结的新土砖及其他烧结制品砌体，其干燥收缩变形较小，而非烧结块材砌体，如混凝土砌块、蒸压灰砂砖、蒸压粉煤灰砖等砌体，会产生较大的干燥收缩变形。干燥收缩造成建筑物、构筑物墙体的裂缝有时是相当严重的，在设计、施工以及使用过程中，均不可忽视砌体干燥收缩造成的危害。设计规范规定的各类砌体的收缩率见表 5.9。

c. 砌体的摩擦系数

砌体的摩擦系数见表 5.10。

表 5.10　砌体的摩擦系数 μ

类　　　别	摩 擦 面 情 况	
	干　燥	潮　湿
砌体沿砌体或混凝土滑动	0.7	0.6
砌体沿木滑动	0.6	0.5
砌体沿钢滑动	0.45	0.35
砌体沿砂或卵石滑动	0.6	0.5
砌体沿砂质黏土滑动	0.55	0.4
砌体沿黏土滑动	0.5	0.3

第三节　砌体结构构件的承载力计算

一、砌体结构的设计原则

1. 砌体结构设计方法

我国目前使用的《砌体结构设计规范》采用以概率理论为基础的极限设计方法，以可靠指标度量结构构件的可靠度，采用分项系数的设计表达式进行计算。

砌体结构按承载能力极限状态设计，并应满足正常使用极限状态的要求。根据砌体结构的特点，砌体结构正常使用极限状态的要求，一般情况可由相应的构造措施来保证。

2. 砌体结构设计表达式

砌体结构按承载能力极限状态设计的表达式为：

（1）可变荷载多于一个时，应按下列公式中最不利组合进行计算：

$$\gamma_0 \left(1.2 S_{Gk} + 1.4 \gamma_L S_{Q1k} + \gamma_L \sum_{i=2}^{n} \gamma_{Qi} \psi_{ci} S_{Qik} \right) \leqslant R \tag{5.13}$$

$$\gamma_0 \left(1.35 S_{Gk} + 1.4\gamma_L \sum_{i=1}^{n} \gamma_{Qi} \psi_{ci} S_{Qik} \right) \le R \tag{5.14}$$

（2）有一个可变荷载时，则按下列公式中最不利组合进行计算：

$$\gamma_0 \left(1.2 S_{Gk} + 1.4 S_{Qk} \right) \le R \tag{5.15}$$

$$\gamma_0 \left(1.35 S_{Gk} + 1.0 S_{Qk} \right) \le R \tag{5.16}$$

式中　γ_L——抗力模型不定性系数，使用期 50 年取 1.0、100 年取 1.1；

　　　γ_0——结构重要性系数；

　　　S_{Gk}——永久荷载标准值的效应；

　　　S_{Q1k}——在基本组合中起控制作用的一个可变荷载标准值的效应；

　　　S_{Qik}——第 i 个可变荷载标准值的效应；

　　　R——结构构件的承载力设计值函数；

　　　ψ_{ci}——第 i 个可变荷载的组合值系数（一般情况下应取 0.7，对书库、档案库、储藏室或通风机房、电梯机房应取 0.9）。

经分析表明，采用两种荷载效应组合模式后，提高了自重为主的砌体结构可靠度，两个设计表达式的界限荷载的效应（ρ）值约为 0.376（ρ 为可变荷载效应与永久荷载效应之比），故当 $\rho \le 0.376$ 时，结构的可靠度多以自重为主的式（5.14）、（5.16）控制；当 $\rho > 0.376$ 时，结构的可靠度多以式（5.13）、（5.15）控制。

（3）砌体结构作为一个刚体，需验算整体稳定性时，如倾覆、滑移、漂浮等，应按下列公式进行验算：

$$\gamma_0 \left(1.2 S_{G2k} + 1.4\gamma_L S_{Q1k} + \gamma_L \sum_{i=2}^{n} S_{Qik} \right) \le 0.8 S_{G1k} \tag{5.17}$$

及

$$\gamma_0 \left(1.35 S_{G2k} + 1.4\gamma_L \sum_{i=1}^{n} \psi_{ci} S_{Qik} \right) \le 0.8 S_{G1k}$$

式中　S_{G1k}——起有利作用的永久荷载标准值的效应；

　　　S_{G2k}——起不利作用的永久荷载标准值的效应。

二、无筋砌体构件的承载力计算

砌体在混合结构建筑物中多用于墙体、壁柱、独立柱等，以承受轴向压力为主。受压构件按轴向压力在截面上的作用位置不同，可分为轴心受压、单向偏心受压和双向偏心受压；按墙或柱高厚比的不同，可分为短柱和长柱。它们的截面形式常采用矩形、方形、T 形、十字形等。

（一）单向偏心受压构件

1. 单向偏心受压构件的试验研究

a. 受压短柱（$\beta \le 3$，$e \ne 0$）

当受压构件的计算高度 H_0 与截面计算方向边长 h 之比，即高厚比 β 不大于 3 时，称为短柱，此时可不考虑构件纵向弯曲对承载力的影响。试验表明，短柱在轴向力作用下当偏心距不同时，其截面上的应力分布状态是变化的（见图 5.14）。

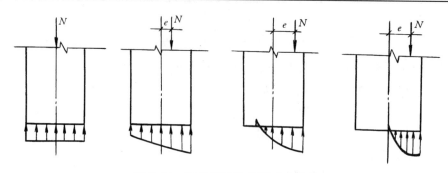

图 5.14　砌体受压的截面应力变化

砌体短柱在轴心荷载作用下，砌体内横截面在各阶段的应力都是均匀分布的。而构件在偏心荷载作用下的受力特性将发生很大变化。当偏心距不大时，整个截面受压，由于砌体的弹塑性性能，截面中的应力呈曲线分布，靠近轴向力一侧压应力较大，远离轴向力一侧压应力较小。随着偏心距的不断增大，远离轴向力一侧截面边缘的应力逐步由受压过渡到受拉，但只要受拉边的拉应力尚未达到砌体沿通缝的抗拉强度，受拉边就不会出现开裂；当偏心距进一步增大，一旦截面受拉边的拉应力超过砌体沿通缝的抗拉强度时，受拉边将出现沿通缝截面的水平裂缝，这种情况属于正常使用极限状态，已开裂处的截面退出工作。在这种情况下，裂缝在开裂后和破坏前都不会无限制地增大而使构件发生受拉破坏，而是在剩余截面和已经减少了偏心距的荷载作用下达到新的平衡。这种平衡随裂缝的不断展开被打破，进而又达到一个新的平衡。剩余截面的压应力进一步加大，并出现竖向裂缝。最后由于受压承载能力耗尽而破坏。破坏时，虽然砌体受压一侧的极限变形和极限强度都比轴压构件高，但由于压应力不均匀的加剧和受压面的减少，截面所能承担的轴向压力将随偏心距的增大而明显下降。必需指出，由于砌体具有弹塑性性能，且具有局部受压性质，故在破坏时，砌体受压一侧的极限变形和极限强度均比轴压高，提高的程度随偏心距的增大而加大。

b. 轴心受压长柱（$\beta > 3$，$e = 0$）

细长柱和高而薄的墙，在轴心受压时，由于偶然偏心的影响，往往会产生侧向变形，并导致构件发生纵向弯曲，从而降低其承载力。偶然偏心包括轴向力作用点与截面形心不完全对中（几何偏心），以及由于构件材料性质不均匀而导致的轴力作用点与截面形心的不对中（物理偏心）。长柱的承载力将比短柱有所下降，下降的幅度与砂浆的强度等级及构件的高厚比有关。

对于砌体构件，由于大量灰缝的存在以及块体和灰缝的匀质性较差，增加了偶然偏心的几率；砂浆的变形模量还随应力的增高而大幅度降低，这些都会导致砌体构件中纵向弯曲的不利影响比混凝土构件更为严重。试验表明，对于砌体构件，当其高厚比 $\beta > 3$ 时，应考虑纵向弯曲的影响。

c. 偏心受压长柱（$\beta > 3$，$e \neq 0$）

细长柱在偏心压力作用下，会由于纵向弯曲的影响在原有偏心距 e 的基础上产生附加偏心距 e_i，使荷载偏心距增大，而附加弯矩的存在又加大了柱的侧向变形，如此交互作用加剧了长柱的破坏（见图 5.15）。随着偏心压力的增大，柱中部截面水平裂缝逐步开展，同时受压面积缩小，压应力增大；当压应力达到抗压

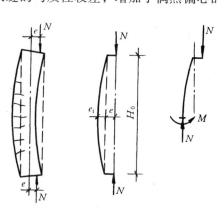

图 5.15　偏压长柱的受力分析

强度时，柱即破坏。

为了准确地估计偏压长柱的承载能力，应当考虑砌体的材料非线性和几何非线性，进行全过程分析。但这种分析相当复杂，不便实用。因此，当前各国规范多采用基于试验的简化计算方法。我国砌体结构设计规范采用附加偏心距法进行偏压长柱的承载力计算。

2. 受压构件承载力计算

我国《砌体结构设计规范》根据大量试验研究和理论分析，采用系数 φ 来综合考虑高厚比 β 和轴向力的偏心距 e 对受压构件承载力的影响，使物理概念更为清楚，计算更为简便。

a. 受压构件承载力计算公式

《砌体结构设计规范》对无筋砌体受压构件，不论是轴心受压或偏心受压，也不论是短柱或长柱，均采用如下统一的承载力计算公式：

$$N \leqslant \gamma_a \varphi fA \tag{5.18}$$

式中　e ——荷载设计值产生的轴向力偏心距，$e = M / N$；

　　　y ——截面重心至轴向力所在偏心方向截面边缘距离；

　　　N ——荷载设计值产生的轴向力；

　　　γ_a ——构件抗力调整系数，见表 5.7；

　　　f ——砌体抗压强度设计值；

　　　A ——砌体截面面积，对各类砌体均按毛截面计算，对带壁柱墙的面积，应按计算的翼缘宽度 b_f 确定：

　　　　　对于多层房屋：有门窗洞口时取窗间墙宽度，无门窗洞口时取相邻壁柱间距离；

　　　　　对于单层房屋：$b_f = b + \dfrac{2}{3}H$（b 为壁柱宽度，H 为墙高），但 b_f 不大于窗间墙宽度和相邻壁柱间距离；

　　　φ ——高厚比 β 和轴向力的偏心距 e 对受压构件承载力的综合影响系数，φ 可用式（5.19）或式（5.20）计算（也可查附表 5.2.1）。

i. 矩形截面

当 $\beta \leqslant 3$ 时，

$$\varphi = \frac{1}{1 + 12\left(\dfrac{e}{h}\right)^2} \tag{5.19}$$

式中　β ——构件高厚比，按下式计算：

$$\beta = \frac{H_0}{h}$$

其中　H_0 ——受压构件的计算高度；

　　　h ——矩形截面沿轴向力偏心方向的边长（当轴心受压时为截面较小边长）。

当 $\beta > 3$ 时，实际的偏心距已为 $e + e_i$，e_i 为附加偏心距（见图 5.14），

$$\varphi = \frac{1}{1 + 12\left(\dfrac{e + e_i}{h}\right)^2} \tag{5.20}$$

式中
$$e_i = \frac{h}{\sqrt{12}}\sqrt{\frac{1}{\varphi_0}-1}\left[1+6\frac{e}{h}\left(\frac{e}{h}-0.2\right)\right]$$

将 e_i 代入式（5.20），得

$$\varphi = \cfrac{1}{1+12\left\{\cfrac{e}{h}+\sqrt{\cfrac{1}{12}\left(\cfrac{1}{\varphi_0}-1\right)\left[1+6\cfrac{e}{h}\left(\cfrac{e}{h}-0.2\right)\right]}\right\}^2} \qquad (5.21)$$

式中 φ_0 —— 轴心受压稳定系数，按下式计算：

$$\varphi_0 = \frac{1}{1+\alpha\beta^2} \qquad (5.22)$$

其中 α —— 与砂浆强度等级有关的系数，$\alpha = \dfrac{12}{\pi^2\xi}$，按表 5.11 采用。

表 5.11 系 数 α

f_2 /MPa	$\geqslant 5$	2.5	1.0	0.4	0
α	0.001 5	0.002	0.003	0.004 5	0.009

当 $\beta \leqslant 3$ 时，取 $\varphi_0 = 1.0$。

ii. T 形或十字形截面

计算 T 形或十字形截面的 φ 时，应以折算厚度 $h_T = 3.5i$ 代替式（5.21）中的 h，式中 i 为截面的回转半径，按下式计算：

$$i = \sqrt{\frac{I}{A}}$$

b. 受压构件承载力计算时应注意的几点事项

i. 轴向力偏心矩 e 的计算及限值

$$e = M/N$$

式中 M、N —— 作用在受压构件计算截面上的弯矩、轴向力设计值。

偏心受压构件的偏心距过大，构件的承载力明显下降，既不经济又不合理。另外，偏心距过大，可使截面拉边出现过大水平裂缝，给人以不安全感。因此，《砌体结构设计规范》规定，轴向力偏心距 e 不应超过 $0.6y$，y 为截面重心到轴向力所在偏心方向截面边缘的距离，如图 5.16 所示。

图 5.16 y 取值示意图

当设计中偏心距 e 超过以上限值时，应采取适当措施减小偏心距，使其满足要求。

ii. 高厚比 β 及其调整

计算受压构件承载力影响系数 φ 时，应先求得构件的高厚比 β，并根据砌体类型乘以表 5.12 的调整系数 γ_β。

对于矩形截面

$$\beta = \gamma_\beta \frac{H_0}{h} \tag{5.23}$$

表 5.12 构件高厚比调整系数 γ_β

砌 体 类 型	调整系数
烧结普通砖、烧结多孔砖、灌孔混凝土砌块	1.0
混凝土及轻骨料混凝土砌块	1.1
蒸压灰砂砖、蒸压粉煤灰砖、细料石、半细料石	1.2
粗料石和毛石砌体	1.5

对于 T 形截面

$$\beta = \gamma_\beta \frac{H_0}{h_T} \tag{5.24}$$

式中 H_0——受压构件的计算高度；

h——矩形截面轴向力偏心方向的边长（当轴心受压时取截面较小边长），对于 T 形截面取折算厚度 $h_T = 3.5i$。

iii. 受压构件的计算高度 H_0

受压构件的计算高度 H_0，应根据房屋类别和构件支承条件等按表 5.13 采用。表 5.13 中的构件高度 H_0 应按下列规定采用：

（1）在房屋底层，H_0 为楼板到构件下端支点的距离。下端支点的位置，可取在基础顶面。当基础埋置较深且有刚性地面时，则可取在室内地面或室外地面以下 500 mm 处。如遇地沟时，应取至地沟沟底下 500 mm 处。

（2）在房屋其他层次，H_0 为楼板或其他水平支点间的距离。

表 5.13 受压构件的计算高度 H_0

房 屋 类 别			柱		带壁柱墙或周边拉结的墙		
			排架方向	垂直排架方向	$s \leq H$	$H < s \leq 2H$	$s > 2H$
有吊车的单层房屋	变截面柱上段	弹性方案	$2.5H_u$	$1.25H_u$	$2.5H_u$		
		刚性、刚弹性方案	$2.0H_u$	$1.25H_u$	$2.0H_u$		
	变 截 面 柱 下 段		$1.0H_L$	$0.8H_L$	$1.0H_L$		
无吊车的单层和多层房屋	单 跨	弹性方案	$1.5H$	$1.0H$	$1.5H$		
		刚弹性方案	$1.2H$	$1.0H$	$1.2H$		
	两跨或多跨	弹性方案	$1.25H$	$1.0H$	$1.25H$		
		刚弹性方案	$1.1H$	$1.0H$	$1.1H$		
刚 性 方 案			$1.0H$	$1.0H$	$0.6s$	$0.4s + 0.2H$	$1.0H$

注：① 表中 H_u 为变截面柱的上段高度，s 为周边拉结墙的水平距离，H_L 为变截面柱的下段高度；

② 对于上端为自由端的构件，$H_0 = 2H$；

③ 独立砖柱，当纵向柱列无柱间支撑或柱间墙时，柱在垂直排架方向的 H_0，应按表中数值乘以 1.25 后采用。

（3）对于山墙可取层高加山墙尖高度的一半，山墙壁柱则可取壁柱处的山墙高度。下端支点的位置均同（1）项取值。

（4）对有吊车的房屋，当不考虑吊车作用时，变截面柱上段的计算高度可按表 5.13 规定采用；变截面柱下段的计算高度可按下列规定采用：

当 $H_u/H \leqslant 1/3$ 时，取无吊车房屋的 H_0；

当 $1/3 < H_u/H < 1/2$ 时，取无吊车房屋的 H_0 乘以修正系数 μ，$\mu = 1.3 - 0.3 I_u/I_L$（I_u 为变截面柱上段的惯性矩，I_L 为下段的惯性矩）；

当 $H_u/H \geqslant 1/2$ 时，取无吊车房屋的 H_0，但在确定 β 值时，应采用上柱的截面。

说明：上述规定也适用于无吊车房屋的变截面柱。

【例 5.1】 截面为 490 mm × 370 mm 的砖柱，采用 MU10 砖和 M5 混合砂浆砌筑。柱的计算高度为 3.2 m（两端为不动铰接），柱顶承受轴向力标准值为 $N_k = 160$ kN（其中永久荷载 130 kN），试验算该柱的承载力。

解 当采用 MU10 砖、M5 混合砂浆时，砖砌体抗压强度设计值 $f = 1.5$ N/mm^2，柱的计算高度 $H_0 = 3.2$ m，柱的高厚比

$$\beta = \frac{H_0}{h} = \frac{3.2}{0.37} = 8.65$$

由附表 5.2.1 查得轴心受压稳定系数 $\varphi = 0.90$。

因为柱的截面面积 $A = 0.49 \times 0.37 = 0.18$ m$^2 < 0.3$ m^2，故抗力调整系数

$$\gamma_a = 0.7 + A = 0.7 + 0.18 = 0.88$$

于是，砌体抗压强度设计值为

$$f = \gamma_a f' = 0.88 \times 1.5 = 1.32 \text{ N/mm}^2$$

柱底部截面轴向力设计值

$$N = \gamma_G G_k + \gamma_Q Q_k = 1.2(130 + 0.49 \times 0.37 \times 3.2 \times 19) + 1.4 \times 30 = 211.2 \text{ kN}$$

而截面的抗力设计值

$$N_u = \gamma_a \varphi f A = 0.88 \times 0.9 \times 1.5 \times 490 \times 370 = 215.4 \text{ kN} > N = 211.2 \text{ kN}$$

柱底截面承载力足够。

由于可变荷载效应与永久荷载效应之比 $\rho = 0.25$ 应属于以自重为主的构件，所以再以荷载分项系数 1.35 和 1.0 重新进行计算：

$$N = \gamma_G G_k + \gamma_Q Q_k = 1.35(130 + 0.49 \times 0.37 \times 3.2 \times 19) + 1.0 \times 30 = 220.4 \text{ kN}$$
$$N_u = \varphi_0 f A = 0.9 \times 1.32 \times 490 \times 370 = 215.4 \text{ kN} < N = 220.4 \text{ kN}$$

不安全。

【例 5.2】 试验算单层单跨无吊车工业厂房窗间墙截面的承载力。房屋柱距为 4 m，窗间墙截面如图 5.17 所示。计算高度 $H_0 = 6.48$ m，墙用 MU10 砖及 M2.5 混合砂浆砌筑。荷载设计值产生的轴向力 N 为 320 kN，荷载设计值产生的偏心距 e 为 0.128 m，荷载偏向翼缘侧。

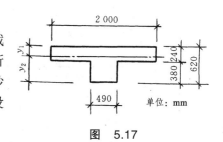

2 000

y_1

y_2

240

380

620

490

单位：mm

图 5.17

解

（1）求解截面几何特征

① 面积

$$A = 2 \times 0.24 + 0.49 \times 0.38$$
$$= 0.662 \text{ m}^2 > 0.3 \text{ m}^2$$

② 截面重心位置

$$y_1 = \frac{2 \times 0.24 \times 0.12 + 0.49 \times 0.38(0.24 + 0.19)}{0.666\,2} = 0.207 \text{ m}$$

$$y_2 = 0.62 - 0.207 = 0.413 \text{ m}$$

③ 惯性矩

$$I = \frac{1}{12} \times 2 \times 0.24^3 + 2 \times 0.24 \times (0.207 - 0.12)^2 + \frac{1}{12} \times 0.49 \times 0.38^3 +$$
$$0.49 \times 0.38 \times (0.413 - 0.19)^2$$
$$= 0.017\,44 \text{ m}^4$$

④ 回转半径

$$i = \sqrt{\frac{I}{A}} = \sqrt{\frac{0.017\,44}{0.666\,2}} = 0.162 \text{ m}$$

⑤ 截面折算厚度

$$h_\text{T} = 3.5i = 3.5 \times 0.162 = 0.566 \text{ m}$$

（2）承载力计算

$$\beta = \frac{H_0}{h_\text{T}} = \frac{6.48}{0.566} = 11.4$$

$$\frac{e}{h_\text{T}} = \frac{0.128}{0.566} = 0.226$$

$$\frac{e}{y_1} = \frac{0.128}{0.207} \approx 0.6$$

由附表 5.2.2 查得 $\varphi = 0.385$。

当采用 MU10 砖、M2.5 混合砂浆时，$f = 1.30 \text{ N/mm}^2$。

$$N_\text{u} = \gamma_\text{a} \varphi f A = 1.0 \times 0.385 \times 1.30 \times 10^3 \times 0.6662 = 333.4 \text{ kN} > 320 \text{ kN}$$

满足要求。

【例 5.3】 由混凝土小型空心砌块砌成的独立柱截面尺寸为 400 mm × 600 mm，砌块的强度等级为 MU10，混合砂浆强度等级为 Mb5，柱高为 3.6 m，两端为不动铰支座。柱顶承受轴向压力标准值为 $N_\text{k} = 225$ kN，其中永久荷载 180 kN，试验算柱的承载力。

解 柱底部截面轴向力设计值

$$N = \gamma_\text{G} G_\text{k} + \gamma_\text{Q} Q_\text{k} = 1.2(180 + 0.4 \times 0.6 \times 3.6 \times 19) + 1.4 \times 45 = 298.7 \text{ kN}$$

对于砌块砌体求影响系数时应考虑修正系数 γ_β，应取 $\gamma_\beta = 1.1$，

$$\beta = \gamma_\beta \frac{H_0}{b} = 1.1 \times \frac{3.6}{0.4} = 9.9$$

由附表 5.2.1 查得轴心受压稳定系数 $\varphi = 0.87$。因为柱的截面面积 $A = 0.4 \times 0.6 = 0.24 \ \text{m}^2 < 0.3 \ \text{m}^2$，故抗力调整系数

$$\gamma_a = 0.7 + A = 0.7 + 0.24 = 0.94$$

查附表 5.1.3 得砌块砌体的抗压强度设计值 $f = 2.22 \ \text{N/mm}^2$。但对独立柱又是双排柱应乘以强度降低系数 0.7，则

$$\gamma_a \varphi f A = 0.94 \times 0.87 \times 2.22 \times 0.7 \times 400 \times 600 = 305\text{kN} > 298.7 \ \text{kN}$$

安全。

由于可变荷载效应与永久荷载效应之比 $\rho = 0.18$，应属于以自重为主的构件，所以再以荷载分项系数 1.35 和 1.0 重新进行计算

$$N = \gamma_G G_k + \gamma_Q Q_k = 1.35(180 + 0.4 \times 0.6 \times 3.6 \times 19) + 1.0 \times 45 = 310.2 \ \text{kN} > 305\text{kN}$$

不安全。

【例 5.4】 已知单排孔混凝土小砌块柱截面尺寸为 390 mm × 590 mm，用 MU10 砌块，Mb7.5 水泥砂浆砌筑，砌块孔洞率为 45%，空心部位用 Cb20 细石混凝土灌实，混凝土的抗压强度设计值 $f_c = 9.6 \ \text{MPa}$，柱的计算高度 $H_0 = 6\ 000 \ \text{mm}$，承受荷载设计值 $N = 390 \ \text{kN}$，偏心距 $e = 89 \ \text{mm}$。要求验算该柱长边方向（偏心受压）的承载力。

解

由采用 MU10 单排孔混凝土砌块，Mb7.5 水泥砂浆，查附表 5.1.3 抗压强度设计值 $f = 2.5 \ \text{MPa}$；

柱截面面积：$A = bh = 390 \ \text{mm} \times 590 \ \text{mm} = 0.23 \ \text{m}^2 < 0.3 \ \text{m}^2$

强度调整系数为：$\gamma_a = A + 0.7 = 0.23 + 0.7 = 0.93$

未灌实砌体的强度：$f = 0.93 \times 2.5 = 2.33 \ \text{N/mm}^2$

计算灌实砌体强度提高值：

$$0.6\alpha f_c = 0.6\delta\rho f_c = 0.6 \times 0.45 \times 1 \times 9.6 = 2.59 \ \text{N/mm}^2$$

计算灌孔砌体的抗压强度设计值 f_g 由公式（5.4）得

$$f_g = f + 0.6\alpha f_c = 2.33 + 2.59 = 4.92 \ \text{N/mm}^2$$

f_g 大于未灌孔砌体抗压强度设计值的 2 倍，取

$$f_g = 2f_c = 2 \times 2.33 = 4.66 \ \text{N/mm}^2$$

$$\beta = \gamma_B \frac{H}{h} = 1.0 \times \frac{6\ 000}{590} = 10.2$$

$$\frac{e}{h} = \frac{89}{590} = 0.15$$

计算柱承载力，查附表 5.2.1 得 $\varphi = 0.545$。由公式（5.18）得：

$$N = \varphi f_g A = 0.545 \times 4.66 \times 230\ 000 = 584.1 \ \text{kN} > 390 \ \text{kN}$$

满足要求。

（二）双向偏心受压构件

轴向压力在矩形截面的两个主轴方向都有偏心距，或同时承受轴心压力及两个方向弯矩的构件，即为双向偏心受压构件（见图5.18）。

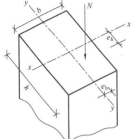

双向偏心受压构件截面承载力的计算，显然比单向偏心受压构件复杂，国内外有关研究较少，目前尚无精确的理论求解方法。根据湖南大学的试验研究，《砌体结构设计规范》建议仍采用附加偏心距法。

矩形截面双向偏心受压构件截面承载力的计算公式为

$$N \leqslant \varphi f A$$

图 5.18　双向偏心受压构件

式中　N——纵向压力设计值；

A——构件截面面积；

f——砌体抗压强度设计值；

φ——承载力影响系数，计算公式如下：

$$\varphi = \frac{1}{1 + 12\left[\left(\dfrac{e_b + e_{ib}}{b}\right)^2 + \left(\dfrac{e_h + e_{ih}}{b}\right)^2\right]} \tag{5.25}$$

其中　e_b、e_h——轴向力在截面重心 x 轴、y 轴方向的偏心距（见图5.17）；

e_{ib}、e_{ih}——轴向力在截面重心 x 轴、y 轴方向的附加偏心距，按以下公式计算：

$$e_{ih} = \frac{h}{\sqrt{12}} \sqrt{\frac{1}{\varphi_0} - 1} \left[\frac{\dfrac{e_h}{h}}{\dfrac{e_h}{h} + \dfrac{e_b}{b}}\right]$$

$$e_{ib} = \frac{b}{\sqrt{12}} \sqrt{\frac{1}{\varphi_0} - 1} \left[\frac{\dfrac{e_b}{b}}{\dfrac{e_h}{h} + \dfrac{e_b}{b}}\right] \tag{5.26}$$

其中　φ_0——构件的稳定系数，按式（5.22）计算。

为了简化计算，《砌体结构设计规范》规定，当一个方向的偏心率不大于另一方向的偏心率5%时，可按另一方向的单向偏心受压计算。

试验表明，当偏心距 $e_b > 0.3b$ 和 $e_h > 0.3h$ 时，随着荷载的增加，砌体内水平裂缝和竖向裂缝几乎同时发生，甚至水平裂缝早于竖向裂缝出现，因而设计双向偏心受压构件时，规定偏心距限值 e_b、e_h 宜分别不大于 $0.25b$ 和 $0.25h$。

附加偏心距法分析还表明，当一个方向的偏心率不大于另一方向偏心率5%时，可简化按另一方向的单向偏心受压计算，其承载力的计算误差小于5%。

上述计算方法与单向偏心受压承载力计算相衔接，且与试验研究结果符合良好。

【例5.5】　双向偏心受压柱，截面尺寸为 49 mm × 620 mm（见图5.19）。用 MU10 烧结普通砖和 M7.5 混合砂浆砌筑。柱的计算高度为 4.8 m，作用于柱上的轴向力设计值为 200 kN，沿 b 方向作用的弯矩设计值 M_b 为 20 kN·m，沿 h 方向作用的弯矩设计值 M_h 为 24 kN·m，试验算该柱的承载力。

解

① 求偏心矩 e_b、e_h：

$$e_b = \frac{M_b}{N} = \frac{20}{200} = 0.1\,\text{m} = 100\,\text{mm} < 0.25b = 122.5\,\text{mm}$$

$$e_h = \frac{M_h}{N} = \frac{24}{200} = 0.12\,\text{m} = 120\,\text{mm} < 0.25h = 155\,\text{mm}$$

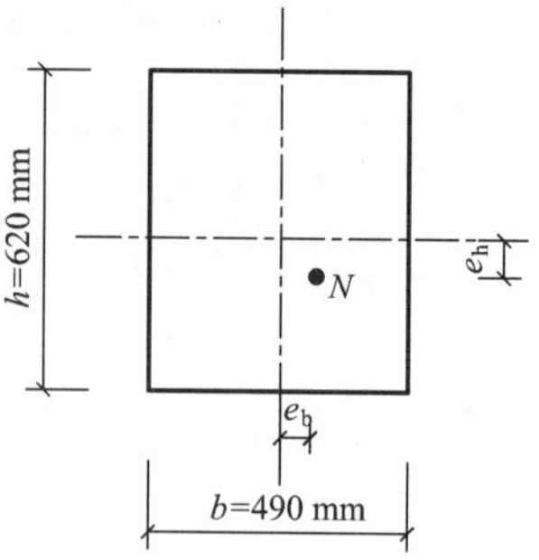

图 5.19

② 求附加偏心距 e_{ib}、e_{ih}：

$$\beta = \frac{H_0}{b} = \frac{4.8}{0.49} = 9.8$$

$$\varphi_0 = \frac{1}{1+\alpha\beta^2} = \frac{1}{1+0.001\,5\times 9.8^2} = 0.874$$

$$e_{ih} = \frac{h}{\sqrt{12}}\sqrt{\frac{1}{\varphi_0}-1}\left[\frac{\dfrac{e_h}{h}}{\dfrac{e_h}{h}+\dfrac{e_b}{b}}\right] = \frac{620}{\sqrt{12}}\sqrt{\frac{1}{0.874}-1}\left[\frac{\dfrac{120}{620}}{\dfrac{120}{620}+\dfrac{100}{490}}\right] = 30.1\,\text{mm}$$

$$e_{ib} = \frac{b}{\sqrt{12}}\sqrt{\frac{1}{\varphi_0}-1}\left[\frac{\dfrac{e_b}{h}}{\dfrac{e_h}{h}+\dfrac{e_b}{b}}\right] = \frac{490}{\sqrt{12}}\sqrt{\frac{1}{0.874}-1}\left[\frac{\dfrac{100}{490}}{\dfrac{120}{620}+\dfrac{100}{490}}\right] = 27.6\,\text{mm}$$

③ 求 φ：

$$\varphi = \frac{1}{1+12\left[\left(\dfrac{e_b+e_{ib}}{b}\right)^2+\left(\dfrac{e_h+e_{ih}}{b}\right)^2\right]} = \frac{1}{1+12\left[\left(\dfrac{100+27.6}{490}\right)^2+\left(\dfrac{120+30.1}{620}\right)^2\right]}$$
$$= 0.397$$

④ 验算该柱的承载力：

$$\varphi fA = 0.397 \times 1.69 \times 490 \times 620 = 204\,\text{kN} > 200\,\text{kN}$$

安全。

（三）局部受压

压力仅作用在砌体部分面积上的受力状态称为局部受压（见图 5.20）。局部受压是砌体结构中常见的受力形式。砌体局部受压强度不足可能导致砌体墙、柱破坏，危及整个结构的安全。

砌体局部受压有多种形式。按局压面积 A_l 与其受压底面积 A_0 的相对位置不同，局部受压可分为：中心局压、墙边缘局压、墙中部局压、墙端部局压及墙角部局压等［见图 5.20(a)］。按局压应力的分布情况，可分为均匀局压及不均匀局压［见图 5.20(b)］，前者如钢筋混凝土柱或砖柱支承于砌体基础上，后者如钢筋混凝土梁支承于砖墙上的情况。

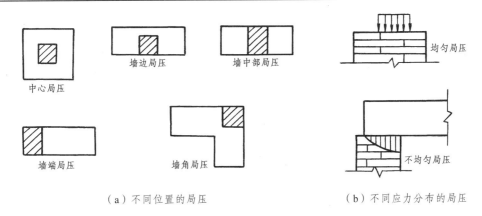

（a）不同位置的局压   （b）不同应力分布的局压

图 5.20 局部受压示意图

这些情况的共同特点是砌体支承着比自身强度高的上层构件，上层构件的总压力通过局部受压面积传递给本层砌体构件。在这种受力状态下，不利的一面是在较小的承压面积上承受着较大的压力；有利的一面是砌体局部受压强度高于其抗压强度。其原因是在轴向压力作用下，由于力的扩散作用［见图 5.21（a）］，不仅直接承压面下的砌体发生变形，而且在它的四周也发生变形，离直接承压面愈远变形愈小。这样，由于砌体局部受压时未直接受压的四周砌体对直接受压的内部砌体的横向变形具有约束作用，即"套箍强化"作用，产生了三向或双向受压应力状态［见图 5.21（b）］，因而其局部抗压强度比一般情况下的抗压强度有较大的提高。

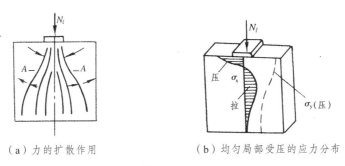

（a）力的扩散作用   （b）均匀局部受压的应力分布

图 5.21

当砌体局压强度不足时，可在梁、柱下设置钢筋混凝土垫块，以扩大局压面积 A_l。垫块的形式有整浇刚性垫块、预制刚性垫块、柔性垫梁及调整局压力作用点位置的特殊垫块。

1. 局部均匀受压

局部均匀受压是局部受压的基本情况，在工程中并不多见，但它是研究其他局部受压类型的基础。根据大量的局部受压试验，可知局部受压强度的提高主要取决于砌体原有的轴心抗压强度和周围砌体对局部受压区的约束程度。局部均匀受压，随着 A_0/A_l 比值的不同，可能有以下三种破坏形态（见图 5.22）：竖向裂缝发展而破坏；劈裂破坏；局部压碎。

（1）竖向裂缝发展而破坏。初裂往往发生在与垫块直接接触的 1～2 皮砖以下的砌体，随着荷载的增加，纵向裂缝向上、下发展，同时也产生新的竖向裂缝和斜向裂缝［见图 5.21(a)］，一般来说它在破坏时有一条主要的竖向裂缝。在局部压中，这是较常见也是最基本的破坏形态。

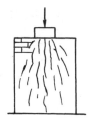 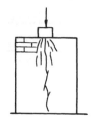 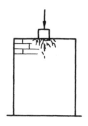

（a）竖向裂缝发展而破坏　　（b）劈裂破坏　　（c）局部压碎

图 5.22　局压破坏形态

（2）劈裂破坏。这种破坏形态的特点是，在荷载作用下，纵向裂缝少而集中，一旦出现纵向裂缝，砌体即犹如刀劈而破坏［见图 5.22（b）］。试验表明，只有当局部受压面积与砌体面积之比相当小，才有可能产生这种破坏形态。砌体局压破坏时初裂荷载与破坏荷载十分接近。这种破坏为突然发生的脆性破坏，危害极大，在设计中应避免出现这种破坏。

（3）局部压碎。这种情况较少见，一般当墙梁的墙高与跨度之比较大，或砌体强度较低时，有可能产生梁支承附近砌体被压碎的现象［见图 5.22（c）］。

在图 5.23 中，当砌体材料相同时，随着四周约束条件的变化，分别为四面、三面、两面、一面有约束，局部受压强度从（a）到（d）逐渐减少，局部受压强度随有效约束面积 A_0 与局部受压面积 A_l 的比值的减少而减少。若砌体抗压强度为 f，砌体局部抗压强度为 γf，则砌体局部均匀受压时的承载力可按下式计算：

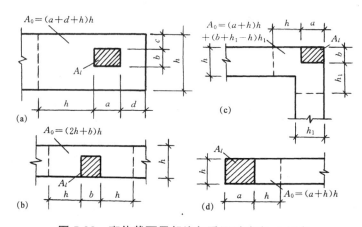

图 5.23　砌体截面局部均匀受压时确定 A_0 示意

$$N_l \leqslant \gamma f A_l \tag{5.27}$$

式中　N_l ——局部受压面积上轴向力设计值；

　　　γ ——砌体局部抗压强度提高系数，计算式为

$$\gamma = 1 + 0.35\sqrt{\frac{A_0}{A_l} - 1} \leqslant \gamma_{\max} \tag{5.28}$$

其中　A_l ——局部受压面积；

　　　A_0 ——影响砌体局部抗压强度的计算面积（计算见图 5.23）；

　　　$\gamma_{\max}$ ——砌体局部抗压强度提高系数最大值。

为了防止由于 A_0/A_l 较大时可能发生的劈裂破坏，按式（5.28）算得的 γ 值，对于图 5.23 所示的（a）、（b）、（c）、（d）四种情况，应分别不超过 2.5、2.0、1.5 和 1.25。对于空心砖砌体和灌实的混凝土砌块砌体，图 5.23 所示的（a）、（b）、（c）三种情况，则要符合 $\gamma \leqslant 1.5$；对于未灌实的混凝土中小型空心砌块砌体，要求 $\gamma = 1.0$。

【例 5.6】[13]　某轴心受压砖柱截面为 490 mm × 490 mm，砖强度等级 MU10，支承在顶面尺寸为 620 mm × 620 mm 的单独砖基础上，已知轴向压力设计值 N = 300 kN，地基土属稍潮湿程度，试计算该基础应采用的纯水泥砂浆强度等级。

解

（1）求 γ

$$A_0 = 620 \times 620 = 384\ 400\ \text{mm}^2$$

$$A_l = 490 \times 490 = 240\ 100\ \text{mm}^2$$

$$\gamma = 1 + 0.35 \sqrt{\frac{384\ 400}{240\ 100} - 1} = 1.25 < 2.5$$

（2）求 f

$$f = \frac{N_l}{\gamma A_l} = \frac{300 \times 10^3}{1.25 \times 240\ 100} = 0.984\ \text{N/mm}^2$$

（3）当采用水泥砂浆时应考虑调整系数 $\gamma_a = 0.90$，故选用水泥砂浆要求的 f 值，应为

$$f \geqslant \frac{0.984}{\gamma_a} = \frac{0.984}{0.9} = 1.093\ \text{N/mm}^2$$

因此应选用强度等级为 M2.5 的水泥砂浆。MU10，M2.5，f = 1.3 N/mm^2 > 1.093 N/mm^2。

实际工程中应考虑地面以下砌体所用材料的最低强度等级。当地基上属稍潮湿时应取 M5 水泥砂浆。

【例 5.7】[32]　某钢筋混凝土柱 $b \times h$ = 200 mm × 200 mm，支承于砖砌带形基础转角处（见图 5.24）。该基础由 MU25 蒸压灰砂砖和 M15 水泥砂浆砌筑。柱底轴力设计值 N = 300 kN。要求：验算基础顶面局部抗压承载力。

解　$A_l = 200 \times 200 = 40\ 000\ \text{mm}^2$

$A_0 = 370 \times (370 + 200 + 85) + 370 \times (370 - 85)$

$\quad = 347\ 800\ \text{mm}^2$

$\gamma = 1 + \sqrt{\dfrac{347\ 800}{40\ 000} - 1} = 1.971 < 2.5$

水泥砂浆 $\gamma_a f = 0.9f = 0.9 \times 3.6 = 3.24\ \text{N/mm}^2$

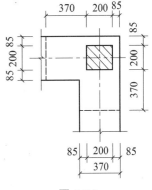

图 5.24

$\gamma f A_l = 1.971 \times 3.24 \times 40\ 000$

$\quad = 255.442\ \text{kN} < N_l = 300\ \text{kN}$

局部抗压承载力不满足要求。

2. 梁端支承处砌体的局部受压

钢筋混凝土梁或屋架支承在砖墙上时，梁或屋架与砖墙的接触面只是墙体截面的一部分，这就是典型的梁端支承处砌体局部受压（见图 5.25）。

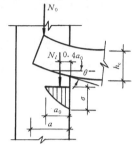

由于梁受力后产生挠曲变形，其梁端必将相应产生转角，梁端与砌体有部分离开，因而梁支承处砌体局部受压面积上的压应力分布是不均匀的，砌体对局部受压区的约束情况可分别为图 5.23（b）、（c）、（d）所示的三种情况。局部受压面积上除承受梁上荷载在梁端产生的支反力 N_l 外，还可能有上部砌体传来的轴向力 N_0。当荷载较大时，可能发生梁端支承面下砌体局部碎裂的破坏现象。因此，对于墙体除按受压构件进行承载力计算外，还需对梁端支承处砌体的局部受压承载力进行验算。

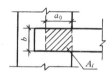

a. 梁端有效支承长度 a_0

当梁直接支承在砌体上时，由于梁的弯曲和支承处砌体压缩变形的影响，梁端与砌体接触的长度并不等于实际支承长度 a，而为有效支承长度 a_0，$a_0 \leqslant a$（见图 5.25）。此时砌体局部受压面积 $A_l = a_0 b$。

图　5.25

梁端有效支承长度 a_0 与 N_l 大小、支承情况、梁的刚度及梁端底面砌体的弹塑性有关。

假定梁端转角为 θ，砌体的变形按直线分布，则砌体边缘的变形 $y = a_0 \tan\theta$，该点的压应力如为线形分布，$\sigma_{\max} = ky$（k 为梁端支承处砌体的压缩刚度系数）。由于实际的应力成曲线分布，应考虑砌体压应力图形的完整系数 η，则可取 $\sigma_{\max} = \eta ky$。按静力平衡条件，得

$$N_l = \eta k y a_0 b = \eta k a_0^2 b \tan\theta \tag{5.29}$$

根据试验结果，$\eta k = 0.692 f$，将此值代入式（5.29），并考虑对计量单位的规定，得

$$a_0 = 38\sqrt{\frac{N_l}{bf \tan\theta}} \tag{5.30}$$

式中　a_0——梁端有效支承长度（mm），当 $a_0 > a$ 时，应取 $a_0 = a$；

　　　a——梁端实际支承长度（mm）；

　　　N_l——梁端荷载设计值产生的支承压力（kN）；

　　　b——梁的截面宽度（mm）；

　　　f——砌体抗压强度设计值（N/mm²）；

　　　$\tan\theta$——梁变形时，梁端轴线倾角的正切（对于受均布荷载作用的简支梁，当梁的最大挠度与跨度之比为 1/250 时，可取 $\tan\theta = 1/78$）。

对于受均布荷载 $g + q$ 作用、且跨度小于 6 m 的钢筋混凝土简支梁，式（5.30）可作进一步简化。取 $N_l = (g + q) l/2$，$\tan\theta \approx \theta = (g + q) l^3/24B$。其中，钢筋混凝土梁的长期刚度 $B \approx 0.33 E_c I_c$（E_c 为混凝土的弹性模量，对于 C20 混凝土，$E_c = 25.5 \text{ kN/mm}^2$；$I_c$ 为梁的惯性矩，$I_c = bh_c^3/12$），近似取梁的高跨比 $h_c/l = 1/11$。将上述各值代入式（5.30），即得

$$a_0 = 10\sqrt{\frac{h_c}{f}} \tag{5.31}$$

式中　h_c——梁的截面高度（mm）。

式（5.30）为较精确的公式，而式（5.31）为简化公式。但式（5.31）形式十分简单，计

算方便，且概念上也比较清楚，仍然反映了梁的刚度和砌体刚度的影响。对于常用材料和跨度的梁的情况，式（5.30）与式（5.31）计算结果的误差约在 15% 左右，对砌体局部受压的安全度影响不大。为避免有时在设计计算上的争议，《砌体结构设计规范》规定只采用式（5.31）计算梁端有效支承长度。

b. 上部荷载对砌体局部抗压强度的影响

一般梁端支承处局部受压的砌体，除承受梁端支承压力 N_l 外，还可能有上部荷载产生的轴向力 N_0（见图 5.26）。

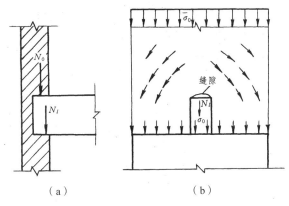

（a）　　　　　　（b）

图 5.26　上部荷载对局部抗压强度的影响

试验表明，当 N_0 较小、N_l 较大时，梁端底部的砌体将产生压缩变形，使梁端顶部与砌体接触面减少，甚至脱开，产生水平缝隙。原来由上部砌体传给梁端支承面上的压力 N_0 将转而通过上部砌体自身的内拱作用传给梁端周围的砌体（见图 5.26）。上部荷载 σ_0 的扩散对梁端下局部受压的砌体起了横向约束作用，对砌体的局部受压是有利的。上部荷载 σ_0 对梁端下局部受压砌体的影响主要与 A_0/A_l 比值有关。当 A_0/A_l 足够大时，内拱卸荷作用就可形成。《砌体结构设计规范》采用上部荷载折减系数 ψ 来反映这种有利因素的影响，并取

$$\psi = 1.5 - 0.5 \frac{A_0}{A_l} \tag{5.32}$$

式中　A_l——局部受压面积，$A_l = a_0 b$，b 为梁宽，a_0 为梁端有效支承长度。

当 $A_0/A_l \geq 3$ 时，取 $\psi = 0$，即不考虑上部荷载的影响。

c. 梁端支承处砌体局部受压承载力计算

《砌体结构设计规范》规定，梁端支承处砌体的局部受压承载力应按下式计算：

$$\psi N_0 + N_l \leq \eta \gamma f A_l \tag{5.33}$$

式中　N_0——局部受压面积内上部轴向力设计值，$N_0 = \sigma_0 A_l$，σ_0 为上部压应力设计值；

　　　N_l——梁上荷载设计值产生在梁端的支承压力（N_l 的作用点，对屋盖梁和楼盖梁距墙体内边缘均为 $0.4a_0$）；

　　　η——梁端底面压应力图形的完整系数，一般取 0.7，对于过梁和墙梁可取 1.0。

3. 梁端设有垫块时砌体的局部受压承载力计算

当梁支承处砌体局部受压承载力按式（5.33）计算不满足时，可在梁端支承面下设置混凝土或钢筋混凝土垫块，扩大局部受压面积，以满足砌体局部受压的承载力要求［见图 5.27（a）］。如为现浇梁，垫块也可与梁端整体浇筑，亦即将梁端扩大［见图 5.27（b）］。

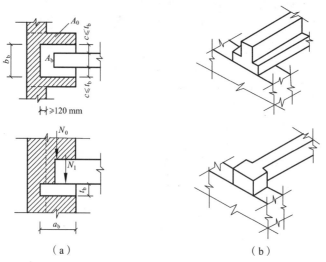

（a）   （b）

图 5.27　梁端下预制刚性垫块示意图

a. 刚性垫块下砌体局部受压计算

刚性垫块是指其高度 t_b 不小于 180 mm，且自梁边算起的垫块挑出长度 c 不大于垫块高度 t_b［见图 5.27（a）］。在带壁柱墙的壁柱内设置刚性垫块时［见图 5.27（a）］，垫块伸入翼墙内的长度不应小于 120 mm；当现浇垫块与梁端整体现浇时，垫块可在梁高范围内设置［见图 5.27（b）］。

梁端设置预制刚性垫块不但增大了局部承压面积，而且还可使梁端的压力较均匀地传到垫块下砌体截面，改善了砌体的受力状态。预制刚性垫块下的砌体既具有局部受压的特点，又具有偏心受压的特点。由于处于局部受压状态，垫块外砌体影响面积的有利影响应当考虑，但不必考虑有效支承长度。考虑到砌块底面压应力分布的不均匀性，为偏于安全，垫块外砌体面积的有利影响系数 γ_1 取为 0.8γ，且 $\gamma_1 \geq 1.0$。由于垫块下的砌体又处于偏心受压状态，所以可借用偏心受压短柱的承载力计算公式进行垫块下砌体局部受压的承载力计算，考虑荷载偏心距的影响，但不必考虑纵向弯曲。计算公式如下：

$$N_0 + N_l \leq \varphi \gamma_1 A_b f \tag{5.34}$$

式中　N_0 ——垫块面积 A_b 内的上部轴向力设计值，$N_0 = \sigma_0 A_b$，σ_0 为上部平均压应力设计值（N/mm^2）；

N_l ——梁端荷载设计值产生的支承压力；

A_b ——垫块面积，$A_b = a_b b_b$，a_b 为垫块伸入墙内的长度，b_b 为垫块的宽度；

f ——砌体抗压强度设计值；

γ_1 ——垫块外砌体面积的有利影响系数，

$$\gamma_1 = 0.8\gamma = 0.8\left(1 + 0.35\sqrt{\frac{A_0}{A_l} - 1}\right) \geq 1.0$$

φ ——垫块上纵向力 N_0 及 N_l 合力的偏心影响系数，采用附表 5.2.1 中 $\beta \leq 3$ 时的 φ 值，e 为 N_0、N_l 合力对垫块形心的偏心距，N 距垫块边缘的距离可取 $0.4a_0$，e 按下式计算：

$$e = \frac{N_l\left(\dfrac{a_b}{2} - 0.4a_0\right)}{N_0 + N_l} \tag{5.35}$$

其中　　a_0——垫块上表面梁端的有效支承长度，一般情况下小于梁搁置于砌体上的有效支承长度，a_0 按下式计算：

$$a_0 = \delta_1\sqrt{\frac{h_c}{f}} \tag{5.36}$$

其中　　δ_1——刚性垫块的影响系数，按表 5.14 采用。

表 5.14　系　　数　　δ_1

σ_0/f	0	0.2	0.4	0.6	0.8
δ_1	5.4	5.7	6.0	6.9	7.8

注：表中其间的数值可采用插入法求得。h_c 为梁的截面高度；f 为砌体的抗压强度设计值。

试验表明，壁柱内设垫块时，其局压承载力偏低，所以规定在计算 A_0 时只取壁柱截面积而不计翼缘挑出部分。

b. 设置与梁端现浇成整体的刚性垫块下砌体局部受压计算

在现浇梁板结构中，有时将梁端沿梁整高加宽或梁端局部高度加宽，形成整浇垫块［见图 5.27（b）］。整浇垫块下的砌体局部受压与预制垫块下砌体的局部受压有一定的区别，但为简化计算，也可按预制垫块下砌体的局部受压计算，即用式（5.36）确定局部压力 N_l 的作用位置，用式（5.34）计算垫块下砌体的局部受压。

c. 垫梁下砌体局部受压计算

当梁端支承处的砖墙上设置连续的钢筋混凝土垫梁（如钢筋混凝土圈梁）时，在梁端集中荷载作用下，垫梁将集中荷载分布在墙体的一定宽度范围内。柔性垫梁可视为弹性地基上的无限长梁，墙体即为弹性地基。如将局压破坏荷载 N_l 作用下按弹性地基梁理论计算出砌体中最大压应力 σ_{max} 与砌体抗压强度 f_m 的比值记作 γ，则试验发现 γ 均在 1.6 以上。这是因为柔性垫梁能将集中荷载传布于砌体的较大范围。应力分布可近似视为三角形，其长度 $l = \pi h_0$（见图 5.28）。h_0 为垫梁的折算高度。由图 5.28 的平衡条件可写出

$$N_l = \frac{1}{2}\pi h_0 \sigma_{max} b_b$$

则有　　　　$$\sigma_{max} = \frac{2N_l}{\pi b_b h_0} \tag{5.37}$$

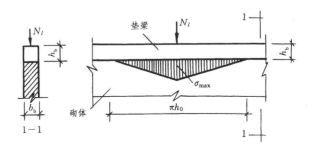

图　5.28

根据试验结果，考虑垫梁上可能存在的上部荷载作用，取 $\gamma = 1.5$，则可写出

$$\sigma_0 + \sigma_{\max} \leqslant 1.5f$$

以式（5.37）代入，

$$\sigma_0 + \frac{2N_l}{\pi b_b h_0} \leqslant 1.5f$$

$$\sigma_0 \frac{\pi b_b h_0}{2} + N_l \leqslant 2.4 h_0 b_b f$$

上式中还应考虑 N_l 沿墙厚方向产生不均匀分布压应力的影响，为此引入垫梁底面压应力分布系数 δ_2。综上所述，钢筋混凝土垫梁受上部荷载 N_0 和集中局部荷载 N_l 作用，且垫梁长度大于 πh_0 时，垫梁下的砌体局部受压承载力按下列公式计算：

$$N_0 + N_l \leqslant 2.4 \delta_2 h_0 b_b f \tag{5.38}$$

式中　N_l ——垫梁上集中局部荷载设计值；

　　　N_0 ——垫梁在 $\pi b_b h_0 / 2$ 范围内由上部荷载设计值产生的轴向力，$N_0 = \pi b_b h_0 \sigma_0 / 2$；

　　　b_b ——垫梁宽度；

　　　δ_2 ——当荷载沿墙厚方向均匀分布时 δ_2 取 1.0，不均匀时 δ_2 可取 0.8；

　　　f ——砌体的抗压强度设计值；

　　　h_0 ——垫梁折算高度，

$$h_0 = 2\sqrt[3]{\frac{E_b I_b}{Eh}}$$

其中　E_b、I_b ——垫梁的弹性模量和截面惯性矩；

　　　E ——砌体的弹性模量；

　　　h ——墙厚。

【例 5.8】已知楼面梁的截面尺寸为 $b \times h = 200\,\text{mm} \times 450\,\text{mm}$，支承于 240 mm 厚的外纵墙上（见图 5.29）。梁支承长度为 $a = 240\,\text{mm}$，荷载设计值产生的支座反力 $N_l = 55.0\,\text{kN}$，梁底墙体截面由上部荷载产生的轴向力设计值为 $N_u = 100\,\text{kN}$。窗间墙截面尺寸为 1 200 mm × 240 mm。

① 当墙体采用 MU10 烧结普通砖及 M2.5 混合砂浆砌筑时，试验算梁下砌体的局部受压承载力。

② 当墙体采用 MU10 蒸压灰砂砖及 M5 水泥砂浆砌筑时，且施工质量控制等级为 C 级。试验算梁下砌体的局部受压承载力。

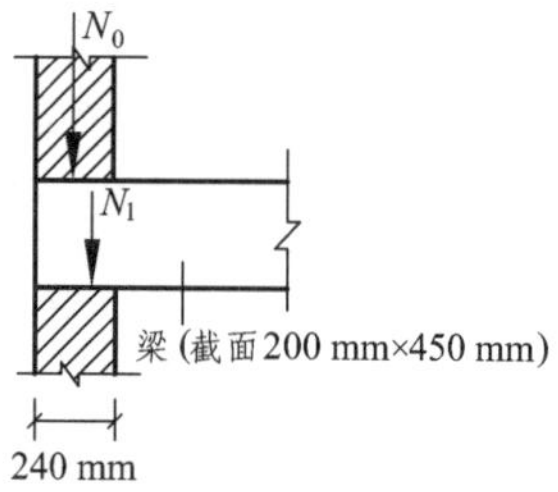

图　5.29

解

① 查附表 5.1.1，得砌体抗压强度设计值 $f = 1.30\,\text{MPa}$。

梁端有效支承长度

$$a_0 = 10\sqrt{\frac{h_c}{f}} = 10\sqrt{\frac{450}{1.3}} = 186 < a = 240\,\text{mm}$$

局部受压面积

$$A_l = a_0 b = 186 \times 200 = 37\,200\,\text{mm}^2$$

局部受压计算面积

$$A_0 = (b + 2h)h = (200 + 2 \times 240) \times 240 = 163\,200 \text{ mm}^2$$

局部受压强度提高系数

$$\gamma = 1 + 0.35\sqrt{\frac{A_0}{A_l} - 1} = 1 + 0.35\sqrt{\frac{163\,200}{37\,200} - 1} = 1.64 < 2.0$$

上部荷载折减系数 ψ，因

$$\frac{A_0}{A_l} = \frac{163\,200}{37\,210} = 4.39 > 3$$

取 $\psi = 0$，并取 $\eta = 0.7$。

验算承载力：

$$\eta\gamma A_l f = 0.7 \times 1.64 \times 37\,200 \times 1.3 = 55\,500 \text{ N} = 55.5 \text{ kN}$$
$$> \psi N_0 + N_l = 55 \text{ kN}$$

局部受压承载力满足。

② 查附表 5.1.1，得砌体抗压强度设计值 $f = 1.50$ MPa。水泥砂浆 $\gamma_a = 0.9$，又因为施工质量控制等级为 C 级，f 还应乘以 $\gamma_a = 0.89$。

梁端有效支承长度

$$a_0 = 10\sqrt{\frac{h_c}{f}} = 10\sqrt{\frac{450}{0.9 \times 0.89 \times 1.50}} = 194 < a = 240 \text{ mm}$$

局部受压面积

$$A_l = a_0 b = 194 \times 200 = 38\,800 \text{ mm}^2$$

局部受压计算面积

$$A_0 = (b + 2h)h = (200 + 2 \times 240) \times 240 = 163\,200 \text{ mm}^2$$

局部受压强度提高系数

$$\gamma = 1 + 0.35\sqrt{\frac{A_0}{A_l} - 1} = 1 + 0.35\sqrt{\frac{163\,200}{37\,200} - 1} = 1.64 < 2.0$$

上部荷载折减系数 ψ，因

$$\frac{A_0}{A_l} = \frac{163\,200}{38\,800} = 4.21 > 3$$

取 $\psi = 0$，并取 $\eta = 0.7$。

验算承载力：

$$\eta\gamma A_l f = 0.7 \times 1.64 \times 0.9 \times 0.89 \times 37\,200 \times 1.3 = 53\,200 \text{ N} = 53.2 \text{ kN}$$
$$< \psi N_0 + N_l = 55 \text{ kN}$$

局部受压承载力不满足。

【例5.9】 在上题中，若墙体采用 MU10 烧结普通砖及 M2.5 混合砂浆砌筑，$N=60.0$ kN，经验算局部受压承载力不满足要求，必须设置垫块。在梁下设预制钢筋混凝土刚性垫块，垫块平面尺寸为 $a_b \times b_b = 240$ mm $\times 500$ mm，垫块的厚度为 $t_b = 180$ mm。试验算垫块下砌体的局部受压承载力。

解 查附表 5.1.1，得砌体抗压强度设计值 $f=1.30$ MPa。

垫块面积

$$A_b = a_b b_b = 240 \times 500 = 120\,000 \text{ mm}^2$$

影响砌体局部抗压强度的计算面积

$$A_0 = (b_b + 2h)h = (500 + 2 \times 240) \times 240 = 235\,200 \text{ mm}^2$$

局部受压强度提高系数

$$\gamma_1 = 0.8\gamma = 0.8\left(1 + 0.35\sqrt{A_0/A_b - 1}\right) = 0.8\left(1 + 0.35\sqrt{\frac{235\,200}{120\,000} - 1}\right) = 1.07 > 1$$

垫块面积 A_b 内上层墙身传来的轴向力设计值

$$\sigma_0 = \frac{N_u}{A} = \frac{100\,000}{1\,200 \times 240} = 0.347 \text{ N/mm}^2$$
$$N_0 = \sigma_0 A_b = 0.347 \times 120\,000 = 41\,600 \text{ N}$$

$\sigma_0/f = 0.347/1.3 = 0.267$，查表 5.14 得 $\delta_1 = 5.80$，梁在垫块上表面的有效支承长度

$$a_0 = \delta_1\sqrt{\frac{h_c}{f}} = 5.8\sqrt{\frac{450}{1.3}} = 107.9 < a = 240 \text{ mm}$$

N_l 对垫块形心的偏心距

$$e_l = \frac{240}{2} - 0.4 \times 107.9 = 76.8 \text{ mm}$$

纵向力 N_0、N_l 对垫块形心的偏心距

$$e = \frac{N_l e_l}{N_0 + N_l} = \frac{60 \times 76.8}{41.6 + 60} = 45.4 \text{ mm}$$

由 $e/h = e/a_b$ 和 $\beta = 3$，查附表 5.2.2 得 $\varphi = 0.7$。

垫块下砌体局部受压承载力为

$$\varphi\gamma_1 f A_b = 0.7 \times 1.07 \times 1.3 \times 120\,000 = 116\,800 \text{ N} = 116.8 \text{ kN}$$
$$> N_0 + N_l = 41\,600 + 60\,000 = 101\,600 \text{ N} = 101.6 \text{ kN}$$

局部受压承载力满足。

【例5.10】 一屋架支承在 240 mm 厚砖墙的钢筋混凝土圈梁上（有中心垫块），圈梁的截面尺寸为 240 mm（宽），180 mm（高）。混凝土强度等级为 C20。砖墙用 MU10 烧结普通砖和 M5 混合砂浆砌筑。屋架支承反力设计值为 $N=100$ kN。圈梁上还作用有 $\sigma_0 = 0.2$ N/mm^2 的均布荷载。

① 试验算屋架支承处垫梁砌体的局部受压承载力。

② 假设将屋架换成截面为 200 mm × 500 mm 的钢筋混凝土梁（梁端未设中心垫块），其余条件不变。试验算梁端支承处垫梁砌体的局部受压承载力（请读者自行验算）。

解

① 查表 5.8，墙砌体的弹性模量

$$E = 1\,600f = 1\,600 \times 1.5 = 2\,400\ \text{MPa}$$

C20 混凝土的弹性模量 $E = 2.55 \times 10^4\ \text{MPa}$。

垫梁的惯性矩

$$I_\text{b} = \frac{b_\text{b} h_\text{b}^3}{12} = \frac{240 \times 180^3}{12} = 1.166\,4 \times 10^8\ \text{mm}^4$$

垫梁折算高度

$$h_0 = 2\sqrt[3]{\frac{E_\text{b} I_\text{b}}{Eh}} = 2\sqrt[3]{\frac{2.55 \times 10^4 \times 1.166\,4 \times 10^8}{2.4 \times 10^3 \times 240}} = 347\ \text{mm}$$

垫梁有效范围内上层墙身传来的轴向力设计值

$$N_0 = \frac{\pi b_\text{b} h_0 \sigma_0}{2} = \frac{3.14 \times 240 \times 347 \times 0.2}{2} = 26.1\ \text{kN}$$

$$2.4\delta_2 f\, b_\text{b} h_0 = 2.4 \times 1 \times 1.5 \times 240 \times 347 = 299\,800 = 299.8\ \text{kN}$$

$$> N_0 + N_l = 26.1 + 100 = 126.1\ \text{kN}$$

垫梁下砖砌体的局部受压承载力满足要求。

（四）受拉、受弯和受剪构件的承载力计算

1. 轴心受拉构件

砌体结构轴心受拉构件可按下式计算：

$$N_\text{t} \leqslant f_\text{t} A \tag{5.39}$$

式中　N_t——轴心拉力设计值；

　　　f_t——砌体轴心抗拉强度设计值。

圆形砌体水池池壁的受力状态为轴心受拉（见图 5.30）。

2. 受弯构件

房屋中的砖砌过梁、挡土墙等是受弯构件。在弯矩作用下，砌体可能沿齿缝或沿砖和竖向灰缝截面、沿通缝截面因弯曲受拉破坏。此外，支座处的剪力较大时，可能发生受剪破坏。因此，砌体受弯构件应进行受弯承载力和受剪承载力验算。

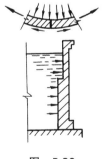

图　5.30

（1）受弯构件的受弯承载力应按下式计算：

$$M \leqslant f_\text{tm} W \tag{5.40}$$

式中　M——弯矩设计值；

　　　f_tm——砌体的弯曲抗拉强度设计值；

　　　W——截面抵抗矩。

（2）受弯构件的受剪承载力应按下式计算：

$$V \leqslant f_v bz \tag{5.41}$$

式中　V——剪力设计值；

　　　f_v——砌体抗剪强度设计值；

　　　b——截面宽度；

　　　z——内力臂长度，$z = I/S$，当截面为矩形时取 $z = 2h/3$；

　　　I——截面惯性矩；

　　　S——截面面积矩；

　　　h——矩形截面高度。

3. 受剪构件

砌体结构中单纯受剪的情况很少。工程中大量遇到的是剪压复合受力情况，即砌体在竖向压力作用下同时受剪。例如，在无拉杆拱的支座处，同时受到拱的水平推力和上部墙体对支座水平截面产生垂直压力而处于复合受力状态（见图 5.31）。

试验研究表明，当构件水平截面上作用有压应力时，由于灰缝黏结强度和摩擦力的共同作用，砌体抗剪承载力有明显的提高，因此计算时应考虑剪、压的复合作用。沿通缝或阶梯形截面破坏时受剪构件的承载力应按下式计算：

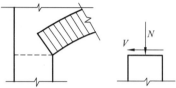

图 5.31　拱的支座截面在拱的推力作用下承受剪力

$$V \leqslant (f_v + \alpha\mu\sigma_0)A \tag{5.42}$$

式中　V——截面剪力设计值；

　　　A——水平截面面积，当有孔洞时，取净截面面积；

　　　f_v——砌体抗剪强度设计值，对灌孔的混凝土砌块砌体取 f_{vg}；

　　　α——修正系数（当 $\gamma_G = 1.2$ 时，砖砌体取 0.60，混凝土砌块砌体取 0.64；当 $\gamma_G = 1.35$ 时，砖砌体取 0.64，混凝土砌块砌体取 0.66）；

　　　μ——剪压复合受力影响系数（当 $\gamma_G = 1.2$ 时，$\mu = 0.26 - 0.082\sigma_0/f$；当 $\gamma_G = 1.35$ 时，$\mu = 0.23 - 0.065\sigma_0/f$）；

　　　σ_0——永久荷载设计值产生的水平截面平均压应力；

　　　f——砌体的抗压强度设计值。

σ_0/f 为轴压比，且不大于 0.8。

为了方便计算，α 与 μ 的乘积可查表 5.15。

表　5.15

γ_G	σ_0/f	0.1	0.2	0.3	0.4	0.5	0.6	0.7	0.8
1.2	砖 砌 体	0.15	0.15	0.14	0.14	0.13	0.13	0.12	0.12
	砌块砌体	0.16	0.16	0.15	0.15	0.14	0.13	0.13	0.12
1.35	砖 砌 体	0.14	0.14	0.13	0.13	0.13	0.12	0.12	0.11
	砌块砌体	0.15	0.14	0.14	0.13	0.13	0.13	0.12	0.12

【例 5.11】　某悬臂式水池池壁（见图 5.32），壁高 1.5 m，采用砖 MU15、水泥砂浆 M7.5

砌筑，试验算下端池壁的承载力。

解　沿池壁竖向截取 1 m 宽进行计算，池壁自重产生的竖向压力较小可忽略不计。水荷载分项系数取 1.2，该水池为悬臂受弯构件。

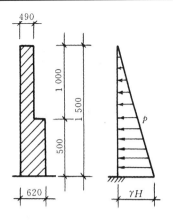

图 5.32　水池断面（单位：mm）

（1）受弯承载力验算

$$M = \frac{1}{6}pH^2 = \frac{1}{6} \times 1.2 \times 10 \times 1.5 \times 1.5^2 = 6.75 \text{ kN} \cdot \text{m}$$

池壁底截面抵抗矩

$$W = \frac{1}{6}bh^2 = \frac{1}{6} \times 1 \times 0.62^2 = 0.064 \text{ m}^3$$

由于用水泥砂浆砌筑，砌体的弯曲抗拉强度和抗剪强度都应乘以调整系数 0.8。

弯曲抗拉强度设计值：

沿通缝截面　$f_{tm} = 0.14 \times 0.8 = 0.112 \text{ MPa}$

沿齿截面　　$f_{tm} = 0.29 \text{ MPa}$ ⎫ 取 $f_{tm} = 0.112 \text{ MPa}$

则　　$Wf_{tm} = 0.064 \times 0.112 \times 10^3 = 7.17 \text{ kN} \cdot \text{m} > M = 6.19 \text{ kN} \cdot \text{m}$

该池壁受弯承载力满足要求。

（2）受剪承载力验算

池壁底端剪力

$$V = \frac{1}{2}pH = \frac{1}{2} \times 1.1 \times 10 \times 1 \times 1.5 \times 1.5 = 12.38 \text{ kN}$$

砌体抗剪强度设计值

$$f_v = 0.14 \times 0.8 = 0.112 \text{ MPa}$$

则　　$bzf_v = 1 \times \frac{2}{3} \times 0.62 \times 0.112 \times 10^3 = 46.3 \text{ kN} > 12.38 \text{ kN}$

该池壁受剪承载力满足要求。

三、配筋砌体构件的承载力计算

砖砌体和砌块砌体同混凝土一样具有较高的抗压强度，但抗拉能力弱，例如，它们的弯曲抗拉强度通常不及它们抗压强度的 10%。然而同混凝土一样，它们都可在砌体内配置钢筋承受拉力，以克服上述弱点。砌体配筋不仅能改善砌体的抗弯性能及提高砌体竖向和侧向承载力，同时也可将材料的特性由脆性变为延性，大大提高其抗震性能，扩大砌体结构在工程上的应用范围，给设计师们提供了一种新型的结构材料，使之具有很强的经济竞争力。

砌体构件中配置钢筋的砌体称为配筋砌体。钢筋配置在砌体中的部位和方式可以是多种多样的，所以配筋砌体种类很多。根据试验，目前国内主要采用两种：网状配筋砖砌体和组合砖砌体（见图 5.33）。

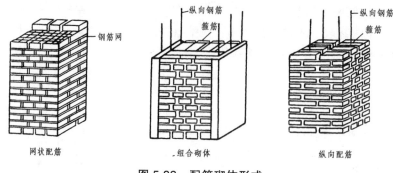

图 5.33 配筋砌体形式

（一）网状配筋砖砌体受压构件

网状配筋砖砌体是指在砖砌体的水平灰缝内设置一定数量和规格的钢筋以共同工作。因为钢筋设置在水平灰缝内，所以又称为横向配筋砖砌体。钢筋网可做成方格网，也可做成连弯钢筋网（见图 5.34）。构件在竖向压力作用下，由于钢筋和砂浆之间的黏结力和摩擦力，使钢筋与砌体共同工作。砂浆层在竖向力作用下发生横向变形使钢筋受拉，但钢筋的弹性模量高，可以阻止砌体横向变形的发展，使砌体处于约束受压状态，从而间接提高了砌体承受竖向荷载的能力。试验表明，其砌体的抗压强度可比无筋砌体提高 20% 左右。

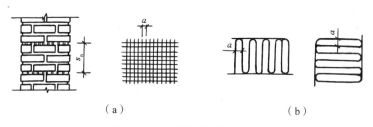

（a）   （b）

图 5.34 网状配筋砌体形式

1. 网状配筋砖砌体的受力性能

a. 破坏形态

破坏形态如图 5.35 所示。

第一阶段：加荷初期配筋砌体的受力特点与无筋砌体一样，随着压力的增加，个别砖内出现第一批竖向裂缝，初裂荷载约为破坏荷载的 60%～75%，该值高于无筋砖砌体的初裂荷载。这是因为灰缝中的钢筋提高了单砖的抗弯、抗剪能力。

第二阶段：随着压力增大，砌体裂缝数量增多，但发展很缓慢。竖向裂缝由于受到横向钢筋网的约束，不能沿砌体高度方向形成贯通的竖向裂缝。

第三阶段：压力达到极限值时，由于钢筋的拉结作用，避免了被竖向裂缝分割的小柱失稳破坏，而是个别砖被压碎脱落，因而大大提高了砌体的承载能力。

b. 受力性能分析

当砌体上作用有轴向压力时，不仅产生纵向压缩变形，同时还产

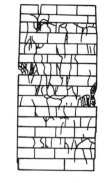

图 5.35 网状配筋砖
砌体受压破坏形态

生横向变形。当砌体配置横向钢筋时，由于钢筋的弹性模量比砌体的弹性模量高得多，故能阻止砌体的横向变形发展。网状钢筋抑制了砌体竖向裂缝的发展，使之不会形成贯通的竖向裂缝，并能连接竖向裂缝所分割的小砖柱，使之不会过早失稳破坏，因而间接地提高了砌体承担轴向荷载的能力。

在下列情况下，配筋砖砌体承载能力的提高受到限制：

（1）偏心距 e 较大。试验表明，当荷载偏心作用时，横向配筋的效果将随偏心距 e 的增大而降低。这是由于在这种受力状态下，实际受压区较小，而受拉区较大，钢筋与砂浆的黏结力得不到保证，对砌体产生的横向约束作用将减弱。因此，《砌体结构设计规范》规定，偏心距不应超过截面核心范围，对矩形截面，$e/h \leq 0.17$。

（2）高厚比 β 较大。由于纵向弯曲会产生较大的附加偏心距，因而使构件的实际偏心距增大。构件高厚比愈大，整个构件失稳破坏的可能就愈大，此时横向钢筋的作用就难以发挥。因此，规范规定构件的高厚比 $\beta \leq 16$。

（3）水平钢筋网的数量限制。不论钢筋多到什么程度，砌体的抗压强度也不会高于块材本身的强度，所以配筋率不宜过大。但钢筋若配置过少，网状钢筋对砖砌体"箍"的作用将不明显。因此，《砌体结构设计规范》要求网状钢筋砌体的体积比配筋率 ρ 不应小于 0.1%，也不应大于 1%。

2. 网状配筋砖砌体受压构件承载力计算

（1）网状配筋砖砌体受压构件的承载力，可按下式计算：

$$N \leq \varphi_n f_n A \tag{5.43}$$

式中　N——荷载设计值产生的轴向力；

　　　φ_n——高厚比、配筋率及轴向力的偏心距对网状配筋砖砌体受压构件承载力的影响系数，见附表 5.2.4；

　　　f_n——网状配筋砖砌体的抗压强度设计值；

　　　A——截面面积。

（2）网状配筋砖砌体的抗压强度设计值，可按下式计算：

$$f_n = f + 2\left(1 - \frac{2e}{y}\right)\frac{\rho}{100}f_y \tag{5.44}$$

式中　e——轴向力的偏心距，按荷载设计值计算；

　　　y——截面形心到受压较大边缘的距离，对矩形截面 $y = h/2$，h 为偏心方向的截面高度；

　　　ρ——配筋率（体积比），$\rho = \dfrac{V_s}{V} \times 100$；当采用截面面积为 A_s 的钢筋组成的方格网，

　　　　　网格尺寸为 a 和钢筋网的间距为 s_n 时，$\rho = \dfrac{2A_s}{a\,s_n} \times 100$；

　　　V_s、V——钢筋和砌体的体积；

　　　f_y——受拉钢筋的设计强度，当 $f_y > 320$ MPa 时，仍采用 $f_y = 320$ MPa；

（3）高厚比、配筋率及轴向力偏心距对网状配筋砖砌体受压构件承载力影响系数 φ_n，可查附表 5.2.4，也可按下式计算：

$$\varphi_n = \cfrac{1}{1+12\left(\cfrac{e}{h}+\cfrac{1}{\sqrt{12}}\sqrt{\cfrac{1}{\varphi_{0n}}-1}\right)} \tag{5.45}$$

其中

$$\varphi_{0n} = \cfrac{1}{1+\cfrac{1+3\rho}{667}\beta^2} \tag{5.46}$$

（4）对于矩形截面网状配筋砖砌体受压构件，当轴向力偏心力方向的截面尺寸大于另一方向的边长时，除按偏心受压计算外，还应对另一方向按轴心受压进行验算。

（5）当网状配筋砖砌体构件的下端与无筋砌体交接时，还应验算无筋砌体的局部受压承载力。

3. 网状配筋砖砌体的构造要求

网状配筋砖砌体除了满足承载力计算要求外，为保证钢筋与砂浆的黏结力，避免钢筋锈蚀，灰缝过厚，并能充分发挥钢筋的作用，还应符合下列构造要求：

（1）砌筑在灰缝砂浆内的钢筋网易锈蚀，因此，钢筋直径较粗时对抗锈蚀有利。但钢筋直径过大时将使灰缝加厚，对砌体受力产生不利影响。因此，网状钢筋的直径宜为 3～4 mm，连弯钢筋的直径不应大于 8 mm。

（2）当钢筋网中的钢筋间距过大时，钢筋网的横向约束效应较低；间距过小时，灰缝中的砂浆不易密实。因此，钢筋网中的钢筋间距不应小于 30 mm，也不应大于 120 mm。

（3）网状配筋砌体中选用的砌体材料强度等级不宜过低。当采用强度较高的砂浆时，砂浆与钢筋有较好的黏结力，也有利于钢筋的保护。因此，要求砖的强度等级不应低于 MU10，砂浆的强度等级不应低于 M7.5。

（4）施工时水平灰缝的厚度应控制在 8～12 mm，并应保证钢筋上下至少各有 2 mm 厚的砂浆层。

（5）钢筋网沿竖向的间距，不应大于 5 皮砖，并不应大于 400 mm。因为钢筋网沿竖向的间距过大，则砖砌体承载力的提高很有限。

【例 5.12】 一偏心受压网状配筋柱，截面尺寸为 490 mm × 620 mm，柱的计算高度为 4.2 m，承受轴向力设计值 $N = 180$ kN，弯矩设计值 $M = 18$ kN·m（沿截面长边）。采用 MU10 烧结普通砖和 M7.5 水泥砂浆。网状配筋选用 $\phi 4$ 冷拔低碳钢丝方格网，$f_y = 430$ kN/mm²，$A_s = 12.6$ mm²，$s_n = 180$ mm（3 皮砖），$a = 60$ mm。试验算该柱的承载力。

解 $\qquad A = 0.49 \times 0.62 = 0.304$ m² > 0.2 m²

不需考虑砌体强度调整系数。

（1）高厚比与偏心距的计算

$$\beta = \frac{H_0}{h} = \frac{4.2}{0.62} = 6.77$$

$$e = \frac{M}{N} = \frac{18}{180} = 100 \text{ mm} < 0.17h = 105.4 \text{ mm}$$

$$e/h = \frac{100}{620} = 0.161$$

（2）考虑采用水泥砂浆

$$f = 0.9 \times 1.69 = 1.52 \text{ MPa}$$

（3）网状配筋砌体承载力验算

配筋率

$$\rho = \frac{2A_s}{as_n} \times 100 = \frac{2 \times 12.6}{60 \times 180} \times 100 = 0.233 > 0.1 \text{且} < 1$$

$$f_n = f + 2\left(1 - \frac{2e}{y}\right)\frac{\rho}{100}f_y = 1.52 + 2\left(1 - \frac{2 \times 100}{620/2}\right)\frac{0.233}{100} \times 320 = 2.05 \text{ MPa}$$

考虑到查表需多次内插，可按式（5.45）计算，即

$$\varphi_{0n} = \frac{1}{1 + \frac{3\rho}{667}\beta^2} = \frac{1}{1 + \frac{1 + 3 \times 0.233}{667} \times 6.77^2} = 0.895$$

$$\varphi_n = \frac{1}{1 + 12\left[\frac{100}{620} + \sqrt{\frac{1}{12}\left(\frac{1}{0.895} - 1\right)}\right]^2} = 0.55$$

$$\varphi_n f_n A = 0.55 \times 2.05 \times 490 \times 620 = 342.8 \text{ kN} > 180 \text{ kN}$$

网状配筋砌体承载力满足要求。

因网状配筋砖柱两个方向长度不相同，另一方向应按轴心受压承载力进行验算。（略）

（二）组合砖砌体构件

当无筋砌体的截面尺寸受限制，设计成无筋砌体不经济或轴向压力偏心距过大时，可采用组合砖砌体。

1. 组合砖砌体受压性能

组合砖砌体是指由砖砌体和现浇钢筋混凝土面层（或钢筋砂浆面层）组合而成的结构构件。由于砖能吸收混凝土中多余的水分，因此，组合砌体中混凝土的强度比在木模或钢模中硬化时要高。试验表明，钢筋混凝土面层（或钢筋砂浆面层）与砖砌体间有较好的黏结力，它们能够共同工作，因而组合砖砌体受压构件的受力分析与钢筋混凝土受压构件的分析有类似之处。组合砌体一般用于砖柱中，其截面形状有矩形、T 形、十字形等（见图 5.36）。

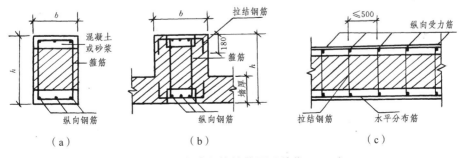

图 5.36　组合砖砌体的截面（单位：mm）

组合砖砌体在轴心压力作用下，截面中三种材料的变形相同。由于三种材料达到各自强度时的压应变不同，钢筋达到屈服时的压应变最小，混凝土次之，砖砌体达到抗压强度时的压应变最大。因此，组合砖砌体在轴心压力作用下，纵向钢筋首先屈服，然后混凝土达到抗压强度，此时砖砌体尚未破坏（见图 5.37）。在构件破坏时，砌体的强度不能充分利用。

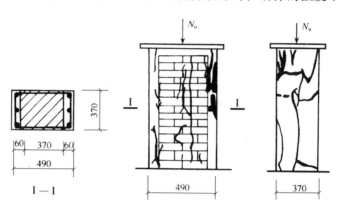

图 5.37　轴心受压组合砖柱的破坏特征（单位：mm）

外设钢筋混凝土或钢筋砂浆层的矩形截面偏心受压组合砖砌体构件的试验表明，承载力和变形性能与钢筋混凝土偏压构件类似。组合砖砌体在偏心压力作用下，达到极限压力时偏心一侧的混凝土或砂浆面层可以达到抗压强度，受压钢筋达到抗压强度，受拉钢筋在大偏心受压时才能达到抗拉强度。因此，偏心受压组合砖砌体构件可分为两种破坏形态：小偏心受压时，受压区混凝土或砂浆面层及部分砌体受压破坏；大偏心受压时，受拉钢筋首先屈服，然后受压区的砌体和混凝土产生破坏。其破坏特征与钢筋混凝土构件相似。

2. 适用范围

下列情况下宜采用组合砖砌体构件：

（1）轴向力偏心距 $e > 0.6y$（y 为截面形心到轴向力所在偏心方向截面边缘的距离）时。

（2）受压砖构件当轴向力偏心距很小，轴向力很大，而截面尺寸受到严格限制时。

（3）采用无筋砌体设计不经济时。

（4）对已建成的砖砌体构件进行加固时。

3. 组合砖砌体受压构件承载力计算

a. 轴心受压构件

组合砖砌体轴心受压构件与无筋砌体构件一样，应考虑纵向弯曲的影响。当截面形状如图 5.36（b）所示的 T 形截面构件，可近似按矩形截面组合砌体构件计算承载力，但构件的高厚比计算仍应按 T 形截面构件计算。

组合砖砌体轴心受压构件的承载力，可按下式计算：

$$N \leqslant \varphi_{com}(fA + f_c A_c + \eta_s f_y' A_s') \tag{5.47}$$

式中　　φ_{com}——组合砖砌体构件的稳定系数，可按附表 5.2.5 采用；

　　　　A——砖砌体的截面面积；

　　　　f——砌体的抗压强度设计值；

f_c——混凝土或面层砂浆的轴心抗压强度设计值，砂浆的轴心抗压强度设计值可取为同强度等级混凝土的轴心抗压强度设计值的 70%；

A_c——混凝土或砂浆面层的截面面积；

η_s——受压钢筋的强度系数（当为混凝土面层时，可取 1.0；当为砂浆面层时，可取 0.9）；

f_y'——受压钢筋的强度设计值；

A_s'——受压钢筋的截面面积。

b. 偏心受压构件

（1）组合砖砌体偏心受压构件的承载力，可按下列公式计算：

$$N \leq fA' + f_c A_c' + \eta_s f_y' A_s' - \sigma_s A_s \quad (5.48)$$

$$Ne_N \leq f S_s + f_c S_{c,s} + \eta_s f_y' A_s'(h_0 - a') \quad (5.49)$$

此时，受压区的高度 x 可按下式确定：

$$f S_N + f_c S_{c,N} \pm \eta_s f_y' A_s' e_N' - \sigma_s A_s e_N = 0$$

式中　σ_s——钢筋 A_s 的应力；

A_s——距轴向力 N 较远侧钢筋的截面面积；

A'——砖砌体受压部分的面积；

A_c'——混凝土或砂浆面层受压部分的面积；

S_s——砖砌体受压部分的面积对钢筋 A_s 重心的面积矩；

$S_{c,s}$——混凝土或砂浆面层受压部分的面积对钢筋 A_s 重心的面积矩；

S_N——砖砌体受压部分的面积对轴向力 N 作用点的面积矩；

$S_{c,N}$——混凝土或砂浆面层受压部分的面积对轴向力 N 作用点的面积矩；

e_N'、e_N——钢筋 A_s' 和 A_s 重心到轴向力 N 作用点的距离（见图 5.38），

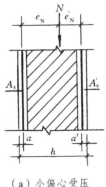

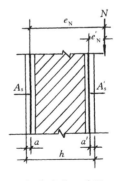

（a）小偏心受压　　　　　　（b）大偏心受压

图 5.38　组合砖砌体偏心受压构件

$$e_N' = e + e_a - \left(\frac{h}{2} - a'\right) \quad (5.50a)$$

$$e_N = e + e_a + \left(\frac{h}{2} - a\right) \quad (5.50b)$$

其中　e——轴向力的初始偏心距，按荷载设计值计算，当 $e < 0.05h$ 时，应取 $e = 0.05h$；

e_a ——组合砖砌体构件在轴向力作用下的附加偏心距,

$$e_a = \frac{\beta^2 h}{2\ 200}(1 - 0.022\beta)$$

h_0 ——组合砖砌体构件截面的有效高度, $h_0 = h - a$;

a'、a ——钢筋 A_s' 和 A_s 重心至截面较近边的距离。

（2）组合砖砌体钢筋 A_s 的应力 σ_s, 可按下列规定计算:

小偏心受压时, 即 $\xi > \xi_b$,

$$\sigma_s = 650 - 800\xi \tag{5.51}$$

大偏心受压时, 即 $\xi \leqslant \xi_b$,

$$\sigma_s = f_y \tag{5.52}$$

式中　σ_s ——钢筋 A_s 的应力, 正值为拉应力, 负值为压应力;

ξ ——组合砖砌体构件截面受压区的相对高度, $\xi = x / h_0$;

f_y ——受拉钢筋的强度设计值。

（3）组合砖砌体构件受压区相对高度 ξ_b, 可按下列规定取值:

HPB300 级钢筋: $\xi_b = 0.55$;

HRB335 级钢筋: $\xi_b = 0.425$。

（4）有关面积和面积矩的计算（见图 5.39）。

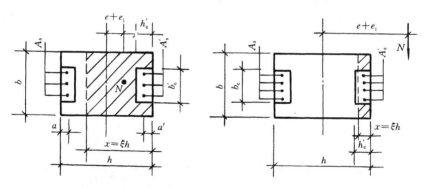

图 5.39　有关面积和面积矩计算简图

i. A_c'、$S_{c,s}$、$S_{c,N}$ 的计算

当 $x \leqslant h_c'$ 时,

$$A_c' = b_c' x \tag{5.53}$$

$$S_{c,s} = b_c' x\left(h_0 - \frac{x}{2}\right) \tag{5.54}$$

$$S_{c,N} = b_c' x\left(e_N' - a + \frac{x}{2}\right) \tag{5.55}$$

当 $h_c' < x \leqslant h - h_c$ 时,

$$A_c' = b_c' h_c' \tag{5.56}$$

$$S_{c,s} = b'_c h'_c \left(h_0 - \frac{h'_c}{2} \right) \tag{5.57}$$

$$S_{c,N} = b'_c h'_c \left(e'_N - a' + \frac{h'_c}{2} \right) \tag{5.58}$$

ii. A'、S_s、S_N 的计算

$$A' = bx - A'_c \tag{5.59}$$

$$S_s = bx \left(h_0 - \frac{x}{2} \right) - S_{c,s} \tag{5.60}$$

$$S_N = bx \left(e'_N - a' + \frac{x}{2} \right) - S_{c,N} \tag{5.61}$$

（5）采用混凝土面层对称配筋时组合砖砌体受压构件承载力计算。

i. 大、小偏心的判别式

$$x = \frac{N - b'_c h'_c (f_c - f)}{f\,b} \tag{5.62}$$

式中，当 $x \leqslant \xi_b h_0$ 时，为大偏心受压；当 $x > \xi_b h_0$ 时，为小偏心受压。

ii. 大偏心受压构件

当 $x \leqslant h'_c$ 时，重新计算 x，

$$x = \frac{N}{f(b - b'_c) + f_c b'} \tag{5.63}$$

当 $x > h'_c$ 时，x 按式（5.53）采用，

$$A_s = A'_s = \frac{N e_N - f S_s - f_c S_{c,s}}{f_y (h_0 - a)} \tag{5.64}$$

iii. 小偏心受压构件

利用式（5.48）和式（5.49）求解。

4. 组合砖砌体构件的构造要求

一般组合砖砌体构件的构造要求如下：

（1）为使砖砌体强度充分得到发挥，砖的强度等级不应低于 MU10，砂浆强度等级不应低于 M7.5。

（2）为适应目前施工现状和提高构件承载能力，组合砖砌体中所采用的混凝土面层强度等级不应低于 C20，水泥砂浆面层强度等级不应低于 M10。受力钢筋一般采用 HPB300 级、HRB335 级钢筋。受力钢筋保护层的厚度不应小于表 5.16 的规定。受力钢筋距砖砌体表面的距离不应小于 5 mm。

（3）组合砖砌体的面层也可采用水泥砂浆。为了防止钢筋锈蚀，保证钢筋、砂浆面层与砖砌体之间有足够的黏结强度，面层水泥砂浆的强度等级不应低于 M7.5。应该认识到，水泥砂浆面层的优点是施工简便，缺点是厚度薄、耐久性和承载力都较混凝土面层低。

表 5.16 组合砖砌体受力筋保护层厚度

构件类别＼环境条件	室内正常环境	露天或室内潮湿环境
墙	15 mm	25 mm
柱	25 mm	35 mm

注：当面层为水泥砂浆时，柱的保护层厚度可减少 5 mm。

（4）为增大组合砖砌体构件的承载能力和延性，要求受压一侧的受力钢筋配筋率不宜小于 0.1%（砂浆面层）或 0.2%（混凝土面层），受拉一侧的受力钢筋配筋率不应小于 0.1%。受力钢筋的直径不应小于 8 mm。钢筋的净间距不应小于 30 mm。

（5）箍筋的直径不宜小于 4 mm 及 $d/5$（d 为受压钢筋直径），也不宜大于 6 mm。箍筋的间距，不应大于 $20d$ 及 500 mm，也不应小于 120 mm（1/2 砖）。当组合砖砌体构件一边的受力钢筋多于 4 根时，应设置附加箍筋或拉结钢筋。对于截面长短边相差较大的构件（如墙体），应采用穿通墙体的拉结钢筋作为箍筋，同时设置水平分布钢筋。水平分布钢筋的竖向间距及拉结钢筋的水平间距，均不应大于 500 mm。

（6）组合砖砌体构件的顶部及底部，以及牛腿部位，必须设置钢筋混凝土垫块。受力钢筋伸入垫块的长度，必须满足锚固要求。

【例 5.13】 某无吊车厂房采用组合砖柱，截面尺寸如图 5.40 所示，计算高度 $H_0 = 6\ 000\ mm$，承受轴向力标准值 $N_k = 380\ kN$（其中 $N_{GK} = 260\ kN$），弯矩设计值 $M_k = 227.37\ kN·m$，组合砖柱采用 MU10 砖，M7.5 混合砂浆，C20 混凝土面层及 HPB235 级钢筋。当对称配筋时，求 A_s 及 A'_s。

解

（1）基本参数

MU10 砖，M7.5 砂浆，砌体抗压强度设计值为 $f = 1.69\ N/mm^2$；C20 混凝土轴心抗压强度设计值为 $f_c = 9.6\ N/mm^2$；HPB235 级钢筋强度设计值为 $f_y = 210\ N/mm^2$。

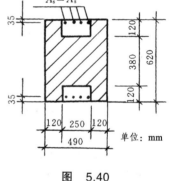

图 5.40

轴向力设计值

$$N = \gamma_G N_{GK} + \gamma_Q N_{QK} = 1.2 \times 260 + 1.4 \times 120 = 480\ kN$$

偏心距

$$e = \frac{M}{N} = \frac{480 \times 1000}{227.37} = 473.68\ mm$$

高厚比

$$\beta = \frac{6\ 000}{620} = 9.68$$

附加偏心距

$$e_i = \frac{\beta^2 h}{2\ 200}(1 - 0.02\beta) = \frac{9.68^2 \times 620}{2\ 200}(1 - 0.22 \times 9.68) = 20.78\ mm$$

$$e_N = e + e_i + \left(\frac{h}{2} - a'\right) = 473.68 + 20.78 + \left(\frac{620}{2} - 35\right) = 769.46 \text{ mm}$$

$$h_0 = 620 - 35 = 585 \text{ mm}$$

（2）大小偏心的判别

假定为大偏心受压，且 $x \geqslant 120 \text{ mm}$，

$$x = \frac{N - b'_c h'_c (f_c - f)}{f b} = \frac{480\,000 - 250 \times 120 \times (10 - 1.69)}{1.69 \times 490} = 278.6 \text{ mm}$$

$$120 \text{ mm} < x < 0.55 h_0 = 321.8 \text{ mm}$$

符合大偏心受压构件的假定。

（3）A_s、A'_s 的计算

$$S_{c,s} = 120 \times 250 \times \left(585 - \frac{120}{2}\right) = 15\,750\,000 \text{ mm}^3$$

$$S_s = 490 \times 293.7 \times \left(585 - \frac{278.6}{2}\right) - 15\,750\,000 = 48\,392\,024 \text{ mm}^3$$

$$A_s = A'_s = \frac{N e_N - f S_s - f_c S_{c,s}}{\eta_s f_y (h_0 - a)}$$

$$= \frac{480\,000 \times 769.46 - 1.69 \times 48\,392\,024 - 9.6 \times 15\,750\,000}{1 \times 210 \times (585 - 35)}$$

$$= 1\,180 \text{ mm}^2$$

$$\rho = \frac{A'_s}{bh} \times 100\% = \frac{1\,180}{490 \times 620} \times 100\% = 0.39\% > 0.2\%$$

配筋率符合要求。每边选用 $4\phi20$，$A_s = A'_s = 1256 \text{ mm}^2$。

（4）短边方向按轴心受压验算

$$A = 490 \times 620 - 2 \times 120 \times 250 = 243\,800 \text{ mm}^2$$

$$A'_c = 2 \times 120 \times 250 = 6\,000 \text{ mm}^2$$

$$A'_s = 2 \times 1\,256 = 2\,512 \text{ mm}^2$$

$$\rho = \frac{A'_s}{bh} \times 100\% = \frac{2\,512}{490 \times 620} \times 100\% = 0.827\%$$

$$\beta = \frac{H_0}{b} = \frac{6\,000}{490} = 12.24$$

查表 $\varphi_{com} = 0.928$，则

$$\varphi_{com}(fA + f_c A'_c + \eta_s f'_y A'_s)$$

$$= 0.928(1.69 \times 243\,800 + 9.6 \times 60\,000 + 1 \times 210 \times 2\,512)$$

$$= 1\,406\,423 = 1\,406.4 \text{ kN} > N = 480 \text{ kN}$$

故承载力满足要求。

（三）砖砌体和钢筋混凝土构造柱组合墙

1. 砖砌体和钢筋混凝土构造柱组合墙受力性能

砖混结构墙体设计中，当砖砌体墙的竖向受压承载力不满足而墙体厚度又受到限制时，在墙体中设置一定数量的钢筋混凝土构造柱，形成砖砌体和钢筋混凝土构造柱组合墙（见图5.41）。这种墙体在竖向压力作用下，由于构造柱和砖砌体墙的刚度不同，以及内力重分布的结果，构造柱分担较多墙体上的荷载；并且构造柱和圈梁形成的"构造框架"约束了砖砌体的横向和纵向变形，不但使墙的开裂荷载和极限承载力提高，而且加强了墙体的整体性，提高了墙体的延性，增强了墙体抵抗侧向地震作用的能力。

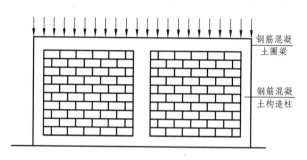

图5.41 钢筋混凝土构造柱组合墙

组合墙从加载到破坏经历三个阶段：

第一阶段：当竖向荷载小于极限荷载40%时，组合墙的受力处于弹性阶段，墙体竖向压应力分布不均匀，上部截面应力大，下部截面应力小；两构造柱之间中部砌体的应力大，两端砌体的应力小。

第二阶段：继续增加竖向荷载，在上部圈梁与构造柱连接的附近及构造柱之间中部砌体出现竖向裂缝，上部圈梁在跨中处产生自下而上的竖向裂缝；当竖向荷载约为极限荷载70%时，裂缝发展缓慢，裂缝走向大多数指向构造柱柱脚，中部构造柱为均匀受压，边构造柱为小偏心受压。

第三阶段：随着竖向荷载的进一步增加，墙体内裂缝进一步扩展和增多，裂缝开始贯通，最终穿过构造柱的柱脚，构造柱内钢筋压屈，混凝土被压碎剥落，同时两构造柱之间中部的砌体产生受压破坏（见图5.42）。

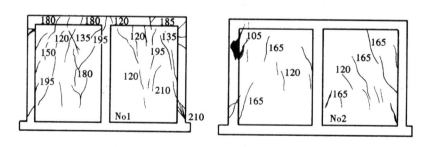

图5.42 组合墙的受压破坏形态

试验中未出现构造柱与砌体交接处竖向开裂或脱离现象。试验结果表明，在使用阶段，构造柱和砖墙体具有良好的整体工作性能。

试验结果和有限元分析表明，构造柱的间距是影响砖砌体和钢筋混凝土构造柱组合墙承载力的重要因素。承载力随构造柱间距的减小而增大。

2. 砖砌体和钢筋混凝土构造柱组合墙的受压承载力

设置构造柱砖墙与组合砖砌体构件有类似之处，湖南大学的试验研究表明，可采用组合砌体轴心受压构件承载力的计算公式，但引入强度系数反映前者与后者的差别。

《砌体结构设计规范》给出的轴心受压砖砌体和钢筋混凝土构造柱组合墙承载力计算公式如下：

$$N \leqslant \varphi_{\text{com}}\left[fA_{\text{n}} + \eta(f_{\text{c}}A_{\text{c}} + f'_{\text{y}}A'_{\text{s}})\right] \tag{5.65}$$

式中　φ_{com}——组合砖砌体构件的稳定系数，可按附表 5.2.5 采用；

　　　A_{n}——砖砌体的净截面面积（见图 5.43）；

　　　A_{c}——构造柱的截面面积；

　　　f_{c}——混凝土的轴心抗压强度设计值；

　　　f'_{y}——受压钢筋的强度设计值；

　　　A'_{s}——受压钢筋的截面面积；

　　　η——受压钢筋的强度系数，计算公式为

$$\eta = \left[\frac{1}{l/b_{\text{c}} - 3}\right]^{1/4} \qquad (\text{当 } l/b_{\text{c}} < 4 \text{ 时，取 } l/b_{\text{c}} = 4) \tag{5.66}$$

其中　l——沿墙方向构造柱的间距；

　　　b_{c}——沿墙长方向构造柱的宽度。

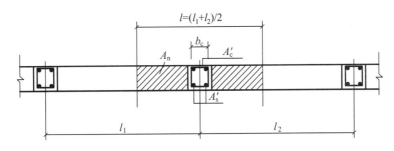

图 5.43　砖砌体和钢筋混凝土构造柱组合墙截面

3. 砖砌体和钢筋混凝土构造柱组合墙的构造要求

（1）砂浆的强度等级不应低于 M5，构造柱的混凝土强度等级不宜低于 C20。

（2）柱内竖向钢筋的混凝土保护层厚度，应符合规定。

（3）构造柱的截面尺寸不宜小于 240 mm × 240 mm，其厚度不应小于墙厚，边柱、角柱的截面宽度宜适当放大。柱内竖向钢筋，对于中柱，不宜少于 4ϕ12；对于边柱、角柱，不宜少于 4ϕ14。构造柱的竖向受力钢筋的直径也不宜大于 16 mm。其箍筋，一般部位宜采用ϕ6、间距 200 mm；楼层上下 500 mm 范围内宜采用ϕ6，间距 100 mm。构造柱的竖向受力钢筋应在基础梁和楼层圈梁中锚固，并应符合受拉钢筋的锚固要求。

（4）组合砖墙砌体房屋，应在纵横墙交接处、墙端部和较大洞口的洞边设置构造柱，其间距不宜大于 4 m。各层洞口宜设置在相应位置，并宜上下对齐。

（5）组合砖墙砌体结构房屋应在基础顶面、有组合墙的楼面处设置钢筋混凝土圈梁。圈梁的截面高度不宜小于 240 mm；纵向钢筋不宜小于 $4\phi12$，纵向钢筋应伸入构造柱内，并应符合受拉钢筋的锚固要求；圈梁的箍筋宜采用 $\phi6$、间距 200 mm。

（6）砖砌体于构造柱的连接处应砌成马牙槎，并应沿墙高每隔 500 mm 设 $2\phi6$ 拉结钢筋，且每边伸入墙内部不宜小于 600 mm；

（7）组合砖墙的施工顺序应为先砌墙后浇混凝土构造柱。

【例 5.14】 某承重横墙如图 5.44 所示，采用砌体和钢筋混凝土构造柱组合墙形式，采用 MU10 砖和 M7.5 砂浆砌筑。计算高度 $H = 3.6$ m，墙体承受轴心压力设计值 $N = 500$ kN/m。构造柱截面为 240 mm × 240 mm，间距为 1.2 m，柱内配有纵筋 $4\phi12$，混凝土等级为 C20，横墙厚为 240 mm，试验算此横墙承载力。

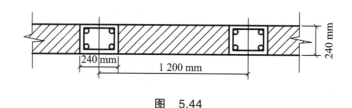

图　5.44

解　在一个构造柱两边各取 1/2 间距墙体作为研究对象。

构造柱截面面积

$$A_c = 240 \times 240 = 57\ 600 \text{ mm}^2$$

砖砌体截面面积

$$A_n = 240 \times (1\ 200 - 240) = 230\ 400 \text{ mm}^2$$

钢筋面积

$$A'_s = 4 \times 113.1 = 452.4 \text{ mm}^2$$

配筋率

$$\rho = \frac{452.4}{1\ 200 \times 240} = 0.157\%$$

高厚比

$$\beta = \frac{H}{b_c} = \frac{360}{24} = 15$$

查附表 5.2.5 可得，组合砖墙稳定系数 $\varphi_{com} = 0.77$。

由　　　　　$$\frac{l}{b_c} = \frac{1200}{240} = 5 > 4$$

代入式（5.66），求出强度系数

$$\eta = \left[\frac{1}{l/b_c - 3}\right]^{1/4} = 0.841$$

把上述值代入组合砖墙轴心受压承载力计算公式：

$$\varphi_{\mathrm{com}}\left[fA_{\mathrm{n}}+\eta(f_{\mathrm{c}}A_{\mathrm{c}}+f_{\mathrm{y}}'A_{\mathrm{s}}')\right]$$
$$=0.77\times\left[1.69\times230\,400+0.841\times(10\times57\,600+210\times452.4)\right]$$
$$=734.3\,\mathrm{kN}>1.2\times500=600\,\mathrm{kN}$$

故满足要求。

（四）配筋砌块砌体构件

配筋砌块砌体是在普通混凝土小型空心砌块砌体芯柱和水平灰缝中配置一定数量的钢筋而形成的一种新型砌体，最后组成的墙体也可视为装配整体式钢筋混凝土剪力墙结构。这种砌体不但具有普通混凝土小型空心砌块砌体所具有的节土、节能、节约建筑材料、取材方便和施工速度快等优点，而且具有类似钢筋混凝土的很高的抗拉强度和抗压强度，良好的延性和抗震需要的阻尼特性，尤其是有优良的抗剪强度，能有效地抵抗由地震、风及土压力产生的横向荷载。这种砌体的技术经济指标与普通钢筋混凝土相比，具有较大的优势，因此有着广阔的应用前景。

配筋砌块砌体在国外应用已有较长的历史。早在 1943 年，英国首先将配筋砌块砌体墙应用于工程实际中，并加强对配筋砌块砌体结构的设计研究工作。20 世纪 60 年代以后，美国、比利时、德国、新西兰和意大利等国也加强对配筋砌块砌体结构的研究和应用。配筋砌块砌体在多、高层建筑中广泛应用。不少国家在地震区建造的高层房屋经受了强烈地震的考验。1990 年落成的美国拉斯维加斯 28 层配筋混凝土砌块砌体结构 —— 爱斯凯利堡旅馆是目前最高的配筋砌体建筑。我国先后在上海、抚顺、盘锦和哈尔滨等城市分别建造了 13 ~ 18 层的配筋混凝土砌块砌体建筑。

配筋砌块砌体剪力墙结构的内力与位移，可按弹性方法计算。应根据结构分析所得的内力，分别按轴心受压、偏心受压或偏心受拉进行正截面承载力和斜截面承载力计算，并应根据结构分析所得的位移进行变形验算。

1. 试验研究

研究配筋砌块砌体轴心受压的试验结果表明：墙体在轴心压力作用下，从开始加载至破坏经历三个工作阶段。在初裂阶段，砌体和钢筋的应变均很小，第一条（或第一批）竖向裂缝大多在有竖向钢筋的附近砌体内出现。随着荷载的增加，墙体进入裂缝发展阶段，裂缝增多、加长，且大多分布在两竖向钢筋之间的砌体内，形成条带状。由于钢筋的约束，裂缝宽度较小，在水平钢筋处竖向裂缝有转折。最终因墙体竖向裂缝较宽，个别砌块被压碎，荷载下降较快而终止试验。相对无筋砌体，裂缝密而细，且裂缝分布较均匀。在破坏阶段，即使有的砌块被压碎，由于钢筋的约束，墙体仍保持良好的整体性。试验墙体的开裂荷载与破坏荷载的比值为 0.4 ~ 0.7，随竖向钢筋配筋率的增加，该比值有所降低，但变化不大。在芯柱混凝土强度不变的前提下，配筋砌块砌体强度随砌筑砂浆强度增加而提高，但其增加幅度不十分显著。说明配筋砌块砌体轴心抗压强度起主导作用的是钢筋混凝土芯柱。

2. 轴心受压配筋砌块砌体剪力墙、柱的承载力

轴心受压配筋砌块砌体剪力墙、柱，当配有箍筋和水平分布筋时，其正截面受压承载力

应按下列公式计算：

$$N \leqslant \varphi_{0g}\left(f_g A + 0.8 f_y' A_s'\right) \tag{5.67}$$

式中　N——轴向力设计值；

　　　f_g——灌孔混凝土的抗压强度设计值，应按式（5.4）计算；

　　　f_y'——钢筋的抗压强度设计值；

　　　A——构件的毛截面面积；

　　　A_s'——全部竖向钢筋的截面面积；

　　　φ_{0g}——轴心受压构件的稳定系数，按下式计算：

$$\varphi_{0g} = \frac{1}{1 + 0.001\beta^2} \tag{5.68}$$

其中　β——构件的高厚比，计算高度 H_0 可取层高。

当构件中无箍筋或水平分布钢筋时，其正截面受压承载力仍可用式（5.67）计算，但应取 $f_y' A_s' = 0$。

配筋砌块砌体剪力墙，当竖向钢筋仅配在中间时，其平面外偏心受压承载力可按无筋砌体受压构件计算，但应采用灌孔砌体的抗压强度设计值。

【例 5.15】[321]　某柱高 3.92 m，两端为不动铰支座。承受轴压力 $N = 500$ kN。柱截面为 390 mm × 390 mm。柱截面见图 5.45（（a）下皮、（b）上皮）。材料选用 MU10 砌块，孔洞率为 46%，砌块砂浆 Mb7.5，非灌孔砌体强度 $f = 2.5$ MPa，全灌孔混凝土 Cb20，灌孔混凝土轴心抗压强度 $f_c = 9.6$ MPa，纵筋 4 根 12 mm，采用 HRB335；箍筋 4φ6@200，采用 HPB235。试验算柱的承载力。

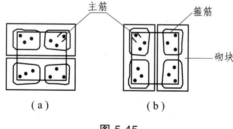

主筋　　　　　箍筋

砌块

（a）　　　　　（b）

图 5.45

解

柱截面 $A = 0.39 \times 0.39 = 0.15$ m² < 0.2 m²，对砌体强度修正

$$\gamma_a = 0.8 + 0.39 \times 0.39 = 0.952$$

求灌孔砌体抗压强度，

$$f_g = f + 0.6\alpha f_c = 0.952 \times 2.5 + 0.6 \times 0.46 \times 1.0 \times 9.6 = 5.03 \text{ N/mm}^2$$

配筋率　　　　$\rho = 0.297\% > 0.2\%$

高厚比　　　　$\beta = H_0/h = 3.92/0.39 = 10.1$

求稳定系数　$\varphi_g = \dfrac{1}{1 + 0.001\beta^2} = \dfrac{1}{1 + 0.001 \times 10.1^2} = 0.907$

验算柱的承载力

$$N = \varphi_g\left(f_g A + 0.8 f'_y A'_s\right) = 0.907 \times \left(4.76 \times 390 \times 390 + 0.8 \times 300 \times 452\right)$$
$$= 755 \text{ kN} > 500 \text{ kN}$$

满足要求。

【例 5.16】[32] 某配筋混凝土砌块砌体剪力墙墙肢，墙高 3 m，截面尺寸为 190 mm × 3 800 mm，纵向钢筋配筋如图 5.46 所示（该墙配置有水平分市钢筋，但未绘出）。纵向钢筋采用 HRB335 级。采用砌块（孔洞率 45%）MU20、水泥混合砂浆 Mb15 砌筑，非灌孔砌体强度 $f = 5.68$ MPa，用 Cb40 混凝土全灌孔，施工质量控制等级为 B 级。；作用于该墙肢的轴向力 $N = 4\,247.1$ kN。试确定墙肢的受压承载力。

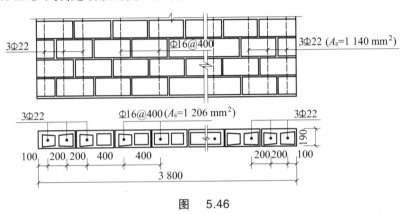

图 5.46

解

求灌孔砌体抗压强度，

$$f_g = f + 0.6\alpha f_c = 5.68 + 0.6 \times 0.45 \times 1.0 \times 19.1 = 10.8 \text{ N/mm}^2 < 2f = 11.36 \text{ N/mm}^2$$

高厚比　　　　$\beta = H_0/h = 3.0/0.19 = 15.8$

求稳定系数　　$\varphi_g = \dfrac{1}{1 + 0.001\beta^2} = \dfrac{1}{1 + 0.001 \times 15.8^2} = 0.8$

验算墙肢的承载力

$$N = \varphi_g\left(f_g A + 0.8 f'_y A'_s\right) = 0.8 \times \left[10.8 \times 190 \times 3\,800 + 0.8 \times 300 \times \left(1\,206 + 2\,280\right)\right]$$
$$= 6\,907.4 \text{ kN} > 4\,247.1 \text{ kN}$$

满足要求。

3. 矩形截面偏心受压配筋砌块砌体剪力墙正截面承载力计算

试验指出：砌体配筋灌芯后，其破坏形态接近钢筋混凝土剪力墙，只是在底部几层灰缝处出现水平裂缝，表现出明显的弯曲破坏形态，底部裂缝贯通后，承载力仍然提高。

由于配筋砌块砌体的力学性能与钢筋混凝土的性能相近，两者偏压构件的计算方法也相近。将偏心受压配筋砌块砌体分为大、小偏心受压进行承载能力计算。其界限破坏，同样是受压边砌块达极限压应变时，受拉边钢筋刚好屈服的状态。此时的相对受压区高度定义为界限相对受压区高度 ξ_b。当 $x \leq \xi_b h_0$ 时，为大偏心受压；当 $x > \xi_b h_0$ 时，为小偏心受压；其中，x 为截面受压区高度，h_0 为截面有效高度。对 HPB235 级钢筋，取 ξ_b 等于 0.60；对 HRB335 级钢筋，取 ξ_b 等于 0.53。

抗弯承载力计算分析，整体上类似于钢筋混凝土，同样有一些基本假设和等效矩形应力图形，具体数据根据砌体结构本身来确定，细节上稍有不同。

a. 基本计算假定

（1）截面符合平截面假定。

（2）不考虑受压区分布钢筋的作用。

（3）砌体受压区的应力图形为矩形。

（4）受拉区分布钢筋考虑在 $h_0 - 1.5x$ 范围内达到屈服。

b. 大偏心受压构件正截面承载力计算公式

大偏心受压构件的截面应力图形如图 5.47 所示。其正截面承载力计算公式如下：

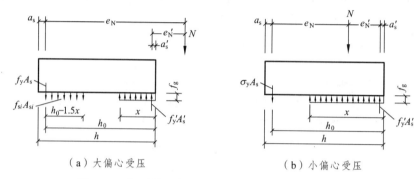

（a）大偏心受压 　　　　（b）小偏心受压

图 5.47　矩形截面偏心受压正截面承载力计算简图

$$N \leqslant f_g bx + f_y' A_s' - f_y A_s - \sum f_{si} A_{si}$$

$$N e_N \leqslant f_g bx \left(h_0 - \frac{x}{2} \right) + f_y' A_s' (h_0 - a_s') - \sum f_{si} S_{si}$$

（5.69）

式中　N——轴向力设计值；

f_g——灌孔砌体的抗压强度设计值；

f_y, f_y'——竖向受拉、受压主筋的强度设计值；

A_s, A_s'——竖向受拉、受压主筋的截面面积；

b——截面宽度；

f_{si}——第 i 根竖向分布钢筋的抗拉强度设计值；

A_{si}——单根竖向分布钢筋的截面面积；

S_{si}——第 i 根竖向分布钢筋对竖向受拉主筋的面积矩；

e_N——轴向力作用点到竖向受拉主筋合力点之间的距离，按式（5.50b）计算。

当受压区高度 $x < 2a_s'$ 时，受压区钢筋达不到钢筋抗压强度设计值，此时可近似按下式计算正截面承载力：

$$N e_N' \leqslant f_y A_s (h_0 - a_s')$$

（5.70）

式中　e_N'——轴向力作用点至竖向受压主筋合力点之间的距离，按式（5.50a）计算。

c. 小偏心受压构件正截面承载力计算公式

$$N \leqslant f_g bx + f_y' A_s' - f_y A_s - \sigma_s A_s$$

$$N e_N \leqslant f_g bx \left(h_0 - \frac{x}{2} \right) + f_y' A_s' (h_0 - a_s')$$

（5.71）

$$\sigma_s = \frac{f_y}{\xi_b - 0.8} \left(\frac{x}{h_0} - 0.8 \right)$$

当受压区竖向受压主筋无箍筋或无水平钢筋约束时，可不考虑竖向受力主筋的作用，即取 $f_y'A_s' = 0$。

矩形截面对称配筋砌块砌体剪力墙小偏心受压时，可近似按下式计算钢筋截面面积：

$$A_s = A_s' = \frac{Ne_N - \xi(1 - 0.5\xi)f_g bh_0^2}{f_y'(h_0 - a_s')} \tag{5.72}$$

式中，相对受压区高度按下式计算：

$$\xi = \frac{x}{h_0} = \frac{N - \xi_b f_g bh_0^2}{\dfrac{Ne_N - 0.43 f_g bh_0^2}{(0.8 - \xi_b)(h_0 - a_s')} + f_g bh_0} + \xi_b \tag{5.73}$$

4. 斜截面受剪承载力计算

试验表明，配筋灌孔砌块砌体剪力墙的抗剪受力性能，与非灌实砌块砌体有较大的区别。由于灌孔混凝土的强度较高，砂浆的强度对墙体抗剪承载力的影响较小。这种墙体的抗剪性能更接近于钢筋混凝土剪力墙。

配筋砌块砌体剪力墙的抗剪承载力除与材料强度有关外，主要与垂直正应力、墙体的高宽比或剪跨比、水平配筋率等因素有关。

（1）偏心受压和偏心受拉配筋砌块砌体剪力墙，截面尺寸应满足下式：

$$V \leqslant 0.25 f_g bh \tag{5.74}$$

式中　V——剪力墙的剪力设计值；

　　　b——剪力墙截面宽度或 T 形、倒 L 形截面腹板宽度；

　　　h——剪力墙的截面高度。

（2）剪力墙在偏心受压时的斜截面受剪承载力应按下式计算：

$$V \leqslant \frac{1}{\lambda - 0.5}\left(0.6 f_{vg} bh_0 + 0.12 N \frac{A_w}{A}\right) + 0.9 f_{yh} \frac{A_{sh}}{s} h_0 \tag{5.75}$$

式中　f_{vg}——灌孔砌体抗剪强度设计值，按式（5.9）采用；

　　　N——计算截面的轴向力设计值，当 $N > 0.25 f_g bh$ 时，取 $N = 0.25 f_g bh$；

　　　A——剪力墙的截面面积；

　　　A_w——T 形或倒 L 形截面腰板的截面面积，对矩形截面取 A_w 等于 A；

　　　λ——计算截面的剪跨比，$\lambda = M/Vh_0$，当 $\lambda < 1.5$ 时取 1.5，当 $\lambda \geqslant 2.2$ 时取 2.2；

　　　h_0——剪力墙截面的有效高度；

　　　A_{sh}——配置在同一截面内水平分布钢筋的全部截面面积；

　　　s——水平分布钢筋的竖向间距；

　　　f_{sh}——水平钢筋的抗拉强度设计值。

（3）剪力墙在偏心受拉时的斜截面受剪承载力应按下式计算：

$$V \leqslant \frac{1}{\lambda - 0.5}\left(0.6 f_{vg} bh_0 - 0.22 N \frac{A_w}{A}\right) + 0.9 f_{yh} \frac{A_{sh}}{s} h_0 \tag{5.76}$$

式中　N——轴向拉力设计值。

5. 配筋砌块砌体剪力墙连梁的斜截面承载力计算

（1）当连梁采用钢筋混凝土时，连梁的承载力应按现行国家标准《混凝土结构设计规范》的有关规定进行计算。

（2）当连梁采用配筋砌块砌体时，应符合下列规定：

① 连梁的截面应满足

$$V \leqslant 0.25 f_g b h \tag{5.77}$$

② 梁的斜截面受剪承载力按下式计算：

$$V_b \leqslant 0.8 f_{vg} b h_0 + f_{yh} \frac{A_{sv}}{s} h_0 \tag{5.78}$$

式中 V_b —— 连梁的剪力设计值；

      b —— 连梁的截面宽度；

      h_0 —— 连梁的截面有效高度；

      A_{sv} —— 配置在同一截面内箍筋各肢的全部截面面积；

      f_{yv} —— 箍筋的抗拉强度设计值；

      s —— 沿构件长度方向箍筋的间距。

连梁的正截面受弯承载力应按现行《混凝土结构设计规范》受弯构件的有关规定进行计算，当采用配筋砌块砌体的，应采用其相应的计算参数和指标。

6. 配筋砌块砌体剪力墙的构造要求

配筋砌块砌体剪力墙在满足以上计算要求的同时，为保证其结构性能和正常工作，还应满足一系列的构造要求。

a. 钢筋的构造要求

考虑到孔洞中配筋所受到的尺寸限制，钢筋直径不能太粗。配筋砌块砌体剪力墙中使用的钢筋直径不宜大于 25 mm 且不应大于砌块厚度的 1/8，设在砌块孔洞内钢筋的直径，不应大于其最小净尺寸的 1/2。

设置在水平灰缝中钢筋的直径不宜大于灰缝厚度的 1/2，不应小于 4 mm。其他部位中钢筋的直径不应小于 10 mm。

配置在孔洞或空腔中的钢筋面积不应大于孔洞或空腔面积的 6%。

两平行钢筋间的净距不应小于钢筋的直径，亦不应小于 25 mm；柱和壁柱中的竖向钢筋的净距不应小于钢筋直径的 1.5 倍，亦不宜小于 40 mm。

当计算中充分利用竖向受拉钢筋强度时，其锚固长度对 HRB335 级钢筋不宜小于 $30d$；对 HRB400 和 RRB400 级钢筋不宜小于 $35d$；在任何情况下钢筋（包括钢丝）锚固长度不应小于 300 mm。

钢筋的最小保护层厚度要求：灰缝中钢筋外露砂浆保护层不宜小于 15 mm；位于砌块孔槽中的钢筋保护层，在室内正常环境不宜小于 20 mm；在室外或潮湿环境不宜小于 30 mm。

b. 配筋砌块砌体剪力墙、连梁的构造要求

（1）砌体材料强度等级。砌块不应低于 MU10；砌筑砂浆不应低于 Mb7.5；灌孔混凝土不应低于 Cb20。

（2）配筋砌块砌体剪力墙的最小厚度、连梁截面最小宽度。配筋砌块砌体剪力墙的最小

厚度，可根据建筑物层数和高度，分别采用 190 mm、240 mm 和 290 mm，有时还可以采用组合墙、空腔墙等。配筋砌块砌体剪力墙厚度、连梁截面宽度不应小于 190 mm。

c. 配筋砌块砌体剪力墙的构造配筋

应在墙的转角、端部和孔洞的两侧配置竖向连续的钢筋，钢筋直径不宜小于 12 mm；应在楼（屋）盖的所有纵横墙处设置现浇钢筋混凝土圈梁，圈梁的宽度和高度宜等于墙厚和块高，圈梁主筋不应小于 $4\phi10$，圈梁的混凝土强度等级不宜低于同层混凝土块体强度等级的 2 倍，或该层灌孔混凝土的强度等级，也不应低于 C20。

剪力墙的构造配筋，主要考虑两个作用，其一限制砌体干缩裂缝，其二保证剪力墙有一定的延性。剪力墙沿竖向和水平方向的构造钢筋配筋率均不宜小于 0.07%。

d. 配筋砌块砌体剪力墙边缘构件

剪力墙的边缘构件即剪力墙的暗柱，主要是提高剪力墙的整体抗弯能力和延性，同时和混凝土剪力墙一样在砌块剪力墙底部也要设置加强区。当利用剪力墙端的砌体时，在距墙端至少 3 倍墙厚范围内的孔中设置不小于 $4\phi12$ 通长的竖向钢筋；当剪力墙端部的压应力大于 $0.8f_g$ 时，除按前述的规定设置竖向钢筋外，尚应设置间距不大于 200 mm、直径不小于 6 mm 的水平钢筋（钢箍），该水平钢筋宜设置在灌孔混凝土中。

e. 连 梁

配筋砌块砌体剪力墙中当连梁采用钢筋混凝土时，连梁混凝土的强度等级值为同层墙体块体强度等级的 2 ~ 2.5 倍，或同层墙体灌孔混凝土的强度等级，也不应低于 C20。连梁的高度不应小于两皮砌块的高度和 400 mm；连梁应采用 H 形砌块或凹槽砌块组砌，孔洞应全部浇灌混凝土。

连梁的水平钢筋宜符合下列要求：连梁上、下水平受力钢筋宜对称、通长设置，在灌孔砌体内的锚固长度不应小于 $35d$ 和 400 mm；连梁水平受力钢筋的含钢率不宜小于 0.2%，也不宜大于 0.8%。

第四节　混合结构房屋墙体的计算

混合结构房屋（或称砌体结构房屋）通常是指楼盖、屋盖等水平构件采用钢结构、木结构和钢筋混凝土结构，而墙、柱、基础等承重构件由砌体结构组成的房屋。由于它在消耗材料较多的墙体和基础中使用砌体结构，具有取材方便、造价较低、承重与围护作用合成一体的优点，因此，这类结构的房屋广泛应用在工业与民用建筑中，如住宅、宿舍、教学楼、商店以及厂房、仓库等。

在设计混合结构房屋时，首先要确定房屋承重墙的布置方案，然后对房屋进行静力分析和计算。在混合结构中，房屋的全部垂直荷载都由墙或柱承受并传给基础，所以墙体在混合结构中至关重要。混合结构房屋的结构布置方案一般有四种：纵墙承重体系，横墙承重体系，纵横墙承重体系，内框架承重体系。

详细论述参见本书第一章。

一、混合结构房屋的静力计算

混合结构建筑物墙体的结构计算包括两个方面：内力计算和截面承载力验算。墙体结构在荷载作用下的内力计算方法与墙体的计算简图有关，因此，在房屋墙体布置方案确定后，应先确定房屋和墙体的计算简图，也就是确定房屋的静力计算方案。

首先分析混合结构房屋的空间工作情况。混合结构房屋是由屋盖、楼盖、纵横墙体、柱和基础等结构构件组成的一个空间整体来承受各种荷载和作用。所以，在荷载作用下，不单是直接受载的构件工作，其他相邻构件也不同程度地参加了工作。这些构件参加工作的程度与房屋的空间刚度有关。通常楼（屋）盖上的竖向荷载，通过墙、柱传给基础和地基，这时墙和柱是楼（屋）盖的支座，墙、柱为轴心受压或偏心受压构件。当水平荷载如风荷载作用于外墙时，楼（屋）盖和内墙又是外墙的支座，其荷载传递路线与房屋的空间刚度有关。下面分析图 5.48 所示的有山墙的单跨房屋在风荷载作用下的变形情况。

图 5.48（a）为风压力作用下的外纵墙计算单元。外纵墙计算单元可看成是竖立的柱子，一端支承在基础上，一端支承在屋面上，屋面结构可看作是水平方向的梁，跨度为房屋长度 s，两端支承在山墙上，而山墙可看成是竖向的悬臂柱支承在基础上。屋面梁承受部分风载 R 后，可分成两部分：一部分 R_1 通过屋面梁的平面弯曲传给山墙，再由山墙传给山墙基础，这属于空间传力体系；另一部分 R_2 通过平面排架，直接传给外纵墙基础，这属于平面传力体系。因此，风荷载的传递路线为：

从变形分析看，纵墙顶点的水平位移在房屋中间部位最大，山墙处最小，沿纵向呈曲线形状。由图 5.48（b）可看出，纵墙顶点水平位移包括两个部分：一部分是屋盖水平梁的水平位移，最大值在中部；另一部分为山墙顶点的水平位移。因此，屋盖的最大水平总侧移是两者之和。由此可见，混合结构房屋在水平荷载作用下各种构件将相互支承，相互影响，处于空间工作状态。房屋在水平荷载作用下产生的水平侧移大小与房屋的空间刚度有关。房屋的空间刚度愈大，各种结构构件协同工作的效果就愈好，房屋的水平侧移就愈小。

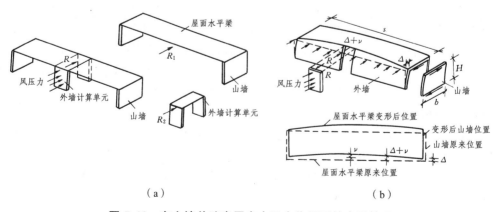

（a）　　　　　　　　　　　　　　（b）

图 5.48　有山墙单跨房屋在水平力作用下的变形情况

试验分析表明，房屋的空间刚度主要与楼（屋）盖的水平刚度、横墙的间距和墙体本身的刚度有关。《砌体结构设计规范》按房屋的空间刚度大小，将房屋的静力计算划分为三种方案：

（1）刚性方案。房屋的横墙间距较小，屋盖和楼盖的水平刚度较大，则房屋的空间刚度也较大，在荷载作用下，房屋的水平侧移较小。在确定墙、柱的计算简图时，可以忽略房屋的水平侧移，屋盖和楼盖均可视作墙、柱的不动铰支承，墙柱内力可按不动铰支承的竖向构件计算，这种房屋称为刚性方案房屋。一般混合结构的多层住宅、办公楼、教学楼、宿舍、医院等均属于刚性方案房屋。单层刚性方案房屋的计算简图如图 5.49（a）所示。

（2）弹性方案。房屋的横墙间距较大，屋盖和楼盖的水平刚度较小，则房屋的空间刚度也小，在荷载作用下，房屋的水平侧移就较大。确定墙、柱计算简图时，必须考虑水平侧移对结构的影响，这种房屋称作弹性方案房屋。一般单层弹性方案房屋墙体的计算简图，可按墙、柱上端与屋架铰接，下端嵌固于基础顶面的铰接平面排架考虑［见图 5.49（b）］。

（3）刚弹性方案。介于弹性方案和刚性方案之间的房屋，称为刚弹性方案房屋。这种房屋的屋（楼）盖具有一定的水平刚度，横墙间距不太大，能起一定的空间作用，房屋的水平侧移比弹性方案小，但又不能略去不计。因此，刚弹性方案房屋静力计算简图，可视作在墙、柱顶与屋架连接处具有一弹性支座的平面排架［见图 5.49（c）］。

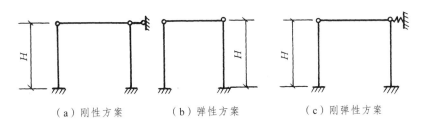

（a）刚性方案　　　　　（b）弹性方案　　　　　（c）刚弹性方案

图 5.49　房屋的静力计算简图

按照上述原则，为了方便设计，《砌体结构设计规范》将房屋按屋盖或楼盖的刚度划分为三种类型，并按房屋的横墙间距 s 来确定其静力计算方案，见表 5.17。

表 5.17　房屋的静力计算方案

屋　盖　类　别	刚性方案	刚弹性方案	弹性方案
整体式、装配整体式和装配式无檩体系钢筋混凝土屋盖或钢筋混凝土楼盖	$s<32$	$32 \leqslant s \leqslant 72$	$s>72$
装配式有檩体系钢筋混凝土屋盖、轻钢屋盖和有密铺望板的木屋盖或木楼板	$s<20$	$20 \leqslant s \leqslant 48$	$s>48$
冷摊瓦木屋盖和石棉水泥瓦轻钢屋盖	$s<16$	$16 \leqslant s \leqslant 36$	$s>36$

注：① 表中 s 为房屋横墙间距，单位为 m；
　　② 当屋盖、楼盖类别不同或横墙间距不同时，可按《砌体规范》的有关规定确定房屋的静力计算方案；
　　③ 对无山墙或伸缩缝处无横墙的房屋，应按弹性方案考虑。

由表 5.17 可知，确定房屋的静力计算方案，主要受屋（楼）盖类型和横墙间距两个因素的影响。这说明作为刚性和刚弹性方案房屋的横墙，是房屋抵抗水平侧移的重要部件，承受外力作用，故《砌体结构设计规范》规定，刚性和刚弹性方案房屋的横墙，尚应符合下列要求：

（1）横墙中开有洞口时，洞口的水平截面面积不应超过横墙截面面积的 50%。

（2）横墙的厚度不宜小于 180 mm。

（3）单层房屋的横墙长度不宜小于其高度，多层房屋的横墙长度不宜小于 H/2（H 为横墙总高度）。

当横墙不能同时符合上述要求时，应对横墙的刚度进行验算，如其墙顶最大水平位移值 $u_{\max} \leqslant H/4000$ 时，仍可视作刚性和刚弹性方案房屋的横墙。$u_{\max}$ 按下式计算：

$$u_{\max} = \frac{nPH^3}{6EI} + \frac{2nPH}{EA}$$

其中

$$P = W + R$$

式中　W ——作用于屋架下弦的集中风荷载；

　　　　R ——排架柱顶固定铰支时，在均布风荷载作用下的铰支座水平反力；

　　　　H ——房屋的高度；

　　　　n ——与该横墙相邻的两横墙间的开间数（见图 5.50）；

　　　　E ——砌体的弹性模量；

　　　　I ——横墙毛截面的惯性矩；

　　　　A ——横墙毛截面面积。

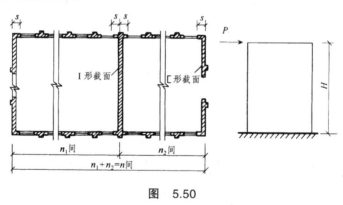

图　5.50

横墙水平变形 $u_{\max}$ 的计算公式，是将横墙作为悬臂构件，考虑其弯曲变形与剪切变形，同时考虑了门窗洞口大小与位置不同对刚度削弱的影响而得到的。

二、混合结构刚性方案房屋的静力计算

（一）单层刚性方案房屋承重纵墙的计算

1. 计算单元的选取

混合结构房屋的每片承重墙体一般都较长，设计时可仅取其中有代表性的一段或若干段进行计算。这有代表性的一段或若干段称为计算单元。计算单层房屋承重纵墙时，对有门窗洞口的外纵墙可取一个开间的墙体作为计算单元；对于无门窗间的纵墙，可取 1 m 长墙体作为计算单元。

2. 计算假定和计算简图

单层房屋属于刚性方案时，墙体计算简图按下列假定确定：

（1）墙、柱下端嵌固于基础，上端与屋盖结构铰接。

（2）屋盖结构可视为墙、柱上端的不动铰支座，屋盖结构可视为刚度无穷大的杆件，受力后的轴向变形可以忽略不计。

根据以上假定，纵墙计算单元的计算简图如图 5.51 所示。

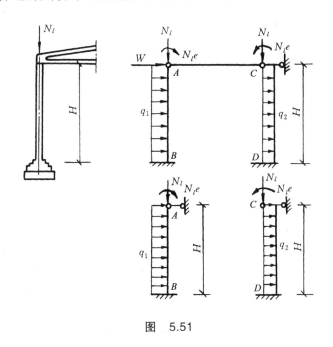

图　5.51

作用在纵墙上的荷载有两种：

a. 竖向荷载

竖向荷载一般包括屋盖传给墙体的恒载和活载，以及墙体自重、建筑装修和构造层等的重力荷载。单层工业厂房可能还有吊车荷载。

屋盖荷载以集中力 N_l 的形式，通过屋架或屋面大梁作用于墙体顶端。轴向力作用点到墙内边取 $0.4a_0$，N_l 对墙中心线的偏心距 $e = d/2 - 0.4a_0$（d 为墙厚），对墙体产生的弯矩为 $M = N_l e$。

墙体自重作用在墙、柱截面的重心处。当墙体为等截面时，自重不会产生弯矩。

当活载与风荷载或地震作用组合时，可按荷载规范或抗震设计规范的规定乘以组合系数。

b. 水平荷载

水平荷载一般包括风荷载、水平地震作用、吊车水平制动力和竖向偏心荷载产生的水平力。其中，风荷载包括作用于墙面上和屋面上的风荷载。屋面上的风荷载可简化为作用于墙顶的集中力 W。刚性方案中集中力 W 通过屋盖直接传至横墙，再由横墙传给基础，最后传至地基，对纵墙不产生内力。墙面风荷载为均布荷载，迎风面为压力，背风面为吸力。

3. 内力计算

可用力学方法求出墙体在各种荷载作用下的内力。

（1）竖向荷载作用下，内力如图 5.52（a）所示。

$$\begin{cases} R_A = R_B = -\dfrac{3M}{2H} \\[2mm] M_A = M \\[2mm] M_B = -\dfrac{M}{2} \\[2mm] M_x = \dfrac{M}{2}\left(2 - 3\dfrac{x}{H}\right) \end{cases} \tag{5.79}$$

（2）在水平荷载作用下，内力如图 5.52（b）所示。

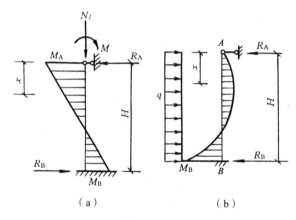

图　5.52

$$\begin{cases} R_A = \dfrac{3}{8}qH \\[2mm] R_B = \dfrac{5}{8}qH \\[2mm] M_B = \dfrac{qH^2}{8} \\[2mm] M_x = -\dfrac{qHx}{8}\left(3 - 4\dfrac{x}{H}\right) \end{cases} \tag{5.80}$$

当 $x = \dfrac{3}{8}H$ 时，$M_{max} = -\dfrac{9qH^2}{128}$。

4. 截面承载力验算

在验算承重纵墙承载力时，可取纵墙顶部和底部两个控制截面进行内力组合，考虑荷载组合系数，取最不利内力进行验算。

（1）恒载、风载和其他活荷载组合。这时，除恒载外，风荷载和其他活荷载产生的内力乘以组合系数 ψ。

（2）恒载和风荷载组合。这时，风载产生的内力不予降低。

（3）恒载和活载组合。这时，活载产生的内力不予降低。

（二）多层刚性方案房屋承重纵墙的计算

1. 计算单元的确定

由于建筑立面的要求，一般多层刚性方案房屋窗洞的宽度比较一致，计算单元可取其纵墙上有代表性的一段；当开间尺寸不一致时，计算单元常取荷载较大、墙截面较小的一个开间，此时计算单元的宽度为 $(l_1 + l_2)/2$（见图 5.53）。

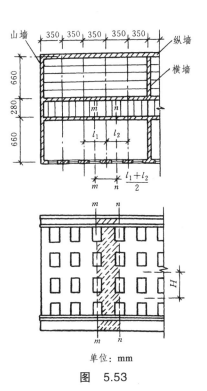

图　5.53

2. 计算简图

a. 竖向荷载作用

在竖向荷载作用下，墙体可以看成是以楼盖为不动铰支点的竖向连续梁。由于每层楼盖的梁或板都伸入墙内，使墙体在楼盖支承处截面被削弱，该处墙体传递弯矩的作用不大，为简化计算，假定连续梁在楼盖支承处为铰接；在基础顶面，由于轴向力较大，弯矩相对较小，而该处对承载力起控制作用的是轴向力，故墙体在基础顶面也可假定为铰接［见图 5.54（a）］。这样，墙体在每层高度范围内均简化为两端铰支的竖向构件［见图 5.54（b）］。

简化后，每层楼盖传下的轴向力 N_l，只对本层墙体产生弯矩；上面各层传下来的竖向荷载 N_0，可认为是通过上一层墙体截面中心线传来的集中力。每层梁端支承压力 N_l 到墙内边缘的距离取为 $0.4a_0$。

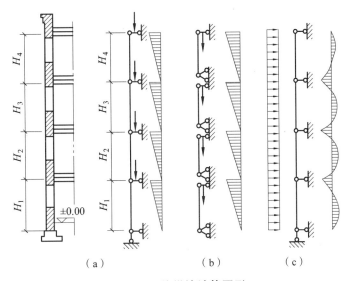

图 5.54　外纵墙计算图形

b. 水平荷载作用

作用在外纵墙上的水平荷载通常为风荷载，计算简图可视为多跨连续梁［见图 5.54(c)］。

为简化计算，该连续梁的支座与跨中弯矩可近似按下式计算：

$$M = \pm \frac{1}{12} q H_i^2$$

（5.81）

式中 q ——计算单元沿墙体高度水平均布风荷载设计值（kN/m）；

H_i ——第 i 层层高。

计算时应考虑两种风向（迎风面和背风面）。对于刚性方案多层房屋的外墙，当洞口水平截面面积不超过全截面的 2/3，其层高和总高不超过表 5.18 的规定，且屋面自重不小于 0.8 kN/m² 时，可不考虑风荷载的影响，仅按竖向荷载进行计算。

表 5.18 外墙不考虑风荷载影响的最大高度

基本风压值/kN·m²	层 高/m	总 高/m
0.4	4.0	28
0.5	4.0	24
0.6	4.0	18
0.7	3.5	18

3. 控制截面的内力

所谓"控制截面"是指内力较大、截面尺寸较小的截面，因为这些截面在内力作用下有可能先于其他截面发生破坏，如果这些截面的强度得以保证，那么构件其他截面的强度也可以得到保证。

多层刚性方案房屋外纵墙在计算内力时，根据上述计算简图，可知每层轴力和弯矩都是变化的，N 值上小、下大，而弯矩值一般是上大、下小。有门窗洞口的外墙，截面面积沿层高也是变化的。从弯矩看，控制截面应取每层墙体的顶部截面；而从轴力看，控制截面应取每层墙体的底部截面；从墙体截面面积看，则应取窗（门）间墙截面。一般情况下，每层控制截面可能有四个（见图 5.55）。

a. Ⅰ—Ⅰ 截面

Ⅰ—Ⅰ 截面是各层楼（屋）盖大梁底面处，此截面弯矩最大，轴力也较大，应对该截面进行偏心受压和梁下砌体局部受压的承载力验算。

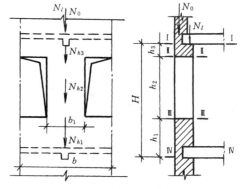

图 5.55 外墙最不利截面位置

以荷载计算的弯矩设计值为

$$M_{\mathrm{I}k} = N_{lk} e_1 - N_{0k} e_2$$

（5.82）

式中 e_1 —— N_l 对该层墙的偏心距，$e_1 = d/2 - 0.4 a_0$，d 为该层墙厚；

e_2 ——上层墙体重心对该层墙体重心的偏心距，如果上下层墙体厚度相同，则 $e_2 = 0$。

此时，该截面标准荷载产生的轴向力偏心矩为

$$e_1 = \frac{M_{\mathrm{I}}}{N_0 + N_l}$$

（5.83）

设计荷载产生的轴向力为

$$N_{\mathrm{I}} = N_l + N_0 \qquad (5.84)$$

当 Ⅰ—Ⅰ 截面距窗口上边缘较近，为简化计算并偏于安全，墙体截面面积可取窗间墙截面面积，即 Ⅱ—Ⅱ 截面进行承载力验算。

b. Ⅱ—Ⅱ 截面（窗口上边缘处）

该处荷载计算的弯矩设计值可由三角形弯矩图按内插法求得（见图 5.56）：

$$M_{\mathrm{II}} = M_{\mathrm{I}} \cdot \frac{h_1 + h_2}{H} \qquad (5.85)$$

轴向力偏心距

$$e_{\mathrm{II}} = \frac{M_{\mathrm{II}}}{N_{\mathrm{I}} + N_{\mathrm{h3}}} \qquad (5.86)$$

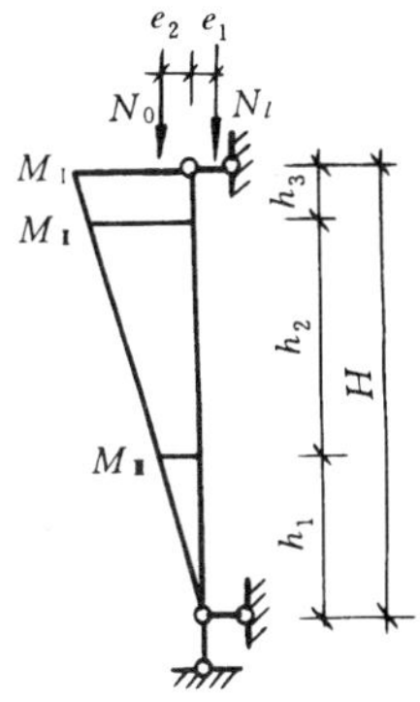

图 5.56 内力图

设计荷载产生的轴向力为

$$N_{\mathrm{II}} = N_1 + N_{\mathrm{h3}} \qquad (5.87)$$

式中 N_{h3}——高为 h_3、宽为 b 的墙体自重。

c. Ⅲ—Ⅲ 截面（窗口下边缘处）

该处荷载计算的弯矩设计值为

$$M_{\mathrm{III}} = M_{\mathrm{I}} \frac{h_1}{H} \qquad (5.88)$$

轴向力偏心矩

$$e_{\mathrm{III}} = \frac{M_{\mathrm{III}}}{N_{\mathrm{II}} + N_{\mathrm{h2}}} \qquad (5.89)$$

该截面处的轴向力为

$$N_{\mathrm{III}} = N_{\mathrm{II}} + N_{\mathrm{h2}} \qquad (5.90)$$

式中 N_{h2}——高为 h_2、宽为 b_1 的窗间墙自重。

d. Ⅳ—Ⅳ 截面（下层楼盖大梁底面稍上处）

该处弯矩 $M_{\mathrm{IV}} = 0$，轴向力为

$$N_{\mathrm{IV}} = N_{\mathrm{III}} + N_{\mathrm{h1}} \qquad (5.91)$$

式中 N_{h1}——高为 h_1、宽为 b 的墙体自重。

偏于安全，截面面积可仍取 $A_{\mathrm{IV}} = b_1 h$。

在实际工程中，为了简化计算，一般取每层墙体的顶部和底部两个截面进行承载力验算，而截面面积则取窗（门）间墙截面。

4. 截面承载力计算

根据上述方法求出最不利截面的轴向力设计值 N 和偏心距 e 后，按受压构件承载力计算

公式进行截面承载力验算。若几层墙体的截面和砂浆强度等级相同，则只需验算其中最下一层即可。若砂浆强度有变化，则降低砂浆强度的一层也应验算。

【例 5.17】[32]　某三层办公楼结构如图 5.57 所示，墙厚 $h = 190$ mm，传递到二层墙顶上 I — I 截面的压力见图 5.57。梁端支承面的有效支承长度 $a_{02} = 187.3$ mm。要求确定作用于二层墙顶上 I — I 截面的内力。

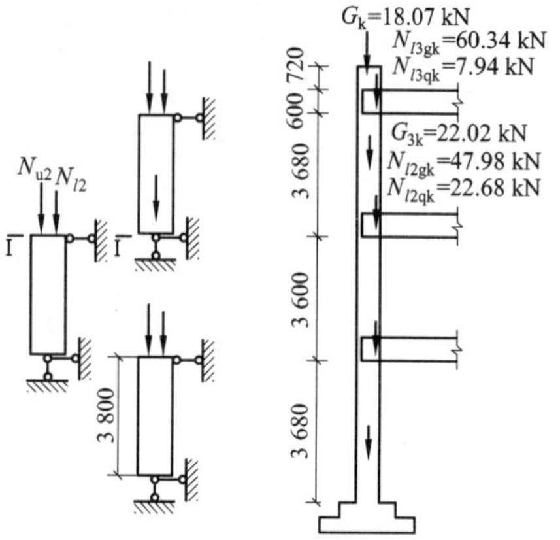

图　5.57

解

（1）第一种组合（活荷载控制时）

$$
\begin{aligned}
N_{u2} &= 1.2\left(G_k + G_{3k} + N_{l3gk} + N_{l2gk}\right) + 1.4\left(N_{l3qk} + N_{l2qk}\right) \\
&= 1.2\times\left(18.07 + 22.02 + 60.34 + 47.98\right) + \\
&\quad 1.4\times\left(7.94 + 22.68\right) \\
&= 178.09 + 42.87 = 220.96 \text{ kN}
\end{aligned}
$$

$$
\begin{aligned}
N_{l2} &= 1.2N_{l2gk} + 1.4N_{l2qk} \\
&= 1.2\times 47.89 + 1.4\times 22.68 = 89.33 \text{ kN}
\end{aligned}
$$

$$
e_{l2} = \frac{h}{2} - 0.4a_{02} = \frac{190}{2} - 0.4\times 187.3 = 20.1 \text{ mm}
$$

$$
e = \frac{N_{l2}e_{l2}}{N_{u2}} = \frac{89.33\times 20.1}{220.96} = 8.13 \text{ mm}
$$

（2）第二种组合（恒荷载控制时）

$$
\begin{aligned}
N_{u2} &= 1.35\left(G_k + G_{3k} + N_{l3gk} + N_{l2gk}\right) + 1.4\times 0.7\left(N_{l3qk} + N_{l2qk}\right) \\
&= 1.35\times\left(18.07 + 22.02 + 60.34 + 47.98\right) + 1.4\times 0.7\times\left(7.94 + 22.68\right) \\
&= 200.35 + 30.01 = 230.36 \text{ kN}
\end{aligned}
$$

$$
\begin{aligned}
N_{l2} &= 1.35N_{l2gk} + 1.4\times 0.7N_{l2qk} \\
&= 1.35\times 47.89 + 1.4\times 0.7\times 22.68 = 87.0 \text{ kN}
\end{aligned}
$$

$$
e_{l2} = \frac{h}{2} - 0.4a_{02} = \frac{190}{2} - 0.4\times 187.3 = 20.1 \text{ mm}
$$

$$
e = \frac{N_{l2}e_{l2}}{N_{u2}} = \frac{87.0\times 20.1}{230.36} = 7.59 \text{ mm}
$$

（三）多层房屋承重横墙的计算

在横墙承重的多层房屋中，由于横墙间距较小，房屋空间刚度较大，因此，承重横墙可按刚性方案进行静力计算。

1. 计算单元和计算简图

横墙一般承受屋面板或楼板传来的竖向均布荷载，且洞口很少，因此，取宽 1 m 的墙体作为计算单元（见图 5.58）。

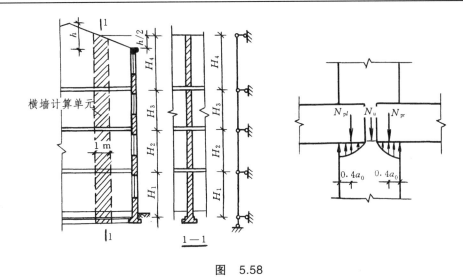

图　5.58

在计算这类房屋的横墙时，楼（屋）盖可作为它的不动铰支座。这样，承重横墙的计算简图和内力分析就和刚性方案承重纵墙相同，但具有下列特点：

（1）构件的高度 H。对于中间各层及底层，其取值和纵墙相同；但对顶层，如为坡屋顶，则取层高加山墙尖高度的一半。

（2）横墙承受的荷载也和纵墙一样计算，但对中间墙则承受两边楼盖传来的竖向力。当由两边的恒载和活载引起的竖向力相同时，沿整个墙体高度都承受轴向压力，这时控制截面应取墙体的底部，因该截面的轴向力最大。如果两边楼板的构造不同（楼面恒载不同）或者开间不等，则作用于墙顶上的荷载为偏心荷载，因此，应按偏心受压验算横墙上部截面的承载力；当活荷载很大时，也应考虑只有一边作用活荷载的情况，这时，应按偏心受压验算横墙上部截面的承载力。

（3）当有楼盖大梁支承于横墙上时，应当验算大梁底面墙体的局部受压承载力。

（4）当横墙上有洞口时应考虑洞口削弱的影响。

（5）对直接承受风荷载的山墙，其计算方法和纵墙相同。

2. 控制截面和内力计算

综上所述，承重横墙的控制截面一般为每层底部截面，该截面轴力最大。若横墙偏心受压，则还需对横墙顶部截面进行验算。内力计算与前述相同。

三、混合结构弹性方案房屋的静力计算

（一）弹性方案单层房屋的静力计算

弹性方案房屋的空间刚度很小，结构的空间工作性能很差，在水平荷载作用下，房屋结构近似于平面受力状态。所以弹性方案房屋仅可在单层房屋中采用。

1. 计算假定和计算简图

单层房屋属于弹性方案时，在荷载作用下，墙、柱内力可按有侧移的平面排架计算，不考虑房屋的空间工作，其计算简图可按下列假定确定：

（1）屋盖结构与墙、柱上端的连接可视作铰接，墙、柱下端与基础顶面（一般为大放脚顶面）的连接为固结。

（2）屋盖结构（即排架横梁）为刚度无限大的链杆。

根据上述假定，纵墙的计算图形如图 5.59 所示。

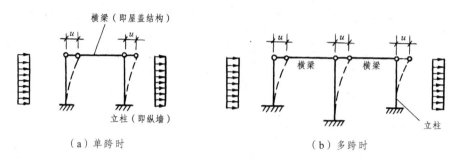

（a）单跨时　　　　　　　　　（b）多跨时

图 5.59　弹性方案单层房屋的计算简图

2. 内力计算

内力计算步骤如下：

（1）在排架顶端加一个假想的不动铰支座，计算在荷载作用下该支座的反力 R，并画出排架柱的内力图。

（2）将算出的假想反力 R 反向作用在排架顶端，求出相应排架内力并画出排架柱相应的内力图。

（3）将上述两种计算结果叠加，叠加后的内力图即为有侧移平面排架的内力计算结果。

现以两侧墙体（或柱）为相同截面、等高且采用相同材料做成的单跨弹性方案房屋［见图 5.60（a）］为例，进行有关内力计算的讨论。

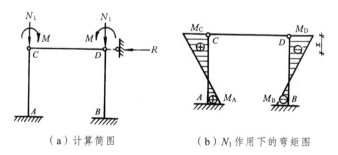

（a）计算简图　　　　　（b）N_1 作用下的弯矩图

图 5.60　单跨弹性方案房屋的内力计算

a. 屋盖荷载作用

由于屋盖荷载 N_1 作用点对墙体截面重心的偏心距为 e_1，所以排架柱顶截面除轴心压力 N_1 作用外，尚有弯矩 $M = N_1 e_1$。屋盖荷载对称作用在排架上，排架柱顶侧移 $u = 0$，假设的柱顶不动铰支座的反力 $R = 0$，排架弯矩图如图 5.60（b）所示，其中

$$\begin{cases} M_C = M_D = M = N_1 e_1 \\ M_A = M_B = \dfrac{M}{2} \\ M_x = \dfrac{M}{2}\left(2 - 3\dfrac{x}{H}\right) = M\left(1 - \dfrac{3x}{2H}\right) \end{cases} \qquad (5.92)$$

b. 水平风荷载作用

假设 W 为排架柱顶以上屋盖结构传给排架的水平集中风力，w_1 为迎风面风力（压力），w_2 为背风面风力（吸力），则由图 5.61（b）可得

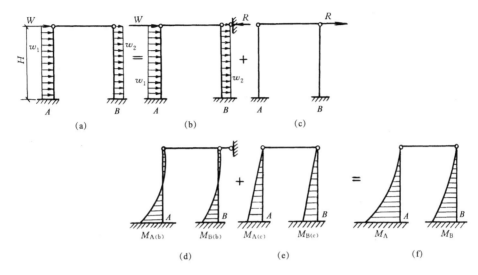

图 5.61　风载作用下的弯矩图

$$R = W + \frac{3}{8}(w_1 + w_2)H \tag{5.93}$$

$$\begin{cases} M_{A(b)} = \dfrac{1}{8}w_1H^2 \\[2mm] M_{B(b)} = \dfrac{1}{8}w_2H^2 \end{cases} \tag{5.94}$$

将 R 反向作用于排架顶端，则从图 5.61（c）可得

$$M_{A(c)} = M_{B(c)} = \frac{R}{2}H = \frac{WH}{2} + \frac{3H^2}{16}(w_1 + w_2) \tag{5.95}$$

将图 5.61（b）、（c）两种情况叠加可得

$$\begin{cases} M_A = \dfrac{WH}{2} + \dfrac{5}{16}w_1H^2 + \dfrac{3}{16}w_2H^2 \\[2mm] M_B = \dfrac{WH}{2} + \dfrac{3}{16}w_1H^2 + \dfrac{5}{16}w_2H^2 \end{cases} \tag{5.96}$$

排架的弯矩如图 5.61（f）所示。

弹性方案单层房屋山（横）墙的计算，由于在一般建筑物中纵墙间的距离不大，房屋在纵向静力计算中一般均能满足刚性方案的条件，因而屋盖结构可视作山（横）墙的不动支点，山（横）墙的计算简图同刚性方案单层房屋时的山（横）墙。

3. 截面承载力验算

同前所述。

（二）弹性方案多层房屋的静力计算

对于弹性方案多层混合结构房屋的墙、柱内力计算，可按有侧移的平面框架进行，但应注意框架的横梁（钢筋混凝土）与立柱（砌体）系两种材料，其弹性模量完全不同。

对于内框架结构属弹性方案的房屋，其内力按有侧移的框架计算，应注意横梁、内柱（钢筋混凝土）与外柱（砌体）的材料不同。

应当指出，弹性方案的混合结构房屋，由于横墙很少，屋（楼）盖水平梁的刚度相对亦较小，房屋的侧向刚度较弱，其整体性、抗震性能亦较差，因此，在采用此类结构时应十分慎重，在设计外墙时更应精心考虑。

四、混合结构刚弹性方案房屋的静力计算

刚弹性方案房屋的空间刚度介于弹性方案和刚性方案之间，结构具有一定的空间工作性能，在水平荷载作用下，屋盖对墙体（柱）顶点的水平位移有一定约束，可视为墙（柱）的弹性支座。在各种荷载作用下，墙（柱）内力可按铰接的平面排架计算，但需引入考虑空间作用的空间性能影响系数 η（η 定义为考虑空间工作的柱顶侧移与不考虑空间工作时柱顶侧移之比，η 值愈小，表示房屋的空间工作性能愈强）。根据国内一些单位对房屋空间工作性能的一系列实测资料的统计分析，《砌体结构设计规范》确定了房屋空间性能影响系数 η 值（见表 5.19）。

表 5.19　房屋各层的空间性能影响系数 η_i

屋盖或楼盖类别	横 墙 间 距 s /m														
	16	20	24	28	32	36	40	44	48	52	56	60	64	68	72
1	—	—	—	—	0.33	0.39	0.45	0.50	0.55	0.60	0.64	0.68	0.71	0.74	0.77
2	—	0.35	0.45	0.54	0.61	0.68	0.73	0.78	0.82	—	—	—	—	—	—
3	0.37	0.49	0.60	0.68	0.75	0.81	—	—	—	—	—	—	—	—	—

注：i 取 $1 \sim n$，n 为房屋的层数。

（一）单层刚弹性方案房屋的静力计算

这类房屋在荷载作用下的水平位移不能忽略，但由于房屋空间工作的影响，所产生的位移比相应弹性方案房屋的小，其计算简图是在弹性方案房屋计算简图的基础上在柱顶加一弹性支座，以考虑房屋的空间工作，在计算中用空间性能影响系数 η 予以反映。

例如，当柱顶作用一集中力 R 时，刚弹性方案房屋的内力分析如同一个平面排架，只是以 ηR 代替 R 进行计算。由于 $\eta < 1$，刚弹性方案房屋的内力一定小于弹性方案时的内力。

内力的求解步骤如下：

（1）在排架的顶端加一假想的不动铰支座，计算出该支座反力 R，画出相应的内力图。

（2）考虑房屋的空间作用，将支座反力 R 乘以房屋空间性能影响系数 η，反向作用于排架顶端，计算相应的内力，画出内力图。

（3）将上述两种情况的内力图叠加，得到刚弹性方案房屋墙体的内力计算结果。

对多跨、等高、单层刚弹性方案房屋，由于其空间刚度比单跨刚弹性方案房屋好，故其 η 值仍可按单跨房屋取用。这是偏于安全的。

（二）多层刚弹性方案房屋的静力计算

刚弹性方案多层房屋静力计算方法理论上可按屋架、大梁与墙（柱）为铰接的，考虑空间工作的平面排架或框架计算简图进行。其中，竖向荷载作用下的墙、柱内力计算，当一般楼（屋）盖传给墙体的竖向荷载对墙体截面产生的偏心距不大时，均可参照刚性方案多层房屋墙体在竖向荷载作用下的计算方法进行。

在水平荷载作用下，墙、柱的内力分析可分两步进行（同上所述），并将两步内力设计计算结果叠加即得最后内力。

刚弹性方案多层房屋设计的关键是怎样在构造和施工上确保墙体的连续性。

【例 5.18】[321]　图 5.62 为某单层砖砌厂房的平、剖面示意图，采用装配式钢筋混凝土组合屋架、槽瓦檩条屋盖体系，带壁柱砖墙承重，柱距 6 m，基础顶面到墙顶高度 5.9 m。风荷载设计值产生在厂房的柱顶集中力 $F = 3.5$ kN，迎风面均布荷载 $q_1 = 3.6$ kN/m，背风面均布荷载 $q_2 = 2.1$ kN/m。试求厂房长度分别为为 18 m、60 m 及 36 m 时在风荷载作用下单层厂房的带壁柱墙底截面内力。

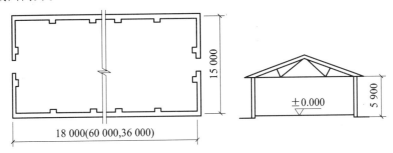

图 5.62　某单层厂房的平、剖面示意图

解
（1）求厂房长度为 18 m 时在风荷载作用下的带壁柱墙底截面内力。

本厂房屋盖体系属于第 2 类。查表 5.17 可知，横墙间距 $S = 18$ m<20 m，应为刚性方案房屋。由于墙柱的上端为不动铰支，集中力 F 将直接通过屋盖传给横墙，在求墙柱的内力时无需考虑。

A 柱在均布荷载 $q_1 = 3.6$ kN/m 作用下的柱底内力：

$$M_A = \frac{1}{8}q_1 H^2 = \frac{1}{8} \times 3.6 \times 5.9^2 = 15.67 \text{ kN·m}$$

$$V_A = \frac{5}{8}q_1 H = \frac{5}{8} \times 3.6 \times 5.9 = 13.28 \text{ kN}$$

B 柱在均布荷载 $q_2 = 2.1$ kN/m 作用下的柱底内力：

$$M_B = \frac{1}{8}q_2 H^2 = \frac{1}{8} \times 2.1 \times 5.9^2 = 9.14 \text{ kN·m}$$

$$V_B = \frac{5}{8}q_2 H = \frac{5}{8} \times 2.1 \times 5.9 = 7.74 \text{ kN}$$

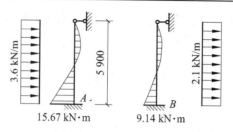

图 5.63 厂房长度为 18 m 时在风荷载作用下的内力图

（2）求车间长度为 60 m 时在风荷载作用下的带壁柱墙底截面内力。

本厂房屋盖体系属于第 2 类。查表 5.17 可知，横墙间距 $S = 60$ m > 48 m，应为弹性方案房屋。由于厂房对称，两柱截面、材料相同，故两柱刚度相等，其剪力分配系数均为 1/2。

在排架柱上端设水平不动铰支杆，求排架在 q_1、q_2 作用下的柱顶不动铰支座的反力和柱底弯矩和剪力（图 5.64），

$$R_A = \frac{3}{8}q_1 H = \frac{3}{8} \times 3.6 \times 5.9 = 7.97 \text{ kN}$$

$$R_B = \frac{3}{8}q_2 H = \frac{3}{8} \times 2.1 \times 5.9 = 4.65 \text{ kN}$$

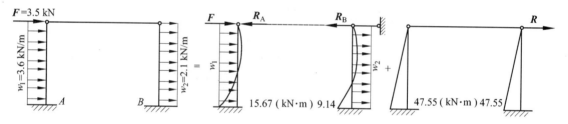

图 5.64 厂房长度为 60 m 时在风荷载作用下的计算简图

柱底弯矩

$$M_{A1} = 15.67 \text{ kN} \cdot \text{m} \qquad V_{A1} = 13.28 \text{ kN}$$
$$M_{B1} = 9.14 \text{ kN} \cdot \text{m} \qquad V_{B1} = 7.74 \text{ kN}$$

拆除水平不动铰支杆，将柱顶反力 R 反向作用于排架柱顶，求柱底弯矩和剪力：

$$R = F + R_A + R_B = 3.5 + 7.97 + 4.65 = 16.12 \text{ kN}$$

$$M_{A2} = M_{B2} = \frac{R}{2}H = \frac{16.12}{2} \times 5.9 = 47.55 \text{ kN} \cdot \text{m}$$

$$V_{A2} = V_{B2} = \frac{R}{2} = \frac{16.12}{2} = 8.06 \text{ kN}$$

叠加以上两步计算结果，即为最后计算结果：

$$M_A = M_{A1} + M_{A2} = 15.67 + 47.55 = 63.22 \text{ kN} \cdot \text{m}$$

$$V_A = V_{A1} + V_{A2} = 13.28 + 8.06 = 21.34 \text{ kN}$$

$$M_B = M_{B1} + M_{B2} = 9.14 + 47.55 = 56.69 \text{ kN} \cdot \text{m}$$

$$V_B = V_{B1} + V_{B2} = 7.74 + 8.06 = 15.80 \text{ kN}$$

（3）求厂房长度为 36 m 时在风荷载作用下的带壁柱墙底截面内力。

本厂房屋盖体系属于第 2 类。查表 5.17 可知，横墙间距 $S = 36$ m，介于 20 m 与 48 m 之间，应为刚弹性方案房屋。根据横墙间距和屋盖类别，查表 5.19 得空间性能影响系数 0.68。由于厂房对称，两柱截面、材料相同，故两柱刚度相等，其剪力分配系数均为 1/2。

在排架柱上端设水平不动铰支杆，求排架在 q_1、q_2 作用下的柱顶不动铰支座的反力和柱底弯矩和剪力（见图 5.65），

$$R_A = 7.97 \text{ kN} \qquad R_B = 4.65 \text{ kN}$$

$$M_{A1} = 15.67 \text{ kN} \cdot \text{m} \qquad V_{A1} = 13.28 \text{ kN}$$

$$M_{B1} = 9.14 \text{ kN} \cdot \text{m} \qquad V_{B1} = 7.74 \text{ kN}$$

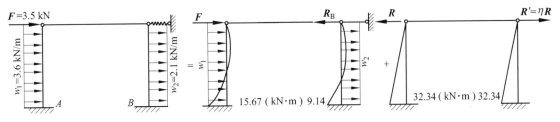

图 5.65　36 m 厂房排架计算简图及柱底弯矩

拆除水平不动铰支杆，将柱顶反力乘以空间性能影响系数，即 $R' = \eta R$ 反向作用在排架柱顶，求柱底弯矩和剪力：

$$R' = \eta R = 0.68 \times (3.5 + 7.97 + 4.65) = 10.96 \text{ kN}$$

$$M_{A2} = M_{B2} = \frac{\eta R}{2} H = \frac{10.96}{2} \times 5.9 = 32.34 \text{ kN} \cdot \text{m}$$

$$V_{A2} = V_{B2} = \frac{\eta R}{2} = \frac{10.96}{2} = 5.48 \text{ kN}$$

叠加以上两步计算结果，即为最后计算结果：

$$M_A = M_{A1} + M_{A2} = 15.67 + 32.34 = 48.01 \text{ kN} \cdot \text{m}$$

$$V_A = V_{A1} + V_{A2} = 13.28 + 5.48 = 18.76 \text{ kN}$$

$$M_B = M_{B1} + M_{B2} = 9.14 + 32.34 = 41.48 \text{ kN} \cdot \text{m}$$

$$V_B = V_{B1} + V_{B2} = 7.74 + 5.48 = 13.22 \text{ kN}$$

讨论：综合上述 3 个算例的计算结果，将 3 种计算方案排架柱底内力计算结果比较如表 5.20 所示：

表 5.20　三种计算方案排架柱底内力计算结果比较

序号	车间长度 /m	静力计算方案	空间性能影响系数 η	柱　A				柱　B			
				M	比值	V	比值	M	比值	V	比值
1	18	刚　性	0	15.67	0.248	13.28	0.622	9.14	0.161	7.74	0.49
2	60	弹　性	1	63.22	1.00	21.34	1.00	56.69	1.00	15.80	1.00
3	36	刚弹性	0.68	48.01	0.759	18.76	0.879	41.48	0.732	13.22	0.8377

从表 5.20 中可以看出，在基本条件相同的情况下，弹性方案的柱底内力最大，刚性方案

的最小，而刚弹性的则介于二者之间。其中，弯矩差别较大，剪力差别要小些。

五、混合结构房屋墙、柱的高厚比验算

混合结构房屋中墙、柱是受压构件，除了应满足强度要求外，还必须有足够的稳定性，防止在施工和使用过程中发生墙体倾斜、鼓出等现象。《砌体结构设计规范》规定，用验算墙、柱高厚比的方法来保证其稳定性。

墙、柱的高厚比 β 是指房屋中墙的计算高度 H_0 与墙厚 h，或矩形柱的计算高度 H_0 与其相对应边长 h 的比值，即 $\beta = H_0/h$。砌体墙、柱高厚比越大，则构件越细长，其稳定性就越差。高厚比验算的要求是墙、柱的实际高厚比 β 应小于或等于设计规范规定的允许高厚比 $[\beta]$。

（一）墙、柱允许高厚比 $[\beta]$ 值的确定

影响墙、柱允许高厚比 $[\beta]$ 取值的因素十分复杂，很难用一个理论推导的公式来表达。规范规定的允许高厚比 $[\beta]$ 是结合我国工程实践经验，综合考虑下列因素确定的。

1. 砂浆强度等级

墙、柱的稳定性与刚度有关，而砂浆的强度直接影响砌体的刚度，所以砂浆强度越高，$[\beta]$ 值越大；反之，$[\beta]$ 越小。

2. 砌体类型

空斗墙和毛石墙砌体较实心砖墙刚度差，$[\beta]$ 值应降低；组合砖砌体刚度好，$[\beta]$ 值应相应提高。

3. 横墙间距

横墙间距越小，墙体的稳定性和刚度就越好；反之，墙体的稳定性和刚度就差。规范采用改变墙体计算高度 H_0 的方法来考虑这一因素的影响。

4. 支承条件

刚性方案房屋的墙、柱在楼（屋）盖支承处变位小、刚度大，$[\beta]$ 值可以提高；弹性和刚弹性方案房屋的墙、柱的 $[\beta]$ 应减少，这一影响因素也在 H_0 中考虑。

5. 砌体的截面形式

截面惯性矩越大，构件的稳定性越好。有门窗洞口的墙较无门窗洞口的墙稳定性差，所以 $[\beta]$ 值相应减少。

6. 构件重要性和房屋的使用情况

非承重墙、次要构件，且荷载为墙体自重，$[\beta]$ 可适当提高；使用时有振动的房屋，$[\beta]$ 应相应降低。

我国规范采用的允许高厚比 $[\beta]$ 见表 5.21。

表 5.21 墙、柱的允许高厚比 [β] 值

砂浆强度等级		$\beta_{墙}$	$\beta_{柱}$	$\beta_{柱}/\beta_{墙}$
无筋砌体	≥M7.5	26	17	0.65
	M5	24	16	0.67
	M2.5	22	15	0.68
配筋砌块砌体		30	21	0.7

注：① 毛石墙、柱允许高厚比 [β] 应降低 20%；
　　② 组合砖砌体构件的允许高厚比可将表中数值提高 20%，但不得大于 28；
　　③ 验算施工阶段砂浆尚未硬化的新砌体高厚比时，允许高厚比对墙取 14，对柱取 11。

（二）矩形截面墙、柱高厚比验算

一般墙、柱高厚比应按下式进行验算：

$$\beta = \frac{H_0}{h} \leqslant \mu_1 \mu_2 [\beta] \tag{5.97}$$

式中　H_0 ——墙、柱的计算高度，按表 5.13 采用；

　　　h ——墙厚或矩形截面柱与 H_0 相对应的边长；

　　　μ_1 ——非承重墙允许高厚比的修正系数，根据墙厚 h 按下列数值采用：

　　　　　$h = 240$ mm，$\mu_1 = 1.2$

　　　　　$h = 90$ mm，$\mu_1 = 1.5$

　　　　　90 mm< h < 240 mm，μ_1 按线性插入法取值

　　　　　对承重墙，取 $\mu_1 = 1.0$；

　　　μ_2 ——有门窗洞口的墙的 [β] 修正系数，

$$\mu_2 = 1 - 0.4 \frac{b_s}{s} \geqslant 0.7 \tag{5.98}$$

其中　b_s ——在宽度 s 范围内的门窗洞口宽度（见图 5.66）；

　　　s ——相邻窗间墙或壁柱之间的距离。

由表 5.21 可见，柱的 [β] 值均为墙的 [β] 值的 0.7 倍左右，所以按式（5.98）计算 μ_2 小于 0.7 时，取 $\mu_2 = 0.7$；由于 μ_2 是按 $H_1/H = 2/3$ 推算的，所以当洞口高度 $H_1 \leqslant H/5$（H 为墙高）时，取 $\mu_2 = 1.0$。

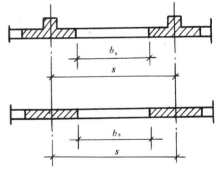

图 5.66 墙体有门窗洞口时的计算简图

（三）带壁柱墙的高厚比验算

带壁柱墙的高厚比验算包括两部分内容，即对整片墙和壁柱间墙的高厚比分别进行验算。

1. 整片墙的高厚比验算

整片墙的高厚比验算，即相当于验算墙体的整体稳定，按下式进行：

$$\beta = \frac{H_0}{h_T} \leqslant \mu_1 \mu_2 [\beta] \tag{5.99}$$

式中 H_0 ——带壁柱墙的计算高度，按表 5.13 采用。计算 H_0 时墙体的长度 s 应取相邻横墙间的距离 s_w（见图 5.67）；

h_T ——带壁柱墙的折算厚度，

$$h_T = 3.5i = 3.5\sqrt{\frac{I}{A}}$$

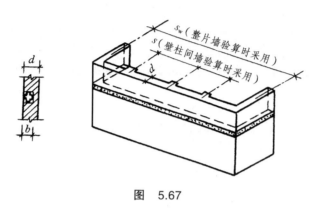

图 5.67

计算 I 和 A 时，墙体计算截面的翼缘宽度 b_f 按式（5.18）采用。

2. 壁柱间墙的高厚比验算

壁柱间墙的高厚比验算相当于验算墙的局部稳定，可按式（5.97）进行计算。

在确定壁柱间墙的计算高度 H_0 时，应注意下列各点：

（1）墙的长度 s 取壁柱间的距离。

（2）确定壁柱间墙的 H_0 时，可一律按刚性方案考虑。

（3）带壁柱墙设有钢筋混凝土圈梁，且当 $b/s \geq 1/30$ 时（b 为圈梁宽度），圈梁可看作壁柱间墙的不动铰支点，此时壁柱间墙的计算高度 H_0 为基础顶面（对底层墙）或楼盖处（对楼层墙）到圈梁的距离。这是由于圈梁的水平刚度较大，能够起到限制壁柱间墙体侧向变形的作用。如果具体条件不允许增加圈梁宽度，可按等刚度原则（即与墙体平面外刚度相等）增加圈梁高度，以满足壁柱间墙不动铰支点的要求。

（四）设置构造柱墙的高厚比验算

1. 整片墙高厚比验算

为了考虑设置构造柱后的有利作用，可将墙的允许高厚比 $[\beta]$ 乘以提高系数 μ_c，即

$$\beta = \frac{H_0}{h} \leq \mu_1 \mu_2 \mu_c [\beta] \qquad （5.100）$$

式中 μ_c ——带构造柱墙允许高厚比提高系数，可按下式计算：

$$\mu_c = 1 + \gamma \frac{b_c}{l} \qquad （5.101）$$

其中 γ ——系数，对细料石、半细料石砌体，$\gamma = 0$；对混凝土砌块、粗料石及毛石砌体，$\gamma = 1.0$；其他砌体，$\gamma = 1.5$；

b_c ——构造柱沿墙长方向的宽度；

l ——构造柱的间距。

当 $b_c / l > 0.25$ 时，取 $b_c / l = 0.25$；当 $b_c / l < 0.05$ 时，取 $b_c / l = 0$。

2. 构造柱间墙高厚比验算

构造柱间墙的高厚比仍可按式（5.97）验算，验算时可将构造柱视为构造柱间墙的不动铰支座，在计算 H_0 时，取构造柱距离 s，而且不论带构造柱墙体的静力计算方案计算时属何种计算方案，一律按刚性方案考虑。

【例 5.19】[23] 某办公楼平面布置如图 5.68 所示，采用装配式钢筋混凝土楼盖，MU10 砖墙承重。纵墙及横墙厚度均为 240 mm，砂浆强度等级为 M5，底层墙高 $H = 4.5$ m（从基础顶面算起），隔墙厚 120 mm。验算墙高厚比。

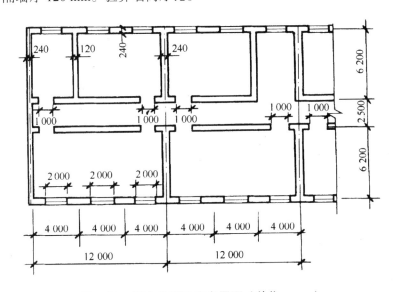

图 5.68 某办公楼平面布置图（单位：mm）

解 由横墙最大间距 $s = 12$ m ＜ 32 m 和楼盖类型，查表 5.17，属于刚性方案。

（1）外纵墙高厚比验算

由 $s = 12$ m，$H = 4.5$ m，知 $s = 12$ m ＞ $2H = 9$ m，由表 5.13 查得 $H_0 = 1.0H$。

由表 5.20 查得砂浆强度等级为 M5 时，允许高厚比 $[\beta] = 24$。

$$\mu_2 = 1 - 0.4\frac{b_s}{s} = 1 - 0.4 \times \frac{2}{4} = 0.8 > 0.7$$

由式（5.97）得

$$\beta = \frac{H_0}{h} = \frac{4.5}{0.24} = 18.75 \leqslant \mu_1\mu_2[\beta] = 1 \times 0.8 \times 24 = 19.2$$

故满足要求。

（2）承重横墙高厚比验算

纵墙间距 $s = 6.2$ m，故 $H = 4.5$ m ＜ $s < 2H = 9$ m。

由表 5.13 查得

$$H_0 = 0.4s + 0.2H = 0.4 \times 6.2 + 0.2 \times 4.5 = 3.38 \text{ m}$$

由式（5.97）得

$$\beta = \frac{H_0}{h} = \frac{3.38}{0.24} = 14.08 \leqslant \mu_1 \mu_2 [\beta] = 1 \times 1 \times 24 = 24$$

故满足要求。

（3）内纵墙高厚比验算

由于内纵墙的厚度、砌筑砂浆、墙体高度均与纵墙相同，洞口宽度小于外墙的洞口宽度，故外墙高厚比验算满足要求，则内墙自然满足要求。

（4）隔墙高厚比验算

因隔墙上端在砌筑时，一般用斜放立砖顶住楼板，故可按顶端为不动铰支点考虑。设隔墙与纵墙咬槎拉结，则 s=6.2 m，H=4.5 m $< s < 2H = 9$ m。

由表 5.13 查得

$$H_0 = 0.4s + 0.2H = 0.4 \times 6.2 + 0.2 \times 4.5 = 3.38 \text{ m}$$

由于隔墙是非承重墙，由式（5.97）得

$$\mu_1 = 1.2 + \frac{1.5 - 1.2}{240 - 90}(240 - 120) = 1.44$$

$$\beta = \frac{H_0}{h} = \frac{3.38}{0.12} = 28.16 < \mu_1 \mu_2 [\beta] = 1 \times 1.44 \times 24 = 34.56$$

故满足要求。

【例 5.23】[23] 某单层单跨无吊车厂房采用钢筋混凝土大型屋面板屋盖，其纵横承重墙采用 MU10 砖，砖柱距 4.5 m，每开间有 2.0 m 宽的窗洞，厂房长 27 m，两端设有山墙，每边山墙上设有 4 个 240 mm × 240 mm 构造柱，如图 5.69 所示。自基础顶面算起墙高 5.4 m，壁柱为 370 mm × 250 mm，墙厚 240 mm，砂浆强度等级为 M5。验算带壁柱墙的高厚比、壁柱间墙的高厚比、厂房山墙的高厚比及厂房构造柱间墙高厚比。

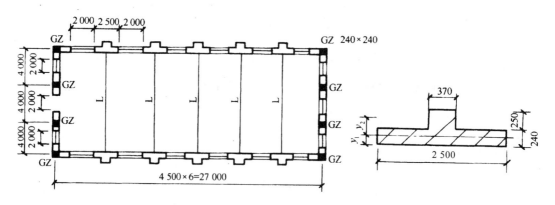

图 5.69 某单层单跨无吊车厂房平面、壁柱墙截面示意图（单位：mm）

解

（1）整片墙高厚比验算

该厂房为一类屋盖，查表 5.17，横墙间距 $s = 27$ m < 32 m，属刚性方案。

由表 5.20 查得 M5 砂浆墙的允许高厚比 $[\beta] = 24$。

① 带壁柱墙计算截面翼缘宽度 b_f 的确定：

$$b_f = b + \frac{2}{3}H = 370 + \frac{2}{3} \times 5\,400 = 3\,970\,\text{mm} > \text{窗间墙宽度} = 2\,500\,\text{mm}$$

故取 $b_f = 2\,500\,\text{mm}$。

② 确定壁柱截面的几何特征：

截面面积

$$A = 240 \times 2\,500 + 370 \times 250 = 692\,500\,\text{mm}^2$$

形心位置

$$y_1 = \frac{240 \times 2\,500 \times 120 + 250 \times 370\left(240 + \dfrac{250}{2}\right)}{692\,500} = 152.7\,\text{mm}$$

$$y_2 = (240 + 250) - 152.7 = 344\,\text{mm}$$

惯性矩、回转半径、折算高度分别为

$$I = \frac{2\,500}{3} \times 152.7^3 + \frac{(2\,500 - 370)}{3} \times (240 - 152.7)^3 + \frac{370}{3} \times 337.3^3$$

$$= 8.17 \times 10^9\,\text{mm}^4$$

$$i = \sqrt{\frac{I}{A}} = \sqrt{\frac{8\,172.44 \times 10^6}{692\,500}} = 108.6\,\text{mm}$$

$$h_T = 3.5i = 3.5 \times 108.6 = 380.2\,\text{mm}$$

③ 验算带壁柱墙高厚比：

由 $s = 27\,\text{m}$，$H = 5.4\,\text{m}$，知 $s = 27\,\text{m} > 2H = 10.8\,\text{m}$，由表 5.13 查得

$$H_0 = 1.0H = 1.0 \times 5.4 = 5.4\,\text{m}$$

因为是承重墙，取 $\mu_1 = 1$，开有门窗洞的墙 $[\beta]$ 的修正系数 μ_2 为

$$\mu_2 = 1 - 0.4\frac{b_s}{s} = 1 - 0.4 \times \frac{2.0}{4.5} = 0.82$$

$$\mu_1\mu_2[\beta] = 1.0 \times 0.82 \times 24 = 19.68$$

$$\beta = \frac{H_0}{h_T} = \frac{5\,400}{380.2} = 14.2 < 19.68$$

故满足要求。

（2）壁柱间墙高厚比验算

$$s = 4.5\,\text{m} < H = 5.4\,\text{m}$$

由表 5.13 查得

$$H_0 = 0.6s = 0.6 \times 4.5 = 2.7\,\text{m}$$

由式（5.97）得

$$\beta = \frac{H_0}{h} = \frac{2\,700}{240} = 11.25 < \mu_1\mu_2[\beta] = 1 \times 0.82 \times 24 = 19.67$$

故满足要求。

（3）山墙高厚比验算

山墙截面为厚 240 mm 的矩形截面，但设置了钢筋混凝土构造柱，

$$\frac{b_c}{l} = \frac{240}{4\,000} = 0.06 > 0.05$$

$$s = 12\,\text{m} > 2H = 10.8\,\text{m}$$

查表 5.13，$H_0 = 1.0H = 5.4\,\text{m}$。

$$\mu_2 = 1 - 0.4\frac{b_s}{s} = 1 - 0.4 \times \frac{2.0}{4.0} = 0.80 > 0.7$$

$$\mu_c = 1 + \gamma\frac{b_c}{l} = 1 + 1.5 \times 0.06 = 1.09$$

由式（5.100）得

$$\beta = \frac{H_0}{h} = \frac{5\,400}{240} = 22.5 > \mu_c\mu_2[\beta] = 1.09 \times 0.8 \times 24 = 20.93$$

故不满足要求。

（4）构造柱间墙高厚比验算

构造柱间距 $s = 4\,\text{m} < H = 5.4\,\text{m}$，查表 5.13，

$$H_0 = 0.6s = 0.6 \times 4.0 = 2.4\,\text{m}$$

$$\mu_2 = 1 - 0.4\frac{b_s}{s} = 1 - 0.4 \times \frac{2.0}{4.0} = 0.80 > 0.7$$

由式（5.97）得

$$\beta = \frac{H_0}{h} = \frac{2\,400}{240} = 10 < \mu_2[\beta] = 0.8 \times 24 = 19.2$$

故满足要求。

第五节　混合结构房屋中过梁、墙梁和挑梁的设计

一、过梁的设计

过梁是指混合结构房屋墙体门窗洞口上的梁，用以承受洞口以上的砌体重量以及相应的上部荷载。

（一）过梁的种类

常用的过梁按材料划分有砖砌过梁和钢筋混凝土过梁，砖砌过梁又可划分为砖砌平拱过梁、钢筋砖过梁（见图 5.70）。

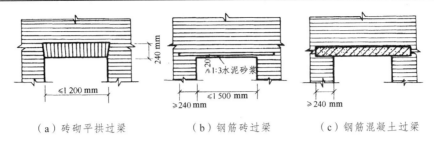

（a）砖砌平拱过梁　　　（b）钢筋砖过梁　　　（c）钢筋混凝土过梁

图 5.70　过梁的常用类型

由于钢筋混凝土过梁具有施工方便、抗震性能好、跨度较大等优点而被广泛采用，另外几种过梁一般只用在跨度不大（砖砌平拱过梁不宜大于 1.2 m，钢筋砖过梁不宜大于 1.5 m），没有较大振动和不均匀沉降的房屋中。在地震区应优先采用钢筋混凝土过梁。

（二）过梁的破坏特征与荷载计算

1. 过梁的破坏特征

a. 砖砌过梁的破坏特征

平拱砖过梁和钢筋砖过梁在上部竖向荷载作用下，各个截面均产生弯矩和剪力，和一般受弯构件类似，下部受拉，上部受压。随着荷载的增大，一般先在跨中受拉区出现垂直裂缝，然后在支座处出现阶梯形裂缝（见图 5.71）。

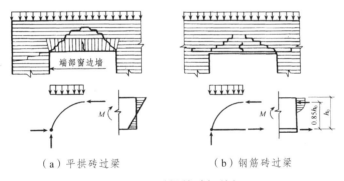

（a）平拱砖过梁　　　　　（b）钢筋砖过梁

图 5.71　过梁的破坏特征

由于过梁与墙体的整体共同工作，过梁工作机理类似于一个三铰拱，在过梁上部一定高度范围以外的砌体重量或上传荷载将直接传给支承过梁的砌体；过梁下部的拉力由两端砌体提供的水平推力平衡；对于钢筋砖过梁，下部拉力由钢筋承受。过梁在荷载作用下可能发生下述三种破坏：

（1）由于梁跨中截面抗弯强度不足而破坏。

（2）过梁支座附近由于抗剪强度不足，发生沿阶梯形斜裂缝不断扩张而破坏。

（3）因过梁支座处水平灰缝抗剪强度不足，发生支座滑动而破坏。

b. 钢筋混凝土过梁的破坏特征

钢筋混凝土过梁在荷载作用下可能发生正截面受弯破坏、斜截面受剪破坏以及过梁端部下方砌体的局部受压破坏。钢筋混凝土过梁由于其上砌有一定高度的墙体，它的工作在某种程度上和墙梁有很多相似之处。

2. 过梁上的荷载计算

过梁上的荷载一般包括两部分：一部分为墙体重量；另一部分为楼（屋）盖板、梁或其他结构传来的荷载。

由于过梁的受力与一般简支梁不同，即过梁上部的砌体不仅仅是过梁的荷载，而且由于过梁与砌体的整体性而具有拱的传力作用，相当部分的荷载通过拱的作用直接传递到窗间墙上，从而减轻了梁的负担。但在工程上，为了简化计算，仍按简支梁计算，并通过调整荷载的办法，来考虑梁与砌体共同工作的有利影响。荷载取值见表 5.22。

表 5.22 过梁荷载取值表

荷载种类	简 图	砌体种类	荷载取值方法	
墙体自重		砖砌体	$h_w < l_n/3$	按全部墙体的均布自重
			$h_w \geq l_n/3$	按高度为 $l_n/3$ 墙体的均布自重
		小型砌块	$h_w < l_n/2$	按全部墙体的均布自重
			$h_w \geq l_n/2$	按高度为 $l_n/2$ 墙体的均布自重
梁板荷载（包括梁板承受的荷载）		砖砌体	$h_w < l_n$	按梁、板传来的荷载采用
			$h_w \geq l_n$	梁、板荷载不予考虑
		小型砌块	$h_w < l_n$	按梁、板传来的荷载采用
			$h_w \geq l_n$	梁、板荷载不予考虑

注：① 表中 l_n 为过梁的净跨；
② 表中 h_w 为包括灰缝厚度在内的每皮砌块高度。

（三）过梁的计算与构造

1. 过梁承载力计算

a. 砖砌平拱

（1）砖砌平拱受弯承载力按下式计算：

$$M \leq f_{tm}W \tag{5.102}$$

式中　f_{tm}——砌体沿齿缝截面的弯曲抗拉强度设计值。

（2）砖砌平拱受剪承载力按下式计算：

$$V \leq f_v b z \tag{5.103}$$

b. 钢筋砖过梁

（1）钢筋砖过梁的受弯承载力按下式计算：

$$M \leq 0.85 h_0 f_y A_s \tag{5.104}$$

式中　M ——按简支梁计算的跨中弯矩设计值；

f_y ——受拉钢筋的强度设计值；

A_s ——受拉钢筋的截面面积；

h_0 ——过梁截面的有效高度，

$$h_0 = h - a$$

其中　a ——受拉钢筋重心至截面下边缘的距离；

h ——过梁的截面计算高度，取过梁底面以上的墙体高度，但不大于 $l_n/3$；当考虑梁、板传来的荷载时，则按梁、板下的高度采用。

（2）钢筋砖过梁的受剪承载力按式（5.103）计算。

c. 钢筋混凝土过梁

按钢筋混凝土受弯构件计算。验算过梁下砌体局部受压承载力时，可不考虑上部荷载 N_0 的影响。由于过梁与其上砌体共同工作，构成刚度极大的组合深梁，变形极小，故其有效支承长度可取过梁的实际支承长度，并取应力的图形完整系数 $\eta = 1$。

2. 过梁的构造要求

（1）砖砌过梁截面计算高度内的砖，不应低于 MU7.5。对于钢筋砖过梁，砂浆不宜低于 M2.5。

（2）砖砌平拱用竖砖砌筑部分的高度，不应小于 240 mm。

（3）钢筋砖过梁底面砂浆层处的钢筋，其直径不应小于 5 mm，间距不宜大于 120 mm，钢筋伸入支座砌体内的长度不宜小于 240 mm，砂浆层的厚度不宜小于 30 mm。

（4）钢筋混凝土过梁端部的支承长度，不宜小于 240 mm。

【例 5.21】 已知钢筋混凝土过梁净跨 $l_n = 3.0$ m，过梁上砌体高度 1.2 m，墙厚 240 mm，墙采用 MU10 砖、M5 混合砂浆，承受楼板传来的均布荷载设计值为 15 kN/m，试设计该过梁（见图 5.72）。

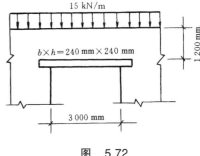

图　5.72

解

（1）荷载与内力计算

过梁自重（包括过梁三个侧面的抹灰重）

$$q_1 = 0.24 \times 0.24 \times 25 + 0.02 \times (0.24 \times 2 + 0.24) \times 17 = 1.685 \text{ kN/m}$$

墙高 $h_w = 1.2$ m $> l_n/3 = 3.0/3 = 1$ m，故仅考虑 1 m 高墙的自重。

墙体双面抹混合砂浆 20 mm 厚自重

$$q_2 = 5.24 \times 1 = 5.24 \text{ kN/m}$$

楼板荷载位置高度小于过梁净跨，应考虑其作用。过梁上的荷载设计值

$$q = (1.685 + 5.24) \times 1.2 + 15 = 23.31 \text{ kN/m}$$

计算跨度

$$l_0 = 1.05 \times l_n = 1.05 \times 3.0 = 3.15 \text{ m}$$

$$M = \frac{1}{8} q l_0^2 = \frac{1}{8} \times 23.31 \times 3.15^2 = 28.91 \text{ kN} \cdot \text{m}$$

$$V = \frac{1}{2} q l_n = \frac{1}{2} \times 23.31 \times 3.0 = 34.96 \text{ kN}$$

（2）按钢筋混凝土受弯构件进行正截面受弯和斜截面受剪承载力计算

过梁采用 C20 混凝土，主筋采用 HRB335 级钢筋。

$$f_c = 9.6 \text{ N/mm}^2, \quad f_t = 1.1 \text{ N/mm}^2, \quad f_y = 300 \text{ N/mm}^2,$$

$$h_0 = h - 35 = 240 - 35 = 205 \text{ mm}$$

$$a_s = \frac{M}{f_c b h_0^2} = \frac{28.91 \times 10^6}{9.6 \times 240 \times 205^2} = 0.351$$

得
$$\xi = 0.454$$

$$A_s = \frac{\xi f_c b h_0}{f_y} = \frac{0.454 \times 9.6 \times 240 \times 205}{300} = 714 \text{ mm}^2$$

选 $3\phi18$，$A_s = 763 \text{ mm}^2$。

$$0.25 b h_0 f_c = 0.25 \times 240 \times 205 \times 9.6 = 118 \text{ kN} > V = 34.96 \text{ kN}$$

故截面尺寸满足要求。

$$0.7 b h_0 f_t = 0.7 \times 240 \times 205 \times 1.1 = 37\,884 \text{ N} = 37.9 \text{ kN} > V = 34.96 \text{ kN}$$

可按构造配置钢箍，选用双肢箍$\phi6@200$。

二、墙梁的设计

墙梁是指由支承墙体的钢筋混凝土托梁及其以上计算高度范围内的墙体所组成的组合构件。墙梁广泛应用于工业建筑的围护结构，如基础梁、连系梁及其上墙体；在民用建筑中，墙梁常用于高层住宅楼，以解决底层大空间、上层小开间的矛盾；另外，在软土地基中砌有墙体的桩基承台梁也可设计成墙梁。与钢筋混凝土框架结构相比，采用墙梁可节约钢材 60%、水泥 25%，节省人工 25%，降低造价 20%，并可加快施工进度，经济效益较好。

（一）墙梁的分类

1. 按承受的荷载分类

（1）承重墙梁：除了承受自重外，尚需承受计算高度范围以上各层墙体以及楼盖、屋盖或其他结构传来的荷载［见图 5.73（a）］。

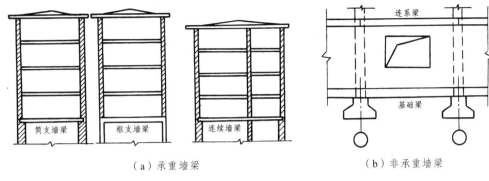

（a）承重墙梁 （b）非承重墙梁

图 5.73 墙梁示意图

（2）非承重墙梁：仅承受墙梁自重，即托梁和砌筑在上面的墙体自重。工业厂房围护墙的基础梁、连系梁是典型的非承重墙梁的托梁［见图 5.73（b）］。

2. 按支承条件分类

可划分为简支墙梁、框支墙梁和连续墙梁［见图 5.73（a）］。

（二）墙梁的受力特点及破坏形态

1. 无洞口墙梁的受力特点及破坏形态

a. 无洞口墙梁受力特点

试验表明，墙梁在出现裂缝之前如同由砖砌体和钢筋混凝土两种材料组成的深梁一样地工作。墙梁在荷载作用下的应力包括正截面上的水平正应力 σ_x、水平截面上的法向正应力 σ_y，剪应力 τ_{xy} 和相应的主应力。σ_x 沿正截面的分布情况大体上是墙体截面大部分受压，托梁截面全部受拉；σ_y 的分布情况大体上是愈接近墙顶水平截面应力分布愈均匀，愈接近托梁底部水平截面应力愈向托梁支座集中；剪应力 τ_{xy} 的分布情况大体上是在托梁支座和托梁与墙体界面附近变化较大，而且剪力由托梁和墙体共同承担。在荷载作用下，无洞口墙梁中裂缝开展过程如下：

（1）当托梁的拉应力超过混凝土的极限拉应力时，在其中段出现多条竖向裂缝①，并很快上升至梁顶，随着荷载的增大，也可能穿过托梁和墙体的界面，向墙体伸延［见图 5.74（a）］。

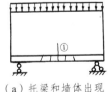 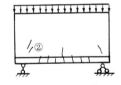 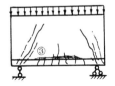 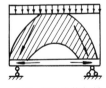

（a）托梁和墙体出现 （b）墙体出现斜裂缝 （c）界面出现水平裂缝 （d）墙梁的拉杆拱
竖向裂缝 受力模型

图 5.74 墙梁裂缝及受力模型

（2）托梁刚度随之削弱，并引起墙体内力重分布，使主压应力进一步向支座附近集中，当墙体中主拉应力超过砌体的抗拉强度时，将出现呈枣核形的斜裂缝②［见图 5.74（b）］。

（3）随着荷载的增大，斜裂缝向上、下方延伸，形成托梁端部较陡的上宽、下窄的斜裂缝，临近破坏时，由于界面中段存在较大的垂直拉应力而出现水平裂缝③［见图 5.74（c）］。

（4）但支座附近区段，托梁与砌体始终保持紧密相连，共同工作。临近破坏时，墙梁将形成以支座上方斜向砌体为拱肋、以托梁为拉杆的组合拱受力体系［见图 5.74（d）］。

b. 无洞口墙梁的破坏形态

影响墙梁破坏形态的因素较多，如墙体高跨比 h_w/l，托梁高跨比 h_b/l_0，砌体抗压强度 f，混凝土抗压强度 f_c，托梁配筋率，受荷方式，集中力的剪高比 a_F/h_w，有无纵向翼墙等。由于这些因素的不同，墙梁将发生下述几种破坏形态（见图 5.75）。

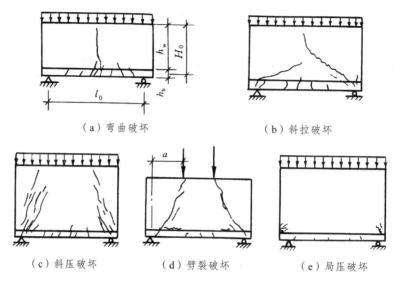

（a）弯曲破坏　　　　　　　　　　（b）斜拉破坏

（c）斜压破坏　　　　（d）劈裂破坏　　　　（e）局压破坏

图 5.75　墙梁的破坏形态

i. 弯曲破坏

弯曲破坏如图 5.75（a）所示。当托梁配筋率较低而砌体强度较高时，且 h_w/l_0 较小，墙梁在荷载作用下，首先托梁中段出现竖向裂缝，该裂缝随荷载的增加迅速向上延伸，并穿过梁与墙的界面进入墙体，最后由于托梁下部和上部纵向钢筋先后屈服，墙梁发生沿跨中垂直截面的弯曲破坏。破坏时受压区仅有 3~5 皮砖高，但砌体没有沿水平方向压坏。

ii. 剪切破坏

当托梁配筋率较高而砌体强度相对较低时，一般 h_w/l_0 适中，易在支座上部的砌体中出现因主拉应力或主压应力过大而引起的斜裂缝，发生墙体的剪切破坏。剪切破坏一般有以下几种形式：

（1）剪切斜拉破坏［见图 5.75（b）］。由于砌体沿齿缝的抗拉强度不足以抵抗墙体主拉应力，形成沿灰缝阶梯形上升的比较平缓的斜裂缝。斜裂缝相交于跨中后向上发展，基本贯通墙高。开裂荷载和破坏荷载均较小。一般这种破坏发生在 h_w/l_0 较小（$h_w/l_0 < 0.4$），或集中荷载作用下的剪跨比 a_F/l_0 较大的情况。

（2）剪切斜压破坏［见图 5.75（c）］。当 $h_w/l_0 \geq 0.4$，或集中力的剪跨比 a_F/l_0 较小时，支座附近剪跨范围的砌体将因主压应力过大而使墙体斜向压坏。破坏时裂缝较陡，倾角 55°~60°，斜裂缝较多且穿过砖和水平灰缝，并有压碎的砌体碎屑，开裂荷载和破坏荷载均较大。

（3）劈裂破坏［见图 5.75（d）］。在集中荷载作用下，斜裂缝多出现在支座与加载垫板的连线上。临近破坏时，突然出现一条通长的劈裂裂缝，并伴有响声。其开裂荷载与破坏荷载较接近，这种破坏呈脆性。在集中荷载作用下，墙梁的承载能力仅为均布荷载的 1/6~1/2。

iii. 局压破坏

局压破坏如图 5.75（e）所示。当托梁中钢筋较多而砌体强度相对较低，且 $h_w/l_0 \geq 0.75$

时，在托梁支座上方的砌体由于竖向正应力的集聚形成较大的应力集中，当该处应力超过砌体的局部抗压强度时，在支座上方较小范围内砌体将出现局部压碎现象，即局压破坏。

当墙梁两端设置翼墙时，可以提高托梁上砌体的局部受压承载力。

2. 有洞口墙梁的受力特点与破坏形态

经试验研究和有限元分析表明，墙体跨中段有门洞墙梁的应力分布和主应力轨迹线与无洞口墙梁基本一致 [见图 5.76（a）]。斜裂缝出现后也将逐渐形成组合拱受力体系。当在墙体靠近支座处开门洞时，门洞上的过梁受拉而墙体顶部受压，门洞下的托梁下部受拉、上部受压。说明托梁的弯矩较大而形成大偏心受拉状态。由于门洞侵入，原无洞口墙梁拱形压力传递线改为上传力线和下传力线，使主应力轨迹线变得极为复杂。斜裂缝出现后：

（1）对于偏开洞墙梁，荷载呈大拱套小拱的形式向下传递，托梁不仅作为大拱的拉杆，还作为小拱的弹性支座，承受小拱传来的压力。因此，偏开洞墙梁可模拟为梁—拱组合受力机构 [见图 5.76（b）]。

（2）随着洞口向跨中移动，大拱的作用不断加强，小拱的作用逐渐减弱，当洞口位于跨中时，小拱的作用消失，由于此时洞口设在墙体的低应力区，荷载通过大拱传递，所以跨中开洞墙梁的工作特征与无洞墙梁相似 [见图 5.76（a）]。

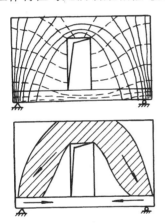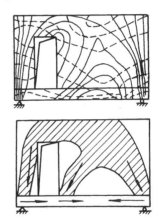

（a）跨中有门洞墙梁的主应力迹线及受力模型　　　（b）偏开门洞墙梁的主应力迹线及受力模型

图　5.76

试验表明，墙体跨中段有门洞墙梁的裂缝出现规律和破坏形态与无洞口墙梁基本一致。

偏开门洞墙梁的裂缝图、破坏形态如图 5.77 所示。当墙体靠近支座开门洞时，将先在门洞外侧墙肢沿界面出现水平裂缝①，不久在门洞内侧出现阶梯形斜裂缝②，随后在门洞顶侧墙肢出现水平裂缝③。加荷至 0.6～0.8 倍破坏荷载时，门洞内侧截面处的托梁出现竖向裂缝④，最后在界面出现水平裂缝⑤。偏开门洞墙梁将发生下列几种破坏形态：

a. 弯曲破坏

墙梁沿门洞内侧边截面发生弯曲破坏，即托梁在拉力和弯矩共同作用下，沿特征裂缝④形成大偏心受拉破坏。

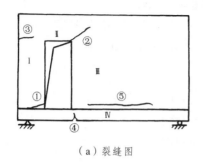
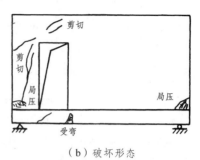

（a）裂缝图　　　　　　　（b）破坏形态

图 5.77　偏开门洞墙梁

b. 剪切破坏

墙体剪切破坏形态有：门洞外侧墙肢斜剪破坏、门洞上墙体产生阶梯形斜裂缝的斜拉破坏或在集中荷载作用下的斜剪破坏。

托梁剪切破坏除发生在支座斜截面外，门洞处斜截面尚有可能在弯矩、剪力的联合作用下发生拉剪破坏。

c. 局部受压破坏

托梁支座上部砌体发生的局部受压破坏和无洞口墙梁基本相同。

（三）墙梁的设计

1. 砌体结构设计规范中墙梁的适用条件

试验研究和理论分析表明，为保证墙梁的组合作用，托梁上的墙体高度不能太小；同时，为了防止出现承载力较低的墙体斜拉破坏，以及根据多年来的工程实践经验，《砌体结构设计规范》规定墙梁计算公式的适用条件如下：

（1）采用烧结普通砖和烧结多孔砖砌体和配筋砌体的墙梁设计应符合表 5.23 的规定。墙梁计算高度范围内每跨允许设置一个洞口；洞口边至支座中心的距离为 a_i，距边支座不应小于 $0.15 l_{0i}$；距中支座不应小于 $0.07 l_{0i}$（l_{0i} 为墙梁的计算跨度）；门窗洞上口至墙顶的距离不应小于 0.5 m。对多层房屋的墙梁，各洞口宜设置在相同位置，并宜上下对齐。

（2）墙梁适用的跨度、墙体高度、托梁截面尺寸以及洞口等，应符合表 5.23 的规定。

表 5.23　墙　梁　的　一　般　规　定

墙梁类别	l	h	h_w/l_0	h_b/l_0	b_h/l_0	h_h
承重墙梁	≤9 m	≤18 m	≥0.4	≥1/10	≤0.3	≤$5h_w/6$ 且 $h_w - h_h$≥0.4 m
非承重墙梁	≤12 m	≤18 m	≥1/3	≥1/15	≤0.8	不限

注：① 混凝土小型砌块砌体墙梁有可靠数据时，可参照使用。
　　② 表中参数，l 为墙梁跨度，h 为托梁以上墙体总高度，h_w 为墙体计算高度，l_0 为墙梁计算跨度，h_b 为托梁截面高度，b_h 为洞口宽度，h_h 为洞口高度。

2. 墙梁的计算简图

墙梁的计算简图如图 5.78 所示，各计算参数应按下列规定采用：

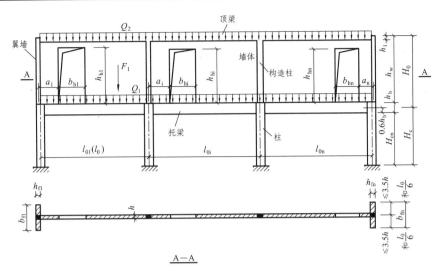

图 5.78　简支墙梁的计算简图

（1）墙梁的计算跨度 l_0（l_{0i}）：取 1.1 倍净跨或支座中心距离两者的较小值。

（2）墙体计算高度 h_w：取托梁顶面一层的层高，当 $h_w > l_0$ 时，取 $h_w = l_0$。对连续墙梁和多跨框支墙梁，l_0 取各跨的平均值。

（3）墙梁的计算高度 H_0：

$$H_0 = 0.5h_b + h_w$$

（4）翼缘的计算宽度 b_f：取窗间墙宽度或横墙间距的 2/3，且每边不大于 $3.5h$（h 为墙厚）和 $l_0/6$。

（5）框架柱计算高度 H_c：

$$H_c = H_{cn} + 0.5h_b$$

式中　H_{cn}——框架柱的净高，取基础顶面到托梁底面的距离。

3．墙梁上的计算荷载

a．使用阶段墙梁上的荷载

i．承重墙梁

托梁顶面的荷载设计值 Q_1、F_1，Q_1、F_1 分别为托梁自重和本层楼盖的恒荷载以及活荷载的均布、集中荷载；墙梁顶面的荷载设计值 Q_2，Q_2 为墙梁顶面的均布荷载，取托梁以上各层墙体自重，以及墙梁顶面以上各层楼盖的恒荷载和活荷载；集中荷载可沿作用跨度近似化为均布荷载。

ii．非承重墙梁

墙梁顶面的荷载设计值仅有 Q_2 取托梁自重及托梁以上墙体自重。

b．施工阶段托梁上的荷载

（1）托梁自重及本层楼盖的恒荷载。

（2）本层楼盖的施工荷载。

（3）墙体自重：可取高度为 1/3 计算跨度的墙体自重，开洞时尚应按洞顶以下实际分布的墙体自重复核。

4. 墙梁承载力计算

墙梁承载力计算内容见表 5.24。

表 5.24 墙 梁 的 计 算 内 容

计 算 内 容			墙 梁 类 别			
			承 重 墙 梁			自承重墙梁
			简支	连续	框支	
使用阶段	正截面承载力计算	托梁跨中	√	√	√	√
		托梁支座		√	√	
		柱或抗震墙			√	
	斜截面受剪承载力计算	托梁	√	√	√	√
		柱或抗震墙			√	
	墙体承载力计算	墙体受剪	√	√	√	
		托梁支座上部砌体局部受压	√	√	√	
施工阶段	托梁承载力验算	正截面受弯	√	√	√	√
		斜截面受剪	√	√	√	√

注:"√"表示必须计算的内容。

承重墙梁必须进行使用阶段正截面承载力、斜截面受剪承载力和托梁支座上部砌体局部受压承载力的计算。计算分析表明,自承重墙梁可满足墙体受剪承载力和砌体局部受压承载力要求,所以可不验算。

a. 正截面承载力计算

墙梁正截面破坏一般发生在托梁的跨中截面(有洞口墙梁的洞口边缘处)以及连续墙梁、框支墙梁的支座截面。

i. 托梁跨中弯矩和连续墙梁、框支墙梁支座负弯矩

托梁在其顶面荷载 Q_1、F_1 作用下,跨中弯矩和支座负弯矩按一般结构力学方法计算。托梁在墙梁顶部荷载 Q_2 作用下的内力分析应按组合深梁考虑,用弹性力学方法分析,这给工程设计带来了许多不便。为了简化计算,在试验研究和大量有限元分析的基础上,《砌体结构设计规范》规定采用一般结构力学方法,分析在 Q_2 作用下托梁跨中的弯矩 M_{2i}、支座弯矩 M_{2j}、支座剪力 V_{2j} 等内力。并采用托梁弯矩系数 α_M 等一系列系数,以考虑墙梁组合作用对托梁内力的折减。托梁最后的内力为以上两种荷载产生的内力之和。

托梁跨中弯矩和轴力计算公式如下(见图 5.79):

$$M_{bi} = M_{1i} + \alpha_M M_{2i} \tag{5.105}$$

$$N_{bti} = \eta_N \frac{M_{2i}}{H_0} \tag{5.106}$$

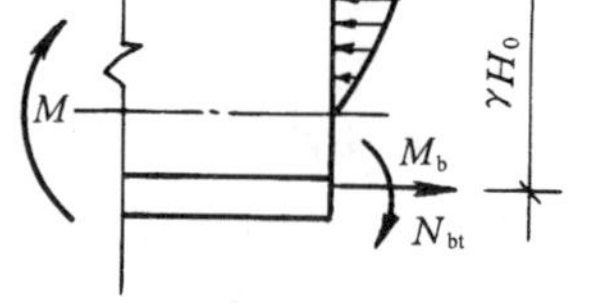

图 5.79 M_b、N_{bt} 计算图

对简支墙梁:

有洞口墙梁 $\alpha_M = \left(4.5 - \dfrac{10a}{l_0}\right)\left(\dfrac{1.7h_b}{l_0} - 0.03\right) \tag{5.107a}$

无洞口墙梁　$\alpha_{\mathrm{M}} = \left(\dfrac{1.7h_{\mathrm{b}}}{l_0} - 0.03\right)$

$$\eta_{\mathrm{N}} = 0.44 + 2.1\frac{h_{\mathrm{w}}}{l_0} \tag{5.107b}$$

对连续墙梁和框支墙梁：

有洞口墙梁　$\alpha_{\mathrm{M}} = \left(3.8 - \dfrac{8a_{\mathrm{i}}}{l_{0\mathrm{i}}}\right)\left(\dfrac{2.7h_{\mathrm{b}}}{l_{0\mathrm{i}}} - 0.08\right) \tag{5.108a}$

无洞口墙梁　$\alpha_{\mathrm{M}} = \left(\dfrac{2.7h_{\mathrm{b}}}{l_{0\mathrm{i}}} - 0.08\right)$

$$\eta_{\mathrm{N}} = 0.8 + 2.6\frac{h_{\mathrm{w}}}{l_0} \tag{5.108b}$$

式中　$M_{1\mathrm{i}}$——荷载设计值 Q_1、F_1 作用下，在计算截面产生的简支梁跨中弯矩或按连续梁、框架分析的托梁各跨跨中最大弯矩；

$M_{2\mathrm{i}}$——荷载设计值 Q_2 作用下，在计算截面产生的简支梁跨中弯矩或按连续梁、框架分析的托梁各跨跨中最大弯矩；

α_{M}——考虑墙梁组合作用的托梁跨中弯矩系数，按式（5.107a）或式（5.108a）计算，但对自承重简支墙梁应乘以 0.8；当 $h_{\mathrm{b}}/l_0 > 1/6$ 时，取 $h_{\mathrm{b}}/l_0 = 1/6$；当 $h_{\mathrm{b}}/l_{0\mathrm{i}} > 1/7$ 时，取 $h_{\mathrm{b}}/l_{0\mathrm{i}} = 1/7$；

η_{N}——考虑墙梁组合作用的托梁跨中轴力系数，按式（5.107b）或式（5.108b）计算，但对自承重简支墙梁应乘以 0.8；当 $h_{\mathrm{w}}/l_{0\mathrm{i}} > 1$ 时，取 $h_{\mathrm{w}}/l_{0\mathrm{i}} = 1$；

a_{i}——洞口边到墙梁最近支座的距离，当 $a_{\mathrm{i}} > 0.35l_0$ 时，取 $a_{\mathrm{i}} = 0.35l_0$。

托梁支座截面的弯矩 M_{bj} 按下式计算：

$$M_{\mathrm{bj}} = M_{1\mathrm{j}} + \alpha_{\mathrm{M}}M_{2\mathrm{j}} \tag{5.109a}$$

$$\alpha_{\mathrm{M}} = 0.75 - \frac{a_{\mathrm{i}}}{l_{0\mathrm{i}}} \tag{5.109b}$$

式中　M_{bj}——荷载设计值 Q_1、F_1 作用下，按连续梁或框架分析的托梁支座弯矩；

α_{M}——考虑组合作用的托梁支座弯矩系数，无洞口墙梁取 0.4，有洞口墙梁按式（5.109b）计算（当支座两边的墙体均有洞口时，a_{i} 取两者的较小值）。

ⅱ. 正截面承载力计算

托梁跨中截面按钢筋混凝土偏心受拉构件计算，支座截面按钢筋混凝土受弯构件计算，详见《混凝土结构设计规范》有关计算公式。

b. 墙梁的斜截面受剪承载力计算

墙梁的受剪承载力计算包括托梁斜截面受剪承载力计算和墙体的斜截面受剪承载力计算。

ⅰ. 托梁斜截面受剪承载力计算

托梁斜截面受剪承载力应按钢筋混凝土受弯构件计算。其支座剪力设计值 V_{bj} 应按下式计算：

$$V_{\mathrm{bj}} = V_{1\mathrm{j}} + \beta_{\mathrm{v}}V_{2\mathrm{j}} \tag{5.110}$$

式中 V_{1j} ——荷载设计值 Q_1、F_1 作用下，简支梁支座边缘剪力或按连续梁、框架分析的托梁支座边缘的剪力；

  V_{2j} ——荷载设计值 Q_2 作用下，简支梁支座边缘剪力或按连续梁、框架分析的托梁支座边缘的剪力；

  β_v ——考虑组合作用的托梁剪力系数，无洞口墙梁边支座取 0.6，中支座取 0.7；有洞口墙梁边支座取 0.7，中支座取 0.8；对自承重简支墙梁无洞口时取 0.45，有洞口时取 0.5。

ii. 墙梁的墙体受剪承载力计算

近年的试验研究表明，墙体抗剪承载力不仅与砌体抗压强度设计值 f、墙厚 h、墙体计算高度 h_w 及托梁的高跨比 h_b/l_0 有关，还与墙梁顶面圈梁（简称顶梁）的高跨比 h_t/l_0 有关。另外，由于翼墙或构造柱的存在，使多层墙梁楼盖荷载向翼墙或构造柱卸荷而减小墙体剪力，改善墙体的受剪性能，故采用了翼墙或构造柱影响系数 ξ_1。考虑洞口对墙梁的抗剪能力的减弱，采用了洞口影响系数 ξ_2。《砌体结构设计规范》给出墙梁墙体的受剪承载力计算公式如下：

$$V_2 = \xi_1 \xi_2 \left(0.2 + \frac{h_b}{l_{0i}} + \frac{h_t}{l_{0i}} \right) f h h_w \tag{5.111}$$

式中 V_2 ——荷载设计值 Q_2 作用下，墙梁支座边缘剪力的最大值；

  ξ_1 ——翼墙或构造柱影响系数，对单层墙梁取 1.0；对多层墙梁，当 $b_f/h = 3$ 时取 1.3，当 $b_f/h = 7$ 时或设置构造柱时取 1.5，当 $3<b_f/h<7$ 时接线性插入取值；

  ξ_2 ——洞口影响系数，无洞口墙梁取 1.0，多层有洞口墙梁取 0.9，单层有洞口墙梁取 0.6；

  h_t ——墙梁顶面圈梁截面高度。

c. 托梁支座上部墙体局部受压承载力

托梁上部砌体局部受压承载力计算公式为

$$Q_2 \leqslant \xi f h \tag{5.112}$$

式中 Q_2 ——作用在墙梁顶部的均布荷载设计值；

  ξ ——局压系数。

根据试验结果规范给出 ξ 值计算公式如下：

$$\xi = 0.25 + 0.08 \frac{b_f}{h} \tag{5.113}$$

当按式（5.113）计算出的 $\xi > 0.81$ 时，取 $\xi = 0.81$。

当 $b_f/h \geqslant 5$ 或墙梁支座处设置上下贯通的落地钢筋混凝土构造柱时，可不验算局部受压承载力。

d. 施工阶段墙梁的承载力验算

在施工阶段，托梁与墙体的组合拱作用还没有完全形成，因此不能按墙梁计算。施工阶段的荷载应由托梁单独承受。托梁应按钢筋混凝土受弯构件进行正截面抗弯和斜截面抗剪承载力验算。施工阶段，作用在托梁上的荷载为以下几项：

（1）托梁自重及本层楼盖的恒荷载。

（2）本层楼盖的施工荷载。

（3）墙体自重，可取高度为 h_w 的墙体自重；墙体开洞时，尚应按洞顶以下实际分布的墙体自重复核。

（四）墙梁的构造要求

1. 墙梁的材料

托梁的混凝土强度等级不应低于 C30，托梁的纵向钢筋宜采用 HRB335 级、HRB400 级或 RRB400 级钢筋。承重墙梁的块体强度不应低于 MU10，计算高度范围内砂浆强度等级不应低于 M10。

2. 墙　体

框支墙梁的上部砌体房屋，以及设有承重的简支或连续墙梁的房屋，应满足刚性方案的墙体厚度，对砖砌体不应小于 240 mm，对混凝土砌块砌体不应小于 190 mm；墙梁洞口上方应设置钢筋混凝土过梁，其支承长度不应小于 240 mm，洞口范围内不应施加集中荷载；承重墙梁的支座处应设置翼墙。翼墙厚度，对砖砌体不应小于 240 mm，对混凝土砌块砌体不应小于 190 mm；翼墙宽度不应小于翼墙厚度的 3 倍，并与墙梁砌体同时砌筑。当不能设置翼墙时，应设置落地且上下贯通的钢筋混凝土构造柱；当墙梁墙体的洞口位于距支座 1/3 跨度范围内时，支座处应设置落地且上下贯通的钢筋混凝土构造柱，并应与每层圈梁连接；墙梁计算高度范围内的墙体，每天的可砌高度不应超过 1.5 m，否则应加设临时支撑。

3. 托　梁

有墙梁的房屋托梁两边各一个开间及相邻开间处应采用现浇混凝土楼盖，楼板厚度不宜小于 120 mm。当楼板厚度大于 150 mm 时，宜采用双向双层钢筋网。楼板上应尽量少开洞，洞口尺寸大于 800 mm 时应设置洞边梁。

托梁每跨的底部纵向受力钢筋应通长布置，钢筋接长应采用机械连接或焊接；托梁跨中截面纵向受力钢筋总配筋量不应小于 0.6%；托梁距边支座边缘 $l_0/4$ 范围内，上部纵向钢筋面积不应小于跨中下部纵向钢筋面积的 1/3。连续墙梁或多跨框支墙梁的托梁中支座上部附加纵向钢筋从支座边缘算起每边延伸不应小于 $l_0/4$。

托梁在砌体墙、柱上的支承长度不应小于 350 mm，纵向受力钢筋伸入支座的长度应符合受拉钢筋的锚固要求；当托梁高度>500 m 时，应沿梁高设置通长水平腰筋，直径不应小于 12 mm，间距不应大于 200 mm；墙梁偏开洞口的宽度及两侧各一个梁高范围内直至靠近洞口的支座边的托梁箍筋直径不宜小于 8 mm，间距不应大于 100 mm。

【例 5.22】已知多层商店住宅楼开间 3.6 m，采用承重墙梁（图 5.80），$h_w = 2\,680$ mm，$l_n = 4.8$ m，$l_c = 5.28$ m；离支座 $a = 792$ mm 处开一门洞，$b_h = 1\,500$ mm，$h_h = 2\,200$ mm；托梁 $b = 300$ mm，$h = 650$ mm，墙厚 $h = 240$ mm，均为双面粉刷，M10 混合砂浆，MU10 烧结多孔砖，纵向翼墙宽 $b_f = 1\,600$ mm，墙梁顶面圈梁截面高度 180 mm，楼盖和屋盖荷载设计值 $Q_1 = 35.33$ kN/m，$Q_2 = 216.45$ kN/m。试计算使用阶段托梁跨中截面的弯矩、剪力和轴力设计值以及使用阶段墙梁的墙体承载力计算。

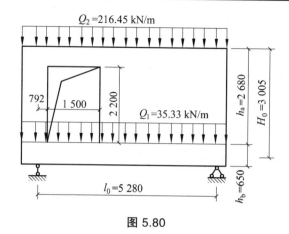

图 5.80

解

（1）使用阶段托梁跨中截面的弯矩、剪力和轴力设计值

$$l_0 = 1.1l_n = 1.1 \times 4.8 = 5.28 \text{ m} = l_c$$

$$H_0 = h_w + \frac{h_b}{2} = 2.68 + \frac{0.65}{2} = 3.01 \text{ m}$$

$$M_1 = \frac{Q_1 l_0^2}{8} = \frac{35.33 \times 5.28^2}{8} = 123.12 \text{ kN} \cdot \text{m}$$

$$M_2 = \frac{Q_2 l_0^2}{8} = \frac{216.45 \times 5.28^2}{8} = 754.29 \text{ kN} \cdot \text{m}$$

$$\psi_M = 4.5 - 10\frac{a}{l_0} = 4.5 - 10 \times \frac{0.792}{5.28} = 3.0$$

$$\alpha_M = \psi_M\left(1.7\frac{h_b}{l_0} - 0.03\right) = 3 \times \left(1.7 \times \frac{0.65}{5.28} - 0.03\right) = 0.538$$

$$\eta_N = 0.44 + 2.1\frac{h_w}{l_0} = 0.44 + 2.1 \times \frac{2.68}{5.28} = 1.506$$

$$M_b = M_1 + \alpha_M M_2 = 123.12 + 0.538 \times 754.29 \text{ kN} \cdot \text{m}$$

$$N_{bt} = \eta_N \frac{M_2}{H_0} = 1.506 \times \frac{754.29}{3.01} = 378 \text{ kN}$$

$$e_0 = \frac{M_b}{N_{bt}} = \frac{528.93}{378} = 1.4 \text{ m} > \frac{h_b}{2} - a_s = \frac{0.65}{2} - 0.06 = 0.265 \text{ m}$$

为大偏拉构件。

$$V_b = V_1 + \beta_v V_2 = \frac{35.33 \times 4.8}{2} + 0.7 \times \frac{216.45 \times 4.8}{2} = 448.4 \text{ kN}$$

（2）使用阶段墙梁的墙体承载力计算。

墙梁受剪承载力计算

$$V_2 = \frac{Q_2 l_n}{2} = \frac{216.45 \times 4.8}{2} = 519.48 \text{ kN}$$

$$\frac{b_{\mathrm{f}}}{h} = \frac{1600}{240} = 6.67, \quad \xi_1 = 1.49$$

$$\xi_1 \xi_2 \left(0.2 + \frac{h_{\mathrm{b}}}{l_0} + \frac{h_{\mathrm{f}}}{l_0}\right) f h h_{\mathrm{w}} = 1.49 \times 0.9 \times \left(0.2 + \frac{0.65}{4.8} + \frac{0.18}{4.8}\right) \times 1.89 \times 240 \times 2\,680$$

$$= 607.9 \text{ kN} > V_2 = 519.48 \text{ kN}$$

满足要求。

托梁支座上部砌体局部受压承载力计算

$$\xi = 0.25 + 0.08 \frac{b_{\mathrm{f}}}{h} = 0.25 + 0.08 \frac{1\,600}{240} = 0.784$$

$$\xi f h = 0.784 \times 1.89 \times 240 = 355 \text{ kN/m} > Q_2 = 216.45 \text{ kN/m}$$

满足要求。

三、挑梁的设计

在砌体结构房屋中，由于使用和建筑艺术上的要求，往往将钢筋混凝土的梁或板悬挑在墙体外面，形成屋面挑檐、凸阳台、雨篷和悬挑楼梯、悬挑外廊等。这种一端嵌入砌体墙体内、一端挑出的梁或板，称为悬挑构件，简称挑梁。

（一）挑梁的分类

当埋入墙内的长度较大且梁相对于砌体的刚度较小时，梁发生明显的挠曲变形，将这种挑梁称为弹性挑梁（当挑梁埋入砌体墙中的长度 $l_1 \geqslant 2.2$ 挑梁的截面高度 h_{b} 时），如阳台挑梁，挑廊挑梁等；当埋入墙内的长度较短时，埋入墙的梁相对于砌体刚度较大，挠曲变形很小，主要发生刚体转动变形，将这种挑梁称为刚性挑梁（当挑梁埋入砌体墙中的长度 $l_1 < 2.2$ 挑梁的截面高度 h_{b} 时），如嵌入砖墙内的悬臂雨篷属于刚性挑梁。

（二）挑梁的受力特点和破坏形态

1. 弹性挑梁

在悬挑端集中力 F 及砌体上的荷载作用下，挑梁经历了弹性工作、界面水平裂缝开展及破坏三个阶段。

a. 弹性工作阶段

当作用于挑梁端部的外荷载 F 较小时，由 F 在挑梁埋入部分与墙体上、下界面产生如图5.81（a）所示的竖向应力分布图形（"+"为拉应力，"-"为压应力）。

随着 F 的增加，应力也逐渐增大，当挑梁与墙体上界面在墙边处的竖向拉应力达到墙体沿通缝截面的抗拉强度时，出现水平裂缝①[见图5.81（b）]。此时 F 约为倾覆时荷载的20%~30%。在此裂缝出现前，挑梁下墙体的变形呈直线分布，墙体的压应力远小于其抗压强度，挑梁与墙共同工作。

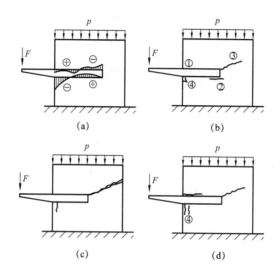

图 5.81　挑梁的应力分布及破坏示意图

b. 挑梁上、下界面水平裂缝开展阶段

随着 F 的增加，水平裂缝①不断向内发展，同时挑梁埋入端下界面出现裂缝②并向前发展。随着裂缝①、②的发展，挑梁上、下界面受压区不断减小［见图 5.81（b）］。

c. 破坏阶段

根据挑梁的实际情况，可能产生三种破坏形态：

（1）挑梁倾覆破坏：当挑梁埋入端砌体强度较高而埋入段长度较短时，在挑梁尾部砌体中产生向后上方向的阶梯形斜裂缝③，裂缝与其竖直线的夹角平均为 57°。随着斜裂缝的发展，将墙体分割成两部分，当斜裂缝范围的砌体及其他上部荷载产生的抗倾覆力矩小于外荷载 F 等产生的倾覆力矩时，挑梁产生倾覆破坏［见图 5.81（c）］。

（2）挑梁下砌体局部受压破坏：当挑梁埋入端砌体强度较低而埋入段长度较长时，挑梁下墙边砌体在局部压应力作用下产生局部受压裂缝④，当压应力超过砌体局部抗压强度时，挑梁下的砌体发生局部受压破坏［见图 5.81（d）］。

（3）挑梁本身的破坏：当挑梁本身的正截面和斜截面承载力不足时，挑梁本身将发生破坏。

2. 刚性挑梁

刚性挑梁埋入砌体的长度较短（埋入砌体的长度一般为墙厚），在外荷载作用下，挑梁绕着砌体内某点发生刚体转动。当抗倾覆力矩不足时，发生倾覆破坏（见图 5.82）。

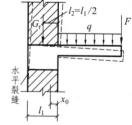

图 5.82　刚性挑梁的倾覆破坏

（三）挑梁的计算

根据挑梁的破坏形态，挑梁应进行抗倾覆验算、承载力计算和挑梁下砌体的局部受压承载力验算。

1. 挑梁的抗倾覆验算

当挑梁上墙体自重和楼盖恒载产生的抗倾覆力矩小于挑梁悬挑段荷载引起的倾覆力矩时，挑梁将发生围绕倾覆点的倾覆破坏（见图 5.83）。

为防止发生这种破坏，应按下式进行抗倾覆验算：

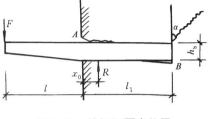

$$M_r \geqslant M_{0v} \tag{5.114a}$$

式中　M_r——挑梁的抗倾覆力矩设计值；

M_{0v}——挑梁的荷载设计值对计算倾覆点产生的倾覆力矩。

图 5.83　挑梁倾覆点位置

（1）挑梁的抗倾覆力矩设计值可按下式计算：

$$M_r = 0.8G_r(l_2 - x_0) \tag{5.114b}$$

式中　G_r——挑梁的抗倾覆荷载，为挑梁尾端上部 45° 扩散范围（其水平长度为 l_3）内的砌体与楼面恒荷载标准值之和（见图 5.84）；

l_2——G_r 作用点至墙外边缘的距离。

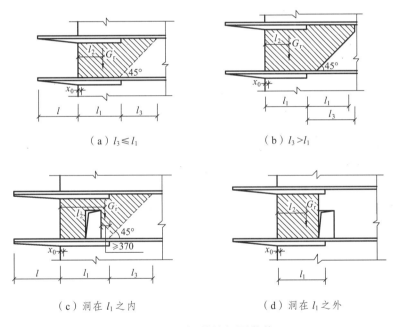

（a）$l_3 \leqslant l_1$　　　　　　　（b）$l_3 > l_1$

（c）洞在 l_1 之内　　　　　　（d）洞在 l_1 之外

图 5.84　挑梁的抗倾覆荷载

（2）挑梁计算倾覆点 x_0 位置的确定方法。挑梁发生倾覆破坏时，倾覆点的位置并不在墙体的最外边缘处，倾覆点距墙外边缘的距离 x_0 可以根据挑梁倾覆破坏时的倾覆荷载和抗倾覆荷载值进行反算。试验研究表明，弹性挑梁的 x_0 值随着挑梁高度 h_b 的增大而增大，刚性挑梁的 x_0 值随挑梁埋入砌体长度 l_1 的增大而增大。

x_0 可按下列条件取值：

当 $l_1 \geqslant 2.2h_b$ 时，

$$x_0 = 0.3h_b，且 x_0 \leqslant 0.13l_1 \tag{5.115}$$

式中　h_b——挑梁的截面高度，当挑梁下设有钢筋混凝土构造柱时，计算倾覆点至墙外边缘

的距离可取 $0.5 x_0$。

当 $l_1 < 2.2 h_b$ 时，

$$x_0 = 0.13 l_1 \tag{5.116}$$

雨篷的抗倾覆计算仍按上述公式进行，但其中抗倾覆荷载 G_r 的取值范围如图 5.85 所示的阴影部分，图中 $l_3 = l_n/2$，G_r 距墙外边缘的距离为 $l_2 = l_1/2$。

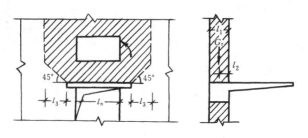

图 5.85 雨篷的抗倾覆荷载

2. 挑梁下砌体局部受压承载力计算

挑梁下砌体局部受压承载力可按下式计算：

$$N_l \leqslant \eta \gamma f A_l \tag{5.117}$$

式中 N_l ——挑梁下的支承压力，可取 $N_l = 2R$，R 为挑梁的倾覆荷载设计值；

η ——梁端底面压应力图形的完整系数，可取 0.7；

γ ——砌体局部抗压强度提高系数，对图 5.86（a）可取 1.25，对图 5.86（b）可取 1.5；

A_l ——挑梁下砌体局部受压面积，可取 $A_l = 1.2 b h_b$，b 为挑梁的截面宽度，h_b 为挑梁的截面高度。

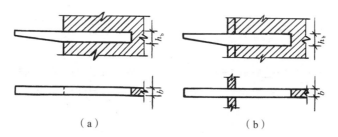

（a）   （b）

图 5.86 挑梁下砌体局部受压

3. 挑梁的内力计算

挑梁的最大弯矩设计值

$$M_{\max} = M_{0v} \tag{5.118}$$

挑梁的最大剪力设计值

$$V_{\max} = V_0 \tag{5.119}$$

式中 V_0 ——挑梁的荷载设计值在挑梁墙外边缘处截面产生的剪力。

4. 挑梁的构造要求

（1）由于挑梁埋入端仍有弯矩存在，并逐渐减少至尾端为零。故挑梁上部纵向受力钢筋应不少于计算钢筋面积的 1/2，且不少于 $2\phi 12$ 伸入挑梁尾端。其他钢筋伸入埋入段的长度不

应小于 $\dfrac{2}{3}l_1$。

（2）为了从构造上保证挑梁的稳定性，其埋入长度 l_1 与挑出长度 l 之比宜大于 1.2；当挑梁上无砌体时，l_1 与 l 之比宜大于 2.0。

（3）施工阶段悬挑构件的稳定性应按施工荷载进行抗倾覆验算，必要时可加设临时支撑。

【例 5.23】 一承托阳台的钢筋混凝土挑梁埋置于 T 形截面墙段，挑出长度 $l = 1.8$ m，埋入长度 $l_1 = 2.2$ m，挑梁截面 $b = 240$ mm，$h_b = 350$ mm，挑出端截面高度为 150 mm；挑梁墙体净高 2.8 m，墙厚 $h = 240$ mm；采用 MU10 烧结多孔砖、M5 混合砂浆；荷载标准值：挑出端 $F_k = 6$ kN，挑梁本身承担的静荷载 $g_{1k} = g_{2k} = 17.75$ kN/m，活荷载 $q_{1k} = 8.25$ kN/m，$q_{2k} = 4.95$ kN/m，$g_{3k} = 18.15$ kN/m，$q_{3k} = 2.31$ kN/m；挑梁采用 C20 混凝土，纵筋为 HRB335 级钢筋，箍筋为 HPB235 级钢筋；挑梁自重：挑出段为 1.725 kN/m，埋入段为 2.31 kN/m。试设计该挑梁（见图 5.87）。

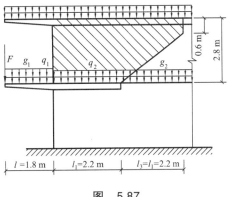

图　5.87

解

（1）抗倾覆验算

$$l_1 = 2.2 \text{ m} > 2.2 h_b = 2.2 \times 0.35 = 0.77 \text{ m}$$

$$x_0 = 0.3 h_b = 0.3 \times 0.35 = 105 \text{ mm}$$

$$M_{0v} = 1.2 \times 6 \times (1.8 + 0.105) + \frac{1}{2}[1.4 \times 8.25 + 1.2 \times$$
$$(1.725 + 17.75)] \times (1.8 + 0.105)^2 = 77.08 \text{ kN} \cdot \text{m}$$

$$M_r = 0.8 \times \left[\frac{1}{2}(17.75 + 2.31) \times (2 - 0.105)^2 + 2 \times 2.8 \times 0.28 \times 19 \times \left(\frac{2.2}{2} - 0.105 \right) + \right.$$

$$\frac{1}{2} \times 2.2 \times 2.2 \times 0.28 \times 19 \times \left(\frac{2.2}{3} + 2.2 - 0.105 \right) +$$

$$\left. 2.2 \times 0.6 \times 0.28 \times 19 \times \left(\frac{2.2}{2} + 2.2 - 0.105 \right) \right]$$

$$= 92.62 \text{ kN} \cdot \text{m}$$

因 $M_r > M_{0v}$，故满足要求。

（2）挑梁下砌体局部受压承载力计算

$$N_t = 2R = 2\{1.2 \times 6 + [1.4 \times 8.25 + 1.2(1.725 + 17.75)] \times 1.905\} = 147.45 \text{ kN}$$

$$< \eta \gamma f A_l = 0.7 \times 1.5 \times 1.5 \times 1.2 \times 240 \times 350 = 158.76 \text{ kN}$$

满足要求。

（3）挑梁承载力计算

$$M_{max} = M_{0v} = 77.08 \text{ kN} \cdot \text{m}$$

$$V_{max} = V_0 = 1.2 \times 6 + [1.4 \times 8.25 + 1.2 \times (1.725 + 17.75)] \times 1.8 = 70.06 \text{ kN}$$

按钢筋混凝土受弯构件计算，采用单排钢筋，$A_s = 1\,039$ mm²，选配 $2\phi18 + 2\phi20$

（1 017 mm²），其中 2ϕ18 伸入挑梁尾端，2ϕ20 伸入墙内 1.5 m 处截断。

$A_{sv}/s = 0.143$，选配双肢箍 ϕ6@180（$A_{sv}/s = 0.317$），且

$$\rho_{sv} = \frac{57}{240 \times 180} \times 100\% = 0.132\% > \rho_{sv,min} = \frac{0.24 \times 1.1}{210} \times 100\% = 0.126\%$$

满足要求。

第六节　混合结构房屋设计的构造要求

一、一般构造要求

工程实践经验表明，在砌体结构房屋设计中，除应对墙体截面承载力和高厚比进行验算外，还要通过一系列的构造措施，来加强结构的整体性，提高其耐久性和防止墙体的裂缝。主要构造要求可归纳为以下几点：

（1）块材和砂浆强度等级的选择应满足本章第一节中关于材料最低强度规定的要求。

（2）承重的独立砖柱，截面尺寸不应小于 240 mm × 370 mm。毛石墙的厚度，不宜小于 350 mm，毛料石柱截面的较小边长，不宜小于 400 mm。注意，当有振动荷载时，墙、柱不宜采用毛石砌体。

（3）夹心墙的夹层厚度不宜大于 100 mm，夹心墙外叶墙的最大横向支承间距不宜大于 9 m。

（4）砌体的转角处、交接处应同时砌筑。对不能同时砌筑、必须留置的临时间断处应砌成斜槎，其长度不宜小于高度的 2/3；如做成直槎，则应放置拉结条，每半砖厚不少于 1 根 ϕ4 钢筋，沿墙高间距不得超过 0.5 m，每边埋入 500 mm，并留 90° 弯钩。

（5）跨度大于 6 m 的屋架和跨度大于下列数值的梁：对砖砌体为 4.8 m，对砌块和料石砌体为 4.2 m，对毛石砌体为 3.9 m，其支承面下应设置混凝土或钢筋混凝土垫块；当墙中设有圈梁时，垫块与圈梁宜浇成整体。

（6）对墙厚 $h \leqslant 240$ mm 的房屋，当大梁跨度 $l \leqslant 6$ m（对于砖墙）或 4.8 m（对于砌块和料石墙），其支承处宜加设壁柱或采取其他措施对墙体予以加强。

（7）预制钢筋混凝土板的支承长度，在墙上不宜小于 100 mm；在钢筋混凝土圈梁上不宜小于 80 mm。钢筋混凝土梁在砖墙上的支承长度，当梁高 $h_b \leqslant 500$ mm 时，不小于 180 mm；当 $h_b > 500$ mm 时，不小于 240 mm。

（8）砌块砌体应分皮错缝搭砌。小型空心砌块上下皮搭砌长度不得小于 90 mm。当搭砌长度不满足上述要求时，应在水平灰缝内设置不少于 2ϕ4 的钢筋网片，网片每端均应超过该垂直缝，其长度不得小于 300 mm。

二、防止墙体开裂的主要措施

砌体结构墙体中产生裂缝主要有三个原因：

（1）受外荷载作用。

（2）由于地基不均匀沉降。

（3）由于温度变化引起。

墙体裂缝不仅妨碍建筑物的正常使用，影响美观和耐久性，而且随着裂缝的开展，将会危及砌体结构的安全性。因此，应采取必要的措施，防止墙体裂缝出现或抑制裂缝发展。

（一）防止由于收缩和温度变形引起墙体开裂的主要措施

结构构件由于温度变化引起热胀冷缩的变形称为温度变形。钢筋混凝土的线膨胀系数为 1.0×10^{-5}，砖墙的线膨胀系数 0.5×10^{-5}。即在相同温差下，混凝土构件的变形比砖墙变形大一倍。

混凝土内部自由水蒸发所引起体积的减小称为干缩变形，混凝土中水和水泥化学作用所引起的体积减小称为凝缩变形，两者的总和称为收缩变形。钢筋混凝土最大的收缩值约为 $(2 \sim 4) \times 10^{-4}$，大部分收缩在凝固初期完成，凝固 10 d 后完成约 1/3，28 d 完成约 50%。而砖砌体在正常温度下的收缩现象不甚明显。

钢筋混凝土楼、屋盖和砖墙组成的混合结构房屋相当于一个盒形空间结构。当温度变化和材料收缩时，房屋各部分构件产生不同的变形，由于构件间相互约束而产生附加应力。如温度升高后，钢筋混凝土构件受剪、受压；砖砌体受剪、受拉，当主拉应力 σ_l 超过砖砌体抗剪强度 f_v 时，墙体就产生水平裂缝或斜裂缝。

（1）为了防止和减轻由于温度变化和墙体干缩变形引起的墙体竖向裂缝，应在墙体温度和收缩变形引起的应力集中部位设置伸缩缝，伸缩缝的间距可以通过计算确定，也可参照表5.25采用。

表 5.25　砌体房屋温度伸缩缝的最大间距

砌体类别	屋　盖　或　楼　盖　类　别		间距 /m
各　种　砌　体	整体式或装配整体式钢筋混凝土结构	有保温层或隔热层的屋盖、楼盖	50
		无保温层或隔热层的屋盖	40
	装配式无檩体系钢筋混凝土结构	有保温层或隔热层的屋盖、楼盖	60
		无保温层或隔热层的屋盖	50
	装配式有檩体系钢筋混凝土结构	有保温层或隔热层的屋盖	75
		无保温层或隔热层的屋盖	60
轻钢屋盖、木屋盖或楼盖、瓦屋盖			100

注：① 当有实践经验时，可不遵守本表的规定；

② 按本表设置的墙体伸缩缝，一般不能同时防止由钢筋混凝土屋盖的温度变形和砌体干缩变形引起的顶层墙体八字缝、水平缝等墙体裂缝；

③ 层高大于 5 m 的混合结构单层房屋，其伸缩缝间距可按表中数值乘以 1.3，但当墙体采用硅酸盐块体和混凝土砌块砌筑时，不得大于 75 m；

④ 温差较大且变化频繁地区和严寒地区不采暖的房屋及构筑物墙体的伸缩缝的最大间距，应按表中数值予以适当减少。

（2）为了防止和减轻由于钢筋混凝土屋盖的温度变化和砌体干缩变形引起的墙体裂缝（如顶层墙体的八字缝、水平缝等），可根据具体情况采取以下措施：

① 屋盖上设置保温层或架空隔热板，并应覆盖至外墙边缘。

② 采用装配式有檩体系钢筋混凝土屋盖和瓦材屋盖。

③ 对于非烧结硅酸盐砖和砌块房屋，应严格控制块体出厂到砌筑的时间，并应避免现场堆放时块体遭受雨淋。

④ 在同一结构单元内，应避免楼盖或屋盖的错层布置。如使用上确定需要错层时，宜在错层处设置变形缝，以减少楼、屋盖结构的温度变形。

（二）防止由于地基不均匀沉降引起墙体裂缝的主要措施

根据调查，多数房屋墙体裂缝是由地基不均匀沉降引起的，主要有下列三种情况：

（1）基础下地基土的性质不同。

（2）房屋的各部位存在较大的荷载差。

（3）基础建在杂填土等高压缩性地基上。

1. 当房屋建造在软弱地基上时，应注意采取以下具体措施

（1）房屋长高比不宜过大。当房屋建造在软弱地基上时，对于三层及三层以上的房屋，其长高比宜小于或等于2.5。

（2）建筑体形应力求简单。当建筑体形比较复杂时，宜根据其平面形状和高度差异情况，在适当部位设置沉降缝，将其划分为若干平面形状规则、整体刚度较好的独立单元。

（3）加强房屋的整体刚度。纵墙是砌体结构产生整体弯曲时的主要受力构件，因此应尽量将纵墙拉通，避免断开或转折。增设钢筋混凝土圈梁或钢筋砖圈梁也是增强房屋整体刚度的有效措施，特别是基础圈梁和屋顶檐口圈梁的作用较大。

（4）加强墙体被洞口削弱的部位。如多层房屋底层窗洞过大时，宜在窗下墙体内适当配筋。

（5）合理安排施工程序。先建筑层数多、荷载大的单元，后施工层数少、荷载小的单元。

2. 为防止地基产生过大的不均匀沉降，在房屋的下列部位宜设置沉降缝

（1）建筑平面有转折的部位。

（2）建筑物高度差异或荷载差异较大的分界处。

（3）房屋长度超过表5.25规定的温度缝间距时，在房屋中部的适当部位。

（4）地基土的压缩性有显著差异处。

（5）在不同建筑结构形式或不同基础类型分界处。

（6）在分期建筑房屋的交界处。

沉降缝应有足够的宽度，缝宽可按表5.26选用。缝内一般不填塞材料；当必须填塞材料时，应保证缝两侧房屋倾斜时不互相挤压。

（三）防止荷载作用下墙体的开裂

砌体结构房屋中墙体受荷载后，只要按照规范要求，通过正确的承载能力计算，选择合理材料和构造并满足施工要求，受力裂缝是可以避免的。

表 5.26　房 屋 沉 降 缝 宽 度

房 屋 层 数	沉降缝宽度/mm
2～3	50～80
4～5	80～120
5 层以上	不小于 120

三、圈梁的设置及构造要求

圈梁的作用是增强房屋的整体刚度，防止由于地基不均匀沉降或较大振动荷载对房屋引起不利影响，并可提高房屋的抗震能力。

1. 圈梁的设置

对于一般工业与民用建筑房屋，可参照下列规定设置圈梁：

（1）对空旷的单层房屋，如车间、仓库、食堂等，当墙厚 $h \leqslant 240$ mm 时，应按下列规定设置圈梁：

① 砖砌体房屋，檐口标高为 5～8 m 时，应设置圈梁一道；大于 8 m 时，宜适当增设。

② 砌块及石砌体房屋，檐口标高为 4～5 m 时，应设置圈梁一道，大于 5 m 时，宜适当增设。

③ 对有电动桥式吊车或较大振动设备的单层工业房屋，除在檐口或窗顶标高设置钢筋混凝土圈梁外，还宜在吊车梁标高处或其他适当位置增设。

（2）对多层砖砌体房屋：

① 多层砖砌体民用房屋，如宿舍、办公楼等，当墙厚 $h \leqslant 240$ mm，且层数为 3～4 层时，宜在檐口标高处设置圈梁一道；当层数超过 4 层时，可适当增设。

② 多层砖砌体工业房屋，圈梁可隔层设置，对有较大振动设备的多层房屋，宜每层设置钢筋混凝土圈梁。

（3）对多层砌块和料石砌体房屋，宜按下列规定设置钢筋混凝土圈梁：

① 对外墙及内纵墙，屋盖处宜设置圈梁，楼盖处宜隔层设置。

② 对横墙，屋盖处宜设置圈梁，楼盖处宜隔层设置，水平间距不宜大于 15 m。

③ 对有较大振动设备，或承重墙厚度 $h \leqslant 180$ mm 的多层房屋，宜每层设置圈梁。

④ 屋盖处圈梁宜现浇，预制圈梁安装时应座浆，并应保证接头可靠。

（4）建筑在软弱地基或不均匀地基上的砌体房屋，除按本节规定设置圈梁外，尚应符合国家现行《建筑地基基础设计规范》的有关规定。地震区房屋圈梁的设置应符合国家现行《建筑抗震设计规范》的要求。

2. 圈梁的构造要求

砌体结构房屋在地基不均匀沉降时的空间工作比较复杂，关于圈梁计算虽已提出过一些近似的简化方法，但都不成熟。目前，仍按下列构造要求设计圈梁。

（1）圈梁宜连续地设在同一水平面上，并形成封闭状。当圈梁被门、窗口截断时，应在洞口上部增设相同截面的附加圈梁。附加圈梁与圈梁的搭接长度不应小于其垂直间距的 2 倍，且不得小于 1 m。

（2）对刚性方案房屋，圈梁应与横墙连接，其间距不宜大于规定的相应横墙间距。连接方式可将圈梁伸入横墙 $1.5 \sim 2$ m，或在该横墙上设置贯通圈梁。对刚弹性和弹性方案房屋，圈梁与屋架、大梁等构件应有可靠连接。

（3）钢筋混凝土圈梁的宽度宜与墙厚相同，当墙厚 $h \geqslant 240$ mm 时，其宽度不宜小于 $2h/3$。圈梁高度不应小于 120 mm。纵向钢筋不宜少于 $4\phi8$，绑扎接头的搭接长度按受拉钢筋考虑。箍筋间距不宜大于 300 mm。混凝土强度等级，现浇的不宜低于 C15，预制的不宜低于 C20。

（4）钢筋砖圈梁应采用不低于 M5 的砂浆砌筑，圈梁高度为 $4 \sim 6$ 皮砖。纵向钢筋不宜少于 $6\phi6$，水平间距不宜大于 120 mm，分上下两层设置在圈梁的顶部和底部水平灰缝内。

第七节　砌体结构房屋的设计步骤

进行砌体结构房屋设计时，可按如图 5.88 所示的设计步骤进行：

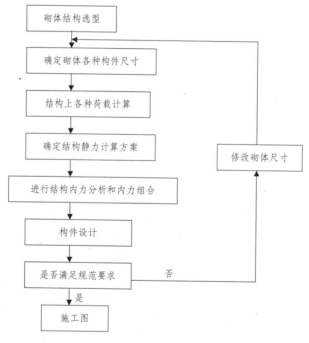

图　5.88

1. 砌体结构选型

指根据建筑功能要求确定应采用何种承重结构体系。

2. 确定砌体各种尺寸

主要是确定墙体的厚度，要求综合考虑建筑、结构及构造上的要求。

建筑上应满足保温、隔音要求，结构上应满足两种极限状态要求，构造上应满足高厚比要求等。

3. 结构上各种荷载计算

指按规范确定永久荷载和活荷载（风荷载、雪荷载等）以及地震作用，其中地震作用的计算按《建筑结构抗震设计规范》的规定进行。

4. 确定砌体结构静力计算方案

应根据楼（屋）盖类型、横墙间距及横墙自身的刚度确定结构属于何种静力计算方案。结构静力计算方案确定后，可得到相应的结构计算简图，为下一步的内力分析做好准备。

5. 进行结构的内力分析和内力组合

结构的内力分析按前述方法进行。内力组合的目的是找到最不利内力，可按规范规定去做。

6. 构件设计

一是强度验算，应按前述方法进行；二是应同时满足规范中各种构造要求。砌体结构在各种结构中的受力最为复杂，有许多设计内容不是单靠计算就能满足的，因此，根据国内外长期积累的经验以及工程中发生的事故和地震的震害调查，规范给出了一系列弥补计算不足的构造规定，也同计算一样重要。

7. 施工图设计

最后将前面的计算结果和构造要求，反映在结构施工图上。

复 习 思 考 题

1. 砌体抗压强度平均值、标准值和设计值有何关系？
2. 为什么有的情况下要调整砌体抗压强度设计值？
3. 何谓受压构件的承载力影响系数？
4. 影响无筋砌体受压构件承载力的主要因素有哪些？
5. 为什么无筋砌体受压构件要控制轴向力偏心矩 e 不大于限值 $0.6y$？设计中，当 $e>0.6y$ 时，一般采取什么措施进行调整？
6. 设置预制刚性垫块时，砌体局部受压承载力用哪一个公式计算？
7. 设置柔性垫梁时砌体局部受压承载力的计算公式是怎样得来的？
8. 组合砖砌体受压构件承载力的计算方法可否用于砌体结构的加固设计？
9. 划分混合结构房屋静力计算方案的依据是什么？
10. 刚性和刚弹性方案房屋中的横墙要满足哪些要求？
11. 单层刚性或刚弹性方案房屋中墙、柱的计算高度是怎样确定的？
12. 变截面柱的计算高度是怎样确定的？
13. 刚性方案房屋墙、柱静力计算的基本假定是什么？
14. 墙—梁（板）连接处有无嵌固作用？
15. 荷载作用对墙体开裂有何影响？如何预防？
16. 温度变形和收缩变形对墙体开裂有何影响？如何预防？
17. 什么是挑梁的计算倾覆点？

18. 怎样确定抗倾覆荷载？

19. 什么叫墙、柱的高厚比？验算高厚比的目的是什么？影响墙、柱高厚比的因素有哪些？

20. 为什么梁搭在砖砌的墙上，跨度达 4.8 m，梁支承处需设垫块，而梁搭在小砌块的墙上，跨度为 4.2 m，就需设垫块呢？

21. 在同一地区建造六层住宅，地质条件相同，分别用粘土砖与小砌块砌的墙体，哪一种墙体容易开裂？为什么？

22. 圈梁在砌体结构中有哪些作用？如何正确设置圈梁？

习　题

1. 已知某一砖柱的截面尺寸为 490 mm × 370 mm，采用 MU7.5 砖和 M5 混合砂浆砌筑。柱的计算高度为 5 m（两端为不动铰接），柱顶承受轴向力设计值 145 kN，试验算柱底截面承载力。

2. 已知有一截面尺寸为 490 mm × 740 mm 的砖柱，采用 MU10 黏土砖和 M7.5 混合砂浆砌筑。柱的计算高度 $H_0 = 6$ m，该柱危险截面承受轴向力设计值 $N = 50$ kN（轴向力标准值 $N_k = 39$ kN），弯矩设计值 $M = 15$ kN·m（弯矩标准值 $M_k = 11.82$ kN·m）。试验算该柱是否符合设计要求。

3. 某带壁柱砖墙，柱距 5 m，窗宽 2.5 m，横墙间距 30 m，纵墙墙厚 240 mm，包括纵墙在内的壁柱截面为 370 mm × 490 mm，砂浆为 M5，屋盖体系为 2 类。试验算其高厚比。

4. 已知某窗间墙的截面尺寸为 800 mm × 240 mm，采用 MU10 砖和 M5 砂浆砌筑，墙上支承钢筋混凝土梁，梁端支承长度为 240 mm，梁截面尺寸为 200 mm × 500 mm，梁端荷载设计值产生的支承压力为 50 kN，上部荷载设计值产生的轴向力为 120 kN。试验算梁端支承处砌体的局部受压承载力。

5. 某雨篷净悬挑长度 1.5 m，雨篷梁跨度 3 m，墙厚 240 mm，靠墙砌体抵抗倾覆，试求满足安全使用的最小墙高（从雨篷梁顶面算起）。

6. 有一两跨无吊车房屋（弹性方案）中柱为 3.2 m 高，截面尺寸为 490 mm × 490 mm，采用 MU10 黏土砖和 M7.5 混合砂浆砌筑。承受轴向压力标准值 $N_k = 260$ kN，弯矩标准值 $M_k = 13$ kN·m，轴向力设计值 $N = 325$ kN。试验算该柱的承载力是否满足要求。当不能满足要求又不能改变砖柱截面尺寸时，试选择合理的配筋砌体形式并设计之。

附表 5.1　砌体的抗压、拉、弯、剪强度设计值

附表 5.1.1　烧结普通砖和烧结多孔砖砌体的抗压强度设计值 f (N/mm²)

砖强度等级	砂 浆 强 度 等 级					砂浆强度
	M15	M10	M7.5	M5	M2.5	0
MU30	3.94	3.27	2.93	2.59	2.26	1.15
MU25	3.60	2.98	2.68	2.37	2.06	1.05
MU20	3.22	2.67	2.37	2.12	1.84	0.94
MU15	2.79	2.31	2.07	1.83	1.60	0.82
MU10	—	1.89	1.69	1.50	1.30	0.67

附表 5.1.2　蒸压灰砂砖和蒸压粉煤灰砖砌体的抗压强度设计值 f (N/mm²)

砖强度等级	砂 浆 强 度 等 级				砂浆强度
	M15	M10	M7.5	M5	0
MU25	3.60	2.98	2.68	2.37	1.05
MU20	3.22	2.67	2.39	2.12	0.94
MU15	2.79	2.31	2.07	1.83	0.82
MU10	—	1.89	1.69	1.50	0.67

附表 5.1.3　单排孔混凝土和轻骨料混凝土砌块砌体的抗压强度设计值 f (N/mm²)

小砌块强度等级	砂 浆 强 度 等 级					砂浆强度
	Mb20	Mb15	Mb10	Mb7.5	Mb5	0
MU20	6.30	5.68	4.95	4.44	3.94	2.33
MU15		4.61	4.02	3.61	3.20	1.89
MU10	—		2.79	2.50	2.22	1.31
MU7.5	—	—		1.93	1.71	1.01
MU5	—	—			1.19	0.70

注：① 对错孔砌筑的砌体，应按表中数值乘以 0.8；

② 对独立柱或厚度为双排组砌的砌块砌体，应按表中数值乘以 0.7；

③ 对 T 形截面砌体，应按表中数值乘以 0.85；

④ 单排孔且孔对孔砌筑的混凝土小型空心砌块灌孔砌体的抗压强度设计值 f_g，可按下列公式计算：

$$f_g = f + 0.6\alpha f_c \qquad\qquad (a)$$

$$\alpha = \delta\rho \qquad\qquad (b)$$

$$f_g / f \leqslant 2 \qquad\qquad (c)$$

式中　f——未灌孔砌体的抗压强度设计值，应按附表 5.1.3 采用；

f_c——灌孔混凝土的轴心抗压强度设计值；

α——砌块砌体中灌孔混凝土面积和砌体毛面积的比值；

δ——混凝土砌块的孔洞率；

ρ——混凝土砌块砌体的灌孔率，ρ 不应小于 33%。

附表 5.1.4　轻骨料混凝土砌块砌体的抗压强度设计值 f（N/mm²）

砌块强度等级	砂浆强度等级			砂浆强度
	Mb10	Mb7.5	Mb5	0
MU10	3.08	2.76	2.45	1.44
MU7.5	—	2.13	1.88	1.12
MU5	—	—	1.31	0.78

注：① 表中的砌块为火山灰、浮石和陶粒混凝土砌块；
　　② 对厚度方向为双排组砌的轻骨料混凝土砌块砌体的抗压强度设计值，应按表中数值乘以0.8。

附表 5.1.5　毛料石砌体的抗压强度设计值 f（N/mm²）

毛料石块体强度等级	砂浆强度等级			砂浆强度
	M7.5	M5	M2.5	0
MU100	5.42	4.80	4.18	2.13
MU80	4.85	4.29	3.73	1.91
MU60	4.20	3.71	3.23	1.65
MU50	3.83	3.39	2.95	1.51
MU40	3.43	3.04	2.64	1.35
MU30	2.97	2.63	2.29	1.17
MU20	2.42	2.15	1.87	0.95

注：对下列各类料石砌体，应按表中数值分别乘以系数：细料石砌体1.5；半细料石砌体1.3；粗料石砌体1.2；干砌勾缝石砌体0.8。

附表 5.1.6　毛石砌体的抗压强度设计值 f（N/mm²）

毛石块体强度等级	砂浆强度等级			砂浆强度
	M7.5	M5	M2.5	0
MU100	1.27	1.12	0.98	0.34
MU80	1.13	1.00	0.87	0.30
MU60	0.98	0.87	0.76	0.26
MU50	0.90	0.80	0.69	0.23
MU40	0.80	0.71	0.62	0.21
MU30	0.69	0.61	0.53	0.18
MU20	0.56	0.51	0.44	0.15

附表 5.1.7 沿砌体灰缝截面破坏时砌体的轴心抗拉强度设计值、弯曲抗拉强度设计值和抗剪强度设计值 f（N/mm²）

强度类别	破坏特征及砌体种类		砂浆强度等级			
			≥M10	M7.5	M5	M2.5
轴心抗拉	沿齿缝	烧结普通砖、烧结多孔砖	0.19	0.16	0.13	0.09
		蒸压灰砂砖、蒸压粉煤灰砖	0.12	0.10	0.08	0.06
		混凝土砌块	0.09	0.08	0.07	
		毛　石	0.08	0.07	0.06	0.04
弯曲抗拉	沿齿缝	烧结普通砖、烧结多孔砖	0.33	0.29	0.23	0.17
		蒸压灰砂砖、蒸压粉煤灰砖	0.24	0.20	0.16	0.12
		混凝土砌块	0.11	0.09	0.08	
		毛　石	0.13	0.11	0.09	0.07
	沿通缝	烧结普通砖、烧结多孔砖	0.17	0.14	0.11	0.08
		蒸压灰砂砖、蒸压粉煤灰砖	0.12	0.10	0.08	0.08
		混凝土砌块	0.08	0.06	0.05	
抗剪		烧结普通砖、烧结多孔砖	0.17	0.14	0.11	0.08
		蒸压灰砂砖、蒸压粉煤灰砖	0.12	0.10	0.08	0.06
		混凝土和轻骨料混凝土砌块	0.09	0.08	0.06	
		毛　石	0.21	0.19	0.16	0.11

注：① 对于用形状规则的块体砌筑的砌体，当搭接长度与块体高度的比值小于 1 时，其轴心抗拉强度设计值 f_t 和弯曲抗拉强度设计值 f_{tm} 应按表中数值乘以搭接长度与块体高度比值后采用；

② 对孔洞率不大于 35% 的双排孔或多排孔轻骨料混凝土砌块砌体的抗剪强度设计值，可按表中混凝土砌块砌体抗剪强度设计值乘以 1.1；

③ 对蒸压灰砂砖、蒸压粉煤灰砖砌体，当有可靠的试验数据时，表中抗剪强度设计值，可作适当调整。

附表 5.2 砌体受压构件的影响系数 φ

附表 5.2.1 影响系数 φ（砂浆强度等级 ≥ M5）

β	$\dfrac{e}{h}$ 或 $\dfrac{e}{h_T}$						
	0	0.025	0.05	0.075	0.1	0.125	0.15
≤3	1	0.99	0.97	0.94	0.89	0.84	0.79
4	0.98	0.95	0.90	0.85	0.80	0.74	0.69
6	0.95	0.91	0.86	0.81	0.75	0.69	0.64
8	0.91	0.86	0.81	0.76	0.70	0.64	0.59
10	0.87	0.82	0.76	0.71	0.65	0.60	0.55
12	0.82	0.77	0.71	0.66	0.60	0.55	0.51
14	0.77	0.72	0.66	0.61	0.56	0.51	0.47
16	0.72	0.67	0.61	0.56	0.52	0.47	0.44
18	0.67	0.62	0.57	0.52	0.48	0.44	0.40
20	0.62	0.57	0.53	0.48	0.44	0.40	0.37
22	0.58	0.53	0.49	0.45	0.41	0.38	0.35
24	0.54	0.49	0.45	0.41	0.38	0.35	0.32
26	0.50	0.46	0.42	0.38	0.35	0.33	0.30
28	0.46	0.42	0.39	0.36	0.33	0.30	0.28
30	0.42	0.39	0.36	0.33	0.31	0.28	0.26

β	$\dfrac{e}{h}$ 或 $\dfrac{e}{h_T}$					
	0.175	0.2	0.225	0.25	0.275	0.3
≤3	0.73	0.68	0.62	0.57	0.52	0.48
4	0.64	0.58	0.53	0.49	0.45	0.41
6	0.59	0.54	0.49	0.45	0.42	0.38
8	0.54	0.50	0.46	0.42	0.39	0.36
10	0.50	0.46	0.42	0.39	0.36	0.33
12	0.47	0.43	0.39	0.36	0.33	0.31
14	0.43	0.40	0.36	0.34	0.31	0.29
16	0.40	0.37	0.34	0.31	0.29	0.27
18	0.37	0.34	0.31	0.29	0.27	0.25
20	0.34	0.32	0.29	0.27	0.25	0.23
22	0.32	0.30	0.27	0.25	0.24	0.22
24	0.30	0.28	0.26	0.24	0.22	0.21
26	0.28	0.26	0.24	0.22	0.21	0.19
28	0.26	0.24	0.22	0.21	0.19	0.18
30	0.24	0.22	0.21	0.20	0.18	0.17

附表 5.2.2 影响系数 φ（砂浆强度等级 M2.5）

β	$\dfrac{e}{h}$ 或 $\dfrac{e}{h_T}$						
	0	0.025	0.05	0.075	0.1	0.125	0.15
≤3	1	0.99	0.97	0.94	0.89	0.84	0.79
4	0.97	0.94	0.89	0.84	0.78	0.73	0.67
6	0.73	0.89	0.84	0.78	0.73	0.67	0.62
8	0.89	0.84	0.78	0.72	0.67	0.62	0.57
10	0.83	0.78	0.72	0.67	0.61	0.56	0.52
12	0.78	0.72	0.67	0.61	0.56	0.52	0.47
14	0.72	0.66	0.61	0.56	0.51	0.47	0.43
16	0.66	0.61	0.56	0.51	0.47	0.43	0.40
18	0.61	0.56	0.51	0.47	0.43	0.40	0.36
20	0.56	0.51	0.47	0.43	0.39	0.36	0.33
22	0.51	0.47	0.43	0.39	0.36	0.33	0.31
24	0.46	0.43	0.39	0.36	0.33	0.31	0.28
26	0.42	0.39	0.36	0.32	0.31	0.28	0.26
28	0.39	0.36	0.33	0.30	0.28	0.26	0.24
30	0.36	0.33	0.30	0.28	0.26	0.24	0.22

β	$\dfrac{e}{h}$ 或 $\dfrac{e}{h_T}$					
	0.175	0.2	0.225	0.25	0.275	0.3
≤3	0.73	0.68	0.62	0.57	0.52	0.48
4	0.62	0.57	0.52	0.48	0.44	0.40
6	0.57	0.52	0.48	0.44	0.40	0.37
8	0.52	0.48	0.44	0.40	0.37	0.34
10	0.47	0.43	0.40	0.37	0.34	0.31
12	0.43	0.40	0.37	0.34	0.31	0.29
14	0.40	0.36	0.34	0.31	0.29	0.27
16	0.36	0.34	0.31	0.29	0.26	0.25
18	0.33	0.31	0.29	0.26	0.24	0.23
20	0.31	0.28	0.26	0.24	0.23	0.21
22	0.28	0.26	0.24	0.22	0.21	0.20
24	0.26	0.24	0.23	0.21	0.20	0.18
26	0.24	0.22	0.21	0.20	0.18	0.17
28	0.22	0.21	0.20	0.18	0.17	0.16
30	0.21	0.20	0.18	0.17	0.16	0.15

附表 5.2.3 影响系数 φ（砂浆强度等级 0）

β	$\dfrac{e}{h}$ 或 $\dfrac{e}{h_T}$						
	0	0.025	0.05	0.075	0.1	0.125	0.15
≤3	1	0.99	0.97	0.94	0.89	0.84	0.79
4	0.87	0.82	0.77	0.71	0.66	0.60	0.55
6	0.76	0.70	0.65	0.59	0.54	0.50	0.46
8	0.63	0.58	0.54	0.49	0.45	0.41	0.38
10	0.53	0.48	0.44	0.41	0.37	0.34	0.32
12	0.44	0.40	0.37	0.34	0.31	0.29	0.27
14	0.36	0.33	0.31	0.28	0.26	0.24	0.23
16	0.30	0.28	0.26	0.24	0.22	0.21	0.19
18	0.26	0.24	0.22	0.21	0.19	0.18	0.17
20	0.22	0.20	0.19	0.18	0.17	0.16	0.15
22	0.19	0.18	0.16	0.15	0.14	0.14	0.13
24	0.16	0.15	0.14	0.13	0.13	0.12	0.11
26	0.14	0.13	0.13	0.12	0.11	0.11	0.10
28	0.12	0.12	0.11	0.11	0.10	0.10	0.09
30	0.11	0.10	0.10	0.09	0.09	0.09	0.08

β	$\dfrac{e}{h}$ 或 $\dfrac{e}{h_T}$					
	0.175	0.2	0.225	0.25	0.275	0.3
≤3	0.73	0.68	0.62	0.57	0.52	0.48
4	0.51	0.46	0.43	0.39	0.36	0.33
6	0.42	0.39	0.36	0.33	0.30	0.28
8	0.35	0.32	0.30	0.28	0.25	0.24
10	0.29	0.27	0.25	0.23	0.22	0.20
12	0.25	0.23	0.21	0.20	0.19	0.17
14	0.21	0.20	0.18	0.17	0.16	0.15
16	0.18	0.17	0.16	0.15	0.14	0.13
18	0.16	0.15	0.14	0.13	0.12	0.12
20	0.14	0.13	0.12	0.12	0.11	0.10
22	0.12	0.12	0.11	0.10	0.10	0.09
24	0.11	0.10	0.10	0.09	0.09	0.08
26	0.10	0.09	0.09	0.08	0.08	0.07
28	0.09	0.08	0.08	0.08	0.07	0..07
30	0.08	0.07	0.07	0.07	0.07	0.06

附表 5.2.4 影 响 系 数 φ_n

ρ	β \ e/h	0	0.05	0.10	0.15	0.17
0.1	4	0.97	0.89	0.78	0.67	0.63
	6	0.93	0.84	0.73	0.62	0.58
	8	0.89	0.78	0.67	0.57	0.53
	10	0.84	0.72	0.62	0.52	0.48
	12	0.78	0.67	0.56	0.48	0.44
	14	0.72	0.61	0.52	0.44	0.41
	16	0.67	0.56	0.47	0.40	0.37
0.3	4	0.96	0.87	0.76	0.65	0.61
	6	0.91	0.80	0.69	0.59	0.55
	8	0.84	0.74	0.62	0.53	0.49
	10	0.78	0.67	0.56	0.47	0.44
	12	0.71	0.60	0.51	0.43	0.40
	14	0.64	0.54	0.46	0.38	0.36
	16	0.58	0.49	0.41	0.35	0.32
0.5	4	0.94	0.85	0.71	0.63	0.59
	6	0.88	0.77	0.66	0.56	0.52
	8	0.81	0.69	0.59	0.50	0.46
	10	0.73	0.61	0.52	0.44	0.41
	12	0.65	0.55	0.46	0.39	0.36
	14	0.58	0.49	0.41	0.35	0.32
	16	0.51	0.43	0.36	0.31	0.29
0.7	4	0.93	0.83	0.72	0.61	0.57
	6	0.86	0.75	0.63	0.53	0.50
	8	0.77	0.66	0.56	0.47	0.43
	10	0.68	0.58	0.49	0.41	0.38
	12	0.60	0.50	0.42	0.36	0.33
	14	0.52	0.44	0.37	0.31	0.30
	16	0.46	0.38	0.33	0.28	0.26
0.9	4	0.91	0.82	0.71	0.60	0.56
	6	0.83	0.72	0.61	0.52	0.48
	8	0.73	0.63	0.53	0.45	0.42
	10	0.64	0.54	0.46	0.38	0.36
	12	0.55	0.47	0.39	0.33	0.31
	14	0.48	0.40	0.34	0.29	0.27
	16	0.41	0.35	0.30	0.25	0.24
1.0	4	0.91	0.81	0.70	0.59	0.55
	6	0.82	0.71	0.60	0.51	0.47
	8	0.72	0.61	0.52	0.43	0.41
	10	0.62	0.53	0.44	0.37	0.35
	12	0.54	0.45	0.38	0.32	0.30
	14	0.46	0.39	0.33	0.28	0.26
	16	0.39	0.34	0.28	0.24	0.23

附表 5.2.5　组合砖砌体构件的稳定系数 φ_{com}

β	配　　筋　　率　　ρ %					
	0	0.2	0.4	0.6	0.8	≥1.0
8	0.91	0.93	0.95	0.97	0.99	1.00
10	0.87	0.90	0.92	0.94	0.96	0.98
12	0.82	0.85	0.88	0.91	0.93	0.95
14	0.77	0.80	0.83	0.86	0.89	0.92
16	0.72	0.75	0.78	0.81	0.84	0.87
18	0.67	0.70	0.73	0.76	0.79	0.81
20	0.62	0.65	0.68	0.71	0.73	0.75
22	0.58	0.61	0.64	0.66	0.68	0.70
24	0.54	0.57	0.59	0.61	0.63	0.65
26	0.50	0.52	0.54	0.56	0.58	0.60
28	0.46	0.48	0.50	0.52	0.54	0.56

第六章　木结构设计

第一节　概　述

　　木结构是指以木材为主要受力体系的工程结构。中国古建筑木结构是世界上的一个独立结构系统，数千年来其经历继承演变，流布于亚洲尤其是中国周边广大的区域。在漫长的历史长河中，中国古建筑始终保持着一种独立的结构原则而没有发生本质性的改变，并对亚洲，尤其是中国周边国家和地区建筑的发展，产生了广泛而深远的影响。宋代《营造法式》从建筑、结构到施工全面系统地反映了中国古代木结构建筑的体系。中国拥有建成数百年甚至上千年的古代木结构，如建于公元 1056 年的应县木塔（见图 6.1，高 67.31 m）、建于公元 857 年的山西佛光寺大殿（见图 6.2），在历经许许多多的战争、地震以及其他自然灾害而至今依然巍然屹立，充分展示了中国古代木结构高超的建造技术水平及这种结构体系良好的结构与抗震性能。

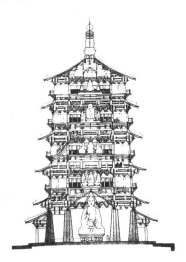

图 6.1　山西应县木塔

图 6.2　山西五台县佛光寺大殿

　　新中国成立后，由于经济建设的需要，虽然我国森林比较缺乏，但木材作为地方材料既能就地取材又易于加工，故木结构在建筑结构中占相当的比例。由于我国木材工业和建筑业的技术水平不高，主要采用方木或原木结构，最普遍的为三角形豪式屋架承重的木屋盖。到 20 世纪 80 年代，结构用材采伐殆尽。当时国家又无足够的外汇储备从国际市场购进木材，以致停止使用木结构。

近年来，由于中国林业技术的发展和国外进口结构木材的增多，现代木结构在我国又得以复苏。到了 20 世纪 90 年代后期，我国经济发展达到了新的高度，随着人们生活水平的提高，在沿海发达地区陆续引进了北美 1～3 层轻型木结构住宅（见图 6.3），至今已建成数千幢，我国的木结构终于复苏。轻型木结构已正式列入国家标准《木结构设计规范》和《木结构工程施工质量验收规范》。

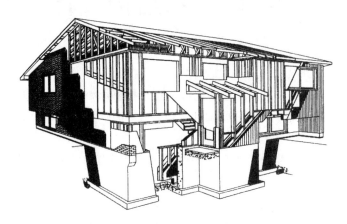

图 6.3 轻型木结构单户住宅构造剖视图[38]

木结构在房屋建筑、桥梁、道路等方面都有应用。在房屋建筑方面，木结构除大量用于住宅、学校和办公楼等中低层建筑之外，也大量用于大跨度建筑，如体育场、机场、展览馆、图书馆、会议中心、商场和厂房等。

应当指出的是，木结构在我国停滞的 20 多年，正是国际上木结构有长足进步的时期，北美和北欧已做到木材的生长量高于采伐量，并利用基因工程培育出速生而性能优良的树种，又创新性地生产出复合木材，90% 的居民能住在郊区或半郊区，拥有独立中央空调的 1～3 层轻型木结构住宅。复合木材品种从锯切加工木材复合的层板胶合木发展到旋切或削片加工木材复合的旋切板胶合木、平行木片胶合木及层叠木片胶合木。复合木材可增加出材率 20% 以上，又可提高设计强度。欧洲最大的复合木材结构体育场直径达 115 m，可作为我国木结构发展的借鉴。

与此同时，木结构技术和理论还有以下 4 方面的发展：

（1）确定了按结构木材定级并推广了机械定级，终于走出了以清材为基础目测定级的误区，达到了合理地利用木材的承载能力；

（2）引进了断裂力学，将木材定性为"开裂的黏弹性材料"，阐明了木材的荷载持续效应和横纹断裂的原理；

（3）增添了"胶入钢筋"这种能充分利用钢材流限的木构件连接方式；

（4）将二维甚至三维的有限元法引入木结构设计，更充分地发挥木结构的承载效能。

与其他材料建造的结构相比，木材资源易于再生、绿色环保，木结构保温隔热、抗震性能好等优越性越来越被认识，木结构知识又受到了建筑设计、施工单位的关注。木结构教学也受到了高等教育的关注。

木结构的优点：

（1）木材资源再生产容易。木材依靠太阳能而周期性地自然生长，只要合理种植、开采，相对于其他建筑材料如砖石、混凝土和钢材等，木材最易再生产，速生材一般周期为 10～50 年。

（2）木材是一种绿色环保材料。对分别以木材、钢材和混凝土为主要结构材料的面积约 2 000 m² 的一幢住宅建筑进行比较，分析结果表明：木结构建筑消耗的能量是混凝土建筑的 45%、是钢结构建筑的 66%；木结构建筑排放的等效二氧化碳是混凝土建筑的 66%、是钢结构建筑的 81%；木结构建筑的空气污染指数是混凝土建筑的 46%、是钢结构建筑的 57%；木结构建筑的水污染指数是混凝土建筑的 47%、是钢结构建筑的 29%。因此，综合考虑能耗、等效二氧化碳排放、空气污染、水污染、生态资源耗用和固体废弃物排放等因素，木材最为绿色环保。

（3）木材具有较好的保温隔热性能。由于木材本身构造的特点，细胞内有空腔，形成了天然的中空材料，使得热传导速度慢，保温、隔热性能好，所以木结构有冬暖夏凉之美称。

（4）木结构建筑重量较轻。木材密度比传统建筑材料都小。木材的强度与荷载作用方式、荷载与木纹的方向等因素有关，但只要设计合理，木材的顺纹抗压、抗弯强度还是比较高的。

（5）木结构建造方便。木材加工容易，可锯切成各种形状。木结构构件相对轻巧，运输和安装都较容易，尤其对于轻型木结构建筑安装无需大型设备，3～4 个月就能完成一幢独立别墅的建造。

（6）木结构建筑具有较好的抗震性能。结构物上的地震作用与结构质量有关，木结构质量轻，产生的地震作用小；木结构的整体结构体系一般具有较好的塑性、韧性，因此在国内外历次强震中木结构都表现出较好的抗震性能。

木结构的缺点：

（1）木材各向异性。木材沿纵向、横向力学性能完全不同，各种强度差别相当大，其中顺纹抗压、抗弯的强度较高。因此木结构设计最好尽可能使构件承受压力，避免承受拉力。

（2）木材容易腐蚀及虫害侵蚀。需要对木材进行防腐蚀及预防虫害处理。

（3）木材易于燃烧。需要对结构木材进行耐火处理。

第二节　木结构材料性能

一、结构用木材种类和规格

1. 结构用天然木材种类和规格

建筑承重构件用材的要求，一般来说最好是：树干长直、纹理平顺、材质均匀、木节少、扭纹少、耐腐朽、耐虫蛀、易干燥、少开裂和变形、具有较好的力学性能，并便于加工。

结构用木材可分为针叶树材和阔叶树材两类。针叶树材长而直，一般质地较软，又称为软木，大都具有纹理直、材质均匀、易干燥而不易开裂和变形、自重轻、木质较软等特点，宜于用作主要承重构件。阔叶树材较短，一般质地较硬，所以又称硬木，一般不易干燥而易开裂和变形、自重大、材质较坚硬，多用作木结构的连接件。

针叶树材显示相对简单的构造，材质均匀，由 90% 到 95% 的纵向管胞组成（见图 6.4），这是决定针叶树材物理力学性能的主要因素。阔叶树材的构造比针叶材更为复杂且变异性也较大，但是绝大部分的结构还是相似的。阔叶树材的组成分子为木纤维、导管、管胞、木射线和薄壁细胞等。其中以木纤维为主，占总体积的 50%。木纤维是一种厚壁细胞，它是决定阔叶树材物理力学性能的主要因素。阔叶树材纤维比针叶树材导管具有较厚的细胞壁和较小的细胞腔。阔叶树材中薄壁组织细胞的数量高于针叶树材。阔叶树材往往有很大的射线，特别是在热带的阔叶树材中存在高百分率的纵向薄壁组织。

木材细胞的主要成分为纤维素、木素和半纤维素。其中以纤维素为主，在针叶树材中约占 53%。纤维素的化学性质很稳定，不溶于水和有机溶剂，弱碱对纤维素几乎不起作用。这就是木材本身化学性质稳定的原因。针叶树材的木素含量约为 25%，半纤维素含量约为 22%。阔叶树材的纤维素和木素含量较少，而半纤维素较多。

木材在不同方向上的分子特征不同，其物理性质、力学强度也因此不同。纵向是沿着木纹生长的长度方向；径向和切向均垂直于木纹长度方向，径向为沿着横截面的半径方向，切向为沿着横截面的切线方向。

纤维素分子能聚集成束，形成细胞壁的骨架，而木素和半纤维素包围在纤维素外边。木材细胞壁分为胞间层、初生壁和次生壁（图 6.5）。初生壁主要由纤维素组成。次生壁进一步分成三层，细胞壁主体为厚度最大的次生壁中层，该层微细纤维紧密靠拢，排列方向与轴线间呈 $10° \sim 30°$ 角，这就是木材各向异性的根本原因。次生壁主要成分也是纤维素或是纤维素和半纤维素的混合物，还常常含有大量的木质素。

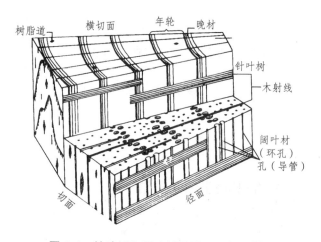

1—初生（原生）壁；2—次生壁外层；
3—次生壁中层；4—次生壁内层；
5—管胞间的夹层（壳层）

图 6.4　针叶材和阔叶材显微结构模型[40]　　　图 6.5　木材微观结构简图[40]

木材主要缺陷有木节、斜纹、髓心、裂缝、变色及腐朽，这些都会降低木材利用价值，影响材料的受力性能。

结构用木材按材种一般分为原木、方木及板材 3 种。

原木系指已经除去皮、根、树梢，并已按一定尺寸加工成规定直径和长度的木料。板方材系指经过加工锯解成材的木料。凡宽度为厚度 3 倍或 3 倍以上的称为板材，不足 3 倍的称为方材。板材常用厚度为 $15 \sim 80\ mm$，方材常用厚度为 $60 \sim 240\ mm$。针叶材长度为 $1 \sim 8\ m$，阔叶材长度 $1 \sim 6\ m$。

2. 结构用复合木材种类和规格[40]

结构用复合木材是指采用旋切单板或削片用耐水的合成树脂胶黏结，热压成型，专门用于承重结构的复合木材。由于用旋切单板和削片取代锯切木材，消除了锯末和刨花，使木材的出材率提高 20% 以上。

木材在工程中的应用在 20 世纪特别在 20 世纪中叶以后有长足的进步：加工方法从锯切发展到旋切或削片；树种从优质针叶树种发展到利用率不高的速生阔叶树种。从简单的实木发展到多品种的工程复合木材。

复合木材，首先问世的是层板胶合木。这是采用锯切加工的木板，采用胶合指形接头将层板接长，刨光后层叠胶结而成。从根本上摆脱了受木材天然生长尺寸的限制，能将木节等缺陷分层匀开，并按构件各部分受力不同，布置不同等级的木材，还能制成受力合理的弧形构件和工字形截面，可用于大跨度的场馆建筑，并满足各种建筑造型的要求。大截面胶合构件的耐火性能还优于钢结构和预应力混凝土结构，发挥了木结构的优越性。这是复合木材发展的第一阶段。复合木材发展的第二阶段是将旋切单板或削片用耐水的合成树脂胶黏结热压成型的旋切板胶合木，平行木片胶合木，层叠木片胶合木及定向木片胶合木，通称为结构复合木材。我国已陆续进口层板胶合木和结构复合木材。

（1）层板胶合木。

在欧洲、北美和日本，层板胶合木得到广泛的应用，从住宅的大门横梁到楼盖主梁，工业和商业用房的梁、柱及桁架。由于层板胶合木能制成几乎任意的形状和尺寸，从直线形到各种复杂曲线的构件，为建筑师们提供了优美的建筑造型。

层板胶合木可以用多数能利用的树种制作，图 6.6 为层板胶合木生产工序，制作时层板坯料的含水率应干燥到 7% ~ 15% 的范围内。

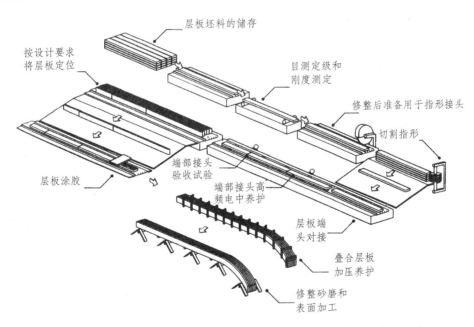

图 6.6　层板胶合木生产工序（此图取自加拿大木业协会的木材手册）

（2）旋切板胶合木。

旋切板胶合木是将旋切的厚单板顺木纹层叠，用室外型的合成树脂胶热压黏结而成的结构复合木材，它最早应用于第二次世界大战中的飞机螺旋桨。从 20 世纪 70 年代中期，旋切板胶合木因其具有高强度、截面尺寸的稳定性和匀质性，而应用于梁、大门横梁以及施工脚手架的跳板。

绝大部分旋切板胶合木产品的每层单板木纹方向都与构件长度方向平行，这赋予了构件沿其长度方向具有定向的高强度性能。某些特制的旋切板胶合木，其中少数几层单板木纹方向与构件的长度方向垂直，以提高与构件长度正交方向的强度，这样改善了构件的连接性能，获得了具有较高可靠度和较小变异性的结构用材。图 6.7 为旋切板胶合木的生产工艺流程。

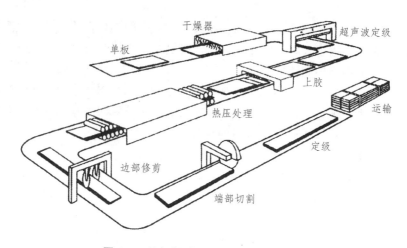

图 6.7 旋切板胶合木的生产工艺流程

（此图取自 Trus Joist™A Weyerhaeuuser Business Media Kit）

（3）平行木片胶合木。

平行木片胶合木是加拿大的麦克米伦·波洛德尔有限公司的发明，他们经过 10 多年的反复研制，最后确定采用旋切的木片，用酚醛树脂胶热压而成，1986 年正式成为专利产品。图 6.8 为平行木片胶合木的生产工艺流程。

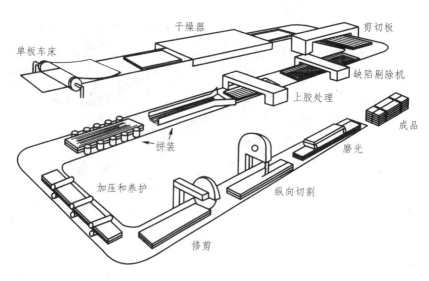

图 6.8 平行木片胶合木的生产工艺流程

（此图取自 Trus JoistTMA Weyerhaeuuser Business Media Kit）

产品的含水率为 8% ~ 12%，这是为了保证产品既具有足够强度又具有稳定的性能，不会因气候变化而产生收缩、挠曲、横弯、纵向弯曲或劈裂。在住宅木结构中，平行木片胶合木适宜用于横梁，或在梁、柱结构体系中用于立柱；在轻型木结构中用于各种过梁；在重型木结构中可用于中等或大截面构件。

（4）层叠木片胶合木。

1988 年，加拿大的麦克米伦·波洛德尔有限公司采用利用率不高的速生阔叶树种生产层叠木片胶合木代替某些大截面的锯材，其最终产品是利用速生的阔叶树种，胶热压黏结而成。图 6.9 为层叠木片胶合木的生产工艺流程。

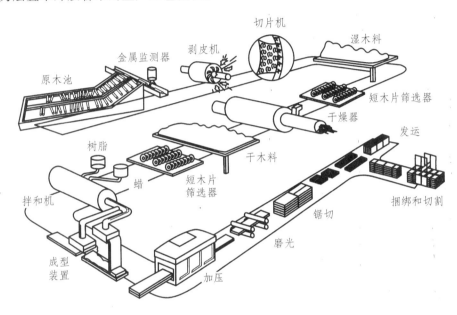

图 6.9 层叠木片胶合木的生产工艺流程

（此图取自 Trus JoistTMA Weyerhaeuuser Business Media Kit）

在生产中，为保证层叠木片胶合木具有坚实又稳定的性能，较少产生可能导致收缩、翘曲、横弯、纵向弯曲或劈裂及气干过程中形成的内应力，应控制其含水率为 6% ~ 8%。在轻型木结构中，层叠木片胶合木适宜用于车库大门的横梁、门窗的过梁、墙体中的墙骨以及边框板。层叠木片胶合木的构件尺寸宜与实际用途相适应，生产时应尽量满足定做尺寸的要求，常规产品尺寸为厚度 140 mm、宽度 1.2 m、长度 14.6 m。

（5）定向木片板和定向木片胶合木。

定向木片板是利用低于商品木材质量的树种制成取代结构胶合板的木基结构板材，它是由 3 层相互垂直的木片组成。表层的大部分木片平行于板材的长轴；芯层的木片可与长轴垂直，或完全随机铺设。定向木片胶合木是采用定向木片板的生产工艺逐层加厚制成的胶合木。图 6.10 为定向木片板的生产工艺流程。

定向木片板和定向木片胶合木可制成高厚比较大的构件，专门用于构成楼盖周边的边框板或短跨度的大门横梁。定向木片胶合木是在含水率约为 5% 的条件下制造的，其制造工艺致使产品具有相对坚固的性质。

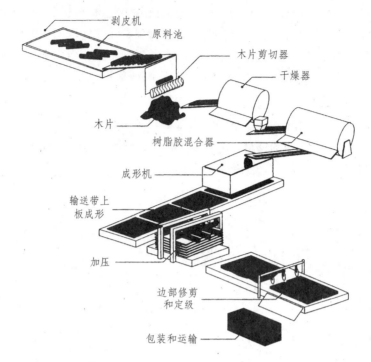

图 6.10 定向木片板的生产工艺流程

（取自 Canadian Wood Council 的木材手册，1991 年）

二、木材的物理性能与力学性能

（一）木材的物理性能

1. 木材的重度小、相对强度高

结构用木材承重重度约为 5 kN/m³，较其他结构材料轻。

材料的强度和其容积的比值（称为相对强度）和钢材相近，而较混凝土和砌体高。

2. 木材的各向异性对木材强度的影响

木材由管状细胞组成，因此，在力学性能方面具有显著的各向异性，顺纹受力强度最高；横纹受力强度最低，斜纹方向强度随受力角度 α 的增大而减小，介于顺纹与横纹的强度之间，如图 6.11 所示。

3. 木材的含水率对木材强度的影响

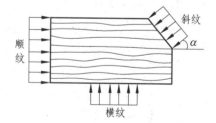

图 6.11 木材受力的各向异性

木材的含水率是指木材中所含水分的质量占烘干后木材质量的百分率。木材的含水率对木材强度有很大的影响，木材的含水率在纤维饱和点以下时，其强度和弹性模量随含水率的增大而降低，但当含水率达到纤维饱和点时，含水率再增加，木材强度也不再降低。含水率对受压、受弯、受剪及承压强度影响最大，而对受拉强度影响较小。木结构设计规范规定，在制作构件时，木材含水率应符合下列要求：

（1）对于原木或方木结构不应大于 25%；

（2）对于板材结构及受拉构件的连接板不应大于 18%；

（3）对于木制连接件不应大于 15%。

木材含水率的变化会引起构件收缩或膨胀，从而影响结构受力、产生裂缝、影响外观，严重时影响构件承载或正常使用。

4. 木材的缺陷对木材强度的影响

常见的木材缺陷有木节、腐朽、虫害、裂缝、斜纹等。木材的缺陷在不同程度上影响其质量，实际应用时应根据木材缺陷的程度来评定木材的质量和划分等级，做到合理使用。

5. 荷载作用时间对木材强度的影响

木材的一个显著特点就是在长期荷载作用下强度逐渐降低，但这种降低并不是无限的，而是趋于某一常数值；当构件应力不大于该常数值时，不论荷载作用时间多久，构件都不会破坏；当构件应力大于该常数值时，构件经过一定时间后必将破坏。故该常数值是构件在长期荷载作用下的强度极限值，称为木材的长期强度，也称持久强度。长期强度极限值约为瞬时强度的 0.5～0.6 倍。一般情况下，如荷载持续作用在木构件上长达 10 年，则木材强度将降低 40% 左右。当然每一种构件具体强度降低程度随树种和受力性质而变化。木结构设计应以无论荷载作用多久木材也不会发生破坏的长期强度为依据。

6. 温度变化对木材强度的影响

木材的强度和弹性模量都随温度升高而降低，温度愈高强度愈低。强度降低程度与木材的含水率、温度值及荷载持续作用的时间等多种因素有关。木结构规范规定，受生产性高温影响，木材表面温度高于 50 ℃ 时，不应采用木结构。

7. 密度对木材性能的影响

木材密度是衡量木材力学强度的重要指标之一。一般密度越大则强度越高，这一效应对同一树种的木材是相当显著的。密度随木材的种类而有不同。

（二）木材的力学性能

由于木材有着各向异性的特点，所以力的作用方向与木纹方向之间的角度对木材强度有很大的影响。

1. 木材受拉性能

木材顺纹抗拉强度极限比横纹抗拉强度极限高，约为横纹抗拉强度极限的 10～40 倍。在承重结构中不允许设计成横纹受拉的构件。

木材顺纹受拉的应力–应变曲线接近于直线，即破坏前没有明显的塑性变形，它具有脆性破坏的特征。

木材的缺陷，特别是木节和斜纹能使木材顺纹抗拉强度降低很多。有斜纹时，拉力作用方向与木纹方向形成一定的角度，出现垂直木纹方向的分力，由于木材横纹抗拉强度很低，所以这将降低木材斜纹抗拉强度。

木节与周围木质连接较差，它破坏了木材的均匀性和完整性，同时木节周围存在的涡纹，使木节边缘产生局部应力集中，使木材的抗拉强度大为降低。所以《木结构设计规范》采取

下列措施:

(1) 规定受拉和拉弯构件所用的木材要符合Ⅰₐ级材质等级 (表6.1),对木材的缺陷采用最严格的限制。

(2) 采用比较低的顺纹抗拉强度设计值 f_t。采用的 f_t 数值仅为标准小试件受拉强度的 $1/14 \sim 1/10$。

2. 木材顺纹受压性能

木材的顺纹受压强度较顺纹受拉强度大,因为木材在压力作用下内力的分布较均匀,且木节亦能承受一些压力,所以木节对受压强度的影响较小。顺纹受压时具有较好的塑性,因此,木构件受压工作比受拉工作可靠得多。考虑到各种缺陷对木材受压的影响较小,所以《木结构设计规范》中对木材顺纹抗压强度的设计值 f_c 取值较高,而且规定受压和压弯构件所用的木材采用Ⅲₐ级材质等级,对缺陷的限制采用最宽松的限制。顺纹抗压与顺纹抗拉的弹性模量基本相同。

3. 木材受弯性能

木材抗弯强度极限介于顺纹抗拉和顺纹抗压强度极限之间。抗弯弹性模量比抗拉和抗压弹性模量略低。木节和斜纹对抗弯强度的影响也介于受拉和受压之间,位于受压区时影响较小,位于受拉区时影响较大。

木材受弯试件从开始加载到破坏的过程是:当荷载很小时,应力为直线分布,随着荷载的逐级增加,受压区出现塑性变形,并不断向受拉区发展,中和轴下移,拉应力不断增大。破坏时受压边缘纤维达到顺纹抗压强度极限,受拉边缘纤维达到顺纹抗拉强度极限,纤维断裂。

《木结构设计规范》中对受弯和压弯构件的材质等级规定采用Ⅱₐ级,即对木材缺陷的限制采用拉、压构件的中间值。在施工时对受弯构件总是不使受拉边缘有较大的缺孔和木节,所以对抗弯强度设计值 f_m 的取值较高。

4. 木材承压性能

两个构件通过相互接触的表面传递压力时称为承压,作用在接触面上的应力称为承压应力。按承压应力与木纹所成角度的不同,可分为顺纹承压、横纹承压和斜纹承压。顺纹承压强度比顺纹抗压强度略小,规范取两者强度相同。

横纹承压又分为全表面承压和局部表面承压。横纹全表面承压强度 $f_{c,90}$ 远低于顺纹承压强度, 仅为顺纹抗压强度的 $1/7 \sim 1/5$,承压后的变形亦较大。当局部承压时,它的强度还会提高,因为局部承压时承压面长度以外的木材纤维处于受弯和受拉工作状态,从而减少了局部受压面下的纤维变形,其提高值随局部承压面积与构件表面面积之比而变化。

斜纹承压强度介于顺纹承压和横纹承压强度之间。木材斜纹受压时的抗压强度 f_{ca} 和作用力方向与木纹方向的夹角有关,

当 $\alpha \leqslant 10°$ 时 $\qquad f_{ca} = f_c$

当 α 在 $10° \sim 90°$ 之间时

$$f_{ca} = \frac{f_c}{1 + \left(\dfrac{f_c}{f_{c,90}} - 1 \right) \dfrac{\alpha - 10°}{80°} \sin \alpha} \qquad (6.1)$$

式中, α 为作用力方向与木纹方向的夹角。

5. 木材受剪性能

木材的受剪强度很低，木材有顺纹受剪、横纹受剪和成角度受剪等情况，常见的是顺纹受剪，根据剪力作用的方式，顺纹受剪可分为单侧受剪（剪力作用在受剪面一端），双侧受剪（剪力作用在受剪面两端），单侧受剪时，剪应力分布极不均匀。

木材受剪具有脆性破坏性质，当剪应力最大值达到抗剪强度极限时，受剪面便发生突然破坏。受剪面上有横向压紧力时，平均抗剪强度较高，无横向压紧力时，由于存在横向撕裂作用，受剪面的抗剪强度大为降低。

对受剪强度影响最大的是受剪面附近的裂缝，特别是与受剪面重合的裂缝。它往往是木结构连接破坏的主要原因，所以《木结构设计规范》根据木材干缩开裂的规律，在材质标准中增加了受剪面应避开髓心的规定。

6. 构件尺寸对木材性能的影响

构件截面越大、构件越长，则构件中包含缺陷（木节、斜纹等）的可能性越大。木节的存在减小了构件的有效截面、产生了局部纹理偏斜，并且有可能产生与木纹垂直的局部拉应力，从而降低了木材的强度。我国《木结构设计规范》中对规格材强度进行了尺寸调整。

7. 系统效应对木材性能的影响

当结构中同类多根构件共同承受荷载时，木材强度可适当提高，这一提高作用可称为结构的系统效应。我国《木结构设计规范》规定 3 根以上木搁栅存在、且与面板可靠连接时，木搁栅抗弯强度可提高 15%，即抗弯强度的设计值 f_m 乘以 1.15 的共同作用系数。

三、木材等级和设计强度

承重结构用木材分为用于普通木结构的原木、方木和板材，胶合木，轻型木结构规格材三大类。木材的强度等级以 T 表示，C 代表针叶材，B 代表阔叶材，其级别以抗弯强度设计值区分。常用针叶材的强度等级有四种，即 TC17、TC15、TC13 和 TC11。常用阔叶材的强度等级有 TB20、TBI7 和 TB15。此处强度等级代号 TC、TB 后的数值为抗弯强度设计值，单位为 N/mm²。用于普通木结构的原木、方木和板材的材质分为 I$_a$、II$_a$ 和 III$_a$ 三级；胶合木结构的材质等级分为 I$_b$、II$_b$ 和 III$_b$ 三级；对于轻型木结构用规格材的材质等级按目测分等时为 I$_c$、II$_c$、III$_c$、IV$_c$、V$_c$、VI$_c$ 和 VII$_c$ 七级，按机械分等时为 M10、M14、M18、M22、M26、M30、M35 和 M40 八级。

1. 普通木结构材质强度

普通木结构用的原木、方木和板材分别按照《木结构设计规范》规定的缺陷限定，采用目测分等分成 I$_a$、II$_a$ 和 III$_a$ 三级。这三个等级的材质的用途见表 6.1。

表 6.1 普通木结构构件的材质等级

项 次	主 要 用 途	材质等级
1	受拉或拉弯构件	I$_a$
2	受弯或压弯构件	II$_a$
3	受压构件及次要受弯构件（如吊顶小龙骨等）	III$_a$

表 6.2 列出了常用树种的强度设计值和弹性模量；它们是在正常情况下的数值。在设计时尚须考虑含水率、荷载作用时间、温度等因素的影响，所需的调整系数见表 6.3。

表 6.2 在正常情况下木材强度设计值和弹性模量（N/mm²）

强度等级	组别	适合树种	抗弯 f_m	顺纹抗压及承压 f_c	顺纹抗拉 f_t	顺纹抗剪 f_v	横纹承压 $f_{c.90}$			弹性模量 E
							全表面	局部表面及齿面	拉力螺栓垫板下面	
TC-17	A	柏木	17	16	10	1.7	2.3	3.5	4.6	10 000
	B	东北落叶松		15	9.5	1.6				
TC-15	A	铁杉　油杉	15	13	9	1.6	2.1	3.1	4.2	10 000
	B	鱼鳞云杉　西南云杉		12	9	1.5				
TC-13	A	油松　云南松 马尾松　新疆落叶松	13	12	8.5	1.5	1.9	2.9	3.8	10 000
	B	红皮云杉　丽江云杉 红松　樟子松		10	8	1.4				9 000
TC-11	A	西北云杉　新疆云杉	11	10	7.5	1.4	1.8	2.7	3.6	9 000
	B	杉木　冷杉		10	7	1.2				
TB-20	—	栎木　青冈　槲木	20	18	12	2.8	4.2	6.3	8.4	12 000
TB-17	—	水曲柳	17	16	11	2.4	3.8	5.7	7.6	11 000
TB-15	—	锥栗（椆木）　桦木	15	14	10	2.0	3.1	4.7	6.2	10 000

注：① 当采用原木时，若验算部位未经切削，其顺纹抗压、抗弯强度设计值以及弹性模量可提高 15%。
② 方木截面短边尺寸不小于 150 mm 时，其抗弯强度设计值可提高 10%。
③ 当采用湿材时，各种木材的横纹承压强度设计值和弹性模量，以及落叶松木材的抗弯强度设计值，宜降低 10%。
④ 当计算构件的端部或接头处的拉力螺栓垫板时，木材横纹承压强度设计值应按"局部表面及齿面"一栏的数据采用。

表 6.3 木材材料性能指标调整系数

序号	使用条件	材质等级	
		强度设计值	弹性模量
1	露天结构	0.9	0.85
2	在生产性高温影响下，木材表面温度达 40～50 ℃	0.8	0.8
3	恒荷载验算（注）	0.8	0.8
4	木构筑物	0.9	1
5	施工荷载	1.2	1

注：当仅有恒载或恒载所产生的内力占 80% 以上时，应单独以恒载验算。

【例 6.1】 某露天环境下，设计使用年限为 100 年的一木结构构件，截面为正方形，边长为 185 mm。按恒载验算时，试求此构件的抗压强度设计值调整系数和弹性模量调整系数。

解 根据《木结构设计规范》：

露天环境木材强度设计值调整系为 0.9，弹性模量调整系数为 0.85；

按恒载验算时强度设计值和弹性模量调整系数均为 0.8；

设计使用年限为 100 年，强度设计和弹性模量调整系数均为 0.9。

当构件矩形截面的短边尺寸不小于 150 mm 时，其强度设计值可以提高 10%。

强度设计值调整系数：$0.9 \times 0.8 \times 0.9 \times 1.1 = 0.718\ 8$

弹性模量调整系数：　 $0.85 \times 0.8 \times 0.9 = 0.612$

2. 胶合木结构材质强度

目前我国《木结构设计规范》尚无胶合木的材料强度设计值。

3. 轻型木结构材质强度

轻型木结构根据《木结构设计规范》规定的缺陷标准按目测分等的等级为 I_c、II_c、III_c、IV_c、V_c、VI_c 和 VII_c 七级,各等级轻型木结构构件的主要用途见表 6.4。

表 6.4 目测分级规格材的材质等级

项 次	主 要 用 途	材质等级
1	用于对强度、刚度和外观有较高要求的构件	I_c
2		II_c
3	用于对强度、刚度有较高要求而对外观只有一般要求的构件	III_c
4	用于对强度、刚度有较高要求而对外观无要求的普通构件	IV_c
5	用于墙骨柱	V_c
6	除上述用途外的构件	VI_c
7		VII_c

规格材按我国《木结构设计规范》进行机械分等时共分为按机械分等级时为 M10、M14、M18、M22、M26、M30、M35 和 M40 八级,相应的强度设计值和弹性模量见表 6.5。

表 6.5 机械分等级强度设计值和弹性模量(N/mm^2)

强 度	强 度 等 级							
	M10	M14	M18	M22	M26	M30	M35	M40
抗弯 f_m	8.20	12	15	18	21	25	29	33
顺纹抗拉 f_t	5.0	7.0	9.0	11	13	15	17	20
顺纹抗压 f_c	14	15	16	18	19	21	22	24
顺纹抗剪 f_v	1.1	1.3	1.6	1.9	2.2	2.4	2.8	3.1
横纹承压 $f_{c,90}$	4.8	5.0	5.1	5.3	5.4	5.6	5.8	6.0
弹性模量 E	8 000	8 800	96 000	10 000	11 000	12 000	13 000	14 000

四、木结构的适用范围

承重木结构应在正常温度和湿度环境下的房屋结构和构筑物中使用。不能应用于以下情况:

(1)极易引起火灾;

(2)受生产性高温影响,木材表面温度高于 50 ℃;

(3)经常受潮且不易通风等。

第三节 木结构基本构件承载力计算

《木结构设计规范》采用以概率理论为基础的极限状态设计方法。计算时考虑两种极限状态,即承载能力极限状态和正常使用极限状态。所有结构和构件均应按承载能力极限状态计算，对于在使用期必须限制变形值的结构和构件，应按正常使用极限状态的要求进行变形验算。

在木结构中，各类构件通过连接成为结构。木构件可以用原木、方木、规格材、部分胶合材以及工字形木等制作，常用截面形式有圆形、矩形和工字形等。构件端部连接可以为固接，也可为铰接，或介于两者之间的弹簧连接，但木构件以铰接为多。

构件按照受力形式可分为轴心受拉构件、轴心受压构件、受弯构件和拉弯或压弯构件。

一、轴心受拉构件

轴心受拉构件是所受拉力通过截面形心的构件，如木桁架的下弦杆、支撑体系中的拉杆等。轴心受拉构件的控制截面往往出现在该构件与其他构件的连接处或构件截面因开槽、开孔等的削弱处。

受拉木构件表现出脆性破坏的特点，因此抗拉强度设计值确定时，其可靠指标要高些。

轴心受拉构件的强度即承载能力验算按式（6.2）进行。

$$\sigma_t = \frac{N}{A_n} \leqslant f_t \tag{6.2}$$

式中　f_t——木材顺纹抗拉强度设计值（N/mm²）；

　　　N——轴心受拉构件拉力设计值（N）；

　　　A_n——受拉构件的净截面面积（mm²），计算 A_n 时应扣除分布在 150 mm 长度上的缺孔投影面积，如图 6.12 所示。

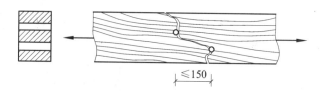

图 6.12　轴拉构件及其缺孔投影

考虑木构件可能沿着相距不远的缺孔间形成迂回断裂，因此，在计算 A_n 时应将分布在 150 mm 长度上的缺孔投影在同一截面上扣除（图 6.12）。

【例 6.2】已知一轴心受拉构件，轴心拉力设计值 82 kN，木材为红皮云杉。孔洞尺寸见图 6.13。试验算有缺孔及螺栓孔的轴心受拉构件的承载能力。

解　查表 6.1 得 $f_t = 8.0$ kN/mm²

截面两侧削损　$2 \times 20 \times 180 = 7\ 200$ mm²

螺栓孔削损　$3 \times 16 \times (120 - 2 \times 20) = 3\ 840$ mm²

$$A_n = 180 \times 120 - 7\ 200 - 3\ 840 = 10\ 560 \text{ mm}^2$$

$$\sigma_t = \frac{82\ 000}{10\ 560} = 7.8 \text{ N/mm}^2 < f_t = 8.0 \text{ N/mm}^2$$

满足要求。

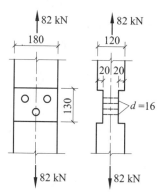

图 6.13

二、轴心受压构件计算

轴心受压构件大都为细长构件，当轴心受压构件的截面无削弱时一般不会发生强度破坏，因为整体失稳总发生在强度破坏之前。因此，轴心受压构件除进行强度验算外，还需进行稳定验算，以两项计算结果的最小值为其承载能力。

为保证轴心受压构件的刚度，构件尚需满足一定的长细比要求。

（一）强度验算

轴心受压构件的强度，应按式（6.3）进行验算：

$$\sigma_c = \frac{N}{A_n} \leqslant f_c \tag{6.3}$$

式中　σ_c——轴心受压应力设计值（N/mm²）；

N——轴心压力设计值（N）；

A_n——受压构件的净截面面积（mm²），不考虑迂回破坏；

f_c——木材顺纹抗压强度设计值（N/mm²）。

（二）稳定验算

轴心受压构件的稳定承载力主要取决于构件的长细比。在树种、材质等级及构件截面等条件相同的情况下，长细比越大，稳定承载力越低，因此短柱总比细长柱具有更大的稳定承载力。

轴心受压构件的稳定验算按下式进行

$$\frac{N}{\varphi A_0} \leqslant f_c \tag{6.4}$$

式中　φ——轴心受压构件稳定系数；

A_0——受压构件截面的计算面积（mm²）。

1. 受压构件截面 A_0 的计算

因为构件截面的局部削弱对稳定性影响不大，故受压构件的计算截面积 A_0 按下列规定取值：

（1）无缺口时，取 $A_0 = A$（A 为受压构件的毛截面积），原木可取构件长度中点处截面；

（2）缺口不在边缘时［见图 6.14（a）］，取 $A_0 = 0.9A$；

（3）缺口在边缘且为对称时［图 6.14（b）］，$A_0 = A_n$；

（4）缺口在边缘但不对称时［图 6.14（c）］，应按偏心受压构件计算；

（5）螺栓孔可不作为缺口考虑。

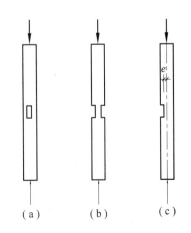

图 6.14　轴心受压构件缺口位置

2. 轴心受压构件稳定系数 φ 的计算

轴心受压构件稳定系数 φ，应根据不同树种的强度等级按下列公式计算：

（1）树种强度等级为 TC17，TC15 及 TB20：

当 $\lambda \leqslant 75$ 时，

$$\varphi = \frac{1}{1+\left(\dfrac{\lambda}{80}\right)^2} \tag{6.5a}$$

当 $\lambda > 75$ 时，

$$\varphi = \frac{3\,000}{\lambda^2} \tag{6.5b}$$

（2）树种强度等级为 TC13，TC11，TBI7， TB15，TB13，及 TB11：

当 $\lambda \leqslant 91$ 时，

$$\varphi = \frac{1}{1+\left(\dfrac{\lambda}{65}\right)^2} \tag{6.6a}$$

当 $\lambda > 91$ 时，

$$\varphi = \frac{2\,800}{\lambda^2} \tag{6.6b}$$

式中　φ——轴心受压构件稳定系数，可从附表 4.1 ~ 附表 4.2 查得；

　　　λ——构件的长细比。

构件的长细比 λ，不论构件截面上有无缺口，均应按下列公式计算：

$$\lambda = \frac{l_0}{i} = \frac{l_0}{\sqrt{\dfrac{I}{A}}} \tag{6.7}$$

式中　l_0——受压构件的计算长度（mm）；

　　　i——构件截面的回转半径（mm）；

　　　I——构件的毛截面惯性矩（mm^4）；

　　　A——构件的毛截面积（mm^2）。

矩形截面轴心受压构件的长细比应对截面的 x 轴和 y 铀两个方向进行计算，并取其中较大值计算稳定系数。

受压构件的长细比，不应超过表 6.6 容许值。

表 6.6　受压构件的容许长细比

项　次	构　件　类　别	长细比限值 [λ]
1	结构的主要构件 （包括桁架的弦杆、支座处的竖杆或斜杆以及承重柱等）	120
2	一般构件	150
3	支撑	200

受压构件的计算长度，应按实际长度乘以下列长度系数：

① 两端铰接 1.0；

② 一端固定，一端自由 2.0；

③ 一端固定，一端铰接 0.8；

验算桁架受压构件的稳定时，计算长度应按下列规定采用：

平面内取节点中心间的距离。平面外，上弦取锚固檩条间的距离；腹杆取节点中心间的距离。

【例 6.3】 杉原木轴心受压柱，树种强度等级为 TC11，$f_c = 10$ N/mm²，轴心压力设计值 $N = 59$ kN，长 3.2 m，两端铰接，柱中点有一个 $d = 16$ mm 的螺栓孔，已知杉原木中点直径为 144.4 mm。要求：进行轴心受压柱强度验算和稳定验算。

解

（1）强度验算：圆木顺纹抗压强度提高 15%。

$$A_n = \frac{\pi \times 144.4^2}{4} - 16 \times 144.4 = 14\,057.9 \text{ mm}^2$$

$$\sigma_c = \frac{N}{A_n} = \frac{59\,000}{14\,057.9} = 4.2 \text{ N/mm}^2 < 1.15 \times 10 = 11.5 \text{ N/mm}^2$$

（2）稳定验算

$$A = \frac{\pi \times 144.4^2}{4} = 16\,368.31 \text{ mm}^2$$

$$i = \sqrt{\frac{I}{A}} = \sqrt{\frac{4\pi d^4}{64\pi d^2}} = 0.25d = 0.25 \times 144.4 = 36.1 \text{ mm}$$

$$\lambda = \frac{l_0}{i} = \frac{3\,200}{36.1} = 88.64 < [\lambda] = 120$$

树种强度等级为 TC11，且 $\lambda < 91$，故

$$\varphi = \frac{1}{1 + \left(\dfrac{\lambda}{65}\right)^2} = 0.35$$

$$\frac{N}{\varphi A} = \frac{59\,000}{0.35 \times 16\,377} = 10.3 \text{ N/mm}^2 < 1.15 f_c = 11.5 \text{ N/mm}^2$$

满足要求。

三、受弯构件计算

按弯曲变形情况不同，受弯构件可能在一个主平面内受弯即单向弯曲，也可能在两个主平面内受弯即双向弯曲或称为斜弯曲。受弯构件的计算包括承载能力（抗弯、抗剪）、弯矩作用平面外侧向稳定和挠度的验算。

（一）抗弯承载能力验算

受弯构件的抗弯承载能力按下式验算：

$$\sigma_m = \frac{M}{W_n} \leqslant f_m \tag{6.8}$$

式中　σ_m——受弯应力设计值（N/mm²）；

　　　　M——弯矩设计值（N·mm）；

W_n——构件的净截面抵抗矩（N/mm³）；

f_m——木材抗弯强度设计值（N/mm²）。

抗弯承载能力应验算最大弯矩的截面；如构件截面有削弱时，还应补充验算截面最弱处的强度。

（二）抗剪承载能力验算

受弯构件的抗剪承载能力按下式验算：

$$\tau = \frac{VS}{Ib} \leq f_v \tag{6.9}$$

式中　τ——受剪应力设计值（N/mm²）；

V——剪力设计值（N）；

I——构件的毛截面惯性矩（mm⁴）；

b——构件的截面宽度（mm）；

S——剪切面以上的毛截面面积对中和轴的面积矩（mm³）；

f_v——木材顺纹抗剪强度设计值（N/mm²）。

荷载作用在梁的顶面，计算受弯构件的剪力 V 值时，可不考虑在距离支座等于梁截面高度范围内的所有荷载的作用。

当矩形截面受弯构件支座处受拉面有切口时，该处实际抗剪承载能力应按式（6.10）验算：

$$\tau = \frac{3V}{2bh_n}\left(\frac{h}{h_n}\right) \leq f_v \tag{6.10}$$

式中　τ——受剪应力设计值（N/mm²）；

V——剪力设计值（N）；

h——构件的截面高度（mm）；

h_n——受弯构件在切口处净截面高度（mm）；

f_v——木材顺纹抗剪强度设计值（N/mm²）。

一般情况下，受弯构件截面由抗弯承载能力控制，只有当梁的跨度很短或支座附近有较大集中荷载时，才有必要验算其抗剪承载能力。

【例6.4】东北落叶松（TC17）简支檩条，截面 $b \times h = 150\ mm \times 300\ mm$（沿全长无切口），支座间的距离为 6 m，作用在檩条顶面上的均布线荷载设计值为 9 kN/m，$f_m = 17\ N/mm²$，$f_v = 1.6\ N/mm²$。该檩条的安全等级为三级，设计使用年限为 25 年。承载力验算时不计檩条自重。试设计该檩条。

解

根据《木结构设计规范》，设计使用年限为 25 年，调整系数 1.05；

根据《木结构设计规范》，$b = 150\ mm$，强度设计值提高 10%。调整后，

$$f_m = 1.05 \times 1.1 \times 17\ N/mm² = 19.635\ N/mm²$$

$$f_v = 1.05 \times 1.1 \times 1.6\ N/mm² = 1.848\ N/mm²$$

根据《木结构设计规范》计算公式

抗弯承载力

$$M = \frac{ql^2}{8} = \frac{9 \times 6^2}{8} = 40.5 \text{ kN} \cdot \text{m} < f_m W_n = f_m \frac{bh^2}{6}$$

$$= 19.635 \times \frac{150 \times 300^2}{6} \times 10^{-6} = 44.18 \text{ kN} \cdot \text{m}$$

该檩条的受剪承载力

$$V = \frac{ql}{2} = \frac{9 \times 6}{2} = 27 \text{ kN} < \frac{Ibf_v}{S} = \frac{2bhf_v}{3} = \frac{2 \times 150 \times 300 \times 1.848}{3} \times 10^{-3} = 55.44 \text{ kN}$$

满足要求。

（三）弯矩作用平面外受弯构件的侧向稳定验算

由于受弯构件一般总绕着强轴作用弯矩，因此在弯矩作用平面内刚度较大，不会在弯矩作用平面内失稳，而弯矩作用平面外受弯构件有失稳可能。受弯构件抵抗平面外失稳的能力与侧向抗弯刚度和抗扭刚度有关，按《木结构规范》受弯构件侧向稳定应按式（6.11）验算：

$$\frac{M}{\varphi_l W} \leqslant f_m \tag{6.11}$$

式中　f_m——木材抗弯强度设计值（N/mm^2）；

　　　M——弯矩设计值（N.mm）；

　　　W——构件的全截面抵抗矩（N/mm^3）；

　　　φ_l——受弯构件的侧向稳定系数，按式（6.12）验算：

$$\varphi_l = \frac{\left(1+\dfrac{1}{\lambda_m^2}\right)}{2c_m} - \sqrt{\left(\dfrac{1+\dfrac{1}{\lambda_m^2}}{2c_m}\right)^2 - \dfrac{1}{c_m \lambda_m^2}} \tag{6.12a}$$

$$\lambda_m = \sqrt{\frac{4l_{ef}h}{\pi b^2 k_m}} \tag{6.12b}$$

式中　c_m——考虑受弯构件木材有关的系数；当木构件为锯材时，$c_m = 0.95$；

　　　λ_m——考虑受弯构件侧向刚度的系数；

　　　k_m——梁的侧向稳定验算时，与构件木材强度等级有关的系数，按表6.7采用；

　　　h、b——受弯构件的截面高度、宽度；

　　　l_{ef}——验算侧向稳定时受弯构件的有效长度，按实际长度乘以表6.8中所示的计算长度系数。

表 6.7　梁柱的侧向稳定验算时与构件木材强度等级有关的系数 k_m

木材强度等级	TC17，TC15，TB20	TC13，TC11，TB17，TB15，TB13 及 TB11
用于柱 k_m	330	300
用于梁 k_m	220	220

表 6.8　计算长度系数

梁的类型和荷载情况	荷载作用在梁的部位		
	顶部	中部	底部
简支梁，两端相等弯矩		1.0	
简支梁，均匀分布荷载	0.95	0.90	0.85
简支梁，跨中一个集中荷载	0.80	0.75	0.70
悬臂梁，均匀分布荷载		1.2	
悬臂梁，在悬端一个集中荷载		1.7	
悬臂梁，在悬端作用弯矩		2.0	

在梁的跨度内，若设置有类似檩条能阻止侧向位移和侧倾的侧向支撑时，实际长度应取侧向支撑点之间的距离；若未设置有侧向支撑时，实际长度应取两支座之间的距离或悬臂梁的长度。

（四）挠度验算

受弯构件的挠度按式（6.13）验算。

$$w \leqslant [w] \tag{6.13}$$

式中　$[w]$——受弯构件的挠度限值（mm），见表 6.9；

w——构件按荷载效应的标准组合计算的挠度；对于原木构件，挠度计算时按构件中央的截面特性取值。

表 6.9　受弯构件的挠度限值

项　次	构　件　类　别		挠度限值 $[w]$
1	檩　条	$l \leqslant 3.3$ m	$l/200$
		$l > 3.3$ m	$l/250$
2	椽条		$l/150$
3	吊顶中的受弯构件		$l/250$
4	楼板梁和搁栅		$l/250$

由于截面局部削弱对受弯构件的挠度影响不大，所以计算构件刚度时可用毛截面惯性矩。

【例 6.5】　东北落叶松（TC17B）原木简支檩条（未经切削），标注直径为 162 mm，计算跨度 4 m，该檩条处于正常使用条件，安全等级为二级，设计使用年限为 50 年。原木沿长度的直径变化率为 9 mm/m。若不考虑檩条自重，试求该檩条达到挠度限值 1/250 时，所能承担的最大均布荷载设计值 q（kN/m）。

解

根据《木结构设计规范》，原木檩条未经切削，弹性模量提高 15%，调整后，东北落叶松（TC17B）$E = 1.15 \times 10\ 000 = 11\ 500$ N/mm²；

按照《木结构设计规范》，原木构件沿其长度的直径变化率，按 mm/m 采用，弯矩最大处在跨中处，其截面的直径 $D = 162 + 9 \times 2 = 180$ mm，则根据挠度计算公式

$$w = \frac{5ql^4}{384EI} = \frac{5ql^4}{384E\frac{\pi D^4}{64}} \leqslant \frac{l}{250}$$

有 $$q \leqslant \frac{l}{250} \frac{384E\frac{\pi D^4}{64}}{5l^4} = \frac{384 \times 11\,500 \times \pi \times 180^4 / 64}{250 \times 5 \times 4\,000^4} = 2.84 \text{ N/mm} = 2.84 \text{ kN/m}$$

（五）双向受弯构件

当荷载作用方向与截面主轴方向不一致时，便发生双向弯曲（或称斜弯曲，见图6.15）。

1. 承载能力验算

将荷载沿两个主轴方向分解：

$$g_x + q_x = (g+q)\cos\alpha$$

$$g_y + q_y = (g+q)\sin\alpha$$

对构件截面 x 轴和 y 轴的受弯应力设计值 σ_{mx} 和 σ_{my}，按下列公式计算：

$$\sigma_{mx} = \frac{M_x}{W_{nx}} \qquad (6.14a)$$

$$\sigma_{my} = \frac{M_y}{W_{ny}} \qquad (6.14b)$$

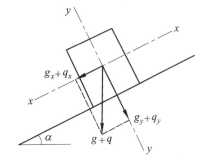

图 6.15 双向弯曲

截面承载能力按（6.10）验算：

$$\sigma_{mx} + \sigma_{my} \leqslant f_m \qquad (6.15)$$

式中 σ_{mx}、σ_{my}——构件截面 x 轴、y 轴的弯曲应力设计值（N/mm^2）。

2. 挠度验算

挠度按（6.16）验算

$$\sqrt{w_x^2 + w_y^2} \leqslant [w] \qquad (6.16)$$

式中 w_x、w_y——按荷载短期效应组合计算的沿构件截面 x 轴和 y 轴方向的挠度。

【例6.6】 红松方木简支梁，跨度 $l = 3.2$ m，$f_m = 13$ N/mm^2，$E = 9\,000$ N/mm^2，承受分布永久荷载（包括自重）标准值为 3.5 kN/m，分布可变荷载标准值为 1.2 kN/m，试选择梁的截面尺寸。

解 跨中弯矩设计值为：

$$M_1 = \frac{1}{8}(1.2 \times 3.5 + 1.4 \times 1.2) \times 3.2^2 = 7.53 \text{ kN·m}$$

$$M_2 = \frac{1}{8}(1.35 \times 3.5 + 1.0 \times 1.2) \times 3.2^2 = 7.58 \text{ kN·m}$$

取 $$M = \max(M_1, M_2) = 7.58 \text{ kN·m}$$

截面选择：

$$W = \frac{M}{f_m} = \frac{7.58 \times 10^6}{13} = 5.79 \times 10^5 \text{ mm}^3$$

选梁的截面为 120 mm×180 mm

则
$$W = \frac{120 \times 180^2}{6} = 6.48 \times 10^5 \text{ mm}^3$$

挠度验算：
$$I = \frac{120 \times 180^3}{12} = 5.83 \times 10^7 \text{ mm}^4$$

$$\frac{w}{l} = \frac{5(3.5+1.2) \times 3\,200^3}{384 \times 9 \times 10^3 \times 5.83 \times 10^7} = \frac{1}{261} < \frac{1}{250}$$

满足要求。

四、拉弯构件和压弯构件计算

1. 拉弯构件计算

在拉弯构件（偏心受拉构件）中，轴心拉力将使构件的挠度和弯矩减小（图 6.16），但在计算中不考虑这一有利因素。

拉弯构件承载能力按式（6.17）验算：

$$\frac{N}{A_n f_t} + \frac{M}{W_n f_m} \leq 1 \qquad (6.17)$$

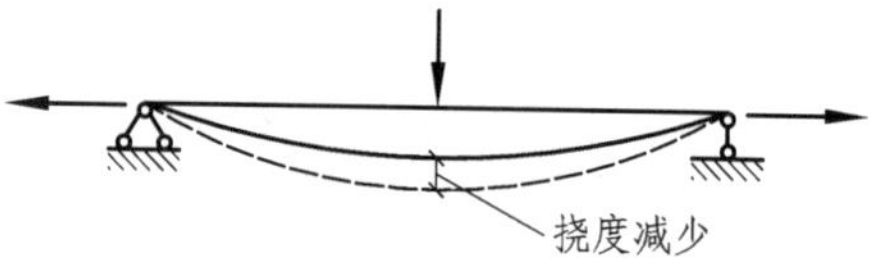

图 6.16

式中　N、M——轴向压力设计值（N）、弯矩设计值
（N·mm）；

A_n、W_n——构件净截面面积（mm²）、净截面抵抗矩（mm³）。

构件同时受拉和受弯，对构件的工作十分不利，在设计时应尽量避免。

2. 压弯构件计算

在压弯构件（偏心受压构件）中，由于轴心压力的存在，将引起附加挠度和附加弯矩（图 6.17），计算时必须考虑这一不利因素。

压弯构件的承载能力验算，分强度和稳定两部分，而稳定又分为平面内稳定和平面外稳定两方面。

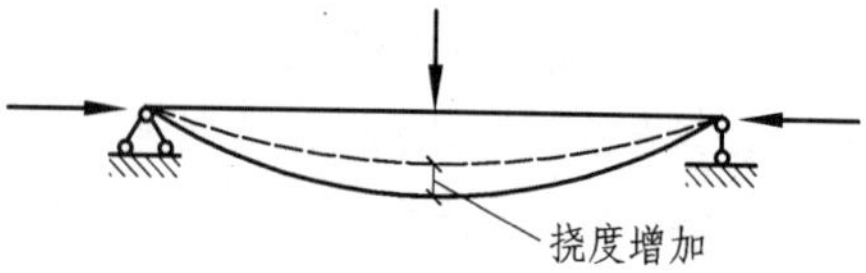

（1）强度验算

$$\frac{N}{A_n f_c} + \frac{M}{W_n f_m} \leq 1 \qquad (6.18a)$$

$$M = Ne_0 + M_0 \qquad (6.18b)$$

（2）弯矩作用平面内稳定验算

$$\frac{N}{\varphi \varphi_m A_0} \leq f_c \qquad (6.19a)$$

$$\varphi_m = (1-K)^2 (1-kK) \qquad (6.19b)$$

图 6.17

$$K = \frac{Ne_0 + M_0}{Wf_m\left(1 + \sqrt{\dfrac{N}{Af_c}}\right)} \qquad (6.19c)$$

$$k = \frac{Ne_0}{Ne_0 + M_0} \qquad (6.19d)$$

式中　φ、A_0——轴心受压构件的稳定系数、计算面积；

　　　A——构件全截面面积；

　　　φ_m——考虑轴力和初始弯矩共同作用的折减系数；

　　　N——轴向压力设计值（N）；

　　　M_0——横向荷载作用下跨中最大初始弯矩设计值（N·mm）；

　　　e_0——构件的初始偏心距（mm）；

　　　f_c、f_m——考虑不同使用条件下木材强度调整系数（表 6.3）后的木材顺纹抗压强度设计值、抗弯强度设计值（N/mm²）。

（3）弯矩作用平面外稳定验算。

当需验算压弯构件或偏心受压构件弯矩作用平面外的侧向稳定性时，应按按式（6.20）验算：

$$\frac{N}{\varphi_y A_0 f_c} + \left(\frac{M}{\varphi_l W f_m}\right)^2 \leqslant 1 \qquad (6.20)$$

式中　φ_y——轴心压杆在弯矩作用平面外、对截面的 y—y 轴按长细比 λ_y 确定的轴心压杆稳定系数；

　　　φ_l——受弯构件的侧向稳定系数；

　　　N、M——轴向压力设计值（N），弯曲作用平面内的弯矩设计值（N·mm）；

　　　W——构件全截面抵抗矩（mm³）。

【例 6.7】[41]　有一冷杉方木压弯构件，材料强度等级为 TC11B，顺纹抗压强度和抗弯强度设计值分别为 $f_c = 10$ N/mm²，$f_m = 11$ N/mm²。构件截面尺寸 $b \times h = 150$ mm×200 mm，承受轴心压力设计值 $N = 60$ kN。均布荷载产生的弯矩设计值为 $M = 3 \times 10^6$ N·mm，且该均布荷载作用于构件顶面，构件长度为 2 500 mm，两端铰接，端部无侧向支撑，弯矩作用在构件绕 x—x 对称轴方向（图 6.18），试验算此构件的承载力。

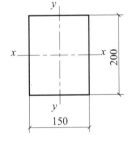

图 6.18　压弯构件截面

解

（1）强度验算

$$A_n = 150 \times 200 = 30\ 000 \text{ mm}^2$$

$$W = \frac{1}{6} \times 150 \times 200^2 = 1\ 000 \times 10^3 \text{ mm}^3$$

$$\frac{N}{A_n f_c} + \frac{M}{W_n f_m} = \frac{60 \times 10^3}{30\ 000 \times 10} + \frac{3 \times 10^6}{1\ 000 \times 10^3 \times 11} = 0.473 < 1$$

强度满足要求。

（2）弯矩作用平面内稳定性验算

$$A_0 = A_n = 150 \times 200 = 30\ 000\ \text{mm}^2$$

$$W = W_n = \frac{1}{6} \times 150 \times 200^2 = 1\ 000 \times 10^3\ \text{mm}^3$$

$$i_x = \sqrt{\frac{1}{12}} \times 200 = 57.74\ \text{mm}$$

$$\lambda_x = \frac{l_{0x}}{i_x} = \frac{2500}{57.74} = 43.3 < 91$$

$$\varphi = \frac{1}{1 + \left(\dfrac{\lambda}{65}\right)^2} = 0.693$$

由构件初始偏心距 $e = 0$，得 $k = 0$。

$$K = \frac{Ne_0 + M_0}{Wf_m\left(1 + \sqrt{\dfrac{N}{Af_c}}\right)} = \frac{3 \times 10^6}{1\ 000 \times 10^3 \times 11 \times \left(1 + \sqrt{\dfrac{60 \times 10^3}{3\ 000 \times 10}}\right)} = 0.188$$

$$\varphi_m = \left(1 - K\right)^2 \left(1 - kK\right) = \left(1 - 0.188\right)^2 = 0.659$$

$$\frac{N}{\varphi\varphi_m A_n} = \frac{60 \times 10^3}{0.693 \times 0.659 \times 30\ 000} = 4.38\ \text{N/mm}^2 < 10\ \text{N/mm}^2$$

弯矩作用平面内稳定性满足要求。

（3）弯矩作用平面外稳定性验算

$$i_y = \sqrt{\frac{1}{12}} \times 150 = 43.3\ \text{mm}$$

$$\lambda_y = \frac{l_{0y}}{i_y} = \frac{2\ 500}{43.3} = 57.74 < 91$$

$$\varphi_y = \frac{1}{1 + \left(\dfrac{\lambda_y}{65}\right)^2} = 0.559$$

$$\lambda_m = \sqrt{\frac{4l_{ef}h}{\pi b^2 k_m}} = \sqrt{\frac{4 \times 2\ 500 \times 0.95 \times 200}{\pi \times 150^2 \times 220}} = 0.35$$

$$\varphi_l = \frac{\left(1 + \dfrac{1}{\lambda_m^2}\right)}{2c_m} - \sqrt{\left(\frac{1 + \dfrac{1}{\lambda_m^2}}{2c_m}\right)^2 - \frac{1}{c_m\lambda_m^2}} = \frac{\left(1 + \dfrac{1}{0.35^2}\right)}{2 \times 0.95} - \sqrt{\left(\frac{1 + \dfrac{1}{0.35^2}}{2 \times 0.95}\right)^2 - \frac{1}{0.95 \times 0.35^2}} = 0.993$$

$$\frac{N}{\varphi_y A_0 f_c} + \left(\frac{M}{\varphi_l Wf_m}\right)^2 = \frac{60 \times 10^3}{0.559 \times 30\ 000 \times 10} + \left(\frac{3 \times 10^6}{0.993 \times 1\ 000 \times 10^3 \times 11}\right)^2 = 0.443 < 1$$

弯矩作用平面外稳定性验算满足要求。

第四节　木结构的连接设计

一、概　述

木材的长度和截面积都是有限的，单根木料有时不能满足结构的要求，因此，往往采用适当的连接方式将单个木料连接起来。连接方式一般有三种：

（1）接长。将木材沿纵向连接以增加长度；

（2）拼合。将木材沿横向连接以增大截面积；

（3）节点连接。木材成角度连接，以组成平面或空间结构。

根据连接构造和受力特点，常见的连接有以下四类：

1. 齿连接

杆件直接抵承传递压力，木材的工作是承压及受剪。

2. 销（螺栓和钉等）连接

用来接长或拼合受拉或受压构件，销（螺栓和钉等）受弯，销槽主要承压。销连接可传递拉力和压力。

3. 胶连接

用胶将板材胶结成整体构件，胶缝受剪。胶连接可将小板料拼合成设计所需的长度和截面积的构件。

4. 承拉连接

用直接承受拉力的承拉螺栓、钢拉杆等将构件连接起来。

连接的质量直接影响结构的可靠性。为了保证结构安全可靠，连接应满足下列基本要求：

（1）受力明确。理论计算应符合连接的实际情况，在同一连接中，不应采用不同种类的连接共同工作，也不能采用不同刚度的连接件共同工作。

（2）具有较高的紧密性和足够的韧性。提高制作精度，尽量做到连接处结合紧密、受力均匀。采用韧性好的连接，如螺栓连接，即使连接件受力稍有不均匀，也能因螺栓的塑性变形产生内力重分布使连接受力趋于均匀而共同工作。连接的紧密性和韧性都是为避免受力不均匀而造成连接件逐个破坏。

（3）连接必须构造简单、施工方便、省工省料，易于检查施工质量，对构件的截面没有过多的削弱。

本章主要介绍齿连接和螺栓连接。

二、齿连接计算

齿连接是在一根构件端头做成齿，在另一根构件上刻成槽，将齿与槽嵌合起来而成的一种通过构件与构件直接抵承传力的连接方式。齿连接传力明确、构造简单、易于制作，是木屋架最常用的节点连接形式。但齿连接对构件截面削弱较大，齿槽除承压外，还有脆性的受剪工作。齿连接的形式很多，木结构规范推荐的是正齿构造的单齿连接［图 6.19（a）］和双齿连接［图 6.19（b）］。

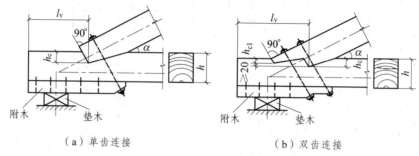

（a）单齿连接 （b）双齿连接

图 6.19　单齿、双齿连接的受力情况

（一）构造规定

（1）齿槽端承压面应与所连线的压杆轴线垂直，以保证压杆传来的压力明确地作用在承压面上。

（2）齿连接应使压杆轴线通过承压面中心，使承压而应力均匀分布，保证压杆轴心受压；同时压杆的垂直分力对连接受剪面有横向压紧作用，使节点木材受剪工作得到改善。

（3）屋架支座节点的上弦轴线和支座反力的作用线，当采用方木或板材时，宜与下弦净截面的中心线交汇于一点；当采用原木时，可与下弦毛截面的中心线交汇于一点，此时齿处截面可按轴心受拉验算。

（4）连接的齿深对方木不应小于 20 mm；对于原木不小于 30 mm。

（5）刻槽深度：为避免截面削弱过大，刻槽不能过深。屋架支座节点齿深不应大于 $h/3$；中间节点的齿深不大于 $h/4$。h 为齿深方向构件截面尺寸，对于原木为削平后的截面高度；对于方木或板材为截面高度。

（6）双齿连接中的第二齿深 h_c 应比第一齿深 h_{c1} 至少大 20 mm［图 6.19（b）］。第二齿头的下弦齿尖应位于上弦轴线与下弦上表面的交点。

（7）受剪面最小长度。单齿和双齿第一齿的剪面长度不应小于 4.5 倍齿深。当采用湿材制作时，还要考虑木材发生端裂的可能性，桁架支座节点齿连接的剪面长度比计算值加 50 mm。剪面计算长度过长，也不能提高受剪面的抗剪能力。在这范围之间，不同剪面计算长度的受剪面上剪应力分布的不均匀，会导致抗剪强度降低，用降低系数 ψ_v 来调整剪面计算长度对抗剪强度的影响（表 6.10）。

表 6.10　连接强度降低系数 ψ_v 值

连接形式	单 齿 连 接					双 齿 连 接			
l_v/h_c	4.5	5	6	7	8	6	7	8	10
ψ_v	0.95	0.89	0.77	0.7	0.64	1	0.93	0.85	0.71

（8）保险螺栓。在支座节点处，受剪面是脆性工作，破坏前无预兆。为防止意外，必须沿桁架上弦轴线方向设置保险螺栓，其方向与上弦轴线垂直。正常工作时，保险螺栓不受力，受剪面万一遭到破坏时，可以起到保险作用，延缓桁架倒塌时间，以便抢修。单齿连接设一个保险螺栓，双齿连接设两个直径相同的保险螺栓。保险螺栓直径一般为 16～22 mm。受剪

面突然破坏时，对保险螺栓有冲击作用，故宜选用延性较好的 Q235 号钢材制作。

（9）附木。桁架节点处下弦下应设附木（图 6.19），厚度不小于下弦截面高度 h 的 1/3，厚度通常为 80～120 mm，与下弦用钉子连接，钉子数量按构造确定。附木下设有垫木，屋架固定在垫木和支架上（图 6.19），垫木宜作防腐处理。

（10）辅助连接件——扒钉。为防止桁架在运输和安装过程中节点发生错动，通常在中间节点处两面各设一个直径 6～10 mm 的扒钉。

（二）单齿连接的承载力计算

单齿连接主要考虑齿面的木材承压强度和齿槽处沿木纹方向的抗剪强度。

1. 按木材受压计算

$$\sigma_c = \frac{N}{A_c} \leqslant f_{ca} \tag{6.21}$$

式中　σ_c——承压应力设计值；

　　　N——轴心压力设计值；

　　　A_c——齿的承压面积；

　　　f_{ca}——木材斜纹承压强度设计值。

2. 按木材受剪计算

木材有可能在齿槽根部沿顺纹方向发生剪切破坏，因此木材需按式（6.22）验算抗剪强度。

$$\tau = \frac{V}{l_v b_v} \leqslant \psi_v f_v \tag{6.22}$$

式中　τ——剪应力设计值；

　　　V——剪力设计值；

　　　l_v——剪面计算长度，其取值不得大于 8 倍齿深 h_c；

　　　b_v——受剪面宽度；

　　　f_v——木材顺纹抗剪强度设计值；

　　　ψ_v——考虑沿剪面长度剪应力分布不均匀的强度降低系数（表 6.11）。

表 6.11　单齿连接抗剪强度降低系数 ψ_v

l_v/h_c	4.5	5	6	7	8
ψ_v	0.95	0.89	0.77	0.70	0.64

剪面长度除根据计算满足式（6.22）要求外，还需满足构造要求：$4.5h_c \leqslant l_v \leqslant 8h_c$。

3. 下弦净面积的受拉验算

木桁架的下弦受拉杆在齿槽处有较大的截面削弱，因此需按支座节点用齿槽及保险螺栓钻孔后的净截面进行受拉净截面强度验算。验算公式见式（6.23）：

$$\sigma_t = \frac{N_t}{A_n} \leqslant f_t \tag{6.23}$$

式中　N_t——下弦杆节间拉力设计值；

　　　A_n——净截面积。如保险螺栓及齿槽间距在 150 mm 范围内时，应作为一个截面计算；

　　　f_t——木材顺纹受拉强度设计值。

【例 6.8】 图 6.20 原木桁架支座节点的上弦轴压力设计值 $N = 70$ kN，木材为杉木，上弦大头直径 216 mm，下弦大头直径 220 mm，上下弦夹角 26°34′。当 $d = 220$ mm，$h_c = 70$ mm 时，月形断面面积 $A' = 10\,400$ mm²，$b_v = 205$ mm。要求进行木桁架节点连接验算。

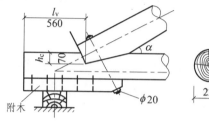

图　6.20

解

（1）承压验算

$$A_c = \frac{A'}{\cos\alpha} = \frac{10\,400}{0.894} = 11\,633 \text{ mm}^2$$

$$f_{ca} = \frac{f_c}{1 + \left(f_c / f_{c,90} - 1\right)\left[\left(\alpha - 10°\right)/80°\right]\sin\alpha}$$

$$= \frac{10}{1 + \left(10/2.7 - 1\right)\left[\left(26.6° - 10°\right)/80°\right] \times 0.448} = 8 \text{ N/mm}^2$$

$$\sigma_c = \frac{N}{A_c} = \frac{70\,000}{11\,633} = 6 \text{ N/mm}^2 < f_{ca} = 8 \text{ N/mm}^2$$

（2）抗剪验算

因为　　　　　$l_v / h_c \leqslant 8$

查表 6.12，$\psi_v = 0.64$

$$V = N\cos\alpha = 70\,000 \times 0.894 = 62\,580 \text{ kN}$$

$$\tau = \frac{V}{l_v b_v} = \frac{62\,580}{560 \times 205} = 0.55 \text{ N/mm}^2 < \psi_v f_v = 0.64 \times 1.2 = 0.77 \text{ N/mm}^2$$

满足要求。

（三）双齿连接的承载力计算

双齿连接时，由于木材具有较好的塑性，当承压验算时，可考虑两个承压面共同作用；当受剪验算时，因为第一剪面必须通过第二剪面传递，故只需验算第二受剪面的抗剪能力。双齿连接计算仍包含齿面的木材承压强度和齿槽处沿木纹方向的抗剪强度等几个方面。

1. 按木材受压计算

双齿连接的承压，仍按式（6.21）验算，但其承压面面积应取两个齿承压面面积之和。

2. 按木材受剪计算

双齿连接的受剪仅考虑第二齿剪面的工作，按式（6.22）计算，并符合下列规定：

① 计算受剪应力时，全部剪力 V 应由第二齿剪面承受；

② 第二齿剪面的计算长度 l_v 的取值，不得大于齿深 h_c 的 10 倍；

③ 双齿连接沿剪面长度剪应力分布不均匀的强度降低系数 ψ_v 值应按表 6.12 采用。

表 6.12　双齿连接抗剪强度降低系数 ψ_v

$l_\mathrm{v}/h_\mathrm{c}$	6	7	8	10
ψ_v	1.00	0.93	0.85	0.71

双齿连接时第二齿剪面的计算长度构造要求：$6h_\mathrm{c} \leqslant l_\mathrm{v} \leqslant 10h_\mathrm{c}$。

（四）保险螺栓的计算

桁架支座节点采用齿连接时，必须设置保险螺栓，但不考虑保险螺栓与齿的共同工作，保险螺栓仅在受剪面遭到破坏时才参加工作。保险螺栓应与上弦轴线垂直，应进行净截面抗拉验算，所承受的轴向拉力应由式（6.24）确定：

$$N_\mathrm{b} = N \tan\left(60° - \alpha\right) \leqslant 1.25 A_\mathrm{e} f_\mathrm{t}^\mathrm{b} \qquad (6.24)$$

式中　N_b——保险螺栓所承受的轴向拉力（N）；

N——上弦轴向压力的设计值（N）；

α——上弦与下弦的夹角；

A_e——螺丝扣处有效截面；

f_t^b——螺栓抗拉强度设计值。

保险螺栓宜用软钢 Q235 制作，其抗拉强度设计值，考虑保险螺栓受力的短暂性，乘以调整系数 1.25，并按螺丝扣处有效截面验算。

双齿连接的两个保险螺栓按均匀受力考虑。

【例 6.9】[32]　图 6.21 所示一三角形木屋架的支座节点，按恒载产生的上弦杆轴向压力设计值为 69.82 kN，恒载加活载其值为 87.84 kN。下弦杆轴向拉力设计值为 62.45 kN，上下弦杆夹角 26°34′，木材采用红松。要求进行木桁架节点连接验算，并求支座节点处两个保险螺栓的直径。

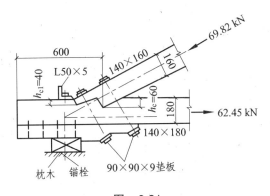

图　6.21

解

1. 承压验算

$$A_\mathrm{c} = \frac{b\left(h_\mathrm{c1} + h_\mathrm{c}\right)}{\cos\alpha} = \frac{140\left(40 + 60\right)}{0.894} = 15\,660 \ \mathrm{mm}^2$$

$$f_{ca} = \cfrac{f_c}{1 + \left(f_c / f_{c,90} - 1\right)\left[\left(\alpha - 10°\right)/80°\right]\sin\alpha}$$

$$= \cfrac{10}{1 + \left(10/2.9 - 1\right)\left[\left(26.56° - 10°\right)/80°\right] \times 0.447} = 8.16 \text{ N/mm}^2$$

$$\sigma_c = \frac{N}{A_c} = \frac{69.82 \times 10^3}{15\,660} = 4.46 \text{ N/mm}^2 < f_{ca} = 8.16 \text{ N/mm}^2$$

2. 抗剪验算

因为 $\qquad l_v / h_c = 600/60 = 10$

查表 6.12 $\qquad \psi_v = 0.71$

$$V = 62\,450 \text{ kN}$$

按恒载验算时，木材顺纹抗剪强度设计值应乘以 0.8

$$\tau = \frac{V}{l_v b_v} = \frac{62450}{600 \times 140} = 0.74 \text{ N/mm}^2 < 0.8\psi_v f_v = 0.8 \times 0.71 \times 1.4 = 0.79 \text{ N/mm}^2$$

满足要求。

3. 支座节点处两个保险螺栓的直径

保险螺栓的截面

$$A_e = \frac{N_b}{2 \times 1.25 \times f_t^b} = \frac{N\tan\left(60° - \alpha\right)}{2 \times 1.25 \times f_t^b} = \frac{87.84 \times \tan\left(60° - 24.56°\right)}{2 \times 1.25 \times 170} = 136.5 \text{ mm}^2$$

选 φ16。

三、螺栓连接计算

螺栓连接具有连接紧密、韧性好、制作简单及安全可靠等优点，因此是现代木结构中用得最为广泛的连接形式；它们可以直接将木构件连接起来，也可以通过钢板将木构件连成整体，还可以将木构件连接到钢构件和混凝土结构上。

螺栓连接是通过夹板和螺栓传力而将构件连接起来，从受力角度分析，是以抗剪连接为主。根据外力作用方式和连接构件间拼合缝的不同，螺栓连接形式可分为双剪连接和单剪连接两大类，分别见图 6.22（a）和图 6.22（b）。

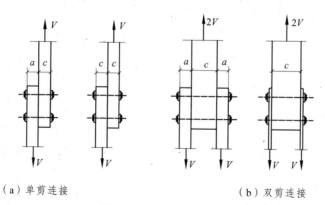

（a）单剪连接 　　　　　　　（b）双剪连接

图 6.22 螺栓连接形式

（一）螺栓构造要求

螺栓单剪连接的受力情况如图 6.23 所示。由图 6.23 可知，在传力过程中螺栓阻止了被
连接构件在垂直于螺栓轴线方向的相对移动，构件的螺栓
孔壁受到螺栓杆的挤压。螺栓受弯，木材受剪、劈裂和承
压。连接承载能力受木材剪切、劈裂、承压及螺栓弯曲等
条件控制。螺栓连接应避免木材的脆性破坏，即避免受剪
和劈裂破坏，因此，应充分利用螺栓的抗弯能力，使连接
的承载能力由螺栓的抗弯强度控制。当连接木构件最小厚

图 6.23　螺栓单剪连接的受力情况

度满足表 6.13 的要求时，连接破坏始于螺栓，是塑性破坏，从而在构造上保证了连接受力的
合理性与可靠。

表 6.13　连接木构件的最小厚度

螺栓直径 连接形式	$d < 18$ mm	$d \geq 18$ mm
双剪连接	$c \geq 5d$	$c \geq 5d$
	$a \geq 2.5d$	$a \geq 4d$
单剪连接	$c \geq 7d$	$c \geq 7d$
	$a \geq 2.5d$	$a \geq 4d$

注：表中 c——中部构件的厚度或单剪连接中较厚构件的厚度；
　　　 a——边部构件的厚度或单剪中较薄构件的厚度。

螺栓的排列，应两纵行齐列或错别布置（见图 6.24），以减少螺栓与木材髓心重合的机会。

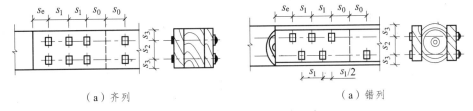

（a）齐列　　　　　　　　　　　　　　　　　（a）错列

图 6.24　螺栓连接排列的形式

为了避免木材的劈裂和木材中受剪面和干缩裂缝重合，不允许将螺栓排成单行，并应
避开木材的髓心。一般宜采用数量较多、直径较细的螺栓，做成受力较均匀而又分散排列
的连接。

为避免连接木构件的受剪破坏，螺栓的排列最小间距应符合排列最小间距见表 6.14 的要求。

表 6.14　螺栓排列最小间距

构造特点	顺　　纹		横　　纹	
	端距 s_0 或 s_e	中距 s_1	边距 s_3	中距 s_2
两行齐列	7d（木）当湿材时 s_0 加长	7d	3d（木）；1.5d（钢夹板）	3.5d
两行错列	70 mm；钢夹板的 $s_0 = 2d$	10d		2.5d

（二）螺栓连接的计算

螺栓连接中的螺栓在构件和夹板的挤压下发生剪切和弯曲，如螺栓较细而构件和夹板相

对较厚，木材的承压能力超过螺栓的抗弯能力时，由于螺栓的过大弯曲变形而使连接达到极限承载能力。

（1）当木构件最小厚度符合表 6.13 的要求时，螺栓连接每一剪面的设计承载能力为

$$N_v = k_v d^2 \sqrt{f_c} \qquad (6.25)$$

式中　N_v——每一剪面的设计承载力；

f_c——木材顺纹承压强度设计值（N/mm²）；

d——螺栓直径（mm）；

k_v——计算系数，按表 6.15 选用。

表 6.15　k_v 计算系数

$\dfrac{a}{b}=\dfrac{板厚}{螺栓直径}$			2.5 ~ 3	4	5	≥6
k_v	木夹板	干　材	5.5	6.1	6.7	7.5
		湿　材	5.5	6.1	6.7	6.7
	钢夹板		7.5（湿材时 6.7）			

螺栓连接接头每边所需螺栓 n 按下式计算：

$$n = \frac{N}{mN_v} \qquad (6.26)$$

式中　N——连接处拉力设计值；

N_v——个螺栓或钉的每一剪面的设计承载力；

m——螺栓的剪面数，单剪 $m=1$，双剪 $m=2$。

（2）当连接木构件厚度 c 不满足表 6.13 的规定时，除按上式计算外，N_v 值尚不应大于 $0.3cd\psi_a^2 f_c$。式中 ψ_a 按表 6.16 确定。

表 6.16　木材斜纹承压降低系数 ψ_a

螺栓直径/mm		12	14	16	18	20	22
ψ_a	$\alpha \leq 10°$	1	1	1	1	1	1
	$\alpha \geq 80°$	0.84	0.81	0.78	0.75	0.73	0.71
	$10° < \alpha < 80°$	用上两行中间插值					

（3）当螺栓的传力方向与构件木纹成 α 角时，N_v 值应乘以表 6.16 的斜纹承压降低系数 ψ_a。

【例 6.10】　屋架下弦截面为 120 mm×200 mm，木材为马尾松，木材顺纹承压强度设计值 $f_c = 12$ N/mm²，下弦接头设计值 $N = 90$ kN，采用钢夹板连接，螺栓连接承载力计算系数 $k_v = 6.1$，螺栓直径采用 $d = 20$ mm。要求：试确定连接所需螺栓数？

解　屋架下弦用双剪连接，螺栓直径 $d = 20$ mm。

$$N_v = k_v d^2 \sqrt{f_c} = 6.1 \times 20^2 \times \sqrt{12} = 8\,452 \text{ kN}$$

螺栓数目以每个螺栓有两个剪面，则

$$n = \frac{N}{2N_v} = \frac{90\ 000}{2 \times 8\ 452} = 5.3\ \text{个}$$

螺栓布置见图 6.25。

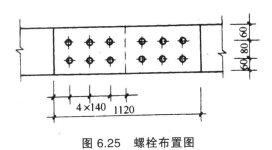

图 6.25　螺栓布置图

四、齿板连接[40,41]

齿板主要用于轻型木结构建筑中由规格材制成的轻型木桁架的节点连接以及受拉杆件的接长。齿板通常是用厚度 0.9~2.5 mm 的镀锌软钢或不锈钢的带钢制成（见图 6.26）。齿板的尺寸从 30 cm^2 直至约 1 m^2，通常在一个接头采用两个尺寸相同的齿板对称布置（见图 6.27）。

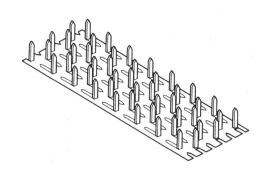

图 6.26　典型的冲压齿板

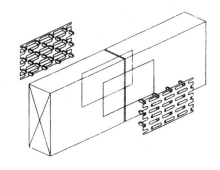

图 6.27　齿板连接的接头

这是 20 世纪 50 年代后期在普通手工钉的钢板或胶合板节点板的基础上发展起来的，但齿板便于在工厂预制木桁架，且以较小的连接面积传力，从而节省了材料的费用。齿板中齿的形状、齿板承载能力等因生产厂商不同而变化。由于齿板很薄，受压极易失稳，所以齿板不得用于传递压力，也就是说，受压构件不能用齿板接长。

齿板连接接头中，荷载首先从构件传递至板的齿上，然后从这些齿向上传递到板并穿越接头的界面，从而向下传递到另一侧构件上的齿。因此齿板连接接头的极限强度将由下列两个指标之一来确定：被连接构件接头的锚固（夹紧力）承载能力，或者构件之间任一界面齿板钢材净截面的承载能力。

1. 齿板连接的构造要求

（1）齿板应成对对称设置于构件连接节点的两侧；

（2）采用齿板连接的构件厚度应不小于齿嵌入构件深度的两倍；

（3）在与桁架弦杆平行及垂直方向，齿板与弦杆的最小连接尺寸、在腹杆轴线方向齿板与腹杆的最小连接尺寸均应符合表 6.17 的规定。

表 6.17　齿板与桥架弦杆、腹杆最小连接尺寸（mm）

规格材截面尺寸	桁架跨度 L/m			规格材截面尺寸	桁架跨度 L/m		
	$L \leq 12$	$12 < L \leq 18$	$18 < L \leq 24$		$L \leq 12$	$12 < L \leq 18$	$18 < L \leq 24$
40 mm × 65 mm	40	45	—	40 mm × 185 mm	50	60	65
40 mm × 90 mm	40	45	50	40 mm × 235 mm	65	70	75
40 mm × 115 mm	40	45	50				
40 mm × 140 mm	40	50	60	40 mm × 285 mm	75	75	85

2. 齿板连接设计承载力计算

齿板连接计算内容包括：应按承载能力极限状态荷载效应的基本组合验算齿板连接的板齿承载力、齿板受拉承载力、齿板受剪承载力和剪一拉复合承载力；按正常使用极限状态标准组合验算板齿的抗滑移承载力。

（1）板齿设计承载力 N_r

$$N_r = n_r k_h A \tag{6.27}$$

式中　n_r——齿承载力设计值（N/mm²），按标准试验方法确定，见参考文献[41]（以下同）；

A——齿板表面净面积（mm²）；

K_h——桁架支座节点弯矩系数，可按式（6.28）计算：

$$k_h = 0.85 - 0.05(12 \tan \alpha - 2.0) \tag{6.28}$$

$$0.65 \leq k_h \leq 0.85$$

α——桁架支座处上下弦间夹角。

（2）齿板受拉设计承载力 T_t

$$T_t = t_r b_r \tag{6.29}$$

式中　b_r——垂直于拉力方向的齿板截面宽度（mm）；

t_r——齿板受拉承载力设计值（N/mm），按标准试验方法确定。

（3）齿板受剪设计承载力 V_r

$$V_r = v_r b_v \tag{6.30}$$

式中　b_r——平行于剪力方向的齿板受剪截面宽度（mm）；

v_r——齿板受剪承载力设计值（N/mm），按标准试验方法确定。

（4）齿板剪一拉复合受力 C_r（图 6.28）

$$\begin{aligned}
C_r &= C_{r1} l_1 + C_{r2} l_2 \\
&= \left[V_{r1} + \frac{\theta}{90}(T_{r1} - V_{r1}) \right] l_1 + \left[V_{r2} + \frac{\theta}{90}(T_{r2} - V_{r2}) \right] l_2
\end{aligned} \tag{6.31}$$

式中　l_1——杆件水平方向的被齿板覆盖的长度（mm）；

l_2——杆件垂直方向的被齿板覆盖的长度（mm）；

V_{r1}——沿 l_1 齿板抗剪设计承载力（N/mm），按标准试验方法确定；

V_{r2}——沿 l_2 齿板抗剪设计承载力（N/mm），按标准试

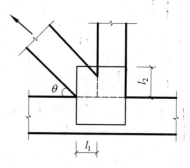

图 6.28　齿板剪一拉复合受力

验方法确定；

T_{r1}——沿 l_1 齿板抗拉设计承载力（N/mm），按标准试验方法确定；

T_{r2}——沿 l_2 齿板抗拉设计承载力（N/mm），按标准试验方法确定；

θ——杆件轴线夹角。

（5）板齿抗滑移承载力 N_s

$$N_s = n_s A \tag{6.32}$$

式中　n_s——齿抗滑移承载力（N/mm²），按标准试验方法确定；

A——齿板表面净面积（mm²）。

齿板还可以用来增强承重木构件的高应力区段（见图6.29）。采用齿板能减小木构件截面尺寸，降低造价。

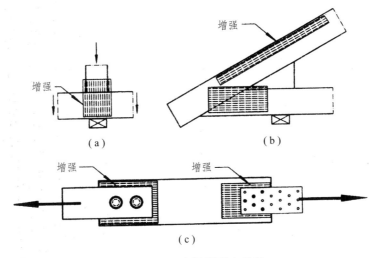

图 6.29　用齿板增强木构件

五、胶入钢筋齿板连接[40]

胶入钢筋增强木构件，源自瑞典、丹麦等北欧诸国，后传入苏联，至今已有20多年，其做法是将螺纹钢筋插入层板胶合木构件端头与木纹平行的孔中，用耐水的合成树脂胶合黏结（见图6.30）。近年来欧洲对木结构胶入钢筋进行了系统的试验，表明钢筋与木材纤维交角无论短期或长期加载均不影响木构件的增强效果。

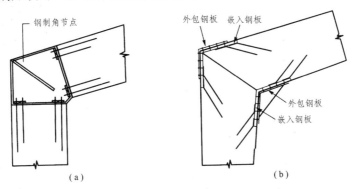

图 6.30　胶入钢筋增强层板胶合木构件

木构件斜向胶入钢筋最初是由苏联学者提出，用以增强层板胶合木梁抗剪承载能力，后发展成为能传递弯矩的连接件。配置嵌入钢板和加劲肋增强的角钢，形成图 6.31 所示的梁柱节点和图 6.32 所示的梁的连接接头。这为木结构复合木构件推广应用创造了有利条件。

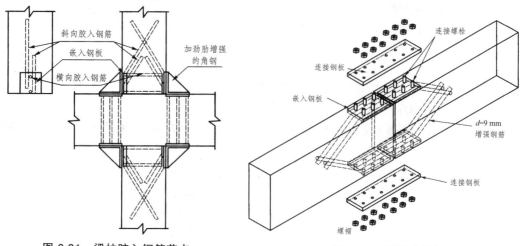

图 6.31　梁柱胶入钢筋节点　　　　　图 6.32　梁的连接接头

胶入钢筋要求充分利用钢材的极限强度，因此钢筋与木构件二者的承载能力应匹配。胶入钢筋的关键技术为胶合，应确保胶缝在施工时不受损伤。钢筋应在木材发生脆性破坏之前达到流限。木构件应采用钢筋与构件纵轴成 30° 角嵌入整个截面传力。钢筋的数量按传力大小的要求确定，承载钢板应具足够的刚度，能使整个承载面传递均匀分布的应力。所有结构构件（梁、柱、檩条等）应在施工现场用螺栓连接拼装。钢筋的胶入长度应超过表 6.18 要求的最小胶入深度。

表 6.18　钢筋的最小胶入深度（mm）

钢筋直径 d/mm	钢筋与构件纵轴的交角	
	90°	30°
11.3	200	150
16.0	300	250
19.0	400	300

为了防止钢筋受压屈曲，应使木构件抗压的承载力等于钢筋的抗拉强度。弯矩由胶入钢筋受拉和受压形成的力偶传递。柱的轴力通过柱内的钢筋传递至嵌入柱内的钢板，然后传递至用加劲肋增强的角钢。角钢用螺栓固定在嵌入梁内已用钢筋增强的承载钢板上，剪力由梁中的钢筋受剪和柱中钢板下的承压及柱的螺栓受拉来承担。孔径应比胶入钢筋直径大 3 mm。

第五节　木结构设计[41]

目前我国木结构主要分为普通木结构、胶合木结构和轻型木结构三种。普通木结构是指承重构件采用方木或圆木制作的单层或多层木结构；胶合木结构是指承重构件采用胶合木制作的结构体系；轻型木结构是指用规格材及木结构板材构成的单层或多层建筑结构。

从结构体系看，普通木结构与胶合木结构的结构体系是相同的，仅仅是所用材料不同而已，因此这两种木结构可统称为"梁柱结构体系"。轻型木结构是由构件截面较小的规格材、均匀密布连接组成的一种结构形式，它由主要结构构件（结构骨架）和次要结构构件（墙面板、楼面板和屋面板）共同作用、承受各种荷载，因此这种结构体系具有用料经济、设计灵活、安全可靠的特点，大量用于住宅结构。

一、梁柱式木结构

梁柱式木结构通常采用实木（原木或方木）、胶合木、平行木片胶合木等材料制作梁、柱、檩条等，用实木面板作为楼盖与屋盖的覆板（见图 6.33）。这种木结构一般采用间距较大且横截面也较大的木构件组成，平面布置灵活，在防火上可达到重型木结构的耐火程度，因此梁柱式木结构被广泛应用于宗教、居住、工业、商业、学校、体育、娱乐、车库等建筑中。

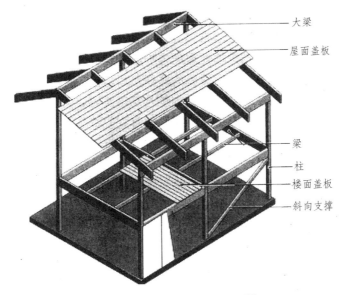

图 6.33 梁柱木结构示意图[41]

绝大多数当代的梁柱式木结构广泛采用金属紧固件来连接构件，与传统的用细木工方法建成的梁柱式木结构体系相比，由于强度高、安装速度快，采用现代材料制作的构件与节点建成的梁柱体系更具有优势。

（一）梁柱式木结构体系的特点

梁柱式木结构体系构件数量较少但尺寸较大。通常在构件运往施工现场之前，先进行节点制备。在工厂进行构件制备时，可进行构件的钻孔、切割与打磨等，到现场后只需要进行安装与固定。

梁柱式木结构体系中的隔墙通常不承受竖向荷载，因此内隔墙的布置是根据功能要求而不是受力要求来确定的。

方木锯材一般为湿材（含水率较高），因此应注意并预见到安装后干燥所引起的尺寸变化。为了避免大型构件的扭曲与开裂，最好采用已部分风干过的方木锯材。

人造木基产品胶合木现在已被大量用于梁柱式木结构中。所有这些人造产品都具有一个优点：长度可达到 25 m。如运输能进行特殊的安排时，可制作成更长的产品。

平行木片胶合木是一种相对较新的产品，它用作梁柱式木结构体系的大尺寸建筑构件。旋切板胶合木也可以层压成较大截面的构件，用于梁柱式木结构中。

所有这些人造木基材料的性质由原材料及制作过程确定，含水率较低。因此它们是形状稳定的建筑材料，水分变化时不会产生很大的变形。

结构胶合材无论在国外还是国内，都无专门的强度标准，按厂方标准确定强度及其他结构参数。

（二）结构布置

1. 梁与柱

梁柱式木结构的布置、跨度以及结构上的荷载是随着建筑的不同而不同的。但与钢框架以及钢筋混凝土框架梁相同，梁柱的间距应符合一定的建筑模数，平面及高度上的结构布置尽可能满足简单、规则、均匀、对称的原则。

由于梁柱式木结构与传统轻型木结构相比构件数量少，结构构件上的荷载相对较大，因此必须对构件与连接进行适当的计算分析。

对于给定树种与等级的梁，其尺寸大小由梁的跨度、间距、外加荷载的大小以及变形限值等确定。变形限值则由建筑物或构件的用途与外观要求来确定。

所有构件的设计应能承受雪载、风载、活载与恒载等外加荷载。应满足规范中规定的强度与变形限值的要求。梁柱的分析应根据实际的连接方式来进行。当采用卯榫连接时，梁可以按简支梁来分析设计，柱则按偏心受压构件分析设计。

2. 基础

梁柱式木结构可以采用独立基础或连续基础墙。基础与上部结构的连接处应避免积水。为了通风，木构件周围应留有适当的空间。

3. 承重墙与隔墙

梁柱间可采用玻璃、装饰性面板填充；也可以采用轻型木结构的木构架墙来填充。

4. 楼、屋盖的盖板

楼、屋盖的面板层可以采用外露的实木面板或者采用传统的搁栅式做法。面板可采用平铺或侧铺的方法铺设，一般当荷载或跨距较大时，采用侧铺方式。

5. 抗侧力支撑

轻型木结构中的抗侧力支撑是由构架与覆面板组成的剪力墙作用来提供的，或在构架加斜撑来提供。

6. 连接

与其他木结构体系相比，梁柱式木结构的构件数量相对较少，节点数量也较少，节点是非常关键的。一般采用重型紧固件进行梁柱的连接，包括螺栓、钢板、裂环剪盘与胶合木铆钉等。当考虑抗震与抗风时，梁柱间的连接设计应能承受弯矩。

（三）木屋架设计

用原木或方木制作的桁架称为木屋架（见图6.34），当其下弦采用钢材时称为钢木屋架。木屋架以采用静定的结构体系为宜。

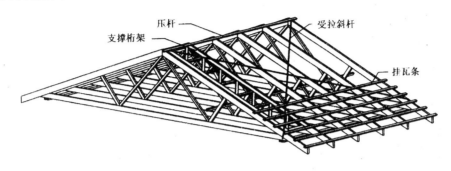

图6.34　木屋架

1. 屋架的选型

桁架由上弦杆、下弦杆、腹杆（斜杆和竖杆）组成。上弦杆和斜杆用木材制作，竖杆一般用圆钢，下弦杆用木料或钢材制作。用钢材做下弦杆时称为钢木桁架，用木材做下弦杆时称为木桁架。

屋架选型应根据建筑功能要求、荷载及跨度大小、木材的材质与规格等具体条件确定。屋架的外形应根据屋面防水材料、屋架受力性能及建筑造型等因素来选择。木屋架的外形通常有三角形、梯形和多边形等。

木屋架的跨度一般不宜超过18 m，常用跨度为9～15 m。桁架节间的划分应根据荷载、跨度、木材的规格和强度条件考虑，以充分利用上弦承载能力、尽量减少节间数目为原则。节点数目直接影响桁架挠度，因为桁架挠度大部分由节点及接头处连接的不紧密、干缩变形等原因造成，故节间划分过小、节点增多，势必使桁架变形增大。考虑到不使木檩条的挠度过大，木屋架的间距一般控制在3 m左右，不超过4 m。对于柱距为6 m的厂房，应在柱顶设置钢筋混凝土托梁，再将屋架按3 m间距布置。屋架的节间长度常为2～3 m，多为6节间或8节间，在这范围内能充分利用上弦杆的承载力，又使节间的数量最少。

对于钢木屋架，木材受压或压弯，钢材受拉，充分发挥了两种材料的长处；能避免木材斜纹、木节、裂缝等缺陷的不利影响，易于保证工程质量。钢木屋架常用的跨度为12～24 m，钢木三角形屋架的跨度不宜大于18 m，钢木梯形的可达24 m，屋架节间长度可达4 m。

桁架跨度中央的高度与跨度的比值称为高跨比。桁架的高跨比过小，将使桁架的变形过大。为保证桁架有足够的刚度，其高跨比应满足一定的要求。当三角形屋架的高跨比≥1/5，梯形和多边形屋架的高跨比≥1/6时，可不必验算挠度。为保证桁架不产生影响人的舒适感的挠度，消除屋架可见的垂度，除满足高跨比的要求外，制作时还应有约为跨度1/200的起拱。木桁架通常在下弦接头处起拱。

木屋架由于节点采用齿连接，这种节点只能传递压力，所以在任何荷载组合下必须使木腹杆受压而钢腹杆受拉，所以三角形屋架的斜腹杆的方向必须向内和向下倾斜以保证斜腹杆总是受压。因竖杆均为受拉故采用圆钢筋，它还有利于拼装时通过拧紧螺帽消除节点处手工操作的偏差，并用以预起拱。

2. 屋架的设计[18]

a. 荷载计算及荷载组合

作用在屋架上的荷载有永久载荷及屋面均布活荷载、雪荷载、风荷载等可变荷载；恒载按全跨分布。只有在天窗较高时才考虑风荷载的不利组合。

作用在屋架下弦的荷载有恒载（吊顶、抹灰及保温材料等）和悬挂荷载。当下弦有荷载时屋架自重上下各半分配，当仅上弦有荷载时屋架自重作用于上弦节点。

（1）屋架自重的估算。

原木或方木桁架的自重可按下列经验公式估算：

$$g_k = 0.07 + 0.007l \tag{6.33}$$

式中　g_k——桁架自重，按屋面水平投影面积计算（N/mm^2）；

　　　l——桁架的跨度（m）。

（2）荷载及其组合。

屋架一般按恒载和活载全跨组合确定弦杆内力。活载根据各种屋架受力特点分别按可能出现的不利情况进行组合。雪荷载和屋面均布荷载选其中较大的参加组合。

对三角形屋架尚应按恒载全跨，活载半跨确定中央两根斜杆的内力差，并以其水平分力的差值验算中央节点的连接。三角形桁架不计算风荷载。荷载组合时应考虑活荷载对各种杆件产生最不利影响的位置。

b. 内力计算及杆件设计

（1）内力计算。

木屋架是一个平面铰接桁架，桁架的内力计算按建筑力学的方法进行，即假定节点为铰接，将荷载集中于节点上，按节点荷载求各杆件的轴向力。工程设计中常用"内力系数表"进行计算。

节间荷载引起的弯矩在选择弦杆截面时再行考虑。当檩条布置在节点时，上弦按轴心受压杆计算，当节间有檩条时，上弦按偏心受压杆计算。当檩条置于上弦节间时，上弦还将受弯。上弦杆是多跨连续梁，在节间荷载作用下，中间支座处（节点）产生负弯矩。而桁架上弦节点将随桁架整体变形产生相对沉降，支座处因沉降产生正弯矩。在上弦节点处正负弯矩基本相互抵消，所以上弦可近似按简支梁计算跨中最大正弯矩。

压杆的计算长度，在结构平面内，弦杆与腹杆均取节点中心间的距离。在结构平面外，上弦取锚固檩条间的距离，腹杆取节点中心间的距离。应保证屋架在运输和安装过程中的强度、刚度和稳定性。

屋架的同一节点或接头中有两种或多种不同刚度的连接时，计算上只考虑一种连接传递内力，不应考虑几种连接的共同作用。

（2）杆件及节点设计。

杆件截面验算按以下原则进行：

① 上弦杆按轴心受压或压弯杆件验算。

② 下弦按轴心受拉或拉弯杆件（当下弦节间有荷载作用时）验算。

③ 斜腹杆按轴心受压杆件验算。

④ 竖杆一般用 HPB235 圆钢制作，按轴心受拉验算，其直径不应小于 12 mm，

$$\sigma_t = \frac{N}{A_n} \leqslant f_t^b \tag{6.34}$$

式中　σ_t——竖杆所受的拉应力（N/mm^2）；

　　　N——拉杆的轴心力设计值（N）；

　　　A_n——螺纹部分的净面积（mm^2）；

　　　f_t^b——普通螺栓抗拉强度设计值。

圆钢拉杆的方形垫板面积 A，由木材承压强度确定：

$$A \geqslant \frac{N}{f_{ca}} \tag{6.35}$$

垫板的厚度 t 由钢板的抗弯强度确定，按下面经验公式验算：

$$t = \sqrt{\frac{N}{2f}} \tag{6.36}$$

式中　f_{ca}——木材斜纹承压强度设计值（N/mm^2）；当计算脊节点处的钢垫板时，因该处木纹
　　　　　　不连续，式（6.30）中的 f_{ca} 取"局部表面及齿面"一栏的数值。

　　　f——钢材抗弯强度设计值（N/mm^2）。

三角形桁架的中部钢拉杆、受振动影响以及直径大于或等于 20 mm 时的钢拉杆都必须采用双螺帽，以防螺帽松脱。

（3）弦杆接头。

弦杆接头是桁架的关键部位，必须保证工作可靠。

①　下弦接头（图 6.35）。

下弦接头应锯平对接，并用螺栓和夹板连接，接头不应多于两个。螺栓数目按计算确定，但接头每端螺栓不应少于 6 个。木夹板应用优质的气干木材制作，其厚度不应小于下弦宽度的 1/2，桁架跨度较大时，不应小于 100 mm。当采用钢夹板时，其厚度不应小于 6 mm。

②　上弦接头（图 6.36）。

上弦接头应在节点附近，并不宜设在支座节间及脊节间内。接头应锯平对接，用木夹板连接，接头两侧至少应用两个直径不小于 12 mm 的系紧螺栓系紧。木夹板的厚度宜取上弦宽度的 1/2，长度取上弦宽度的 5 倍。

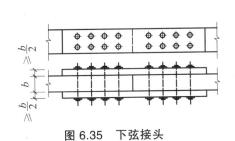

图 6.35　下弦接头　　　　　　　　　图 6.36　上弦接头

③ 系紧螺栓垫板尺寸：厚度不宜小于 $0.3d_b$（d_b 为螺栓直径）；边长不宜小于 $3.5d_b$。当用圆形垫板时，直径不宜小于 $4d_b$。

（4）节点设计。

① 端节点。三角形木桁架端节点根据荷载及跨度的大小，可设计成单齿连接或双齿连接。端节点应使下弦受剪面避开木材髓心，并在施工图中注明。

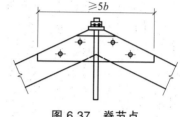

图 6.37　脊节点

② 脊节点（见图 6.37）。脊节点处两个上弦杆互相抵承，其构造与压杆接长相同。为放置拉杆的垫板，应将上弦抵承处的上端削平。抵承处为斜纹承压，由于承压面积较大，一般不必验算承压面的强度。

③ 下弦中央节点（图 6.38）。相交于节点的杆件轴线以毛截面对中。半跨雪荷载作用时，两斜杆内力的水平分力差通过刻槽传给下弦。由于斜杆水平力差值很小，垫木与下弦刻槽的受剪与承压可不验算。

④ 上下弦中间节点（图 6.39）。中间节点均采用单齿连接，按毛截面对中；节点处应按斜纹承压验算弦杆承压面积。

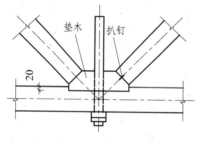

图 6.38　下弦中央节点

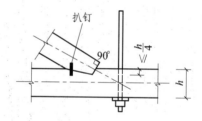

图 6.39　上下弦中间节点

3. 屋架的构造

对构件的截面尺寸除按计算确定外，尚应考虑屋架吊装时平面外的刚度，构件截面尺寸不能太小。对方木屋架、腹杆和弦杆的宽度应一致，以便拼装时使各杆轴线在同一平面内。

4. 屋架的支撑

a. 支撑的作用

（1）保证整个屋架在施工和使用期间的空间稳定，防止屋架侧倾。

（2）保证屋架受压上弦的侧向稳定，使上弦不致发生平面外屈曲。

（3）承担和传递纵向水平力。

b. 支撑的布置

支撑的布置，应根据屋盖形式、跨度、屋面构造、荷载、有无山墙及山墙刚度等情况，综合考虑。

（1）上弦横向支撑是在屋架上弦杆与上弦节点牢固连接的檩条之间另加斜杆组成沿上弦展开的平面桁架，它对增强屋盖的空间刚度起着较大的作用。对有山墙房屋常设置在第二开间内；若房屋端部为轻型挡风板，则可设在第一开间。若房屋很长，则每隔 20～30 m 增设一道横向支撑。

（2）垂直支撑是设在跨中垂直于屋架平面的桁架体系，其主要作用是防止屋架倾倒和增加屋架在使用和安装时的稳定性。垂直支撑的设置，在跨度方向可依跨度大小设置一道或两道，沿房屋纵向应隔间设置将屋架两两联系起来，但不得连续设置垂直支撑。在垂直支撑的下端应设通常的纵向水平系杆。

（3）当有密铺屋面板和山墙，且跨度≤9 m的房屋；或跨度≤6 m有楞摊瓦屋面的房屋；或当房屋两端与其他刚度较大的建筑物相毗连时，只要房屋的长度不超过30 m，可不设支撑。

二、轻型木框架结构

轻型木框架结构根据它的构造特点不同又分为平台式框架结构及连续式框架结构。

平台式框架轻型木结构是一种将小尺寸木构件以不大于610 mm的中心间距密置而成的一种结构形式（见图6.40）。这些密置的骨架构件既是结构的主要受力体系，又是内、外墙面和楼屋面面层的支撑构架，此外还为安装墙面保温隔热层提供了空间。结构强度通过主要结构构件（骨架构件）和次要结构构件（墙面板、楼面板及屋面板等）共同作用得到。典型的平台式框架轻型木结构构造图及各种构件的名称如图6.40所示。

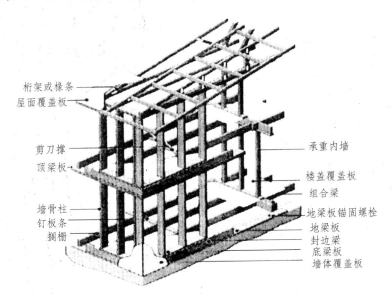

图6.40　平台式框架结构[41]

轻型木结构的各种构件如墙骨柱、楼面梁、檩条、木屋架、各种面板等都是由工厂生产运输到现场的，工地主要是基础施工、各种构件的拼装等，因此施工作业面多，容易提高施工进度、缩短施工周期。

轻型木结构的各种管线的排放、保温材料的填放都较方便，从而提高了建筑物的通风、保温和隔热性能，保证了居住者的舒适度。

平台式框架结构自20世纪40年代后期起一直是北美住宅建筑的主要结构形式。因平台式框架结构的优越性，目前工程建设以"平台式框架"为主。

连续式框架结构是结构外墙骨架柱和部分内墙骨架柱从基础到建筑物顶部连续的一种构造方式，如图6.41。它是19世纪后半世纪到20世纪前半世纪北美普遍采用的轻型木结构形式。

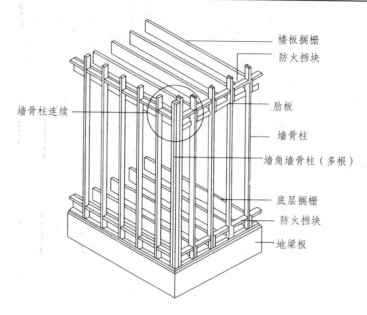

图 6.41　连续式框架结构[41]

轻型木结构在北美、欧洲等大量用于住宅建筑和公用建筑中。按照北美轻型木结构的设计规范，这种结构形式的设计有两种方法，工程计算设计方法和基于经验的构造设计法。

1. 工程计算设计法

按照规定计算出作用在建筑物上的各种水平荷载和竖向荷载，用力学分析方法计算出各种构件的内力以及节点受力，然后再按照构件和连接的计算方法进行构件、连接计算和设计。

水平荷载通过水平的楼屋面板和竖向的剪力墙承受，再传递到基础上。

2. 构造设计法

轻型木结构当满足一定规定时，可按照构造要求进行结构设计，而无需通过内力分析和构件计算确定结构抗侧能力。

第六节　木结构的抗震性能[43]

一、概　述

中国古典建筑体系是独立于西方而发展成熟的建筑系统，博大精深，是华夏文明的重要组成部分，其中蕴含着科学的结构法则和抗震理念，是千百年来中华民族智慧的结晶。中国古建筑木结构能保存数百年甚至千年以上，其间又经历了大大小小许多地震的考验，仍能挺然直立，证明了其具有良好的抗震性能。1910 年日本大地震中用西方建筑技能盖起来的建筑物大多倾覆，而依据中国建筑营造原则盖起的建筑物却几乎没有倒塌，这一现象当时曾引起日本专家的注意。他们研究发现中国木结构建筑中的结构构件之间特殊的榫卯连接方式有其减震耗能特性。.

中国古代大木作结构中的构件，几乎全是通过榫卯连接，这也是中国古代木结构建筑系统的基本特征。图 6.42 为中国古建筑大木作结构构件中常见的榫卯连接构造形式。

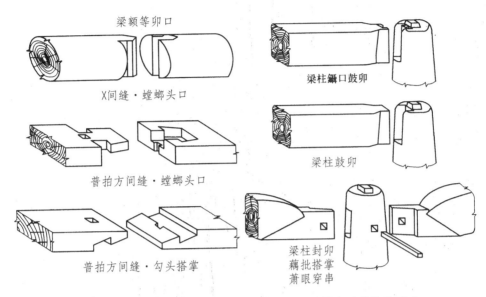

图 6.42 中国古建筑大木作结构构件中常见的榫卯连接构造形式

二、榫卯节点的受力行为和破坏状态

中国木结构古建筑从结构角度来看，类似"框架"结构，实际上，其与现代框架结构确有着很多不同之处，其最大的不同就在其节点的构造．中国古建筑的榫卯节点，属于"半刚性"的。合理而正确地定出榫卯节点的转动刚度对于中国古建筑的结构分析和研究有重要意义。为此，西安建筑科技大学土木学院学者[43]根据宋《营造法式》中的形制与构造规定，制作了缩尺比为 1 : 3.52 的二等材宫殿单间木构架模型，并进行了相应低周水平反复荷载作用下的拟静力试验研究，获得了一批重要的数据。经分析整理，了解到中国木结构古建筑榫卯节点的受力及变形特征，提出了相应的计算模型，为中国古建筑结构的抗震计算提供了一种依据。

尽管榫的形式很多，但在大木作结构的节点中，常见的有直榫和燕尾榫，他们对燕尾榫作了较为细致的探讨。

1. 试验观测木构架模型的主要特征

随着水平力的增加，木构架的侧移量也增大，表现为柱上各测点的水平位移量与水平力之间几乎成正比例关系增加。

在施加荷载过程中，如果在中途卸载，模型并不会自动恢复其变形，而是会随即"停"在相应位置，这是由于榫卯的弹性恢复作用较小。在水平反复作用过程中，木构架梁柱的轴线的变形不很明显，这说明榫卯节点的转动刚度不大，其对梁柱的约束作用较弱，外观上亦看不出梁柱轴线有明显的反弯点。随着反复作用次数的增加，由于不断增长的相互挤压变形而使得榫卯间的咬合变得愈加松动，榫头逐渐地从卯口中拔出，但始终没有脱卯。经过大约十几次的反复作用，榫头已从卯口中拔出约 40 mm。

由试验得出木构架模型在水平反复荷载作用下的结构滞回曲线（见图 6.43）

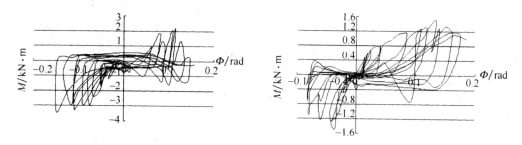

图 6.43　木构架模型在水平荷载反复作用下榫卯节点的滞回曲线

2. 榫卯节点受力与破坏特征

从试验结果及相关的实物考察研究可以知道，榫卯节点的受力及破坏主要表现为滑移变形、弹塑性变形，榫卯连接松动、柔性化，卯口劈裂，以至于脱卯等基本特征。在荷载的持续反复作用之下，其刚度退化，遂造成整个结构的侧向刚度下降以至于损坏（见图 6.44）。

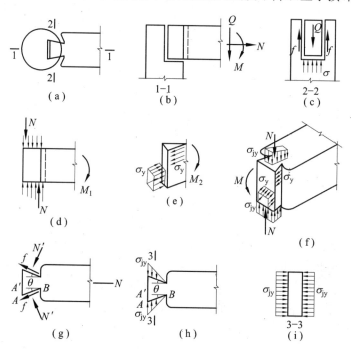

（a）～（c）榫卯挤紧及榫头受剪；（d）～（i）阑额两端有弯矩作用时的榫头受挤压

图 6.44　燕尾榫榫卯节点受力特征

榫卯节点的这种"柔性"连接特性，降低了结构的整体刚度，增大了整个结构的延性，使整个结构在地震动中所受到的惯性力减小，说明中国木结构古建筑榫卯节点的构造是有利于抗震的。

试验过程中发现，榫卯节点对结构构件的空间约束作用较弱. 以往的调查表明，中国木结构古建筑层间抗扭能力较差是一个突出的特点。现存最早的山西应县木塔，有多个结构层发生扭转现象。

试验过程中结构构件材料，除了榫头部位有较大的塑性变形之外，其他部位几乎均处于弹性变形阶段，而且应变也较小。

从构件的变形与破坏的发展过程来看，木结构古建筑的破坏往往始于构件连接处的破坏（即榫卯节点的破坏），而其构件材料的绝大部分仍然基本完好。

西安建筑科技大学土木学院学者[43]还针对性的作了相应的地震模拟振动台模型试验研究。试验发现，中国木结构古建筑在地震动中主要以隔震的方式抵御地震作用，而其隔震的效能，仅当地震烈度达到一定等级（通常情况下为Ⅷ度地震烈度，相应的地震波的峰值加速度介于 178～353 Gal）后方起作用，其主要来自于两个部分，一是柱根与基础石之间因摩擦、滑移、耗能而减振、隔震；二是铺作结构层中的每一个铺作，由于在地震作用下的弹塑性变形和摩擦滑移，都成为一个个重要的减振、隔震单元，其共同作用的结果，使得屋盖结构的动力响应大大减小。

榫卯节点之柔性连接，是这结构系统抗震的一个重要特点，正是这种柔性连接特征，降低了整个结构的横向刚度，减小了地震作用的强度。

中国木结构古建筑的屋盖，是整个结构至关重要的部分，其在体积和重量上，甚至大于其下部的柱架结构，在抗震方面合理性体现在两个方面：一是如果受到地震作用，必首当其冲，而正是由于其与柱架结构之间夹以铺作结构层，实际形成了一个地震作用的缓冲层，使得下部结构与其地震之耦合效应大大减小。二是屋盖结构较其下部的柱架结构刚度大，是地震中结构保持整体性的重要保证。

复习思考题

1. 木材的缺陷主要有哪几种？这些缺陷对木材受拉、受压、受弯、承压和受剪各有何影响？

2. 对木构件的含水率有哪些规定？

3. 荷载作用时间长短对木材强度有何影响？

4. 计算木结构轴心受压杆的长细比值时，惯性矩 I 和截面面积 A 为什么都用毛截面？

5. 木结构偏心受压构件的承载能力决定于哪两种情况？

6. 设计木结构受弯构件时，应进行哪些计算？

7. 连接应符合哪些基本要求？为什么？

8. 木结构单齿连接中对槽深和剪切面长度各有何规定？为什么要有这些规定？

9. 木结构单齿连接有哪些构造要求？若不满足这些要求，将产生什么问题？

10. 木结构单齿连接中承压面积（圆木和方木）各怎样计算？剪切面积怎样计算？下弦杆净截面受拉验算时，净截面面积怎样计算？

11. 木结构双齿连接中剪切的承载能力是否有提高？为什么？

12. 木结构螺栓连接中螺栓的承载能力是在什么假定下确定的？为什么螺栓连接中螺栓不允许单列布置？

13. 从受力性能方面分析，哪种木结构屋架形式最为合理？在实际工程应用上，为什么三角形屋架用得最多？

14. 确定木结构屋架间距时应考虑哪些因素？其中主要因素是什么？

15. 木结构屋架腹杆应怎样布置能使受力更为合理?

16. 木结构屋架各杆件计算长度是怎样确定的?

17. 木结构屋架为什么要起拱? 不起拱将会产生什么问题?

18. 哪些因素会影响木屋盖的空间刚度? 设计时应如何考虑?

19. 木结构屋架中上弦横向支撑起什么作用, 应如何布置?

20. 木结构屋架中垂直支撑起什么作用? 应如何布置?

习　　题

1. 设计双齿连接的屋架端节点。已知上弦杆轴心压力设计值为 95 kN, 上弦截面 $b \times h = $ 150 mm×180 mm, 下弦截面 $b \times h = $ 150 mm×200 mm, 上下弦杆轴线夹角 $\alpha = 26°$, 木材为红皮云杉, 保险螺栓用 Q235 号钢。

2. 已知下弦截面 $b \times h = $ 150 mm×200 mm, 轴心拉力设计值 $N = 75$ kN, 木材为马尾松, 螺栓为 Q235 号钢。设计下弦杆的接头。

3. 按下列资料设计木屋盖, 画出屋架施工图及屋盖支撑布置图。防水材料: 平瓦; 屋面板材料: 杉木; 钢材; Q235。

木基层构造	檩条	屋架				房屋长度	雪荷载
		形式	材料	跨度/m	间距 B/m		S_k / (kN/m^2)
屋面板 椽条 檩条	圆木	圆木三角形豪式	鱼鳞云杉	12 15	3.0 3.3 3.6	8B、9B、10B	0.50
屋面板 檩条	方木 正、斜放	方木三角形豪式	红松	12 15	3.0 3.3 3.6	8B、9B、10B	0.45

附表 6.1 TC17，TC15 及 TB20 级木材的稳定系数 φ 值

λ	0	1	2	3	4	5	6	7	8	9
0	1.000	1.000	0.999	0.998	0.998	0.996	0.994	0.992	0.990	0.988
10	0.985	0.981	0.978	0.974	0.970	0.966	0.962	0.957	0.952	0.947
20	0.941	0.936	0.930	0.924	0.917	0.911	0.904	0.898	0.891	0.884
30	0.877	0.869	0.862	0.854	0.847	0.839	0.832	0.824	0.816	0.808
40	0.800	0.792	0.784	0.776	0.768	0.760	0.752	0.743	0.735	0.727
50	0.719	0.711	0.703	0.695	0.687	0.679	0.671	0.663	0.655	0.648
60	0.640	0.632	0.625	0.617	0.610	0.602	0.595	0.588	0.580	0.573
70	0.566	0.559	0.552	0.546	0.539	0.532	0.519	0.506	0.493	0.481
80	0.469	0.457	0.446	0.435	0.425	0.415	0.406	0.396	0.387	0.379
90	0.370	0.362	0.354	0.347	0.340	0.332	0.326	0.319	0.312	0.306
100	0.300	0.294	0.288	0.283	0.277	0.272	0.267	0.262	0.257	0.252
110	0.248	0.243	0.239	0.235	0.231	0.227	0.223	0.219	0.215	0.212
120	0.208	0.205	0.202	0.198	0.195	0.192	0.189	0.186	0.183	0.180
130	0.178	0.175	0.172	0.170	0.167	0.165	0.162	0.160	0.158	0.155
140	0.153	0.151	0.149	0.147	0.145	0.143	0.141	0.139	0.137	0.135
150	0.133	0.132	0.130	0.128	0.126	0.125	0.123	0.122	0.120	0.119
160	0.117	0.116	0.114	0.113	0.112	0.110	0.109	0.108	0.106	0.105
170	0.104	0.102	0.101	0.100	0.099 1	0.098 0	0.096 8	0.095 8	0.094 7	0.093 6
180	0.092 6	0.091 6	0.090 6	0.089 6	0.088 6	0.087 6	0.086 7	0.085 8	0.084 9	0.084 0
190	0.083 1	0.082 2	0.081 4	0.080 5	0.079 7	0.078 9	0.078 1	0.077 3	0.076 5	0.075 8
200	0.075 0									

附表 6.2　TC13，TC11，TBl7，TB15，TB13，及 TB11 级木材的稳定系数 φ 值

λ	0	1	2	3	4	5	6	7	8	9
0	1.000	1.000	0.999	0.998	0.996	0.994	0.992	0.988	0.985	0.981
10	0.977	0.972	0.967	0.962	0.956	0.949	0.943	0.936	0.929	0.921
20	0.911	0.905	0.897	0.889	0.880	0.871	0.862	0.853	0.843	0.834
30	0.821	0.815	0.805	0.795	0.785	0.775	0.765	0.755	0.745	0.735
40	0.725	0.715	0.705	0.696	0.686	0.676	0.666	0.657	0.647	0.638
50	0.628	0.619	0.610	0.601	0.592	0.583	0.574	0.565	0.557	0.548
60	0.540	0.532	0.524	0.516	0.508	0.500	0.492	0.485	0.477	0.470
70	0.463	0.456	0.449	0.442	0.436	0.429	0.422	0.416	0.410	0.404
80	0.398	0.392	0.386	0.380	0.374	0.369	0.364	0.358	0.353	0.348
90	0.343	0.338	0.331	0.324	0.317	0.310	0.304	0.298	0.292	0.286
100	0.280	0.274	0.269	0.264	0.259	0.254	0.249	0.244	0.240	0.236
110	0.231	0.227	0.223	0.219	0.215	0.212	0.208	0.204	0.201	0.198
120	0.194	0.191	0.188	0.185	0.182	0.179	0.176	0.174	0.171	0.168
130	0.166	0.163	0.161	0.158	0.156	0.154	0.151	0.149	0.147	0.145
140	0.143	0.141	0.139	0.137	0.135	0.133	0.131	0.130	0.128	0.126
150	0.124	0.123	0.121	0.120	0.118	0.116	0.115	0.114	0.112	0.111
160	0.109	0.108	0.107	0.105	0.104	0.103	0.102	0.100	0.0992	0.098 0
170	0.096 9	0.095 8	0.094 6	0.093 6	0.092 5	0.091 4	0.090 4	0.089 4	0.088 4	0.087 4
180	0.086 4	0.085 5	0.084 5	0.083 6	0.082 7	0.081 8	0.080 9	0.080 1	0.079 2	0.078 4
190	0.077 6	0.076 8	0.076 0	0.075 2	0.074 4	0.073 6	0.072 9	0.072 1	0.071 4	0.070 7
200	0.070 0									

附录一　阅读材料

绿色建筑设计简介[38, 39]

绿色建筑亦即可持续发展建筑，它是在建筑的全寿命周期内，最大限度地节约资源（节能、节地、节水、节材），保护环境和减少污染，为人们提供健康、适用和高效的使用空间，与自然和谐共生的建筑。绿色建筑包含下列四方面内涵：

（1）全寿命周期。主要强调建筑对资源和环境的影响在时间上的意义，关注的是建筑从最初的规划设计到后来的施工建设、运营管理。

（2）最大限度地节约资源、保护环境和减少污染。资源的节约和材料的循环使用是关键，力争减少二氧化碳的排放，做到"少费多用"。

（3）满足建筑根本的功能需求。满足人们使用上的要求，为人们提供"健康"、"适用"和"高效"的使用空间。

（4）与自然和谐共生。发展绿色建筑的最终目的是要实现人、建筑与自然的协调统一。

面对能源危机、生态危机和温室效应，走可持续发展道路已经成为全球共同面临的紧迫任务。作为能耗占全部能耗将近 1/3 的建筑业，也很早将可持续发展列入核心发展目标。绿色建筑正是在这种环境下应运而生。绿色建筑源于建筑对环境问题的响应，最早从 20 世纪六七十年代的太阳能建筑、节能建筑开始。随着人们对全球生态环境的普遍关注和可持续发展思想的深入，建筑的响应从能源方面扩展到全面审视建筑活动对全球生态环境、周边生态环境和居住者所生活的环境所造成的影响；同时开始审视建筑的"全寿命周期"内的影响，包括原材料开采、运输与加工、建造、建筑运行、维修、改造和拆除等各个环节。

努力推进我国绿色建筑的发展意义重大，它是建设事业走科技含量高、经济效益好、资源消耗低、环境污染少、人力资源优势得到充分发挥的新型工业化道路的重要举措；是树立全面、协调、可持续的发展观，促进经济社会和人类全面发展的科学发展观的具体体现；是按照减量化、再利用、资源化的原则，搞好资源综合利用，建设节约型社会，发展循环经济的必然要求；是实现建设事业健康、协调、可持续发展的重大战略性工作。

中国现有建筑的总面积约 400 亿 m^2，未来中国城乡每年新建建筑面积约 20 亿 m^2，建筑需用大量的土地，在建造和使用过程中，直接消耗的能源占全国总能耗接近 30%，加上建材的生产能耗 16.7%，约占全国总能耗的 46.7%，这一比例还在不断提高。在可以饮用的水资源中，建筑用水占 80% 左右，使用钢材占全国用钢量的 30%，水泥占 25%。在环境总体污染中，与建筑有关的空气污染、光污染、电磁污染等就占了 34%，建筑垃圾占垃圾总量的 40%。在城镇化快速发展时期，我国建筑业面临着巨大的资源与环境压力。在建筑领域里将传统高消耗型发展模式转向高效生态型发展模式，即走建筑绿色化之路，是我国乃至世界建筑的必然发展趋势。

绿色建筑是一项高度复杂的系统工程，需要建筑及其相关领域各个方面人员的协作与努力。近年来，绿色建筑在国内已呈现出良好的发展势头。在推进绿色建筑技术应用与发展的过程中，建筑、建材、公用设备工程、新能源利用、废热和废弃物利用等领域的设计、应用、施工、运行管理等从业人员应学习绿色建筑相关知识。

一、国内外绿色建筑的发展概况

1. 国外绿色建筑的发展概况

地球是人类赖以生存的家园，但其资源十分有限，环境也极为脆弱。伴随现代化进程的加速，近几十年来国际上资源、环境危机频发，形势严峻，人们不得不努力从保护地球环境、节约资源能源方面寻求出路。尤其20世纪70年代世界能源危机的爆发，使人们意识到以牺牲生态环境为代价的高速文明发展史难以为继，也认识到节能与环保对人类生存的地球的重要性，耗用自然资源最多的建筑产业必须走可持续发展之路。

20世纪60年代，国外开始提出生态建筑、绿色建筑的新理念。许多学者以现代生态与环境的观念重新审视以前对建筑的认识，并已提出了许多新的理解，绿色建筑的思想和观念开始萌生。20世纪60年代初，美籍意大利建筑师保罗·索勒瑞把生态学和建筑学合并，提出了著名的"生态建筑"（绿色建筑）的新理念。1969年美国学者麦克哈格在《设计结合自然》一书中论证了人对自然的依存关系，批判了以人为中心的思想，提出了"适应"自然的原则。对绿色建筑学的发展产生了深远影响。在二十世纪70年代中期，一些国家开始实行建筑节能类的规范，并且以后逐步提高节能标准，这可以说是绿色建筑政府化行为的开始。1989年英国建筑师戴维·皮尔森提出住宅建筑中要减少对不可再生资源的依赖，充分利用自然可再生能源，使用无毒、无污染可再生的建材和产品，防止污染空气、水、土壤，公众参与设计，利用自然方法创造健康舒适的室内气候等。1991年布兰达·威尔和罗伯特·威尔提出了绿色建筑设计原则：节约能源，设计结合气候，能源和材料循环使用，尊重用户，尊重基地环境，整体的设计观等。

几十年来，绿色建筑由理念到实践，在发达国家逐步完善，形成了较成体系的设计与评估方法，各种新技术、新材料层出不穷。一些发达国家还组织起来，共同探索实现建筑可持续发展的道路，如加拿大的"绿色建筑挑战"行动，采用新技术、新材料、新工艺，实行综合优化设计，使建筑在满足使用需要的基础上所消耗的资源、能源最少。日本颁布了《住宅建设计划法》提出"重新组织大城市居住空间（环境）的要求，满足21世纪人们对居住环境的需求，适应住房需求变化。德国在20世纪90年代开始推行适应生态环境的住区政策，以切实贯彻可持续发展的战略。法国在80年代进行了包括改善居住区环境为主要内容的大规模住区改造工作。瑞典实施了"百万套住宅计划"，在住区建设与生态环境协调方面取得了令人瞩目的成就。

1990年，世界首个绿色建筑标准《英国建筑研究组织环境评价法》发布。1992年于巴西召开的"联合国环境与发展大会"使"可持续发展"这一重要思想在世界范围达成共识。绿色建筑渐成体系并在不少国家实践推广，成为世界建筑发展的方向。1993年，美国出版了《可持续设计指导原则》一书，书中提出了尊重基地生态系统和文化脉络，结合功能需要采用简单的适用技术，针对当地气候采用被动式能源策略，尽可能使用可更新的地方建筑材料等9项"可持续建筑设计原则"。1993年6月，国际建筑师协会通过"芝加哥宣言"，宣言中提出保持和恢复生物多样性，资源消耗最小化，降低大气、土壤和水的污染，使建筑物卫生、安全、舒适以及提高环境意识等原则。1995年，美国绿色建筑委员会又提出能源及环境设计先导计划。2005年3月，在北京召开的首届国际智能与绿色建筑技术研讨会上，与会各国政府有关主管部门与组织、国际机构、专家学者和企业，在广泛交流的基础上，对21世纪智能与绿色建筑发展的背景、指导纲领和主要任务取得共识。会议通过的关于绿色建筑发展的《北京宣言》，有利于促进新千年国际智能与绿色建筑的健康快速发展，有利于建设一个高效、安全、舒适的人居环境。至今，国际建筑界对绿色建筑的理论研究还在不断地深化，绿色建筑的思想观念还在不断地发展。

2. 国内绿色建筑的发展概况

我国近30年来生产方式属粗放型，增长方式也不尽合理，生产效率低，能耗高，技术含量低，生产污染严重等问题，影响到我国绿色建筑的发展及可持续发展。

就中国资源能源消费状况而言，在我国化石能源资源探明储量中，90%以上是煤炭，人均储量也仅为世界平均水平的二分之一；人均石油储量仅为世界平均水平的 11%；天然气仅为 4.5%；而目前中国单位建筑面积能耗是发达国家的 2~3 倍以上。就土地的消耗而言，中国人均耕地只有世界人均耕地的 1/3，水资源仅是世界人均占有量的 1/4；实心黏土砖每年毁田 12 万亩；物耗水平与发达国家相比，钢材消耗高出 10%~25%，每拌和 1 m³ 混凝土要多消耗水泥 80 kg；卫生洁具的耗水量高出 30% 以上，而污水回用率仅为发达国家的 25%。

中国现有建筑的总面积约 400 亿平方米，预计到 2020 年还将新增建筑面积约 300 亿平方米，大约每年新增 18 亿~20 亿平方米。建筑需用大量土地，在建造和使用过程中，直接消耗的能源占到全社会总能耗的近 30%，加之建材的生产能耗 16.7%，约占全社会总能耗的 46.7%。用水占城市用水量的 47%，使用钢材占全国用钢量的 30%，水泥占 25%。在环境总体污染中，与建筑有关的空气污染、光污染、电磁污染等就占了 34%；建筑垃圾则占垃圾总量的 40%。中国正处于工业化和城镇化快速发展阶段，要在未来 15 年内保持 GDP 年均增长 8% 以上，将面临巨大的资源约束瓶颈和环境恶化压力。

中国现在城市的人均用地是 133 平方米（这个指标已经超越了很多国家），而且耕地面积这几年减少很快。建国初期我国人均耕地是 2.75 亩，现在只有 1.4 亩，而且我国的沙漠化面临不断增长趋势，这些问题实际上都牵扯到了城市建筑建设问题。经过多年努力，我国工业能源已经逐渐下降，然而建筑、国民基本消费都在迅速攀升。因此，能源、土地、环境保护，这三大问题将一直伴随着中国城市化建设，尤其是住宅建筑发展的规模、速度、控制结构以及民众的个人消费水平，影响更为巨大。在中国目前的经济发展情况下，必须把绿色建筑研究与实施放在首要位置上。如果建筑领域不能够首先解决可持续发展问题，我国也就谈不上走可持续发展道路。

中国在建筑节能方面已经做了 20 多年的工作，并取得了一些可喜的成果。1986 年，我国开始制定自己的节能法规。1995 年，建设部制订了《建筑节能"九五"计划和 2010 年规划》，其基本目标是新建采暖居住建筑 1996 年以前在 1980~1981 年当地通用设计能耗水平基础上普遍降低 30%，为第一阶段；1996 年起在达到第一阶段要求的基础上再节能 30%，为第二阶段；2005 年起在达到第二阶段要求的基础上再节能 30%，为第三阶段。

对采暖区热环境差或能耗大的既有建筑的节能改造工作，2000 年起重点城市成片开始，2005 年起各城市普遍开始，2010 年重点城市普遍推行。对集中供暖的民用建筑安设热表及有关调节设备按表计量收费的工作，1998 年通过试点取得成效，开始推广。2000 年在重点城市成片推行，2010 年基本完成。新建采暖公共建筑 2000 年前做到节能 50%，为第一阶段，2010 年在第一阶段基础上再节能 30%，为第二阶段。夏热冬冷区民用建筑 2000 年开始执行建筑热环境及节能标准，2005 年重点城镇开始成片进行建筑热环境及节能改造，2010 年起各城镇开始成片进行建筑热环境及节能改造。在村镇中大力推广太阳能建筑，到 2000 年累计建成 1000 万平方米，至 2010 年累计建成 5000 万平方米。村镇建筑通过示范倡导，力争达到或接近所在地区城镇的节能目标。

1996 年出台一个很重要的国家标准《民用建筑设计标准》，也就是采暖居住区必须实行这个标准，这包括三北地区，占中国国土的 70%，确定了节能能耗，其中建筑节能要节约 30%，采暖设备节能要节约 20%。但由于当时节能的手段不行，技术不配套，大部分地区经济能力有限，政府决定放宽四年，2000 年在全国正式推广，但是在北京、天津在 1996 年已经开始执行。北京、天津占了三北地区节能的 70%，因此现在北京市节能标准提高到了节约 65%。1998 年发布《中华人民共和国建筑法》、《中华人民共和国节约能源法》提出建筑节能是国家发展经济的一项长远战略方针，能源的节约与能源的开发并重，并把能源节约放在首位。

国家目前正在积极编制一些建筑节能管理条例，以及节约用水的管理条例、建筑工程验收规范，还有城市照明的导则等。

2005 年 12 月修订了《民用建筑节能管理规定》，颁布实施了《公共建筑节能设计标准》，同时还对全国各省、自治区（不含西藏）、直辖市、计划单列市、省会城市共 35 个城市进行了建筑节能工作专项检查。

经过多年的努力，我国民用建筑节能的管理规定、法规体系初步建立；初步形成了建筑节能的技术支撑体系；建筑节能的试点示范工程已经完成；建立了广泛的国际合作。但应当看到，我国建筑节能工作起步晚，而且推行难度也比较大，涉及社会接受能力、资金来源的诸多问题。虽然制定了许多强制性的建筑节能设计标准，但标准执行率还比较低。所以，要增强社会保护环境的意识，响应科学发展观的要求。"十一五"节能的主要工作有四项：一是新建的建筑全面实行节能 50% 的设计标准，建立 4 个直辖市和北方地区达到 65% 的国家标准和技术支撑体系，完成绿色建筑和超低能耗建筑的 100 个示范工程，形成相关的技术配套政策；二是既有建筑的改造，尤其是公共建筑的改造取得突破性进展，同时北方地区的供热体制改革基本完成，推动北方地区的既有居住建筑的节能；三是可再生能源在建筑中规模化的应用取得实质性突破；四是形成国家和各级政府推动建筑节能有关法规的强制性推动力。

中国在绿色建筑方面也进行大量工作。在 2005 年，中国不仅首次颁布已编制 5 年之久的《中国绿色建筑导则》，举办"首届国际智能与绿色建筑研讨会"，还从国外引进了绿色建筑的先进技术，其中包括：绿色建筑整体设计观念，智能、绿色建筑整体技术细节，节能建筑配套产品，生态化建筑新技术以及绿色建材和设备。这些举措表明，绿色建筑在中国的大有可为。

2005 年 3 月"首届国际智能与绿色建筑技术研讨会"召开，建设部、科技部等部委正式提出绿色建筑概念，以智能和绿色建筑技术研究开发和推广应用为重点开展了大量工作，组织国内科技界、企业界以及大专院校的专家学者，对我国绿色建筑领域的关键技术、设备和产品进行了联合攻关，现在已经取得了一些阶段性成果。建设部、科技部组织编制印发了《绿色建筑技术导则》，还商定"十一五"期间联合开展"绿色建筑科技行动"，又颁布了《绿色建筑评价标准》。

我国的绿色建筑发展现在正是蓬勃发展时期，到目前为止我国不同气候区的居住建筑节能标准已经出齐，建设部与科技部联合印发了《绿色建筑技术导则》，明确了绿色建筑的内涵、技术要求和应遵循的技术原则，指导各地开展绿色建筑工作。2006 年底编制完成《绿色建筑评价标准》，使绿色建筑的评定和认可有章可循、有据可依。建设部正在加快研究、制定《建筑节能管理条例》，明确各级人民政府、建设行政主管部门以及有关企业的法律责任，相应的权利与义务。同时正在积极研究、制定建筑节能经济激励政策，调动从事节能建筑各方的主动性和创造性，为节能建筑的开发、建设营造良好的法律环境。目前当务之急是结合国情制定、颁布绿色建筑标准和评估规范，研究开发和推广绿色新技术、新材料和成熟适宜的绿色建筑技术体系。

总体来说，中国的绿色建筑发展应该说还是处于起步阶段。随着近年来大量国外先进技术的引入，大家对于如何发展绿色建筑已经并不太陌生。绿色建筑应该遵循可持续发展的原则，可持续发展就是要使经济发展有利于当地环境和基本生活条件的变化，这已经成为目前规划和发展的重要指导思想。针对环境污染、资源过量消耗等社会与环境问题提出切实可行、持久的解决方法，有利于未来的发展。

根据世界各国在绿色建筑发展上的一些经验，结合我国的实际情况，目前中国的绿色建筑发展应该具备下列几方面考虑。

（1）建筑整体设计。

建筑整体设计就是指在建筑设计的初始阶段，根据当地的气候条件，通过被动式建筑设计、建筑参数优化设计等建筑设计及技术手段，并结合周边建筑及环境的影响，而提出的可充分利用自然资源，如太阳能、风能等，减少对石油等能源的依赖，创造舒适的人居环境的设计理念。这是对绿色建筑设计师的基本要求，也是目前绿色建筑在我国发展的最大技术障碍之一。更广泛地讲，一个成功的绿色建筑区域规划还应该包括便利的公共交通设施、医疗设施、购物场所、休闲娱乐场所，尽量减少汽车的使用，鼓励步行或使用自行车。同时应将发展社区、保护自然、保护历史资源融为一体，充分利用现有基础设施，减少重建。

（2）关键技术及产品的研发。

绿色建筑的发展，除了要有合理的建筑设计，具体到建筑的各个构件也是非常重要的。例如，合理应用适用的节能技术可在满足舒适要求的同时使建筑节约能源费用。这些关键技术和产品包括低能耗高能效的建材、先进的绝热技术、充分考虑遮阳和日光利用的高性能集成窗系统、建筑气密性的处理、新能源和可再生能源系统的使用、高能效设备和用具的使用、区域热电冷联产技术等。

（3）资源与环境影响。

资源与环境保护是绿色建筑技术发展的基石。建筑与环境是相互作用、相互影响的。在建筑的建造过程中应更多注重保存建筑所在地的生态完整性，注重景观美化，选择低能耗的建材，尽量就地取材；在选择建材时，尽量采用可回收再利用的材料，这有利于保护自然资源和原材料；尽量减少建筑废弃物，可减少垃圾对环境的影响；安装节水、节能产品在保护资源的同时还有助于降低建筑使用费用；选择种植屋面有利于降低建筑的能量使用、缓解城市热岛效应。

（4）绿色建筑评估体系的开发。

国外的绿色建筑评估体系发展较快，目前已基本渡过了评估参数确定阶段，正逐步开始完善标识阶段。相对而言，我国由于绿色建筑的起步较晚，因此相应的评估系统开发工作也进行得较晚。此时应特别注意的是，由于气候、地域、环境参数、资源状况、人文素质、技术水平、法规标准以及发展现状等的不同，国外体系的评估参数在很大程度上不适应于中国绿色建筑的发展。因此，中国的绿色建筑评估体系应建立在充分调研、科学立项、切实实践的基础之上，这将是绿色建筑发展的一大重点。

（5）教育和培训。

中国绿色建筑的发展，急需一批熟知绿色建筑理念，致力于绿色建筑建设的决策者、开发者、规划者、设计者、建设者和管理者。职业教育和培训有利于知识的更新，与时共进。

二、绿色建筑相关的建筑技术

（一）绿色建筑的规划

绿色建筑规划旨在改变经济发展观念，变革经济增长方式，在保持经济增长的同时，提高资源开发利用效率，改善人居环境，使城市可持续发展。

随着我国城镇化进程的加快和经济的快速发展，在一些经济发达地区形成了一些城市群。城市群的出现和发展对城镇化和现代经济社会的发展带来了挑战和许多新的问题，如城市群内土地资源、水资源合理有效配置和污染防治，基础设施共享，风景名胜区的资源保护和利用，城际交通配置以及城乡协调发展等。为了使这些问题得到相应解决，克服由于盲目竞争和无序开发利用造成资源利用效率低下和对环境的破坏，确保城市群整体健康发展，区域规划的编制和实施以及统筹考虑和安排城市群在经济发展过程中对资源的需求和开发利用就成为非常重要的环节。为了提高城市资源的利用效率，城市规划的调控作用越来越重要，而这正是绿色建筑规划的强项。为了建设节约型社会，解决城市规划面临的新问题，绿色建筑规划要着眼于城市规划的科学性、合理性和规划实施的严肃性。要增强城市规划对城市土地资源、水资源、生态环境、历史文化遗产的保护和利用，避免过去城市规划中土地过度开发利用，生态环境遭到破坏，"城市病"蔓延等问题。要强调土地利用的紧凑模式，鼓励以公共交通和步行交通为主的开发模式，保护开放空间和创造舒适的环境等。

在绿色建筑规划设计中，要关注对全球生态环境、地区生态环境及自身室内外环境的影响，要考虑建筑在其整个生命周期内（从材料开采、加工、运输、建造、使用维修、更新改造直到最后拆除）各个阶段对生态环境的影响。

（二）绿色建筑的节能技术

节能是提高绿色建筑环境效益、社会效益和经济效益的基本保证，也是绿色建筑指标体系中的重要组成部分。绿色建筑节能技术应用的一个重要思想是：充分利用建筑所在环境的自然资源和条件，在尽量不用或少用常规能源条件下，创造出人们生活和生产所需要的室内环境。绿色建筑的节能技术应围绕建筑技术的各个方面来加以体现。

在建筑布局设计阶段，各专业应相互配合，综合考虑室内热环境、室内空气质量、光环境等因素，利用计算机模拟技术如对建筑设计进行科学、合理的调整，以获取最佳的通风换气效果，从根本上改善室内环境和节约能源。同时，还要慎重考虑建筑物的选址、朝向、间距、绿化配置等因素对节能的影响，形成优化微气候的良好界面，建立气候防护单元，以改善建筑热环境。另外，建筑规划中还需特别考虑体形系数对建筑能耗的影响。体形系数定义为建筑物与室外大气接触的外表面积与其所包围的体积的比值。建筑体形的变化直接影响建筑采暖空调的能耗大小。体形系数越大，说明单位建筑空间的散热面积越大，能耗就越高。研究表明，体形系数每增加 0.01，能耗指标增加约 2.5%。因此，从有利于降低建筑能耗出发，应该将体形系数控制在一个较低的水平。

建筑围护结构由包围空间或将室内与室外隔离开来的结构材料和表面装饰材料所构成，包括墙、窗、门和地面。围护结构必须平衡通风和日照的需求，并提供适应于建筑地点的气候条件的热湿保护。围护结构的设计对于建筑在运行中的耗能是一个重要因素；在于热气候地区里采用高热容量材料 处于日夜差异很大的干热气候中的建筑物传统做法多采用厚墙。拥有高热容量和足够厚度的建筑材料可以减少和延缓外墙的温度变化对室内的影响。在湿热气候中采用低热容量的材料 在日夜差异不大的湿热气候中，最好采用热容量非常小的轻质材料。在有些气候湿热的地方，具有去湿作用的材料（砖石）应普遍应用。

根据对昼光照明以及供热和通风的仔细分析，确定围护结构上的门、窗和通风口的大小和位置。开口的形状、大小和位置根据其影响围护结构的方式而改变。如昼光照明最好采用高窗。建筑进口的前厅设计应考虑要避免已经冷却或加热空气的渗漏，可以用空气幕来减少门对热负荷或冷负荷的负面影响。在通过窗的传热中，主要是太阳辐射对负荷的影响，温差传热部分并不大。因此，应该把窗的遮阳作为夏季节能措施的重点来考虑。在满足建筑立面设计要求的前提下，增设外遮阳板、遮阳篷及适当增加南向阳台的挑出长度都能起到一定的遮阳效果。外遮阳是比较有效的遮阳措施。它直接将 80% 的太阳辐射热量遮挡在室外，有效地降低了空调负荷，节约了能源。

考虑建筑围护结构的反射率。在冷负荷较大的地方，可选择颜色较浅而且反射率高的外墙装饰材料。反射率高的围护结构可以使冷负荷减小，但其表面反射的光会使相邻的建筑物负荷大量增加。

防止湿气在围护结构内聚集。在一定的条件下，水蒸气能够在围护结构部内凝聚。这会使得墙体的材料受潮，使其丧失原有的隔热保温性能。为了防止这样的问题，可以在离墙体结构较热的一侧尽可能近的地方设置防潮塑料或金属薄板，称为湿气隔板。它的设置能有效减少或消除水蒸气凝结的问题。

（三）绿色建筑的水环境

在普通住宅中，水的供给和消耗是线性的，形成了一种低效率的转化，即：自来水—用户—污水排放，雨水—屋面—地面径流—排放。为了改善这种状况，绿色住宅小区内的水资源应该高效循环运转，对原来线性的"供给—排放"模式进行技术改进，增添必要的贮存和处理设施，使其形成绿色住宅小区的水环境系统"供给—排放—贮存—处理—回用"的循环系统。

（四）绿色建筑的声环境及其保障技术

建筑声环境是指室内音质问题以及振动和噪声控制问题。理想的声学环境需要的声音能高度保真；而不需要的声音不会干扰人的工作、学习和生活。研究声音问题的建筑声学是现代声学最早发展的一个分支，而研究减少噪声干扰的振动和噪声控制则是在 20 世纪 50 年代以后，由于工业、交通的发展而建立起来的最新分支。随着城市化进程的加快，噪声已成为现代化生活中不可避免的副产品，其影响面非常广，几乎没有一个城市居民不受到噪声的干扰和危害，所以建筑声环境质量保障的主要措施是针对振动和噪声的控制。噪声控制的措施可以在噪声（振动）源、传播途径和接受者三个层次上实施。

（五）绿色建筑的光环境

舒适、健康的建筑室内环境需要多方因素的共同作用才能实现。作为保证人类日常活动得以正常进行的基本条件，光环境的优劣是评价室内环境质量的重要依据。室内应有良好、充分的光照。舒适的室内光环境不仅可以减少人的视觉疲劳，提高劳动生产率，对人的身体健康特别是视力健康有直接影响。光线不足，会使工作效率降低，并容易导致事故发生，造成工作人员视力迅速减退、近视或其他眼疾增加。而对于身体正处于发育时期的中、小学生来说，若教室和居住的采光条件不好，对其视力和生理健康的影响将十分严重。因此，在建筑物中创造和控制良好的光环境很有意义的。

（六）绿色建筑的热湿环境及其保障技术

热湿环境是绿色建筑环境的主要构成要素，其特点主要反映在由空气温度、湿度和流速等表征的热湿特性中。在以人为本、关注环保和生态平衡的基础上，人们日益追求舒适、健康、高品质生存、生活空间的享用，而这需要保证建筑物在使用过程中不对人体和外界造成污染及危害。建筑室内环境的健康性应该是在符合工作和生活的基本要求基础上，突出健康要素，以人类健康的可持续发展为理念，满足室内工作、生活的人在生理、心理和社会多种层面的需求；舒适性则主要取决于建筑物满足人的物质与精神两方面需求的程度。

绿色建筑的热湿环境保障技术主要包括主动式保障技术和被动式保障技术。

1. 主动式保障技术

主动式环境保障就是依靠机械、电气等设施，创造一种扬自然环境之长、避自然环境之短的室内环境。当今的建筑由于其规模和内部使用情况的复杂性，在多数气候区不可能完全靠被动式方法保持良好的室内环境品质。因此，要采用机械和电气的手段，借助适当的空调系统，在节能和提高能效的前提下，按"以人为本"的原则，改善室内热湿及生态环境。

在既要节能，又要保证室内环境空气品质的前提下，风量可调的置换通风加冷却顶板空调系统、冷辐射吊顶系统、结合冰蓄冷的低温送风系统以及去湿空调系统在国外绿色办公建筑中已成为流行的空调方案。置换通风加冷却顶板空调系统是将集中处理好的新鲜空气直接在房间下部以低速送至工作区，形成所谓"新风湖"，室内热浊空气则随人体、设备表面向上浮升的"烟羽流"导致吊顶处加以排除。

2. 被动式保障技术

被动式环境保障就是利用建筑自身和天然能源来保障室内环境品质。用被动式措施控制室内热湿及生态环境，主要是做好太阳辐射和自然通风这两项工作。基本思路是使日光、热、空气仅在有益时进入建筑，其目的是控制这些能量、质量适时、有效地加以利用，以及合理地储存和分配热空气和冷空气，以备环境调控的需要。

三、我国绿色建筑面临的问题

与国外相比，我国目前在绿色建筑的关键技术研发方面还需进一步研究，如在建筑节能方面，与气候相近的国家相比，我国采暖地区的建筑能耗约是它们的 3 倍左右；在绿色建筑设计、自然通风、可再生能源利用、绿色环保建材、室内环境技术、资源回收技术、绿化配置技术等研究方面均需加快应用性研究。根据现阶段绿色建筑发展状况，结合我国国情，中国的绿色建筑发展应当在以下几个方面有所考虑。

1. 完善标准体系

在制定相关的绿色建筑评价体系方面，自 2001 年开始，建设部住宅产业化促进中心编制了《绿色生态住宅小区建设要点与技术导则》《国家康居示范工程建设技术要点（试行稿）》，同时《中国生态住宅技术评估手册》《商品住宅性能评定方法和指标体系》和《绿色奥运建筑评估体系》等也被陆续推出，另外，经中华人民共和国建设部批准，《绿色建筑评价标准》（GB/T50378—2006）自 2006 年 6 月 1 日起在全国范围内实行并作为国家标准。目前已列入国家"十五"重点攻关计划的"绿色建筑规划设计导则和评估体系研究"正在加紧实施之中。

2. 建立评估体系、评估机构

我国由于绿色建筑起步较晚，其相应的评估体系开发得也较晚。国外绿色建筑评估体系发展很快，其评估体系相对完善，但由于发展阶段、经济技术水平、资源状况、法规标准、发展现状等情况不同，不能照抄照搬国外的评估体系，应在充分调研、科学分析的基础上建立适应中国绿色建筑发展的评估体系。同时建立与《绿色建筑评价标准》相配套的绿色建筑评估机构，且评估机构应具有测试绿色建筑中规定的测试项目的能力。

3. 关键技术、产品的研发

绿色建筑的发展，除了要有合理的设计，技术和产品的保障也必不可少。例如，合理利用适用的节能技术在满足舒适要求的同时能使建筑节约 1/3 的能源费用。另外，还需有一些配套市场，例如，合理利用建筑施工、旧建筑拆除和场地清理时产生的固体废弃物。对于拆除时有用的固体废弃物，而新建建筑利用不了的，就需要市场销路，需要接收的市场；对于建筑想利用一些固体废弃物而自身又没有的，则需要买卖的市场。

4. 再教育和培训

绿色建筑在中国的推广和实施，急需一批熟知绿色建筑理念，致力于绿色建筑建设的决策者、开发者、规划者、设计者、建设者和管理者。教育和培训帮助相关人员获得绿色建筑知识，并能设计和建造绿色建筑是目前一项紧迫的任务。

5. 增加激励性政策

我国绿色建筑起步较晚，在技术、标准规范、管理等方面都有欠缺，需要政府等各方的支持，制订适合中国国情的绿色建筑激励政策。可供借鉴的国外相关绿色建筑的激励政策和措施主要有：① 税收减免；② 加速折旧；③ 低息贷款；④ 现金回扣补贴；⑤ 政府采购；⑥ 抵押贷款；⑦ 科研资助；⑧ 资源协议等。

总体上我国绿色建筑尚属起步阶段，缺乏系统的技术政策法规体系。绿色建筑评估标准规范尚未正式颁布，本土化的单项关键技术储备和集成技术体系的建筑一体化研究应用均需进一步深化，国内外绿色建筑领域的合作交流还未全面展开。真正意义的绿色建筑尚未进入实质性推广应用阶段，绿色建筑设计理念和绿色消费观念有待进一步引导。最终需要通过科研、设计单位与政府、工业界的密切合作，推动绿色建筑成为我国未来建筑的主流，实现建筑业的可持续发展。

附录二 整体式混凝土单向板肋梁楼盖课程设计任务书

高等学校素质教育的重点就是培养学生的创新和实践能力。若要达到这个目标,在工科教育中设计能力的训练正是在掌握理论知识以外的一个重要的教学环节,这一点已被当前国际高等工程教育界人士所重视。

在土木工程专业(建筑工程方向)的教学计划中,课程设计是本科教学的一个重要内容,也是一种集中强化的达到大学本科生培养目标的实践性教学环节。学生通过课程设计可以融会贯通所学的基本理论和专业技术知识,解决具体的土木工程设计问题所需的综合能力和创新能力,进一步提高运用知识解决实际问题的能力,并从过程教学中,学会工作方法,以便顺利完成从学校到社会的过渡。

课程设计要求学生在指导教师的指导下,独立系统地完成一项工程设计,解决与之相关的所有问题,熟悉相关设计规范、手册、标准图以及工程实践中常用的方法,具有实践性、综合性强的显著特点。因而对培养学生的综合素质、增强工程意识和创新能力具有其他教学环节无法代替的重要作用。

根据高等学校本科生的培养目标,对课程设计有以下几方面的要求:

(1)主要任务

学生应在教师指导下,独立完成给定的设计任务和专题研究项目,有足够的工作量。学生在完成任务后应编写出符合要求的设计说明书、绘制必要的设计图纸、撰写计算书。

(2)专业知识

学生应在设计工作中,综合运用各种学科的理论知识与技能,分析和解决工程实际问题。通过学习、研究和实践,使理论深化、知识拓宽、专业技能提高。

(3)工作能力

学生应学会依据设计课题任务进行资料搜集、调查研究、方案论证、掌握有关工程设计程序、方法和技术规范。提高理论分析、绘图技巧、言语表达、撰写技术文件以及独立解决专题问题等能力,提高外文翻译和计算机应用等能力。

(4)综合素质

树立正确的学习目的和设计思想,培养学生严肃认真的科学态度和作风,树立为社会服务的观点;能遵守纪律、善于与他人合作的敬业精神。

整体式混凝土单向板肋梁楼盖课程设计任务书

1. 设计题目

设计题目为"整体式单向板肋梁楼盖结构设计"。附图 2.1 为某多层工厂建筑平面。

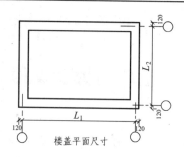

附图 2.1　某多层工厂建筑

平面（单位：m）

2. 设计要求

采用现浇钢筋混凝土单向板肋梁楼盖结构，设计该房屋中间层楼盖结构。

3. 设计资料

a. 结构形式

采用多层砖混结构，内框架承重体系。外墙厚 370 mm，钢筋混凝土柱截面尺寸为 400 mm × 400 mm。

b. 建筑平面尺寸

平面尺寸见附表 2.1 的具体题号（题号由指导教师指定），在附图 2.1 范围内不考虑楼梯间。

附表　2.1

题号 $L_1 \times L_2$ \ 可变荷载标准值/kN·m^{-2}	5.0	5.5	6.0	6.5	7.0	7.5	8.0
30 m × 18 m	1	2	3	4	5	6	7
27 m × 18 m	8	9	10	11	12	13	14
30 m × 21 m	15	16	17	18	19	20	21
27 m × 21 m	22	23	24	25	26	27	28

c. 楼面构造

　　水磨石面层
　　钢筋混凝土板
　　板底粉刷（按 0.25 kN/m^2 计算）

d. 荷　载

永久荷载：包括梁、楼板及构造层自重。钢筋混凝土容重为 25 kN/m^3，水泥砂浆容重为 20 kN/m^3，石灰砂浆容重为 17 kN/m^3，分项系数 γ_G 为 1.2 或 1.35。

可变荷载：楼面均布活荷载标准值见附表 2.1，分项系数 γ_Q 为 1.4 或 1.3。

e. 材　料

混凝土：C20~C40。

钢材：主梁、次梁、受力主筋采用 HRB335 级、HRB400 级，板及梁内其他钢筋采用

HPB235 级。

4. 设计内容

a. 结构布置

确定柱网尺寸，主梁、次梁、板的布置，拟定构件截面尺寸，绘制楼盖平面结构布置图。

b. 板的设计

按考虑塑性内力重分布的方法计算板的内力，计算板的正截面承载力，绘制板的配筋图。

c. 次梁设计

按考虑塑性内力重分布的方法计算次梁的内力，计算次梁的正截面、斜截面承载能力，绘制次梁的配筋图。

d. 主梁设计

按弹性方法计算主梁的内力，绘制主梁的弯矩、剪力包络图，根据包络图计算主梁正截面、斜截面的承载能力，并绘制主梁的抵抗弯矩图及配筋图，钢筋明细表及必要的说明。

5. 绘制施工图

楼盖结构施工图为 A2 图纸一张。内容有：

（1）结构平面布置图。

（2）板的配筋图。

（3）次梁配筋图。

（4）主梁弯矩包络图，抵抗弯矩图，主梁配筋图及钢筋分离图。主梁截面尺寸及几何尺寸，梁底标高，钢筋的直径、根数、编号及其定位尺寸。

（5）钢筋明细表及必要的说明。

设计说明包括图中尺寸单位、材料等级、混凝土保护层厚度、施工中应注意的问题等。

6. 采用规范

《建筑结构荷载规范》和《混凝土结构设计规范》。

附录三 "房屋建筑工程"综合练习题

综合练习题一

一、单项选择题（本大题共20小题，每小题1分，共20分；在每小题列出的四个备选项中只有一个是符合题目要求的，错选、多选或未选均无分）

1. 下列哪一种结构体系可建房屋的高度最小（　　　）
   A. 现浇框架结构　　　　　　　　B. 装配整体式框架结构
   C. 现浇框架-剪力墙结构　　　　　D. 装配整体式框架-剪力墙结构

2. 在剪力墙结构体系中布置剪力墙时，下列何项是不正确的（　　　）
   A. 在平面上只要建筑布局需要，剪力墙可以只在一个方面上布置
   B. 在平面上，剪力墙宜尽量拉通、对直，少曲折
   C. 在竖向上，剪力墙宜延伸到顶，下至基础，中间的各楼层处不中断
   D. 在竖向上，剪力墙的门洞宜上、下对齐，成列分布

3. 在7度抗震设防地区，建筑高度为70 m的办公楼，采用何种结构体系较为合适（　　　）
   A. 框架结构　　　　　　　　　　B. 剪力墙结构
   C. 框架-剪力墙结构　　　　　　　D. 筒体结构

4. 风压高度变化系数与下列哪个因素有关（　　　）
   A. 建筑物的体型　　　　　　　　B. 屋面坡度
   C. 建筑物所在地的粗糙程度　　　　D. 建筑物的立面面积

5. 三铰拱合理拱轴方程式：$y = \dfrac{4f}{l}x(l-x)$ 是指（　　　）
   A. 满跨竖向受均布荷载　　　　　　B. 半跨承受均布荷载
   C. 跨中铰C处承受竖向集中荷载　　　D. 跨中铰C处承受水平集中荷载

6. 悬索结构屋盖要解决的主要问题是（　　　）
   A. 屋面刚度，结构稳定性，共振　　　B. 屋面刚度，结构稳定性，延性
   C. 屋面强度，刚度、稳定性　　　　　D. 结构稳定性、共振、延性

7. 砖砌体的抗压强度与砖及砂浆的抗压强度的关系何种正确（　　　）
   Ⅰ. 砖的抗压强度恒大于砖砌体的抗压强度
   Ⅱ. 砂浆的抗压强度恒大于砌体的抗压强度
   Ⅲ. 砌体的抗压强度随砂浆的强度提高而提高
   Ⅳ. 砌体的抗压强度随块体的强度提高而提高
   A. Ⅰ，Ⅱ，Ⅲ，Ⅳ　　　　　　　B. Ⅰ，Ⅲ，Ⅳ
   C. Ⅱ，Ⅲ，Ⅳ　　　　　　　　　D. Ⅲ，Ⅳ

8. 有檩屋盖的檩条或无檩屋盖的大型屋面板的肋通常是搁置在屋架上弦的节点处，这是基于下列哪一种考虑（　　　）
   A. 可减少屋架腹杆的内力　　　　　B. 与屋架上弦的连接较方便
   C. 可减少屋架的挠度　　　　　　　D. 可避免屋架上弦产生附加弯曲力矩

9. 砌体构件在选择块体和砂浆时，从使用功能着眼，主要应考虑材料的性质是（   ）
   A. 强度和耐久性
   B. 强度和变形性质
   C. 耐久性和变形性质
   D. 强度、耐久性和变形

10. 同一种楼屋盖类型的砌体房屋的静力计算方案，根据（   ）划分为三种方案
    A. 房屋的横墙间距
    B. 房屋的纵墙间距
    C. 房屋的层数
    D. 房屋的高度

11. 以下有关于钢筋混凝土单层厂房空间作用的论述中，哪一点是错误的（   ）
    A. 厂房有山墙时，排架实际受力比无山墙时小
    B. 计算风荷载作用下的排架内力时应考虑厂房的空间作用
    C. 计算地震作用下的排架内力时应考虑厂房的空间作用
    D. 计算吊车荷载作用下的排架内力时应考虑厂房的空间作用

12. 下列哪一种因素对砌体房屋的墙、柱高厚比验算没有直接关系（   ）
    A. 砂浆的强度等级
    B. 砌体的类型
    C. 支承条件
    D. 砌体的强度等级

13. 砌体房屋的砖墙上有 1.2 m 宽门洞，门洞上设有钢筋混凝土过梁，若过梁上墙高为 1.5 m，则计算过梁上墙重时，应取墙高为（   ）
    A. 0.4 m   B. 0.5 m   C. 0.6 m   D. 1.5 m

14. 某钢筋混凝土次梁截面尺寸为 150 mm×300 mm，在梁跨中 $L/2$ 截面处作用集中荷载，经计算已知受剪箍筋仅需按构造配置，下图中下列何项箍筋配置正确（   ）

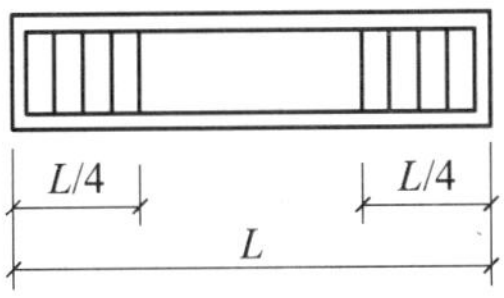

（A）仅两端各 $L/4$ 处配 $\phi 8@300$ 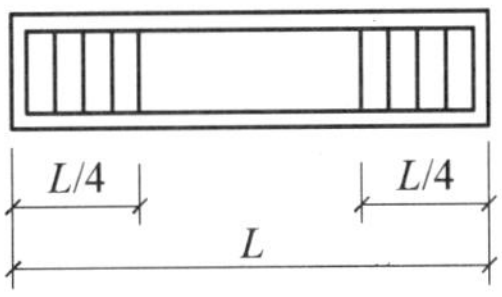   （B）仅两端各 $L/4$ 处配 $\phi 8@200$

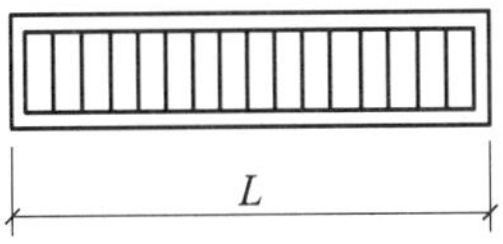

（C）全跨均配 $\phi 8@300$ 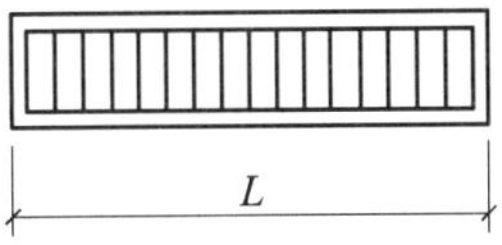   （D）全跨均配 $\phi 8@200$

习题 14 图

15. 下面关于木材强度的说法，哪一种是不正确的？（   ）
    A. 标准试件顺纹受拉与顺纹受压时，弹性模量大致相同，但顺纹受压的强度较低，约为受拉的 40%～50%
    B. 木材的横纹承压强度受到承压面尺寸的影响
    C. 木材的横纹剪切强度大致是顺纹剪切强度的一半，而截纹剪切强度则为顺纹剪强度的 8 倍
    D. 木材的顺纹承压强度与顺纹抗压强度，在设计时取值相同

16. 一榀双齿连接的方木桁架，其支座节点的上弦轴线和支座反力的作用线相交于一点，该交点应落在下列何项所指的位置上（   ）
    A. 下弦净截面的中心线上
    B. 下弦毛截面的中心线上
    C. 距下弦截面上边缘 1/3 截面高度处
    D. 距下弦下边缘 1/3 截面高度处

17. 木桁架支座节点采用齿连接时，须设置保险螺栓，设计保险螺栓时，下列哪一项规定不正确（   ）

  A. 保险螺栓应进行净截面抗拉验算

  B. 保险螺栓应选用延性较好的钢材

  C. 保险螺栓的强度设计值,应乘调整系数 1.15

  D. 双齿连接,选用直径相同的两个保险螺栓,两个保险螺栓共同工作,但不考虑调整系数

18. 钢筋混凝土单层厂房中牛腿设计时,以下论述哪一点是正确的( )

  A. 牛腿在荷载作用下受力同悬臂梁,故可按悬臂梁设计

  B. 牛腿的纵向钢筋应布置在其顶面

  C. 增加纵向钢筋可防止牛腿开裂

  D. 剪切破坏是斜裂缝引起的破坏

19. 关于单层厂房变形缝设置原则中,那一条是错误的( )

  A. 设置伸缩缝可以防止厂房的屋面和墙体因温度变化而开裂

  B. 沉降缝可以兼作伸缩缝,伸缩缝也可以兼作沉降缝

  C. 沉降缝两侧的结构构件和基础都必须完全分开

  D. 伸缩缝两侧的结构构件必须完全分开,但基础可以不分开

20. 整浇肋梁楼盖中的单向板,中间区格内的弯矩可折减20%,主要是考虑( )

  A. 板内存在的拱作用

  B. 板上荷载实际上也向长跨方向传递一部分

  C. 板上活载满布的可能性较小

  D. 板的安全度较高可进行挖潜

二、多项选择题(本大题共5小题,每小题2分,共10分。在每小题列出的五个备选项中有两个至五个是符合题目要求的,错选、多选、少选或未选均无分。)

1. 在单层工业厂房结构设计中,施加在排架上的荷载主要有( )

  A. 单层厂房结构的永久荷载,包括屋盖自重、柱自重、吊车梁及轨道联结的自重等

  B. 桥式吊车的垂直轮压(竖向荷载)和水平制动力(水平荷载)

  C. 风荷载

  D. 雪荷载

  E. 屋面均布活荷载、屋面积灰荷载等

2. 在装配式钢筋混凝土单层厂房中,支撑的主要作用是( )

  A. 直接承受荷载 B. 连接主要结构构件 C. 加强厂房结构的空间刚度

  D. 保证构件在安装和使用阶段的安全和稳定 E. 传递水平荷载

3. 以下关于砌体结构房屋中设置圈梁的作用的叙述哪些是正确的( )

  A. 增强砌体结构房屋的整体刚度;

  B. 减少或防止地基不均匀沉降造成的墙体开裂;

  C. 承受一部分墙体荷载;

  D. 减少振动对房屋的不利影响;

  E. 可以提高砌体结构房屋抗震能力。

4. 砌体结构五层及五层以上房屋的墙,以及受振动或层高大于6 m的墙,材料的强度等级最低为( )

  A. 砖的强度等级最低为 MU15; B. 砌块的强度等级最低为 MU10;

  C. 石材的强度等级最低为 MU20; D. 砂浆的强度等级最低为 M5;

  E. 砂浆的强度等级最低为 M7.5。

5. 木结构螺栓连接应符合以下哪几项要求( )

  A. 木桁架上弦受压接头每边螺栓数目不应少于2个

B. 连接用的木夹板应选用没有木节和髓心的气干材料制作

C. 螺栓按两纵行齐列或错列布置

D. 木桁架下弦受拉接头每边螺栓数目不宜少于6个

E. 木桁架上弦受压接头每边螺栓数目不应少于4个

三、名词解释（每小题2分，共10分）

1. 三向交叉网架

2. 结构功能的极限状态

3. 钢筋混凝土塑性铰

4. 砌体结构刚性方案房屋

5. 单层厂房空间作用

四、判断分析题（本大题共5小题，每小题2分，共10分判断正误，将正确的划上"√"，错误的划上"×"，并简述理由。）

1. 建筑结构水平结构体系一般由柱、墙、筒体组成。　　　　　　　　　　　（　　）

2. 建筑结构以组成建筑结构的主要建筑材料划分有墙体结构、框架结构、深梁结构、筒体结构、拱结构、网架结构、空间薄壁（包括折板）结构、钢索结构、舱体结构等。　　（　　）

3. 为适应软弱地基上支座沉降差及拱拉杆变形，最好采用超静定结构的无铰拱。　（　　）

4. 砌筑时砖的含水率对砌体抗压强度也有明显影响。普通实心黏土砖砌体，其砌体抗压强度随砌筑时砖含水率的减少而提高。　　　　　　　　　　　　　　　　　　　　（　　）

5. 砂浆的流动性和保水性好，容易保证砌筑质量，使灰缝厚度比较均匀、密实。　（　　）

五、问答题（本大题共5小题，请简要回答，每小题4分，共20分）

1. 怎样理解钢筋混凝土楼盖设计中的内力重分布？

2. 单层钢筋混凝土厂房排架中水平和竖向吊车荷载是如何传递的？

3. 下图中现浇梁式板标有ⓐ、ⓑ、ⓒ、ⓓ、ⓔ处，何项有错误？请说明理由。

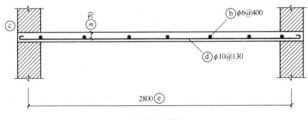

习题3图

4. 木结构单齿连接中对槽深和剪切面长度各有何规定？为什么要有这些规定？

5. 在进行建筑结构选型时，主要应考虑哪些因素？

六、综合题（本大题共3小题，每小题10分，共30分）

1. 已知，某一钢筋混凝土楼盖结构布置如图所示，楼面活载标准值为 4 kN/m^2（不考虑活载折减系数），柱截面尺寸为 $300 \text{ mm} \times 300 \text{ mm}$。

求：（1）进行钢筋混凝土楼盖结构布置，并确定钢筋混凝土板、主、次、梁的截面尺寸；

（2）画出楼盖结构板及主、次梁的计算简图。

2. 某赛马场观众台的功能要求是：从观众看台可以清晰地看到赛场跑道；看台顶部有一个散步厅，在它上面一侧可以观看跑道，另一侧可以观看练马用的围场；有一个赌厅，面向围场；两排赌场办公用房，一面朝向赌厅，另一面朝着走向看台和跑道的走廊；在跑道平面上有第二个散步的地方，同时还有一个赌场办公室；有一个工作人员出人的通道；最后，要求屋盖覆盖着顶部散步厅和观众看台。该建筑物最初的结构设计方案如图所示，试指出其结构设计方案缺点，并画出结构设计修改方案。

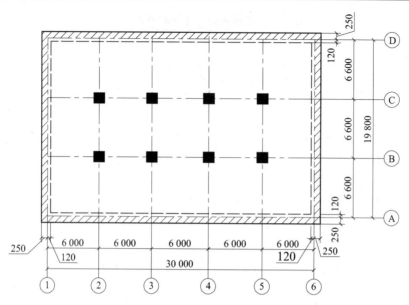

习题1图　钢筋混凝土楼盖

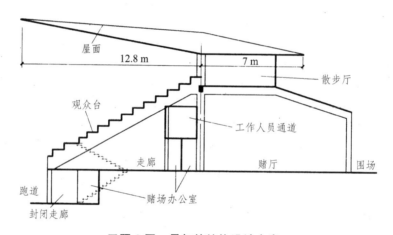

习题2图　最初的结构设计方案

3. 已知：某双跨等高排架（如图），作用其柱顶上的风荷载设计值 $F_w = 3.88$ kN，$q_1 = 3.21$ kN/m，$q_2 = 1.60$ kN/m；A 柱与 C 柱截面尺寸相同，$I_1 = 2.13 \times 10^9$ mm^4，$I_2 = 11.67 \times 10^9$ mm^4，B 柱 $I_1 = 4.17 \times 10^9$ mm^4，$I_2 = 11.67 \times 10^9$ mm^4，上柱高度均为 $H_1 = 3.0$ m，柱总高均为 $H_2 = 12.2$ m。$\delta_A = \delta_C = 55.31/Emm$，$\delta_B = 53.25/Emm$。由于 q_1 的作用，柱顶上的不动铰支座反力 $R_A = 13.98$ kN。由于 q 的作用，柱顶上的不动铰支座反力 $R_C = 6.97$ kN。

试计算各排架柱内力。

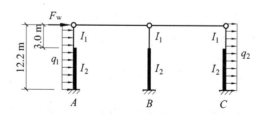

图 习题3图

综合练习题二

一、单项选择题（本大题共 20 小题，每小题 1 分，共 20 分；在每小题列出的四个备选项中只有一个是符合题目要求的，错选、多选或未选均无分。）

1. 规范限制了多层砌体房屋总高度与总宽度的最大比值。这是为了（　　　）
   A. 避免内部非结构构件的过早破坏
   B. 满足在水平力作用下房屋整体弯曲的强度要求
   C. 保证房屋在水平力作用下的稳定性
   D. 限制房屋在水平力用下过大的侧移

2. 一幢七层单身宿舍，平面为 12 m×52 m，建设场地位于 8 度设防区，拟采用框架结构，此时采用下列各种框架形式的哪种比较合适（　　　）
   A. 主要承重框架纵向布置，横向采用连系梁
   B. 主要承重框架纵向布置，纵向采用连系梁
   C. 主要承重框架纵横两向布置
   D. 无梁楼盖式框架结构（无梁楼盖，取板作为框架梁）

3. 跨度较大的屋盖结构中，采用桁架比采用梁具有（　　　）的优点
   A. 施工方便　　　　　　　B. 有利于屋面排水
   C. 形式美观　　　　　　　D. 受力合理且自重轻

4. 三角形桁架的内力分布不均匀，其特点是（　　　）
   A. 弦杆内力两端小、中间大；腹杆内力两端大、中间小
   B. 弦杆内力两端大、中间小；腹杆内力两端小、中间大
   C. 弦杆内力两端小、中间大；腹杆内力亦然
   D. 弦杆内力两端大、中间小；腹杆内力亦然

5. 砌体沿齿缝截面破坏时的抗弯强度，主要是由下列哪项决定的（　　　）
   A. 砂浆强度　　　　　　　B. 块体强度
   C. 砂浆和块体的强度　　　D. 砌筑质量

6. 关于木材强度设计值的取值，下列表述中符合规范要求的是何项（　　　）
   A. 矩形截面短边尺寸≥150 mm 时，可提高 10%
   B. 矩形截面短边尺寸≥150 mm 时，可降低 10%
   C. 采用湿材时，材料的横纹承压强度直降低 15%
   D. 采用湿材时，材料的横纹承压强度可提高 10%

7. 单层厂房对有吊车的厂房，下柱柱间支撑一般设置在（　　　）
   A. 温度区段两端与屋盖横向水平支撑相对应的柱间
   B. 温度区段中央或临近中央的柱间
   C. A 与 B
   D. 温度区段中央并与上柱柱间支撑相应的位置

8. 下列关于网架结构支承形式的叙述，哪项是不正确的（　　　）
   A. 网架周边各节点可以支承于柱上
   B. 网架周边各节点不允许支承于由周边稀柱所支撑的梁上
   C. 网架可以支承周边附近的四根或几根独立柱子之上
   D. 矩形平面网架可以采用三边支承而自由边则设置边桁架

9. 五等跨连续梁，为使第三跨跨中出现最大弯矩，活荷载应布置在（　　　）

A. 1、2、5 跨　　　　B. 1、2、4 跨

C. 1、3、5 跨　　　　D. 2、4 跨

10. 一幢四层小型物件仓库，平面尺寸为 18 m×24 m，堆货高度不超过 2 m，楼面荷载 10 kN/m²，建设场地为非抗震设防区，风力较大。现已确定采用现浇框架结构。下列各种柱网布置中哪种最为合适（　　）

　　A. 横向三柱框架，柱距 9 m，框架间距 6 m，纵向布置连系梁

　　B. 横向四柱框架，柱距 6 m，框架间距 4 m，纵向布置连系梁

　　C. 双向框架，两向框架柱距均为 6 m

　　D. 双向框架，横向框架柱距 6 m，纵向框架柱距 4 m

11. 下列情况下钢筋混凝土结构将出现不完全的塑性内力重分布（　　）

　　A. 出现较多的塑性铰，形成机构

　　B. 截面受压区高度系数 $\xi \leqslant 0.35$

　　C. 截面受压区高度系数 $\xi = \xi_b$

　　D. 斜截面有足够的受剪承载力

12. 砌体结构墙梁中的钢筋混凝土托梁属于（　　）

　　A. 受弯构件　　　　　　B. 纯扭构件

　　C. 偏压构件　　　　　　D. 偏拉构件

13. 框架结构由柱轴向变形产生的侧向变形为（　　）

　　A. 弯曲型变形　　　　B. 剪切型变形

　　C. 弯剪型变形　　　　D. 剪弯型变形

14. 整浇肋梁楼盖中板内分布钢筋不仅可使主筋定位，分布局部荷载，还可（　　）

　　A. 承担负弯矩　　　　B. 承受收缩及温度应力

　　C. 减小裂缝宽度　　　D. 增加主筋与混凝土的黏结

15. 下列情况钢筋混凝土整浇肋梁楼盖中将出现不完全的塑性内力重分布（　　）

　　A. 出现较多的塑性铰，形成机构

　　B. 梁截面受压区高度系数 $\xi \leqslant 0.35$

　　C. 梁截面受压区高度系数 $\xi = \xi_b$

　　D. 梁斜截面有足够的受剪承载力

16. 在木结构双齿连接的计算时，其受剪计算所考虑的受剪面应为下列何项（　　）

　　A. 第一齿的　　　　　　　B. 第二齿的

　　C. 第一齿与第二齿之和　　D. 第一齿、第二齿与保险螺栓三者之和

17. 木桁架支座节点采用齿连接时，须设置保险螺栓，设计保险螺栓时，下列哪一项规定不正确（　　）

　　A. 保险螺栓应进行净截面抗拉验算

　　B. 保险螺栓应选用延性较好的钢材

　　C. 保险螺栓的强度设计值，应乘调整系数 1.15

　　D. 双齿连接，选用直径相同的两个保险螺栓，两个保险螺栓共同工作，但不考虑调整系数

18. 一榀双齿连接的方木桁架，其支座节点的上弦轴线和支座反力的作用线相交于一点，该交点应落在下列何项所指的位置上（　　）

　　A. 下弦净截面的中心线上

　　B. 下弦毛截面的中心线上

　　C. 距下弦截面上边缘 1/3 截面高度处

　　D. 距下弦下边缘 1/3 截面高度处

19. 当屋架跨度在 36 m 以上时，宜采用（　　　）

    A. 钢筋混凝土屋架　　　　　B. 钢屋架

    C. 木屋架　　　　　　　　　D. 组合屋架，

20. 拱是产生水平推力的结构，拱脚推力的结构处理一般为（　　　）

    A. 由水平结构、拉杆承担　　　　B. 由地基承担

    C. 由竖向结构承担　　　　　　　D. 由圈梁承担

二、填空题（本大题共 5 小题，每题 2 分，共 10 分。请将正确答案填入括号内，并请说明理由。）

下列各图形中，（　　　）属于双向板。图中虚线为简支边，斜线为固定边，没有表示的为自由边。

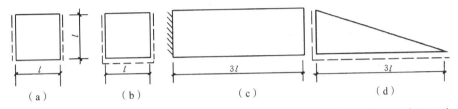

(a)　　　　　　(b)　　　　　　(c)　　　　　　(d)

2. 某建筑物高度 42 m，12 层，7 度设防，房间布置灵活需要有一定数量的大房间，其承重结构确定采用钢筋混凝土结构，宜选用（　　　）结构体系。

3. 某剧院屋面采用钢屋架，屋面材料为预制有檩钢筋混凝土结构，要求天花上有较大范围的空间布置管道和人行工作通道，各种屋架形式中，宜选用（　　　）屋架。

4. 网架当其短跨跨度 $L = 30 \sim 60$ m 时，其高度取为（　　　）L。

5. 扁壳是双向微弯的平板，其矢高 f 与为跨度 L 的比应小于等于（　　　）。

三、多项选择题（本大题共 5 小题，每小题 2 分，共 10 分，在每小题列出的五个备选项中有两个至五个是符合题目要求的，错选、多选、少选或未选均无分。）

1. 影响钢筋混凝土现浇肋梁楼盖塑性铰转动能力的主要因素有（　　　）。

    A. 截面有效高　　B. 配筋率　　　C. 配箍率

    D. 受压区高度　　E. 钢筋的强度

2. 单层厂房的柱在进行内力组合时，（　　　）

    A. 选择吊车竖向荷载时必须同时选择吊车水平荷载

    B. 选择吊车水平荷载时必须同时选择吊车竖向荷载

    C. 左风和右风只能选择一种参加组合

    D. 恒载在任何情况下都存在

    E. 风荷载和吊车水平荷载不能同时参加组合

3. 对于木屋盖，支撑的设置是保证屋盖平面结构空间稳定的一项重要措施。下列支撑设置哪项是必要的（　　　）

    A. 有密铺屋面板和山墙的封闭式房屋，木屋架跨度 9 m 时，屋架上弦设横向支撑

    B. 梯形屋架的支座竖杆处设置垂直支撑

    C. 有吊车的木屋盖，除设置上弦横向支撑外，尚须设置垂直支撑

    D. 8 度设防地区，稀铺屋面板房屋，在房屋两端第二开间设置一道上弦横向支撑

    E. 有密铺屋面板和山墙的封闭式房屋，屋架上弦应设横向支撑

4. 在钢筋混凝土现浇单向板肋梁楼盖中，分布钢筋的主要作用是（　　　）

    A. 抵抗剪力　　　B. 固定主筋　　　C. 抵抗由于温度和收缩引起的内力

    D. 将板上的集中荷载分布较大范围内

    E. 承受长跨方向在计算中没有考虑到的弯矩

5. 木结构双齿连接应计算的内容为下列何项（　　　）

A. 承压面计算   B. 第一齿剪切面计算

C. 第二齿剪切面计算   D. 保险螺栓计算

E. 下弦净截面受拉验算

四、问答题（本大题共 5 小题，请简要回答，每小题 6 分，共 30 分）

1. 现浇单向板肋梁楼盖中的主梁按连续梁进行内力分析的前提条件是什么？ 计算板传给次梁的荷载时，可按次梁的负荷范围确定，隐含着什么假定？

2. 为什么连续梁内力按弹性计算方法与按塑性计算方法时，梁计算跨度的取值是不同的？试比较钢筋混凝土塑性铰与结构力学中的理想铰和理想塑性铰的区别。

3. 多层砌体结构房屋受风荷载作用时，什么情况下在静力计算中可不考虑风荷载的影响？

4. 在下图中关于梁的截面配筋构造，何项为错误 ？ （设图中所配纵向受力钢筋及箍筋均满足承载力计算要求）请说明理由。

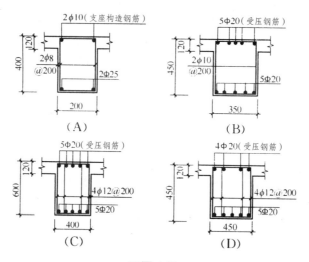

习题 4 图

5. 砌体局部受压时，为什么砌体的抗压强度会增大？

五、综合题（本大题共 3 小题，每小题 10 分，共 30 分）

1. 条件：某医院病房的简支钢筋混凝土楼面梁，其计算跨度 $L_0 = 7.5$ m，梁间距为 3.6 m，楼板为现浇钢筋混凝土板（见图），楼面均布活荷载标准值 2.5 kN/m^2。

要求：求楼面荷载在楼面梁上产生的弯矩和剪力设计值。

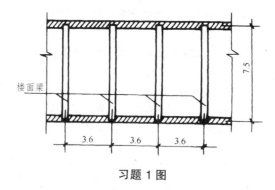

习题 1 图

2. 条件：下图为某刚性方案房屋的底层局部承重横墙、墙体厚 240 mm，采用 MU10 黏土砖、M5 混合砂浆。横墙有门洞 900 mm×2 100 mm，纵墙间距 $s = 6$ m。要求：验算高厚比。

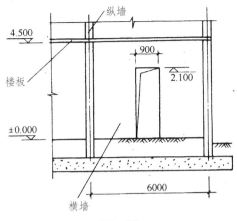

习题 2 图

3. 某砖木结构教室楼,跨度 12 m,长 14 m,屋顶及檐口做法(如图所示)为:木屋架以两侧不动铰支承在钢筋混凝土圈梁上;挑檐板搁置在挑梁上,挑梁自圈梁挑出;屋架下为木龙骨制吊顶抹灰顶棚。试从倾覆角度分析,你认为这种屋顶和檐口做法有哪些不合理处?它们会产生什么后果?

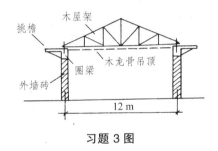

习题 3 图

综合练习题三

一、**单项选择题**(本大题共 20 小题,每小题 1 分,共 20 分;在每小题列出的四个备选项中只有一个是符合题目要求的,错选、多选或未选均无分。)

1. 在钢筋混凝土单层厂房荷载效应组合中,当有两个或两个以上可变荷载参与组合且有风荷载时,由可变荷载效应控制的组合式为( )

   A. 永久荷载十风荷载十 0.90×两个及两个以上可变荷载;

   B. 永久荷载十 0.90×两个及两个以上可变荷载(包括风荷载)之和;

   C. 永久荷载十风荷载十两个及两个以上可变荷载。

   D. 永久荷载十风荷载十 0.6×两个及两个以上的可变荷载之和。

2. 砌体结构一偏心受压砖柱,截面尺寸为 490mm×620mm,弯矩沿截面长边作用,该柱的最大允许偏心距为( )

   A. 217 mm　　　　　　　　B. 233 mm

   C. 372 mm　　　　　　　　D. 186 mm

3. 某车间如图所示,采用装配式有檩体系钢筋混凝土槽瓦屋盖,屋面坡度为 1:3。屋面出檐 0.5 m,屋架支座底面标高为 5.0 m,屋架支座底面至屋脊的高度为 2.6 m,室外地坪标高 -0.20 m,基础顶面标高为 -0.5 m。该房屋静力计算方案为( )

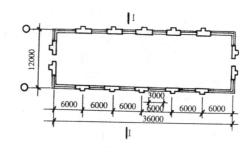

A. 弹性方案房屋   B. 刚性方案房屋

C. 刚弹性方案房屋   D.不能确定

4. 钢筋混凝土单层厂房的屋盖结构分为有檩体系和无檩体系两种。其中，适用于具有较大吨位吊车或有较大振动的大、中型或重型工业厂房的是（   ）

    A. 无檩体系   B. 有檩体系

    C. 两者均不可   D. 两者均可

5. 砌体结构在对壁柱间墙进行高厚比验算时，计算墙的计算高度 H_0 时，墙长 S 取（   ）。

    A. 壁柱间墙的距离   B. 横墙间的距离

    C. 墙体的高度   D. 墙体高度的 2 倍

6. 下列关于混合结构房屋中钢筋混凝土挑梁的哪一种论述不正确（   ）。

    A. 挑梁发生倾覆破坏时，倾覆点的位置并不在墙体最外边缘

    B. 挑梁的抗倾覆荷载，为挑梁埋入长度及尾端 45° 扩散角以上砌体自重与楼面恒荷载标准值之和

    C. 挑梁下的支承压力，可近似取倾覆荷载的 2 倍计算

    D. 刚性挑梁仅需进行抗倾覆和局部承压验算

7. 钢筋混凝土单层厂房为了减小结构的温度应力，可设置伸缩缝将厂房分成几个温度区段。温度区段的长度取决于（   ）

    A. 结构类型   B. 结构类型、施工方法

    C. 结构类型、厂房类型   D. 结构类型、施工方法和结构所处的环境

8. 砌体的各项强度值，在下列情况中，（   ）需要调整。

    Ⅰ. 房屋的跨度大于 6 m

    Ⅱ. 有吊车房屋

    Ⅲ. 构件截面积小于 0.35 m²

    Ⅳ. 用水泥砂浆砌筑

    A. Ⅰ，Ⅲ   B. Ⅱ，Ⅳ

    C. Ⅱ，Ⅲ   D. Ⅰ，Ⅳ

9. 一无筋砌体砖柱，截面尺寸为 370 mm×490 mm，柱的计算高度为 3.3 m，承受的轴向压力标准值 $N_K = 150$ kN（其中永久荷载 120 kN，包括砖柱自重）。结构的安全等级为二级（$\gamma_0 = 1.0$）。该柱最不利轴向力设计值为（   ）

    A. 186 kN   B. 192 kN

    C. 150 kN   D. 220 kN

10. 钢筋混凝土单层厂房柱的形式有单肢柱和双肢柱两大类，柱形式的选取（   ）

    A. 由水平荷载控制   B. 由竖向荷载控制

    C. 由截面宽度控制   D. 由截面高度控制

11. 钢筋混凝土单层厂房排架计算考虑多台吊车竖向荷载时（   ）

A. 对一层吊车的多跨厂房的每个排架，不宜多于 2 台

B. 对一层吊车单跨厂房的每个排架，参与组合的吊车台数不宜多于 2 台

C. 对一层吊车的多跨厂房的每个排架，不宜多于 4 台

D. B 与 C

12. 钢筋混凝土单层厂房预制柱，在施工吊装阶段，柱的受力情况与使用阶段完全不同，且混凝土的强度等级一般尚达不到设计强度等级，故设计时（　　　）

A. 应进行抗剪验算

B. 应进行厂房柱吊装时的裂缝宽度验算

C. 应进行厂房柱吊装时的承载力验算

D. B 与 C

13. 钢筋混凝土超静定结构中存在内力重分布是因为（　　　）

A. 混凝土的拉压性能不同

B. 结构由钢筋、混凝土两种材料组成

C. 各截面刚度不断变化，塑性铰的形成

D. 受拉混凝土不断退出工作

14. 钢筋混凝土超静定结构中即使塑性铰具有足够的转动能力，弯矩调幅值也必须加以限制，主要是考虑到（　　　）

A. 力的平衡　　　　B. 施工方便

C. 正常使用要求　　D. 经济性

15. 下列说法中何项是错误的（　　　）

A. 木材的抗压强度标准值介于抗弯和抗拉强度标准值之间

B. 木结构构件的受压工作要比受拉工作可靠得多

C. 木材的抗拉强度，横纹与顺纹几乎相等

D. 木材标准小试件的顺纹抗压强度极限为受拉时的 40%～50%

16. 木屋架下弦截面为 120 mm×200 mm，木材为马尾松，木材顺纹承压强度设计值 $f_c = 12$ N/mm²，下弦接头设计值 $N = 90$ kN，采用钢夹板连接，螺栓直径采用 $d = 20$ mm。试确定连接所需螺栓数为下列何项数值（习题 16 图）（　　　）

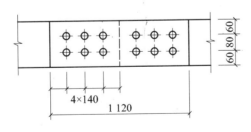

习题 16 图

A. $n=6$　　　　B. $n=8$

C. $n=10$　　　D. $n=12$

17. 当木桁架支座节点采用齿连接时，下列做法中哪一个是正确的（　　　）

A. 必须设置保险螺栓

B. 双齿连接时，可采用一个保险螺栓

C. 应考虑保险螺栓与齿共同工作

D. 保险螺栓应与下弦杆垂直

18. 门式刚架从结构上分类有（　　　）

    1. 无铰刚架；2. 两铰刚架；3. 三铰刚架；4. 四铰刚架

    A. 1、2　　　　　　　　　　B. 3、4

    C. 1、2、3　　　　　　　　D. 1、2、3、4

19. 网架根据计算方法来分分为（　　　）

    A. 平面网架和空间网架　　　　　B. 交叉平面桁架体系和交叉立体桁架体系

    C. 双向与三向网架　　　　　　　D. 梁式与拱式网架

20. 关于结构造型原则的以下叙述正确的是（　　　）

    A. 平面结构优于空间结构　　　　B. 立体结构优于空间结构

    C. 组合结构优于单一结构　　　　D. 单一结构优于组合结构

二、多项选择题（本大题共 5 小题，每小题 2 分，共 10 分,在每小题列出的五个备选项中有两个至五个是符合题目要求的，错选、多选、少选或未选均无分。）

1. 在进行单层厂房柱下基础设计时（　　　）

    A. 应根据冲切强度要求确定基础底面积

    B. 应根据冲切强度要求确定基础高度

    C. 应根据冲切强度要求确定基础底面配筋

    D. 应根据抗弯强度要求计算基础底面配筋

    E. 应根据抗弯强度要求计算基础高度

2. 关于单层厂房中圈梁的作用和布置，以下的说法中正确的是（　　　）

    A. 将墙体和柱、抗风柱等到箍在一起，增加厂房的整体刚性

    B. 防止由于地基发生过大不均匀沉降对于厂房产生的不利影响

    C. 防止由于较大的振动荷载对厂房产生的不利影响

    D. 承受墙体重量，应在柱上设置支承圈梁的牛腿

    E. 圈梁应尽可能连续设置在墙体的同一平面内，沿着整个厂房形成封闭状

3. 单层工业厂房吊车荷载的特点是（　　　）

    A. 两组移动的集中荷载　　B. 具有冲击和振动作用　　C. 重复荷载

    D. 吊车梁上产生扭矩　　　E. 随机荷载

4. 混合结构房屋中,为减少墙高厚比，满足墙稳定性要求，可采取的措施有（　　　）

    A. 减少横墙间距　　B. 降低层高

    C. 加大砌体厚度　　　D. 提高砂浆强度等级

    E. 减少洞口尺寸

5. 设计木桁架时，下列哪些要求是错误的（　　　）

    A. 采用木檩条时，木桁架间距≤6 m

    B. 木制的三角形桁架，最小高跨比为 1/6

    C. 木桁架按跨度的 1/250 起拱

    D. 木桁架支座节点采用齿连接时，下弦的受剪面应避开髓心

    E. 木桁架支座节点采用齿连接时，下弦的受剪面宜避开髓心

三、判断分析题（本大题共 5 小题，每小题 2 分，共 10 分；判断正误，将正确的划上"√"，错误的划上"×"，并简述理由。）

1. 建筑结构是由许多结构构件组成的一个系统，其中主要的受力系统称为结构分体系。

                                      （　　　）

2. 楼梯为斜置构件，主要承受活荷载和恒载，其中活载沿斜向分布；恒载沿水平分布。

                                        （　　　）

3. 拱的类型很多,按结构组成和支承方式,拱可分为三铰拱、两铰拱、四铰拱和无铰拱四种。 ( )

4. 砌体结构中悬挑构件应进行抗覆验算、砌体局压承载力验算以及悬挑构件本身的承载力计算。 ( )

5. 单层厂房当厂房的相邻部位地基土差别较大时,应设伸缩缝。 ( )

四、问答题(请简要回答,本大题共5小题,每小题6分,共30分)

1. 某体育场半露天看台如图所示,有着跨度很大的悬挑屋面,但允许在节点 d 处设置压杆以抗倾覆。试问,这时整个看台结构宜采用怎样的结构布置?请作出结构布置示意图,并说明理由。

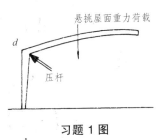

悬挑屋面重力荷载

d

压杆

习题 1 图

2. 钢筋混凝土预制柱吊装验算时,应怎样取计算简图、计算截面?要不要考虑动力系数?动力系数取多大?

3. 单层厂房中有哪些荷载?分别怎样计算?说明每种荷载的作用位置。

4. 砌体结构中为什么钢筋混凝土屋盖的温度变化和砌体干缩变形会引起墙体裂缝?

5. 排架柱内力组合时,对吊车竖向荷载和水平荷载的选取应注意哪些问题?

五、综合题(本大题共3小题,每小题10分,共30分)

1. 已知:某试验楼部分平面如图所示,采用预制钢筋混凝土空心楼板,外墙厚 370 mm,内纵墙及横墙厚 240 mm,底层墙高 4.8 m(从楼板至基础顶面),隔墙厚 120 mm,高 3.6 m,砂浆为 M5,砖为 MU10,纵墙上窗宽 1 800 mm,门宽 1 000 mm。

求:验算外纵墙的高厚比。

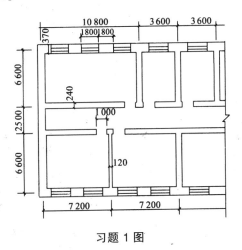

习题 1 图

2. 已知:某金工车间,外形尺寸及部分风载体型系数如图所示,基本风压 $w_0 = 0.45$ kN/m^2,柱顶标高为 +10.5 m,室外天然地坪标高为 -0.30 m,$h_1 = 2.1$ m,$h_2 = 1.2$ m,地面粗糙类别为 B,排架计算宽度 $B = 6$ m。

求:作用在排架上风荷载的设计值。

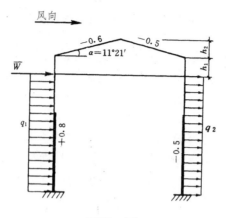

习题 2 图

3. 若设计要求在一片承重墙上做出悬挑踏步楼梯，如图所示。你认为这种悬挑踏步板（可做成预制的）应该怎样构成？它和承重墙体间的连接构造应该怎样做？并说明理由。

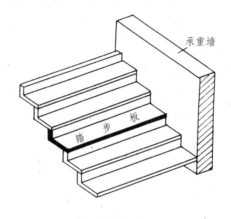

习题 3 图

参 考 文 献

[1] 罗福午. 建筑结构概念体系与估算. 北京：清华大学出版社，1991.

[2] 罗福午，张惠英，杨军. 建筑结构概念设计及案例. 北京：清华大学出版社，2003.

[3] 张建荣. 建筑结构选型. 北京：中国建筑工业出版社，1999.

[4] 清华大学土建设计研究院. 建筑结构型式概论. 北京：清华大学出版社，1982.

[5] 虞季森. 中大跨度建筑结构体系及选型. 北京：中国建筑工业出版社，1990.

[6] 梁兴文，史庆轩. 混凝土结构设计. 北京：科学出版社，2004.

[7] 陈眼云，谢兆鉴，许典斌. 建筑结构选型. 2 版. 广州：华南理工大学出版社，1999.

[8] 滕智明. 钢筋混凝土基本构件. 2 版. 北京：清华大学出版社，1987.

[9] 范家骧，高莲娣，喻永言. 钢筋混凝土结构. 北京：中国建筑工业出版社，1991.

[10] 罗福午，郑金床，叶知满. 混合结构设计. 2 版. 北京：中国建筑工业出版社，1991.

[11] 东南大学，同济大学，天津大学. 混凝土结构. 北京：中国建筑工业出版社，2003.

[12] 王振东. 混凝土结构及砌体结构. 北京：中国建筑工业出版社，2002.

[13] 罗福午，方鄂华，叶知满. 混凝土结构及砌体结构. 2 版. 北京：中国建筑工业出版社，2003

[14] 刘鸿滨. 工业建筑设计原理. 北京：清华大学出版社，1987.

[15] 同济大学，西安建筑科技大学，东南大学，等. 房屋建筑学. 3 版. 北京：中国建筑工业出版社，2003.

[16] 唐岱新. 砌体结构设计. 北京：机械工业出版社，2004.

[17] 王庆霖. 砌体结构. 北京：中国建筑工业出版社，1995.

[18] 赵盛云，王成祥. 建筑结构. 北京：地震出版社，1990.

[19] 北京建筑工程学院. 钢筋混凝土及砌体结构设计. 北京：地震出版社，1990.

[20] 施楚贤. 砌体结构理论与设计. 北京：中国建筑工业出版社，2003.

[21] 苏小卒. 砌体结构设计. 上海：同济大学出版社，2002.

[22] 东南大学，郑州工学院. 砌体结构. 2 版. 北京：中国建筑工业出版社，1995.

[23] 许淑芳，熊仲明. 砌体结构. 北京：科学出版社，2004.

[24] 袁必果. 钢筋混凝土与砖石结构. 武汉：武汉大学出版社，1992.

[25] GB50068—2001 建筑结构可靠度设计统一标准. 北京：中国建筑工业出版社，2001.

[26] GB50009—2001 建筑结构荷载规范. 北京：中国建筑工业出版社，2001.

[27] GB50010—2002 混凝土结构设计规范. 北京：中国建筑工业出版社，2002.

[28] GB50017—2002 钢结构设计规范. 北京：中国建筑工业出版社，2002.

[29] GB50011—2001 建筑抗震设计规范. 北京：中国建筑工业出版社，2001.

[30] GB50007—2002 建筑地基基础设计规范. 北京：中国建筑工业出版社，2002.

[31] JGJ3—2002 高层建筑混凝土结构技术规程. 北京：中国建筑工业出版社，2002.

[32]　施岚青. 注册结构工程师专业应试指南. 北京：中国建筑工业出版社，2009.

[33]　袁海军. 一级注册结构工程师专业考试习题汇编. 北京：中国建材工业出版社，1998.

[34]　张季超，张琨联. 二级注册结构工程师专业知识考试简明教程. 北京：中国建材工业出版社，1999.

[35]　石铁矛. 二级注册建筑师考试必读. 北京：中国建筑工业出版社，1995.

[36]　程文瀼. 混凝土结构设计. 武汉：武汉大学出版社，2006.

[37]　周爱军. 混凝土结构设计与施工细部计算. 北京：机械工业出版社，2004.

[38]　李百战. 绿色建筑概论. 北京：化学工业出版社，2004.

[39]　孔祥娟，等. 绿色建筑和低耗能建筑设计实例精选. 北京：中国建筑工业出版社，2008.

[40]　樊承谋，张盛东，陈松来，等. 木结构基本原理. 北京：中国建筑工业出版社，2008.

[41]　何敏娟，Frank LAM，杨军，等. 木结构设计. 北京：中国建筑工业出版社，2008.

[42]　樊承谋，王永维，潘景龙. 木结构. 北京：高等教育出版社，2008.

[43]　高大峰，赵鸿铁，薛建阳. 中国古代木结构建筑的结构及其抗震性能研究. 北京：科学出版社，2008.

[44]　赵盛云，王成祥. 建筑结构. 北京：地震出版社，1990.

[45]　Blass H J, Aune P. Timber Engineering STEP 1and STEP 2（for Lecture）[M]. Deventer：Netherland Salland De lange,1995.

[46]　Borg Madsen. Structural Behaviour of Timber［M］.Timber Englnnering Ltd,1992.

[47]　Sven Thelandersson，Hans J Larsen.Timber Engineering［M］.John Wiley& sons,Ltd，2003.

[48]　Borg Madsen. Behaviour of Timber Connection［M］.Timber Engineering Ltd, 2000.

[49]　GB50005—2003　木结构设计规范. 北京：中国建筑工业出版社，2003.

[50]　Sven Thelandersson, Hans J Larsen.Timbe rEngineering［M］.West Sussex PO19 SSQ，England,2003.

[51]　中华人民共和国建设部. GB/T 50329—2002 木结构试验方法标准. 北京：中国建筑工业出版社，2002.

[52]　Canadian Wood Council.Introduction to Wood Design［M］.Ottawa，ON，Canada,1999.

[53]　R Park, T Pauley. Reinforced Concrete Structures. John Wiley& Son. New York, 1975

[54]　Kenneth Leet. Reinforced Concrete Design. McGraw-Hill Book Company, 1982

[55]　Stuart S J Moy. Plastic Methods for Steel and Concrete Structures.The Macmillan Press LTD.1981